独门架构

Java程序员成长之路

Java Web开发应用详解

李 宁 编著

中国铁道出版社
CHINA RAILWAY PUBLISHING HOUSE

内 容 简 介

Java Web 开发技术是当前 Java 程序员必备的开发技能之一。

全书从 Java Web 整合开发角度出发，全面介绍了 Java Web 开发技术，分为 4 篇共 27 章：第 1 篇为 Java Web 基础篇，包括第 1～7 章，介绍了 Servlet 开发、JSP 入门、表达式语言、JSP 标签、自定义标签等基础知识；第 2 篇为 SSH 整合技术篇，包括第 8～17 章，介绍了 Struts 2 常用技术、拦截器、Hibernate 高级技术等知识；第 3 篇为 ExtJS 框架篇，包括第 18～22 章，介绍了 ExtJS 常用组件、表格组件、TreePanel 组件等知识；第 4 篇为综合实例篇，包括 23～27 章，介绍了网络硬盘、数字魔法之读心术、博客系统、电子相册等 5 个案例，通过这些案例，读者可以将本书所介绍的知识融会贯通，达到更好的学习效果。

本书适用于已经初步掌握 Java 技术，想进一步学习 SSH 整合开发的读者；对在校大、中专院校的学生和参加 Java 培训的学生也有很大的帮助。

图书在版编目（CIP）数据

独门架构：Java Web 开发应用详解 / 李宁编著. --
北京：中国铁道出版社，2010.10
ISBN 978-7-113-11679-8

Ⅰ. ①独… Ⅱ. ①李… Ⅲ. ①JAVA 语言－程序设计
Ⅳ. ①TP312

中国版本图书馆 CIP 数据核字（2010）第 135620 号

书　　名：独门架构　Java Web 开发应用详解
作　　者：李　宁　编著

策划编辑：严晓舟　　荆　波
责任编辑：荆　波　　读者热线电话：400-668-0820
特邀编辑：田学清　　编辑助理：何　佳
封面设计：付　巍　　封面制作：李　路
责任印制：李　佳

出版发行：中国铁道出版社（北京市宣武区右安门西街 8 号　　邮政编码：100054）
印　　刷：中国铁道出版社印刷厂
版　　次：2010 年 10 月第 1 版　　2010 年 10 月第 1 次印刷
开　　本：787mm×1092mm　1/16　印张：43.5　字数：1033 千
印　　数：3 500 册
书　　号：ISBN　978-7-113-11679-8
定　　价：79.00 元（附赠光盘）

前　言 Foreword

近几年我国软件开发行业蓬勃发展，关于 Java 开发工程师的职位越来越多，在人才市场有很大的需求，但是人才供需存在以下问题：

- 企业反映：应聘的人很多，但是能立刻上手的人很少，一句话，找不到合适的人才。
- 学生反映：掌握了各种理论，但还是不能开发实际项目，遇到问题不知所措。

问题到底出现在哪里呢？我们调研和查询了大量的企业、学生和教育专家，得出一个结论：当前的教育体系和开发公司在需求之间的衔接上存在断层，虽然很多学生从高中甚至初中就开始学习计算机，但是技术陈旧、偏重理论，和企业的实际需求不符，那么企业需要什么样的程序员呢？很多老总说，他们需要能立刻上手的开发人员，能为公司完成项目的人员；遇到有潜力的员工，可以把他逐步培养成高级程序员。

找到了问题的症结以后，我们组织了各方代表，包括企业招聘部门、项目经理、程序员、学校老师、学生、IBM/Sun 公司技术人员等，广泛听取了大家的意见，围绕一个目标进行讨论：如何培养出企业需要的开发人才。在讨论以后，明确了这套培养 Java 专业程序员图书的编写宗旨：

- 要让一线开发人员编写，贴近企业需求。
- 只讲开发需要的关键内容，对于一些边边角角的技术，可能一辈子也用不到的，就直接不讲。
- 简化理论，强化实践，让读者在编码的过程中体会编程思想。
- 每个实例都有明确的目的，做到不重复、不遗漏，确保读者学一个会一个。
- 保证每个例子都能调试通过。代码注释细致，保证读者能很快学会。

Java 程序员成长之路

为了让读者顺利成长为专业 Java 开发人员，我们调查了企业需要的 Java 程序员的知识和技能，设置了科学的学习体系，只要掌握本体系的课程，就能成为合格的程序员。本体系包括如下图书：

《打通经脉　Java 基础入门编程详解》

《关键技术　JSP 与 JDBC 应用详解》

《神兵利器　Eclipse 开发技术详解》

《独门架构　Java Web 开发应用详解》

《开发参考　JSTL 网络标签与 SSH 类参考手册》

具体到每本书，我们也进行了合理的划分，每章都划分出详细的学习目标，列出了关键知识点。在具体的内容中，对于一些关键知识点和技能点，都提供相应的上机实践实例，对于一些特别需要反复练习的技能，我们还在部分章节的最后，提供了一些上机实践案例。

从零开始成为合格Java程序员的方法

虽然大、中专院校都设有程序设计课程，但大多数学习者对程序设计只是初步认识，基本上算是零基础。而目前合格Java程序员的基本要求是：精通Java面向对象基本语法；掌握Java数据库和JSP开发关键技术和工具；熟练应用SSH三大开发框架，能用它们完成一些Java Web项目开发。仔细分析一下，达到上述3个基本要求并非很难，你只需要花上3个月到半年的时间，按本套图书提供的学习体系，自己开发一些小程序，实现一些项目的开发，完成关键基础技术的学习，就可以实现这样的目标。

学习是一个渐进腾飞的过程。开始是入门学习，学一点新知识，然后上机练习；再学一点新知识，然后再上机练习。循序渐进坚持下去，不断学习新知识、新技能，积累到一定程度就会突然发现，自己学任何Java相关技术的速度都很快了，所以，一定要持之以恒，坚持到自己的学习腾飞点的到来。掌握有效的学习方法，拥有比较好的学习资料，有助于提高学习效率。本套图书的编写，就是在总结了大多数程序员的Java学习模式的基础上进行的。

（1）首先弄清楚Java基本概念，明确方向。开始学习时，最好要学问结合。比如，网上有个初学者最典型的问题：JavaScript语言与Java语言是什么关系，有何区别？其实JavaScript和Java的架构之间关系不大，一旦掌握了比较复杂的Java技术，JavaScript和AJAX等技术的学习也就最多花费一个月的时间即可。所以，明确核心，抓住主要学习方向是很重要的。

（2）打好基础。学习Java之初，一定要学好基础内容。对于有些数值类型的基础语法，如果不能建立清晰的概念，特别是还学习过C++语言中类似的语法，就会很容易产生混淆。同时，JDK的安装和基本程序的调试是这个阶段的一个难点，自己要不断尝试。

（3）抓住关键的面向对象技术。学习这部分内容时，一定要不断上机练习Java的面向对象语法，同时要不断思考面向对象理论。如果能自动将很多事物视为对象，那你就找到Java面向对象开发技术的感觉了。同时，建议借阅一些面向对象开发理论的工程技术的相关图书来结合进行学习。在这个阶段中，最好的学习方法就是多写代码并上机实践，来不断积累经验。当学习一个类以后，可以写一个简单的实例程序来运行一下，看看有什么结果，然后多调用几个类的方法，再看看运行结果。这样，可以非常直观地理解并掌握类，而且记忆非常深刻。同时，也不能仅仅满足于把代码调通，还应该想想如果不这样写，换个方式行不行。通过这样的方式，你就会透彻地掌握Java。

（4）掌握高级开发技术和相关工具，即本套图书第 2 本和第 3 本书的内容。有了前面良好的基础，上机学习 JSP 和数据库开发等高级技术，是非常有必要的。这个阶段，可以尝试一下举一反三，检验自己能否编写一些相关小程序。同时开始掌握专业程序员常用的开发工具 Eclipse。

（5）学习 Java Web 开发，即本套书中第 4 本和第 5 本书的内容。毕竟，在目前的就业市场上，Web 开发是热门的职位，同时也是技术发展的趋势。我们一本书学习 Java Web 开发的关键技术，一本书提供这方面内容的关键参考资料。Java Web 开发是就业的关键，读者应该以能独立完成本书提供的项目为学习目标。

总之，学习知识，上机实践，总结思考，然后再学习、再实践、再思考……不断循环，只要能潜心学习，积累合理的知识和技能结构，一定能利用 Java 技术开发出精彩纷呈的应用项目，从而获得学习和职场上的成功。

关于本书

随着 Internet 相关技术的兴起，Web 开发模式也借助着互联网的东风逐渐成为大多数系统的首选开发模式。开发 Web 系统可以采用很多种技术，而 Java 语言这个拥有 10 多年历史的优秀语言已经成为了 Web 领域开发的一支主力军。

1. Java Web 开发技术的发展趋势

Java 诞生之初，Java 发明者 Sun 公司就制定了用来实现 Web 系统的 JSP 和 Servlet 规范。由于 Java 是跨平台的语言，因此，JSP 和 Servlet 自然也就可以在各种操作系统平台上运行。

虽然 JSP 和 Servlet 从技术上已经完全可以满足开发的需要，但在开发大系统时出现了问题。由于 JSP 页面将 HTML、JavaScript 等客户端代码和服务端代码都混在了一起，因此给维护及团队开发上带来了困难。随着问题的出现，很多专家提出了解决方案。其中基于 MVC 模式的 Struts 2 框架比较全面地解决了这个问题。通过 Struts 2 框架，可以利用 MVC 模式将客户端代码和服务端代码分离，从而使系统更容易维护和管理。与 Struts 一起诞生的还有很多辅助开发的框架，例如 Hibernate、Spring 等，虽然这些框架并不是只能用在 Java Web 系统中，但它们的确在 Java Web 系统中起到了举足轻重的作用，甚至形成了 Struts 2 + Spring + Hibernate 的最佳组合，也就是 SSH。

虽然 Java Web 系统的代码分离和服务端的很多问题都得到了解决，但 Web 程序还有一个更大的问题没解决，即 Web 系统的客户端页面设计。在传统的 Web 页面中往往使用 JavaScript、CSS 等技术来美化页面，也会使用 AJAX 技术使页面变得更易用。但这些方法都必须建立在对 JavaScript、CSS 等技术非常熟悉的基础上。而这对于大多数 Java Web 程序员来说不太可能，也不太现实，因为很少有人同时精通客户端和服务端的各种技术。

为了弥补这个不足，国内外出现了很多实现Web页面的客户端框架，其中要以ExtJS最为抢眼。通过ExtJS框架，可以很容易地将Web系统做成C/S风格的程序，还很容易实现树、表格等复杂Web元素。因此，将ExtJS和Java Web相关技术进行整合是一种非常好的方案。也就是ExtJS + Struts 2 + Spring + Hibernate的解决方案。

2. 一个开发者应该具备的知识技能结构

要想学习Java Web及Struts 2、Spring、Hibernate、ExtJS这些框架，开发人员至少需要具备如下的知识结构：

（1）编程的基本理论和方法。这一点很多开发人员在大学时期都已经具备了，例如，程序设计的3种结构，基本的逻辑思维。

（2）Java的基本知识。虽然本书主要讲解Java Web、SSH等技术，并未涉及Java的基础知识，但本书所讲的技术都是使用Java语言进行编写的，因此，在学习本书之前，读者应先确认自己是否已经掌握了Java的基本知识。

（3）Web设计的基本理论和方法。本书主要讲解Java Web开发的方法和技巧。因此，在学习本书之前，了解Web开发的基本方法将非常有助于读者学习本书的内容。

（4）JavaScript、HTML、CSS技术。虽然本书所讨论的是ExtJS技术，使用这种技术一般并不需要对JavaScript、HTML、CSS有很深的了解，但如果读者掌握并了解这些客户端技术，会大大增强学习ExtJS技术的效果。

3. 本书学习导航

如果读者还未掌握或从未使用过上面的技术也不要紧。本书所在套书中的《打通经脉 Java基础入门编程详解》一书中详细阐述了Java、JavaScript等技术重点，读者可先行了解学习。虽然本书提供了大量的示例程序，但这些程序都使用了较为常用的Java语法和类库。读者只要具备了基本的Java知识即可阅读本书的内容。

初学者要学习Java Web技术，首先应该掌握JSP和Servlet的基础知识，因此，本书在第1篇着重介绍了这些基础知识。然后读者可以对服务器端技术（如Struts 2、Hibernate、Spring）进行学习，也可以学习像ExtJS一样的客户端技术。在本书的第2篇介绍了SSH整合技术；第3篇介绍了ExtJS技术，读者可以选择从第2篇学起。如果读者已经掌握了SSH整合技术，可以从第3篇开始学习ExtJS技术。最后一篇给出了几个综合案例，读者在学完本书前3篇的内容后，可以使用这些案例测试一下自己掌握的程度。

4. 本书内容

本书共分为4篇27章，从最基础的Java Web技术开始讲起，然后详细讲解了SSH

关键技术以及重要的 Web 开发 ExtJS 组件技术，最后通过 5 个综合案例提升读者开发经验，内容安排如下：

第 1 篇：Java Web 基础

第 1 章　本章主要介绍了 Servlet 的基础知识，包括 Servlet 开发的基本过程、Servlet 的原理、处理请求和响应消息以及 Cookie 和 Session。

第 2 章　本章主要介绍了建立 JSP 程序的基本方法、JSP 的基本语法、JSP 指令、内置对象以及 JSP 标签等基础知识。

第 3 章　本章主要介绍了 JSP 中的表达式语言（EL），包括 EL 的内置对象、EL 的基本语法、EL 中的运算符以及 EL 自定义函数。

第 4 章　本章主要介绍了 Java 和 JSP 的国际化技术，主要包括与国际化相关的 Java 类以及如何开发国际化的 Web 程序。

第 5 章　本章主要介绍了 JSP 标准标签库中的核心标签库和国际化标签库。

第 6 章　本章接着第 5 章继续介绍 JSP 标准标签库，包括数据库标签库、XML 标签库以及 JSTL 自定义函数。

第 7 章　本章主要介绍了如何实现自定义标签，包括实现基本的自定义标签、自定义标签的属性以及迭代标签、标签体等内容。

第 2 篇：SSH 整合技术

第 8 章　本章主要介绍了 Struts 2 的基础知识，包括开发 Struts 2 程序的基本步骤、模型驱动、配置 Struts 2。

第 9 章　本章主要介绍了 Struts 2 中比较常用的技术，包括常用的类和接口，结果（Result）、模型驱动、异常处理等技术。

第 10 章　本章主要介绍了 Struts 2 中的类型转换，包括传统的类型转换技术、Struts 2 内嵌的类型转换器、处理 Collection 和 Map 映射等技术。

第 11 章　本章主要介绍了 Struts 2 的拦截器，包括拦截器的原理、内置拦截器和自定义拦截器等技术。

第 12 章　本章主要介绍了 Struts 2 中的输入校验功能，其中包括使用 validate 方法进行校验、使用 validation 框架进行校验以及内置校验器。

第 13 章　本章主要介绍了 Struts 2 的常用标签，包括控制标签、数据标签、表单标签等技术。

第 14 章　本章主要介绍了 Hibernate 的基础知识，包括开发 Hibernate 应用程序的基本步骤、配置 Hibernate 等技术。

第 15 章　本章主要介绍了 Hibernate 的会话及对象映射技术。

第 16 章 本章主要介绍了 Hibernate 的标准查询和 HQL 技术。

第 17 章 本章主要介绍了如何使用整合 Struts 2、Hibernate、Spring 的方式来开发 Web 应用程序。

第 3 篇：ExtJS 框架篇

第 18 章 本章主要介绍了 ExtJS 的基础知识，其中包括安装和使用 ExtJS、ExtJS 的事件、ExtJS 中的核心组件。

第 19 章 本章主要介绍了 ExtJS 的常用组件，其中包括对话框组件、表单组件、布局组件。

第 20 章 本章主要介绍了表格组件，其中包括表格组件的基础知识、表格分页、编辑表格中的数据等。

第 21 章 本章主要介绍了 ExtJS 中的 TreePanel 组件，其中包括添加子结点、事件、菜单、拖放操作等。

第 22 章 本章主要介绍了 ExtJS 中的其他组件，其中包括工具条和菜单、工具栏组件等。

第 4 篇：综合实例篇

第 23 ~ 27 章 综合实例部分。这 5 章分别给出了 5 个综合案例。第 23 章：网络硬盘；第 24 章：数字魔法之读心术；第 25 章：注册与登录系统；第 26 章：博客系统；第 27 章：电子相册。

5. 本书特色

（1）从基础开始，由浅入深

本书在第 1 篇讲解了 JSP/Servlet 的基础知识，并由浅入深地介绍了 JSP 的各种核心知识点，读者可以通过第 1 篇掌握 JSP 和 Servlet 技术。第 2 篇和第 3 篇的结构与第 1 篇类似，由浅入深地介绍了 SSH 和 ExtJS 的相关知识。

（2）各篇独立，内容完整

本书的每一篇都是相对独立的。如第 2 篇讲解了 SSH 整合技术；第 3 篇讲解了 ExtJS 的各种技术。而且每一篇讲解的技术比较完整，这样就给想学习 SSH+ExtJS 整合技术，但却未掌握 SSH 及 ExtJS 的相关技术的读者带来方便：不需要同时准备几本书，从而节省了大量的时间和金钱。

（3）各章实例丰富，使读者更容易理解书中的知识

本书几乎在每一章都提供了大量的实例。这些实例充分展现了相关知识点的实现细节。读者可以在学习相关知识点后，通过上机实践这些例子来更深入地了解并掌握这些

知识点。

（4）提供了完整的实例，使读者更进一步体会SSH及ExtJS开发模式的精髓

在本书的最后还提供了5个完整的实例。这5个实例都采用了SSH模式进行开发。通过对这5个实例进行深入研究，读者可以比较全面地掌握基于SSH模式的Web应用程序的开发步骤和开发方法，并可将实例中所采用的技术应用到自己的项目中。

（5）使用最新版本的开发工具和框架

本书中所使用的开发工具和相关的框架在笔者写作本书时都是最新版本，如Eclipse 3.4、Struts 2.1.6、ExtJS 3.0等。读者可以在学习SSH及ExtJS开发技术的同时，接触到目前最新版本的开发工具和框架。就算读者目前所使用的软件版本低于本书所使用的软件版本，也可以为未来的工作奠定基础。

（6）适合人群

- 初步掌握Java技术，想进一步学习SSH整合开发的读者。
- 对SSH整合技术有了一定的了解，想进一步提高的读者。
- 正在使用SSH整合技术开发项目，想查阅相关技术的读者。
- 想了解ExtJS技术的读者。
- 想掌握如何将ExtJS和SSH整合的读者。
- 大、中专院校的学生。
- 社会培训学生。

编者

2010年6月

目 录 Contents

第1篇 Java Web基础篇

第1章 Servlet开发

第 2 章 JSP 入门

第 3 章 表达式语言

第 4 章　国际化

第 5 章　JSP 标准标签库（一）

第 7 章 自定义标签的开发与应用

第 2 篇 SSH 整合技术篇

第 8 章 Struts 2 入门

第 9 章　Struts 2 中的常用技术

第 10 章　Struts 2 的类型转换

第 13 章 Strtus 2 的常用标签

第 14 章 Hibernate 入门

第 15 章 Hibernate 会话与关系对象映射

第 16 章 Hibernate 的高级技术

第 17 章 整合 Struts 2、Spring 和 Hibernate

第 3 篇 ExtJS 框架篇

第 18 章 ExtJS 入门

第 19 章 ExtJS 的常用组件

第 20 章 表格组件

第 21 章 TreePanel 组件

第 22 章 ExtJS 中的其他组件

第 4 篇　综合实例篇

第 23 章　网络硬盘

第 24 章　数字魔法之读心术

第 25 章 注册与登录系统

第 26 章 博客系统

第 27 章　电子相册

第1篇　Java Web基础篇

Java Web 是 Web 应用的核心，也是所有与 Web 相关的框架、技术的基础。本篇介绍了所有关于 Java Web 常用的技术。在 Java Web 技术中，首当其冲的就是 JSP，在本篇的第 2 章简要介绍了 JSP 的运行原理和基本语法以及 JSP 指令等技术。为了使页面设计员也可以使用 JSP，第 3 章详细介绍了 EL 技术。通过这种技术可以在不使用 Java 代码的情况下编写 JSP 程序。除此之外，还介绍了 Java Web 中非常重要的国际化技术。最后对 JSP 中的标准标签和自定义标签做了详细的讲解。

本篇包含：

第 1 章　Servlet 开发

Servlet 是基于 Java 的 Web 程序的核心。JSP 和几乎所有的 Java Web 框架（如 Struts、Webwork）在底层都是基于 Servlet 设计和实现的。因此，充分了解 Servlet 及其使用原理，对以后学习 Struts 等 Web 框架将起到非常大的帮助作用。本章将结合 Eclipse 和 Tomcat 为读者展现 Servlet 的原理、各种核心技术的使用方法（如处理请求信息、发送响应信息、处理 Cookie 和 Session 等）以及常用的 Servlet 配置。

1.1　用 Eclipse 开发第一个 Servlet 程序

本节将带领读者一步一步利用 Eclipse 来开发一个简单的 Servlet 程序。读者通过本节的例子可以基本掌握 Eclipse 的使用方法、Tomcat 的配置方法以及开发、调试等一系列技术，并为后面的学习奠定基础。

1.1.1　建立 Web 工程

通过选择【File】>【New】>【Dynamic Web Project】命令，打开【New Dynamic Web Project】窗口，并输入工程名为 samples，如图 1.1 所示。然后单击【Next】按钮，进入下一个设置页面，如图 1.2 所示。保持该页面的默认值，最后单击【Finish】按钮建立 Web 工程。

一个标准的 Web 工程比 Java 工程多了一些目录和引用。图 1.3 所示为一个 Web 工程的目录和文件结构。

从图 1.3 可以看出，在图 1.2 所示的【Context Root】和【Content Directory】两个文本框中出现的内容都出现在工程目录中，这说明它们对于 Web 程序是必需的。下面就来解释一下这两个输入项：

- Context Root：该选项相当于 IIS 中的一个虚拟目录。如输入 samples 后，当前工程中所有的 Web 程序的路径前都要加上这个 URL（http://localhost:8080/samples/...）。
- Content Directory：该选项是 Web 的根目录，用于保存和 Web 相关的文件和目录，如 META-INF 和 WEB-INF。在图 1.2 中的值是 samples，因此，直接将 META-INF 和 WEB-INF 放到 Eclipse 工程的根目录中。

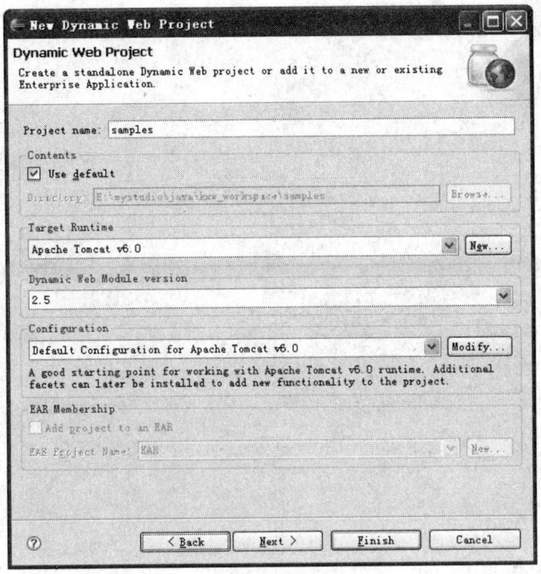

图 1.1　建立 Web 工程

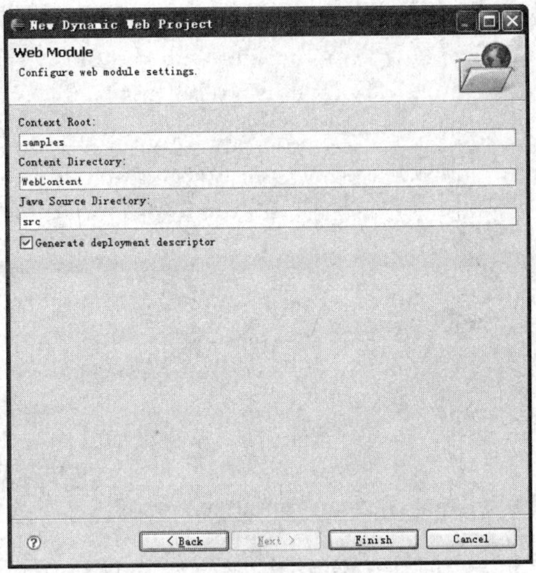

图 1.2　设置 Web 工程相关信息

1.1.2　编写 Servlet 程序

选择在 1.1.1 节建立的 Web 工程并右击，在弹出的快捷菜单中选择【New】>【Servlet】命令或【New】>【Other】>【Web】>【Servlet】命令，打开【Create Servlet】窗口，在【Java package】文本框中输入 servlet，在【Class name】文本框中输入 FirstServlet，如图 1.4 所示。最后单击【Finish】按钮建立 Servlet。

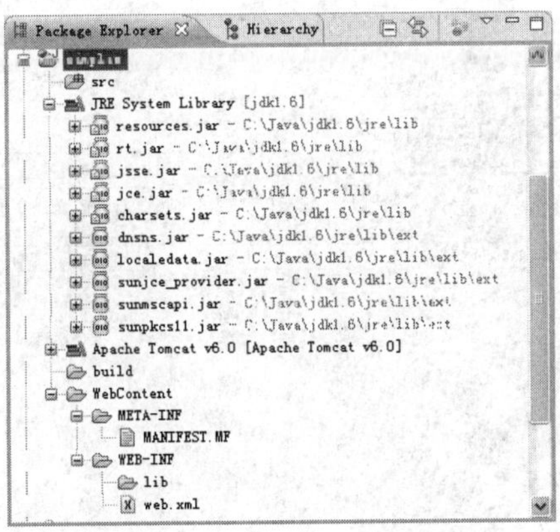

图 1.3　目录和文件的结构

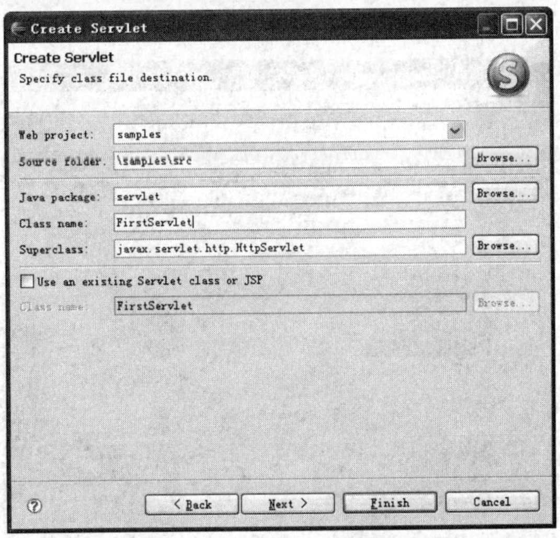

图 1.4　建立 Servlet

在建立完 Servlet 后，我们可以看到在 Web 工程的 servlet 目录中出现了一个 FirstServlet.java 文件。这是一个普通的 Java 源程序文件，在这个文件中已经生成了一些默认的代码。我们先不去管它。接下来在该文件中编写如下的代码，这段代码的功能是显示服务器的时间。

```
package servlet;
import java.io.*;
```

```
import java.text.*;
import javax.servlet.ServletException;
import javax.servlet.http.*;
public class FirstServlet extends HttpServlet
{
    public void doGet(HttpServletRequest request, HttpServletResponse response)
    throws ServletException,IOException
    {
        response.setContentType("text/html");
        response.setCharacterEncoding("GBK");
        PrintWriter out=response.getWriter();
        SimpleDateFormat format=new SimpleDateFormat("yyyy-MM-dd HH:mm:ss");
        out.println("服务器时间: "+format.format(new java.util.Date()));
    }
}
```

1.1.3　运行 Servlet

Servlet 必须在 Servlet 容器（本书使用的是 Tomcat）中运行，因此，在运行 Servlet 之前必须先启动 Tomcat。我们可按如下 3 步来运行 Servlet。

1．配置 Tomcat

我们可以通过【Window】>【Preferences】>【Server】>【Runtime Environment】打开服务器设置页面。然后单击【Add】按钮，选择 Tomcat 服务器，如图 1.5 所示。

单击【Next】按钮进入下一步，选择 Tomcat 的安装目录、JRE 等信息，如图 1.6 所示。最后单击【Finish】按钮完成配置。

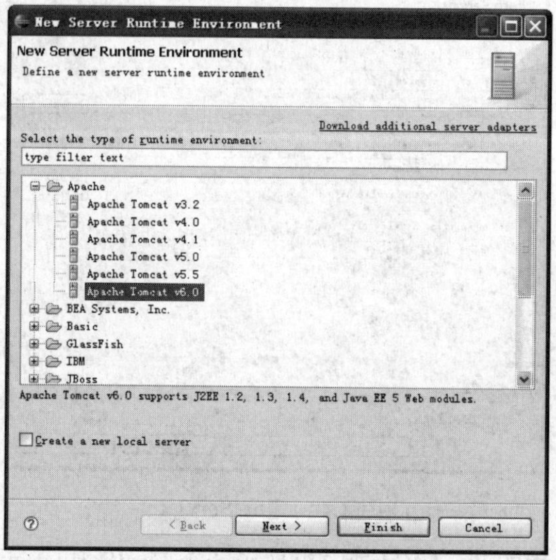

图 1.5　选择 Tomcat 服务器

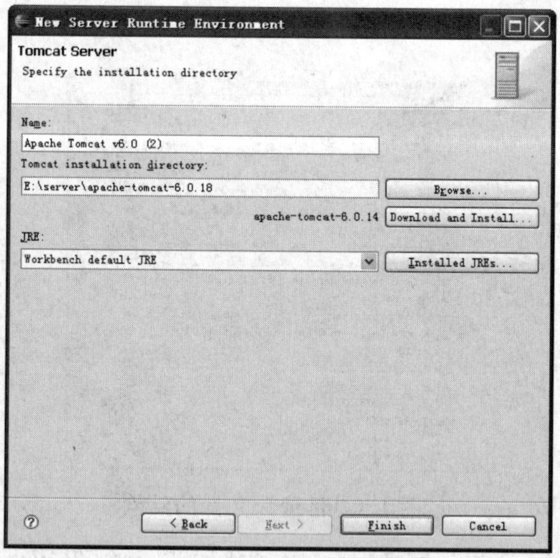

图 1.6　配置 Tomcat

2．启动 Tomcat

配置 Tomcat 后，在【Servers】视图中会出现一个配置好的 Tomcat 结点。使用快捷菜单的

【Add and Remove Projects】菜单命令将 samples 工程添加到该结点下，然后右击，在弹出的快捷菜单中选择【Start】命令启动 Tomcat。启动后的【Servers】视图如图 1.7 所示。

3. 运行 Servlet

在浏览器地址栏中输入如下的 URL：

```
http://localhost:8080/samples/FirstServlet
```

浏览器页面的显示效果如图 1.8 所示。

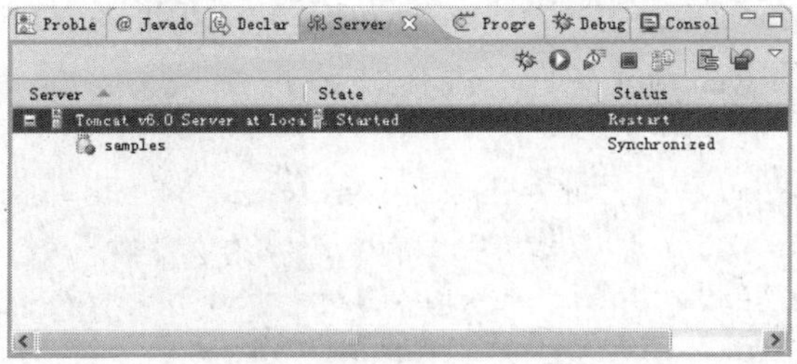

图 1.7 成功启动 Tomcat 的【Servers】视图

图 1.8 FirstServlet 的运行效果

1.1.4 调试 Servlet

使用 Eclipse 调试 Servlet 也很简单。只需要在【Servers】视图中使用【Debug】菜单项启动 Tomcat，然后在相应的代码处设置断点即可。当设置完断点后，再访问 FirstServlet，Eclipse 会自动执行到断点处停止，如图 1.9 所示。

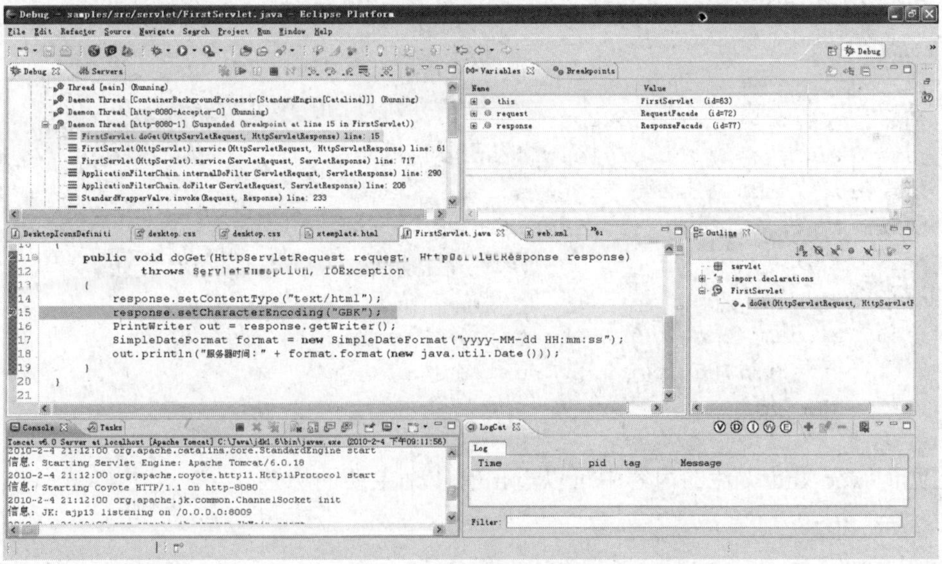

图 1.9 调试透视图

1.2 手工编写和发布 Web 程序

本节将介绍如何配置 Java Web 程序，主要涉及 web.xml 文件，以及在 Tomcat 中配置数据库连接池。虽然在 1.1 节已经介绍了如何开发一个 Servlet 程序，但这个程序是完全使用 IDE 实现的。为了使读者更充分地了解开发 Servlet 程序的细节，本节将采用完全手工的方式实现一个 Java Web 程序。

1.2.1　编写 web.xml

Servlet 要想在 Servlet 容器中正常运行，必须要使用 web.xml（在 WEB-INF 目录中）文件进行配置（虽然使用 Eclipse 在大多数情况下不需要手工配置 web.xml 文件，但理解和掌握 web.xml 的常用配置将会有助于更进一步学习 Java Web 技术）。web.xml 是一个标准的 XML 格式文件。让我们先看一个用 Eclipse 自动生成的 web.xml 文件，内容如下：

```
<?xml version="1.0" encoding="UTF-8"?>
<web-app xmlns:xsi="http://www.w3.org/2001/XMLSchema-instance" xmlns="http://java.sun.com/xml/ns/javaee" xmlns:web="http://java.sun.com/xml/ns/javaee/web-app_2_5.xsd" xsi:schemaLocation="http://java.sun.com/xml/ns/javaee http://java.sun.com/xml/ns/javaee/web-app_2_5.xsd" id="WebApp_ID" version="2.5">
  <display-name>samples</display-name>
  <welcome-file-list>
    <welcome-file>index.html</welcome-file>
    <welcome-file>index.htm</welcome-file>
    <welcome-file>index.jsp</welcome-file>
    <welcome-file>default.html</welcome-file>
    <welcome-file>default.htm</welcome-file>
    <welcome-file>default.jsp</welcome-file>
  </welcome-file-list>
  <servlet>
    <description></description>
    <display-name>FirstServlet</display-name>
    <servlet-name>FirstServlet</servlet-name>
    <servlet-class>servlet.FirstServlet</servlet-class>
  </servlet>
  <servlet-mapping>
    <servlet-name>FirstServlet</servlet-name>
    <url-pattern>/FirstServlet</url-pattern>
  </servlet-mapping>
</web-app>
```

从上面的 web.xml 文件的内容中可以看出有 4 个主要的标签。

1．<web-app>

顶层的标签。所有的 web.xml 都必须拥有这个标签。<web-app>主要描述了当前使用的 Servlet 的版本以及其他一些文档类型声明，如本例中描述了 Servlet 的版本是 2.5。

2．<servlet>

<servlet>标签用于定义和 Servlet 相关的信息，该标签含有以下 4 个子标签：

- <servlet-class>：用来定义 Servlet 和哪一个具体的类对应，如本例子中定义的是 servlet.FirstServlet。

- <servlet-name>：用于定义 Servlet 的唯一标识（也就是 Servlet 名）。如本例中定义了 FirstServlet。<servlet>标签可以有多个，但是每个<servlet>的<servlet-name>不能重复，否则 Tomcat 在启动时会抛出异常。
- <description>：提供了用于描述 Servlet 的文本信息。
- <display-name>：提供了一些 GUI 工具可能用于显示 Servlet 的文本信息。

3. <servlet-mapping>

<servlet-mapping>这个标签一般和<servlet>标签成对出现。用于将 Servlet 映射成用户可访问的 Web 路径。其中<url-pattern>定义了可访问的 Web 路径，但要注意，这个 Web 路径必须以"/"开头，否则 Tomcat 在启动时会抛出异常。在前面讲过访问 FirstServlet 的 URL 是 http://localhost:8080/ samples/FirstServlet。而在<url-pattern>中定义的就是/FirstServlet 部分。当然，我们也可以将其定义成其他的形式，甚至可以将其模拟成其他语言的 Web 程序，如将<url-pattern>定义成如下形式：

```
<url-pattern>/first.php</url-pattern>
```

在浏览器地址栏中只要输入 http://localhost:8080/samples/first.php 就可以访问 FirstServlet。<url-pattern> 中的 <servlet-name> 和 <servlet> 中的 <servlet-name> 完全一样，表示当前的<servlet-mapping>要映射的 Servlet 名。<servlet-mapping>和<servlet>是多对一的关系。也就是说，多个<servlet-mapping>可以对应一个<servlet>，这样就可以为一个 Servlet 定义多个可访问的 Web 路径。如下面的定义所示：

```
<servlet-mapping>
    <servlet-name>FirstServlet</servlet-name>
    <url-pattern>/FirstServlet</url-pattern>
</servlet-mapping>
<servlet-mapping>
    <servlet-name>FirstServlet</servlet-name>
    <url-pattern>/first.php</url-pattern>
</servlet-mapping>
```

如果使用上面的定义，我们就可以同时使用如下两个 URL 来访问 FirstServlet：

```
http://localhost:8080/samples/FirstServlet
http://localhost:8080/samples/first.php
```

4. <webcome-file-list>

<webcome-file-list>标签其实就相当于 IIS 中的默认页。也就是只输入 http://localhost:8080/samples，而不输入具体的 Servlet 或其他 Web 资源的相对路径，系统会自动访问<webcome-file-list>中<webcome-file>所定义的文件或 Web 路径。要注意的是，<webcome-file>只能是相对于当前 Web 工程的相对路径，不能是绝对路径，如 http://www.sina.com.cn 是不合法的。<webcome-file>可以是任何形式的相对路径，但前面不能加"/"，这一点和<url-pattern>恰恰相反。如<webcome-file>可以是 servlet/FirstServlet，但不能是/servlet/FirstServlet，否则将无法访问。<webcome-file-list>可以有多个<webcome-file>，如果第一个<webcome-file>所指的相对路径无法访问，系统就会访问第二个<webcome-file>所指的相对路径，以此类推。

1.2.2　使用 JAR 进行打包

JAR 是 JDK 提供的一个打包程序，在<JDK 安装目录>/bin 目录中。在使用时需要将<JDK 安装目录>/bin 目录加到 path 环境变量中（在 Windows 下）。在控制台中进入 Web 工程目录，并输入如下的命令：

```
jar cvf firstweb.war WEB-INF
```

执行完上面的命令后，在当前目录会生成一个 firstweb.war 文件，将其复制到<Tomcat 安装目录>\firstapps 目录即可。

虽然将 war 文件放到了 webapps 目录中，但是在 Tomcat 启动过程中又将 war 文件解压成了目录，因此，在 webapps 中使用 war 包和目录发布实际上是一样的。

1.2.3　发布到指定的目录

在 Tomcat 中可以将磁盘上的任何目录映射成 Web 目录。方法也很简单。首先用任何一款文件编辑器打开<Tomcat 安装目录>\conf\server.xml，然后找到<Host>标签，并在<Host>标签中加入一个子标签<Context>。假设 d:\firstweb 是一个 Web 工程目录，并且要发布它，配置好的标签内容如下：

server.xml 的内容：

```
…
<Host name="localhost"appBase="webapps"
    unpackWARs="true"autoDeploy="true">
    …
    <Context path="/firstweb"docBase="d:\firstweb"debug="0" />
    …
</Host>
…
```

<Context>标签中的 path 属性表示可访问的 Web 路径，也就是如下 URL 中的/firstweb：

```
http://localhost:8080/firstweb/FirstServlet
```

如果 path 为空字符串，则表示为 Web 站点的根目录。如下面的<Context>标签所示：

```
<Context path="" docBase="d:\firstweb"debug="0"/>
```

如果用上面的配置，则可用如下 URL 来访问 Web 资源：

```
http://localhost:8080/FirstServlet
```

docBase 是一个在磁盘上的实际存在的 Web 工程目录（可以是相对路径，也可以是绝对路径），或是一个*.war 文件（也就是 war 包）。如果 docBase 是相对路径，那么这个路径将是相对于<Host>标签的 appBase 所指的目录而言。在本例中，appBase 所指向的是<Tomcat 安装目录>\webapps。在<Host>中的 unpackWARs 属性如果为 true，所有放到 webapps 目录中的 war 包在发布时都会自动解压。而 autoDeploy 属性如果为 true，Tomcat 在不重启的情况下，所复制到 webapps 目录中的 Web 工程目录或 war 包都会自动发布。

除了可以将<Context>作为<Host>的子标签外，还可以将<Context>提出来放到 XML 文件中。这些 XML 文件必须被放到<Tomcat 安装目录>\conf\<引擎名>\<主机名>中。在 Tomcat 中，<引擎名>为 Catalina，<主机名>就是<Host>标签中 name 属性的值，也就是 localhost。因此，这些 XML 文件的存放目录为<Tomcat 安装目录>\conf\Catalina\localhost。在这个目录中所有的

XML 文件中的<Context>和<Host>中的<Context>同样对待。

在使用<Context>发布 Web 程序时应注意以下两点：

- <Context>标签必须是<Host>的子标签。
- <Context>标签在<Host>中可以存在多个，但每个<Context>中的 path 不能有重复，否则 Tomcat 在启动时将出现异常。

1.3　配置数据库连接池

由于基于 HTTP 协议的 Web 程序是无状态的，因此，在应用程序中使用 JDBC 时，每次处理客户端请求时都会重新建立数据库连接。如果客户端的请求频繁的话，这将会消耗非常多的资源。因此，在 Tomcat 中提供了数据库连接池技术。数据库连接池负责分配、管理和释放数据库连接，它允许应用程序重复使用一个现有的数据库连接，而不是重新建立一个数据库连接。在使用完一个数据库连接后，将其归还数据库连接池，以备其他程序使用。

在 Tomcat 中配置数据库连接池有以下两种方法。

【方法 1】　配置全局数据库连接池，具体步骤如下。

（1）在<Tomcat 安装目录>\conf\server.xml 文件中找到<GlobalNamingResources>标签，并加入一个子标签<Resource>，这个子标签的配置如下：

```
<Resource name="jdbc/mydb" auth="Container"
          type="javax.sql.DataSource"
          driverClassName="com.mysql.jdbc.Driver"
          url="jdbc:mysql://localhost:3306/mydb?characterEncoding=GBK"
          username="root"
          password="1234"
          maxActive="200"
          maxIdle="50"
          maxWait="3000"/>
```

上面的配置代码有几个和数据库连接池性能有关的属性需要说明一下：

- maxActive：连接池可以存储的最大连接数，也就是应用程序可以同时获得的最大连接数。这个属性值一般根据 Web 程序的最大访问量进行设置。
- maxIdle：最大空闲连接数。当应用程序使用完一个数据库连接后，如果连接池中存储的连接数小于 maxIdle，这个数据库连接并不马上释放，而是存储在连接池中，以备其他程序使用。这个属性值一般根据 Web 程序的平均访问量进行设置。
- maxWait：暂时无法获得数据库连接的等待时间（单位：毫秒）。如果应用程序从数据库连接池中获得的数据库连接已经等于 maxActive，而且都没有归还给连接池，这时再有程序想获得数据库连接，就会等待 maxWait 所指定的时间。如果超过 maxWait 所指定的时间还无法获得数据库连接，就会抛出异常。

（2）在<Tomcat 安装目录>\conf\Catalina\localhost 中建立一个 samples.xml 文件（文件名要和 path 属性值一致），然后输入如下内容：

```
<Context path="/samples"docBase="samples"debug="0">
```

```
    <ResourceLink name="jdbc/mydb"global="jdbc/mydb"type="javax.sql.Data Source"/>
</Context>
```

【方法 2】 配置局部数据库连接池，具体步骤如下：

在<Tomcat 安装目录>\conf\Catalina\localhost 中建立一个 samples.xml 文件，然后输入如下内容：

```
<Context path="/samples"docBase="samples"debug="0">
      <Resource name="jdbc/mydb"auth="Container"
             type="javax.sql.DataSource"
             driverClassName="com.mysql.jdbc.Driver"
             url="jdbc:mysql://localhost:3306/mydb?characterEncoding=GBK"
             username="root"
             password="1234"
             maxActive="200"
             maxIdle="50"
             maxWait="3000"/>
</Context>
```

在配置完数据库连接池后，我们可按如下 3 个步骤来测试数据库连接池：

（1）使用 Eclipse 建立一个名为 ConnPool 的 Servlet 程序，代码如下：

```
package servlet;
import java.io.*;
import java.sql.*;
import javax.servlet.*;
import javax.servlet.http.*;
public class ConnPool extends HttpServlet
{
    public void doGet(HttpServletRequest request, HttpServletResponse response)
            throws ServletException,IOException
    {
        response.setContentType("text/html");
        response.setCharacterEncoding("GBK");
        PrintWriter out=response.getWriter();
        try
        {
            javax.naming.Context ctx=new javax.naming.InitialContext();
            javax.sql.DataSource ds=(javax.sql.DataSource) ctx
                    .lookup("java:/comp/env/jdbc/jdbcdemo");
                                                //获得 DataSource 对象
            Connection conn = ds.getConnection();
                                                //从数据库连接池获得一个数据库连接
        //  执行 Select 语句
            PreparedStatement pstmt=conn
                    .prepareStatement("SELECT name,author FROM t_books");
            ResultSet rs=pstmt.executeQuery();
            StringBuilder table=new StringBuilder();
```

```
            table.append("<table border='1'>");
            table.append("<tr><td>书名</td><td>作者</td></tr>");
            while (rs.next())
            {
                table.append("<tr><td>"+rs.getString("name")+"</td><td>");
                table.append(rs.getString("author")+"</td></tr>");
            }
            table.append("</table>");
            out.println(table.toString());
            // 从连接池获得的数据库连接不用关闭，只需要关闭 PreparedStatement 即可
            pstmt.close();
        }
        catch(Exception e)
        {
            out.println(e.getMessage());
        }
        out.flush();
        out.close();
    }
}
```

在建立完 ConnPool.java 后，Eclipse 会向 web.xml 文件自动添加如下内容：

```
<servlet>
  <servlet-name>connpool</servlet-name>
  <servlet-class>servlet.ConnPool</servlet-class>
</servlet>
<servlet-mapping>
  <servlet-name>connpool</servlet-name>
  <url-pattern>/ConnPool</url-pattern>
</servlet-mapping>
```

（2）在 Eclipse 中启动 Tomcat（如果 Tomcat 已启动，则忽略此步骤）。

（3）在浏览器地址中输入如下 URL：

```
http://localhost:8080/samples/ConnPool
```

浏览器中显示的结果如图 1.10 所示。

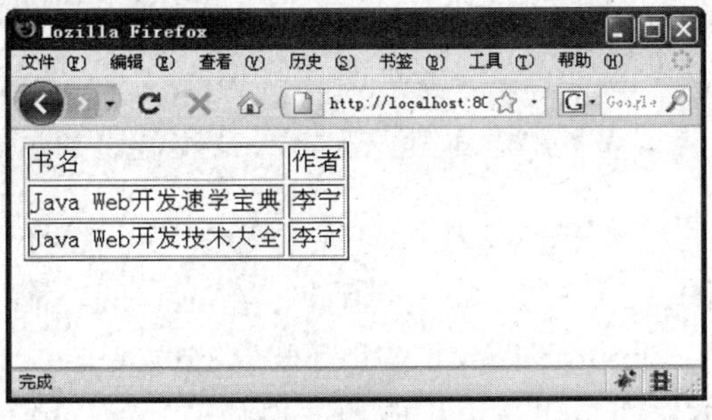

图 1.10　测试连接池成功

1.4　Servlet 的原理和实现

1.4.1　Servlet 程序的层次关系

Servlet 是 J2EE 规范的一个重要组成部分。而在 J2EE 中的所有规范（EJB、Servlet、JSP 等）都使用了接口（Interface）来定义，由于类在实现接口时，必须实现接口中定义的所有方法，因此，使用接口来定义规范可以强制规范的实现者必须按统一的标准来工作。总的来说：在面向对象程序设计领域，规范可以被看做是接口（也可能会有抽象类）的集合。

既然 Servlet 也是规范，那么我们自然会想到，Servlet 也是由一组接口来定义的。实际上，Servlet 规范由一个叫 Servlet 的接口和其他相关的接口组成。所有的 Servlet 类必须实现 Servlet 接口。这些接口可以在<Tomcat 安装目录>\lib\servlet-api.jar 中找到。Servlet 接口的定义如下：

```
package javax.servlet;
import java.io.IOException;
public interface Servlet
{
    public void init(ServletConfig config)throws ServletException;
    public ServletConfig getServletConfig();
    public void service(ServletRequest req,ServletResponse res)
            throws ServletException,IOException;
    public String getServletInfo();
    public void destroy();
}
```

读者可以从上面的代码看出，Servlet 共定义了 5 个方法，这就意味着每编写一个 Servlet 程序，就必须实现 5 个方法。但这些方法在实际工作中并不都会用到，因此，每次重复地实现这些方法就会增加很多不必要的工作量。

为了减少编写 Servlet 的工作量，在 servlet-api.jar 中提供了一个 GenericServlet 抽象类，GenericServlet 实现了 Servlet 中除了 service 方法外的其他 4 个方法。因此，现在所有的 Servlet 类只需要从 GenericServlet 继承就可以了，而且只需要实现 service 方法即可。

注意：

service 是 Servlet 的核心方法。客户端向服务端发送的各种 HTTP 请求（GET、POST、HEAD 等）都要经过 service 方法。在 service 方法中有两个参数：req 和 res。这两个参数的类型分别为 ServletRequest 和 ServletResponse。这两个类型都是接口，实现它们的类分别封装了 InputStream 和 OutputStream（这两个流是从客户端的 Socket 中获得的）。也就是说，service 方法通过 req 从客户端获得请求数据，通过 res 向客户端返回响应数据。

虽然只需要实现一个方法，但仍然有很多问题需要编写大量的代码解决，如将不同的 HTTP 方法（GET、POST、HEAD 等）分开处理。因此，在 servlet-api.jar 中提供了另一个抽象类 HttpServlet。这个类从 GenericServlet 继承，并实现了 service 方法。在 HttpServlet 类中通过 service 方法将处理 HTTP 的不同方法的工作交由相应的方法处理，如 doGet、doPost、doHead 等。如下面的代码为 doGet 方法的实现（其他方法的实现过程类似）：

```
    public abstract class HttpServlet extends GenericServlet implements java.io.
Serializable
    {
       …
       protected void doGet(HttpServletRequest req,HttpServletResponse resp)
                 throws ServletException,IOException
       {
          String protocol=req.getProtocol();
          String msg=lStrings.getString("http.method_get_not_supported");
          if (protocol.endsWith("1.1"))
          {
             resp.sendError(HttpServletResponse.SC_METHOD_NOT_ALLOWED, msg);
          }
          else
          {
             resp.sendError(HttpServletResponse.SC_BAD_REQUEST, msg);
          }
       }
       …
    }
```

有了 HttpServlet，我们在编写 Servlet 程序时就轻松多了，只需要继承 HttpServlet，而无须编写一行代码就可以实现一个空的 Servlet 程序（虽然 HttpServlet 是抽象类，但在 HttpServlet 中并没有一个抽象方法，因此，这个类除了不能实例化外，和普通类没什么区别）。因此，Servlet 程序一般都是继承 HttpServlet 类的。Servlet 程序的层次结构如图 1.11 所示。

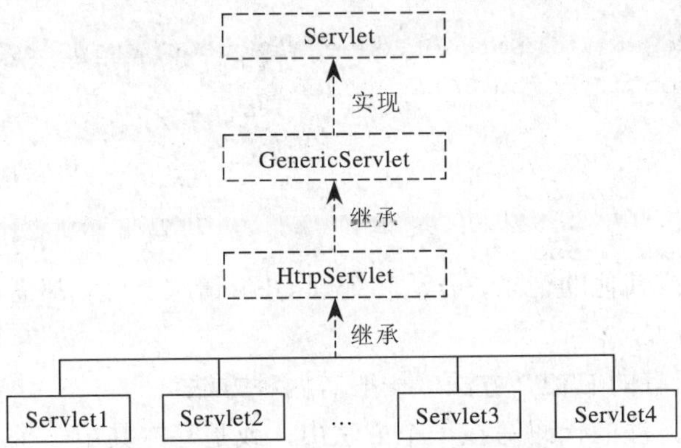

图 1.11　Servlet 的继承关系

图 1.11 中虚线框表示接口，点画线框表示抽象类，实线框表示类。

1.4.2　Servlet 的编写过程

最简单的 Servlet 程序就是继承 HttpServlet 的空类，如下面代码所示：

```
public class MyServlet extends HttpServlet
{
}
```

但这个 Servlet 什么都做不了，而且在浏览器中访问时将抛出一个异常，如图 1.12 所示。

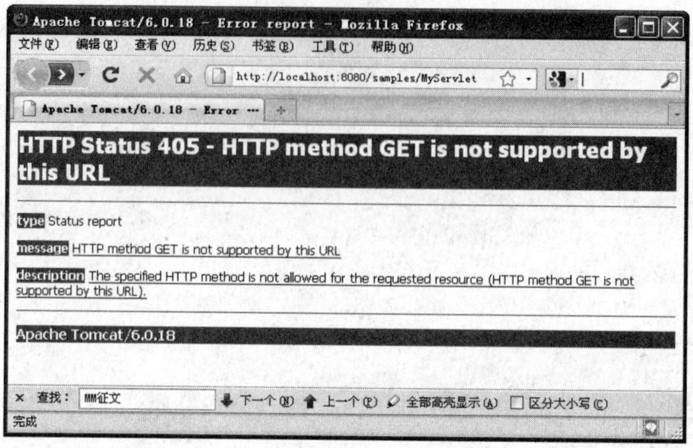

图 1.12　访问 MyServlet 时抛出异常

从错误提示可以看出，抛出异常的原因是由于 MyServlet 不支持 GET 方法。实际上，在 HttpServlet 类中已经为我们默认实现了 doGet、doPost 等方法，在默认实现代码中，它们都会抛出一个不支持该方法的异常（从上面给出的 doGet 方法的实现代码就可以看出这一点）。如果 Servlet 程序不覆盖 HttpServlet 中相应的 doXXX()方法，那么就无法使用相应的 HTTP 方法来请求 Servlet。

要想让 Servlet 支持某一个 HTTP 方法，就必须覆盖相应的 HttpServlet 类的 doXXX()方法。如在客户端要使用 GET 方法访问 Servlet，就要在 Servlet 中覆盖 doGet()方法，如下面代码所示：

```
public class MyServlet extends HttpServlet
{
    public void doGet(HttpServletRequest request, HttpServletResponse response
    throws ServletException,IOException
    {
        //处理 GET 请求的代码
    }
}
```

如果要处理 POST 或其他的请求，方法和处理 GET 请求类似，都需要覆盖相应的 doXXX()方法。

要让 Servlet 支持所有的 HTTP 方法，一般有两种方法：

（1）将处理 HTTP 方法的代码写在一个方法中，或是写在其中一个 doXXX()方法中，然后在其他的 doXXX()方法中调用这个方法，也就是说，覆盖每一个 doXXX()方法，如下面的代码所示：

```
public class MyServlet extends HttpServlet
{
    public void doGet(HttpServletRequest request, HttpServletResponse response
    throws ServletException,IOException
    {
        //处理 GET 请求的代码
    }
    public void doPost(HttpServletRequest request,HttpServletResponse response
```

```
    throws ServletException,IOException
    {
        doGet(request,response);
    }
…
}
```

（2）直接覆盖 HttpServlet 类中的 service 方法。如下面的代码所示：

```
public class MyServlet extends HttpServlet
{
    public void service(HttpServletRequest request, HttpServletResponse response)
    throws ServletException,IOException
    {
        //处理所有 HTTP 请求的代码
    }
}
```

从上面的两种方法的比较中可以看出，第二种方法更方便。如果在 Servlet 中要支持所有的 HTTP 方法，建议使用第二种方法处理。

除了 doXXX()外，GenericServlet 中还有两个方法需要注意。

1．init()方法

这个方法的完整定义如下：

```
public void init(ServletConfig config)throws ServletException
```

这个方法在建立 Servlet 对象时调用，用于为 Servlet 做一些初始化的工作。其中 config 参数可以读取 Servlet 的配置信息（就是 web.xml 中的信息）。

2．destroy()方法

这个方法的完整定义如下：

```
public void destroy()
```

当一个 Web 应用程序被卸载或重新启动之前，destroy()被调用。这个方法主要用来释放一些被 Servlet 占用的资源（并不能清除 Servlet 被卸载后留在内存中的垃圾 Servlet 对象，这些垃圾由 JVM 负责清除）。

注意：

在编写完 Servlet 后，需要使用<Web 工程>\WEB-INF\web.xml 对 Servlet 进行配置才能运行。主要是将 Servlet 类和 Web 访问路径相对应。详细的配置过程请参阅 1.2.1 节中的内容。

1.4.3 Servlet 的执行过程

要运行一个 Servlet 程序，除了 Servlet 类和 web.xml 外，还需要一个 Servlet 引擎。Servlet 的运行完全由 Servlet 引擎来控制和调度。Servlet 引擎是一种容器程序，它负责管理和维护 Servlet 对象的生命周期。因此，Servlet 引擎也被称为 Servlet 容器或 Web 容器。除了 Servlet 引擎外，还需要一个可以处理并发操作的服务端程序（在本书中为 Tomcat）。由于很多 Web 服务器（如 Tomcat）都将 Servlet 引擎和服务端程序集成在一起，因此，大多数的时候也可以将 Web

服务器看做是 Servlet 引擎。因此，在本书中所指的 Servlet 引擎就是指 Tomcat。由此可见，运行 Servlet 的三要素是 Servlet 类、web.xml 和 Servlet 引擎。

注意：

Web 服务器和 Servlet 引擎的关系就和 Apache 服务器和安装在 Apache 上的 PHP 插件一样。PHP 插件利用 Apache 以并发的方式（就是多线程的方式）来处理客户端的请求。而对于每一个客户端请求，Apache 就会使用已经安装了的 PHP 插件来解释并运行 PHP 程序，然后再通过 Apache 来向客户端返回响应信息。

Servlet 引擎按下面的流程来运行一个 Servlet 程序：

（1）在接收到客户端的某个 HTTP 请求后，Servlet 引擎获得了一个 URL，并对其进行分析。假设客户端请求的 URL 如下：

```
http://localhost:8080/samples/FirstServlet
```

Servlet 引擎从上述的 URL 中提取了/samples 和/FirstServlet。

（2）在<Tomcat 安装目录>\conf\server.xml 中查找 path 为/samples 的<Context>标签（在这里只描述了一般的查找过程，也可以到 webapps 目录中去找 samples 目录），找到后，获得 doBase 所指的 Web 应用程序的目录或 war 包。

（3）根据上一步找到的 Web 应用程序的具体位置，找到 web.xml 并读取其中的内容（主要是<servlet>和<servlet-mapping>中的信息）。在获得这些信息后，将从 URL 提取的/FirstServlet 和<servlet-mapping>中的<url-pattern>进行比较。如果发现相匹配的<url-pattern>，就可以获得相应的 Servlet 类。

（4）如果在上一步中获得了相应的 Servlet 类，Servlet 引擎就会动态装载这个 Servlet 类，并创建 Servlet 对象。

（5）在创建 Servlet 对象后，开始执行相应的方法。先调用 init()方法，然后开始调用 service()方法（通过调用 service()方法，会根据客户端请求的不同 HTTP 方法调用相应的 doXXX()方法）。在调用 service()方法时，Servlet 引擎创建了两个对象，它们分别实现了 HttpServletRequest 和 HttpServletResponse 接口。这两个对象分别用于处理客户端的请求和向客户端发送响应信息。

（6）在 Web 应用程序被停止或重新启动之前，Servlet 引擎将卸载其中的 Servlet。这时，Servlet 引擎将调用 destroy()方法。

对上面的流程需要做如下 3 点补充说明：

- 对于不同 Servlet 的启动顺序可以由 web.xml 中的<servlet>标签的子标签<load-on-startup>决定。当这个标签的值为 0 或正整数时，数值大的 Servlet 先被装载。如果<load-on-startup>中的数值相同或为负数时，则由 Servlet 引擎自己决定先装载哪个 Servlet。
- Servlet 在装载后就常驻内存。因此，init()方法只在 Servlet 装载时运行一次，而每一个 Servlet 在每一次被访问时都会调用自己的 service()方法。在调用 service()方法时，都会创建一个新的 HttpServletRequest 请求对象和 HttpServletResponse 响应对象。
- 在默认情况下，当开发人员对 Servlet 进行了修改，除非重新启动 Tomcat，否则 Servlet 引擎还是执行内存中的 Servlet 对象实例。如果想在 Tomcat 不重新启动的情况下感知 Servlet 的变化，可以通过<Context>标签的 reloadable 属性来设置。设置代码如下：

```
<Context path="/samples"docBase="d:\samples"debug="0"reloadable="true"/>
```

使用上面的设置后，Tomcat 会监视 classes 和 lib 目录下的类是否改变，一旦其中某个类改变，Tomcat 就会重新装载这个改变的类。并在 Tomcat 所运行的命令行窗口或 MyEclipse 的 Console 中显示重新装载的相关提示信息。

1.4.4 显示服务端图像

为了更充分地理解 Servlet 的编写过程，在本节中不使用 Eclipse，而使用手工方式编写一个 Servlet。这个 Servlet 的主要功能是通过参数 name 指定一个 jpg 图像名，并在 IE 中显示这个图像。读者可按如下几个步骤来实现和运行这个 Servlet。

1. 建立 Web 应用程序的目录结构

在 D 盘（或其他的逻辑盘）建立如下 4 个目录：

- D:\viewimage。
- D:\viewimage\WEB-INF。
- D:\viewimage\WEB-INF\classes。
- D:\viewimage\src。

2. 编写 Servlet 类

在 D:\viewimage\src 中建立一个 View.java 文件，View.java 的内容如下所示：

```
package servlet;

import java.io.*;
import javax.servlet.*;
import javax.servlet.http.*;

public class View extends HttpServlet
{
    public void service(HttpServletRequest request, HttpServletResponse response)
            throws ServletException,IOException
    {
        response.setContentType("image/jpeg");  //设置响应信息的 ContentType
        OutputStream os=response.getOutputStream();
        byte[] buffer=new byte[8192];
        String imageName=request.getParameter("name");
                                                //获得 name 所指定的图像名
        FileInputStream fis=new FileInputStream(imageName);
        int count=0;
        //开始读取并传送 name 所指定的图像数据
        while (true)
        {
            count=fis.read(buffer);
            if(count<=0)
                break;
            os.write(buffer,0,count);
        }
```

```
        fis.close();
    }
}
```

3. 编译 Servlet 类

在控制台中进入 D:\viewimage\src，并使用如下命令编译 View.java：

```
javac -d.View.java
```

执行上述命令需要在 CLASSPATH 环境中设置 servlet-api.jar。如果在环境变量 CLASSPATH 中未设置 servlet-api.jar，也可以在执行上述命令之前，在控制台中执行如下的命令来设置临时的环境变量 CLASSPATH：

```
set CLASSPATH=<Tomcat 的安装目录>\lib\servlet-api.jar;%CLASSPATH%
```

在执行完上述命令后，将生成的 servlet 目录复制到 D:\viewimage\WEB-INF\classes 中。

4. 编写 web.xml

在 D:\imageview\WEB-INF 中建立一个 web.xml 文件，并输入如下的内容：

```
<?xml version="1.0" encoding="UTF-8"?>
<web-app version="2.5"
    xmlns="http://java.sun.com/xml/ns/javaee"
    xmlns:xsi="http://www.w3.org/2001/XMLSchema-instance"
    xsi:schemaLocation="http://java.sun.com/xml/ns/javaee
    http://java.sun.com/xml/ns/javaee/web-app_2_5.xsd">
  <servlet>
    <servlet-name>View</servlet-name>
    <servlet-class>servlet.View</servlet-class>
  </servlet>
  <servlet-mapping>
    <servlet-name>View</servlet-name>
    <url-pattern>/servlet/View</url-pattern>
  </servlet-mapping>
</web-app>
```

5. 发布 Servlet

在<Tomcat 安装目录>\conf\Catalina\localhost 中建立一个 viewimage.xml 文件，并输入如下的内容：

```
  <Context path="/viewimage"docBase="d:\viewimage"debug="0"reloadable="true"/>
```

上面的内容也可以放在<Tomcat 安装目录>\conf\server.xml 中的<Host>标签中。

6. 建立测试页

在 D:\viewimage 中建立一个 index.html 文件，并输入如下的内容：

```
<html>
<head>
<title>
浏览服务端图像
</title>
</head>
<body>
```

```
<form method="GET"action="servlet/View"target="_blank">
图像路径:
<input type="text"name="name"/>
<input type="submit"value="GET 方法提交"/>
</form>
<form method="POST"action="servlet/View"target="_blank">
图像路径:
<input type="text"name="name"/>
<input type="submit"value="POST 方法提交"/>
</form>
</body>
</html>
```

在输入完上述内容后，启动 Tomcat。

7．运行测试页

在浏览器地址栏中输入如下 URL：

```
http://localhost:8080/viewimage/index.html
```

在浏览器中出现的两个文本框中分别输入 d:\viewimage\img1.jpg 和 d:\viewimage\img2.jpg，如图 1.13 所示。

如果在 D:\viewimage 中两个图像存在，单击图 1.13 所示的两个按钮就会在弹出的新页面中显示相应的图像，如图 1.14 所示。

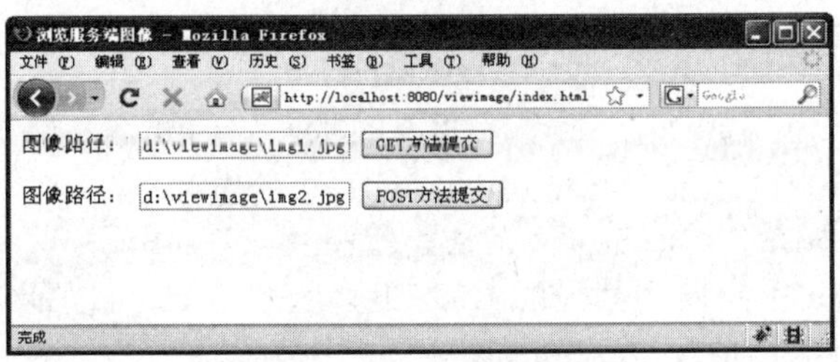

图 1.13　输入图像文件路径

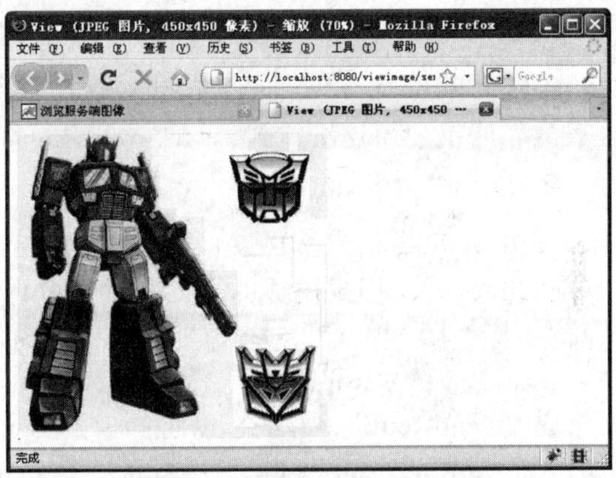

图 1.14　显示指定的图像

1.5　使用 HttpServletResponse 产生响应消息

对于一个 Servlet 在每次请求访问时，Servlet 引擎都会创建一个描述请求消息和一个描述响应消息的对象。其中描述请求消息的对象实现了 HttpServletRequest 接口，而描述响应消息的对象实现了 HttpServletResponse 接口。我们可以使用 HttpServletResponse 对象产生 3 种 HTTP 响应消息：状态行（也就是 HTTP 响应消息头的第一行）、响应消息头和响应正文。Servlet 引擎在创建了这两个对象后，就会调用此 Servlet 对象的 service()方法来处理各种 HTTP 方法（也就是调用 doXXX()方法）。

1.5.1　产生状态响应码

状态响应码存在于 HTTP 响应消息头的第一行（也就是状态行），如下所示：

```
HTTP/1.1 200 OK
```

上面的状态行分为 3 部分：HTTP 版本（HTTP/1.1）、状态代码（200）和状态消息（OK）。HTTP 协议的状态响应码为 3 位正整数，共分为 5 类：

- 100～199：表示服务端成功接收请求，但要求客户端继续提交下一次请求才能完成全部处理过程。
- 200～299：表示服务端已成功接收请求，并完成了全部处理过程。
- 300～399：表示客户端请求的资源已经移动到了别的位置，并向客户端提供一个新的地址，一般这个新地址由 HTTP 响应消息头的 Location 字段指定。
- 400～499：表示客户端的请求有错误。
- 500～599：表示服务端出现错误。

通过如下的方法可以设置状态响应码。

1．setStatus 方法

setStatus()方法可以设置任何 HTTP 响应消息的状态码，并生成响应状态行。由于响应状态行中的协议版本（在 server.xml 文件中的<Connector>标签中可以找到 Tomcat 定义的 HTTP 协议版本）和状态消息是由服务端决定的，因此，只需设置响应状态码就可以了。setStatus()方法的定义如下：

```
public void setStatus(int sc);
```

sc 表示响应状态码，它可以直接使用整数形式，也可以使用在 HttpServletResponse 中定义的常量（建议使用这种方式）。如 200 的常量为 HttpServletResponse.SC_OK。

2．sendRedirect 方法

虽然 setStatus 方法可以设置任意的响应状态码，但 HttpServletResponse 还是提供了一个 sendRedirect 方法用更快捷的方式来设置响应状态码 302。在这个区间内的状态码需要客户端重定向 URL（由 HTTP 响应消息头的 Location 指定的地址）。sendRedirect 方法的定义如下：

```
public void sendRedirect(String location)throws IOException;
```

通过 sendRedirect 方法可以将当前的 Servlet 重定向到其他的 URL 上，这个 URL 可以是绝对的（如 http://www.csdn.net），也可以是相对的（如/samples/test.html）。

3．sendError 方法

sendError 方法用于发送表示错误消息的状态码（也就是 400～599 之间的状态码）。而且还可以设置状态消息。sendError 方法的定义如下：

```
public void sendError(int sc)throws IOException;
public void sendError(int sc,String msg)throws IOException;
```

sc 表示响应状态码（一般是 404，但也可以是其他的状态响应码，如 500），msg 表示状态消息。

1.5.2　设置响应消息头

响应消息头是 HTTP 响应消息的重要组成部分。响应消息头由字段和字段值组成。下面的

内容就是一个标准的响应消息头：

```
Content-Length: 12000
Content-Type: text/html
Content-Location: http://www.csdn.net/index.htm
Last-Modified: Tue, 25 Dec 2007 11:30:06 GMT
Accept-Ranges: bytes
Server: Microsoft-IIS/6.0
X-Powered-By: ASP.NET
Date: Tue, 25 Dec 2007 11:49:53 GMT
```

从上面的内容可以看出，每一行都由一个字段和字段值组成，字段和字段值之间用“:”分隔（如 Content-Length:12000）。当使用 Servlet 向客户端发送响应消息时，为了达到某些目的，如通知浏览器使用何种字符集显示网页、指定响应正文的类型等，需要对某些响应消息头进行设置。在 HttpServletResponse 中为我们提供了这样的方法，如 addHeader、setHeader、addDateHeader、setDateHeader 等。下面的方法可以设置响应消息头。

1. addHeader 与 setHeader 方法

addHeader 和 setHeader 方法可用于设置 HTTP 响应消息头的所有字段，它们的定义如下：

```
public void addHeader(String name,String value);
public void setHeader(String name,String value);
```

其中 name 参数表示响应消息头的字段名，value 表示响应消息头的字段值。这两个方法都是向响应消息头增加一个字段。但它们不同的是，如果 name 所指的字段名已经存在，setHeader 方法会用 value 来覆盖旧的字段值，而 addHeader 会增加一个同名的字段（HTTP 响应消息头允许存在多个同名的字段）。在设置时，name 不区分大小写。如设置 Content-Type 时可使用下面两行代码中的任意一行：

```
response.setHeader("Content-Type","image/jpeg");
response.setHeader("content-type","image/jpeg");
```

2. addIntHeader 与 setIntHeader 方法

HttpServletResponse 提供了两个专门设置整型字段值的方法，它们的定义如下：

```
public void addIntHeader(String name,int value);
public void setIntHeader(String name,int value);
```

这两个方法和 setHeader 及 addHeade 的用法类似。使用这两个方法在设置整型字段值时避免了将 int 类型转换为 String 类型的麻烦。

3. addDateHeader 与 setDateHeader

HttpServletResponse 提供了两个专门设置日期字段值的方法，它们的定义如下：

```
public void addDateHeader(String name,long date);
public void setDateHeader(String name,long date);
```

这两个方法和 setHeader 及 addHeader 的用法类似。HTTP 响应头中的日期一般为 GMT 时间格式。这两个方法在设置日期字段值时省去了将自 1970 年 1 月 1 日 0 时 0 分 0 秒开始计算的一个以毫秒为单位的长整数值转换为 GMT 时间字符串的麻烦。

4. setContentType 方法

setContentType 方法用于设置 Servlet 的响应正文的 MIME 类型，对于 HTTP 协议来说，就是设置 Content-Type 字段的值。如响应正文是 jpeg 格式的图形数据，就需要使用这个设置将响应正文的 MIME 类型设置成 image/jpeg，代码如下：

```
response.setContentType("image/jpeg");
```

关于更详细的 MIME 类型消息，可以在<Tomcat 安装目录>\conf\web.xml 中找到。setContentType 还可指定响应正文所使用的字符集类型，如 text/html; charset=GBK，在设置字符集类型时，charset 应为小写，否则不起作用。如果在 MIME 类型中未指定字符集编码类型，并且使用 getWriter 方法返回的 PrintWriter 对象输出文本时，Tomcat 将使用默认的 ISO8859-1 的字符集编码类型。因此，如果在 Servlet 中要向客户端输出中文时，应使用 setContentType 方法设置响应的 MIME 类型。

5．setCharacterEncoding 方法

这个方法实际上是设置 Content-Type 字段的字符集部分，也就是上面所讲的 text/html; charset=GBK 中的 charset=GBK 部分。在使用 setCharacterEncoding 方法之前，如果 Content-Type 不存在，则必须使用 setContentType 或 setHeader 方法添加 Content-Type，否则 setCharacter-Encoding 方法字符集类型不会出现在响应消息头上。

6．setContentLength 方法

setContentLength 方法用于设置响应正文的大小（单位是字节）。对于 HTTP 协议来说，这个方法就是设置 Content-Length 字段的值。我们在使用很多下载工具下载文件时，会发现在每个下载文件的消息栏中都会显示文件大小，其实这个值就是从 Content-Length 字段中获得的。如果下载某些文件时，无法正确显示文件大小，说明 HTTP 响应消息中并未设置 Content-Length 字段。一般来说，在 Servlet 中并不需要使用 setContentLength 方法设置 Content-Length 的值，因为 Servlet 引擎会根据向客户端实际输出的响应正文的大小自动设置 Content-Length 字段的值。

7．containsHeader 方法

containsHeader 方法用于检查某个字段名是否在响应消息头中存在，如果存在，则返回 true，否则返回 false。containsHeader 方法的定义如下：

```
public boolean containsHeader(String name);
```

1.5.3　验证响应消息头设置情况

在本节中将给出一个完整的例子来演示如何通过 HttpServletResponse 来设置 HTTP 响应消息头。我们可按如下 3 个步骤来实现和测试程序：

（1）编写 Servlet 程序。用 Eclipse 建立一个名为 ExploreResponseHeader 的 Servlet 程序，并使用下面的代码覆盖自动生成的代码。

```
package servlet;

import java.io.*;
import javax.servlet.*;
import javax.servlet.http.*;
import java.util.*;

public class ExploreResponseHeader extends HttpServlet
```

```
{
    public void doGet(HttpServletRequest request,HttpServletResponse response)
            throws ServletException,IOException
    {
        response.setContentType("text/html;charset=GBK");
        response.setHeader("Content-Length","3000");
        response.addHeader("NewField1","value1");
        Calendar cal=Calendar.getInstance();
        cal.set(2009, 11, 20); //月从 0 至 11，也就是说 1 月用 0 表示
        response.addDateHeader("MyDate",cal.getTimeInMillis());
        response.setIntHeader("NewField2",3000);
    }
}
```

在建立 Servlet 后，Eclipse 向 web.xml 中自动添加如下内容：

```
  <servlet>
    <description></description>
    <display-name>ExploreResponseHeader</display-name>
    <servlet-name>ExploreResponseHeader</servlet-name>
    <servlet-class>servlet.ExploreResponseHeader</servlet-class>
  </servlet>
  <servlet-mapping>
    <servlet-name>ExploreResponseHeader</servlet-name>
    <url-pattern>/ExploreResponseHeader</url-pattern>
  </servlet-mapping>
</web-app>
```

（2）启动 Tomcat。

（3）测试 Servlet。由于浏览器无法显示 HTTP 响应消息头，因此，ExploreResponseHeader 不能直接使用浏览器来测试。显示 HTTP 响应消息头的方法有很多，在本例子中使用了一种简单的方法来查看响应消息头。我们可以选用任何一款下载工具。本例所采用的是影音传送带，读者也可以使用其他的下载工具，只要选用的下载工具可以显示 HTTP 响应消息头的消息即可。

使用影音传送带下载如下的 URL：

```
http://localhost:8080/samples/ExploreResponseHeader
```

在影音传送带的下载消息区中将显示出 HTTP 响应消息头，如图 1.15 所示的黑框中所显示的消息。

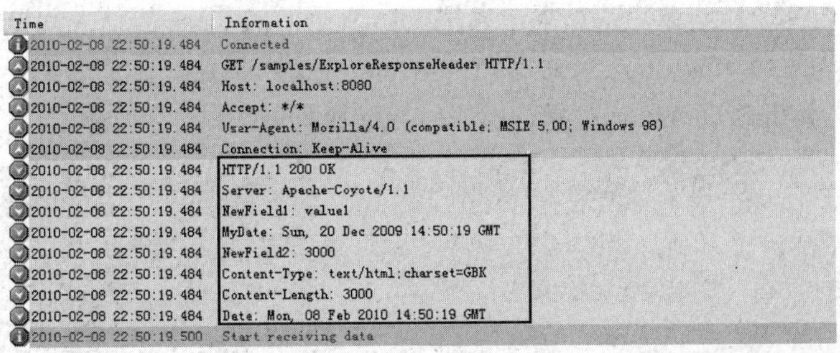

图 1.15　显示 HTTP 响应头信息

1.5.4　产生响应正文

为了向客户端返回响应正文，ServletResponse 提供了两个方法：getWriter 和 getOutputStream。getWriter 方法用于返回 Servlet 引擎创建的一个字符输出流对象，而 getOutputStream 方法用于返回一个 Servlet 引擎创建的一个字节输出流对象。这两个方法互相排斥，也就是说，调用一个方法后，就不能再调用另一个方法。

1．getWriter 方法

如果响应正文全部为字符文本，并且需要进行编码转换，建议使用 getWriter 方法。getWriter 方法的定义如下：

```
public PrintWriter getWriter()throws IOException;
```

从 getWriter 方法返回的 PrintWriter 对象不仅能很方便地向客户端返回响应正文，而且还会根据响应消息头的 Content-Type 所指定的字符编码格式自动转换响应正文（PrintWriter 返回的响应正文进行编码转换后的文本）。如下面的代码将“中国”转换为 utf-8 编码后，再返回给客户端。

```
001  response.setContentType("text/html;charset=utf-8");
002  PrintWriter out=response.getWriter();
003  out.println("中国");
```

在上面代码中，如果不写 001 行代码，在 IE 中显示的是“??”。这是因为如果不指定响应正文的编码格式，PrintWriter 就会将响应正文按 ISO8859-1 字符集编码格式进行转换。由于 ISO8859-1 编码格式根本没有表示中文的编码，因此，PrintWriter 就无法正确识别“中国”两个字符，PrintWriter 对于无法识别的字符就会用“?”代替。所以我们会在浏览器中看到“??”。在使用 setContentType 设置字符编码格式时要注意，charset=utf-8 中的“=”要紧挨着 charset，也就是说它们之间不能有空格，否则 Tomcat 将不能正确读出字符编码格式，因此，返回的仍然是“??”(有可能其他的 Servlet 引擎“=”和 charset 之间可以有空格，读者在使用不同的 Servlet 引擎时应注意这一点)。

如果将上述代码中的 001 行换成如下的代码，并且浏览器处于自动选择编码状态：

```
response.setCharacterEncoding("utf-8");
```

要想让浏览器自动选择响应正文的编码格式，需要用 setContentType 方法设置 MIME 类型，代码如下：

```
response.setContentType("text/html");
```

在使用完 PrintWriter 对象后，如果未调用 PrintWriter 的 close 方法关闭 PrintWriter 对象，Servlet 引擎会自动调用 close 方法来关闭 PrintWriter 对象。但建议在使用完 PrintWriter 对象后调用 close 方法来关闭 PrintWriter 对象，以便尽早释放资源。

注意：

使用 PrintWriter 对象响应正文进行编码时，必须在调用 getWriter 方法之前设置 charset 的值，否则无法正确编码。其他的设置响应信息头的语句可以在输出响应正文之后，但建议在调用 getWriter 方法之前设置响应信息头。

2．getOutputStream 方法

getOutputStream 方法返回了一个 ServletOutputStream 对象。可以通过这个对象返回任何响应正文（包括图像、视频等二进制数据）。getOutputStream 的定义如下：

```
public ServletOutputStream getOutputStream()throws IOException;
```

也可以使用 ServletOutputStream 返回字符文本响应正文。一般通过 ServletOutputStream 有两种方法：

（1）将字符文本的响应正文转换为字节后返回，代码如下：

```
OutputStream out=response.getOutputStream();
out.write("中国".getBytes());
```

如果想用其他的字符编码格式发送响应正文，需要通过 getBytes 方法获得字符串的相应字符编码格式的字节流。如使用 utf-8 编码格式发送响应正文的代码如下：

```
response.setContentType("text/html;charset=utf-8");
OutputStream out=response.getOutputStream();
out.write("中国".getBytes("utf-8"));
```

（2）将字节输出流转换为 OutputStreamWriter 后直接输出字符文本，代码如下：

```
OutputStream out=response.getOutputStream();
OutputStreamWriter bOut=new OutputStreamWriter(out);
bOut.write("中国");
bOut.close();//这行必须写，否则无法输出响应正文
```

如果响应正文是非字符文本的数据（如 Word 文档、图像、zip 压缩文件等）或是不需要进行编码转换的字符文本（按字节形式原封不动地发送到客户端）建议使用字节输出流的方式返回响应正文。

1.5.5　用 sendRedirect 方法实现请求重定向

sendRedirect 方法在前面已经讲过。这个方法是 HttpServletResponse 接口定义的一个方法。在调用 sendRedirect 方法后，Servlet 引擎向客户端发送一个 302 的状态响应码，并在响应消息头中使用 Location 字段指定一个新的 URL。然后客户端浏览器会根据这个 URL 再次发送请求，这个 URL 可以是任何有效的地址。这个过程就相当于重新在浏览器的地址栏中输入这个新的 URL 一样。我们在使用 sendRedirect 方法后可以看到，浏览器的地址栏由一开始请求的 Servlet 地址，变为了 sendRedirect 所提供的新的地址。sendRedirect 的使用方法如下面的代码所示：

```
response.sendRedirect("http://www.csdn.net");
```

1.5.6　用 include 方法实现资源包含

有时为了代码重用，需要将某些公用的代码和数据放到一个或几个 Servlet 中，以供其他的 Servlet 使用。RequestDispatcher.include 方法为我们提供了这个功能。我们可以通过 GenericServlet.getServletContext 方法获得一个 ServletContext 对象，然后通过 ServletContext.getRequestDispatcher 方法封装一个 Servlet，并获得一个 RequestDispatcher 对象。RequestDispatcher 封装的资源也可以是静态的 HTML 文件。下面的例子演示了如何使用 include 方法使用其他的 Servlet 和 HTML 文件。

（1）用 Eclipse 建立两个 Servlet，代码如下：

IncludedServlet.java

```
package servlet;

import java.io.*;
import javax.servlet.*;
import javax.servlet.http.*;

public class IncludedServlet extends HttpServlet
{
    public void service(HttpServletRequest request, HttpServletResponse response)
            throws ServletException,IOException
    {
        response.setContentType("text/plain;charset=utf-8");
        PrintWriter out=response.getWriter();
        out.println("<b>李宁</b><br/>");
        out.println("IncludedServlet URI: " + request.getRequestURI() + "<p/>");
    }
}
```

IncludingServlet.java

```
package servlet;

import java.io.*;
import javax.servlet.*;
import javax.servlet.http.*;

public class IncludingServlet extends HttpServlet
{
    public void service(HttpServletRequest request, HttpServletResponse response)
            throws ServletException,IOException
    {
        response.setContentType("text/html;charset=gb2312");
        PrintWriter out=response.getWriter();
        out.println("超人<br/>");
        out.println("IncludingServlet URI:" + request.getRequestURI() + "<p/>");
        //RequestDispatcher对象封装的资源路径前必须加“/”
        RequestDispatcher rd=getServletContext().getRequestDispatcher(
                "/IncludedServlet");
        rd.include(request,response);
        rd=getServletContext().getRequestDispatcher("/IncludedHtml.html");
        rd.include(request,response);
    }
}
```

Eclipse 会自动在 web.xml 中添加如下内容：

```
<servlet>
  <description></description>
```

```
  <display-name>IncludedServlet</display-name>
  <servlet-name>IncludedServlet</servlet-name>
  <servlet-class>servlet.IncludedServlet</servlet-class>
</servlet>
<servlet-mapping>
  <servlet-name>IncludedServlet</servlet-name>
  <url-pattern>/IncludedServlet</url-pattern>
</servlet-mapping>
<servlet>
  <description></description>
  <display-name>IncludingServlet</display-name>
  <servlet-name>IncludingServlet</servlet-name>
  <servlet-class>servlet.IncludingServlet</servlet-class>
</servlet>
<servlet-mapping>
  <servlet-name>IncludingServlet</servlet-name>
  <url-pattern>/IncludingServlet</url-pattern>
</servlet-mapping>
```

（2）用 Eclipse 在 Web 根目录中建立一个 HTML 文件，代码如下：

```
<table border="1">
<tr>
<td>书名</td>
<td>出版日期</td>
</tr>
<tr>
<td>Java 基础</td>
<td>2006 年 12 月</td>
</tr>
</table>
```

（3）在 Eclipse 中启动 Tomcat。

（4）在浏览器地址栏中输入如下的 URL：

```
http://localhost:8080/samples/IncludingServlet
```

运行结果如图 1.16 所示。

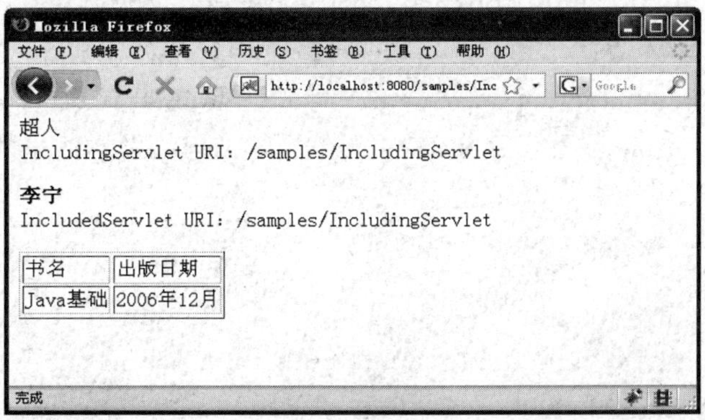

图 1.16　请求转发

从上面的例子中可以得出以下两个结论：

- 在使用 include 方法时，Servlet 引擎并不会调整 HttpServletRequest 中的消息。因此，IncludingServet 和 IncludedServlet 都输出了访问 IncludingServlet 时的 URI。从这一点可以看出，调用 include 方法就相当于 Servlet 引擎在 IncludingServlet 的 service 方法中又调用了 IncludedServlet 的 service 方法，并将 IncludingServlet 的 service 方法的两个参数传入了 IncludedServlet 的 service 方法，因此才会得出同样的 URI 值。
- 在被调用者中（在本例中为 IncludedServlet）设置的响应消息头将被忽略。读者从 IncludedServlet.java 中的代码可以看到，已经将响应正文的编码格式设置成了 utf-8。但在浏览器中选择【查看】>【编码】>【Unicode (UTF-8)】命令后，发现所有的汉字都变成了乱码。这说明 Servlet 引擎发送的并不是 utf-8 编码格式，而是 GB2312。另外在 IncludedServlet 中设置了 MIME 类型是 text/plain，而在输出时却将“超人”变成了粗体，而不是直接输出“<b>李宁</b>
”。当使用如下 URL 时，将会直接输出“<b>李宁</b>
”，如图 1.17 所示。

```
http://localhost:8080/samples/IncludedServlet
```

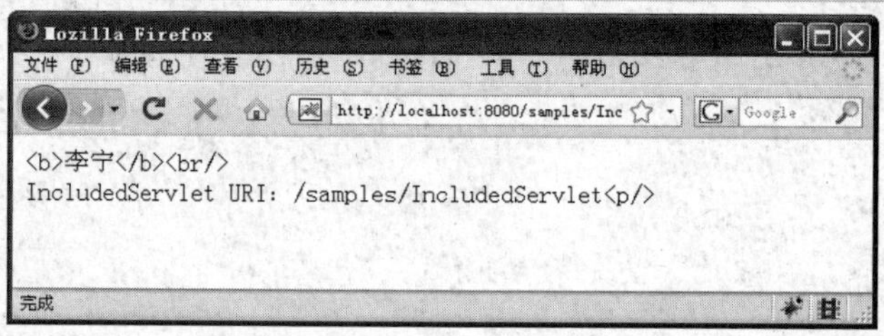

图 1.17　直接输入 HTML 代码

因此，可以断定，在 IncludedServlet 中调用的 setContentType 方法并没有生效。

1.5.7　用 forward 方法实现请求转发

RequestDispatcher.forward 和 RequestDispatcher.include 在使用方法上类似，但它们有以下 5 点不同：

- 在调用 forward 方法之前，输出缓冲区中的消息会被清空。也就是说，使用 forward 方法进行请求转发时，只可能输出 RequestDispatcher 封装的资源。
- 如果在调用 forward 方法之前，已经将缓冲区中的数据发送到客户端，在调用 forward 时会抛出 IllegalStateException 异常。这个异常消息会在 Tomcat 启动的控制台或是在 MyEclipse 的 Console 显示，而在 IE 中仍然会输出已经发送过来的消息。如下面的代码所示：

```
PrintWriter out=response.getPrintWriter();
  out.println("abcd");
  out.flush();
RequestDispatcher rd=getServletContext().getRequestDispatcher("/my.html");
rd.forward(request,response);
```

执行上面的代码后，在启动 Tomcat 的控制台中会抛出 IllegalStateException 异常，但在浏览器中仍然会正常输出 abcd。从这一点可以看出，在调用 forward 方法之前不能使用 flush 方法来刷新缓冲区，而且最好不要向客户端发送任何消息，否则就算不使用 flush 方法，当缓冲区被填满后，仍然会向客户端输出响应消息。

- 在调用者和被调用者中设置响应消息头都不会被忽略。而调用 include 方法时，只有在调用者中设置的响应消息头才会生效。
- Servlet 引擎会根据 RequestDispatcher 对象所包含的资源对 HttpServletRequest 对象中的请求路径和参数消息进行调整。而使用 include 方法时 Servlet 引擎并不调整这些消息。
- forward 方法只能使用一次，否则会抛出 IllegalStateException 异常，而 include 可以多次使用。

下面的例子演示了如何使用 forward 方法来实现请求转发。

（1）用 Eclipse 建立一个 Servlet，代码如下：

```
package servlet;

import java.io.*;
import javax.servlet.*;
import javax.servlet.http.*;

public class ForwardServlet extends HttpServlet
{
    public void service(HttpServletRequest request, HttpServletResponse response)
            throws ServletException,IOException
    {
        //RequestDispatcher对象封装的资源路径前必须加“/”
        RequestDispatcher rd=getServletContext().getRequestDispatcher(
                "/IncludingServlet");
        rd.forward(request,response);
    }
}
```

在建立完 ForwardServlet 后，Eclipse 会自动在 web.xml 中加入如下的内容：

```
<servlet>
  <servlet-name>ForwardServlet</servlet-name>
  <servlet-class>servlet.ForwardServlet</servlet-class>
</servlet>
<servlet-mapping>
  <servlet-name>ForwardServlet</servlet-name>
  <url-pattern>/ForwardServlet</url-pattern>
</servlet-mapping>
```

（2）启动 Tomcat。

（3）在浏览器的地址栏中输入如下的 URL：

```
http://localhost:8080/samples/ForwardServlet
```

运行结果如图 1.18 所示。

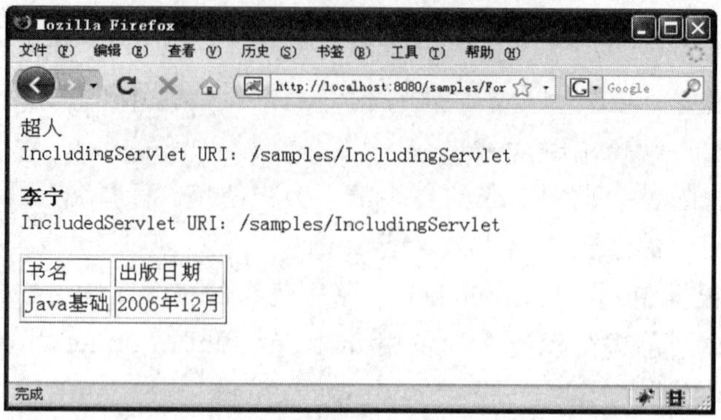

图 1.18　请求转发

1.6　使用 HttpServletRequest 获得请求消息

HTTP 请求消息和 HTTP 响应消息类似，也分为 3 部分：请求行、请求消息头、消息正文。在客户端请求某一个 Servlet 时，Servlet 引擎为这个 Servlet 创建了一个 HttpServletRequest 对象来存储客户端的请求消息，并在调用 service 方法时，将 HttpServletRequest 对象作为参数传入了 service 方法。

1.6.1　获取请求行消息

HTTP 请求消息的请求行分为 3 部分：请求方法（GET、POST、HEAD 等）、资源路径和 HTTP 协议版本，如下所示：

```
GET /samples/FirstServlet?name=bill&age=52 HTTP/1.1
```

通过如下的 URL 可以产生上面的请求行信息：

```
http://localhost:8080/samples/FirstServlet?name=bill&age=52
```

HttpServletRequest 接口中定义了若干的方法来获取请求行中的各个部分的信息，表 1.1 列出了这些方法的方法名、功能和从上面的请求行中获取的值。

表 1.1　HttpServletRequest 接口中用于获取请求行信息的方法

方 法 名	功　　能	值
getMethod	返回请求行中的请求方法（如 GET、POST、HEAD、PUT、DELETE 等）	GET
getRequestURI	返回请求行中的资源部分（不包括参数部分）	/samples/FirstServlet
getQueryString	返回请求行中的参数部分，也就是资源路径后面的“?”以后的所有内容。如果资源路径后面没有参数部分，则返回 null	name=bill&age=52
GetProtocol	返回请求行中的协议部分	HTTP/1.1
getContextPath	返回请求 URL 所属于的 Web 应用程序的路径。实际上就是<Context>标签中的 path 属性的值。如果 Web 应用程序处于根目录，则返回空字符串("")	/samples
getPathInfo	返回额外的路径部分。额外路径位于资源路径和参数之间，以“/”开头。如 FirstServlet 在 web.xml 中映射成了/FirstServlet/*，那么我们就可以用/FirstServlet/a、/FirstServlet/b 访问 FirstServlet，其中/a、/b 就是额外路径。如果没有额外路径，则返回 null	null

续表

方 法 名	功　　能	值
getPathTranslated	获得额外路径在服务端的绝对路径。如果没有额外路径，则返回 null	null
getServletPath	返回 web.xml 中<url-pattern>标签定义的 Servlet 映射路径	/FirstServlet
getParameter	返回某一个参数的值，如获得 name 参数值的代码是 getParameter("name")	bill

1.6.2　获取网络连接消息

假设客户端的 IP 是 192.168.18.10，服务器的 IP 是 192.168.18.254，服务器主机名为 webserver。通过如下的 URL 来访问 Servlet。

```
http://localhost:8080/samples/FirstServlet?name=bill&age=52
```

使用上面的 URL 访问 Servlet 将产生如下的 HTTP 请求消息：

```
GET /samples/FirstServlet?name=bill&age=52 HTTP/1.1
Accept: */*
Accept-Language: zh-cn
Accept-Encoding: gzip, deflate
User-Agent: Mozilla/4.0
Host: localhost:8080
Connection: Keep-Alive
```

表 1.2 描述了 HttpServletRequest 接口中用于获得客户端和服务端与网络连接有关的信息的方法。并根据上面的假设给出了方法返回值。

表 1.2　HttpServletRequest 接口中用于获得客户端和服务端与网络连接有关的信息的方法

方 法 名	功　　能	值
getRemoteAddr	返回客户端用于发送请求的 IP 地址	192.168.18.10
getRemoteHost	返回发出请求的客户端的主机名。如果 Servlet 引擎不能解析出客户端的主机名，则返回客户端的 IP	192.168.18.10
getRemotePort	返回客户端所使用的网络接口的端口号（这个值是由客户端的网络接口随机分配的）	1065（在读者的计算机上可能是其他的值）
getLocalAddr	返回 Web 服务器上接收请求的网络接口使用的 IP 地址	192.168.18.254
getLocalName	返回 Web 服务器上接收请求的网络接口使用的 IP 地址所对应的主机名	webserver
getLocalPort	返回 Web 服务器上接收请求的网络接口的端口号	8080
getServerName	返回 HTTP 请求消息的 Host 字段的值的主机名部分	localhost
getServerPort	返回 HTTP 请求消息的 Host 字段的值的端口号部分	8080
getScheme	返回请求的协议名，如 http、https 等	http
getRequestURL	返回完整的请求 URL（不包括参数部分）。这个方法返回的是 StringBuffer 类型，而不是 String 类型	http://localhost:8080/samples/FirstServlet

1.6.3　获取请求头消息

表 1.3 是 HttpServletRequest 接口中定义的用于获得请求头消息的方法。

表 1.3 用于获得请求头信息的方法

方法名	功能	值
getHeader	返回指定的 HTTP 请求消息头字段的值。如获得 Host 字段值的代码为 getHeader("Host")	localhost:8080
getHeaders	返回重名头字段的所有的值。这个方法返回一个 java.util.Enumeration 集合对象	由所有重复字段的值组成
getHeaderNames	返回一个包含 HTTP 请求消息中的所有头字段名的 Enumeration 对象	所有的字段名
getIntHeader	返回一个指定的头字段的值，并将其转换为整数	整数
getDateHeader	返回一个指定的头字段的值，并将其按 GMT 时间转换为一个长整型的数	长整数
getContentType	返回请求消息中请求正文的内容类型。	null
getContentLength	返回请求消息中请求正文的长度（单位：字节）。如果未指定长度，则返回-1	-1
getCharacterEncoding	返回请求正文的字符集编码，如果未指定字符集编码，则返回 null	null

1.7 处理 Cookie

我们在浏览网页时可能会注意到这样的现象，如在打开某个登录网页时，在第一次打开时，用户名输入框是空的，当输入一个用户名，并登录后。在第二次打开这个登录网页时，在第一次输入的用户名会被自动填入这个用户名输入框，就算我们重启计算机后，仍然如此。那么这到底是怎么回事呢？由于 HTTP 协议是无状态的，因此，它是不可能保存这个用户名的。那么只有一种可能，就是在第一次登录后，将这个用户名（或其他和用户名相关的标识）保存在了客户端硬盘的某个地方。当再次访问这个页面时，IE 根据这个被保存在客户端硬盘上的用户名或标识就可以知道这个用户曾经访问过这个页面，并对这个用户做进一步处理。这个被保存的用户名或用户标识就被称为一个 Cookie。

在了解 Cookie 如何工作之前，先给 Cookie 下个定义：Cookie 是在浏览器访问某个 Web 资源时，由 Web 服务器在 HTTP 响应消息头中通过 Set-Cookie 字段发送给浏览器的一组数据。

浏览器会根据 Set-Cookie 字段中的 Cookie 数据决定是否保存这些 Cookie。当浏览器下一次访问这个 Web 资源时，会自动读取这些 Cookie，并添加到 HTTP 请求消息头的 Cookie 字段中，Web 服务器会根据 Cookie 字段的内容做出响应的处理。如上述的用户名信息将使用 Cookie 字段发送到 Web 服务器，然后 Web 服务器会将这个用户名作为用户名输入框的默认值显示在 IE 中。

一个 Cookie 只能表示一个信息对，这个信息对由信息名（Name）和信息值（Value）组成。Web 服务器可以给一个 Web 浏览器发送多个 Cookie。但每个 Cookie 的大小一般被限制为 4KB。

1.7.1 Cookie 类

在 Servlet API 中，使用 java.servlet.http.Cookie 类来封装一个 Cookie 信息，在 HttpServletResponse 接口中定义了一个 addCookie 方法来向浏览器发送 Cookie 信息（也就是 Cookie 对象），在 HttpServletRequest 接口中定义了一个 getCookies 方法来读取浏览器发送的 Web 服务器的所有 Cookie 信息。Cookie 类中定义了生成和提取 Cookie 信息的各个属性的方法。

1．构造方法

Cookie 类只有一个构造方法，它的定义如下：

```
public Cookie(String name,String value)
```

其中 name 表示 Cookie 名（在 name 参数中不能包含任何空格字符、逗号（,）、分号（;），并不能以$字符开头），value 表示 Cookie 值。

2．getName 方法

getName 方法用于获得 Cookie 的名称。

3．setValue 和 getValue 方法

setValue 和 getValue 方法分别用于设置和获得 Cookie 的值。

4．setMaxAge 和 getMaxAge 方法

setMaxAge 和 getMaxAge 方法分别用于设置和获得 Cookie 在客户端的超时时间，也就是 Cookie 在客户端上的有效周期。如果设置为 0，则表示当 Cookie 数据发送到客户端浏览器时立即删除。如果设置为负数，则表示浏览器并不会把这个 Cookie 保存在硬盘上，这种 Cookie 被称为临时 Cookie（保存在硬盘上的 Cookie 被称为永久 Cookie）。它们只存在于当前浏览器的进程中，当浏览器关闭后，Cookie 自动失效。对于 IE 浏览器来说，不同的浏览器窗口不能共享临时 Cookie，但按【Ctrl+N】组合键或使用 JavaScript 的 windows.open 语句打开的窗口由于和它们父窗口属于同一个浏览器进程，因此，它们可以共享临时 Cookie。而在 FireFox 中，所有的进程和标签页都可以共享临时 Cookie。

5．setPath 和 getPath 方法

setPath 和 getPath 方法分别用于设置和获得当前 Cookie 的有效 Web 路径。如果在创建某个 Cookie 时未设置它的 path 属性，那么该 Cookie 只对当前访问的 Servlet 所在的 Web 路径及其子路径有效。如果要想使 Cookie 对整个 Web 站点中的所有可访问的路径都有效，需要将 path 属性设置为“/”。

6．setDomain 和 getDomain 方法

setDomain 和 getDomain 方法分别用于设置和获得当前 Cookie 的有效域。

7．setComment 和 getComment 方法

setComment 和 getComment 方法分别用于设置和返回当前 Cookie 的注释部分。

8．setVersion 与 getVersion 方法

setVersion 和 getVersion 方法分别用于设置和获得当前 Cookie 的协议版本。

9．setSecure 和 getSecure 方法

setSecure 和 getSecure 方法分别用于设置和获得当前 Cookie 是否只能使用安全的协议安装 Cookie。

1.7.2 Cookie 的功能演示

本节将给出一个完整的实例来演示如何在 Servlet 中使用 Cookie，具体步骤如下。

（1）使用 Eclipse 建立两个 Servlet，代码如下：

SaveCookie.java

```
package servlet;
import java.io.*;
import javax.servlet.*;
import javax.servlet.http.*;
public class SaveCookie extends HttpServlet
{
    public void service(HttpServletRequest request, HttpServletResponse response)
            throws ServletException, IOException
    {
        response.setContentType("text/html; charset=GBK");
        PrintWriter out=response.getWriter();
        //设置临时 Cookie，临时 Cookie 不用设置 path 属性
        Cookie tempCookie=new Cookie("temp", "12345678"); //临时 Cookie
        tempCookie.setMaxAge(-1); //-1 是 MaxAge 的默认值
        response.addCookie(tempCookie);
        //设置 MaxAge 为 0 的 Cookie
        Cookie cookie=new Cookie("cookie","6666");
        cookie.setMaxAge(0); // MaxAge 设为 0，浏览器接收到 Cookie 后，Cookie 立即被删除
        response.addCookie(cookie);
        //设置永久 Cookie
        String user=request.getParameter("user");
        if (user!=null) //如果请求 URL 含有 user 参数，创建这个永久 Cookie
        {
            Cookie userCookie=new Cookie("user", user);
            userCookie.setMaxAge(60 * 60 * 48); //将 MaxAge 设为 2 天
            userCookie.setPath("/"); //这个 Cookie 对站点中所有目录下的访问路径都有效
            response.addCookie(userCookie);
        }
        RequestDispatcher readCookie=getServletContext()
                .getRequestDispatcher("/ReadCookie"); //包括/ReadCookie 资源
        readCookie.include(request, response);
    }
}
```

ReadCookie.java

```
package servlet;

import java.io.*;
import javax.servlet.*;
import javax.servlet.http.*;

public class ReadCookie extends HttpServlet
{
    //通过一个 Cookie 名获得 Cookie 对象，未找到指定名的 Cookie 对象，返回 null
    private Cookie getCookieValue(Cookie[] cookies, String name)
    {
        if(cookies!=null)
```

```
        {
            for(Cookie c:cookies)
            {
                if(c.getName().equals(name))
                    return c;
            }
        }
        return null;
    }
    public void service(HttpServletRequest request, HttpServletResponse response)
            throws ServletException,IOException
    {
        response.setContentType("text/html;charset=GBK");
        PrintWriter out=response.getWriter();
        //获得临时Cookie ，getCookies方法获得一个保存了请求消息头中所有Cookie的数组
        Cookie tempCookie=getCookieValue(request.getCookies(),"temp");
        if (tempCookie!=null)
            out.println("临时Cookie值: "+tempCookie.getValue()+"<br/>");
        else
            out.println("临时Cookie未设置! <br/>");
        //这个Cookie永远不可能获得，因为它的MaxAge为0
        Cookie cookie=getCookieValue(request.getCookies(),"cookie");
        if(cookie!=null)
            out.println("cookie: "+cookie.getValue()+"<br/>");
        else
            out.println("cookie已经被删除!<br/>");
        //获得永久Cookie
        Cookie userCookie=getCookieValue(request.getCookies(),"user");
        if (userCookie!=null)
            out.println("user: "+userCookie.getValue());
        else
            out.println("user未设置! ");
    }
}
```

在建立完上述的两个Servlet后，MyEclipse会在web.xml中自动添加如下内容：

```
<servlet>
  <servlet-name>SaveCookie</servlet-name>
  <servlet-class>servlet.SaveCookie</servlet-class>
</servlet>
<servlet>
  <servlet-name>ReadCookie</servlet-name>
  <servlet-class>servlet.ReadCookie</servlet-class>
</servlet>
<servlet-mapping>
  <servlet-name>SaveCookie</servlet-name>
  <url-pattern>/SaveCookie</url-pattern>
```

```
    </servlet-mapping>
    <servlet-mapping>
      <servlet-name>ReadCookie</servlet-name>
      <url-pattern>/ReadCookie</url-pattern>
    </servlet-mapping>
```

（2）启动 Tomcat

（3）在浏览器中输入如下 URL：

```
http://localhost:8080/samples/SaveCookie?us
er=bill
```

在浏览器中的显示结果如图 1.19 所示。

使用如下 URL 也会得到图 1.19 的显示结果。

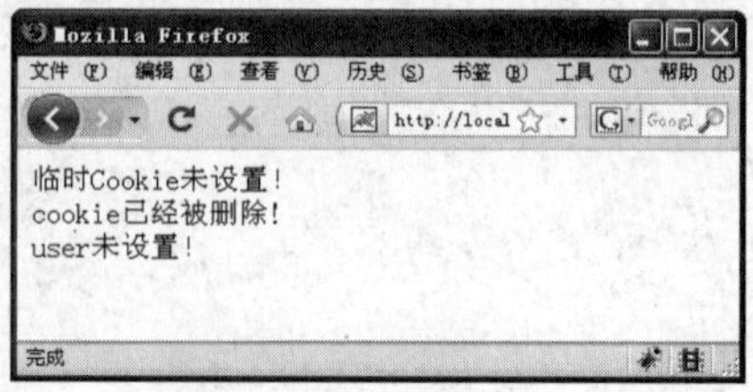

图 1.19　处理 Cookie

```
http://localhost:8080/samples/ReadCookie
```

1.8　处理 Session

虽然 Cookie 可以在客户端上保存一定数量的信息。但当数据量非常大（超过 4KB，就算小于 4KB，如 3KB，也会由于在服务端和客户端频繁传送 Cookie 信息而浪费大量的网络带宽）或数据结构复杂（如保存一个对象）时，Cookie 就显得力不从心。因此，在服务端的开发方案中提供了一种将大量数据保存在服务端的技术，并使用 SessionID（每一个 Session 都有一个唯一标识，叫做 SessionID）对这些数据进行跟踪，这就是 Session 技术。

在 Servlet 中使用 HttpSession 接口来描述 Session。一个 HttpSession 对象就是一个 Session。使用 HttpServletRequest 接口的 getSession 方法来获得一个 HttpSession 对象。

1.8.1　HttpSession 接口中的方法

1．getId 方法

getId 方法用于返回当前 HttpSession 对象的 SessionID。需要注意的是，SessionID 是系统 Servlet 引擎自动生成的，以保证它的唯一性。因此，并不需要 setId 方法来设置这个 SessionID。

2．getCreationTime 方法

getCreationTime 方法用于返回当前的 HttpSession 对象的创建时间，返回的时间是一个自 1970 年 1 月 1 日 0 时 0 分 0 秒开始计算的毫秒数。

3．getLastAccessedTime 方法

getLastAccessedTime 方法用于返回当前 HttpSession 对象的上一次被访问的时间，返回的时间格式是一个自 1970 年 1 月 1 日 0 时 0 分 0 秒开始计算的毫秒数。

4．setMaxInactiveInterval 和 getMaxInactiveInterval 方法

这两个方法分别用来设置和返回当前 HttpSession 对象的可空闲的最长时间（单位：秒），这个时间也就是当前会话的超时间隔。当某个 HttpSession 对象在超过这个最长时间后仍然没有被访问，该 HttpSession 对象就会失效，整个会话过程就会结束。如果超时间隔被设置成负数，则表示会话永不超时。

5．isNew 方法

isNew 方法用来判断当前的 HttpSession 对象是否是新创建的，如果是则返回 true，否则返回 false。在以下两种情况下，isNew 返回 true。

- 在请求消息中不包含 SessionID，这时调用 getSession 方法获得的 HttpSession 对象一定是新创建的。
- 在请求消息中包含 SessionID，但这个 SessionID 在服务端没有找到与其匹配的 HttpSession 对象。发生这种情况的原因可能是 HttpSession 失效或客户端发送了错误的 SessionID。

6．invalidate 方法

invalidate 方法用于强制当前的 HttpSession 对象失效，这样 Web 服务器可以立即释放该 HttpSession 对象。虽然会话在超时间隔后会自动释放，但为了减少服务器的 HttpSession 对象的数量，节省服务端的资源开销，建议在不需要某个 HttpSession 对象时显式地调用 invalidate 方法，以尽快释放 HttpSession 对象。

7．getServletContext 方法

getServletContext 方法用于返回当前 HttpSession 对象所属的 Web 应用程序的 ServletContext 对象。这个方法和 GenericServlet 的 getServletContext 方法返回的是同一个 ServletContext 对象。

8．setAttribute 方法

setAttribute 方法用于将一个 String 类型的 ID 和一个对象相关联，并将其保存在当前的 HttpSession 对象中。如果用 setAttribute 保存了一个实现 HttpSessionBindingListener 接口的类的对象，那么系统将自动调用 HttpSessionBindingListener 接口的 valueBound 方法。

9．getAttribute 方法

getAttribute 方法用于返回一个和 String 类型的 ID 相关联的对象。其实 setAttribute 和 getAttribute 方法就相当于向一个 IIashMap 对象中增加成对的数据（key 和 value）和根据 key 检索 value。

10．remoteAttribute 方法

remoteAttribute 方法用于删除与一个 String 类型的 ID 相关联的对象。当这个对象的类实现 HttpSessionBindingListener 接口时，那么系统将自动调用 HttpSessionBindingListener 接口的 valueUnbound 方法。除了这种情况下调用 valueUnbound 方法外，以下两种情况也会调用 valueUnbound 方法：

- 当调用 invalidate 方法使当前 HttpSession 对象失效后，系统将自动删除保存在当前 HttpSession 对象中的所有的对象。
- 使用 setAttribute 方法添加一个 ID 和对象，这个 ID 已经存在，并且这个对象和已经存在的 ID 所关联的对象不同时，系统会先删除原来的 ID 和对象，再添加新的 ID 和对象。

11．getAttributeNames 方法

getAttributeNames 方法用于返回一个包含当前 HttpSession 对象中所有的属性名（也就是 ID）的 Enumeration 对象。可以利用这个对象对这些属性进行遍历处理。

注意：

ServletRequest、HttpSession 和 ServletContext 对象都可以存储对象。ServletRequest 对象设置的属性只能被当前请求的 Servlet 访问，HttpSession 对象设置的属性可以被当前会话中所有的 Servlet 访问，而 ServletContext 对象设置的属性可以被所有的 Servlet 访问和共享。读者应根据需要选择使用它们中的一个或几个来存储对象。

1.8.2　HttpServletRequest 接口中的 Session 方法

一个请求可以属于一个 Session，而一个 Session 也可以拥有多个请求。因此，Session 和请求之间有着密切的关系。HttpServletRequest 接口中定义了一些与 Session 相关的方法。

1．getSession 方法

getSession 方法用于返回与当前请求相关的 HttpSession 对象，该方法有两种重载形式，它们的定义如下：

```
public HttpSession getSession();
public HttpSession getSession(boolean create);
```

调用第一种重载形式时，如果在请求信息中含有 SessionID，就根据这个 SessionID 返回一个 HttpSession 对象，如果在请求信息中不包含 SessionID，就创建一个新的 HttpSession 对象，并返回它。在调用第二种重载方法时，如果 create 参数为 true 时，和第一种重载形式完全一样。如果 create 为 false 时，当请求信息中不包含 SessionID 时，并不创建一个新的 HttpSession 对象，而是直接返回 null。

2．isRequestedSessionIdValid 方法

当请求信息中包含的 SessionID 所指向的 HttpSession 对象已经超过了最大空闲时间间隔，也就是说 HttpSession 对象无效，isRequestedSessionIdValid 方法返回 false，否则返回 true（当请求信息中不包含 SessionID 时，isRequestedSessionIdValid 返回 false）。

3．isRequestedSessionIdFromCookie 方法

isRequestedSessionIdFromCookie 方法用于判断 SessionID 是否通过 HTTP 请求信息中的 Cookie 字段传递过来的。

4．isRequestedSessionIdFromURL 方法

isRequestedSessionIdFromURL 方法用于判断 SessionID 是否通过 HTTP 请求信息的 URL 参数传递过来的。在使用这个方法时要注意，还有一个 isRequestedSessionIdFromUrl 方法和这个方法的功能完全一样，只是最后的 URL 变成了 Url。这个方法已经被加了@deprecated 标记，也就是说并不建议使用此方法。因此，建议使用 isRequestedSessionIdFromURL 方法来完成这个功能。

1.8.3　通过 Cookie 跟踪 Session

客户端必须通过一个 SessionID 才能找到以前在服务端创建的某一个 HttpSession 对象。通过 SessionID 找 HttpSession 对象的过程也叫做 Session 跟踪。

一般客户端的 SessionID 通过 HTTP 请求消息头的 Cookie 字段传给服务端，然后服务端通过 getSession 方法读取 Cookie 字段的值，以确定是新建一个 HttpSession 对象，还是获得一个

已经存在的 HttpSession 对象，或是什么都不做，直接返回 null。从这个过程可以看出，客户端浏览器并不能控制服务端的 Session，因此，客户端浏览器关闭后，服务端的 Session 就销毁的说法是错误的。下面让我们用一个例子来演示用 Cookie 跟踪 Session 的过程：

（1）用 Eclipse 建立一个 Servlet，代码如下：

SessionServlet.java：

```
package servlet;
import java.io.*;
import javax.servlet.*;
import javax.servlet.http.*;
public class SessionServlet extends HttpServlet
{
    public void service(HttpServletRequest request, HttpServletResponse response)
            throws ServletException,IOException
    {
        response.setContentType("text/html;charset=GBK");
        PrintWriter out=response.getWriter();
        HttpSession session=request.getSession();
        session.setMaxInactiveInterval(60 * 60 * 48);//设置 Session 的超时间隔为 2 天
        if (session.isNew()) //如果是新建立的会话，则保存属性值
        {
            session.setAttribute("session","Java Web 开发技术大全");
            out.println("新会话已经建立！");
        }
        else
            //如果是以前建立的会话，则输出这个属性值
            out.println("会话属性值："+session.getAttribute("session"));
    }
}
```

在建立完 Servlet 后，Eclipse 向 web.xml 中加入如下内容：

```
<servlet>
  <servlet-name>SessionServlet</servlet-name>
  <servlet-class>servlet.SessionServlet</servlet-class>
</servlet>
<servlet-mapping>
  <servlet-name>SessionServlet</servlet-name>
  <url-pattern>/SessionServlet</url-pattern>
</servlet-mapping>
```

（2）启动 Tomcat。

（3）使用影音传送带下载如下的 URL：

```
http://localhost:8080/samples/SessionServlet
```

在影音传送带的下载消息区将显示出 HTTP 响应消息头，如图 1.20 所示。

从图 1.20 中可以看出，当第一次访问上面的 URL 时，在服务端新建了一 HttpSession 对象。同时，在生成响应消息头时将这个 SessionID 作为一个临时 Cookie 放到了 Set-Cookie 字段中（Cookie 名为 JSESSIONID），以便通知客户端浏览器在内存中保存这个 SessionID。在 IE 中第

一次输入上面的 URL，将会输出“新会话已经建立!”，而在同一个浏览器窗口或当前浏览器窗口的子窗口中再次通过上面的 URL 访问 SessionServlet 时，就会输出被保存的属性值。

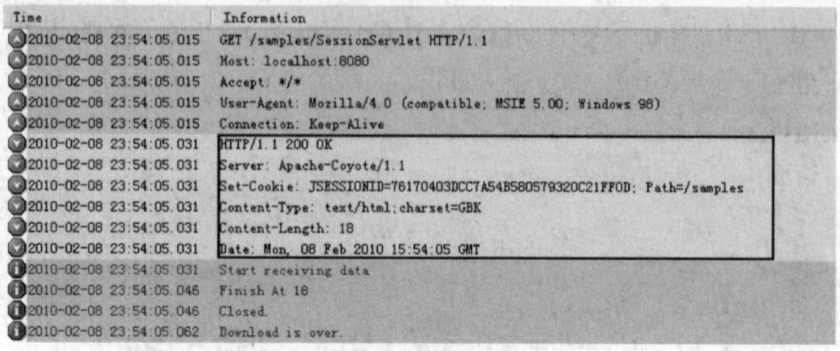

图 1.20 通过 Cookie 跟踪 Session

（4）在 Eclipse 中启动 HttpSimulator（该程序的源代码在随书光盘中），在连接 localhost:8080 后，输入如下的 HTTP 请求消息：

```
GET/samples/SessionServlet HTTP/1.1
Host:localhost
Cookie:JSESSIONID=201B0E2276DD31C2576F528676741080
Connection:close
```

在 Eclipse 控制台中的显示结果如图 1.21 所示。

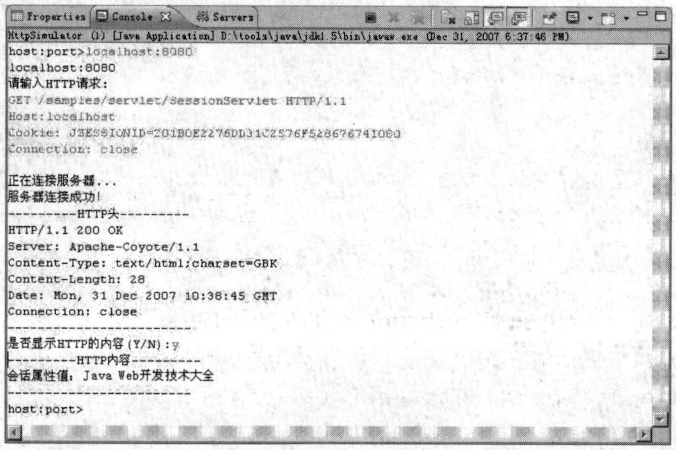

图 1.21 跟踪 Session

从图 1.21 中可以看出，在 HTTP 内容中输出的是“会话属性值：Java Web 开发技术大全”。如果将 Cookie 中的 JSESSIONID 的值改成任何一个不存在的 SessionID，或是将 Cookie 字段去掉。在 HTTP 内容中将输出“新会话已经建立!”。另外，读者也可以打开在第 3 步下载的 SessionServlet 文件，里面的内容也是“新会话已经建立!”。

1.8.4 通过重写 URL 跟踪 Session

如果客户端浏览器不支持 Cookie 或是将 Cookie 功能关闭，那么就无法使用 Cookie 来传递 SessionID。为了使 Session 更通用，Servlet 规范提供了一种补充会话管理机制。这允许在 Cookie 无法工作的前提下使用 URL 参数来传递 SessionID。

要想通过 URL 来发送 SessionID，必须要重写 URL。HttpServletResponse 提供了以下两个方法用于重写 URL：

- encodeURL 方法：用于对所有内嵌在 Sevlet 中的 URL 进行重写。
- encodeRedirectURL 方法：用于对 sendRedirect 方法所使用的 URL 进行重写。

如果 HTTP 请求消息头中没有 Cookie 字段，或是 Cookie 字段中没有名为 JSESSIONID 的 Cookie，这两个方法就会在调用 getSession 方法获得 SessionID 后，将这个 SessionID 写到当前请求的 URL 后面。

下面让我们来看一个通过重写 URL 来跟踪 Session 的例子：

（1）在 IE 中选择【工具】 > 【Internet 选项】命令，在弹出的对话框中选择【隐私】选项卡，单击【高级】按钮，打开“高级隐私策略设置”对话框，将 IE 的 Cookie 功能关闭。设置后的结果如图 1.22 所示。

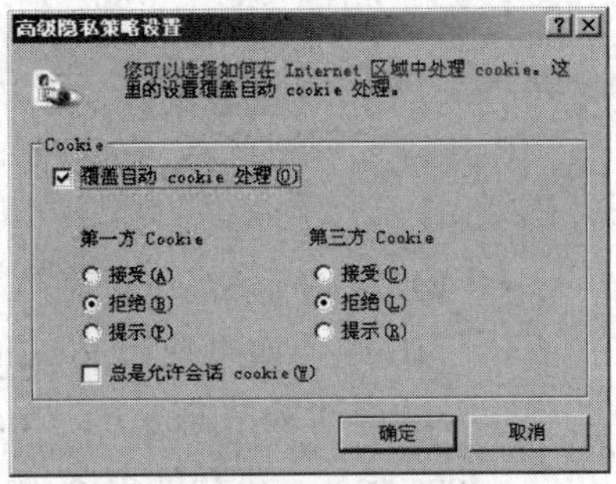

图 1.22　设置 Cookie 选项

（2）用 Eclipsei 建立一个 Servlet，代码如下：

NewSessionServlet.java

```
package servlet;

import java.io.*;
import javax.servlet.*;
import javax.servlet.http.*;

public class NewSessionServlet extends HttpServlet
{
    public void service(HttpServletRequest request, HttpServletResponse response)
            throws ServletException,IOException
    {
        response.setContentType("text/html; charset=GBK");
        PrintWriter out=response.getWriter();
        RequestDispatcher sessionServlet=getServletContext()
                .getRequestDispatcher("/SessionServlet");
        sessionServlet.include(request,response);
        out.println("<br><a href='" + response.encodeURL("SessionServlet")
                + "'>SessionServlet</a>");
    }
}
```

在建立完 Servlet 后，Eclipse 向 web.xml 自动添加如下内容：

```
<servlet>
  <servlet-name>NewSessionServlet</servlet-name>
  <servlet-class>servlet.NewSessionServlet</servlet-class>
</servlet>
<servlet-mapping>
  <servlet-name>NewSessionServlet</servlet-name>
  <url-pattern>/NewSessionServlet</url-pattern>
```

```
</servlet-mapping>
```

（3）启动 Tomcat

（4）在浏览器地址栏中输入如下的 URL（假设本机的 IP 地址是 192.168.10.100）：

```
http://192.168.18.100:8080/samples/NewSessionServlet
```

（5）单击浏览器中显示的 SessionServlet 链接后，在浏览器中将显示“会话属性值：Java Web 开发技术大全”。同时，浏览器地址栏中的 URL 也变成了如下的形式：

```
http://192.168.18.100:8080/samples/SessionServlet;jsessionid=B63FD6D1CF2109
B41C5EAB71E0E125A1
```

在任何一个浏览器（如 FireFox）中输入上面的 URL，都会显示同样的内容。但以下两点需要注意：

- URL 参数 jsessionid 前是“;”，而不是“?”。
- 在 IE 中，如果使用 localhost 来访问 NewSessionServlet，就算把 Cookie 功能关闭，仍然会通过请求消息头的 Cookie 字段来传递 SessionID。读者可以将上面的 IP 地址改成 localhost，看看是否还会生成带 jsessionid 的 URL。

1.9 本章小结

本章首先引领读者使用 Eclipse 建立了一个简单的 Servlet 程序。读者从中可以学会使用 Eclipse 建立 Servlet 的一般步骤。然后由浅入深地讲解了 Servlet 在 Tomcat 中的配置、Servlet 原理，以及 Servlet 中的一些核心技术，如处理响应消息和请求消息、Cookie 和 Session 等。读者可以从本章中学会如何利用 Servlet 来开发 Web 程序，并为后面章节的学习打下基础。

第 2 章 JSP入门

虽然Servlet从技术角度来说可以满足Web开发的所有需求，但当动态Web页面的静态内容远远多于动态内容时，在Servlet中通过PrintWriter或OutputStream向客户端输出这些静态的内容就显得十分麻烦，而且写出来的代码不容易阅读。基于以上原因，Sun在Servlet的基础上推出了JSP（Java Server Page）技术。JSP是为简化Servlet编写而存在的一种技术，它将静态内容（如HTML、JavaScript等）和动态内容（如Java代码）混合在一个文件中。在被修改过的JSP文件第一次运行时先被编译成Servlet，然后由Servlet引擎执行这个由JSP生成的Servlet。JSP具有如下一些优点：

- 在JSP中编写和维护HTML代码非常简单。
- 可以使用专业的网站开发工具（如Dreamweaver）来开发JSP。
- 可以对开发团队进行划分。

从功能上来说，Servlet能做到的，JSP都能做到，反之亦然。但JSP和Servlet并不能互相取代。它们在Web开发中各有分工。如果向客户端输出的内容基本都是动态的，最好使用Servlet。但如果向客户端输出的内容大多数都是静态的内容，建议使用JSP。因为可将JSP文件交给美工或专业的网站设计人员来完成这些静态的页面，而由开发人员来完成动态内容的编写。这正好符合上述JSP优点的第三条，即可以对开发团队进行划分。

2.1 用Eclipse开发第一个JSP程序

JSP页面由静态内容和动态内容组成。所有的动态内容都写在<%...%>之间。而出现在<%...%>之外的所有内容都被认为是静态的内容。在<%...%>之外可以出现任何内容，如HTML、JavaScript等。这些内容将被原封不动地发送到客户端。而<%...%>之间的内容则在JSP被编译成Servlet的过程中被提取出来，当成普通的Java语句来执行。

JSP文件需要直接放到Web根目录或是除了WEB-INF外的其他子目录中。在默认情况下，JSP文件的扩展名为*.jsp。我们可以像访问HTML页面一样来访问JSP页面。如下面的URL所示：

```
http://localhost:8080/myweb/abc.jsp
```

2.1.1　建立一个 JSP 程序

在这一节我们将使用 Eclipse 创建并运行一个 JSP 程序，具体步骤如下：

（1）在 samples 工程中的 Web 根目录中建立一个 chapter2 目录，如图 2.1 所示。

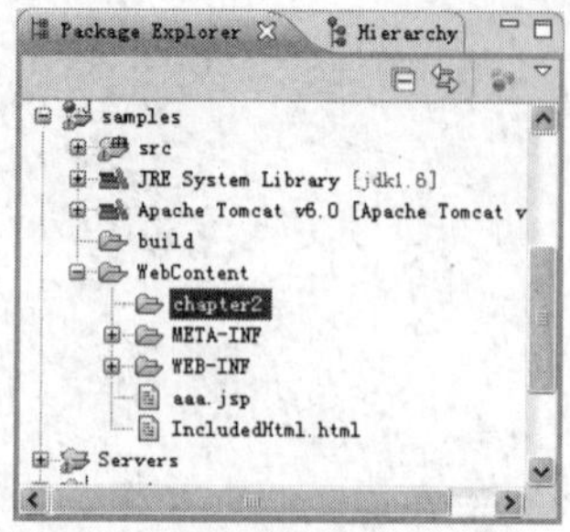

图 2.1　在 Web 根目录建立一个 chapter2 目录

（2）在 chapter2 目录中建立一个 JSP 文件。

选中 chapter2 目录并右击，在弹出的快捷菜单中选择【New】>【Other】命令，打开 New 窗口，选中 JSP 选项，如图 2.2 所示。然后单击【Next】按钮，在下方的文本框中输入 first.jsp，如图 2.3 所示。最后单击【Finish】按钮建立 first.jsp 文件。

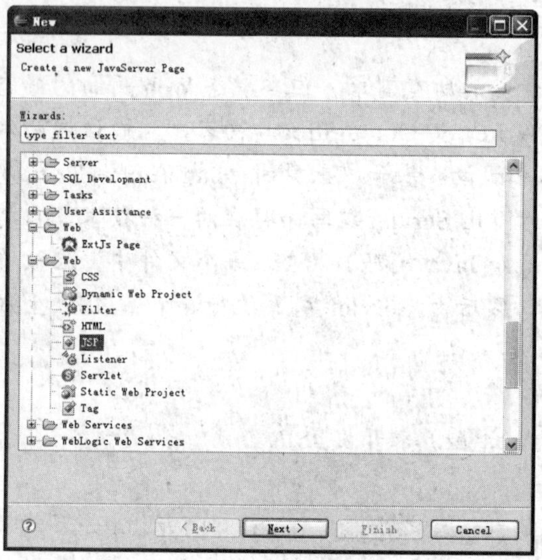

图 2.2　选中 JSP 选项

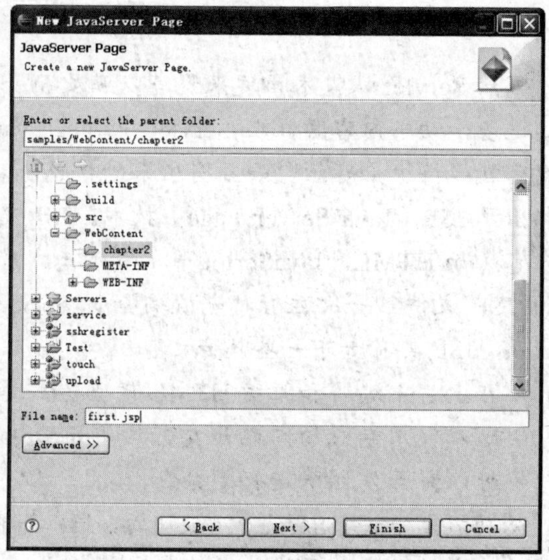

图 2.3　输入要建立的 JSP 文件名

（3）在 first.jsp 文件中输入如下的代码：

```
<%@page language="java"contentType="text/html;charset=GBK"
    pageEncoding="GBK"%>
<%@page import="java.text.*, java.util.*"%>
<html>
<head>
<title>第一个 JSP 程序</title>
</head>
<body>
今天的日期是:
<font color="blue">
<%
    SimpleDateFormat format=new SimpleDateFormat("yyyy-MM-dd");
    out.println(format.format(new Date()));
%>
</font>
```

```
</body>
</html>
```

(4)启动 tomcat(如果 tomcat 已经启动，则可忽略此步骤)。

(5) 在浏览器中输入如下的 URL:

```
http://localhost:8080/samples/chapter2/first.jsp
```

在浏览器中的显示结果如图 2.4 所示。

图 2.4　第一个 JSP 程序

2.1.2　调试 JSP 程序

在 Eclipse 中调试 JSP 也非常简单，首先需要双击代码前面的区域设置断点，但要注意断点只能是在<%...%>之间的代码。JSP 中的静态内容不能调试。在设置完断点后，用 Tomcat 的调试模式启动 Tomcat。在浏览器中输入上节中第 5 步的 URL 后，Eclipse 会进入调试状态，如图 2.5 所示。

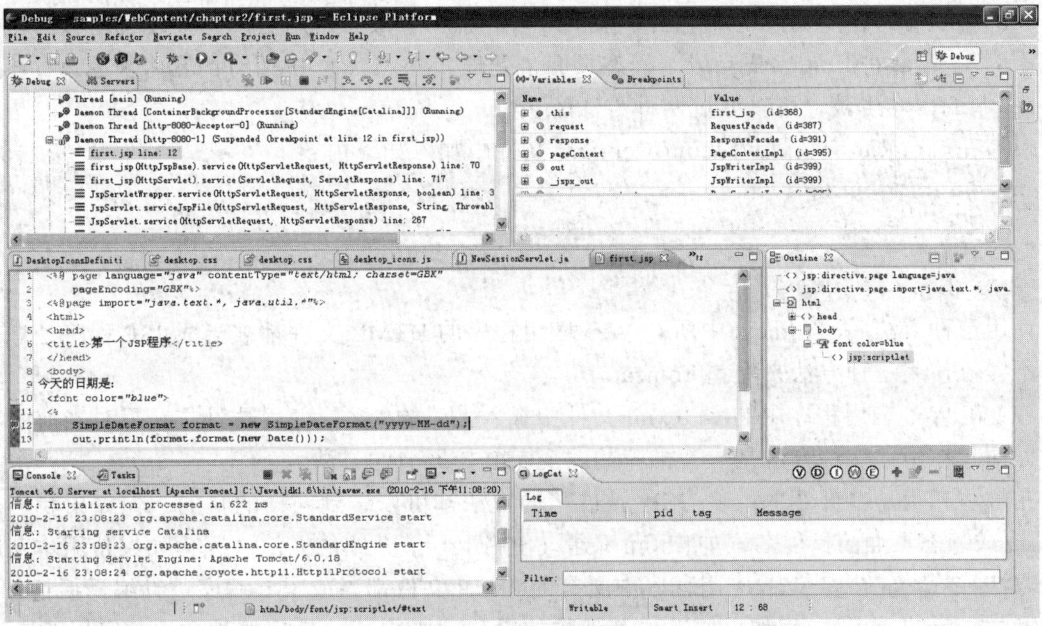

图 2.5　调试 JSP 程序

2.1.3　改变 JSP 的访问路径

JSP 程序也可以像 Servlet 一样将原来的 JSP 路径映射成一个新的路径。如在 2.1.1 节建立的 JSP 程序可以在 web.xml 文件中加入如下的内容改变它的访问路径:

```
<servlet>
   <servlet-name>firstjsp</servlet-name>
   <jsp-file>/chapter2/first.jsp</jsp-file>
</servlet>
<servlet-mapping>
   <servlet-name>firstjsp</servlet-name>
   <url-pattern>/hello/first.html</url-pattern>
</servlet-mapping>
```

在 web.xml 中加入上面的内容后，我们可以通过如下的路径访问 first.jsp：

```
http://localhost:8080/samples/hello/first.html
```

当然，http://localhost:8080/samples/chapter2/first.jsp 仍然可以访问 first.jsp。这两个 URL 的输出结果是一样的。在重新设置 JSP 路径时要注意的是 JSP 文件的路径必须以“/”开头。这个“/”表示 JSP 文件所在的 Web 应用程序的根目录。

2.1.4　改变 JSP 的扩展名

除了在上一节所讲述的改变 JSP 扩展名的方法外，还有另外一种方法。就是直接将 JSP 的扩展名改成其他的，如.html。

我们可以先做个实验，将 first.jsp 复制一份，将复制的 first.jsp 改名为 first.html。然后在浏览器中输入如下的 URL：

```
http://localhost:8080/samples/chapter2/first.html
```

我们可以看到在浏览器中的输出结果中只有静态“今天的日期是：”，并没有动态的时间。这是因为 Tomcat 将 first.html 当成了静态页面来处理，在<%...%>中所有内容将被忽略。要想使<%...%>中的内容生效，可以通过两种方法解决。

（1）在<Tomcat 安装目录>\conf\web.xml 文件中加入如下内容：

```
<servlet-mapping>
    <servlet-name>jsp</servlet-name>
    <url-pattern>*.html</url-pattern>
</servlet-mapping>
```

使用这种方法后，Tomcat 中所有 Web 应用程序的 HTML 文件都被当成 JSP 程序处理。作者并不建议使用这种方法来配置 Tomcat。

（2）在 Web 应用程序中的 web.xml 文件中加入上述的内容。使用这种方法只对当前的 Web 应用程序起作用。这种方法是作者推荐的改变 JSP 扩展名的方法。

在本节和上一节介绍的改变 JSP 扩展名的方法都可以达到同样的目的。但如果我们想将*.jsp 改成静态页面的扩展名，如*.html。建议使用上一节介绍的方法（因为如果使用本节所介绍的方法，Tomcat 会将 Web 应用程序中所有的*.html 文件都当成 JSP 程序进行编译后运行，这样会牺牲一定的效率），而如果要改成其他的扩展名，如*.abc，使用哪种方法都可以。

2.1.5　手动发布 JSP

发布 JSP 要比 Servlet 容易得多。单独的 JSP 程序并不需要 web.xml，当然，也不需要 WEB-INF 目录。在发布 JSP 时，只需要将 JSP 文件放到一个目录中，然后通过 Tomcat 发布这个目录即可。最简单的方法就是在<Tomcat 安装目录>\webapps 中建立一个目录，如 myweb，然后将 JSP 程序放到这个目录中，如将 first.jsp 放到 myweb 中。在浏览器中输入如下的 URL 就可以访问 first.jsp：

```
http://localhost:8080/myweb/first.jsp
```

还可以将 JSP 放在任何其他的目录中发布，如将 JSP 文件放到 D:\myweb 中。在<Tomcat 安装目录>\conf\server.xml 中的<Host>标签内输入如下的内容后，启动 Tomcat，也可以使用上述的 URL 来访问 first.jsp：

```
<Context path="/myweb" docBase="d:\myweb" debug="0" />
```

我们也可以在<Tomcat 安装目录>\conf\Catalina\localhost 中建立一个 myweb.xml 文件，并将上面的配置内容放到这个文件中，然后重新启动 Tomcat，也可以使用上述的 URL 来访问 first.jsp。

如果我们要改变 JSP 路径或扩展名、使用 Servlet 或进行其他的配置工作，就需要在 JSP 程序所有的根目录（在本节中就是 myweb）中建立 WEB-INF 目录，并在 WEB-INF 中建立一个 web.xml 文件对 JSP 进行相应的配置。

2.2 JSP 运行原理

在深入学习 JSP 之前，了解一下 JSP 是如何运行的是非常有必要的。实际上，JSP 在第一次运行之前会先被编译成 Servlet，然后再调用这个 Servlet。当以后再访问这个 JSP 页面时，就不会再次编译了，除非 JSP 页面被修改了才会被重新编译。

2.2.1 Tomcat 如何处理 JSP 页

当一个 Web 容器（如 Tomcat）接收到以.jsp 为扩展名的 URL 时将如何处理呢？在 2.1.4 节中改变 JSP 的扩展名时，进行了如下的配置：

```
<servlet-mapping>
    <servlet-name>jsp</servlet-name>
    <url-pattern>*.html</url-pattern>
</servlet-mapping>
```

在上面的配置中涉及了一个叫 jsp 的 Servlet。这个 Servlet 的定义仍然可以在<Tomcat 安装目录>\conf\web.xml 中找到。Servlet 的定义如下：

```
<servlet>
    <servlet-name>jsp</servlet-name>
    <servlet-class>org.apache.jasper.servlet.JspServlet</servlet-class>
    …
    <load-on-startup>3</load-on-startup>
</servlet>
```

从上面的配置可以发现，这个 Servlet 实际上是一个专门处理 JSP 程序的 Servlet，名为 JspServlet。因此，我们还可以在<Tomcat 安装目录>\conf\web.xml 中找到如下的配置：

```
<servlet-mapping>
    <servlet-name>jsp</servlet-name>
    <url-pattern>*.jsp</url-pattern>
</servlet-mapping>
```

根据上面的配置，所有扩展名为.jsp 和.html 的 URL 都会交由 JspServlet 处理（对 JSP 进行编译），也就是交由 Servlet 引擎进行处理。而未定义的其他扩展名的 URL 所指的 Web 资源就直接由 Tomcat 按着原样返回给客户端。如果不将 HTML 映射成 JSP 的扩展名，那么扩展名为.html 的 URL 就直接由 Tomcat 返回给客户端。因此，HTML 也就变成了静态的 Web 资源。

Servlet 引擎分两步对 JSP 进行编译。首先将 JSP 编译成一个 Servlet 程序，然后再调用 Java 编译器将这个 Servlet 程序编译成.class 文件，再由 Servlet 引擎来装载并执行这个被编译成.class 的 Servlet 程序。如当我们在浏览器中输入 http://localhost:8080/samples/chapter2/first.jsp 时，

first.jsp 将被编译生成两个文件：first_jsp.java（Servlet 源代码文件）和 first_jsp.class（编译 Servlet 程序生成的.class 文件）。这两个文件位于<Tomcat 安装目录>\work\Catalina\localhost 中。它们具体的位置如图 2.6 所示。

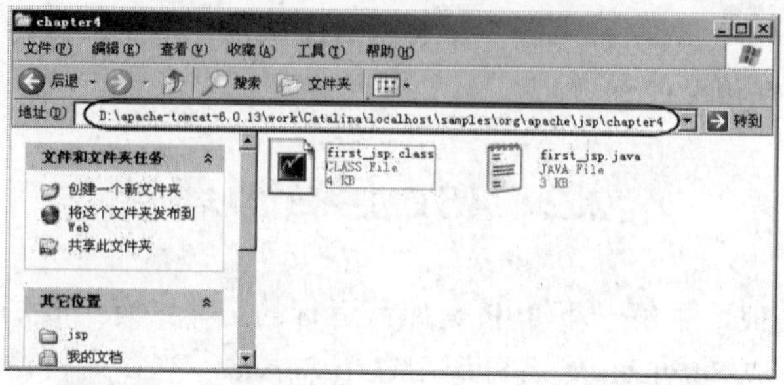

图 2.6　由 JSP 页面生成的 Servlet 所有的路径

为了提高 JSP 的执行效率，并不是每次访问 JSP 时都进行编译。而只有在第一次访问 JSP 页面时才会执行这个编译过程。当以后再访问这个 JSP 页面时，Servlet 引擎会检查这个 JSP 是否被更新，如果已经被更新，会再次编译这个 JSP 程序，然后执行它。如果未被更新，Servlet 引擎会直接装载并执行由这个 JSP 编译生成的.class 文件。也就是说，一个 JSP 页面只有在第一次被访问时才被编译成.class 文件，对于该 JSP 页面的后续访问，除非这个 JSP 页面被修改，否则 Web 容器将直接调用这个被编译好的.class 文件。因此，JSP 程序从运行原理上讲就是 Servlet。所以我们平时习惯上将同时执行 JSP 和 Servlet 的程序称为 Servlet 引擎，而不是分开叫 JSP 引擎和 Servlet 引擎。

虽然在每次访问 JSP 页面时 JSP 编译器都会检查 JSP 和由 JSP 编译成的 Servlet 源文件的生成时间对于调试程序非常方便，但是在发布时每次访问 JSP 页面时都要做这项工作就会降低系统的性能，因此，一般在发布 JSP 程序时将检查生成时间的功能关闭。在<Tomcat 安装目录>\conf\web.xml 中为 JspServlet 加上一个参数 development，并将这个参数值设为 false 就可以关闭检查生成时间的功能。配置代码如下：

```
<servlet>
    <servlet-name>jsp</servlet-name>
    <servlet-class>org.apache.jasper.servlet.JspServlet</servlet-class>
    <init-param>
        <param-name>development</param-name>
        <param-name>false</param-value>
    </init-param>
    …
</servlet>
```

JspServlet 还有很多参数。关于这些参数的配置和详细描述，在浏览器中输入如下的 URL 查看：

```
http://tomcat.apache.org/tomcat-6.0-doc/index.html
```

输入上面的 URL 后，显示效果如图 2.7 所示。

由于 JSP 在第一次访问时要经过编译才能运行。因此，在第一次访问 JSP 时比较慢。在 Tomcat 的文档中提供了一种通过 ant 将 JSP 编译成.class 文件就可以有效地解决这个问题的方法。ant 命令的使用方法读者可以从 Tomcat 提供的文档中找到。

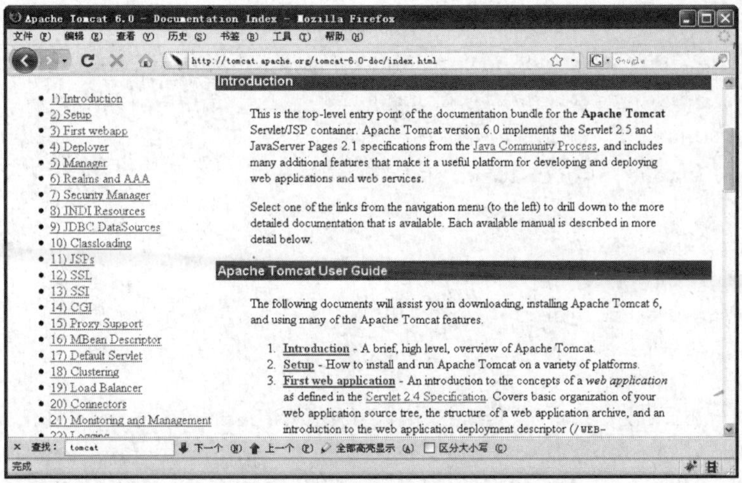

图 2.7 Tomcat 的官方文档

2.2.2 分析由 JSP 生成的 Servlet 代码

在上一节中我们讲到 JSP 在第一次运行时被编译成 Servlet 的源代码，然后又进一步地被编译成.class 文件，最终 Servlet 引擎装载并运行了这个.class 文件来完成 JSP 的第一次运行。在这个过程中最关键的一步就是 JSP→Servlet 源代码。那么 JSP 编译器是如何将 JSP 中的各个组成部分转换为 Servlet 源代码的呢？在回答这个问题之前，让我们先用 Eclipse 建立一个 random.jsp 页面，代码如下：

```
<%@page language="java" contentType="text/html; charset=GBK"
    pageEncoding="GB18030"%>
<%@page import="java.util.Random"%>
<%
    Random rand=new Random();
    int n=rand.nextInt(1000);
    int m=rand.nextInt(1000);
%>
<html>
<head>
<meta http-equiv="Content-Type" content="text/html; charset=GBK">
<title>Insert title here</title>
</head>
<body>
第一个随机数: <%out.println(n);%><br>
<input type="button" value="单击显示第二个随机数" onclick="javascript:alert
('<%= m %>')"/>
</body>
</html>
```

在浏览器中输入 http://localhost:8080/samples/chapter2/random.jsp 后，由 random.jsp 产生了两个文件：random_jsp.java 和 random_jsp.class。其中 random_jsp.java 就是 random.jsp 被 JSP 编译器编译后所生成的 Servlet 源代码文件。而 random_jsp.class 是 random_jsp.java 编译后生成

的.class 文件。这两个文件可以在如下的目录中找到：

```
workspace\.metadata\.plugins\org.eclipse.wst.server.core\tmp0\work\Catalin
a\localhost\samples\org\apache\jsp\chapter2
```

其中 random_jsp.java 的代码如下所示：

```
package org.apache.jsp.chapter2;

import javax.servlet.*;
import javax.servlet.http.*;
import javax.servlet.jsp.*;
import java.util.Random;

public final class random_jsp extends org.apache.jasper.runtime.HttpJspBase
    implements org.apache.jasper.runtime.JspSourceDependent {

  private static final JspFactory _jspxFactory=JspFactory.getDefaultFactory();

  private static java.util.List _jspx_dependants;

  private javax.el.ExpressionFactory _el_expressionfactory;
  private org.apache.AnnotationProcessor _jsp_annotationprocessor;

  public Object getDependants() {
    return _jspx_dependants;
  }

  public void _jspInit() {
    _el_expressionfactory = _jspxFactory.getJspApplicationContext(getServlet
    Config().getServletContext()).getExpressionFactory();
    _jsp_annotationprocessor=(org.apache.AnnotationProcessor)getServlet
    Config().getServletContext().getAttribute(org.apache.AnnotationProcessor .class.
    getName());
  }

  public void _jspDestroy() {
  }

  public void _jspService(HttpServletRequest request, HttpServletResponse
  response)
        throws java.io.IOException, ServletException {

    PageContext pageContext=null;
    HttpSession session=null;
    ServletContext application=null;
    ServletConfig config=null;
    JspWriter out=null;
    Object page=this;
```

```
JspWriter _jspx_out=null;
PageContext _jspx_page_context=null;


try {
  response.setContentType("text/html;charset=GBK");
  pageContext=_jspxFactory.getPageContext(this,request,response,
              null, true, 8192, true);
  _jspx_page_context=pageContext;
  application=pageContext.getServletContext();
  config=pageContext.getServletConfig();
  session=pageContext.getSession();
  out=pageContext.getOut();
  _jspx_out=out;

  out.write("\r\n");
  out.write("\r\n");

Random rand=new Random();
int n=rand.nextInt(1000);
int m=rand.nextInt(1000);

  out.write("\r\n");
  out.write("<html>\r\n");
  out.write("<head>\r\n");
  out.write("<meta http-equiv=\"Content-Type\" content=\"text/html; charset
  =GBK\">\r\n");
  out.write("<title>Insert title here</title>\r\n");
  out.write("</head>\r\n");
  out.write("<body>\r\n");
  out.write("第一个随机数: ");
out.println(n);
  out.write("<br>\r\n");
  out.write("<input type=\"button\" value=\"单击显示第二个随机数\" onclick=
  \"javascript:alert('");
  out.print(m);
  out.write("')\"/> \r\n");
  out.write("</body>\r\n");
  out.write("</html> ");
} catch(Throwable t) {
  if(!(t instanceof SkipPageException)){
    out=_jspx_out;
    if (out!=null&&out.getBufferSize()!=0)
      try {out.clearBuffer(); }catch(java.io.IOException e) {}
    if (_jspx_page_context != null) _jspx_page_context.handlePageException(t);
  }
```

```
    } finally {
      _jspxFactory.releasePageContext(_jspx_page_context);
    }
  }
}
```

从上面的代码可以看出，由 random.jsp 生成的 Servlet 源代码非常长，这些代码一般对于仅仅使用 JSP 的开发人员无须深入掌握，但了解其中的原理对于更进一步地学习 JSP 会有非常大的帮助。我们分 3 个部分解释上面的代码：

1．random_jsp 类的结构

所有由 JSP 程序编译生成的 Servlet 类的类名由 JSP 文件名加上"_jsp"组成，如 random_jsp。这些类都从 org.apache.jasper.runtime.HttpJspBase 类继承，这个类是一个抽象类，我们可以在 Tomcat 的源代码中找到这个类，从源代码中可以看出，HttpJspBase 类是 HttpServlet 的子类。因此，所有从 HttpJspBase 继承的类都具有 HttpServlet 的性质，因此，这些类都可以当做 Servlet 使用。

2．JSP 静态部分的转换

JSP 的静态部分就是在客户端运行的代码，如 HTML、JavaScript 等。在 random.jsp 中除了用<%...%>括起来的内容（包括<%=...%>和<%@page...%>)，其他的部分都属于静态部分。这些静态的内容在转换时都作为字符串使用 write 方法按原样输出到客户端。

3．JSP 动态部分的转换

JSP 的动态部分就是被括在<%...%>中的内容。这部分内容分为 3 种形式进行转换：

- <%...%>形式：JSP 编译器如果遇到这种形式，就将<%...%>中的内容按原样插入由 JSP 生成的 Servlet 源代码中。
- <%=...%>形式：JSP 编译器如果遇到这种形式，并不把其中的内容直接放到 Servlet 源程序中，而是通过 print 方法将"="后面的内容输出到客户端。
- <%@ page ... %>：是一个 JSP 的 page 指令。对于这种形式，JSP 编译器按着它指定类型的属性翻译成相应的 Java 代码。

在 random_jsp 类中，有一个 out 对象，它是 JspWriter 类的对象实例。这个 out 对象可以在 JSP 程序中直接使用。除了 out 对象外，还有很多其他类似的对象，如 session 等。这些对象统称为 JSP 的内置对象（在后面的部分将详细讲解）。从 random_jsp.java 中可以看出，这些内置对象都是在使用这些对象之前创建的。这一点和 Servlet 代码一样，只是在编写 Servlet 代码时需要手工编写这些代码。而在 JSP 中这些工作由 JSP 编译器代劳了。

从 random_jsp 类可以看出。所有的静态内容都是使用 write 方法输出到客户端的，而动态的内容，如<%=...%>形式，都使用了 print 方法向客户端输出内容。这是为什么呢？实际上，write 和 print 在功能上类似。而它们的区别是 write 方法只能输出字符串、字符数组和 int 类型的数据，而 print 方法可以将任何类型的数据转换成字符串输出。由于静态的内容都是以字符串形式保存在 JSP 源文件中的，因此，使用 write 方法就足够了。而动态的内容什么类型的值都可能输出，所以必须使用 print 方法向客户端输出数据。

2.3 JSP基本语法

在本节将介绍JSP的基本语法，其中包括JSP表达式、嵌入Java代码、JSP声明等内容。读者通过对本节的学习，可以基本掌握JSP技术，并可编写大多数基于JSP的应用程序。

2.3.1 JSP表达式

JSP表达式（expression）可以非常容易地将Java表达式返回的值发送到客户端。JSP表达式的形式如下：

```
<%=Java表达式%>
```

在<%= ... %>中的Java表达式的返回值被转换成字符串后，直接插入在JSP返回给客户端的静态页面中。从本质上讲，<%= ... %>中的Java表达式就相当于out.print(...)中print方法的参数。也就是说<%= new java.util.Random().nextInt(1000) %>就相当于在Servlet中输入如下的语句：

```
out.print(new java.util.Random().nextInt(1000));
```

因此，<%= ... %>中的Java表达式后面不能加“;”。读者也可以从2.2.2节给出的由JSP程序生成的Servlet源代码中看出这一点。所有的<%=...%>中的Java表达式都被直接作为print方法的参数加入到了Servlet源代码中。

2.3.2 在JSP中嵌入Java代码

虽然JSP表达式也可以在JSP中嵌入Java代码，但所嵌入的Java代码只不过是print方法的一个参数，说白了，也就是一个值而已。这在很大程度上限制了JSP的灵活性。因此，JSP又提供了另外一种可以在JSP中嵌入一切合法的Java代码的方式。所嵌入的Java代码必须放到<% ... %>中，代码如下：

```
<%@ page language="java"  pageEncoding="GBK"%>
<html>
    <head>
        <title>在JSP中嵌入Java代码</title>
    </head>
    <body>
        <%
            java.util.Random rand=new java.util.Random();
            for (int i=0; i<10; i++)
            {
                out.print(rand.nextInt(1000));
                out.print("<br>");
            }
        %>
    </body>
</html>
```

既然<% ... %>中的内容是合法的Java代码，那么这些Java代码必须满足Java的语法规范，如每条语句后面必须使用“;”作为结束标记。

在浏览器中输入如下的 URL，会看到图 2.8 所示的输出内容。

```
http://localhost:8080/samples/chapter2/jspjava.jsp
```

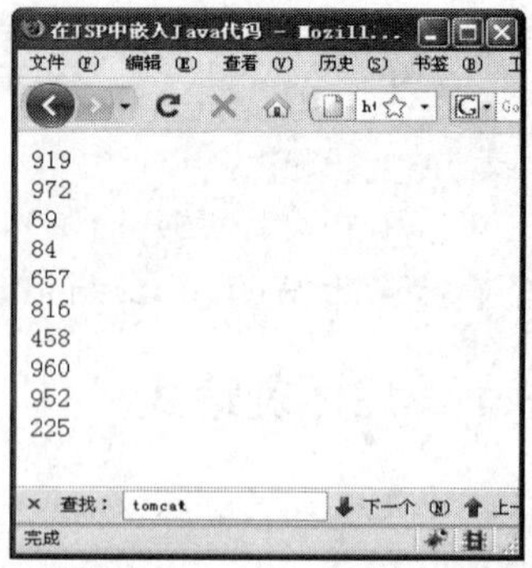

图 2.8　jspjava.jsp 页面的运行效果

在 JSP 中嵌入 Java 代码时有两点需要注意：

- 一个 JSP 页面中可以在任何位置使用<%...%>插入 Java 代码。<% ... %>可以有任意多个。
- 每一个<% ... %>中的代码可以不完整，但是这个<%...%>中的内容和 JSP 页面中的一个或多个<% ... %>中的内容组合起来必须完整。如下面的代码所示：

```
<%@ page language="java" pageEncoding="GBK"%>
<html>
    <head>
        <title>在 JSP 中嵌入多段不完整的 Java 代码，但总体是完整的</title>
    </head>
    <body>
        <%
            java.util.Random rand=new java.util.Random();
            for (int i=0;i<10; i++)
            {
                out.print(rand.nextInt(1000));
        %>
        <br>
        <%
        }
        %>
        <%
            int n=rand.nextInt(100);
            if (n>=0&&n<=30)
            {
        %>
        small
        <%
            } else if(n>30&&n<=60)
            {
        %>
        middle
        <%
            } else
            {
        %>
        large
        <%
        }
        %>
```

```
    </body>
</html>
```

在浏览器地址栏中输入如下的 URL，会看到图 2.9 所示的输出内容。

```
http://localhost:8080/samples/chapter2/multisegment.jsp
```

要注意的是，将一条完整的语句分成多个<% ... %>时建议使用{...}将属于这些语句的子语句括起来。如 multisegment.jsp 页面中的 for 语句和 if...else 语句。这么做主要是因为虽然从 JSP 代码中看时只是一条语句或是一个字符串，但 JSP 编译器在转换时可能会生成多条 Java 代码。如果不加{...}，所转换成的 Servlet 代码可能会出现逻辑或语法错误。如 multisegment.jsp 页面中的 if...else 语句，如果不加{...}，就会产生语法错误。感兴趣的读者可以看一下由 multisegment.jsp 生成的 multisegment_jsp.java 的内容，small 被转换成了 3 条语句，其他的静态内容也有类似的转换。

图 2.9　multisegment.jsp 页面的运行效果

2.3.3　JSP 声明

JSP 页在转换成 Servlet 时，将<%...%>中的所有的 Java 代码按原样插入到了_jspService 方法中。但如果在<%...%>中定义方法或其他不能在 Java 方法中出现的 Java 语法元素，经 JSP 转换生成的 Servlet 就会出现语法错误。为此，JSP 规范提供了 JSP 声明（Declaration）来解决这个问题。JSP 声明的内容放到<%!...%>内。所有放到<%!...%>中的内容都会被插入到_jspService 方法中，也就是说，JSP 声明将作为 Servlet 类的全局内容被插入到 Servlet 类中。因此，<%! ... %>中的内容必须符合 Java 类的定义规范，如不能直接使用 System.out.println("...")。要将单独的语句放到 static{...}中。如 static{System.out.println("...");}。下面的代码演示了 JSP 声明的用法。

```
<%@page language="java" pageEncoding="GBK"%>
<%!
    static
    {
        System.out.println("正在装载由 JSP 生成的 Servlet! ");
    }

    private int globalCount=0;

    public void jspInit()
    {
        System.out.println("正在初始化 JSP! ");
    }

    public void jspDestroy()
    {
        System.out.println("JSP 已经被销毁!");
    }%>
```

```
localCount:
<%
    int localCount = 0;
    out.print(++localCount);
%>
<br>
globalCount: <%=++globalCount%>
```

在用浏览器第一次访问 declare.jsp 后，JSP 编译器就会将 declare.jsp 编译成 declare_jsp.java，代码如下：

```
 …
public final class declare_jsp extends org.apache.jasper.runtime.HttpJspBase
     implements org.apache.jasper.runtime.JspSourceDependent {

static{System.out.println("正在装载由 JSP 生成的 Servlet! "); }
private int globalCount = 0;
public void jspInit()
{
System.out.println("正在初始化 JSP! ");
}
public void jspDestroy()
{
System.out.println("JSP 已经被销毁!");
}
     …
     public void _jspService(HttpServletRequest request, HttpServletResponse
     response)
          throws java.io.IOException,ServletException {

        …
        out.write("localCount:\r\n");
int localCount=0;
out.print(++localCount);
        out.write("\r\n");
        out.write("<br>\r\n");
        out.write("globalCount: ");
        out.print(++globalCount);
        …
     }
}
```

在首次访问 declare.jsp 后，浏览器窗口中显示的 globalCount 和 localCount 的值都为 1，而在 Eclipse 控制台输出的信息如图 2.10 所示。

当多次刷新浏览器时，在 globalCount 的值在每次刷新时都增 1，而 localCount 的值始终为 1。在 declare.jsp 中加一个空格或其他的字符，并删除这些加入的字符，这样 declare.jsp 页面的内容就被改变了。当再次访问 declare.jsp 后，JSP 编译器就会重新编译 declare.jsp。这时在 Eclipse 控制台输出的信息如图 2.11 所示。

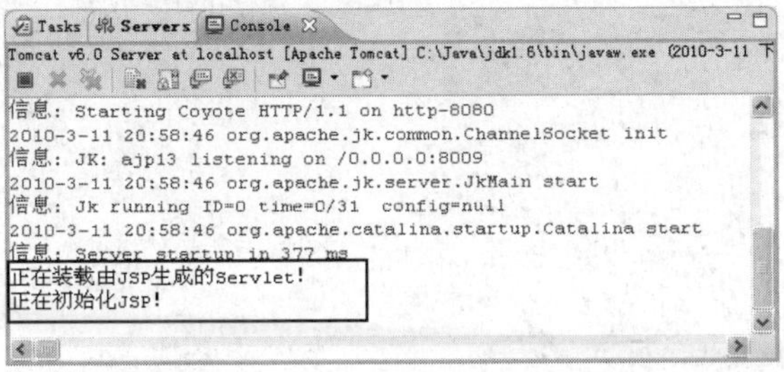

图 2.10　在 Eclipse 控制台输出的信息

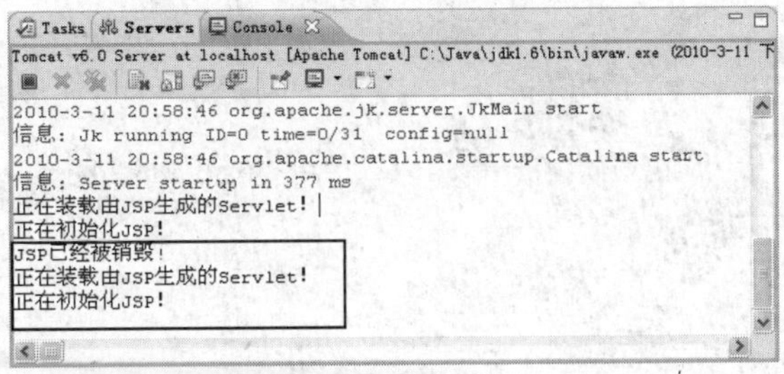

图 2.11　declare.jsp 被销毁后再次被装载

2.3.4　JSP 表达式语言（EL）

JSP 表达式语言（Expression Language），简称 EL（在本书后面的部分都称 JSP 表达式语言为 EL）。EL 是 JSP 2.0 规范新增的，用于简化 JSP 开发的一种技术。

虽然可以在 JSP 中嵌入 Java 代码来完成复杂的功能，但一般设计 JSP 页面的都是设计人员，而不是开发人员。这些设计人员可能并不熟悉 Java 代码，如果要在 JSP 中嵌入 Java 代码，就会增加他们的学习难度和开发周期。而 EL 恰恰弥补了 JSP 的这个不足。在 EL 中提供了对 JSP 页面的相关数据的基本操作和常用的算数、关系和逻辑运算。在 JSP 中使用 EL，可以在不写一行 Java 代码的情况下完成 JSP 页面的编码工作。

由于嵌入 Java 代码的 JSP 页面难于维护，因此，提供可维护性也是在 JSP 中使用 EL 的一个重要原因。

EL 的基本语法为“${表达式}”。由于 EL 只代表一个值（和<%= ... %>中的内容类似），因此，它可以出现在 JSP 标准标签和定制标签的属性值中，也可以出现在 JSP 页面的模板文本（也就是 JSP 页面的静态内容区域）中。

使用 EL 可以很方便地访问和 JSP 页面相关的数据和 JavaBean 的属性，如要访问名为 key 的请求参数的 Java 代码如下：

```
<%=request.getParameter("key")%>
```

而相应的 EL 的代码如下：

```
${param.key}
```

访问 JavaBean 的属性的 Java 代码如下：

```
<%MyBean myBean=(MyBean)pageContext.findAttribute("myBean");%>
<%=myBean.getName()%>
```

与其相应的 EL 如下：

```
${myBean.name}
```

如果 name 属性返回了一个对象，这个对象还有两个属性，firstName 和 lastName。那么使用 Java 应用这两个属性的代码如下：

```
<%=myBean.getName().getfirstName()%>
<%=myBean.getName().getlastName()%>
```

而使用 EL 访问这两个属性的代码如下：

```
${myBean.name.firstName}
${myBean.name.lastName}
```

下面的代码演示了 EL 的使用方法：

```
<%@ page language="java" pageEncoding="GBK"%>
<html>
    <head>
        <title>在 JSP 中使用 EL</title>
    </head>
    <body>
        <form method="post">
             key:
            <input type="text"name="key"/>
            <p>
                value:
                <input type="text"name="value"/>
            <p>
                <input type="submit"value="提交"/>
            <p>
        </form>
         key:${param.key}
        <p>
            value:${param.value }
            <jsp:useBean id="t" class="java.util.Date" scope="request"/>
        <p>
            自 1970 年 1 月 1 日 00:00:00 GMT 到现在的毫秒数: ${t.time}
    </body>
</html>
```

在上面的代码中使用了<jsp:useBean>标签，该标签将在后面详细介绍，在这里只要知道这个标签的功能是根据 class 属性的值创建一个类的对象实例，而 id 属性的值就是这个对象变量即可。当 EL 返回的值为 null 时，输出空串，而使用 Java 代码会输出 null。如上面的代码中将${param.key}改为<%= request.getParameter("key") %>后，在第一次访问 el.jsp 后，由于还没有提交，所以会输出 null，而使用 EL 后，就会输出空串。

上面代码的 EL 使用了 param，这个 param 是 EL 的内置对象，用于获取请求参数的值。在 EL 中还为我们提供了其他的内容对象，如 cookie。我们可以使用${cookie.name}来获取名为 name 的 Cookie 的值。通过 Cookie 名来获取 Cookie 的值在 Java 代码中是无法办到了（必须通过扫描 Cookie 集合的方式获取某个 Cookie 的值）。

如果 EL 表达式出错，并不会像 Java 代码一样会抛出异常，而是向客户端输出一个描述错误的信息。如${5/0}会向客户端输出一个 Infinity，表示分母为 0，产生一个无穷大的数。如果使用<%= 5/0 %>，将会抛出 ArithmeticException 异常。

由于 EL 本身的功能十分有限，因此，JSP 规范允许在 EL 中调用 Java 类的静态方法来扩展 EL。Java 类的静态方法在 EL 中称为 EL 函数。调用 EL 函数的形式如下：

```
${fun:myfun(p1, p2, …,pn)}
```

其中 fun 表示 EL 函数的前缀（相当于包名），myfun 表示 EL 函数名（相当于 Java 类名和静态方法名的组合），p1,p2,...,pn 表示 EL 函数的参数。下面我们通过一个实例来演示如何编写 EL 函数，并在 EL 中调用这个函数。本例要实现的 EL 函数的功能是将一个字符串中的特殊字符（空格、“<”和“>”）转换为网页可以显示的字符（“ ”、“<”和“>”），具体步骤如下：

（1）建立 Java 类的静态方法。用 Eclipse 建立一个普通的 Java 类，代码如下：

```
package chapter2;
public class ELFun
{
    public static String processStr(String s)
    {
        s=s.replaceAll("<", "&lt;");
        s=s.replaceAll(">", "&gt;");
        s=s.replaceAll(" ", " ");
        return s;
    }
}
```

（2）编写 TLD 文件。在 WEB-INF 目录中建立一个 tld 目录，然后在 tld 目录中建立一个 elfun.tld 文件，这个文件的内容如下：

```
<?xml version="1.0" encoding="GBK" ?>
<taglib xmlns="http://java.sun.com/xml/ns/javaee"
    xmlns:xsi="http://www.w3.org/2001/XMLSchema-instance"
    xsi:schemaLocation="http://java.sun.com/xml/ns/javaee/web-jsptaglibrary
    _2_1.xsd"
    version="2.1">
    <tlib-version>1.0</tlib-version>
    <jsp-version>2.1</jsp-version>
    <description>用于转换特殊字符</description>
    <uri>myelfun</uri>  <!--定义 URI-->
    <function>
        <name>ps</name>
        <function-class>chapter2.ELFun</function-class>
        <function-signature>
            java.lang.String processStr(java.lang.String)
        </function-signature>
    </function>
</taglib>
```

（3）调用 EL 函数。在 chapter2 目录中建立一个 elfun.jsp 文件，代码如下：

```
<%@ page language="java" pageEncoding="GBK"%>
<%@ taglib uri="/WEB-INF/tld/elfun.tld" prefix="elfun" %>
<html>
    <head>
        <title>调用 EL 函数</title>
    </head>
    <body>
        <form method="post">
            请输入一个字符串：
            <input type="text" name="text" />
```

```
            <p>
                <input type="submit" value="提交" />
        </form>

        <p>
            直接输出文本框中的内容:
        <p>
            ${param.text}
        <p>
            使用定制函数输出文本框中的内容:
        <p>
            ${elfun:ps(param.text)}
    </body>
</html>
```

（4）测试 elfun.jsp。在浏览器中输入如下的 URL：

```
http://localhost:8080/samples/chapter2/elfun.jsp
```

在图 2.12 所示的页面的文本框中输入如下的内容：

```
<input type="text" name="text" />
```

单击【提交】按钮后，运行结果如图 2.13 所示。

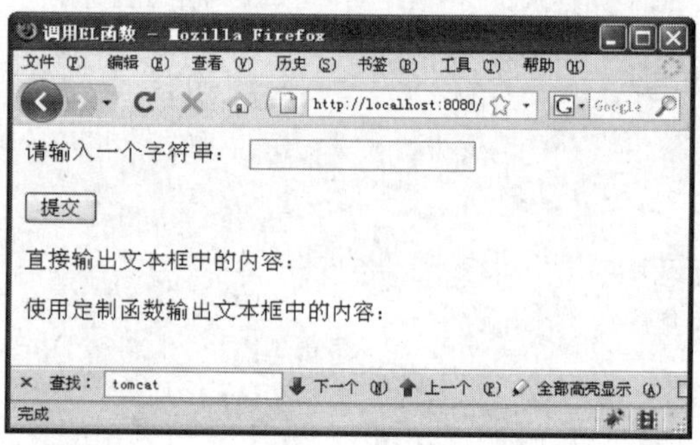

图 2.12　调用 EL 函数的输入页面

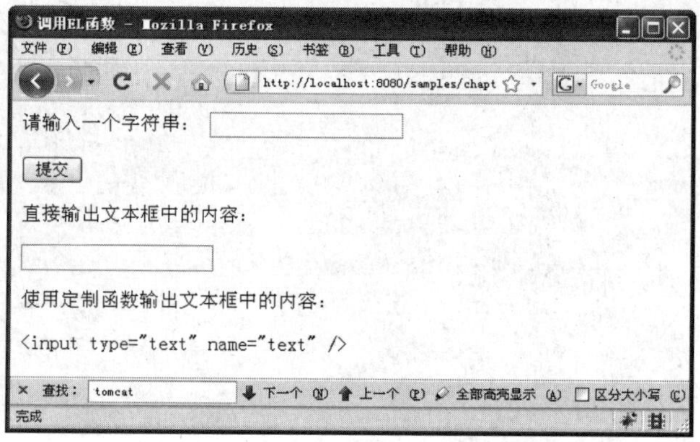

图 2.13　调用 EL 函数的运行结果

从图 2.13 中可以看出，如果直接输出文本框中的字符串，IE 就会将其解析为一个文本框。而使用 EL 函数 processStr 将其转换后，就会将文本框中的字符串按原样显示在页面上。

在使用 EL 函数时，需要注意如下 5 点：

- EL 函数对应的 Java 类的方法必须是静态的。
- TLD 文件的扩展名必须为.tld。
- 除了使用 TLD 文件的路径来引用 TLD 文件外，还可以使用在 TLD 文件中定义的 URI 来引用 TLD 文件。
- 如果使用路径引用 TLD 文件，TLD 文件可以放到 Web 工程中的任何目录下（包括 META-INF、classes、lib 等系统目录）。而如果用 TLD 文件中定义的 URI 来引用 TLD 文件时，这个 TLD 文件必须放到 WEB-INF 目录中或 WEB-INF 目录的子目录中（包括 lib 和 classes 目录）。

- 如果使用路径引用 TLD 文件，在修改调用 EL 函数的 JSP 程序后，无须重启 Tomcat 或重新发布 Web 工程即可生效。但如果使用 URI 引用 TLD 文件，在修改调用 EL 函数的 JSP 程序后，必须重启 Tomcat 或重新发布 Web 工程才能生效。

其实不管使用哪种方式来引用 TLD 文件，本质上都是一样的。感兴趣的读者可以使用两种方式来引用 TLD 文件，并分别查看 JSP 生成的 Servlet 源代码。不管使用哪种方式，都会得到类似下面的代码：

```
static {
  _jspx_dependants=new java.util.ArrayList(1);
  _jspx_dependants.add("/WEB-INF/tld/elfun.tld");
}
```

如果使用 URI 引用 TLD 文件，JSP 编译器会先在 WEB-INF 目录及其子目录中寻找所有的 *.tld 文件，如果发现某个.tld 文件中的<uri>标签定义的 URI 和 taglib 中 uri 属性的值相等，就会记住这个.tld 路径，在生成 Servlet 的同时，就会将这个 TLD 文件的路径也加进来。如果直接使用路径来引用 TLD 文件，JSP 编译器就会直接将 TLD 文件的路径加入到 Servlet 源代码中。因此，从理论上，使用 URI 来引用 TLD 文件要比使用路径的方式在编译上更慢一些（因为有一个查找的过程），但使用 URI 的方式更灵活，这是因为如果改变了 TLD 文件的位置，无法修改调用 EL 函数的 JSP 程序，只需要重启 Tomcat 或重新发布 Web 工程即可生效。

2.3.5 JSP 代码中的注释

在 JSP 代码中有 3 种注释：JSP 注释、Java 注释和 HTML 注释。

1. JSP 注释

JSP 注释的格式如下：

```
<%--JSP 注释--%>
```

JSP 编译器在处理 JSP 代码时，会忽略 JSP 注释。也就是说，JSP 注释不会在由 JSP 生成的 Servlet 源代码中留下任何痕迹，该注释只是为了使 JSP 代码更容易理解而存在。

2. Java 注释

Java 注释被应用于<%...%>中的 Java 代码中。JSP 编译器将 Java 注释的 Java 代码一同插入到由 JSP 生成的 Servlet 源代码中。Java 注释的格式如下：

```
<%
    /*Java 注释 1*/
    //Java 注释 2
%>
```

3. HTML 注释

HTML 注释的格式如下：

```
<!--HTML 注释-->
```

JSP 编译器在处理这类注释时，将它们和其他 JSP 静态内容一起使用 write 方法输出到客户端。也就是说，HTML 注释将被当成 JSP 代码中的静态内容处理。

2.4 JSP 指令

JSP 包括了多种指令，其中主要包括 page 指令、处理异常的指令和 include 指令。这些指令决定了 JSP 编译、执行的一些行为。充分利用这些指令的特性，可以更灵活地使用 JSP 页面来开发程序。

2.4.1 JSP 指令简介

在 JSP 规范中还定义了另外一种 JSP 元素：JSP 指令（directive）。JSP 指令也会被 JSP 编译器转换为 Java 代码。但这些由 JSP 指令转换而来的 Java 代码并不会向客户端输出任何信息，只是通知 Servlet 引擎如何处理 JSP 页面（如设置 JSP 页面的编码格式），或是向 Servlet 源代码中添加一些其他 JSP 元素无法生成的 Java 代码（如 import、extends 等）。JSP 指令的语法格式如下：

```
<%@指令 属性名="值"%>
```

在 JSP 2.0 规范中提供了 3 种指令：page、include 和 taglib，每种指令都定义了若干属性。根据具体的需求，每个指令可以选择只使用一个属性，也可以选择使用多个属性的组合。如下面两条 page 指令分别设置了 contentType 和 pageEncoding 属性：

```
<%@page contentType="text/html"%>
<%@page pageEncoding="GBK"%>
```

上面的两条指令也可以写成一条 page 指令，如下面的代码所示：

```
<%@page contentType="text/html"pageEncoding="GBK"%>
```

在使用 JSP 指令时应注意：JSP 指令和属性名都是大小写敏感的，JSP 指令的所有字母都是小写，而属性名要符合 Java 的命名规范（第一个单词的所有字母小写、第二个及后面所有的单词的首字母大写，其余的字母都小写）。

在 Eclipse 中可以很方便地列出这 3 种指令及它们各自的所有属性名（如果某个属性有默认值，也同时列出）。因此，在 Eclipse 中使用 JSP 指令并不需要记忆 JSP 指令的属性名，只需要了解它们的功能即可。在 Eclipse 中打开一个 JSP 文件，先输入“<%@”，并将光标放到“@”后面，按“Content Assist”快捷键，就会列出上述的 3 种指令，如图 2.14 所示。

将光标放到 page 后面的空白处（不要放到属性名或属性值上），按“Content Assist”快捷键，会列出当前 JSP 指令未被使用的属性（如果某个属性已经被当前 JSP 指令使用，就不会再列出了）。图 2.15 列出了 page 指令中除了 contentType 和 pageEncoding 外的所有属性名及其默认值。

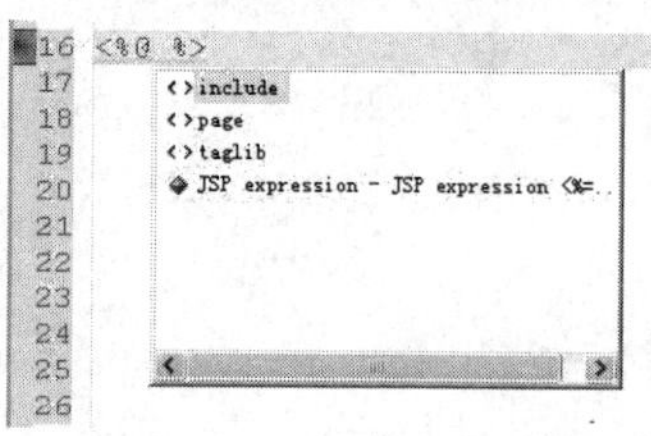

图 2.14 自动列出 JSP 指令

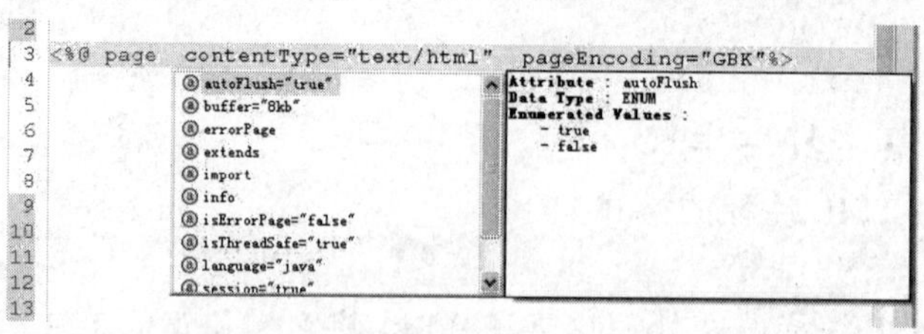

图 2.15 列出 JSP 指令中的属性

2.4.2　page 指令

page 指令用于设置 JSP 页面的各种属性。大多数的 JSP 页面中都含有 page 指令。虽然 page 指令可以出现在 JSP 页面的任何位置，但最好将 page 指令放到 JSP 页面的起始位置。page 指令在 JSP 2.0 规范中的定义如下：

```
<%@page
[language="java"] [extends="package.class"]
[import="{package.class|package.*}, …"]
[session="true|false"]
[buffer="none|8kb|sizekb"] [autoFlush="true|false"]
[isThreadSafe="true|false"] [info="text"]
[errorPage="relativeURL"] [isErrorPage="true|false"]
[contentType="{mimeType [;charset=characterSet]|text/html;charset= ISO-8859-1}"]
 [pageEncoding="{characterSet|ISO-8859-1}"]
[isELIgnored="true|false"]
%>
```

上面定义中的每对方括号“[]”分别表示 page 指令的一个属性。属性值中用竖杠“|”分隔的不同部分为该属性可以设置的值，如 session 属性可以设置为 true 或 false。属性值中黑体部分为该属性的默认值。在这些属性中，import 属性是唯一允许出现多次的属性。下面对 page 指令的所有属性进行详细描述。

1. language 属性

language 属性用来设置 JSP 页面所使用的开发语言（就是<% ... %>中所使用的语言）。由于目前 JSP 只支持 Java，因此，language 属性的值只能为 java，而且这个值也是 language 属性的默认值。这个属性也可以不设置。

2. extends 属性

extends 属性设置了由 JSP 生成的 Servlet 类所继承的父类。一般不需要设置这个属性。如果在某些特殊情况下非要设置这个属性，应该注意设置后可能会对 JSP 造成的影响。

3. import 属性

import 属性指定在 JSP 页面被翻译成 Servlet 源代码后要导入的包或类。也就是翻译成 Java 中的 import 语句。在 page 指令中可以有多个 import 属性，如下面的 page 指令所示：

```
<%@page import="java.util.*"import ="java.io.*"import = "java.util.Random" %>
```

上面的 page 指令将被翻译成如下的 Java 代码：

```
import java.util.*;
import java.io.*;
import java.util.Random;
```

在 page 指令中不仅可以有多个 import 属性，还可以在一个 import 属性中使用“,”分隔不同的包或类。如上面的 page 指令也可以写成如下的形式：

```
<%@page import="java.util.*, java.io.*, java.util.Random"%>
```

4. session 属性

session 属性用于指定在 JSP 页面中是否可以使用内置 session 对象。session 属性的默认值为 true。也就是说，JSP 在默认的情况下会自动创建 HttpSession 对象。

在 JSP 页面被翻译成 Servlet 时，JSP 编译器会自动在 Servlet 中添加相应的语句来创建一个 HttpSession 对象。下面是 Servlet 中创建 HttpSession 对象的代码片段：

```
    …
    HttpSession session=null;  //在 JSP 中使用的 session 就是这个 HttpSession 对象
    …
    pageContext=_jspxFactory.getPageContext(this,request,response,null,true,
8192,true);
    …
  session=pageContext.getSession();
  …
```

需要注意的是，在 Servlet 中除了需要建立 HttpSession 对象的代码外，getPageContext 方法的第 5 个参数的值必须为 true（如上面代码的第 2 行），这个参数会通知 Servlet 引擎是否需要一个 HttpSession 对象。

如果将 session 属性设为 false，那么上面的代码的第 1 行和第 3 行就不会在 Servlet 中存在。而且 getPageContext 方法的第 5 个参数的值被设为 false。因此，在 JSP 中也就不能使用 session 了。

当 session 属性设为 false 后，即使在 JSP 页面中使用 getSession 方法也只能获得一个空的 HttpSession 对象。如下面的 JSP 代码所示：

```
<%@page session="false"contentType="text/html"%>
<%
HttpSession newSession=pageContext.getSession();   //newSession 为 null
    System.out.println(newSession);  //在控制台中输出 null
%>
```

5．buffer 属性

buffer 属性用于设置 JSP 的内置对象 out 的缓冲区大小，默认值是 8kb。如果将 buffer 设为 none，out 对象则不使用缓冲区。还可以通过这个属性来自定义 out 对象的缓冲区的大小。但单位必须是 kb，也就是说，buffer 属性的值的最后两个字母必须是 kb，而且必须是非负整数。如 16kb、20kb 等。将 buffer 属性的值设为 0kb 的效果和设为 none 的效果是一样的。

实际上，当 JSP 被翻译成 Servlet 时，JSP 编译器会自动将 buffer 属性的值翻译成 getPageContext 方法的第 6 个参数。如下面代码所示：

```
    pageContext=_jspxFactory.getPageContext(this,request,response,null,true,81
92,true);
```

6．autoFlush 属性

autoFlush 属性用于设置当内置对象 out 的缓冲区已满时，是将缓冲区中的内容刷新到客户端（autoFlush 的属性值为 true），还是抛出缓冲区溢出的异常（autoFlush 的属性值为 false）。其默认值为 true。如果 buffer 属性的值为 none 或 0KB，则 autoFlush 属性的值不能为 false。因为将 buffer 属性的值设为 none 或 0KB，表明未使用缓冲区，也就相当于缓冲区永远是满的。这时将 autoFlush 属性值设为 false，JSP 编译器将无法编译 JSP 页面，也就是说，会产生一个内部编译错误。

autoFlush 属性的值实际上就是 getPageContext 方法的最后一个参数，如下面的代码所示：

```
    pageContext=_jspxFactory.getPageContext(this,request,response,null,true,81
92,true);
```

7. isThreadSafe属性

isThreadSafe属性用于设置JSP页面是否是线程安全的，默认值为true。当isThreadSafe属性为true时，说明当前的JSP页面在设计时已经考虑了线程方面的问题（如全局共享的资源已经同步），并不需要Servlet引擎再来考虑这些问题了。当isThreadSafe属性为false时，JSP编译器将JSP页面翻译成实现SingleThreadModel接口的Servlet。

8. info属性

info属性用于定义一个描述当前JSP页面的字符串信息。在由JSP页面生成的Servlet中，info属性值被翻译成getServletInfo方法的返回值。如下面的代码所示：

```
<%@page info="输出 info 属性的值"contentType="text/html"pageEncoding= "GBK"%>
info 属性的值: <%=getServletInfo()%>  <%--输出 info 属性的值--%>
```

在浏览器中输入http://localhost:8080/samples/chapter2/info.jsp后，由info.jsp生成的Servlet的代码片段如下：

```
…
public final class info_jsp extends org.apache.jasper.runtime.HttpJspBase
    implements org.apache.jasper.runtime.JspSourceDependent {

  public String getServletInfo() {
    return "输出 info 属性的值";
  }
  …
  public void _jspService(HttpServletRequest request, HttpServletResponse
  response)
      throws java.io.IOException,ServletException {
…
out.write("info 属性的值:");
out.print(getServletInfo());
…
  }
```

读者从上面的代码片段中可以看到，如果设置了info属性，JSP页面在被翻译成Servlet时就会在Servlet类中加入一个getServletInfo方法，将info属性的值作为getServletInfo方法的返回值。

9. errorPage属性

errorPage属性用于设置另外一个JSP页面来处理当前JSP页面抛出的异常。如果JSP页面抛出了未被捕获的异常，就会自动跳转到errorPage属性所指的页面。errorPage属性的值必须是相对路径。如果以“/”开头，则表示相对于当前Web应用程序的根目录，否则，表示相对于当前JSP页面所在的目录。errorPage属性实际上对应了由JSP页面生成的Servlet中的getPageContext方法的第4个参数。如下面代码所示：

```
pageContext=_jspxFactory.getPageContext(this,request,response,"error.jsp",tru
e,1024,true);
```

需要注意的是，errorPage属性的值可以是JSP页面，也可以是静态的页面（如HTML、图像文件等）。

10．isErrorPage 属性

isErrorPage 属性指定当前 JSP 页面是否可用于处理其他 JSP 页面未捕获的异常。默认值为 false。errorPage 属性所指的异常处理页面必须将 isErrorPage 属性设为 true。否则，无法在异常处理页中引用内置对象 exception。因此，exception 对象只有在 isErrorPage 属性设为 true 时才存在。下面的例子演示了如何在 JSP 页面中处理异常。

在 samples 工程的 chapter2 目录中建立两个 JSP 文件，分别为 testError.jsp 和 error.jsp，代码如下：

error.jsp：

```
<%@page isErrorPage="true"contentType="text/html"pageEncoding="GBK"%>
<%
    out.println("错误跟踪信息: <br>");
    exception.printStackTrace(new java.io.PrintWriter(out));
%>
```

testError.jsp：

```
<%@page errorPage="error.jsp" contentType=" text/html" pageEncoding="GBK"%>
<%
    java.util.Random rand=null;
    out.println(rand.nextInt());  //抛出一个 NullPointerException 异常
%>
```

在浏览器中输入如下的 URL：

```
http://localhost:8080/samples/chapter2/testError.jsp
```

在浏览器中的显示结果如图 2.16 所示。

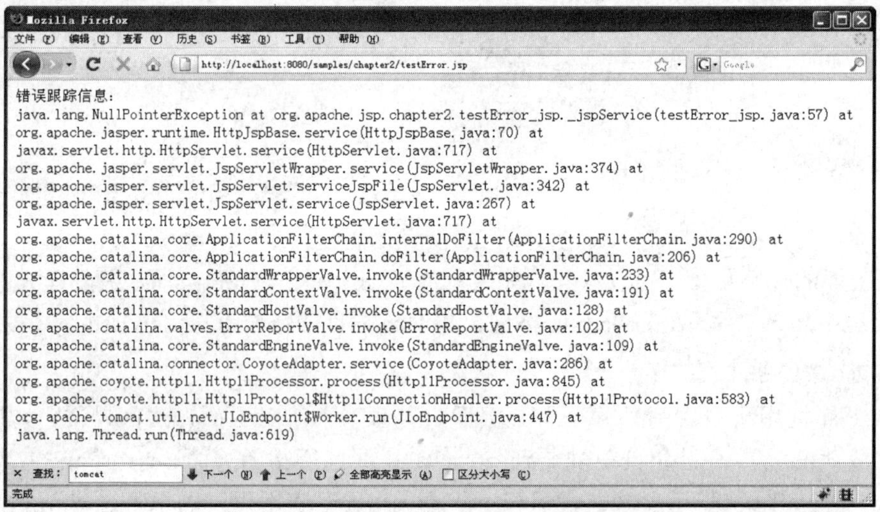

图 2.16　testError.jsp 页面的运行结果

除了通过 errorPage 属性指定异常处理页外，还可以在 web.xml 中指定全局的异常处理页。有两种方法指定全局异常处理页：

（1）通过异常类型指定全局处理页。

在 web.xml 的顶层结点<web-app>中加入如下的子结点：

```
<error-page>
```

```
    <exception-type>java.lang.NullPointerException</exception-type>
    <location>/chapter4/error.jsp</location>
</error-page>
```

（2）通过错误代码指定全局处理页。

在 web.xml 的顶层结点<web-app>中加入如下的子结点：

```
<error-page>
    <error-code>404</error-code>
    <location>/404.jsp</location>
</error-page>
```

其中<location>标签的值必须以“/”开头，表示相对于 Web 应用程序的根目录。

这两种方法不能一起使用，也就是<error-code>和<exception-type>不能同时出现在一个<error-page>中。通常使用第二种方法。如网站的某些资源被删除后，就会发生 404 错误（表示资源未找到），如果这时使用了第二种方法，就会为用户显示更友好的错误信息。

11. contentType 属性

contentType 属性用于设置响应正文的 MIME 类型和 JSP 页面中文本内容的字符集编码（也表示发送给客户端的响应正文的字符集编码）。这个属性值实际上就是 Content-Type 响应头字段的值。contentType 属性的默认 MIME 类型是 text/html，默认字符集是 ISO-8859-1。对于中文来说，可以将 contentType 属性设为如下两个值中的任何一个：

```
<%@page errorPage="error.jsp"contentType="text/html;charset=GBK"%>
<%@page errorPage="error.jsp"contentType="text/html;charset=utf-8"%>
```

12. pageEncoding 属性

pageEncoding 属性用于指定 JSP 页面中文本内容的字符集编码格式。如果指定了 pageEncoding 属性，则 contentType 属性中的 charset 就不再具有说明 JSP 页面中文本内容的字符集编码的作用了。如果 contentType 属性中未指定字符集编码格式（也就是没有 charset），则 pageEncoding 属性同时还具有设置 Content-Type 响应头字段的值中的字符集编码的作用（相当于设置了 contentType 属性的 charset）。

13. isELIgnored 属性

isELIgnored 属性用于设置 JSP 页面是否支持 EL。如果 Web 应用程序是遵循 Servlet 2.3 或更低版本，isELIgnored 属性的默认值为 true（表示 JSP 页面在默认情况下不支持 EL），如果遵循 Servlet 2.4 或更高版本，isELIgnored 属性的默认值为 false（表示 JSP 页面在默认情况下支持 EL）。

2.4.3 include 指令

include 指令用于将其他的文件（包括 JSP 文件和其他的静态文件，如 HTML 文件等）静态地加入到当前的 JSP 程序中。include 指令的语法格式如下：

```
<%@include file="relativeURL"%>
```

include 指令只有一个 file 属性。这个属性的值是一个相对路径，如果以“/”开头，则相对于 Web 应用程序的根目录，否则，相对于当前 JSP 文件所在的目录。在使用 include 指令时应注意以下几点：

- 被引入的文件可以是任何扩展名。JSP 编译器会按处理 JSP 页面的方式处理被引入的文件。
- include 指令是静态引入文件的，也就是说，被引入文件内容将作为使用 include 指令的 JSP 所生成的 Servlet 源代码的一部分而存在。在这一过程中，如果被引入的文件是 JSP 程序，并不会生成相应的 Servlet。而是由 JSP 编译器翻译被引入文件时直接将翻译后的内容（Servlet 源代码）直接放到了由使用 include 指令的 JSP 程序生成的 Servlet 源代码中。
- 在 page 指令中除了 import 和 pageEncoding 属性外，其他的属性不能在当前的 JSP 程序和被引入的 JSP 程序中设置成一样的值。否则 JSP 编译器在翻译 JSP 程序时将会抛出 JasperException 异常。
- 如果在当前的 JSP 程序中未通过 page 指令的 contentType 属性设置字符集编码，那么在被引入的 JSP 程序中通过 page 指令设置的 pageEncoding 属性值将作为当前 JSP 页面内容的编码格式（和在当前 JSP 页面中使用 page 指令设置 pageEncoding 属性的效果是一样的）。

下面的代码演示了 include 指令的用法。

在 samples 工程的 chapter2 目录中建立两个 JSP 页面，分别为 testInclude.jsp 和 included.myjsp，代码如下：

testInclude.jsp：

```
<%@page pageEncoding="GBK"%>
<%@include file="included.myjsp"%>
小于 10000 的随机数：<%=new Random().nextInt(10000)%>
```

included.myjsp：

```
<%@page import="java.util.*"contentType="text/html; charset=GBK"%>
included.myjsp 中的内容<br>
```

在浏览器中输入如下 URL：

```
http://localhost:8080/samples/chapter2/testInclude.jsp
```

在浏览器中显示的结果如图 2.17 所示。

在被引用 JSP 文件中如果含有中文字符，必须在被引用的 JSP 文件中使用 page 指令的 contentType 或 page-Encoding 指定 JSP 页面的字符集编码（如 included.myjsp 页面）。而在使用 include 指令的 JSP 文件（如 testInclude.jsp 页面）中即使设置的页面字符集编码并不能代表被引用文件的字符集编码。如将上面代码中的 contentType= 玩 "text/html; charset=GBK"去掉，在 included.myjsp 中的所有中文在客户端浏览器中都会显示成“?”。

图 2.17　testInclude.jsp 页面的运行效果

2.5　内 置 对 象

在 JSP 中有 9 个内置对象，这些对象包括 out、pageContext、request、response、page、session、config、exception、pageContext。通过这些对象可以在 JSP 页面完成很多高级的操作。例如，截获异常、获得请求参数值等。

2.5.1 out 对象

out 对象是 JSP 中最常用的内置对象。这个对象用于向客户端输出文本形式的数据。out 对象是一个 JspWriter 对象，由 pageContext 对象的 getOut 方法获得。JspWriter 对象和 ServletResponse.getWriter 返回的 PrintWriter 对象类似，也有属于自己的缓冲区。在使用 out 对象向客户端输出数据时，系统首先会将这些数据放到 out 对象的缓冲区中（如果使用缓冲区的话），直到缓冲区被装满或整个 JSP 页面结束，这时缓冲区中的内容被写到由 Servlet 引擎提供的缓冲区中，最后系统将 Servlet 引擎中的数据输出到客户端。

从上面的描述可以看出，通过 out 对象向客户端输出数据一般需要经过两个缓冲区（JspWriter 对象提供的缓冲区和 Servlet 引擎提供的缓冲区）。因此，在 JSP 页面中同时使用 out 对象和 PrintWriter 对象时要注意它们的输出顺序。下面通过一个例子来演示一下 PrintWriter 和 JspWriter 对象的输出结果。

在 samples 工程的 chapter2 目录中建立一个 testBuffer.jsp 文件，代码如下：

```
<%@page buffer="1kb" import="java.io.*" contentType="text/html"
    pageEncoding="GBK"%>
<%
    out.clear();
    int count=Integer.parseInt(request.getParameter("count"));
    for(inti= 0; i<count;i++)
    {
        out.write("1");
    }
    PrintWriter servletOut=pageContext.getResponse().getWriter();
    servletOut.write("使用 PrintWriter 对象输出数据！");
%>
```

启动 Tomcat 后，在浏览器中输入如下的 URL：

```
http://localhost:8080/samples/chapter2/testBuffer.jsp?count=1000
```

在浏览器中的显示结果如图 2.18 所示。

在浏览器中输入如下的 URL：

```
http://localhost:8080/samples/chapter2/testBuffer.jsp?count=1026
```

在浏览器中的显示结果如图 2.19 所示。

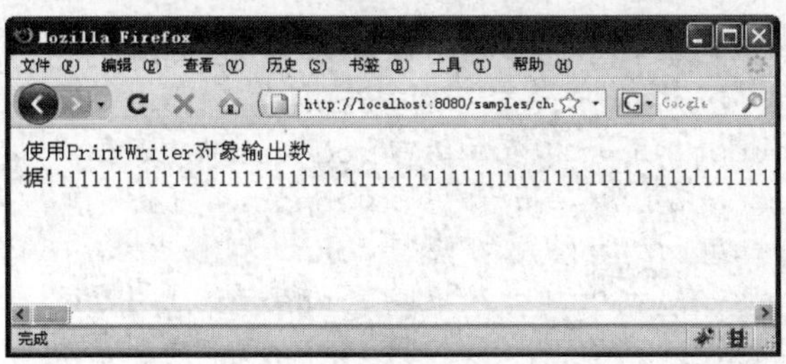

图 2.18 testBuffer.jsp 测试结果 1

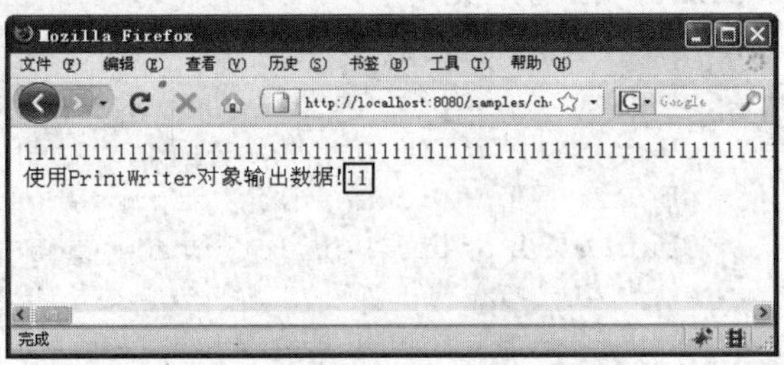

图 2.19 testBuffer.jsp 测试结果 2

在上面的代码中将 testBuffer.jsp 的缓冲区设为 1KB（1024 个字节）。从图 2.18 所示的运行结果可以看出，虽然在 testBuffer.jsp 中的最后使用了 PrintWriter 对象，但是使用 PrintWriter 对象向客户端输出的数据却跑到了最前面。这是因为使用 JspWriter 对象输出数据时，首先会将数据放到 JspWriter 对象缓冲区中，直到 JspWriter 对象缓冲区被装满为后，再将 JspWriter 对象缓冲区中的数据写入 Servlet 引擎提供的缓冲区。而 PrintWriter 对象在写数据时是直接将数据写到 Servlet 引擎提供的缓冲区中的。

从上面的描述我们就可以清楚地知道产生图 2.18 所示的运行结果的原因了。由于只使用 JspWriter 对象向客户端输出了 1000 个（Url 的参数：count = 1000）字符（字符“1”），还没有将 JspWriter 对象的缓冲区填满。这时如果使用 PrintWriter 对象写数据，就会先将 PrintWriter 对象要写的数据放到 Servlet 引擎提供的缓冲区的前面，而当整个 testBuffer.jsp 页面结束后，会将 JspWriter 对象缓冲区中的剩余数据写入 Servlet 引擎提供的缓冲区中。这样，那 1000 个“1”就会跑到“使用 PrintWriter 对象输出数据!”后面。因此，PrintWriter 对象输出的数据会最先输出到客户端。

如果将参数 count 的值增加到 1026（如图 2.19 所示）后，当输出到第 1024 个“1”时，JspWriter 缓冲区已满，因此，会将这 1024 个“1”放到 Servlet 引擎提供的缓冲区的最前面，而剩下那两个“1”会在 JspWriter 缓冲区被清空后，再次保存在里面。而“使用 PrintWriter 对象输出数据!”字符串会放到 1024 个“1”后面，但却在另外两个“1”的前面，因此，会出现图 2.19 所示的运行结果。

注意：

要想产生上面的运行结果，需要在 testBuffer.jsp 中使用 out.clear 将 JspWriter 缓冲区的内容先清除。这是因为在<%...%>前面可能会有一些字符，如空格、“\r”、“\n”等。如果是这样，在使用 JspWriter 对象输出字符“1”的时候，JspWriter 对象的缓冲区就不为空了。那么 count 参数也就不会是在 1024 的值时开始处理 JspWriter 对象的缓冲区（会比 1024 小），因此，为了使 count 参数正好在 1024 时处理 JspWriter 对象的缓冲区，需要提前使用 clear 方法清除 JspWriter 对象的缓冲区。

2.5.2　pageContext 对象

pageContext 对象是 javax.servlet.jsp.PageContext 类的对象实例。pageContext 对象封装了 JSP 页面的运行信息。可以通过这个对象的 getXXX 方法来获得其他 8 个 JSP 内置对象。这 8 个 getXXX 方法的定义如下：

```
abstract public Exception getException();               //返回 exception 内置对象
abstract public Object getPage();                       //返回 page 内置对象
abstract public ServletRequest getRequest();            //返回 request 内置对象
abstract public ServletResponse getResponse();          //返回 response 内置对象
abstract public ServletConfig getServletConfig();       //返回 config 内置对象
abstract public ServletContext getServletContext();     //返回 Context 内置对象
abstract public HttpSession getSession();               //返回 session 内置对象
abstract public JspWriter getOut();                     //返回 out 内置对象
```

由于 pageContext 对象可以获得其他 8 个内置对象，因此，当 JSP 页面调用普通的 Java 时，可以只将 pageContext 对象作为参数传入相应的方法，这样，在方法中就可以通过 pageContext 对象来获取和操作其他的 JSP 内置对象了。

在 PageContext 类中引入了一个 include 方法来简化和替代 RequestDispatcher.include 方法的调用。PageContext 类的 include 方法有两种重载形式：

```
abstract public void include(String relativeUrlPath) throws ServletException,
IOException;
abstract public void includc(String relativeUrlPath,boolean flush) throws
ServletException,IOException;
```

在调用第一个 include 方法之前会先将 out 对象缓冲区中的数据刷新。而第二个 include 方法提供了一个 flush 参数，来控制在调用 include 方法之前是否刷新 out 对象缓冲区。include 方法的 relativeUrlPath 参数必须是相对路径，如果以“/”开头，则表示相对于当前 Web 应用程序的根目录。

PageContext 类还提供了一个 forward 方法来简化和替代 RequestDispatcher.forward 方法的调用。PageContext 类的 forward 方法的定义如下：

```
abstract public void forward(String relativeUrlPath) throws ServletException,
IOException;
```

forward 方法的 relativeUrlPath 参数必须是相对路径，如果以“/”开头，则表示相对于当前 Web 应用程序的根目录。

2.5.3 其他 JSP 内置对象

request、response 和 session 对象分别由 PageContext 类的 getRequest、getResponse 和 getSession 方法返回，这些方法在前面曾经使用过。

page 对象是 Object 类的对象实例，它实质上是当前 JSP 页面所对应的 Servlet 类的对象实例，相当于 this。可以使用下面的代码输出由当前 JSP 页面翻译生成的 Servlet 的类名。

testPage.jsp：

```
<%
out.println(page.getClass().getName());
%>
```

在浏览器中输入如下的 URL：

```
http://localhost:8080/samples/chapter2/testPage.jsp
```

在浏览器中输出的信息如图 2.20 所示。

只有 page 指令的 isErrorPage 属性值为 true 时，才能使用 exception 对象。通过这个对象可以获得异常的相关信息。

从 config 对象中可以获得 web.xml 中和当前 JSP 页面相关的配置信息。如初始化参数、Servlet 名等。config 对象由 PageContext 类的 getServletConfig 方法返回。下面的代码演示了如何使用 config 对象。

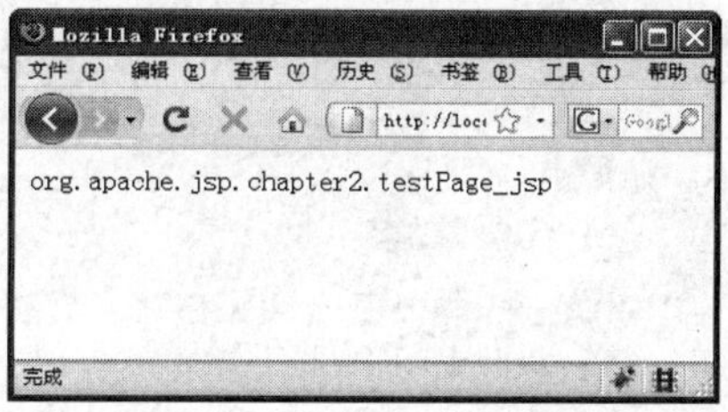

图 2.20 testPage.jsp 页面的测试结果

testConfig.jsp：

```
<%@ page contentType="text/html;charset=GBK"%>
Servlet 名：
<%=config.getServletName()%>
<br>
```

```
初始化参数值:
<%=config.getInitParameter("jsparg")%>
```

在 samples 工程的 web.xml 文件的顶层结点<web-app>中加入如下的子结点：

```
<servlet>
    <servlet-name>testConfigServletName</servlet-name>
    <jsp-file>/chapter2/testConfig.jsp</jsp-file>
    <init-param>
        <param-name>jsparg</param-name>
        <param-value>jspargvalue</param-value>
    </init-param>
</servlet>
<servlet-mapping>
    <servlet-name>testConfigServletName</servlet-name>
    <url-pattern>/chapter2/testConfig.jsp</url-pattern>
</servlet-mapping>
```

在浏览器中输入如下的 URL：

```
http://localhost:8080/samples/chapter2/testConfig.jsp
```

在浏览器中会显示图 2.21 所示的运行结果。

图 2.21　testConfig.jsp 的测试结果

application 对象用于获得和当前 Web 应用程序相关的信息。这个对象由 PageContext 类的 getServletContext 方法返回。如对于全局的初始化参数、某个 Web 资源的绝对路径、Servlet 引擎的版本号等。下面的代码演示了如何使用 application 对象。

testApplication.jsp：

```
<%@page contentType="text/html;charset=GBK"%>
全局初始化参数值:
<%= application.getInitParameter("globalArg")%>
<br>
testApplication.jsp 的绝对路径:
<%=application.getRealPath("testApplicaiton.jsp")%>
<br>
Servlet 引擎的版本号:
<%=application.getMajorVersion()+"."+application.getMinorVersion()%>
<br>
Web 工程路径:
<%= application.getContextPath()%>
```

在 web.xml 的顶层结点<web-app>中加入如下的子结点：

```
<context-param>
    <param-name>globalArg</param-name>
    <param-value>globalValue</param-value>
</context-param>
```

在浏览器中输入如下的 URL：

```
http://localhost:8080/samples/chapter2/testApplication.jsp
```

在浏览器中的运行结果如图 2.22 所示。

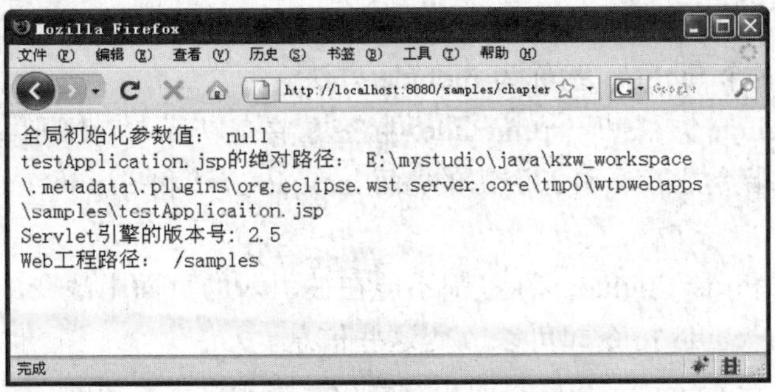

图 2.22 testApplication.jsp 的运行效果

2.6 JSP 标签

在JSP中嵌入动态内容最直接的方法就是使用<% ... %>在JSP页面中写Java代码。但将Java代码和JSP页面的静态部分（如HTML、JavaScript等）混合在一起，网页设计人员和开发人员就要使用同一个文件，这样并不利于维护和管理。因此，在JSP规范中定义了一些标准的标签，这些标签也被称为标准动作（Standard Actions）。这些标签使用了XML格式进行描述。它们都以jsp开头，如<jsp:include>、<jsp:forward>、<jsp:useBean>等。在Eclipse中打开一个.jsp文件，在静态部分输入一个"<"，就会自动列出当前JSP版本所支持的所有JSP标签，如图2.23所示。

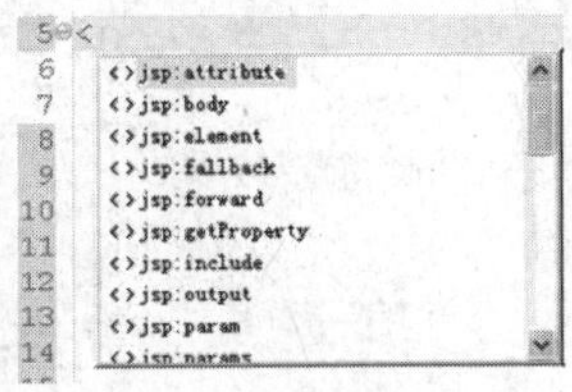

图 2.23 JSP 标签列表

要下载JSP的最新规范，请访问如下的URL：

```
http://java.sun.com/products/jsp/reference/api/index.html
```

读者可以通过JSP的最新规范更深入地了解JSP标签和后面要讲解的JSTL等相关信息。

2.6.1 <jsp:include>标签

<jsp:include>标签用于将另一个静态或动态资源插入到当前的JSP页面中。插入的过程是动态的，也就是说，只有当JSP程序运行到了<jsp:include>指令时才执行插入动作。<jsp:include>标签的语法格式有如下两种：

语法格式1：

```
<jsp:include page="relativeURL" flush="true|false"/>
```

语法格式2：

```
<jsp:include page="relativeURL" flush="true|false">
{ <jsp:param … />}*
</jsp:include>
```

page属性表示一个相对于当前页的相对路径。flush属性表示在插入资源之前，是否清空out缓冲区，默认值是false。第二种语法格式可以向relativeURL所指的Web资源传递参数，到现在为止，已经涉及了4个include：RequestDispatcher.include、pageContext.include、include指令和<jsp:include>标签。那么它们之间又有什么区别呢？

其中RequestDispatcher.include和pageContext.include在功能上是完全相同的，pageContext.

include 只是为了简化 RequestDispatcher.include 而存在的。因此，这两个 include 可以看做一个 include。因此，将这两个 include 统称为 include 方法。

include 指令、include 方法和<jsp:include>标签主要有以下 5 点区别：

（1）只有 include 指令是静态引入资源的，而 include 方法和<jsp:include>标签是动态引入资源的。

（2）include 方法和<jsp:include>标签都不能在被引入的页面中改变响应状态码，也不能改变 HTTP 响应头。而 include 指令却可以改变这些信息。

（3）include 方法和<jsp:include>标签的相对路径都是相对于页面的，而 include 指令的相对路径是相对于文件的。下面的代码演示了它们之间在相对路径上的差别。include.jsp 是 samples 工程中 chapter2 目录下的一个文件。在 chapter2 目录下再建一个 compareInclude.jsp 文件，代码如下：

```
<%@page pageEncoding="GBK"%>
include 指令:
<%@include file="included.jsp"%>
<br>
include 标签:
<jsp:include page="included.jsp"/>
<br>
include 方法:
<%
pageContext.include("included.jsp");
%>
```

在浏览器中输入 http://localhost:8080/samples/chapter2/compareInclude.jsp 后，3 个 include 都执行成功（都找到了 included.jsp 文件），如图 2.24 所示。

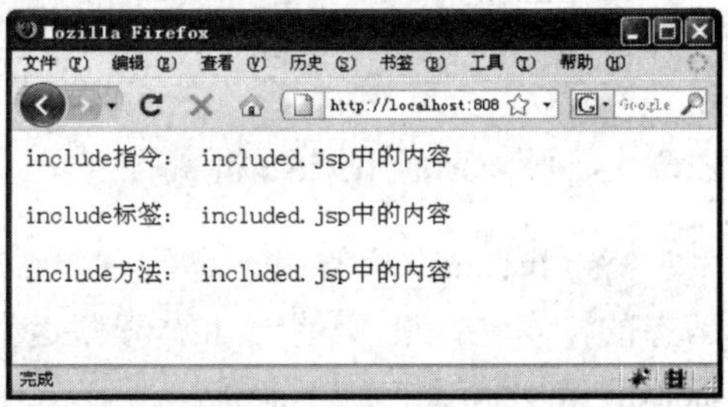

图 2.24　compareInclude.jsp 的运行结果

但要是将 compareInclude.jsp 映射到其他的路径，如将 compareInclude.jsp 映射到 http://localhost:8080/samples/myspace/compareInclude.html 上，就只有 include 指令可以正常显示 included.jsp 中的内容，include 标签和 include 方法都没有找到 included.jsp。这是因为，include 指令的相对路径是文件的相对路径，而 include 标签和 include 方法的相对路径是相对于 Web 路径的，也就是说，在使用新的 URL 访问后，included.jsp 就变成了 http://localhost:8080/samples/myspace/included.jsp，而这个 URL 目前是不能访问的。解决这个问题的方法有以下两个：

- 在 web.xml 中对 included.jsp 进行映射。
- 在 include 中使用相对于 Web 根目录的相对路径（也就是路径前面加“/”），如将 included.jsp 改为“/chapter2/included.jsp”，就都可以找到 included.jsp 文件了。

（4）include 指令在引用 JSP 文件时，无论 JSP 文件的扩展名是不是.jsp，都会将其按 JSP 页面来处理，而 include 方法和<jsp:include>标签所引用的 JSP 文件的扩展名必须是.jsp 才可以，如果是其他的扩展名，就会将其内容当成静态文件处理。如将 included.jsp 改成 included.myjsp 后，只有 include 指令正常输出。include 方法和 include 标签都将 included.myjsp 中的内容按原样输出到了客户端。

（5）当相对路径所指的资源不存在时，include 指令会抛出异常，而 include 方法和<jsp:include>标签会向客户端输出一条提示信息后，继续执行后面的 JSP 代码。

2.6.2　<jsp:forward>标签

<jsp:forward>标签用于把当前请求转发给其他的静态资源、JSP 页或 Servlet。<jsp:forward>标签的语法格式有如下两种：

语法格式 1：

```
<jsp:forward page="relativeURL|<%=expression%>"/>
```

语法格式 2：

```
<jsp:forward page="relativeURL|<%=expression%>"
{ <jsp:param … /> }*
</jsp:forward>
```

<jsp:forward>的 page 属性不仅可以是表示相对路径的字符串，而且也可以是 JSP 表达式返回的值。<jsp:forward>标签和 forward 方法（pageContext.forward 和 RequestDispatcher.forward）的功能和使用规则相同。

在使用<jsp:forward>标签时应注意以下 4 点：

（1）如果当前 JSP 页面的 out 缓冲区中有数据，则在 forward 之前会清空 out 缓冲区。

（2）如果在调用<jsp:forward>标签之前，out 缓冲区已经被刷新（也就是使用了 flush 方法），当调用<jsp:forward>时会抛出 java.io.IOException 异常。

（3）当<jsp:forward>标签前面的输出字符（包括静态的和用 out 对象输出的字符）大于缓冲区的尺寸时，系统就会抛出 java.lang.IllegalStateException 异常

（4）如果当前页未使用 out 缓冲区，并且在<jsp:forward>标签前有任何字符（包括"\r"、"\n"），系统就会抛出 java.lang.IllegalStateException 异常

2.6.3　<jsp:param>标签

<jsp:param>标签用来作为其他 JSP 标签的子标签，以便向其他的标签传递参数。<jsp:param>标签的语法格式如下：

```
<jsp:param name="name" value="value|<%=expression%>"/>
```

对于<jsp:include>和<jsp:forward>标签来说，<jsp:param>标签传递的是 URL 的参数。虽然<jsp:include>和<jsp:forward>标签可以将 URL 参数放到 URL 后面，如下面的代码所示：

```
<jsp:include page="/param.jsp?name=bill"/>
<jsp:forward page="/param.jsp?name=bill"/>
```

但是直接将 URL 参数放到 URL 后面的话，如果 URL 参数很多的话，看起来很不直观，而且也不能单独对 URL 参数使用 JSP 表达式。这些问题使用<jsp:param>标签就可以迎刃而解。下面的代码演示了<jsp:param>标签的用法。

在 samples 工程的 chapter2 中建立两个 JSP 文件，分别为 testParam.jsp 和 processParam.jsp，代码如下：

testParam.jsp

```
<jsp:include page="/chapter2/processParam.jsp?id=1234&age=30">
```

```
    <jsp:param name="name" value="bill"/>
    <jsp:param name="age" value="35"/>
    <jsp:param name="salary" value="<%=3000/1.2%>"/>
</jsp:include>
```

processParam.jsp

```
<%@page pageEncoding="GBK"%>
id: ${param.id}<br>
name: ${param.name}<br>
age: ${param.age}<br>
salary: ${param.salary}
```

在浏览器中输入如下的 URL：

```
http://localhost:8080/samples/chapter2/testParam.jsp
```

在浏览器中的运行结果如图 2.25 所示（将 include 换成 forward，也会得到同样的运行结果）。

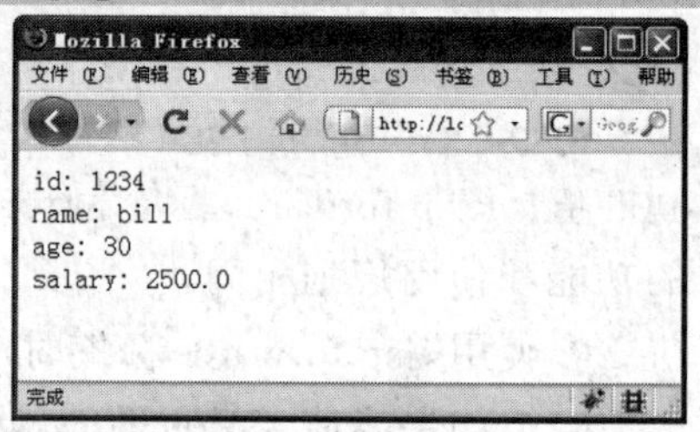

图 2.25 testParam.jsp 的运行效果

从上面的例子可以看出，age 参数在 URL 和<jsp:param>标签中都有，但 processParam.jsp 显示的是 URL 中的 age 参数，因此，我们可以得出一个结论：当 URL 中的参数和<jsp:param>中的参数相同时，URL 中的参数值会覆盖<jsp:param>中的同名参数值。

2.6.4 <jsp:useBean>标签

<jsp:useBean>标签用于在不使用 Java 代码的前提下创建类的对象实例。<jsp:useBean>的语法格式有如下两种：

语法格式 1：

```
<jsp:useBean id="name" scope="page|request|session|application" typeSpec />
```

语法格式 2：

```
<jsp:useBean id="name" scope="page|request|session|application" typeSpec >
标签体
</jsp:useBean>
```

typeSpec：

```
typeSpec::= class="className"|
class="className"type="typeName"|
beanName="eanName|<%=expression%>|EL"type="typeName"
```

<jsp:useBean>标签有 5 个属性：id、scope、class、beanName 和 type。这 5 个属性的意义和作用如下：

- id：表示实例对象名。如 Object obj = new Object，id 就是其中的 obj。
- scope：表示对象实例的有效范围。可选的范围有 4 个，从小到大依次是 page、request、session 和 application，默认值为 page。如将 scope 设为 session，就意味所有属于同一个 session 的 JSP 页面和 Servlet 都可以访问。
- class：要实例化的类名（必须是包名+类名）。这个类名必须是有效的，否则系统将抛出异常。

- type：要实例化的类的父类名（必须是包名+类名）。这个类名必须是有效的，否则系统将抛出异常。
- beanName：和 class 属性类似。beanName 属性也是要实例化的类名。只是在 JSP 编译器翻译 JSP 页面时有所差异。JSP 编译器将 class 属性翻译成静态创建对象实例（也就是使用 new 来创建对象实例），而将 beanName 翻译成动态创建对象实例（也就是使用 java.beans.Beans.instantiate 方法创建对象实例）。beanName 和 class 的另一个差异是 beanName 可以使用 JSP 表达式（<%= ... %>）和 EL（${...}）作为其属性值。而 class 的属性值只能是字符串。

<jsp:useBean>标签有 3 种使用方法。

1. 最简单的方法

```
<jsp:useBean id="myDate"  class ="java.util.Date">
```

上面的代码相当于如下的 Java 代码：

```
<%
   java.util.Date myDate=new java.util.Date();
%>
```

2. 使用 class 和 type

```
<jsp:useBean id="myDate"class="java.util.Date"  type="Object">
```

上面的代码相当于如下的 Java 代码：

```
<%
   Object myDate=new java.util.Date();
%>
```

3. 使用 beanName 和 type

```
<jsp:useBean id="myDate"type="Object"  beanName="java.util.Date">
```

上面的代码相当于如下的 Java 代码：

```
<%
    Object abc=(Object)java.beans.Beans.instantiate(this.getClass().get
ClassLoader(), "java.util.Date");
%>
```

在使用<jsp:useBean>标签时应注意，beanName 和 type 必须成对出现，并且 beanName 和 class 不能同时使用。

<jsp:useBean>标签还可以有标签体，在标签体中可以有任何内容，包括 JSP 表达式、EL 或是<jsp:setProperty>标签。

在 samples 工程的 chapter2 目录中建立一个 testPageScope.jsp 文件，代码如下：

```
<%@page pageEncoding="GBK"%>
<jsp:useBean id="myDate"scope="page" class="java.util.Date">
这是一个标签体${param.name}
</jsp:useBean>
```

在浏览器中输入如下的 URL：

```
http://localhost:8080/samples/chapter2/testPageScope.jsp
```

第一次运行 testPageScope.jsp 后，会在浏览器中显示“这是一个标签体”的字符串。再次刷新，仍然会显示同样的字符串。下面我们在 chapter2 目录中再建一个 testSessionScope.jsp 文件，代码如下：

```
<%@page pageEncoding="GBK"%>
<jsp:useBean id="myDate"scope="session"class="java.util.Date">
这是一个标签体
</jsp:useBean>
```

在浏览器中输入如下的 URL：

```
http://localhost:8080/samples/chapter2/testSessionScope.jsp
```

我们会发现，只有第一次访问 testSessionScope.jsp 时才会显示“这是一个标签体”。再次刷新页面后，就什么也不显示了。

这是因为如果将 scope 属性设为 page 时，<jsp:useBean>标签创建的对象只对当前页面有效。并且<jsp:useBean>标签在创建对象之前，会先在 page 中查找是否存在和 id 属性值同名的对象。如果存在，就不会再创建新的对象实例了。由于每次刷新页面时，page 都是新的，因此，每次刷新页面时，都会创建对象。而这个标签体只有在创建新对象时输出。所以当 scope 的值为 page 时，每次刷新页面时都会输出标签体。但当 scope 的值为 session 时，由于刷新页面时仍然位于同一个浏览器窗口，所以 session 是共享的。因此，只有第一次访问 testSessionScope.jsp 时创建了新对象，而刷新页面时，就不会再次创建对象了。所以也就不会再输出“这是一个标签体”了。

2.6.5 <jsp:setProperty>标签

<jsp:setProperty>标签用来设置对象实例的属性值。这个标签可以放到<jsp:useBean>的标签体中，也可以单独使用。<jsp:setProperty>标签的语法格式如下：

```
<jsp:setProperty name="beanName" prop_expr/>

prop_expr::=
property="*" |
property="propertyName"|
property="propertyName"param="parameterName"|
property="propertyName"value="propertyValue"

propertyValue::=string|<%=expression%>|EL
```

<jsp:setProperty>标签有 4 个属性，这些属性的意义和作用如下：

- name：对象实例名，和<jsp:useBean>中的 id 属性值是一样的。
- property：对象实例的属性名。如果 property 的值为“*”，则系统会自动扫描 URL 的所有参数名，并将和对象属性同名的参数的值作为属性值赋给对象实例的属性。
- param：URL 中的参数名。这个属性是可选的。如果设置这个属性，会将 param 所指的 URL 参数的值赋给 property 所指的属性。
- value：用于指定某个属性的值。这个属性是可选的。并且不能和 param 同时出现。value 属性的值可以是 JSP 表达式或 EL。

需要注意的是，Java 类的属性实际上是一对 setter 和 getter 方法。在<jsp:setProperty>和<jsp:getProperty>中使用的属性名是 setter 和 getter 方法分别去掉 set 或 get 后剩余的部分，并将第一个单词的首字母小写，其他单词的首字母大写。如下面代码所示：

```
public class MyClass
{
    private String name;
    public String getName() { … return name;}
    public void setName(String name) { … }
}
```

在<jsp:setProperty>中设置 MyClass 对象实例的属性时，property 的值为 name。

下面的例子演示了如何使用<jsp:setProperty>标签设置属性值：

在<samples 工程目录>\src\chapter2 目录中建立一个 MyClass 类，代码如下：

```
package chapter2;
public class MyClass
{
    private String name;
    private int age;
    public String getName()
    {
        return name;
    }
    public void setName(String name)
    {
        this.name=name;
    }
    public int getAge()
    {
        return age;
    }
    public void setAge(int age)
    {
        this.age=age;
    }
}
```

在<samples 工程目录>\ chapter2 目录中建立一个 setProperty.jsp 文件，代码如下：

```
<%@page pageEncoding="GBK" %>

<%--创建 MyClass 类的对象实例--%>

<jsp:useBean id="myClass" class="chapter2.MyClass"/>
<%--
也可以这样创建 MyClass 类的对象实例
<jsp:useBean id="myClass" beanName = "chapter2.MyClass" type = "chapter2.MyClass"/>
--%>

<%--直接设置属性值--%>
<jsp:setProperty property="name" name="myClass" value = "bill"/>
```

```
<jsp:setProperty property="age" name="myClass" value = "32"/>

<%--使用同名的 URL 参数设置属性值，也就是说，URL 的参数中必须有 name 和 age--%>
<jsp:setProperty property="name" name="myClass" />
<jsp:setProperty property="age" name="myClass" />

<%--使用不同名的 URL 参数设置属性值--%>
<jsp:setProperty property="name" name="myClass" param = "newName"/>
<jsp:setProperty property="age" name="myClass" param = "newParam"/>

<%--使用 URL 参数自动设置所有的属性--%>
<jsp:setProperty property="*" name="myClass" />
<%
    String name=((chapter2.MyClass)pageContext.getAttribute("myClass")).
  getName();
    int age=((chapter2.MyClass) pageContext.getAttribute("myClass")).getAge();
    out.println("name:" + name);
    out.println("<br>age:");
    out.println(age);
%>
```

从上面代码中的<% ... %>中的代码可以看出，使用 Java 代码从 pageContext 对象中也可以获得 myClass 类的对象实例，并输出相应的属性值（也可以通过<jsp:getProperty>标签输出获得属性值）。

如果使用 URL 参数设置属性值时，当属性所对应的 URL 参数不存在时，就会设置这个属性。我们可以在浏览器中输入如下两个 URL：

```
http://localhost:8080/samples/chapter2/setProperty.jsp
http://localhost:8080/samples/chapter2/setProperty.jsp?name=mike&age=21
```

在浏览器中的运行结果分别如图 2.26 和图 2.27 所示。

图 2.26　setProperty.jsp 测试结果 1

图 2.27　setProperty.jsp 测试结果 2

2.6.6　<jsp:getProperty>标签

<jsp:getProperty>标签用于获得对象实例的属性值。<jsp:getProperty>标签的语法格式如下：

```
<jsp:getProperty name="name" property="propertyName"/>
```

这里的 name 和 property 属性和<jsp:getProperty>标签中的同名属性的意义和作用相同。下面的代码演示了<jsp:getProperty>标签的使用方法：

```
<jsp:useBean id="myClass" beanName = "chapter2.MyClass" type = "chapter2.MyClass"/>
<jsp:setProperty property="name"name="myClass"value="bill"/>
<jsp:setProperty property="age"name="myClass"value="32"/>
```

```
    name:<jsp:getProperty property="name" name="myClass" />
    <br>
    age:<jsp:getProperty property="age" name = "myClass" />age: <jsp:getProperty
property="age" name="myClass" />
```

在浏览器中输入如下的URL：

```
    http://localhost:8080/samples/chapter2/getProperty.jsp
```

在浏览器中就会显示name和age属性的值。

注意：

<jsp:getProperty>和<jsp:setProperty>属性的操作范围是page。也就是说，这两个标签只能操作在同一个JSP页面中用<jsp:useBean>创建的对象实例。

2.7 本章小结

本章首先引领读者使用Eclipse建立了一个简单的JSP程序。读者从中可以学会使用Eclipse建立JSP的一般步骤。然后由浅入深地讲解了JSP的基本语法、JSP指令和JSP标签等常用的JSP技术。读者在了解并学会使用这些技术后，对深入地理解和掌握各种框架，尤其是Struts，是非常有帮助的。

第 3 章　表达式语言

EL 是 Expression Language（表达式语言）的英文缩写。EL 最初是在 JSTL（JSP Standard Tag Library）1.0 中定义的。有了 EL，使得网页设计人员无须精通更复杂的编程语言就可以访问和操作应用程序数据。为了使 EL 更加成功，Sun 公司从 JSTL 1.1 开始将 EL 从 JSTL 中剥离出来，使其成为 JSP 2.0 规范的单独的一部分，并为 EL 增加了很多新的功能。

3.1　EL 概述

EL 表达式是一种被设计用来满足表现层需求的语言，基本语法格式为“${表达式}”。当 JSP 引擎在翻译 JSP 页面的过程中遇到“${表达式}”这样的字符串时，就会将“${...}”中的内容提取出来作为 EL 表达式来处理。“${表达式}”中的表达式必须符合 EL 的语法，该语法具有如下特点：

- 在 EL 表达式中可以直接引用 Java 变量，并且可以通过嵌套属性的方式访问 Java 对象中的属性，如下面的代码所示：

```
<jsp:useBean id="date" class="java.util.Date"/>
${date}
<jsp:useBean id="myBean" class="MyBean"/>
<jsp:setProperty property="age"name="myBean"value="1234"/>
${myBean.value}
```

- 在 EL 表达式中可以执行基本的关系运算、逻辑运算、算术运算、条件运算，并且可以使用 empty 操作符。下面的 EL 表达式输出的结果为 10.0：

```
${(1+5)*20/12}
```

- 在 EL 表达式中可以使用自定义函数来完成一些更复杂的工作。EL 表达式的自定义函数由 Java 语言编写，调用自定义函数的代码如下：

```
${fun:invoke("xyz")}
```

其中 fun 是 invoke 所在类的别名，invoke 是自定义函数名，"xyz"是传递给自定义函数的参数。

- 在 EL 表达式中提供了一系列的内置对象，如 pageContext、requestScope 等，通过这些对象，EL 表达式可以访问 JSP 页面中的各种信息。如通过 requestScope 对象可以请求域中的属性信息。

由于“${”是 EL 表达式的开始标记，因此，JSP 引擎不会直接输出这个字符串。要想将“${”直接输出到客户端，需要使用反斜杠“\”对“$”进行转义。要想输出“An expression is ${(200+123) * 20}”，可以使用如下的代码：

```
An expression is \${(200+123)*20}
```

3.2 EL 入门

在 JSP 2.0 和 JSP 2.1 中，EL 表达式可以用于 JSP 页面和任何可以使用动态值的 JSP 标签的属性中。这些标签包括 JSP 标签、JSTL 标签和自定义标签。

3.2.1 在 JSP 页面中使用 EL 表达式

EL 表达式最简单的使用方法就是将其直接放到 JSP 页面中。JSP 引擎在遇到“${...}”时，会将里面的内容作为 EL 表达式来处理。并且将 EL 表达式的执行结果作为 JSP 页面的静态部分在表达式所在的位置输出。如在 JSP 页面中有如下的内容：

```
20-1=${20-1}
```

JSP 引擎在翻译上面的代码时，会将如下的内容输出到客户端：

```
20-1=19
```

如果要客户端输出 HTML 或 XML 格式的内容，由于这些文档的内容包含了一些特殊字符，因此，最后使用 JSTL 标签<c:out.../>标签输出，这是由于<c:out.../>标签在默认情况也可以对 HTML 或 XML 格式的内容中的特殊字符进行转换，以使这些特殊字符可以正常在浏览器中显示。

3.2.2 在标签中使用 EL 表达式

EL 表达式可以使用在任何使用动态内容的标签属性中。在这些属性中既可以只包含一个 EL 表达式，也可以包含多个 EL 表达式和静态文本。

标签属性中只包含一个 EL 表达式的语法如下：

```
<prefix:tag value="${表达式}"/>
```

下面是标签属性包含一个单独 EL 表达式的示例代码：

```
<jsp:setProperty property="value" name = "myBean" value="${requestScope.xyz}" />
<c:out value="${myBean.value}"/>
```

标签属性中包含多个 EL 表达式和静态文本的语法如下：

```
<prefix:tag value="第 1 个值是 ${value1}, 第 2 个值是 ${value2}"/>
```

JSP 引擎在翻译标签属性时，会将其中的 EL 表达式的执行结果作为属性的静态内容插入到表达式所在的位置。

3.2.3 在 web.xml 中禁用 EL 表达式

可以在 web.xml 文件中禁止在所有或部分 JSP 页面中使用 EL 表达式语言。如果要在当前应用程序所有的 JSP 页面中禁止使用 EL 表达式，可以使用如下的配置代码：

```
<web-app …>
   …
```

```
    <jsp-config>
        <jsp-property-group>
            <url-pattern>*.jsp</url-pattern>
            <el-ignored>true</el-ignored>
        </jsp-property-group>
    </jsp-config>
</web-app>
```

如果只想禁止在部分的 JSP 页面中使用 EL 表达式，可以使用如下的配置代码：

```
<web-app …>
    …
    <jsp-config>
        <jsp-property-group>
            <url-pattern>/chapter3/*</url-pattern>
            <el-ignored>true</el-ignored>
        </jsp-property-group>
    </jsp-config>
</web-app>
```

上面的配置代码禁止在 chapter3 目录及其子目录中所有的 JSP 页面中使用 EL 表达式。

JSP 页面的设计者也可以通过 isELIgnored 属性来覆盖 web.xml 中的配置。虽然在 web.xml 文件中禁止在 JSP 页面中使用 EL 表达式，但可以通过将 isELIgnored 属性值设为 false 的方式单独打开某个 JSP 页面的 EL 表达式功能。

3.3　EL 的内置对象

在 EL 表达式语言中定义了 11 个内置对象（也可以称为 EL 隐含对象或 EL 隐式对象）。通过这些内置对象可以很方便地读取请求参数、请求域、Cookie、HTTP 请求消息头、Web 应用程序的初始化参数等信息。

3.3.1　内置对象与域对象

在处理 EL 表达式的标识符时，会先判断标识符是否为 EL 的内置对象，如果为 EL 的内置对象，则按内置对象来处理，如果不是 EL 内置对象，则会将表达式中的标识符当成域对象来处理。相当于 pageContext.findAttribute 方法返回域属性中的相应对象。如果标识符在域中未找到相应的对象，则什么都不会输出，也就是说返回结果为 null。

表 3.1 列出了所有的 EL 内置对象及其作用。

表 3.1　EL 内置对象及其作用

内置对象	描　述
pageScope	表示 page 域中所有属性的 Map 对象
requestScope	表示 request 域中所有属性的 Map 对象
sessionScope	表示 session 域中所有属性的 Map 对象
applicationScope	表示 application 域中的所有属性的 Map 对象
pageContext	对应于 JSP 页面中的 pageContext 对象

续表

内置对象	描　　述
Param	表示所有请求参数的 Map 对象。获得指定请求参数的值就是调用 ServletRequest.getParameter 方法返回该请求参数的值
paramValues	表示所有请求参数的 Map 对象。获得指定请求参数的值就是调用 ServletRequest.getParameterValues 方法来获得该请求参数值的 String 数组。也就是说，paramValues 对象返回指定请求参数的值是一个 String[]类型，而不是一个请求参数值
header	表示所有 HTTP 请求消息头字段的 Map 对象。获得指定消息头字段值就是调用 HttpServletRequest.getHeader 方法返回指定 HTTP 消息头字段的值
headerValues	表示所有 HTTP 请求消息头字段的 Map 对象。获得指定消息头字段值就是调用 HttpServletRequest.getHeader 方法返回指定消息头字段值的 String 数组
cookie	表示所有 Cookie 信息的 Map 对象，其中 Map 对象的 key 表示 Cookie 的名称，Map 对象的 key 表示 Cookie 的值
initParam	表示 Web 应用程序中的所有初始化参数的 Map 对象。获得指定初始化参数值就是调用 ServletContext.getInitParameter 方法返回的初始化参数值

表 3.1 所示的 11 个 EL 内置对象中只有 pageContext 对象和 JSP 中的 pageContext 完全对应，其他 10 个内置对象都是 Map。通过这 10 个对象只能访问相应的 key-value 对，并不能操作这些内置对象所对应的 JSP 内置对象的方法、属性。

如果 EL 表达式中的标识符和内置对象重名，系统会将该标识符当做 EL 内置对象处理。elobject.jsp 是一个演示内置对象的页面，代码如下：

```
<%@ page language="java" contentType="text/html; charset=UTF-8"
    pageEncoding="UTF-8"%>
<%
    request.setAttribute("requestScope","myRequest");
    request.setAttribute("pageContext1","pageContext1");
    session.setAttribute("pageContext","pageContext");
%>
${requestScope}<br>
${pageContext}<br>
${pageContext1}
```

在浏览器地址栏中输入如下的 URL 后，会看到图 3.1 所示的输出信息。

```
http://localhost:8080/samples/chapter3/elobject.jsp
```

3.3.2　pageContext 对象

EL 表达式中的 pageContext 对象相当于 JSP 内置对象中的 pageContext。在 EL 表达式中可以通过 pageContext 对象访问其他的 JSP 内置对象。pagecontext.jsp 页面演示了如何用 pageContext 对象来访问 out、page 以及 ServletConfig：

```
<%@ page language="java"contentType="text/html;charset=UTF-8"
    pageEncoding="UTF-8"%>
pageContext.out.bufferSize: ${pageContext.out.bufferSize}<br>
pageContext.page.class: <br>${pageContext.page.class}<br>
```

```
pageContext.servletConfig.servletName: ${pageContext.servletConfig.servletName}
```

在浏览器地址栏中输入如下的 URL：

```
http://localhost:8080/samples/chapter3/pagecontext.jsp
```

在浏览器中的运行结果如图 3.2 所示。

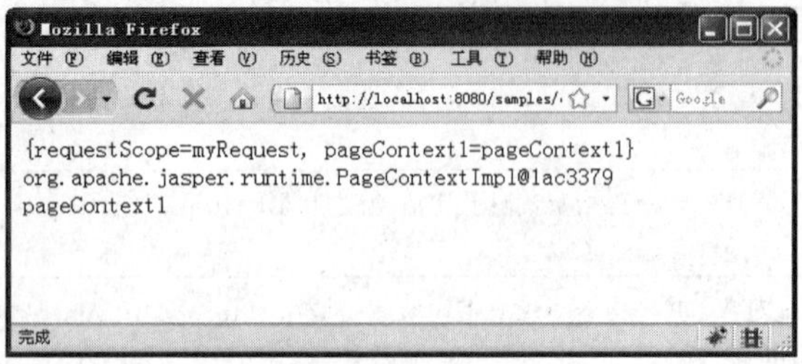

图 3.1　测试 EL 内置对象

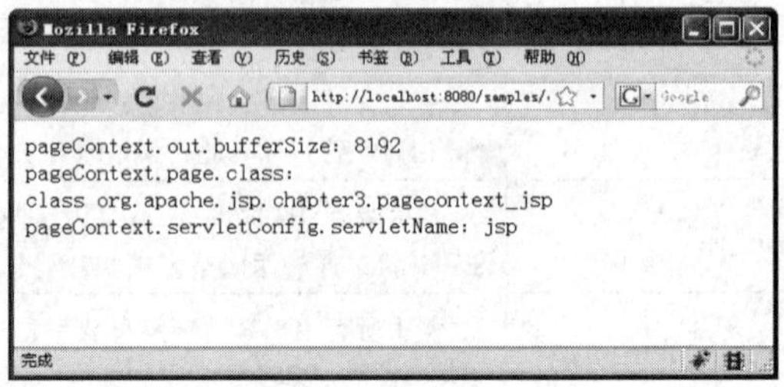

图 3.2　pagecontext.jsp 页面的测试结果

3.3.3　param 和 paramValues 对象

EL 表达式中的 param 和 paramValues 对象都可以获得请求参数集合，它们的区别是 param 返回的 Map 对象的 value 是 String 类型，而 paramValues 返回的 Map 对象的 value 是 String[]类型。因此，paramValues 可以用于获得重名的请求参数值的集合。而 param 用于获得没有重名的请求参数值。如要获得请求参数 name 的值，可以使用如下的代码：

```
${param.name}
${paramValues.name[0]}
```

如果使用 paramValues 返回 Map 对象时，由于 value 是一个 String 数组，即使没有重名的请求参数，value 的类型仍然为只有一个元素的 String 数组，因此，必须使用 name[0]来输出 name 请求参数的值。

如果不为 param 和 paramValues 指定请求参数，则输出所有的请求参数，代码如下：

```
<!--param.jsp-->
${param}<hr>
${paramValues}
```

在浏览器地址栏中输入如下的 URL：

```
http://localhost:8080/samples/chapter3/param.jsp?name=mike&age=43
```

浏览器中输出的信息如图 3.3 所示。

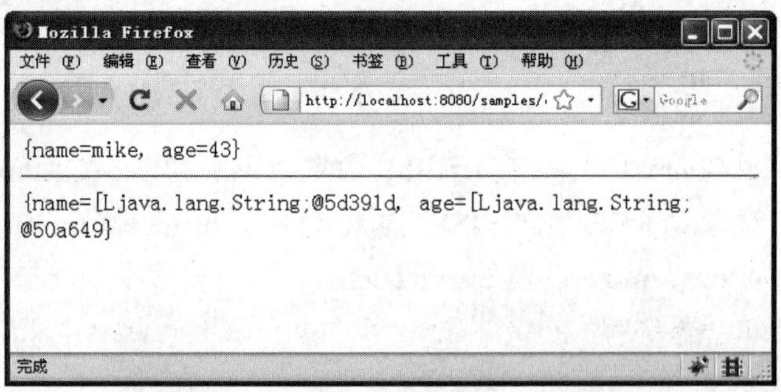

图 3.3　输出所有的请求参数名和值

3.3.4　header 和 headerValues 对象

EL 表达式中的 header 和 headerValues 对象都可以获得 HTTP 请求消息头字段集合，它们的区别是 header 返回的 Map 对象的 value 是 String 类型，而 headerValues 返回的 Map 对象的 value 是 String[]类型。因此，headerValues 对象可以用于获得可能有重名的请求消息头字段集合。而 header 对象用于获得没有重名的请求消息头字段集合。如要获得 HTTP 请求消息头的 cookie 字段，可以使用如下的代码：

```
${header.cookie}
${headerValues.cookie[0]}
```

如果使用 headerValues 返回 Map 对象时，由于 value 是一个 String 数组，即使没有重名的请求消息头字段，value 的类型仍然为只有一个元素的 String 数组，因此，必须使用 cookie[0]来输出 cookie 字段的值。

如果不为 header 或 headerValues 指定请求消息头字段，则输出所有的请求消息头字段的值，代码如下：

```
${header}<hr>
${headerValues}
```

在浏览器地址栏中输入如下的 URL：

```
http://localhost:8080/samples/chapter3/header.jsp
```

浏览器中输出的信息如图 3.4 所示。

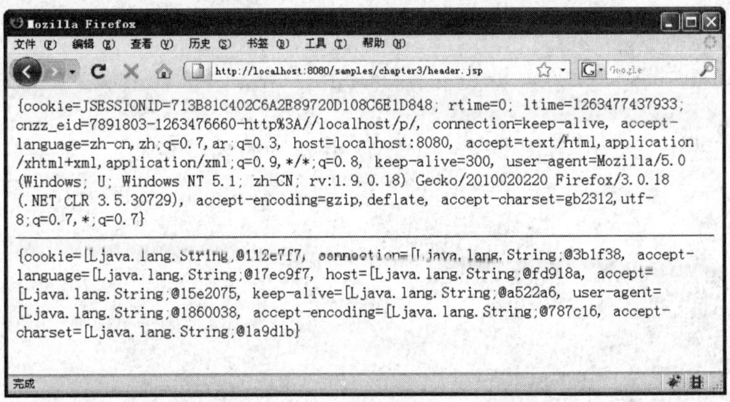

图 3.4　输出所有的请求消息头字段值

从图 3.4 所示的输出信息可以看出，在输出由 headerValues 返回的请求消息头字段集合时，只输出了字段值的 String[]数组地址。而由 header 对象返回的请求消息头字段集合时，同时输出字段名和字段值。

3.3.5　cookie 对象

EL 表达式中的 cookie 对象表示所有 Cookie 信息的集合。实际上，cookie 返回的 Map 对象的 value 是 Cookie 类型。使用 cookie 的好处是可以直接通过 Cookie 名来获得 Cookie 值。而如果通过 HTTPServletRequest.getCookies 方法获得指定的 Cookie，必须得扫描该方法返回的 cookie 对象数组才能获得指定的 cookie 对象。

```
<%@ page language="java" contentType="text/html; charset=UTF-8"
    pageEncoding="UTF-8"%>
<%
    Cookie cookie=new Cookie("sex", "male");
    response.addCookie(cookie);
%>
${cookie.sex}<hr>
${cookie.sex.name}=${cookie.sex.value}
```

由于 cookie 对象是从 HTTP 请求消息头的 cookie 字段中提取 Cookie 信息的。而在第一次执行上面的 JSP 代码后，由于 HTTP 请求消息头中并没有 cookie 字段，因此，第一次执行上面的 JSP 代码并不会输出 Cookie 名和 Cookie 值，当再次执行上面的 JSP 代码后，就会输出图 3.5 所示的信息。

图 3.5　使用 cookie 输出 Cookie 名和 Cookie 值

3.3.6　initParam 对象

EL 表达式中的 initParam 对象可以获得 Web 应用程序中的初始化参数值。相当于调用 ServletContext.getInitParameter 方法返回的初始化参数值。在 server.xml 文件中指定初始化参数，可以使用如下的配置代码：

```
<Context docBase="demo" path="/samples" reloadable="true"
     source="org.eclipse.jst.jee.server:demo">
    <Parameter name="myParam"value="myValue"override="true"/>
</Context>
```

在 web.xml 文件中指定初始化参数，可以使用如下的配置代码：

```
<web-app  … >
    <context-param>
        <param-name>companyName</param-name>
        <param-value>Google</param-value>
    </context-param>
    …
</web-app>
```

可以使用如下的 EL 表达式来输出 myParam 和 companyName 参数的值：

```
<%@ page language="java" contentType="text/html; charset=UTF-8"
    pageEncoding="UTF-8"%>
${initParam.myParam}<br>
${initParam.companyName}
```

3.4　EL 的基本语法

EL 表达式语言和基本的高级语言一样，也有自己的语法和规则。EL 表达式语言包含了基本的语言元素，如标识符、保留字、常量、变量等。利用这些语言元素，可以编写出具有基本功能的程序。

3.4.1 标识符

EL 表达式中的变量和自定义函数被称为标识符。与 Java 中的标识符的规则相同。在 EL 表达式中的标识符可以由任何大小写的字母、数字或下画线组成。但标识符不能以数字开头，也不能是 EL 中的保留字、EL 内置对象名以及一些特殊的字符，如单引号（'）、双引号（"）、减号（–）和斜杠（/）等。例如，name、product32、new_bike 都是合法的标识符，而 200product、param、abc&/xyz 是不合法的标识符。

3.4.2 保留字

EL 表达式语言定义了如下的保留字，这些保留字不能被用做标识符。

and	eq	gt	true	instanceof	
or	ne	le	false	empty	
not	lt	ge	null	div	mod

需要注意的是，上面的很多关键字现在还没有在 EL 中明确使用，但在 EL 的未来版本中可以加入这些未用到的保留字，因此，应该尽量避免将这些保留字作为标识符使用。

3.4.3 常量

常量是不可改变的数据。在 EL 中有以下几种类型的常量。

1. 布尔（Boolean）类型常量

布尔常量只有两个值：true 和 false。该常量可用在条件判断中，也可以在 EL 表达式中直接输出，如${true}将输出 true。

2. 整数（Integer）类型常量

整型常量和 Java 的十进制的整型常量（被声明为 final 的变量）的取值范围相同。

3. 浮点（Floating Point）类型常量

浮点类型常量与 Java 的双精度浮点类型常量的取值范围相同。

4. 字符串（String）类型常量

字符串常量是由单引号或双引号括起来的一连串字符。由于字符串常量需要使用单引号或双引号括起来，所以如果字符串中包含单引号或双引号，就需要使用反斜杠（\）进行转义，如果字符串中包含有反斜杠，也需要使用反斜杠来进行转义，例如，“\\”表示字符串中的反斜杠。

如果字符串是被双引号括起来的，则单引号不需要转换，但单引号要成对出现，如${"a'b'c"}，如果单引号个数为奇数，则会抛出图 3.6 所示的异常。

如果对单引号使用反斜杠，则会抛出图 3.7 所示的异常。

综上所述，如果在由双引号括起来的字符串中，单引号必须成对出现，而且不能对单引号使用转义符。但可以对双引号使用转义符，例如${"a\"b"}可以输出“a"b”。

对于由单引号括起来的字符串正好和双引号括起来的字符串相反，也就是说，双引号必须成对出现，而且不能对双引号使用转义符。但可以对单引号使用转义符，例如${'a\'b'}可以输出“a'b”。如果违反这个规则，将抛出图 3.6 或图 3.7 所示的异常。

图 3.6　奇数个单引号抛出的异常

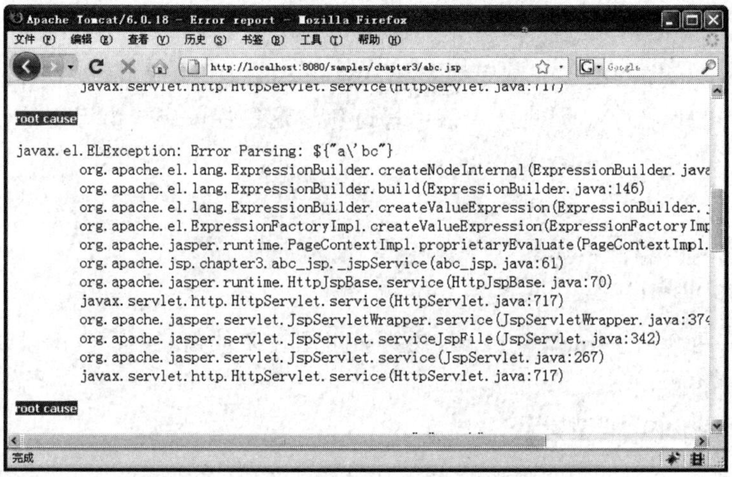

图 3.7　单引号使用转义符时抛出的异常

5. Null 常量

Null 常量用于判断某个对象是否为空，该常量只有一个值，用 null 表示。例如，${param==null}输出的值为 false（由于 param 是 EL 的内置对象，因此，param 对象不可能为空）。

3.4.4　变量

在 EL 表达式中可以直接使用变量来引用 EL 内置对象或域对象。例如，${name}，EL 引擎会先判断 name 是否为 EL 内置对象的标识符，如果不是，则调用 PageContext.findAttribute 方法依次在 page、request、session 和 application 4 个域中查找名为 name 的域对象，如果找到该对象，则输出它的值，否则输出空串（实际上是返回了 null，但 EL 会使用空串代替 null 进行输出）。

从上面的描述可以看出，EL 变量并不是预先对某个对象的引用，而只是对 EL 表达式的引用。在 EL 引擎翻译该变量表达式时，会根据该变量标识符是否为 EL 内置对象的标识来决定是按 EL 内置对象处理，还是按域对象来处理。

3.4.5　枚举类型

我们可以使用 enum 关键字来定义枚举类型，如下面的代码所示：

```
enum MyEnum{ABC, XYZ}
```

如果在 Java 代码中使用枚举类型，可将枚举类型中的值当成常量来处理，也可以使用字符串来为枚举类型变量赋值，但必须使用 Enum.valueOf 方法将字符串转换成枚举类型。下面的代码演示了 Java 代码操作枚举类型变量的过程：

```
<%!
    enum Seasons{SPRING, SUMMER, AUTUMN, WINTER}
%>
<%
    Seasons season=Seasons.SPRING;
    out.println(season);          //输出 SPRING
    //使用字符串为枚举类型变量赋值
    season=Enum.valueOf(Seasons.class, "AUTUMN");
    out.println(season);          //输出 AUTUMN
%>
```

在 EL 表达式中也可以直接输出枚举类型变量，但要将枚举类型中的值当成字符串来处理，也就是要将枚举类型的值用单引号或双引号括起来。下面的代码演示了如何在 EL 表达式中来使用枚举类型变量：

```
<%@ page language="java" pageEncoding="UTF-8"%>
<%!
    enum Seasons{SPRING,SUMMER,AUTUMN,WINTER}
%>
<%
    Seasons season=Seasons.SPRING;
    request.setAttribute("season",season);
%>
<!--输出 SPRING-->
\${season}: ${season}<br>
<!--输出 true-->
\${season=="SPRING"}: ${season=="SPRING"}<br>
<!--输出 false-->
\${season=="SPRING"}: ${season=='AUTUMN'}<br>
<!--如果请求参数为 SPRING，输出 true，否则输出 false-->
\${season=="SPRING"}: ${season==param.season}
```

在浏览器地址栏中输入如下的 URL：

```
http://localhost:8080/samples/chapter3/enum.jsp?season=SPRING
```

浏览器中输出的信息如图 3.8 所示。

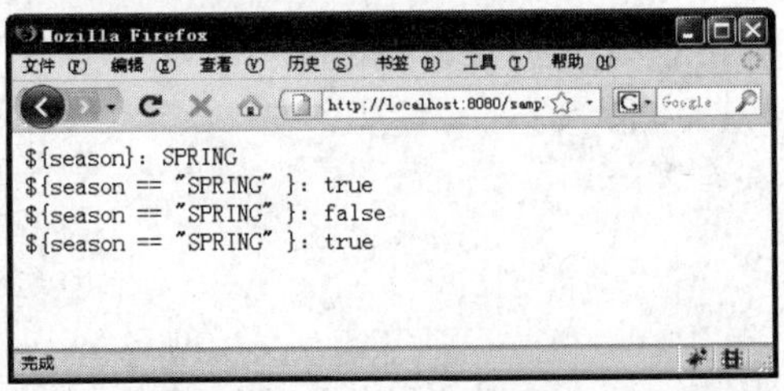

图 3.8　在 EL 表达式中使用枚举类型变量

3.5　EL 中的运算符

在 EL 表达式中支持常用的运算符。使用这些运算符可以完成大多数的运算功能。当 EL 引擎遇到这些运算符时就会执行相应的运算操作。EL 表达式支持的运算符有如下几种：

- 方括号运算符和点运算符。
- 算术运算符。
- 关系运算符。
- 逻辑运算符。
- empty 运算符。
- 条件运算符。
- 圆括号运算符。

3.5.1　方括号和点运算符

在 JSP 页面中要经常访问 Map、List、数组等类型的对象，以及 EL 内置对象、域对象的属性等。通过方括号运算符和点运算符可以很容易实现这个功能。

下面是方括号运算符和点运算符使用规则：

- 在访问 EL 内置对象属性时，可以使用方括号运算符或点运算符。例如，${param.name}和${param["name"]}都可以访问 name 请求参数。
- 在访问数组或 List 对象中的元素时，只能使用方括号运算符。例如，products 是一个 String[]类型的对象，则只能使用${products[0]}来访问该数组对象的第一个元素。
- 在访问 Map 对象中的元素时，既可以使用方括号运算符，也可以使用点运算符。例如，productMap 是一个 Map<String, String>类型的对象，则可以使用${productMap.bike}来访问 key 为 bike 的元素，也可以使用${productMap["bike"]}来访问 key 为 bike 的元素。
- 在访问域对象属性时，既可以使用方括号运算符，也可以使用点运算符，例如，myBean 是 MyBean 类的对象实例，则${myBean.name}和${myBean["name"]}都可以访问 myBean 对象的 name 属性。
- 如果对象属性或 Map 对象的 key 中含有点字符（.），则必须使用方括号运算符来访问该对象的属性或 Map 对象中和 key 对象的 value。例如，productMap 是一个 Map<String, String>对象，该对象有一个 key 为 new.product，要访问与该 key 对应的 value，必须使用${productMap["new.product"]}。如果使用${productMap.new.product}来访问与 key 对应的 value，则该表达式将返回 null，并输出空串。

下面的代码演示了方括号运算符和点运算符的用法：

```
<%@ page language="java" contentType="text/html; charset=UTF-8"
   pageEncoding="UTF-8"%>
<%
  String[] products=new String[]{"电脑","Android智能手机"};
  java.util.List<String> productList=new java.util.ArrayList();
  java.util.Map<String, Object> productMap=new java.util.HashMap<String,
  Object>();
```

```
    chapter3.MyBean myBean=new chapter3.MyBean();
    productList.add("洗衣机");
    productList.add("洗衣粉");
    productMap.put("bike","自行车");
    productMap.put("products",products);
    productMap.put("myMap",productMap);
    productMap.put("new.List",products);
    myBean.setName("王涛");
    request.setAttribute("products",products);
    request.setAttribute("productList",productList);
    request.setAttribute("productMap",productMap);
    request.setAttribute("myBean",myBean);
  %>
  访问 EL 内置对象中的属性<br>
  \${param.name}: ${param.name}<br>
  访问数组中的元素<br>
  \${products[0]}: ${products[0]}<br>
  访问 List 对象中的元素<br>
  \${productList[0]}: ${productList[0]}<br>
  \${productList[1]}: ${productList[1]}<br>
  访问 Map 对象中的元素<br>
  \${productMap.bike}: ${productMap.bike}<br>
  访问域对象中的属性<br>
  \${myBean.name}: ${myBean.name}<br>
  访问 key 带点字符的元素<br>
  方括号运算符和点运算符混合使用<br>
  \${productMap.products[0]}                :
${productMap.products[0]}<br>
```

在浏览器地址栏中输入如下的 URL：

```
    http://localhost:8080/samples/chapter3
/operator.jsp
```

浏览器中显示的信息如图 3.9 所示。

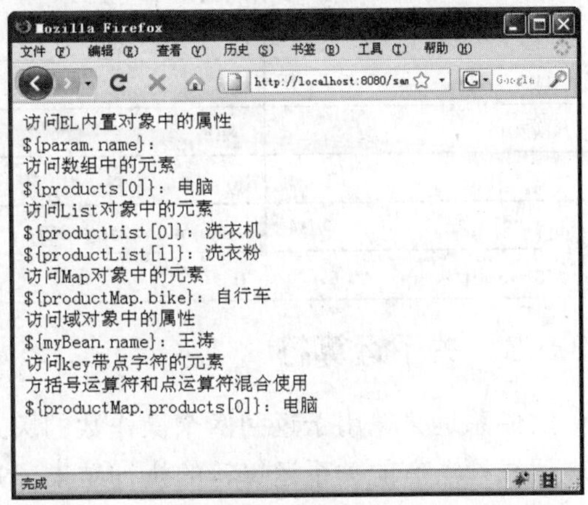

图 3.9　使用方括号运算符和点运算符访问对象属性或元素

如果使用方括号运算符或点运算符访问 EL 内置对象的属性或数组、List 以及 Map 对象的元素，即使访问的属性或元素不存在，甚至使用了不存在的属性，EL 表达式也不会抛出异常，而是返回 null，并输出空串。例如，${products[10]} 中访问了 products 数组中的第 11 个元素，但 products 数组中只有两个元素，很明显第 11 个数组元素并不存在，但该表达式不会抛出异常，而只是返回了 null。如${products[10] ==null }将输出 null。

当访问域对象属性时，如果未找到域对象，则 EL 表达式返回 null。如果找到该域对象，并且使用了域对象中不存在的属性，则 EL 表达式会抛出异常。例如，${myBean.abc}访问了 myBean 中的 abc 属性，但 abc 属性并不存在，因此，该 EL 表达式会抛出异常。

3.5.2 算术运算符

EL 中的算术运算符用于对整数和浮点数进行算术运算。算术运算符有 5 种，包括+、–、*、/（div）和%（mod），分别对应于加、减、乘、除和取余（也可以称为取模）5 种运算。其中“–”既可以用做减号，也可以用做负号；“/”和“div”在进行除法运算时，无论操作数是整数，还是浮点数，运算结果都是浮点数。在使用算术运算符时应注意以下几点：

- 对于这 5 种算术运算符，如果两个操作数都是 null，则运算结果为 0，如${null / null}、${null * null}都输出“0”。
- 对于“+”、“–”和“*”运算符，只要某一个操作数为 null，则将 null 作为 0 对待，例如，${null–10}输出–10、${1 + null}输出 1、${null * 20}输出 0。
- 对于“/”和“div”运算符，如果分母为 null 或 0，则执行结果为 Infinity，例如，${10 / null}和${20 div null}都输出 Infinity。
- 对于“%”和“mod”运算符，如果分母为 null 或 0，则会抛出异常。例如，${20 % 0}、${10 mod null}都会抛出异常。
- 如果两个操作数一个是整数，另一个是浮点数，则运算结果是浮点数。例如，${20 + 22.0}输出 42.0。
- 如果两个操作数有一个或两个是字符串，并且字符串可以转换成数字（整数或浮点数），则 EL 引擎会进行自动转换。例如，${"20" + 10}输出 30、${–"1.5"}输出–1.5。

表 3.2 是上述 5 个算术运算符的应用举例。

表 3.2 算术运算符的应用举例

算术运算符	执行结果	算术运算符	执行结果
${1 + 2}	3	${6 div 2}	3.0
${1.5 + 3}	4.5	${7 / null}	Infinity
${1.0 + 2}	3.0	${7 % 2}	1
${–20}	–20	${7 mod 5}	2
${2 * 3}	6	${"20" * 2}	40
${5 / 3}	1.6666666666666667	${10 mod null}	抛出异常
${8 * null}	0	${99 mod 0}	抛出异常

3.5.3 关系运算符

关系运算符用于返回两个操作数的关系。关系运算符的两边可以是各种常量、变量或 EL 表达式，所有的关系运算符的执行结果都是布尔类型。关系运算符分为如下 6 组：

- ==（eq）：等于。
- !=（ne）：不等于。
- <（lt）：小于。
- >（gt）：大于。
- <=（le）：小于等于。
- >=（ge）：大于等于。

在使用关系运算符时需要注意以下几点：

- 如果“==（eq）”和“!=（ne）”运算符的两个操作数中有一个是布尔类型，EL 引擎会将另一个操作数转换为布尔类型再进行比较。例如，${true == "True"}输出 true、${ true == "a"}输出 false。
- 如果“==（eq）”和“!=（ne）”运算符的两个操作数中有一个是枚举类型，EL 引擎会将另一个操作数转换为枚举类型再进行比较。例如，${"SPRING" == season}输出 true，其中 season 是一个域对象，类型是枚举类型，“SPRING”是枚举类型的一个值。
- 如果“==（eq）”和“!=（ne）”运算符的两个操作数中有一个是字符串类型，EL 引擎会将另一个操作数转换为字符串类型再进行比较。例如，${6 == "6"}输出 true、${5 == "ab"}输出 false。

上面 3 种情况优先级依次降低。也就是说，如果两个操作数分别是布尔类型和枚举类型，则将枚举类型转换成布尔类型，而不是将布尔类型转换成枚举类型。

- 如果“<（lt）”、“>（gt）”、“<=（le）”和“>=（ge）”运算符两边的操作数中的一个是数字，另一个是字符串，则 EL 引擎会将字符串转换成数字，再进行比较。例如，${5 < "32"}输出 true，如果字符串无法转换成数字，则在执行 EL 表达式时会抛出异常。
- 如果无法进行类型转换，例如，字符串"a"无法转换成数字类型，则会抛出异常。
- 关系运算符在比较两个字符串时，是按 ASCII 进行比较的，也就是说，在比较的过程中对大小写敏感。例如，${"a" > "ab"}输出 false、${"a" == "A"}输出 false、${"ab" > "Ac"}输出 true。
- 如果“==(eq)”运算符的两个操作数中有一个是 null，则返回 false。例如，${null eq "abc"}输出 false。
- 如果“!=(ne)”运算符的两个操作数中有一个是 null，则返回 true。例如，${null != "xyz"}输出 true。
- 如果“<（lt）”、“>（gt）”、“<=（le）”和“>=（ge）”运算符两边的操作数中有一个是 null，则返回 false。例如，${null <= 4}和${null gt "ok"}都输出 false。
- 为了避免和 JSP 标签产生冲突，在使用后 4 个运算符时通常使用括号内的形式。例如，${4 lt abc}、${"xyz" ge 55}等。
- 如果使用关系运算符括号内的形式，操作数和关系运算符之间至少得有一个空格、tab 等字符。
- 这 6 个算术运算符括号内的形式区分大小写。例如，不能写成${4 EQ 5}，否则抛出异常。

表 3.3 是上述 6 个关系运算符的应用举例。

表 3.3　关系运算符的应用举例

关系运算符	执行结果	关系运算符	执行结果
${4 > 3}	true	${(3 + 2) ge "43"}	false
${true == "True"}	true	${5.5 le 3}	false
${"a" lt "4"}	false	${4 > "a"}	抛出异常

3.5.4　逻辑运算符

逻辑运算符用于对布尔类型的表达式进行运算，运算的结果是布尔类型。逻辑运算符包含如下 3 组：

- &&（and）：逻辑与。
- ||（or）：逻辑或。
- !（not）：逻辑非。

上面 3 个逻辑运算符中的&&（and）和||（or）是二元运算符，而!（not）是一元运算符。在使用逻辑运算符时应注意以下几点：

- 如果逻辑运算符的操作数不是布尔类型，则 EL 引擎会将这些操作数转换成布尔类型，如果类型无法转换，则抛出异常。
- 如果在执行逻辑运算的过程中已经可以确定最终的值时，EL 引擎就不会再进行后面的逻辑运算。例如，${4 and true}会抛出异常，是因为 4 无法转换成布尔类型，但如果是${true || 4 and true}，则输出 true，这是由于第一个 true 已经可以确定整个表达式的执行结果就是 true 了，因此，没必要再往下执行了。这个现象也被称为"逻辑短路"。
- 如果使用逻辑运算符括号内的形式，操作数体和逻辑运算符之间至少得有一个空格、tab 等字符。

表 3.4 是逻辑运算符的应用举例。

表 3.4　逻辑运算符的应用举例

逻辑运算符	执行结果	逻辑运算符	执行结果
${true && false}	false	${true or (4 > "33")}	false
${false || "true"}	true	${not false}	false
${(20 > 5) && (6 < 2)}	false	${4 > "b"}	抛出异常

3.5.5　empty 运算符

empty 运算符是一元运算符，用来检查变量或表达式是否为 null 或"空"，执行结果为布尔类型。表达式${empty A}按如下规则返回值：

- 当 A 为 null 时，表达式${empty A}返回 true。
- 当 A 是空串时，表达式${empty A}返回 true。
- 当 A 是数组、List 或 Map 对象时，如果 A 中没有任何元素，则表达式${empty A}返回 true。
- 其他的情况返回 false。

3.5.6　条件运算符

条件运算符的格式为 A ? B : C。其中 A 是布尔类型，如果表达式 A 的执行结果为 true，则执行 B，并返回表达式 B 的执行结果，如果 A 的执行结果为 false，则执行 C，并返回表达式 C 的执行结果。例如${("a" > "b")? 4: 5}的执行结果为 5。

3.5.7　圆括号运算符

圆括号运算符用于改变其他运算符的优先级，例如表达式${4 + 5 * 2}，先计算 5 和 2 的乘积，再将计算结果和 4 相加。如果该表达式改成${(4 + 5) * 2}，EL 引擎会先计算 4 和 5 的和，然后将计算结果和 2 相乘，并输出最终的计算结果。

3.5.8 运算符的优先级

EL 中的运算符都有不同的运算优先级，表 3.5 列出了 EL 中的运算符的优先级，上一行运算符的优先级要高于下一行的优先级。对于同一行的运算符，按着运算符在表达式中出现的顺序从左到右依次计算。

表 3.5 运算符的优先级

[] .
()
-(一元) not ! empty
* / div % mod
+ -(二元)
< > <= >= lt gt le ge
== != eq ne
&& and
|| or
? :

3.6 EL 自定义函数

JSP 规范中引入的 EL 大大简化了 JSP 页面的开发，使不熟悉 Java 语言的网页设计人员也可以通过 EL 表达式在 JSP 页面中访问很多系统级的资源，以及进行一系列的服务端操作。但 EL 本身的功能非常有限，为此，EL 允许开发人员定义自己的函数来扩展 EL 的功能。

3.6.1 EL 自定义函数简介

EL 自定义函数实际上就是普通 Java 类中的方法。但作为 EL 自定义函数的 Java 类和方法必须满足如下的条件：

- Java 类必须被声明成 public。
- Java 方法必须是静态的。

在编写完 Java 类和相应的静态方法后，需要在 TLD 文件中配置这些类和静态方法，才可以使用这些 EL 自定义函数。假设在 TLD 文件中配置的 EL 自定义函数名为 myfun，并且在 JSP 页面中引用 TLD 文件的前缀为 cfun，则调用 EL 自定义函数的语法格式如下：

```
${cfun:myfun("abcd")}
```

其中"abcd"是 myfun 函数的参数。EL 自定义函数的参数、参数类型和返回值类型也需要在 TLD 文件中配置。

一般来说，可以按如下 4 步来开发和使用 EL 自定义函数：

（1）编写 Java 类的静态方法。

（2）在 TLD 文件中配置 EL 自定义函数。

（3）在 JSP 页面中通过 tablib 指令引用定义 EL 自定义函数的 TLD 文件。

（4）使用 EL 自定义函数

3.6.2 编写 EL 自定义函数的静态 Java 方法

在本节将给出一个示例来演示 EL 自定义函数的开发过程。这个示例非常简单，它的功能是判断一个字符串是否匹配指定的正则表达式。EL 自定义函数所对应的静态 Java 方法的实现代码如下：

```
package chapter3;
public class CustomFun
{
    public static boolean matches(String regex, String s)
```

```
    {
        return s.matches(regex);
    }
}
```

从上面的代码可以看出，matches 方法就是 EL 自定义函数所对应的静态 Java 方法，在该方法中通过 String.matches 方法来判断指定的字符串（s 参数值）是否匹配指定的正则表达式（regex 参数值）。

3.6.3　配置 EL 自定义函数

EL 自定义函数必须在 TLD 文件中进行配置才能使用。这个 TLD 文件可以是任何文件名，但必须将 TLD 文件放在<Web 应用程序>\WEB-INF 目录下或 WEB-INF 目录下的任何子目录中（包括 lib 和 classes 目录）。

在本例中使用的 TLD 文件是 customfun.tld。该文件的内容如下：

```
<?xml version="1.0" encoding="UTF-8" ?>
<taglib xmlns="http://java.sun.com/xml/ns/javaee" xmlns:xsi="http://www.w3.
org/2001/XMLSchema-instance"
    xsi:schemaLocation="http://java.sun.com/xml/ns/javaee/web-jsptaglibrary_
    2_1.xsd"
    version="2.1">
    <tlib-version>1.0</tlib-version>
    <jsp-version>2.1</jsp-version>
    <description>自定义函数库</description>
    <uri>http://www.sun.com/cfun1.0</uri>  <!--定义 URI-->
    <function>
        <name>matches</name>
        <function-class>chapter3.CustomFun</function-class>
        <function-signature> java.lang.Boolean matches(java.lang.String,
            java.lang.String)</function-signature>
    </function>
</taglib>
```

上面配置代码中的黑体字部分就是配置自定义函数的代码，而该文件的其他内容配置了 EL 自定义函数库的其他信息。下面对这些配置信息做一下解释。

下面是配置 EL 自定义函数库的元素说明：

- <tablib>：该元素是 TLD 文件的根结点。一般不需要改动。
- <tlib-version>：该元素配置了函数库的版本，该版本号可根据实际情况指定。
- <jsp-version>：该元素指定了当前标签库能够正常运行所需要的 JSP 的最低版本。
- <description>：该元素表示描述当前标签库的信息。标签值可以是任意符合 XML 格式标准的字符。
- <uri>：该元素指定了在 JSP 页面中引用该标签库的 URI，也就是 taglib 指令的 uri 属性值。该元素值可以是任何符合 XML 格式标准的字符串，但一般该属性的值设为网址（由于网址是全球唯一的，如果该函数库要对外发布，就可以大大降低 URI 冲突的可能性）。

下面是配置自定义函数的元素说明：

- <function>：该元素定义了 EL 自定义函数。每一个<function>元素对应于一个 EL 自定义函数。
- <name>：该元素指定了使用 EL 自定义函数时的名称。例如，${cfun:matches}。
- <function-class>：该元素指定了 Java 静态方法所在的类名（package.classname）。
- <function-signature>：该元素指定了 Java 静态方法的返回值类型、方法名、参数个数和类型。

上面的配置文件虽然比较复杂，但这些复杂的格式并不需要记忆。在 Tomcat 自带的例子中就有很多 TLD 文件，读者可以搜索所有以.tld 结尾的文件。并将其中任何一个文件的内容复制到自己的 TLD 文件中，根据需要修改文件的内容即可。

3.6.4 使用 EL 自定义函数

在使用 EL 自定义函数之前必须使用 tablib 指令引用 EL 自定义函数库，代码如下：

```
<%@page language="java" contentType="text/html; charset=UTF-8"%>
<!--引用 EL 自定义函数库-->
<%@taglib prefix="cfun" uri="http://www.sun.com/cfun1.0"%>
<!--使用 matches 函数-->
${cfun:matches("^(\\w+\\.?)*\\w+@\\w+\\.\\w+$", param.email)?
"Email 格式正确":"Email 格式错误"}
```

上面的代码中通过<uri>元素的值（http://www.sun.com/cfun1.0）引用了 customfun.tld 函数库，并将前缀设为 cfun，然后通过${cfun:matches(...)}格式来使用 matches 函数。

在浏览器地址栏中输入如下的 URL：

```
http://localhost:8080/samples/chapter3/customfun.jsp?email=xxx@126.com
```

浏览器中将输出“格式正确”的信息。

在引用 EL 自定义函数库时，taglib 指令的 uri 属性不仅可以指定<uri>标签的值，还可以指定 TLD 文件的相对路径。假设 customfun.tld 文件在 WEB-INF 目录下。则可以使用如下的代码来引用 customfun.tld 文件：

```
<!--相对路径开头必须加斜杠（/），表示相对于 Web 应用程序的根目录-->
<%@taglib prefix="cfun" uri="/WEB-INF/customfun.tld"%>
```

实际上，不管采用哪种引用方式，从技术层面看是完全一样的，如果使用<uri>元素的值来引用 TLD 文件，JSP 引擎在翻译 taglib 指令时，会在 WEB-INF 目录及其子目录中搜索所有的 TLD 文件，直到某个 TLD 文件中的<uri>元素的值和 taglib 指令的 uri 属性值相等为止（URI 区分大小写，在使用的时候要注意这一点）。在由 JSP 页面生成的 Servlet 中，都是通过 TLD 文件的相对路径来引用 TLD 文件的。

如果将 customfun.tld 文件放到 WEB-INF\lib 目录中，可以使用如下的两种方式来引用 custom.tld 文件：

- 使用<uri>元素的值引用 customfun.tld：

```
<%@taglib prefix="cfun" uri="http://www.sun.com/cfun1.0"%>
```

- 使用相对路径引用 customfun.tld 文件：

```
<%@taglib prefix="cfun" uri="/WEB-INF/lib/customfun.tld"%>
```

无论使用上面的哪种方式引用 customfun.tld 文件，最终生成的 Servlet 类都会使用

customfun.tld 文件的相对路径来引用该文件，代码如下：

```
package org.apache.jsp.chapter3;
import javax.servlet.*;
import javax.servlet.http.*;
import javax.servlet.jsp.*;
public final class customfun_jsp extends org.apache.jasper.runtime.Http JspBase
   implements org.apache.jasper.runtime.JspSourceDependent
{
static private org.apache.jasper.runtime.ProtectedFunctionMapper _jspx_fnmap_0;
static
{
_jspx_fnmap_0= org.apache.jasper.runtime.ProtectedFunctionMapper.
getMapForFunction("cfun:matches",chapter3.CustomFun.class, "matches",
new Class[] {java.lang.String.class,java.lang.String.class});
}
   private static java.util.List _jspx_dependants;
   static
{
      _jspx_dependants = new java.util.ArrayList(1);
      //总是使用相对路径来引用 TLD 文件
      _jspx_dependants.add("/WEB-INF/lib/customfun.tld");
   }
   …
}
```

3.7　本 章 小 结

本章介绍了 EL 中的各种技术和基本应用。EL 自从 JSP 2.0 开始被单独提出来形成了 EL 规范。通过 EL 表达式可以在不了解 Java 语言的前提下获得系统级的信息，如域对象、初始化参数等。但 EL 本身的功能非常有限，为了对 EL 进一步扩展，可以使用 Java 语言为 EL 编写自定义函数。EL 自定义函数实际上就是普通的 Java 静态方法，只是这个方法要放在被声明为 public 的类中。通过编写 EL 自定义函数，几乎可以使 EL 有了和 Java 语言同样强大的功能。

第 4 章　国际化

由于世界经济一体化的进程正加速发展，国际之间的交流日益频繁，为各种经济活动提供服务的软件也会随着经济全球化的脚步而被世界各国的用户使用。特别是现在互联网的飞速发展加快了这一进程。但是不同国家和地区的用户有各自的文化习惯，如使用不同的文字，货币、时间、数字的格式各不相同。这就需要使这些信息满足不同国家和地区的用户习惯，也就是说，软件应该根据各国本地的语言和文化习惯显示相应的信息，这种根据国家和地区来显示不同的信息的技术就是国际化。

4.1　国际化与本地化概述

国际化是指在某个国家或地区使用的软件将以本地的语言和习惯显示软件中的信息。国际化的英文单词是 internationalization，由于这个英文单词太长，因此，国际化也可以写成 i18n，其中“i”和“n”分别是 internationalization 的首字母和尾字母，而“18”表示在“i”和“n”之间共有 18 个英文字母。由于国际化的实质就是按着本地用户的语言和习惯显示软件中的信息，因此，国际化也被称为本地化。

一般在安装操作系统时可以选择本地的语言，如中文版的 Windows XP 默认语言是中文，但在安装的过程中也可以选择其他的语言。除了在安装过程中可以选择不同的语言外，通过 Windows 的【区域和语言选项】对话框也可以修改 Windows 的当前语言。

进入 Windows 控制面版，单击【区域和语言选项】链接，打开【区域和语言选项】对话框，如图 4.1 所示。

从图 4.1 所示的【区域和语言选项】对话框可以看出，操作系统的当前语言是“中文”。在“示例”区域中分别给出了“数字”、“货币”、“时间”、“短日期”和“长日期”的格式。如果这时执行如下的代码，将输出中文格式的信息：

```
java.text.DateFormat df=
    java.text.DateFormat.getDateInstance(java.text.DateFormat.LONG);
System.out.println(df.format(new Date()));
System.out.println(java.util.Locale.getDefault());
```

上面的代码将输出当前语言的长日期和国家-地区，输出的内容如下：

```
2009 年 12 月 25 日
zh_CN
```

如果修改了 Windows 的当前语言，那么上面的代码将输出不同的信息。读者可以将当前语言修改成“英语（英国）”，如图 4.2 所示。

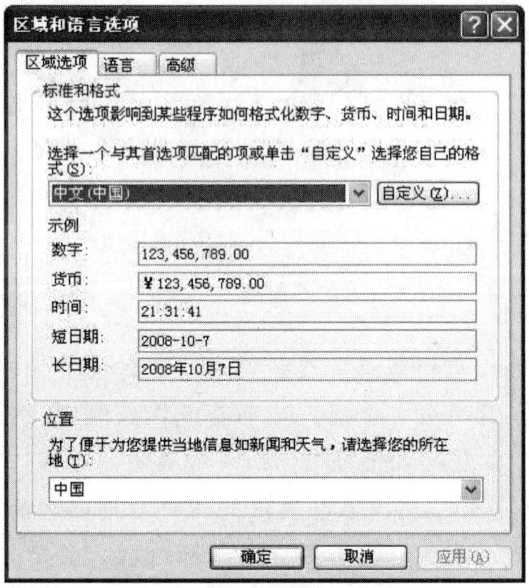

图 4.1 【区域和语言选项】对话框

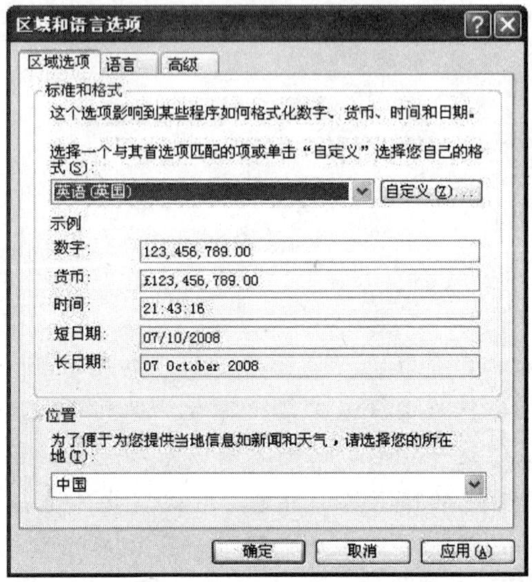

图 4.2　修改当前语言

执行上面的代码后，将输出如下的信息：

```
25 December 2009
en_GB
```

从上面的输出结果可以看出，随着操作系统当前语言的不同，输出的日期、国家-地区也不同。上面的过程只是通过修改操作系统的当前语言来模拟在不同的语言环境下国际化信息的输出结果。但在实际应用中，软件可能会真正运行在不同语言的操作系统中，因此，输出的国际化信息也会随着操作系统当前语言的不同而有所差异。

为了在真实的环境中可以根据操作系统语言来输出符合本地用户习惯的信息，必须在程序中加入国际化的支持。如上面的代码使用 java.text.DateFormat.LONG 来告诉程序要使用操作系统的长日期格式来输出日期。

一个国际化程序不能将信息的输出格式硬编码在程序中，如将上面的程序改成如下的形式将无法支持国际化：

```
java.text.SimpleDateFormat sdf=
    new java.text.SimpleDateFormat("yyyy-MM-dd HH:mm:ss");
System.out.println(sdf.format(new Date()));
```

上面的代码无论操作系统当前是什么语言，都会输出固定格式的当前日期。

一个支持国际化程序除了要根据操作系统的当前语言输出不同格式的信息外，还需要从资源文件中读取不同语言的国际化资源信息。如要使一个程序支持中文和英文，就要为该程序准备两个资源文件，一个资源文件保存中文的信息，另一个资源文件保存相同含义的英文信息。而应用程序会根据操作系统的当前语言来决定读取哪一个资源文件。如果操作系统的当前语言是英文，应用程序就会读取保存英文信息的资源文件，并显示相应的信息。这样用户就可以看到英文版的应用界面了。

通过上面的描述可以看出，国际化程序有如下的特点：

- 根据操作系统当前的语言输出符合这些语言习惯的信息。
- 在输出字符串信息时，可以根据操作系统当前的语言读取相应的资源文件，并将相应的信息显示在界面中。
- 为了支持上面两个特性，不能将资源信息、输出格式、国家-地区等国际化信息硬编码在程序中。
- 一个成熟的国际化程序应该不需要修改源代码和重新编译程序就可以支持新的国家或地区的用户使用。

4.2　与国际化相关的 Java 类

Java 中的国际化资源信息一般保存在资源文件中（文件扩展名是.properties）。保存在资源文件中的信息的格式为 key-value 对。虽然这些信息可以使用 java.io 包中的相关类来读取，但 Java 提供了更方便的方式来访问这些国际化资源。与访问国际化资源信息相关的类主要有 3 个：Locale、ResourceBundle 和 MessageFormat，通过这 3 个类不仅可以很容易地读取资源文件中的信息，而且还可以根据操作系统的当前语言来访问与该语言对应的资源文件。

4.2.1　Locale 类

一个 Locale 对象实例描述一个特定的地理、语言本地环境。下面介绍创建 Locale 对象实例的几种方法、Locale 类的静态方法以及 Locale 类的其他方法。

1. 创建 Locale 对象实例的方法

Locale 类在 java.util 包中。JDK 提供了多种方式来创建 Locale 对象，其中包括使用 Locale 类的构造方法、Locale 类中的常量以及 getDefault 方法。

1）使用 Locale 类的构造方法创建 Locale 对象实例

Locale 类的构造方法有 3 个重载形式，它们的定义如下：

```
public Locale(String language)
public Locale(String language,String country)
public Locale(String language,String country,String variant)
```

这 3 个重载形式的参数含义如下：

- language：该参数表示 ISO 语言代码，该语言代码必须是在 ISO-639 标准中定义的两个小写字母的代码。如 zh 表示中文，en 表示英语。
- country：该参数表示 ISO 国家代码，该国家代码必须是在 ISO-3166 标准中定义的两个大写字母的代码。如 CN 表示中国，US 表示美国。
- variant：该参数是预留给第三方软件开发商或浏览器使用的一个变量，可以用来进行更细的划分。如通过 language 和 country 参数可以精确到使用某种语言的国家或地区，如果还想继续细分，就需要使用 variant 参数，例如，要划分某个地区的不同时代，可以将

variant 参数值设为 ERA1、ERA2，如果要设置多个值，中间可以使用下画线将多个值分开，如 ERA1_EAST、ERA2_SOUTH。

Locale 对象并不会验证语言、国家代码的正确性，也不会进行任何国际化的操作。Locale 对象只是封装了语言、国家以及其他相关的信息。关于验证和国际化的工作，将由其他的类来完成，但要为这些类提供 Locale 对象。

读者可以根据需要选择使用上面 3 个重载形式中的一个或多个来创建 Locale 对象。如只想对语言进行划分，可以使用第一种重载形式，代码如下：

```
Locale locale1=new Locale("zh");
Locale locale2=new Locale("en");
```

如果想再细分一下，如对语言和国家进行划分，可以使用第二种重载形式，代码如下：

```
Locale locale1=new Locale("zh", "CN");
Locale locale2=new Locale("en", "US");
```

其中 zh、en 为语言（language 参数），CN、US 为国家（country 参数）。读者还可以通过如下的 4 种方法来查找相应的语言和国家代码：

（1）从 JDK 1.5 或 JDK 1.6 帮助文档的国际化部分查找相应的语言和国家。

JDK 1.5 帮助文档的国际化部分的地址如下：

```
http://java.sun.com/j2se/1.5.0/docs/guide/intl/locale.doc.html
```

JDK 1.6 帮助文档的国际化部分的地址如下：

```
http://java.sun.com/javase/6/docs/technotes/guides/intl/locale.doc.html
```

（2）从 ISO 标准中查找相应的语言和国家代码。

语言代码的 ISO 标准是 ISO-639，地址如下：

```
http://www.w3.org/WAI/ER/IG/ert/iso639.htm
```

国家代码的 ISO 标准是 ISO-3166，地址如下：

```
http://www.iso.org/iso/country_codes/iso_3166_code_lists/english_country_names_and_code_elements.htm
```

在 Internet 上有很多网站都提供了 ISO-639 和 ISO-3166 的详细内容，读者可以在 www.baidu.com 中自行查找这两个 ISO 标准的具体细节。

（3）使用 Locale 类的静态方法获得语言和国家的代码。

Locale 类有两个静态方法：getISOLanguages 和 getISOCountries，其中 getISOlanguages 方法用来返回包含 ISO-639 标准定义的所有语言代码的 String 数组，getISOCountries 方法用来返回包含 ISO-3166 标准定义的所有国家代码的 String 数组。

（4）通过 IE 或 Firefox 浏览器查找相应的语言和国家代码。

对于 IE 浏览器，读者可以选择【工具】>【Internet 选项】命令，打开【Internet 选项】对话框，在【常规】选项卡中单击【语言】按钮，打开【语言首选项】对话框，单击【添加】按钮，打开【添加语言】对话框，如图 4.3 所示。

从图 4.3 所示的【添加语言】对话框中可以通过浏览"语言"列表的方式来查找相应的语言和国家代码。

对于 Firefox 浏览器，读者可以选择【工具】>【选项】命令，打开【选项】对话框，进入【内容】选项卡，单击【选择】按钮，打开【语言和字符编码】对话框，如图 4.4 所示。

从图 4.4 所示的【语言和字符编码】对话框下方的列表框中可以查找相应的语言和国家代码。

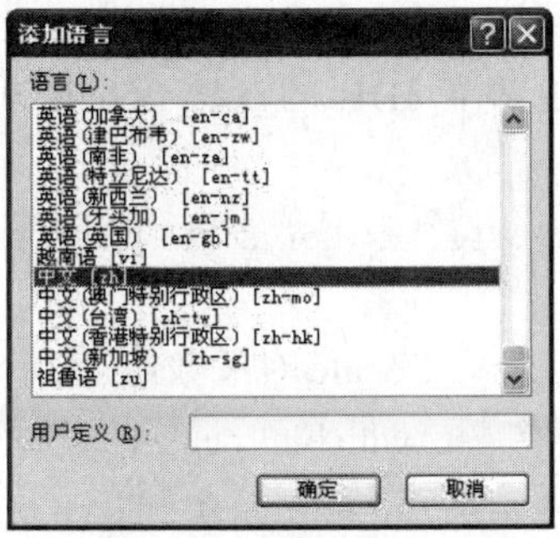

图 4.3 【添加语言】对话框

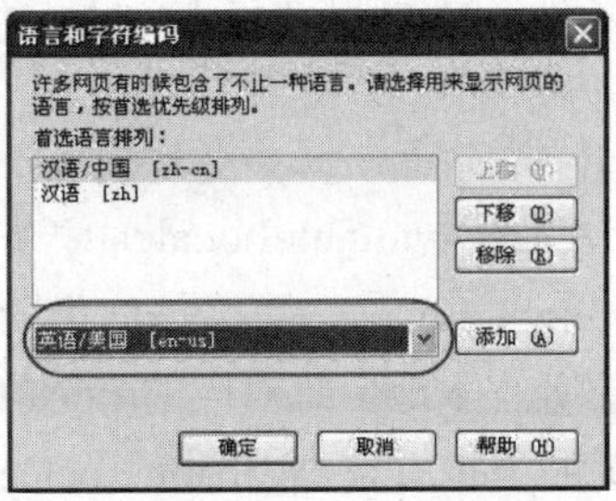

图 4.4 【语言和字符编码】对话框

如果由于特殊要求或使用第三方软件，需要继续细分的话，可以使用 Locale 类的构造方法的第三种重载形式，代码如下：

```
Locale locale=new Locale("zh", "CN", "ERA_EAST");
```

对于第三种重载形式的 variant 参数的取值要根据具体的要求而定，一般需要第 3 个参数的软件都会有相应的取值说明。

2）Locale 类的常量

由于使用 Locale 类的构造方法创建 Locale 对象实例需要提供语言和国家代码，用起来比较麻烦，因此，Locale 类提供了一些常量，可以通过这些常量创建比较常用的 Locale 对象实例。下面是 Locale 类的部分用于创建 Locale 对象实例的常量和语言、国家的对应关系：

- CHINESE：该常量相当于 new Locale("zh")。
- SIMPLIFIED_CHINESE：该常量相当于 new Locale("zh", "CN")。也可以使用 CHINA 或 PRC 常量来代替 SIMPLIFIED_CHINESE。
- ENGLISH：该常量相当于 new Locale("en")。
- US：该常量相当于 new Locale("en", "US")。
- CANADA：该常量相当于 new Locale("en", "CA")。

关于 Locale 类的其他用于创建 Locale 对象实例的常量的具体细节，读者可以直接查看 Locale 类的源代码。

3）使用 getDefault 方法

getDefault 方法是 Locale 类的静态方法。该方法返回代表操作系统当前设置的本地信息的 Locale 对象实例。可以通过图 4.1 所示的【区域和语言选项】对话框来设置操作系统当前的本地信息。除此之外，在 JDK 1.5 和 JDK 1.6 中可以通过两组 Java 虚拟机参数设置默认的本地信息。这两组 Java 虚拟机参数如下：

- user.language、user.country 和 user.variant。

可以使用如下的命令来设置这 3 个 Java 虚拟机参数：

```
java -Duser.language=en  -Duser.country=US  -Duser.variant=EAST TestLocale
```

使用上面的命令运行 TestLocale 程序后，getLocale 方法返回的 Locale 对象所表示的 language、country 和 variant 分别为 en、US 和 EAST。

- user.language 和 user.region。

本组 Java 虚拟机参数中的 user.language 用来设置语言，而 user.region 参数可以用来设置国家和 variant，如果 user.region 参数值中包含 variant，则 country 和 variant 之间用下画线分隔。如下面的命令所示：

```
java -Duser.language=en  -Duser.region=US_EAST TestLocale
```

除此之外，还可以通过 Locale 类的静态方法 setDefault 设置 JDK 的默认 Locale 对象实例。setDefault 方法的定义如下：

```
public static synchronized void setDefault(Locale newLocale)
```

4）使用 getAvaliableLocales 方法

getAvaliableLocales 是 Locale 类的静态方法，该方法返回一个 Locale 对象数组。表示当前 JDK 版本支持的所有本地信息对应的 Locale 对象。除了 Locale 类有 getAvaliableLocales 方法外，一些和本地化相关的类也有 getAvaliableLocales 方法，如可以使用 java.textDate.Format 类和 java.text.Number Format 类中的 getAvaliableLocales 方法返回它们所支持的所有本地信息对应的 Locale 对象。

2. Locale 类的其他方法

Locale 类定义了一些方法来返回一个 Locale 对象所对应的本地信息，这些方法如下：

- getLanguage：该方法返回 Locale 对象的 ISO-639 语言代码。
- getCountry：该方法返回 Locale 对象的 ISO-3166 国家代码。
- getVariant：该方法返回 Locale 对象的 variant 代码。
- getDisplayLanguage：该方法返回 Locale 对象要显示给用户的语言名称。
- getDisplayCountry：该方法返回 Locale 对象要显示给用户的国家名称。
- getDisplayVariant：该方法返回 Locale 对象要显示给用户的 variant 名称。
- getDisplayName：该方法返回 Locale 对象的显示名称。

需要注意的是，所有的 getDisplayXxx 方法都有两个重载形式。第一个重载形式根据操作系统当前设置的本地信息决定返回的信息；第二个重载形式需要传入一个 Locale 对象，并根据该 Locale 对象表示的本地信息决定返回的信息，如下面的代码所示：

```
//表示中文的 Locale 对象
java.util.Locale locale1=new java.util.Locale("zh");
//表示英语的 Locale 对象
java.util.Locale locale2=new java.util.Locale("en");
//表示希腊语的 Locale 对象
java.util.Locale locale3=new java.util.Locale("el");
//表示朝鲜语的 Locale 对象
java.util.Locale locale4=new java.util.Locale("ko");
//将 JDK 的默认本地信息设为表示希腊语的 Locale 对象
java.util.Locale.setDefault(locale3);
//分别以上面 4 种语言输出“希腊文”
String language1=java.util.Locale.getDefault().getDisplayLanguage(locale1);
String language2=java.util.Locale.getDefault().getDisplayLanguage(locale2);
String language3=java.util.Locale.getDefault().getDisplayLanguage(locale3);
String language4=java.util.Locale.getDefault().getDisplayLanguage(locale4);
System.out.println(language1);
System.out.println(language2);
System.out.println(language3);
System.out.println(language4);
```

上面的代码使用了 4 种语言（中文、英语、希腊语和朝鲜语）输出“希腊文”。输出信息如下：

```
希腊文
```

```
Greek
Ελληνικά
그리스어
```

通过 getDisplayXxx 方法的第二种重载形式并不能返回所有语言的相应信息，如果 Locale 对象所表示的本地信息没有和其对应的语言，则使用英语返回信息，如下面的代码所示：

```
//表示阿拉伯语的 Locale 对象
java.util.Locale locale=new java.util.Locale("ar");
String language=java.util.Locale.getDefault().getDisplayLanguage(locale);
System.out.println(language);
```

由于 JDK 不支持将“中文”翻译成阿拉伯语，因此，上面的代码将输出如下的信息：

```
Chinese
```

4.2.2　获得 JDK 支持的所有本地信息

本节给出一个实例来演示如何通过 getAvailableLocales 方法获得当前 JDK 支持的所有本地信息。在本例中使用了 Locale 类的 getLanguage、getCountry、getDisplayLanguage、getDisplayCountry、getDisplayName 方法来获得 Locale 对象表示的本地信息。

AllLocale 类负责输出 JDK 支持的所有本地信息，该类的代码如下：

```
package chapter4;
import java.util.Locale;
public class AllLocale
{
    public static void main(String[] args)
    {
        Locale[] locales=Locale.getAvailableLocales();
        for (Locale locale:locales)
        {
            System.out.println(locale.getLanguage() + "-" + locale.getCountry()
                    + "语言: <"+locale.getDisplayLanguage()+">国家: <"
                    + locale.getDisplayCountry()+">name: <"
                    + locale.getDisplayName()+">");
        }

    }
}
```

运行 AllLocale 程序后，将在 Eclipse 控制台中输出图 4.5 所示的信息。

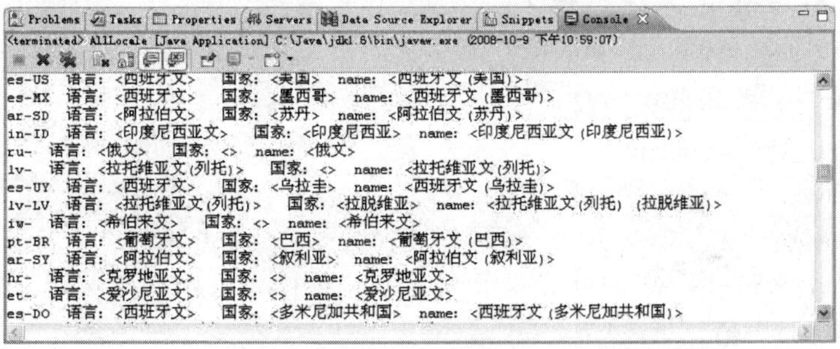

图 4.5　输出 JDK 支持的所有本地化信息

4.2.3 ResourceBundle 类

ResourceBundle 类表示本地环境的一个资源包。一个资源包含有一个或多个 Java 资源文件。这些资源文件的文件名和本地环境有关。一般可以使用 Locale 对象来描述本地环境的信息。因此，建立 ResourceBundle 对象需要提供相应的 Locale 对象。

1．资源文件概述

在一个国际化程序中，需要将文本信息保存在文件中，当程序运行时从这些文件中读取相应的文本信息。当然，这个功能使用 Java 实现非常简单，但国际化程序不仅仅要求从文件中读出信息，还需要根据本地环境选择读取哪一个文件中的信息。如果本地环境是中文，则需要选择保存中文信息的文件。如果本地环境是英文，则需要选择保存英文信息的文件。这就需要这些保存信息的文件按着一定的规则命名，以便系统可以准确地知道哪些文件是保存中文信息的，哪些文件是保存英文信息的。这些保存各种语言信息的文件被称为国际化资源文件，也可以简称为资源文件。

选择资源文件的文件名通常由以下 3 部分组成：

- 文件基名（baseName）。
- 语言（language）。
- 国家（country）。

文件基名可以是任何有效的文件名，语言是在 ISO-639 标准中定义的语言代码，国家是在 ISO-3166 标准中定义的国家代码。文件基名、语言和国家之间用下画线分隔。资源文件的扩展名通常是.properties。如 MyResource_zh_CN.properties 就是一个合法的资源文件名。该文件表示中文环境下使用的资源文件。MyResource_en_US.properties 则表示在英文（美国）环境下使用的资源文件。

在资源文件的 3 个组成部分中，文件基名是必需的，而语言和国家是可选的。也就是说，一个资源名可以只包含文件基名，不包含语言和国家。或者只包含文件基名和语言，不包含国家。或者只包含文件基名和国家，不包含语言。下面的资源文件名都是合法的：

- MyResource.properties。
- MyResource_zh.properties。

对于这样的资源文件命名规则，虽然使用编程的方式可以解决，但 JDK 提供了更好的解决方案来选择并读取这些资源文件，这就是 ResourceBundle 类。在创建 ResourceBundle 对象时会根据提供的 Locale 自动选择相应的资源文件，并通过 ResourceBundle 类的相关方法读取资源信息。

2．资源文件的格式

资源文件的格式和 java.util.Properties 类要求的格式相同，也就是 key-value 值对。如下面的资源文件分别保存了英文菜单信息：

MyResource_en_US.properties：

```
menu_help=Help
menu_file=File
```

由于资源文件不支持非西欧字符，如中文、日文字符。因此，在资源文件中保存这些字符时，需要使用“\uxxxx”格式的 UCS2 编码。其中 xxxx 表示 2 个字节的十六进制形式。如要保存“帮助”和“文件”信息，就需要按如下的内容编写资源文件：

MyResource_zh_CN.properties：

```
menu_help=\u5e2e\u52a9
menu_file=\u6587\u4ef6
```

实际上，\u5e2e\u52a9 和\u6587\u4ef6 也是 Java 支持的格式，也就是说，可以直接将“\uxxxx”格式作为 Java 字符串，Java 编译器在处理“\uxxxx”格式时会自动将其转换成 Java 内部所使用的 UCS2 编码。如下面的代码所示：

```
String s = "file:\u6587\u4ef6";
System.out.println(s);
```

在运行上面的代码后，将输出如下的信息：

```
file:文件
```

3. 资源文件的搜索顺序

如果同一种语言的资源文件存在多个，系统会按着如下的顺序搜索：

- baseName_language_country_variant.properties。
- baseName_language_country.properties。
- baseName_language.properties。
- baseName.properties。

其中 variant 是第三方软件、平台或浏览器扩展的标志。

实际上，系统会搜索上面所有的资源文件（如果这些资源文件存在的话），当在这些资源文件中有重复 key 时，如果在同一个资源文件中有重复，则以最后一个出现的 key 为准。如果在不同资源文件中有重复，则以搜索顺序靠前的资源文件中的 key 为准。如 MyResource_zh.properties 文件中有两个 key 值为 file 的资源信息，内容如下：

```
file=File1
file=File2
```

系统在读取 file 资源时会读出 File2，而不是 File1。如果在 MyResource.properties 文件中也有一个 key 值为 file 的资源信息，内容如下：

```
file = File3
```

由于 MyResource_zh.properties 文件比 MyResource.properties 文件先搜索到，因此，系统仍然会读取 MyResource_zh.properties 文件最后一个 file 值，也就是 File2。

4. 装载和读取资源包

通常可以使用 ResourceBundle 类的静态方法 getBundle 来创建 ResourceBundle 对象实例。在创建 ResourceBundle 对象实例的过程中会加载相应的资源包。getBundle 方法有如下 3 个常用的重载形式：

```
public static final ResourceBundle getBundle(String baseName)
public static final ResourceBundle getBundle(String baseName, Locale locale)
public static ResourceBundle getBundle(String baseName, Locale locale,
ClassLoader loader)
```

其中 baseName 表示资源文件的基名，locale 表示与要读取的资源文件相对应的本地信息（Locale 对象），loader 表示指定资源文件的类装载器。

如果使用 getBundle 方法的第一种重载形式，locale 和 loader 参数使用了默认的值。也就是说，locale 参数值是使用 Locale.getDefault 方法获得的值，而 loader 参数值是使用 this.getClass().

getClassLoader()方法获得的值。

如果使用 getBundle 方法的第二种重载形式，则 loader 参数值用了默认的值，也就是 this.getClass().getClassLoader()方法返回的类装载器对象。

getBundle 方法在装载资源包时会遵循上面所讲的规则，如果 Locale 对象没有语言和国家信息，则 getBundle 方法会忽略这些本地信息，而直接读取 baseName.properties 文件的内容。

当 baseName 参数值中含有“.”时，系统会自动将“.”替换成“/”，当然，也可以直接在 baseName 参数值中使用“/”。如下面的两个 baseName 是相同的：

- resources.system.MyResource。
- resources/system/MyResource。

为了使系统能找到资源文件，必须将资源文件放在系统能找到的目录中，如.class 文件的根目录、Web 应用程序的 WEB-INF\classes 目录等。如果系统未找到任何一个资源文件，则系统会抛出 java.util.MissingResourceException 异常。

在创建了 ResourceBundle 对象后，可以使用 ResourceBundle 类的 getString 方法读取相应的资源信息。如下面的代码所示：

```
java.util.Locale locale=new java.util.Locale("zh", "CN");
java.util.ResourceBundle rb=java.util.ResourceBundle.getBundle("MyResource",
locale);
System.out.println(rb.getString("file"));
```

在创建 Locale 对象时，语言和国家也可以不是 ISO-639 和 ISO-3166 标准中定义的代码，如下面的代码所示：

```
java.util.Locale locale = new java.util.Locale("abc", "DDD");
java.util.ResourceBundle rb = java.util.ResourceBundle.getBundle("MyResource",
locale);
System.out.println(rb.getString("file"));
```

如果在类加载器可搜索到的目录中有一个 MyResource_abc_DDD.properties 文件，上面的代码仍然可以输出该文件中的相应资源信息。当然，如果该文件不存在，也会抛出一个 MissingResourceException 异常。

4.2.4　处理中文资源文件的工具

由于 Eclipse 的资源文件编辑器不支持将中文信息转换成“\uxxxx”格式的 UCS2 编码，因此，不能使用 Eclipse 自带的资源文件编辑器来编辑中文信息。除了直接在资源文件中输入“\uxxxx”格式的内容外，还可以采用如下的 3 种方法减少输入中文信息的工作量。

1．使用 native2ascii.exe 命令

native2ascii.exe 文件是 JDK 发行包中带的一个命令，该文件可以在<JDK 安装目录>\bin 目录中找到。native2ascii.exe 可以将保存在资源文件中的中文信息转换成“\uxxxx”格式的 UCS2 编码格式的信息。该命令的使用方法如下：

```
native2ascii.exe MyResource_zh_CN.properties > NewMyResource_zh_CN.properties
```

其中 MyResource_zh_CN.properties 是被转换的资源文件，在该文件中保存了中文信息，而 NewMyResource_zh_CN.properties 文件是转换后的资源文件。在该文件中所有的中文信息都变成了“\uxxxx”形式。

使用 native2ascii.exe 命令虽然可以将中文信息转换成“\uxxxx”格式的信息，但使用起来

比较麻烦，有时还需要不断地修改文件名，十分不便。因此，读者可以使用下面介绍的两款编辑资源文件的 Eclipse 插件来编辑中文信息。

2．PropertiesEditor 插件

PropertiesEditor 插件可以自动将非西欧字符自动转换成“\uxxxx”格式的信息，而这一切对用户都是透明的，用户只需要在该插件带的编辑器中直接输入中文或其他非西欧字符即可，在保存资源文件时，PropertiesEditor 插件会自动将非西欧字符转换成“\uxxxx”格式的信息。该插件可以从如下的网址下载：

```
http://sourceforge.jp/projects/propedit
```

下载完 PropertiesEditor 插件后解压，并将 features 和 plugins 目录复制到 Eclipse 的根目录下。重新启动 Eclipse，右击资源文件，在弹出的快捷菜单中选择【Open With】命令，在弹出的子菜单中就会看到多了一项【PropertiesEditor】，如图 4.6 所示。

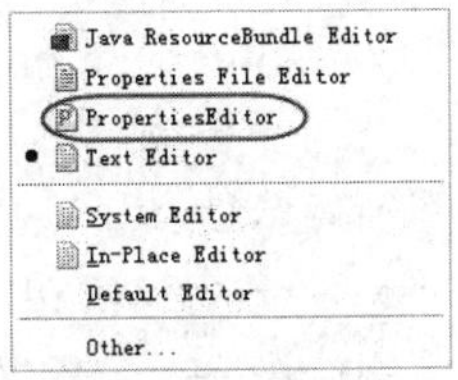

图 4.6　PropertiesEdiitor 插件

选择【PropertiesEditor】命令，就可以在资源文件中直接输入中文了。输入中文信息的界面如图 4.7 所示。

如果再使用 Eclipse 的资源文件编辑器打开该文件，则会显示图 4.8 所示的信息。

图 4.7　使用 PropertiesEditor 插件编辑中文信息

图 4.8　用 Eclipse 资源文件编辑器打开带中文信息的资源文件

从图 4.8 所示的信息中可以看出，PropertiesEditor 插件已经自动将中文信息转换成“\uxxxx”格式的信息了。

3．JInto 插件

JInto 插件的功能和 PropertiesEditor 插件类似，只是编辑界面不同。JInto 插件可以从如下的网址下载：

```
http://www.guh-software.de/jinto.html
```

JInto 插件的安装方法和 PropertiesEditor 插件相同，在安装完 JInto 插件后，在【Open With】菜单中会看到【Java ResourceBundle Editor】选项，如图 4.6 所示。

JInto 插件除了可以编辑当前的资源文件外，还可以自动根据资源文件基名寻找不同语言和国家的资源文件，并将这些资源文件的内容以表格形式显示出来，以方便编辑。

假设有 MyResource_zh_CN.properties 和 MyResource_en_US.properties 两个资源文件，这两个资源文件分别保存了中文和英文信息。使用 JInto 插件可同时编辑这两个资源文件。编辑界面如图 4.9 所示。

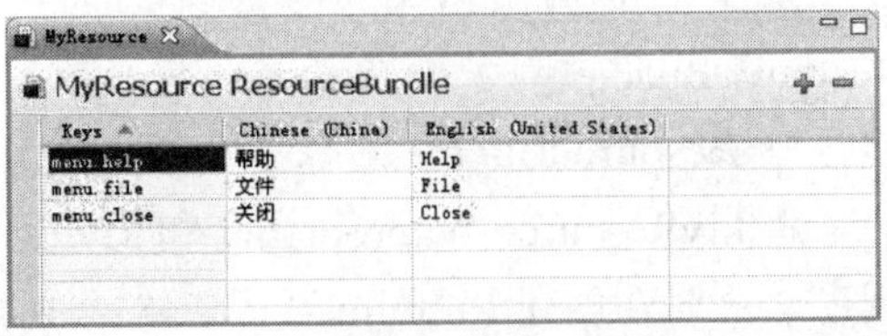

图 4.9　使用 JInto 插件同时编辑多个资源文件

从图 4.9 所示的效果可以看出，JInto 插件同时将两个资源文件中相同 key 的值显示在了同一行，这就相当于建立了各种语言的对照表，使得编辑不同语言和国家的资源文件更容易、更直观。

4.2.5　获得国际化资源信息

在本节的例子中建立了两个资源文件，一个是中文环境的资源文件，另一个是英文环境的资源文件。将 Locale 对象设为英文环境，这时 ResourceBundle 对象会读取英文环境中的信息。如果将英文资源文件删除，ResourceBundle 对象由于未找到英文资源文件，因此，就会读取系统本地环境的资源文件。假设当前系统的本地环境是中文，ResourceBundle 对象就会读取中文资源文件。当然，如果中文资源文件也没有，在创建 ResourceBundle 对象的过程中就会抛出异常。

在 classes 目录中建立一个 resource 目录，然后在该目录中建立两个资源文件，分别为 MyResource_zh.properties 和 MyResource_en.properties。这两个资源文件的内容如下：

MyResource_zh.properties 文件的内容：

```
help=帮助
file=文件
```

MyResource_en.properties 文件的内容：

```
help=Help
file=File
```

ReadResource 类负责读取资源文件的信息，该类的代码如下：

```
package chapter4;
import java.util.Locale;
import java.util.ResourceBundle;
public class ReadResource
{
    public static void main(String[] args)
    {
        Locale locale=Locale.ENGLISH;
        ResourceBundle rb=ResourceBundle.getBundle("resources.MyResource",
                locale);
        System.out.println("help="+rb.getString("help"));
        System.out.println("file="+rb.getString("file"));
    }
}
```

运行 ReadResource 程序后，将输出如下的信息：

```
help=Help
file=File
```

删除 MyResource_en.properties 文件。再次运行 ReadResource 程序，将会输出如下的信息：

```
help=帮助
file=文件
```

从上面的输出结果可以看出，如果没有英文资源文件（MyResource_en.properties），则 ResourceBundle 对象会自动寻找与当前系统本地环境相符的资源文件。如果当前系统是中文环境，则 ResourceBundle 对象就会读取 MyResource_zh.properties 文件中的信息。

将 MyResource_en.properties 和 MyResource_zh.properties 文件都删除。再次运行 ReadResource 程序，这时在创建 ResourceBundle 对象时就会抛出如下的异常：

```
Exception in thread"main"java.util.MissingResourceException:Can't find
bundle for base name resources.MyResource,locale en
```

```
    at java.util.ResourceBundle.throwMissingResourceException(ResourceBundle.
    java:1521)
    at java.util.ResourceBundle.getBundleImpl(ResourceBundle.java:1260)
    at java.util.ResourceBundle.getBundle(ResourceBundle.java:787)
    at chapter8.ReadResource.main(ReadResource.java:11)
```

4.2.6 从 Java 类中获得国际化资源信息

除了可以使用资源文件来保存资源信息外，还可以将资源信息放到 Java 类中。保存资源信息的 Java 类也可以被称为资源类。资源类和普通 Java 类有如下两点差异：

- 资源类的命名受到限制：资源类的命名和资源文件的命名类似，文件名必须是 baseName_language_country、baseName_language 或 baseName 中的一个。
- 资源类必须从 java.util.ListResourceBundle 类继承：ListResourceBundle 类是一个抽象类，该类的子类必须实现 getContents 方法。该方法用于返回一个保存资源信息的二维 String 数组。

```
package resources;
import java.util.ListResourceBundle;
public class MyResource_zh_CN extends ListResourceBundle
{
    //定义保存资源信息的二维数组
    private final Object resources[][]=
    {
        {"file", "文件（资源类）"},
        {"help", "帮助（资源类）"}
    };
    @Override
    protected Object[][]getContents()
    {
        return resources;
    }
}
```

ReadResourceClass 类从资源类（MyResource_zh_CN 类）获得相应的资源信息，ReadResourceClass 类的代码如下：

```
package chapter4;
import java.util.ResourceBundle;
public class ReadResourceClass
{
    public static void main(String[] args)
    {
        ResourceBundle rb=ResourceBundle.getBundle("resources.MyResource");
        System.out.println("help="+rb.getString("help"));
        System.out.println("file="+rb.getString("file"));
    }
}
```

ReadResourceClass 程序的输出结果如下：

```
help=帮助（资源类）
file=文件（资源类）
```

如果资源文件和资源类同时存在，则搜索顺序如下：

- baseName_language_country.class。
- baseName_language_country.properties。
- baseName_language.class。
- baseName_language.properties。
- baseName.class。
- baseName.properties。

4.2.7　DateFormat 类

在 Java 中可以使用 Date 类的对象实例来表示日期和时间，但在国际化程序中，需要按着不同国家和地区的习惯显示日期和时间。java.text.DateFormat 类可以用于完成这个工作。DateFormat 类是 Format 类的抽象子类，该类可以将日期和时间按着本地环境进行格式化。

1．日期和时间的显示模式

在 DateFormat 类中定义了一些用于描述日期和时间显示模式的 int 类型常量，这些常量如下：

- DateFormat.SHORT：该常量描述短日期和时间的显示模式。在中文（中国）本地环境下，日期和时间显示为“08-10-17　下午　8:54”。在英语（美国）本地环境下，日期和时间显示为“10/17/08 8:54 PM”。
- DateFormat.MEDIUM：该常量表示默认的日期和时间显示模式。在中文（中国）本地环境下，日期和时间显示为“2008-10-17 20:54:45”。在英语（美国）本地环境下，日期和时间显示为“Oct 17, 2008 8:54:45 PM”。
- DateFormat.LONG：该常量描述长日期和时间的显示模式。在中文（中国）本地环境下，日期和时间显示为“2008 年 10 月 17 日　下午 08 时 54 分 45 秒”。在英语（美国）本地环境下，日期和时间显示为“October 17, 2008 8:58:45 PM CST”。
- DateFormat.FULL：该常量表示显示更长的日期和时间格式。FULL 常量除了可以显示和 LONG 常量同样的日期和时间，还可以显示星期。在中文（中国）本地环境下，日期、星期和时间显示为“2008 年 10 月 17 日　星期五　下午 08 时 54 分 45 秒　CST”。在英语（美国）本地环境下，日期、星期和时间显示为“Friday, October 17, 2008 8:54:45 PM CST”。

2．获得 DateFormat 类的对象实例

DateFormat 类的对象实例需要使用 DateFormat 类的一系列 getXxxInstance 方法创建，该方法分为如下 3 类：

- 无参数的 getXxxInstance 方法。这些方法使用默认的日期/时间显示模式和操作系统的本地信息，包括如下几个方法：
  - getInstance()：获得日期和时间的显示模式都是 SHORT 的 DateFormat 对象。
  - getDateInstance()：使用默认的日期显示模式和操作系统的本地信息获得 DateFormat

对象。该对象实例不处理时间部分。

  - getTimeInstance()：使用默认的时间显示模式和操作系统的本地信息获得 DateFormat 对象。该对象实例不处理日期部分。
  - getDateTimeInstance()：使用默认的日期/时间显示模式和操作系统的本地信息获得 DateFormat 对象。
- 可设置日期/时间显示模式的 getXxxInstance 方法。这些方法使用操作系统的本地信息，包括如下几个方法：
  - getDateInstance(int style)：使用指定的日期显示模式和操作系统的本地信息获得 DateFormat 对象实例。该对象实例不处理时间部分。
  - getTimeInstance(int style)：使用指定的时间显示模式和操作系统的本地信息获得 DateFormat 对象实例。该对象实例不处理日期部分。
  - getDateTimeInstance(int dateStyle, int timeStyle)：使用分别指定的日期和时间显示模式以及操作系统的本地信息获得 DateFormat 对象。
- 可设置日期/时间显示模式和操作系统本地信息的 getXxxInstance 方法，包括如下几个方法：
  - getDateInstance(int style, Locale aLocale)：使用指定的日期显示模式和本地信息来获得 DateFormat 对象实例，该对象实例不处理时间部分。
  - getTimeInstance(int style, Locale aLocale)：使用指定的时间显示模式和本地信息来获得 DateFormat 对象实例，该对象实例不处理日期部分。
  - getDateTimeInstance(int dateStyle, int timeStyle, Locale aLocale)：使用分别指定的日期显示模式、时间显示模式和本地信息获得 DateFormat 对象实例。

3. 格式化和解析日期/时间

DateFormat 类可以将日期/时间对象格式化成本地环境下的字符串，还可以将本地环境下的表示日期/时间的字符串解析成 Date 对象，以使开发人员不需要考虑各种本地环境下的日期/时间格式。DateFormat 类中格式化日期/时间对象的方法是 format，该方法的定义如下：

```
public final String format(Date date);
```

format 方法会根据在创建 DateFormat 对象时指定的日期、时间显示模式和本地环境来格式化日期/时间对象，如下面的代码所示：

```
DateFormat df1=DateFormat.getDateInstance(DateFormat.LONG, Locale.CHINA);
//使用 LONG 显示模式和中文（中国）本地环境格式化日期
System.out.println(df1.format(new Date()));
DateFormat df2=DateFormat.getTimeInstance(DateFormat.SHORT,Locale.US);
//使用 SHORT 显示模式和英语（美国）本地环境格式化时间
System.out.println(df2.format(new Date()));
```

上面代码的输出结果如下：

```
2008年10月18日
10:18 AM
```

DateFormat 类使用 parse 方法解析表示日期/时间的字符串，该方法的定义如下：

```
public Date parse(String source) throws ParseException;
```

其中 source 参数表示描述日期/时间的字符串，下面的代码将指定的日期/时间字符串按着指定的显示模式和本地环境解析为 Date 对象：

```
DateFormat df1=DateFormat.getDateInstance(DateFormat.LONG, Locale.CHINA);
//按着 LONG 显示模式和中文（中国）本地环境解析日期字符串
Date date1=df1.parse("2008 年 8 月 8 日");
DateFormat df2=DateFormat.getTimeInstance(DateFormat.SHORT, Locale.US);
//按着 SHORT 显示模式和英语（美国）本地环境解析时间
Date date2=df2.parse("8:22 PM");
```

在默认情况下，如果日期或时间字符串不符合日期或时间的逻辑规则，如 2 月份是 28 天或 29 天，而日期字符串的 2 月份是 30 天，或 1 分钟是 60 秒，而时间字符串 1 分钟是 70 秒。在这种情况下，parse 会根据指定的日期和时间向后顺延。如果日期字符串是“2008-2-30”，parse 方法解析后的日期是“2008-3-1”。如果时间字符串是“8:99 PM”，parse 方法解析后的时间是“9:39 PM”。

如果日期或时间字符串不符合相应的格式，则 parse 方法会抛出 java.text.ParseException 异常。虽然像“2008-2-30 8:99PM”这样的日期/时间字符串并不符合正常的日期/时间格式，但 parse 方法并不会抛出异常，而是向前面的描述一样将日期或时间向后顺延。如果想改变 parse 方法的这一行为，可以通过 DateFormat 类的 setLenient 方法关闭这一特性，代码如下：

```
DateFormat df=DateFormat.getTimeInstance(DateFormat.SHORT, Locale.US);
df2.setLenient(false);
Date date2=df.parse("8:99 PM");
```

运行上面的代码后将抛出 java.text.ParseException 异常。

除此之外，parse 方法还可以指定要解析的日期/时间字符串的开始位置，代码如下：

```
DateFormat df=DateFormat.getTimeInstance(DateFormat.SHORT,Locale.US);
//按着 SHORT 显示模式和英语（美国）本地环境解析时间，从第 5 个字符开发解析
date = df.parse("abcd8:22 PM",new java.text.ParsePosition(4));
ut.println(date);
```

上面代码中的表示时间的字符串的前 4 个字符是 abcd，显然不符合时间的格式，因此，使用 parse 方法的第二个参数指定了解析的位置。如果指定解析位置后，仍然无法成功解析日期/时间字符串，parse 方法并不会抛出异常，而是返回 null。

4．DateFormat 类的其他方法

- setCalendar：该方法设置日期格式使用的日历。
- getCalendar：该方法返回日期格式使用的日历。
- setTimeZone：该方法设置 DateFormat 对象使用的日历的时区。
- getTimeZone：该方法返回 DateFormat 对象使用的日历的时区。
- setNumberFormat：该方法设置 DateFormat 对象使用的 NumberFormat 对象。
- getNumberFormat：该方法返回 DateFormat 对象使用的 NumberFormat 对象。

4.2.8　SimpleDateFormat 类

java.text.SimpleDateFormat 类是 DateFormat 类的子类。该类可以日期/时间进行更多的控制，如通过指定的格式化日期/时间字符串来格式化 Date 对象。由于 SimpleDateFormat 不是抽象类，因此，可以直接使用 new 来创建 SimpleDateFormat 对象。实际上，使用 getXxxInstance 方法获

得的 DateFormat 对象实际上就是 SimpleDateFormat 类的对象实例。下面的代码使用无参数的构造方法来创建 SimpleDateFormat 对象实例：

```
SimpleDateFormat sdf=new SimpleDateFormat();
```

除此之外，还可以通过 SimpleDateFormat 类的构造方法指定格式化日期和时间的字符串，如下面的代码所示：

```
SimpleDateFormat sdf=new SimpleDateFormat("yyyy-MM-dd HH:mm:ss");
```

除了使用 SimpleDateFormat 类的构造方法指定格式化日期和时间的字符串外，还可以通过 SimpleDateFormat 类的 applyPattern 方法指定，代码如下：

```
SimpleDateFormat sdf=new SimpleDateFormat();
sdf.applyPattern("yyyy-MM-dd HH:mm:ss");
```

在指定完格式化日期和时间的字符串后，就可以使用 format 方法格式化日期和时间了，代码如下：

```
SimpleDateFormat sdf=new SimpleDateFormat();
sdf.applyPattern("yyyy-MM-dd HH:mm:ss");
sdf.format(new Date());
```

运行上面的代码后，将输出如下的结果：

```
2008-10-18 10:21:39
```

4.2.9 格式化 Date 对象

本节提供了一个实例来演示如何使用 DateFormat 类和 SimpleDateFormat 类格式化 Date 对象，以及如何将格式化后的字符串追加到指定的字符串后面，最后演示了修改时区的方法。实例的代码如下：

```
package chapter4;
import java.text.SimpleDateFormat;
import java.text.DateFormat;
import java.text.FieldPosition;
import java.util.TimeZone;
import java.util.Date;
import java.util.Locale;
public class FormatDateTime
{
    public static void main(String[]args) throws Exception
    {
        System.out.println("使用默认的日期/时间显示模式和操作系统默认的本地环境格式化
        当前日期");
        DateFormat df1=DateFormat.getDateTimeInstance();
        Date date=new Date();
        System.out.println(df1.format(date));
        System.out.println("使用分别指定的日期/时间显示模式和本地环境格式化当前日期");
        DateFormat df2=DateFormat.getDateTimeInstance(DateFormat.LONG,
                DateFormat.LONG, Locale.CHINA);
        System.out.println(df2.format(date));
        System.out.println("使用 SimpleDateFormat 类格式化日期/时间");
```

```
        SimpleDateFormat sdf=new SimpleDateFormat(
                "yyyy年MM月dd日 HH时mm分ss秒  S毫秒");
        System.out.println(sdf.format(date));
        System.out.println("将格式化后的日期/时间字符串追加到指定字符串后面，并跟踪秒
        在结果字符串中的索引位置");
        StringBuffer sb=new StringBuffer("现在的时间是:");
        FieldPosition fp=new FieldPosition(DateFormat.SECOND_FIELD);
        String dateString=df2.format(date,sb,fp).toString();
        System.out.println(dateString);
        System.out.println("秒的开始索引位置:"+fp.getBeginIndex());
        System.out.println("秒后面第一个字符的索引位置:"+fp.getEndIndex());
        System.out.println("从结果字符串中截取的秒:"+ dateString.substring (fp.
getBeginIndex(),fp.getEndIndex()));
        System.out.print(TimeZone.getTimeZone("Europe/London") .getDisplayName()+
":");
        df1.setTimeZone(TimeZone.getTimeZone("Europe/London"));
        //输出格林尼治时间
        System.out.println(df1.format(date));
    }
}
```

运行上面的程序后，将输出如下的内容：

```
使用默认的日期/时间显示模式和操作系统默认的本地环境格式化当前日期
2010-3-21 15:54:54
使用分别指定的日期/时间显示模式和本地环境格式化当前日期
2010年3月21日 下午03时54分54秒
使用 SimpleDateFormat 类格式化日期/时间
2010年03月21日  15时54分54秒  765毫秒
将格式化后的日期/时间字符串追加到指定字符串后面，并跟踪秒在结果字符串中的索引位置
现在的时间是: 2010年3月21日 下午03时54分54秒
秒的开始索引位置: 26
秒后面第一个字符的索引位置: 28
从结果字符串中截取的秒: 54
格林尼治时间:2010-3-21 7:54:54
```

4.2.10 解析日期/时间字符串

本节的例子演示了如何通过DateFormat类的parse方法根据不同的本地环境解析日期/时间字符串，并将其转换成Date对象。在最后还演示了parse方法如何解析不符合日期/时间逻辑的字符串。实例的代码如下：

```
package chapter4;
import java.text.DateFormat;
import java.util.Date;
import java.util.Locale;
public class ParseDateTime
{
    public static void main(String[] args) throws Exception
```

```
    {
        Date date=new Date();
        //解析默认的日期/时间格式
        DateFormat df1=DateFormat.getDateTimeInstance();
        System.out.println("默认日期/时间格式: "+df1.format(date));
        Date date1=df1.parse("2020-4-18 12:28:12");
        System.out.println("解析后的日期/时间: "+date1);
        //解析指定的日期/时间格式
        DateFormat df2=DateFormat.getDateTimeInstance(DateFormat.SHORT,
        DateFormat.LONG,Locale.UK);
        System.out.println("指定的日期/时间格式: "+df2.format(date));
        //解析不符合逻辑规则的日期/时间规则
        Date date2=df2.parse("21/11/07 22:12:33 CST");
        System.out.println("解析后的日期/时间: "+date2);
        //将下面语句的注释去掉，将抛出异常
        //df2.setLenient(false);
        Date date3 = df2.parse("21/11/07 22:12:90 CST");
        System.out.println("解析后的日期/时间(不符合日期/时间的逻辑规则): " + date3);
    }
}
```

运行上面的程序后，将输出如下的信息：

```
默认日期/时间格式: 2010-3-21 15:54:18
解析后的日期/时间: Sat Apr 18 12:28:12 CST 2020
指定的日期/时间格式: 21/03/10 15:54:18 CST
解析后的日期/时间: Wed Nov 21 22:12:33 CST 2007
解析后的日期/时间 (不符合日期/时间的逻辑规则): Wed Nov 21 22:13:30 CST 2007
```

4.2.11　NumberFormat 类

NumberFormat 类是 Format 类的一个抽象子类。该类可以将数值格式化成符合某个国家地区习惯的格式字符串，也可以将表示数值的字符串解析成数值。

1. 获得 NumberFormat 类的对象实例

由于 NumberFormat 类是一个抽象类，因此，该类不能直接创建对象实例。要想获得 NumberFormat 类的对象实例，需要使用 NumberFormat 类的一系列 getXxxInstance 静态方法。这些 getXxxInstance 方法可分为如下两类：

（1）不带任何参数的 getXxxInstance 方法。这些 getXxxInstance 方法使用操作系统默认的本地信息，这些方法如下：

- getInstance()和 getNumberInstance()：使用操作系统默认的本地信息获得处理多种数值类型的 NumberFormat 对象实例。
- getIntegerInstance()：使用操作系统默认的本地信息获得处理整数的 NumberFormat 对象实例。
- getCurrencyInstance()：使用操作系统默认的本地信息获得处理货币的 NumberFormat 对象实例。

- getPercentInstance()：使用操作系统默认的本地信息获得处理百分数的 NumberFormat 对象实例。

（2）带一个 Locale 类型的参数的 getXxxInstance 方法，这些方法如下：

- getInstance(Locale inLocale)和 getNumberInstance(Locale inLocale)：使用指定的 Locale 对象所封装的本地信息获得处理多种数值类型的 NumberFormat 对象实例。
- getIntegerInstance(Locale inLocale)：使用指定的 Locale 对象所封装的本地信息获得处理整数的 NumberFormat 对象实例。
- getCurrencyInstance(Locale inLocale)：使用指定的 Locale 对象所封装的本地信息获得处理货币的 NumberFormat 对象实例。
- getPercentInstance(Locale inLocale)：使用指定的 Locale 对象所封装的本地信息获得处理百分数的 NumberFormat 对象实例。

2．数值的格式化和解析

NumberFormat 类的 format 方法可以将一个数值格式化为符合某个国家地区习惯的数值字符串。NumberFormat 类的 parse 方法可以将一个表示数值的字符串解析成数值。

使用默认的本地信息和 format 方法格式化数值的代码如下：

```
NumberFormat nf1=NumberFormat.getInstance();
NumberFormat nf2=NumberFormat.getCurrencyInstance();
System.out.println(nf1.format(12345));
System.out.println(nf2.format(1234.56));
```

运行上面的代码将输出如下的结果：

```
12,345
￥1,234.56
```

使用默认的本地信息和 parse 方法解析表示数值的字符串的代码如下：

```
NumberFormat nf1=NumberFormat.getInstance();
NumberFormat nf2=NumberFormat.getCurrencyInstance();
Number number1=nf1.parse("1234.56");
Number number2=nf2.parse("￥1,234.56");
```

在使用 parse 方法分析表示数值的字符串时应注意如下几点：

- 表示数值的字符串的首字符必须是数字，否则将抛出 java.text.ParseException 异常。如 parse 方法在解析 a123 时将抛出异常。
- 表示数值的字符串除了首字符外，其他的字符可以是非数字，但 parse 方法只会解析非数字字符前面的部分。如 parse 方法会将 123a4.12 解析成 123。
- 表示数值的字符串的尾部如果在非数字字符，这些字符将被忽略。

3．控制数值的格式化和解析

NumberFormat 类还有一些方法可以控制对数值的格式化和解析，这些方法如下：

- setMinimumIntergerDigits 和 setMaximumIntegerDigits：这两个方法只对格式化数值起作用。它们分别设置了格式化后的十进制数值字符串的整数部分的最小位数和最大位数。最大位数不能小于最小位数，否则最小位数将被重新设置成当前的最大位数。如果数值的整数部分的实际位数小于最小位数，则前面补 0，如果大于最大位数，则截断前面超出的部分。最小位数的默认值是 1，最大位数的默认值是 Integer.MAX_VALUE。假设最小位数是 3，最大位数是 5，则格式化 12 后的字符串是 012，格式化 1234567 后的字符串是 34567。

- setMinimumFractionDigits 和 setMaximumFractionDigits：这两个方法只对格式化数值起作用。它们分别设置了格式化后的十进制数值字符串的小数部分的最小位数和最大位数。最大位数不能小于最小位数，否则最小位数将被重新设置成当前的最大位数。如果数值的小数部分的实际位数小于最小位数，则后面补 0。如果大于最大位数，则截断后面超出的部分。最小位数的默认值是 0，最大位数的默认值是 3。假设最小位数是 2，最大位数是 4，则格式化 12.1 后的字符串是 12.10，格式化 12.12367 后的字符串是 12.1237。
- setGroupingUsed：该方法用于设置是否采用组分隔符的方式格式化数值。默认值是 true，也就是说在默认的情况下会使用组分隔符的方式格式化数值。假设采用组分隔符的方式格式化数值，格式化 12345 后的字符串为 12,345。
- setParseIntegerOnly：该方法只对解析表示数值的字符串起作用。默认值为 false，如果设为 true，则表示 parse 方法只解析数值的整数部分，相当于使用 getIntegerInstance()或 getIntegerInstance(Locale inLocale)方法获得的 NumberFormat 对象。假设该方法的参数值为 true，则解析 123.456 后的数值为 123。

4.2.12 DecimalFormat 类

DecimalFormat 类是 NumberFormat 的子类。DecimalFormat 类属于 java.text 包。通过 getXxxInstance 方法获得的 NumberFormat 对象实例实际上就是 DecimalFormat 类的对象实例。由于 DecimalFormat 类不是抽象类，因此，可以直接创建 DecimalFormat 类的对象实例。下面的代码使用无参数的构造方法创建了 DecimalFormat 类的对象实例：

```
java.text.DecimalFormat df=new java.text.DecimalFormat();
```

DecimalFormat 类和 SimpleDateFormat 类一样，也可以通过构造方法指定模式字符串，代码如下：

```
java.text.DecimalFormat df=new java.text.DecimalFormat("0.0#");
```

除此之外，还可以使用 DecimalFormat 类的 applyPattern 方法指定模式字符串，代码如下：

```
java.text.DecimalFormat df=new java.text.DecimalFormat();
df.applyPattern("0.0#");
```

DecimalFormat 类也同样使用 format 方法格式化表示数值的字符串。只是在格式化字符串时要考虑通过 DecimalFormat 构造方法或 applyPattern 方法指定的模式字符串。

DecimalFormat 类在使用组分隔符时与 NumberFormat 类有如下的几点不同：

- DecimalFormat 类在默认情况下不使用组分隔符，这和 NumberFormat 类正好相反。
- DecimalFormat 类比 NumberFormat 类多了个 setGroupingSize 方法。该方法用来设置每组包含的位数。如该方法的参数值为 2，则格式化 123456 后的字符串为 12,34,56，如果该方法的参数值为 3，则格式化 123456 后的字符串为 123,456。
- 如果同时设置了模式字符串和 setGroupingSize 方法设置每组的位数，则以后一个设置的为准。如模式字符串“#,#”指定每组有一位数字，而 setGroupingSize(3)指定每组有 3 位数字，如果 setGroupingSize(3)出现在最后，则使用 format 方法格式化数值后的字符串就会按着每组 3 位数字进行分组。实际上，不光是每组的位数，其他的格式（如小数的最大位数和最小位数）也是后一个覆盖前一个设置。

4.2.13　格式化数值

本节的例子演示了如何使用 NumberFormat 对象格式化数值、货币和百分数，以及将格式化数值后的字符串追加到其他的字符串后面，并使用 FieldPosition 对象跟踪追加的位置，最后演示了 DecimalFormat 对象如何通过模式字符串来格式化数值。

FormatNumber 类演示了各种格式化数值操作，该类的代码如下：

```
package chapter4;
import java.text.NumberFormat;
import java.text.DecimalFormat;
import java.text.FieldPosition;
import java.util.Locale;
public class FormatNumber
{
    public static void main(String[]args)throws Exception
    {
        NumberFormat nf1=NumberFormat.getInstance();
        System.out.print("使用组分隔符格式化数值:");
        System.out.println(nf1.format(1234.56));
        nf1.setGroupingUsed(false);
        System.out.print("不使用组分隔符格式化数值:");
        System.out.println(nf1.format(1234.56));
        NumberFormat nf2=NumberFormat.getCurrencyInstance(Locale.US);
        System.out.print("使用处理货币的 NumberFormat 对象格式化数值:");
        System.out.println(nf2.format(20.5));
        System.out.print("使用处理百分数的 NumberFormat 对象格式化数值:");
        NumberFormat nf3=NumberFormat.getPercentInstance();
        //小数部分的最小位数指定的百分数的小数部分
        nf3.setMinimumFractionDigits(2);
        System.out.println(nf3.format(0.356));
        //将格式化后的结果追加到字符串后面，并跟踪追加的位置
        FieldPosition fp=new FieldPosition(NumberFormat.INTEGER_FIELD);
        StringBuffer sb=new StringBuffer("数学测试的合格率为:");
        String numberString=nf3.format(0.965,sb,fp).toString();
        System.out.println(numberString);
        System.out.println("追加百分数的整数部分的开始位置是" + fp.getBeginIndex()
        + "整数部分后的第一个字符的位置是"+fp.getEndIndex());
        //将 nf2 转换为 DecimalFormat 对象
        DecimalFormat df=(DecimalFormat)nf2;
        //小数部分至少是 2 位数字
        df.applyPattern("0.00");
        System.out.println("小数部分不足 2 位数字，补 0:" + df.format(12.5));
        System.out.println("小数部分超过 2 位数字，截取多余部分:" + df.format(12.5678));
        //小数部分至少是 1 位数字，最多是 3 位数字
        df.applyPattern("0.0##");
        System.out.println("小数部分不足 1 位数字，补 0:"+ df.format(12));
        System.out.println("小数部分超过 3 位数字，截取多余部分: " + df.format(12.5678));
```

```
        //整数部分至少是 3 位数字，小数部分至少是 2 位数字
        df.applyPattern("000.00");
        System.out.println("整数部分不足 3 位数字，补 0:"+df.format(12.1));
        System.out.println("整数部分超过 3 位数字，按原样返回:"+df.format(1234.1));
    }
}
```

运行 FormatNumber 程序后，将输出如下的结果：

```
使用组分隔符格式化数值: 1,234.56
不使用组分隔符格式化数值: 1234.56
使用处理货币的 NumberFormat 对象格式化数值: $20.50
使用处理百分数的 NumberFormat 对象格式化数值: 35.60%
数学测试的合格率为: 96.50%
追加百分数的整数部分的开始位置是 10 整数部分后的第一个字符的位置是 12
小数部分不足 2 位数字，补 0: 12.50
小数部分超过 2 位数字，截取多余部分: 12.57
小数部分不足 1 位数字，补 0: 12.0
小数部分超过 3 位数字，截取多余部分: 12.568
整数部分不足 3 位数字，补 0: 012.10
整数部分超过 3 位数字，按原样返回: 1234.10
```

在上面的程序中使用了用户自定义的模式字符串，在模式字符串中涉及了“#”和“0”。这两个模式符号都表示 1 位数字，但将其用在小数和整数部分有着不同的含义，这些含义如下：

- 如果将“0”和“#”用在小数部分，则表示小数点后可有的最多位数。如“0.00”和“0.0#”都表示小数点后最多可有 2 位数字。如果小数点后的数字超过 2 位，则只保留前两位，并且遵循四舍五入的原则。如“1.123”经过格式化后变为“1.12”，而“1.126”经过格式化后变为“1.13”。
- 虽然“0”和“#”在小数部分都可以表示数字的位数。但如果将“0”用在小数部分，当小数点后的数字位数不到最大位数，则后面补 0，如果将“#”用在小数部分，当小数点后的数字位数小于最大位数，并不会补 0，而是按原样格式化。如用格式化字符串“0.00”格式化“1.4”，最终的结果是“1.40”，而用“0.0#”格式化“1.4”，最终的结果仍然是“1.4”。
- 如果将“0”用在整数部分，也表示整数部分的数字位数，但不是最大的数字位数，而是实际的数字位数小于最大位数时，前面补 0，如果实际的数字位数超过最大位数，则按原样输出。如用格式化字符串“000.0”格式化“12.1”，输出结果是“012.1”，而格式化“12345.2”的输出结果仍然为“12345.2”。
- 如果将“#”用在整数部分既不会起到限制数字位数的作用（使用 setMaximumIntegerDigits 方法设置的整数部分最大位数则会从高位截取多余的位数），也不会起到补 0 的作用。但“#”和“0”都会被当做 1 位数字，因此，可以使用混合“0”或“#”来格式化数值的输出方式。如“#,###.0”表示输出的数值的小数部分最多只能有一位数字，而且如果整数部分超过 3 位数字，则每 3 位数字使用逗号（,）分隔。如格式化“12345.41”的输出结果是“12,345.4”。
- 如果“0”和“#”被混合用在整数部分，“0”必须跟在“#”序列的最后，如果“0”和“#”被混合用在小数部分，“0”必须放在“#”序列的开始部分。而且“0”和“#”不能交替

使用。如“##0.00##”、“#00.0##”都是合法的，而“0##.#00”、“#0##.0#0”都是非法的格式化字符串。如果使用非法的格式化字符串将抛出 java.lang.IllegalArgumentException 异常。

4.2.14　解析表示数值的字符串

本节的例子演示了如何通过 NumberFormat 类的 parse 方法解析数值字符串、货币字符串和百分数字符串。实例的代码如下：

```
package chapter4;
import java.text.NumberFormat;
import java.text.DecimalFormat;
import java.text.FieldPosition;
import java.util.Locale;
public class ParseNumber
{
    public static void main(String[] args) throws Exception
    {
        NumberFormat nf1=NumberFormat.getInstance();
        System.out.print("解析数值字符串:");
        Number n1=nf1.parse("1234.56");
        System.out.println(n1);
        nf1.setParseIntegerOnly(true);
        Number n2=nf1.parse("1234.56");
        System.out.println("仅解析整数部分:"+n2);
        NumberFormat nf2=NumberFormat.getCurrencyInstance(Locale.US);
        Number n3 = nf2.parse("$123");
        System.out.println("解析货币字符串:"+n3);
        NumberFormat nf3 = NumberFormat.getPercentInstance();
        Number n4 = nf3.parse("24.5%");
        System.out.println("解析百分数字符串:"+n4);
    }
}
```

运行 ParseNumber 程序后，将输出如下的信息：

```
解析数值字符串: 1234.56
仅解析整数部分: 1234
解析货币字符串: 123
解析百分数字符串: 0.245
```

4.2.15　MessageFormat 类

MessageFormat 类可以格式化带占位符的模式字符串。它将模式字符串中的占位符对应一系列的格式化对象，最后使用这些格式化对象依次替换相应的占位符，并返回替换后的字符串。

1. 模式字符串的格式

MessageFormat 类所使用的模式字符串形式如下：

```
At {0} on {1}, there was {2} on planet {3}.
```

其中被花括号括起来的部分就是模式字符串中的占位符。占位符有如下3种格式：

- { ArgumentIndex }。
- { ArgumentIndex , FormatType }。
- { ArgumentIndex , FormatType , FormatStyle }。

其中 ArgumentIndex 表示一个非负整数（由0～9组成的十进制整数），表示格式化对象数组的索引。也就是说，格式化对象数组中的第3个元素对应的占位符是{2}。

FormatType 表示占位符的数据类型，可取的值如下：

- number。
- date。
- time。
- choice。

FormatStyle 表示占位符的显示格式，可取的值如下：

- short。
- medium。
- long。
- full。
- integer。
- currency。
- percent。
- 格式化字符串。

其中“格式字符串”是用户自定义的表示数值或日期、时间的格式字符串，如 0.00、yyyy-MM-dd 等。

如果想限定格式化对象的数据类型，可以使用模式字符串的第2种或第3种形式。如下面的模式字符串所示：

```
现在的时间是{0,time,long}。到现在为止，我已经编写了{1,number}个程序模块。
```

在上面的模式字符串中的第一个占位符不仅限定了格式化对象的数据类型为 Date 类型，而且使用了 long 模式来输出格式化对象。

在模式字符串中使用单引号（'）时应注意以下3点：

- 夹在两个单引号之间的任何字符都按原样输出。如模式字符串“This is a '{0}'”输出的结果为“This is a {0}”。其中“{0}”并未被当做占位符处理，而是按原样输出。
- 如果有奇数个单引号，则最后一个单引号后面的所有模式字符串都按原样输出。如模式字符串“'ab'c{0}e'f{1}”输出的结果是“abcdef{1}”。从输出结果可以看出，“{0}”被替换成了“d”，而“{1}”并未替换，按原样输出。
- 如果要在模式字符串中输出单引号，需要使用两个单引号。如模式字符串“This''s a bike.”输出的结果为“This's a bike.”。

2．使用 MessageFormat 类格式化模式字符串

为 MessageFormat 对象指定模式字符串有如下3种方式：

（1）在创建 MessageFormat 对象时通过 MessageFormat 类的构造方法指定模式字符串，代码如下：

```
MessageFormat mf=new MessageFormat("abc{0}ef{1}");
```

（2）通过 MessageFormat 类的 applyPattern 方法指定模式字符串，代码如下：

```
MessageFormat mf=new MessageFormat("");
mf.applyPattern("abc{0}ef{1}");
```

（3）通过 MessageFormat 类的 format 方法指定模式字符串。format 方法除了可以指定模式字符串外，还可以指定与占位符对应的格式化对象，代码如下：

```
MessageFormat mf=new MessageFormat("");
mf.format("abc{0}ef{1}","d","f");
```

在第 2 种和第 3 种方式中，使用 applyPattern 方法或 format 方法指定的模式字符串将覆盖以前设置的模式字符串。如果不想在 MessageFormat 类的构造方法指定模式字符串，可以赋一个空串（MessageFormat 类没有无参数的构造方法）。

除此之外，还可以使用如下两种方式为 MessageFormat 对象指定本地环境：

（1）在创建 MessageFormat 对象时通过 MessageFormat 类的构造方法指定本地环境，代码如下：

```
MessageFormat mf=new MessageFormat("abc{0}ef{1}",Locale.US);
```

（2）通过 MessageFormat 类的 setLocale 方法指定本地环境，代码如下：

```
MessageFormat mf=new MessageFormat("");
mf.setLocale(Locale.US);
mf.applyPattern("abc{0}ef{1}");
```

设置 MessageFormat 对象的本地环境并不是寻找资源文件，而是要根据占位符的第 3 个参数输出格式化对象，如下面的代码所示：

```
MessageFormat mf=new MessageFormat("");
mf.setLocale(Locale.US);
//按美国英语环境下的长时间格式输出时间
mf.applyPattern("Now is{0,time,long}.");
System.out.println(mf.format(new Object[]{new Date()}));
mf.setLocale(Locale.CHINA);
mf.applyPattern("Now is {0, time, long}.");
//按中文环境下的长时间格式输出时间
System.out.println(mf.format(new Object[]{new Date()}));
```

运行上面代码后将输出如下的结果：

```
Now is 11:52:26 PM CST.
Now is 下午 11 时 52 分 53 秒.
```

MessageFormat 类使用 format 方法格式化模式字符串。format 方法最常用的一种重载形式如下：

```
public final String format(Object[] obj);
```

其中 obj 是格式化对象数组，如下面的代码所示：

```
MessageFormat mf=new MessageFormat("");
mf.applyPattern("abc{0}ef{1}");
System.out.println(mf.format(new Object[]{"d", "g"}));
```

MessageFormat 类的 format 方法还有一个静态重载形式，该重载形式除了指定格式化对象外，还需要指定模式字符串。该重载形式的定义如下：

```
public static String format(String pattern, Object … arguments);
```

下面的代码使用 format 方法的静态重载形式格式化模式字符串：

```
MessageFormat.format("abc{0}ef{1}","d","f");
```

format 方法的静态重载形式也可以在 MessageFormat 类的对象实例中使用，这时设置的本地环境将生效，代码如下：

```
MessageFormat mf=new MessageFormat("");
mf.setLocale(Locale.FRANCE);
mf.format("Now is{0,time,long}.",new Date());
```

4.2.16 格式化带占位符的国际化资源信息

本节的例子通过设置不同的占位符格式来测试 MessageFormat 对象对这些带占位符的国际化资源信息的格式化效果。在本例中测试了对字符串、数字、百分数以及日期类型的格式化。

在 MyResource_zh.properties 文件中添加如下的信息：

```
pattern=你好，{0}，现在的时间是{1,time,long}.
```

上面的模式字符串有两个占位符，其中“{0}”只是一个普通的占位符，而“{1, time, long}”则限定格式化对象必须是日期类型，而且系统会按本地环境的 long 模式显示日期。

FormatResource 类负责格式化不同的模式字符串，并输出格式化结果，该类的代码如下：

```
package chapter4;
import java.util.Locale;
import java.util.ResourceBundle;
import java.util.Date;
public class FormatResource
{
    public static void main(String[] args)
    {
        String pattern1="我们公司{0,number,percent}的员工是研究生.";
        String pattern2="I am {0,number} years old. Today is {1,date,long}";
        String pattern3="现在是{0,date,yyyy-MM-dd HH:mm:ss}";
        String pattern4 = "{0, number,0.00},{0, number,0.0#}, {1, number,0.00},
        {1, number,0.0#}";
        String pattern5 = "{0, number,000.00},{0,number,#00.00},{1, number,
        #00.00}, {1,number,000.00}";
        String pattern6="{0,number,#,#00.00}, {1,number,#,#00.00}";
        //根据 pattern1 创建 MessageFormat 对象
        java.text.MessageFormat mf1=new java.text.MessageFormat(pattern1);
        //格式化模式字符串，输出数字的百分数形式
        System.out.println(mf1.format(new Object[]
        { 0.3 }));
        //根据 pattern2 创建 MessageFormat 对象
        java.text.MessageFormat mf2=new java.text.MessageFormat("");
        mf2.setLocale(Locale.US);
        mf2.applyPattern(pattern2);
        //格式化模式字符串，输出数字和 long 风格的日期（本地环境是美国英语）
```

```
        System.out.println(mf2.format(new Object[]
        {20,new Date()}));
        mf2.setLocale(Locale.CHINESE);
        mf2.applyPattern(pattern2);
        //格式化模式字符串，输出数字和 long 风格的日期（本地环境是中文）
        System.out.println(mf2.format(new Object[]
        {20,new Date()}));
        System.out.println(mf2.format(pattern3,new Date()));
        System.out.println(mf2.format(pattern4,5.4,5.123));
        System.out.println(mf2.format(pattern5,12.1,1234562));
        System.out.println(mf2.format(pattern6,123456,3,1.2));
        //加载资源文件
        ResourceBundle rb=ResourceBundle.getBundle("resources.MyResource",
        Locale.CHINESE);
        String pattern=rb.getString("pattern");
        mf2.setLocale(Locale.US);
        //格式化模式字符串，输出 long 风格的日期（本地环境是中文）
        System.out.println(mf2.format(pattern,"bill",new Date()));
    }
}
```

运行 FormatResource 程序后，将输出如下的信息：

```
我们公司 30%的员工是研究生.
I am 20 years old. Today is October 17, 2008
I am 20 years old. Today is 2008年10月17日
现在是 2008-10-17 17:52:29
5.40, 5.4, 5.12, 5.12
012.10, 12.10, 1234562.00, 1234562.00
123,456.00, 03.00
你好，bill，现在的时间是下午 05 时 52 分 29 秒.
```

从上面的输出结果可以看出，如果将本地环境设为“美国英语”，则会输出美国英语习惯的 long 模式的日期，如果将本地环境设为“中文”，则会输出中文习惯的 long 模式的日期。

如果在模式字符串占位符中的模式字符串部分的前后包含空格，也将作为占位符中的模式字符串的一部分。如模式字符串“2008 + 20.23 = {0, number,　　0.00}”中的占位符的模式字符串前面有 4 个空格。在格式化数字时，这 4 个空格仍然会保留。如格式化“2028.23”，则该模式字符串的最终输出结果如下：

```
2008 + 20.23 =     2028.23
```

4.2.17　动态设置占位符的数据类型和显示模式

除了可以通过占位符本身指定数据类型和显示模式。还可以通过 MessageFormat 类的一系列 setter 方法来完成同样的工作。看下面的代码：

```
String pattern="abc,{0},{1},{0},{2},{1}";
Object[] msgArgs={"acb","bac",new Date()};
MessageFormat mf=new MessageFormat(pattern);
mf.format(msgArgs);
```

上面的这段代码的模式字符串有5个占位符，但{0}和{1}占位符出现了两次。因此，在使用 format 方法格式化 pattern 时，只需要指定3个参数即可。

MessageFormat 类用于设置占位符的 setter 方法如下：

1．setFormat 方法和 setFormats 方法

这两个方法的定义如下：

```
public void setFormat(int formatElementIndex,Format newFormat)
public void setFormats(Format[] newFormats)
```

其中 formatElementIndex 参数表示占位符在整个模式字符串出现的位置。大家要注意，是"在模式字符串中出现的位置"，并不是在参数数组中的索引位置。也就是说，要设置格式化 pattern，需要为其中的5个占位符单独设置数据类型和显示模式。即使有重复的占位符，也必须单独为每一个占位符设置数据类型和显示模式。newFormat 参数表示封装当前占位符的数据类型、显示模式等信息的 Format 对象。

要注意的是，formatElementIndex 参数指定的占位符在模式字符串中的位置，与占位符表达式本身的索引无关。如下面的代码所示：

```
String pattern="abc,{1},{0}";
Object[] msgArgs={"bca",new Date()};
MessageFormat mf=new MessageFormat(pattern);
mf.setFormat(0,DateFormat.getDateInstance(DateFormat.LONG,Locale.US));
mf.format(msgArgs);
```

上面代码的 setFormat 方法的第一个参数虽然为0，但设置的是{1}占位符，而不是{0}占位符。

setFormats 方法的 newFormats 参数是一个 Format 类型的数组。该方法的功能和 setFormat 方法类似，只是 setFormats 方法是一次性设置了模式字符串中所有的占位符的数据类型和显示模式。其中 Format 数组中的每一个元素的索引与它们各自对应的占位符在模式字符串中出现的位置对应。如果不打算对某个占位符进行设置，和该占位符对应的数组元素应设为 null。

2．setFormatByArgumentIndex 方法和 setFormatsByArgumentIndex 方法

这两个方法的定义如下：

```
public void setFormatByArgumentIndex(int argumentIndex,Format newFormat)
public void setFormatsByArgumentIndex(Format[] newFormats)
```

这两个方法和相应的 setFormat 及 setFormats 方法的参数相同。但所表示的含义却不同。setFormatByArgumentIndex 方法中的 argumentIndex 参数表示参数数组中的元素的索引，也可以认为是占位符表达式中的索引。也就是说，setFormatByArgumentIndex 方法设置的是 msgArgs 数组中元素的格式。如果在模式字符串中有重复的占位符，如{0}出现多次，只需使用下面的代码就可设置所有的{0}占位符的格式：

```
MessageFormat mf=new MessageFormat(pattern);
mf.setFormatByArgumentIndex(0,DateFormat.getDateInstance(DateFormat.LONG,
    Locale.US));
```

setFormatsByArgumentIndex 方法中的 newFormats 参数也有类似的功能。该方法可以一次性地设置参数数组中所有元素的格式。如果不想设置某个占位符的格式，可以将相应的数组元素设为 null。

上面两组方法可以根据不同的顺序设置指定占位符的格式。如果同一个占位符在模式字符

串中多次出现，并且这些重复的占位符需要设置不同的格式，可以使用 setFormat 或 setFormats 方法来完成。如果要将所有相同的占位符都设置成同样的格式，可以使用 setFormatByArgument Index 或 setFormatsByArgumentIndex 方法。

下面的例子演示了如何使用 setFormatByArgumentIndex 方法动态设置占位符的数据类型和显示模式：

```
package chapter4;
import java.util.Locale;
import java.util.Date;
import java.text.MessageFormat;
import java.text.DateFormat;
import java.text.NumberFormat;
public class DynamicFormat
{
    public static void main(String[] args) throws Exception
    {
        String pattern="今天的日期是{0}，现在的时间是{1}，据说今晚会下雨，但我认为至少
        有{2}的可能性不下雨。"+"现在快下班了，今天发了薪水，{3}多呢！哈哈！";
        MessageFormat mf = new MessageFormat(pattern);
        Date date = new Date();
        Object[] msgArgs = {date, date, 0.85, 5000};
        System.out.println("未动态设置占位符的数据类型和显示模式：");
        System.out.println(mf.format(msgArgs));
        System.out.println("动态设置占位符的数据类型和显示模式：");
        mf.setFormatByArgumentIndex(0,DateFormat.getDateInstance(DateFormat.
        LONG,Locale.US));
        mf.setFormatByArgumentIndex(1,DateFormat.getTimeInstance(DateFormat.
        LONG, Locale.US));
        mf.setFormatByArgumentIndex(2,NumberFormat.getPercentInstance(Locale.US));
        mf.setFormatByArgumentIndex(3,NumberFormat.getCurrencyInstance(Locale.US));
        System.out.println(mf.format(msgArgs));
    }
}
```

DynamicFormat 程序的输出结果如下：

```
未动态设置占位符的数据类型和显示模式：
今天的日期是 08-10-19 下午 4:55，现在的时间是 08-10-19 下午 4:55，据说今晚会下雨，但我认为至少有 0.85 的可能性不下雨。现在快下班了，今天发了薪水，5,000 多呢！哈哈！
动态设置占位符的数据类型和显示模式：
今天的日期是 October 19, 2008，现在的时间是 4:55:17 PM CST，据说今晚会下雨，但我认为至少有 85%的可能性不下雨。现在快下班了，今天发了薪水，$5,000.00 多呢！哈哈！
```

4.3　开发国际化的 Web 程序

随着 Internet 的普及，往往有一定规模的 Web 应用程序要被很多国家或地区的用户访问，为了适应不同国家或地区的用户的习惯，Web 应用程序必须支持国际化功能。实现国际化功能

最直接的方法就是为每一个国家或地区的用户单独设计页面，但这样做工作量会很大，也不易维护和升级。为了解决这个问题，现在普遍的做法是将需要国际化的资源信息保存在资源文件中（如.properties 文件），并根据本地信息来读取相应资源文件中的国际化信息。

4.3.1　Web 程序国际化的原理

国际化程序需要通过 Locale 对象确定具体的本地信息。在 Web 程序中，可以通过 HttpServletRequest 类的 getLocale 方法获得客户端浏览器支持的首选本地信息（Locale 对象）。在 4.2.1 节讲过，创建 Locale 对象需要指定语言和国家。在 Web 程序中这些信息一般是由 HTTP 请求消息头的 Accept-Language 字段指定的。

查看浏览器发给服务端的 Accept-Language 字段的内容的方法有很多。在这里笔者推荐使用 HTTP 监视软件（如 HTTP Analyzer）来截获 HTTP 请求消息头。读者可以在浏览器中访问任何一个本地或 Internet 上的网址，如 http://nokiaguy.blogjava.net，HTTP Analyzer 截获的 HTTP 请求消息头如图 4.10 所示。

从图 4.10 所示的 HTTP 请求消息头中可以看出，Accept-Language 字段的内容如下：

```
Accept-Language:zh-cn,en-us;q=0.5
```

浏览器支持的所有本地信息都包含在 Accept-Language 字段中，如果有多个本地信息，中间用逗号（,）分隔。HttpServletRequest 类的 getLocale 方法会根据这些信息返回相应的 Locale 对象。实际上，Accept-Language 字段的信息和浏览器的设置有关，在 IE 浏览器中选择【工具】>【Internet 选项】命令，打开【Internet 选项】对话框，单击【语言】按钮，打开【语言首选项】对话框。Accept-Language 字段的值就是在【语言首选项】对话框中设置的，如图 4.11 所示。

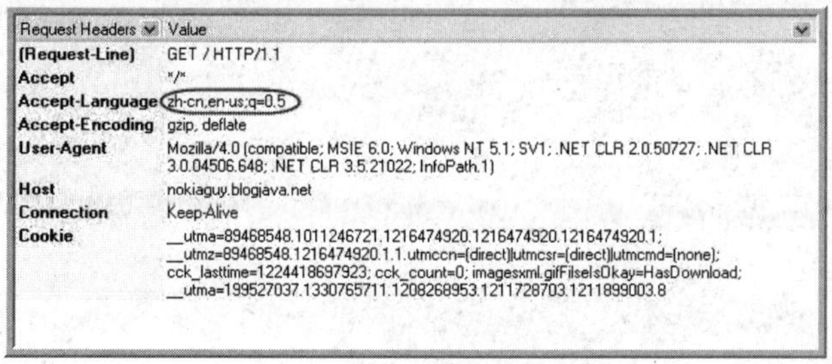

图 4.10　HTTP 请求消息头

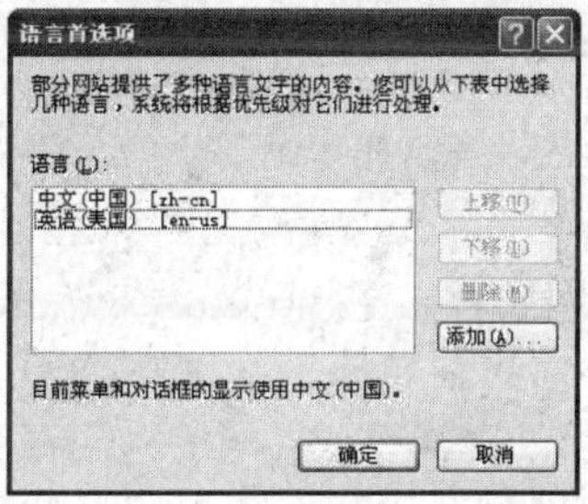

图 4.11　【语言首选项】对话框

如果使用图 4.11 所示的设置，在访问服务端资源时，IE 发送的 HTTP 请求消息头中的 Accept-Language 字段值就会与图 4.10 所示的 Accept-Language 字段值相同。

HttpServletRequest 类除了 getLocale 方法外，还有一个 getLocales 方法用来获得客户端支持的所有本地信息。下面的程序列出了客户端浏览器的首选本地信息和支持的所有本地信息：

```
package chapter4.servlet;
import java.io.IOException;
import java.io.PrintWriter;
import java.util.Locale;
import java.util.Enumeration;
import javax.servlet.ServletException;
import javax.servlet.http.HttpServlet;
import javax.servlet.http.HttpServletRequest;
```

```
import javax.servlet.http.HttpServletResponse;
public class ListClientLocale extends HttpServlet
{
    protected void service(HttpServletRequest request,
            HttpServletResponse response) throws ServletException, IOException
    {
        response.setContentType("text/html;charset=UTF-8");
        PrintWriter out=response.getWriter();
        Locale locale=request.getLocale();
        out.println("首选的语言和国家<p/>");
        out.println("语言:"+locale.getLanguage()+"<br>");
        out.println("国家:"+locale.getCountry()+"<hr>");
        out.println("客户端浏览器支持的所有本地信息列表，按优先级的高低排序<p/>");
        Enumeration<Locale>allLocale=request.getLocales();
        while (allLocale.hasMoreElements())
        {
            Locale loc = allLocale.nextElement();
            out.println(loc.getLanguage()+"-"+loc.getCountry()+"<br>");
        }
    }
}
```

ListClientLocale 的配置代码如下：

```
<servlet>
    <servlet-name>ListClientLocale</servlet-name>
    <servlet-class>chapter4.servlet.ListClientLocale</servlet-class>
</servlet>
<servlet-mapping>
    <servlet-name>ListClientLocale</servlet-name>
    <url-pattern>/chapter4/ListClientLocale</url-pattern>
</servlet-mapping>
```

在浏览器地址栏中输入如下的 URL：

```
http://localhost:8080/samples/chapter4/ListClientLocale
```

浏览器显示的输出结果如图 4.12 所示。

在浏览器添加其他的语言，再次访问上面的 URL，将会得到图 4.13 所示的输出结果。

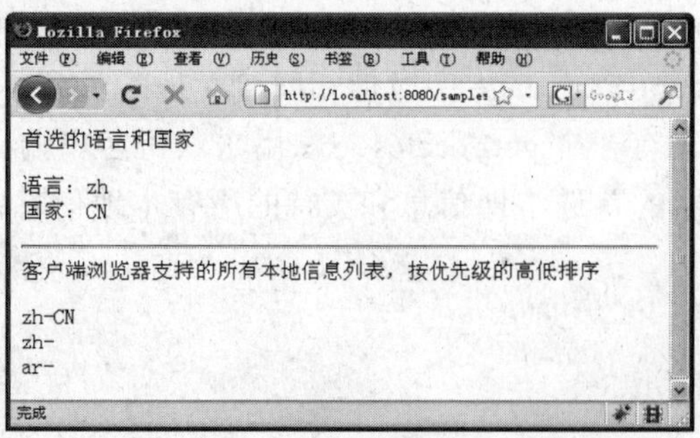

图 4.12　显示客户端的首选本地信息和支持的所有本地信息

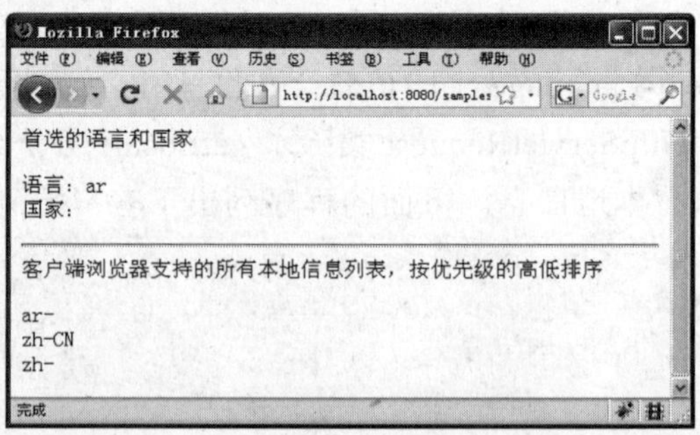

图 4.13　显示客户端的首选本地信息和支持的所有本地信息

4.3.2　编写国际化的Web程序

本节的例子演示了如何在Web程序中根据客户端支持的本地信息显示不同语言的信息。在本例中通过改变浏览器的默认语言来模拟中文和英语的用户。

在WEB-INF\classes\resources目录中建立一个I18nResource_zh_CN.properties文件，该文件的内容如下：

```
i18n.welcome=欢迎访问国际化web程序
i18n.datetime=今天是{0,date,long}，现在的时间是{0,time,long}。
i18n.message=我买了{0, number}本英语书，共花费 {1,number,currency}。现在是学习英语的时间。请不要打扰我！
```

在WEB-INF\classes\resources目录中建立一个I18nResource_en_US.properties文件，该文件的内容如下：

```
i18n.welcome=welcome to the internationalization web program!
i18n.datetime=Today is {0,date,long}, time is {0,time,long}.
i18n.message = I bought {0, number} English books, and spent {1, number,currency}. Now is the time to learn English. Please Don't bother me!
```

I18nServlet是一个Servlet类，负责根据客户端浏览器的默认语言将相应语言的国际化信息输出到客户端。I18nServlet类的实现代码如下：

```
package chapter4.servlet;
import java.io.IOException;
import java.io.PrintWriter;
import java.util.Locale;
import java.util.ResourceBundle;
import java.text.MessageFormat;
import java.util.Date;
import javax.servlet.ServletException;
import javax.servlet.http.HttpServlet;
import javax.servlet.http.HttpServletRequest;
import javax.servlet.http.HttpServletResponse;
public class I18nServlet extends HttpServlet
{
    protected void service(HttpServletRequest request,
            HttpServletResponse response) throws ServletException,IOException
    {
        response.setContentType("text/html;charset=UTF-8");
        PrintWriter out=response.getWriter();
        Locale locale=request.getLocale();
        //装载相应语言的资源文件
        ResourceBundle rb=ResourceBundle.getBundle("resource.I18nResource",
locale);
        //读取资源文件的内容
        String webcome=rb.getString("i18n.welcome");
        String datetime=rb.getString("i18n.datetime");
        String message=rb.getString("i18n.message");
        //输出webcome
```

```
        out.println(webcome+"<p/><hr>");
        MessageFormat mf=new MessageFormat(datetime, locale);
        //输出 datetime，并指定相应的占位符的参数值
        out.println(mf.format(new Object[]
        {new Date()}) + "<br>");
        mf.applyPattern(message);
        //输出 message，并指定相应的占位符的参数值
        out.println(mf.format(new Object[]
        { 5, 332 }));
    }
}
```

I18nServlet 类的配置代码如下：

```
<servlet>
    <servlet-name>I18nServlet</servlet-name>
    <servlet-class>chapter4.servlet.I18nServlet</servlet-class>
</servlet>
<servlet-mapping>
    <servlet-name>I18nServlet</servlet-name>
    <url-pattern>/chapter4/I18nServlet</url-pattern>
</servlet-mapping>
```

在浏览器地址栏中输入如下的 URL：

```
http://localhost:8080/samples/chapter4/I18nServlet
```

如果浏览器的默认本地信息是“中文（中国）”，则在浏览器中显示的信息如图 4.14 所示。

从图 4.14 所示的显示效果可以看出，I18nResource 向客户端输出了中文信息，而且日期、时间和货币信息都符合中文习惯。由此可以断定，I18nResource 类读取的是 I18nResource_zh_CN.properties 文件中的国际化信息。

将浏览器的默认本地环境改为“英语（美国）”，然后刷新图 4.14 所示的页面，输出的信息如图 4.15 所示。

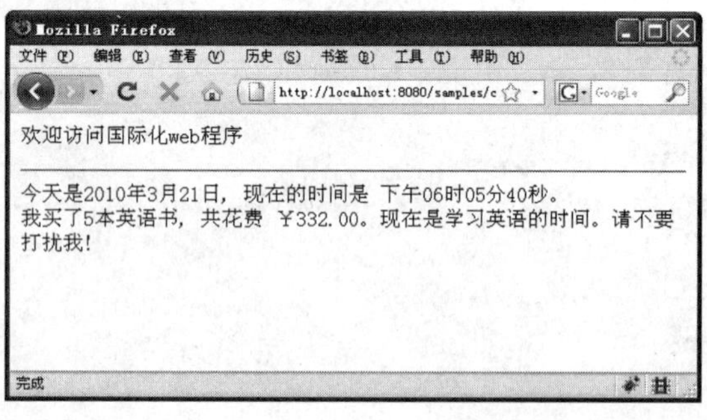

图 4.14　中文（中国）本地环境下的显示效果

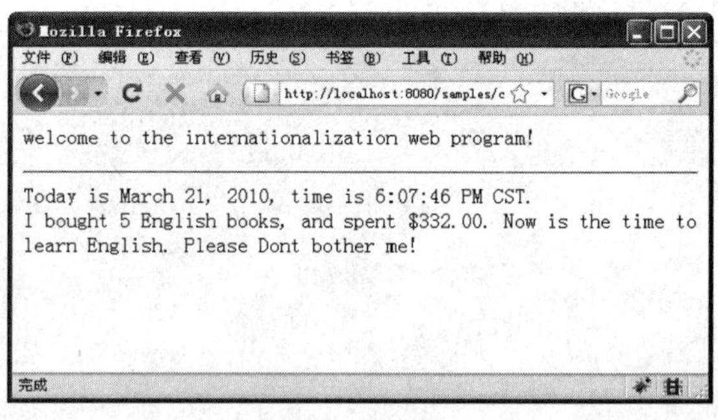

图 4.15　英语（美国）本地环境下的显示效果

从图 4.15 所示的显示效果可以看出，当 IE 的默认本地信息变成“英语（美国）”时，I18nResource 类就会读取 I18nResource_en_US.properties 文件，而且日期、时间和货币的信息都变成了英语的习惯。

在 Web 程序中进行国际化，不仅要在获得 ResourceBundle 对象时指定 Locale 对象，而且在创建 MessageFormat 对象时也要指定 Locale 对象。否则就会出现文本信息根据指定的本地信

息显示，但日期、时间和货币等信息却按着服务端的默认本地信息来显示。读者在国际化 Web 程序时要注意这一点。

4.4 本章小结

本章主要介绍了 Java 对国际化的支持。国际化的核心思想就是按不同国家或地区的文化习惯显示相应的信息，如日期/时间、货币等。除此之外，就是根据本地信息显示不同国家的文字信息了，一般将这些文字信息保存在资源文件（.properties 文件）中，当然，也可以将其保存在资源类中。Web 系统中的国际化思想和其他类型的程序一样，也需要使用资源文件来保存国际化信息。只是封装本地信息的 Locale 对象需要通过分析 HTTP 请求消息头的 Accept-Language 字段来获得。

第 5 章　JSP 标准标签库（一）

在很多情况下，JSP 页面中也需要很多复杂的操作，如逻辑判断、对集合元素的迭代、分析和使用 XML、操作数据库等。虽然这些技术可以通过 Java 语言很容易地完成，但在 JSP 页面中嵌入 Java 语言被认为是一种非常不好的习惯。而 JSP 标准标签的功能又十分有限。因此，从 JSP 1.1 规范开始，允许用户为 JSP 开发自定义标签。这种标签是使用 Java 语言开发的，在使用上和 JSP 标签类似。由于这些自定义标签开发得越来越多，从而导致了同样的功能可能会有非常多的类似的标签，在这种情况下，开发人员会觉得无所适从，不知选择哪种标签会更好。为了解决这个问题，Apache 的开发小组将网页开发人员经常遇到的问题进行了汇总，并开发了一套解决这些问题的自定义标签，这套标签后来被 Sun 公司定义为标准标签库（JavaServer Pages Standard Tag Library，JSTL）。

5.1　标签库的组成部分

JSTL 1.2 规范定义了 5 个组成部分。这 5 个组成部分包括 4 个标签库和 1 个 EL 自定义函数库。为了方便用户，以及使 JSP 页面更规范。JSP 规范描述了引用 JSTL 的 URI 地址和建议使用的前缀名。这 5 个组成部分的功能描述、URI 地址和建议使用的前缀名如表 5.1 所示。

表 5.1　JSTL 的 5 个组成部分

标签库功能描述	标签库的 URI	建议前缀
核心标签库	http://java.sun.com/jsp/jstl/core	c
国际化标签库	http://java.sun.com/jsp/jstl/fmt	fmt
数据库标签库	http://java.sun.com/jsp/jstl/sql	sql
XML 标签库	http://java.sun.com/jsp/jstl/xml	x
EL 自定义函数	http://java.sun.com/jsp/jstl/functions	fn

5.2　建立 JSTL 的开发环境

JSTL 由 3 个 jar 包组成，分别为 jstl.jar、standard.jar 和 xalan.jar。其中 xalan.jar 包用于为 XML

标签库增加处理 XPath 的能力，如果读者不使用 XML 标签库，则不需要 xalan.jar 包。

读者可以从如下的网址下载 jstl.jar 包和 standard.jar 包：

```
http://jakarta.apache.org/taglibs/
```

如果读者要使用 XML 标签库，需要从如下的网址下载 xalan.jar 包：

```
http://xml.apache.org/xalan-j/
```

在下载完 xalan.jar 后，将其中的 xalan.jar 包以及 jstl.jar、standard.jar 复制到 WEB-INF\lib 目录下即可。

为了证明 JSTL 已经安装成功，下面来编写一个简单的 JSP 页面来测试 JSTL 包。

在 JSP 页面中使用 JSTL 需要使用 JSP 的 taglib 指令指定标签库的 URI 和前缀。然后在 JSP 页面中就可以根据前缀使用 JSTL 中的标签了，代码如下：

```
<%@page language="java" contentType="text/html; charset=UTF-8"
    pageEncoding="UTF-8"%>
<%@taglib uri="http://java.sun.com/jsp/jstl/core" prefix="c" %>
<c:out value="这是第一个 JSTL 程序"/>
```

在上面的代码中使用 taglib 指令引用了核心标签库，并指定前缀为 c。其中<c:out>是核心库中的标签，用于向客户端输出信息。

启动 Tomcat 后，在浏览器地址栏中输入如下的 URL，浏览器就会输出“这是第一个 JSTL 程序”。

```
http://localhost:8080/samples/chapter5/myjstl.jsp
```

如果读者想查看标签库的 URI，可以打开 standard.jar 或 jstl-1.2 .jar 包，进入 META-INF 目录，会看到很多.tld 文件，如图 5.1 所示。

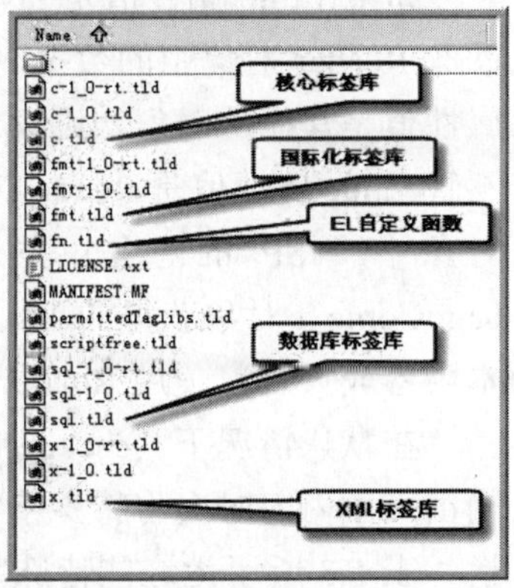

图 5.1　与 JSTL 的 5 个组成部分对应的.tld 文件

从图 5.1 所示的内容可以看出，与表 5.1 列出的 JSTL 的 5 个组成部分相对应的 5 个.tld 文件如下：

- c.tld：核心标签库。
- fmt.tld：国际化标签库。
- fn.tld：EL 自定义函数库。
- sql.tld：数据库标签库。
- x.tld：XML 标签库。

读者可以打开其中的一个.tld 文件，如打开 x.tld 文件，可以找到如下的<uri>元素：

```
<uri>http://java.sun.com/jsp/jstl/xml</uri>
```

其中<uri>元素的值就是 tablib 指令的 uri 属性值。如果读者忘记了某个标签库的 URI，可以采用这种方法查看该标签库的 URI。

5.3　核心标签库

JSTL 的核心标签库包含了一组用于实现 Web 应用中的通用功能的标签。如向客户端输出信息、条件判断、导入 Web 资源等。JSTL 规范建议核心标签库使用的前缀名为 c。

5.3.1 <c:out>标签

<c:out>标签用于向客户端输出文本内容。该标签的语法格式有如下两种：

语法 1：没有标签体的情况：

```
<c:out value="value"
       [escapeXml="{true|false}"]
       [default="defaultValue"]/>
```

语法 2：有标签体的情况，使用标签体设置默认值：

```
<c:out value="value"[escapeXml="{true|false}"]>
    defaultValue
</c:out>
```

其中黑体字部分为属性的默认值。

<c:out>标签的属性的详细说明如表 5.2 所示。

表 5.2 <c:out>标签的属性

属性名	是否支持动态属性值	属性类型	属 性 描 述
value	true	Object	指定要输出的表达式
escapeXML	true	boolean	指定是否将特殊字符<、>、&、'、" 转换成相应的字符实体编码再进行输出。默认值是 true
default	true	Object	指定如果 value 属性值为 null 时输出的默认值

如果 value 属性值是 java.io.Reader 对象实例，则<c:out>标签会使用 Reader 类的 read 方法读取 Reader 对象中的数据，每次读取 4K 字节，直到将 Reader 对象中的数据读完。如果 value 属性值是其他的对象，则<c:out>标签会调用该对象的 toString 方法来获得要输出的文本内容。不管 value 属性值是 Reader 对象还是其他的对象，<c:out>标签都会将要输出的文本内容写到 out 对象中（JSP 的隐含对象），实际上，这个 out 对象是通过 pageContext 对象获得的。从上面的描述可以看出，如果输出的文本内容较大时，使用 Reader 对象将会大大提高系统的性能。

在默认情况下（escapeXML 属性值为 true），<c:out>标签在输出文本内容时会将特殊字符<、>、&、'、"进行 HTML 编码转换。表 5.3 所示为这些特殊字符和相应的字符实体编码对照表。

表 5.3 特殊字符转换对照表

特殊字符	字符实体编码
<	<
>	>
&	&
'	'
"	"

如果将 escapeXML 属性值设为 false，则<c:out>标签并不会对这些特殊字符进行转换，而是按原样输出文本内容。

只有在 value 属性值为 null 时，才会输出 default 属性的值或<c:out>标签体的内容。如果未指定默认值，则输出空串。当 value 属性值不为 null，即使 default 属性或<c:out>标签体有值，<c:out>标签也不会输出这些值。

value 属性值为 null，并不是指将 value 属性值直接设为 null，如下面的代码所示：

```
<c:out value="null" default="abcd"/>
```

上面的代码输出的并不是 abcd，而是 null。如果要将 value 属性值设为 null，需要使用 JSP 表达式或 EL，代码如下：

```
<c:out value="<%=null%>" default="JSP 表达式"/>
<c:out value="${null}" default="EL"/>
```

上面的两个<c:out>标签都会输出 default 属性的值。

需要注意的是，default 属性和<c:out>的标签体不能同时指定默认值（也就是说，default 属性和标签体不能同时存在），否则<c:out>标签将抛出异常。

out.jsp 是一个演示<c:out>标签的例子，代码如下：

```
<%@page language="java"contentType="text/html;charset=UTF-8"
    pageEncoding="UTF-8"%>
<%@taglib uri="http://java.sun.com/jsp/jstl/core"prefix="c"%>
<%
    request.setAttribute("test","测试的值");
    String jspPath=application.getRealPath(request.getServletPath());
    //读取 out.jsp 文件的内容
    java.io.Reader isr=new java.io.InputStreamReader(new java.io.FileInput
Stream(jspPath),"UTF-8");
    //将 Reader 对象保存在 request 域中
    request.setAttribute("reader", isr);

%>
<c:out value="输出文本内容：abcd"/>
<hr>
<c:out value="${null}" default="输出默认值（EL）"/>
<hr>
<c:out value="<%=null%>" default="输出默认值（JSP 表达式）"/>
<hr>
<c:out value="${test}"/>
<hr>
<!--escapeXML 属性值为 true，进行编码转换-->
<c:out value="${null}" >
    <input type="text" name="txtName"/>
</c:out>
<hr>
<!--escapeXML 属性值为 false，未进行编码转换-->
<c:out value="${null}" escapeXml="false">
    <input type="text" name="txtName" />
</c:out>
<hr>
<!--输出 out.jsp 文件的内容，进行编码转换-->
<c:out value="${reader}" escapeXml="true" />
```

在浏览器地址栏中输入如下的 URL：

```
http://localhost:8080/samples/chapter5/out.jsp
```

浏览器显示的效果如图 5.2 所示。

使用<c:out>标签输出 Reader 对象时，如果要读取的文件内容使用了非西欧字符集编码（如 UTF-8、GBK 等），应使用 InputStreamReader 类的构造方法指定读取文件内容时所采用的字符集编码（应和要读取的文件内容的字符集编码保持一致）。在本例中由于 out.jsp 文件使用了 UTF-8 编码格式，因此，在读取 out.jsp 文件的内容时应指定 UTF-8 编码格式。如果读者使用如下的代码输出 out.jsp 文件的内容，将会输出乱码：

```
<%
String jspPath=application.getRealPath(request.getServletPath());
java.io.Reader fr=new java.io.FileReader(jspPath);
//输出 Reader 对象使用的字符集编码，如果不是 UTF-8，则<c:out>标签将输出乱码
System.out.println(fr.getEncoding());
request.setAttribute("reader",fr);
%>
```

图 5.2　<c:out>标签的演示效果

5.3.2　<c:set>标签

<c:set>标签有如下的几种功能：

- 设置或删除各种 Web 域的属性。
- 向 Web 域中的 java.util.Map 对象中添加 key-value 对，如果 Map 对象中存在相应的 key-value 对，则修改 value。如果<c:set>标签未指定 value，则删除 Map 对象中的 key-value 对。
- 设置 Web 域中 JavaBean 对象的属性值，或将 JavaBean 对象的属性值设为 null。

<c:set>标签有如下 6 种语法格式：

语法 1：使用 value 属性值设置某个域属性的值：

```
<c:set value="value"var="varName"
      [scope="{page|request|session|application}"]/>
```

语法 2：使用标签体的内容设置某个域属性的值：

```
<c:set var="varName"[scope="{page|request|session|application}"]>
   body content
</c:set>
```

语法 3：使用 value 属性值设置目标对象的属性值：

```
<c:set value="value" target="target" property="propertyName"/>
```

语法 4：使用标签体的内容设置目标对象的属性值：

```
<c:set target="target" property="propertyName">
   body content
```

```
</c:set>
```

语法 5：删除 Web 域中的属性：

```
<c:set var="varName"[scope="{page|request|session|application}"]/>
```

语法 6：删除 Web 域中的 Map 对象的 key-value 对，或将 JavaBean 对象的属性设为 null：

```
<c:set target="target" property="propertyName"/>
```

其中黑体字部分为属性的默认值。

<c:set>标签的属性的详细说明如表 5.4 所示。

表 5.4　<c:set>标签的属性

属性名	是否支持动态属性值	属性类型	属 性 描 述
value	true	Object	指定属性值
var	false	String	指定要设置的 Web 域中的属性名
scope	false	String	指定要保存或删除的属性的 Web 域
target	true	Object	指定要设置属性的对象，该对象必须是 JavaBean 对象或 java.util.Map 对象
property	true	String	指定要为对象设置的属性名称

在使用<c:set>标签时应注意如下几点：

- <c:set>标签不能同时指定 value 属性和标签体，否则将抛出异常。
- 如果 value 属性值或标签体中的内容不能转换成 property 属性指定的对象属性类型时，<c:set>标签将会抛出异常。
- 在不指定 value 属性或标签体的情况下，<c:set>标签将删除 var 属性指定的 Web 域中的属性，或删除 property 属性指定的 Map 对象的 key-value 对。如果 target 属性指定的是 JavaBean 对象，<c:set>标签会将 property 属性指定的 JavaBean 属性的值设为 null。如果 JavaBean 对象的属性类型无法设为 null（如 int），<c:set>标签并不会抛出异常，而是输出空串。
- 如果同时指定了 var 属性和 target 属性，那么 var 属性的优先级更高。也就是说，<c:set>标签会优先设置 var 属性指定的 Web 域属性的值，而 target 属性指定的对象将被忽略。
- 虽然<c:set>标签的所有属性都是可选的，但 var 属性和 target 属性必须至少有一个，否则<c:set>标签将抛出 JspTagException 异常。
- 如果将 var 属性和 target 属性都设为 null，那么<c:set>标签也会抛出 JspTagException 异常。

set.jsp 页面是一个演示<c:set>标签的例子，代码如下：

```
<%@page language="java" contentType="text/html; charset=UTF-8"
   pageEncoding="UTF-8"%>
<%@taglib uri="http://java.sun.com/jsp/jstl/core" prefix="c"%>
<%
    java.util.Map<String,String>map=new java.util.HashMap<String,String>();
    chapter5.Message message=new chapter5.Message();
    request.setAttribute("map",map);
    request.setAttribute("message",message);
%>
<c:set var="webrequestdomain" value="webrequestdomain_value" scope="request"/>
<c:out value="${requestScope.webrequestdomain}"/><hr>
```

```
<c:set  var="websessiondomain" value="websessiondomain_value" scope="session"/>
<c:out value="${sessionScope.websessiondomain}"/><hr>
<c:set target="${map}" property="map_key"value="map_value" />
<c:out value="${map.map_key}"/><hr>
<br>
<c:set target="${message}" property="name" value = "property_value" />
<c:out value="${message.name}"/><hr>
<c:set  var="webrequestdomain" scope="request"/>
<!--输出空串-->
<c:out value="${requestScope.webrequestdomain}"/><hr>
<c:set target="${message}"property="name"/>
<!--输出空串-->
<c:out value="${message.name}"/><hr>
```

其中 Message 类的实现代码如下：

```
package chapter5;
public class Message
{
    private String name;
    public String getName()
    {
        return name;
    }
    public void setName(String name)
    {
        this.name=name;
    }
}
```

在浏览器地址栏中输入如下的 URL：

```
http://localhost:8080/samples/chapter5/set.jsp
```

浏览器显示的效果如图 5.3 所示。

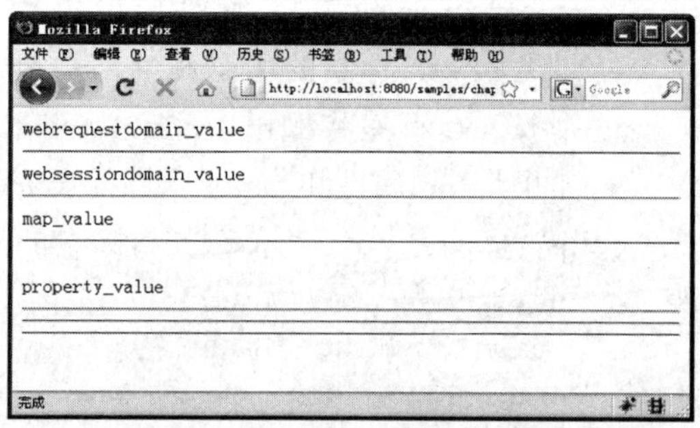

图 5.3　<c:set>标签的演示效果

从图 5.3 所示的效果可以看出，虽然 Message 对象的 name 属性值被设置为 null，但由于 JSP 标签的输出原则是尽可能输出友好的信息。因此，使用空串代替 null 来输出 Message 对象的 name 属性值。

5.3.3　<c:remove>标签

<c:remove>标签用于删除 Web 域中的指定属性。<c:remove>标签的功能和<c:set>标签的第 5 种语法格式的功能相同。<c:remove>标签的语法格式如下：

```
<c:remove var="varName" [scope="{page|request|session|application}"]/>
```

其中黑体字部分为属性的默认值。

<c:remove>标签的属性的详细说明如表 5.5 所示。

表 5.5 <c:remove>标签的属性

属性名	是否支持动态属性值	属性类型	属 性 描 述
var	false	String	指定要删除的 Web 域中的属性的名称
scope	false	String	指定要删除的属性所在的 Web 域

如果在<c:remove>标签中指定了 scope 属性，则<c:remove>标签使用如下的代码删除 Web 域中的属性：

```
pageContext.removeAttribute(var,scope);
```

如果在<c:remove>标签中未指定 scope 属性，则<c:remove>标签使用如下的代码删除 Web 域中的属性：

```
pageContext.removeAttribute(var);
```

remove.jsp 是一个演示<c:remove>标签的例子，代码如下：

```
<%@page language="java" contentType="text/html; charset=UTF-8"
    pageEncoding="UTF-8"%>
<%@taglib uri="http://java.sun.com/jsp/jstl/core" prefix="c"%>
使用 set 标签设置 request 域中的 product 和 number 属性的值<br>
<c:set var="product" value="bike" scope="request" />
<c:set var="number" value="100" scope="request"/>
<c:out value="product:${product}" /><br>
<c:out value="number:${number}" />
<hr>
使用 remove 标签删除 request 域中的 product 和 number 属性的值<br>
<c:remove var="product" scope="request"/>
<c:remove var ="number"/>
<c:out value="product:${product}"/><br>
<c:out value="number:${number}"/>
```

在浏览器地址栏中输入如下的 URL：

```
http://localhost:8080/samples/chapter5/remove.jsp
```

浏览器显示的效果如图 5.4 所示。

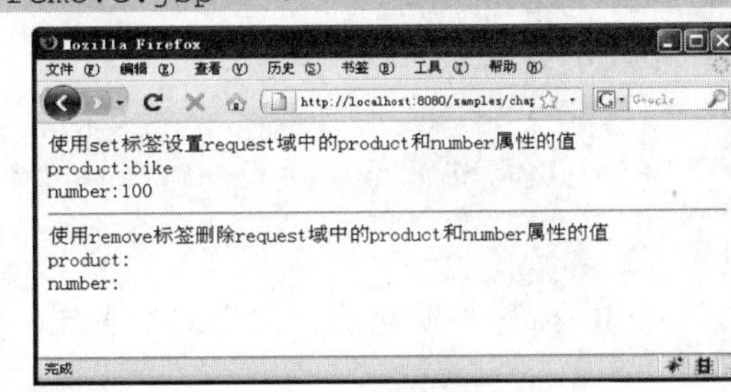

图 5.4 <c:remove>标签的演示效果

5.3.4 <c:catch>标签

<c:catch>标签用于捕获标签体抛出的 java.lang.Throwable 异常。<c:catch>标签的语法格式如下：

```
<c:catch [var="varName"]>
    nested actions
</c:catch>
```

<c:catch>标签只有一个 var 属性，用来表示标签体抛出的异常对象。var 属性是 String 类型，不支持动态属性值。如果指定 var 属性，<c:catch>标签会以 var 属性指定的名称将异常对象保存在 page 域中。如果未指定 var 属性，则<c:catch>标签只捕获异常，不保存异常对象。<c:catch>标签可以捕获任何标签或 Java 代码抛出的异常。

catch.jsp 页面是一个演示<c:catch>标签的例子，代码如下：

```
<%@page language="java" contentType="text/html; charset=UTF-8"
```

```
    pageEncoding="UTF-8"%>
<%@taglib uri="http://java.sun.com/jsp/jstl/core" prefix="c"%>
<%
    java.util.Calendar cal=java.util.Calendar.getInstance();
    request.setAttribute("cal",cal);
%>
<c:catch var="myException">
    <c:set target="${cal}" property="time" value="xxxx"/>
</c:catch>
<c:out value="${myException.message}"/>
<br>
<c:out value="${myException.stackTrace}"/>
<br>
<c:out value="${myException}"/>
```

在上面的程序中，由于使用<c:set>标签将 Calendar 对象的 time 属性值设置成了 String 类型的值，因此会抛出一个异常。在<c:catch>标签结束后，使用了<c:out>标签和 EL 输出了异常对象的相应属性值。

在浏览器地址栏中输入如下的 URL：

```
http://localhost:8080/samples/chapter5/catch.jsp
```

浏览器显示的效果如图 5.5 所示。

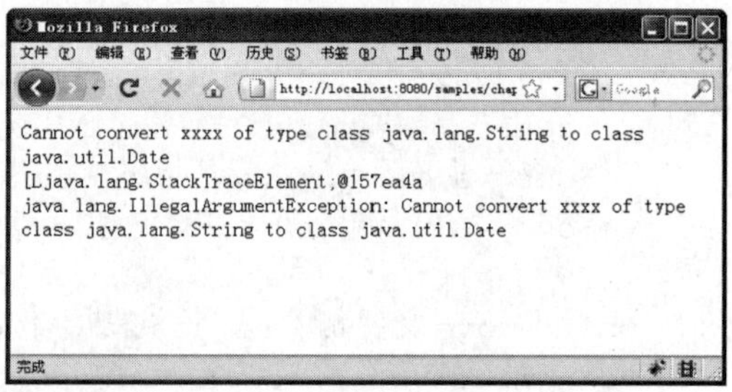

图 5.5　<c:catch>标签的演示效果

5.3.5　<c:if>标签

<c:if>标签用于进行条件判断，该标签相当于 Java 语言中的 if(...){...}语句。<c:if>标签有如下两种语法格式：

语法 1：没有标签体的情况：

```
<c:if test="testCondition" var="varName"
        [scope="{page|request|session|application}"]/>
```

语法 2：有标签体的情况：

```
<c:if test="testCondition" [var="varName"]
    [scope="{page|request|session|application}"]>
    body content
</c:if>
```

<c:if>标签的属性的详细说明如表 5.6 所示。

表 5.6　<c:if>标签的属性

属性名	是否支持动态属性值	属性类型	属　性　描　述
test	true	boolean	决定是否处理标签体的内容的条件表达式
var	false	String	指定一个保存在某个 Web 域中的属性名，该属性值是 test 属性指定的表达式的执行结果
scope	false	String	指定 test 属性的执行结果要保存的 Web 域

对于语法 1，<c:if>标签只将 test 属性的计算结果保存在 scope 属性指定的 Web 域中，如果不指定 var 属性，则执行完 test 属性指定的表达式后，什么都不做。对于语法 2，如果 test 属性

的执行结果为 true，则处理标签体中的内容。如果 test 属性的执行结果为 false，则不处理标签体中的内容。当指定 var 属性时，也会和语法 1 一样，将 test 属性的执行结果保存在 scope 属性指定的 Web 域中。无论是语法 1，还是语法 2，当指定 scope 属性时，必须指定 var 属性，否则<c:if>将抛出异常。

if.jsp 页面是一个演示<c:if>标签的例子，代码如下：

```
<%@page language="java" contentType="text/html; charset=UTF-8"
    pageEncoding="UTF-8"%>
<%@taglib uri="http://java.sun.com/jsp/jstl/core" prefix="c"%>
<c:if test="${123>20}"var="var_page"/>
${var_page}<hr>
 <c:if test="${20>123}"var="var_session" scope="session"/>
${var_session}<hr>
<jsp:useBean id="message" class="chapter5.Message"/>
<jsp:setProperty property="name" name="message" value="bike"/>
<c:if test="${message.name==param.name}">
    name 属性值为 bike
 </c:if>
```

在浏览器地址栏中输入如下的 URL：

```
    http://localhost:8080/samples/chapter5
/if.jsp?name=car
```

浏览器显示的效果如图 5.6 所示。

图 5.6　<c:if>标签的演示效果

5.3.6　<c:choose>、<c:when>和<c:otherwise>标签

<c:choose>标签用于在多个条件中进行选择，<c:when>和<c:otherwise>标签必须作为<c:choose>的子标签使用，这 3 个标签相当于 Java 语言中的 switch(...){case ...; default ...;}语句。

<c:choose>和<c:otherwise>标签没有属性，<c:when>标签只有一个 test 属性。该属性是 boolean 类型，支持动态属性值。如果 test 属性的执行结果为 true，就会处理这个<c:when>标签体的内容。如果所有的<c:when>标签的 test 属性的执行结果都为 false，则处理<c:otherwise>标签体中的内容。在使用<c:choose>、<c:when>和<c:otherwise>标签时应注意如下几点：

- <c:when>和<c:otherwise>标签必须是<c:choose>标签的子标签，不能单独使用。
- <c:choose>标签中包含一个或多个<c:when>标签，包含 0 个或一个<c:otherwise>标签。
- <c:when>标签必须放在<c:otherwise>标签的前面。
- <c:when>标签和<c:otherwise>标签中可以包含任意的 JSP 代码。
- <c:choose>标签中除了包含<c:when>和<c:otherwise>标签外，还可以包含空格、\r\n、制表符和 JSP 注释，除此之外，不能在<c:choose>标签中（<c:when>和<c:otherwise>标签的外部）包含其他任何字符，否则<c:choose>标签将抛出异常。

choose.jsp 页面是一个演示<c:choose>、<c:when>和<c:otherwise>标签的例子，代码如下：

```
<%@page language="java" contentType="text/html; charset=UTF-8"
    pageEncoding="UTF-8"%>
<%@taglib uri="http://java.sun.com/jsp/jstl/core" prefix="c"%>
```

```
这台电脑的价格:
<c:choose>
    <c:when test="${param.price<=2000}">
     非常便宜
    </c:when>
    <c:when test="${param.price>2000&&param.price<=4000}">
        适中
    </c:when>
    <c:when test="${param.price>4000&&param.price<=8000}">
        比较高
    </c:when>
    <c:otherwise>
        太高了
    </c:otherwise>
</c:choose>
```

在浏览器地址栏中输入如下的 URL：

```
http://localhost:8080/samples/chapter5/choose.jsp?price=4200
```

浏览器中显示的结果如图 5.7 所示。

如果将 price 请求参数的值改成 2000，则会输出图 5.8 所示的信息。

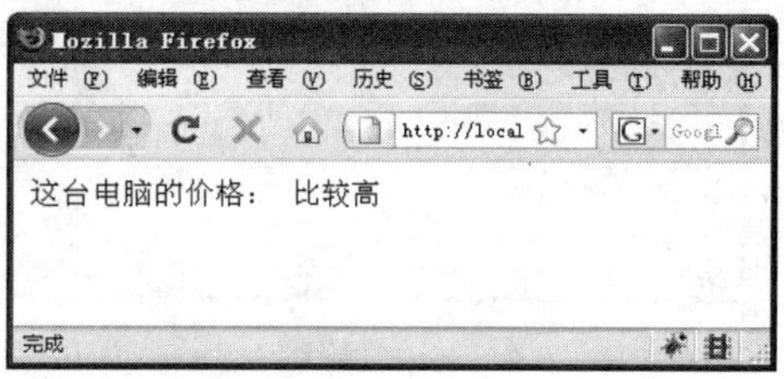

图 5.7　第三个<c:when>标签满足条件

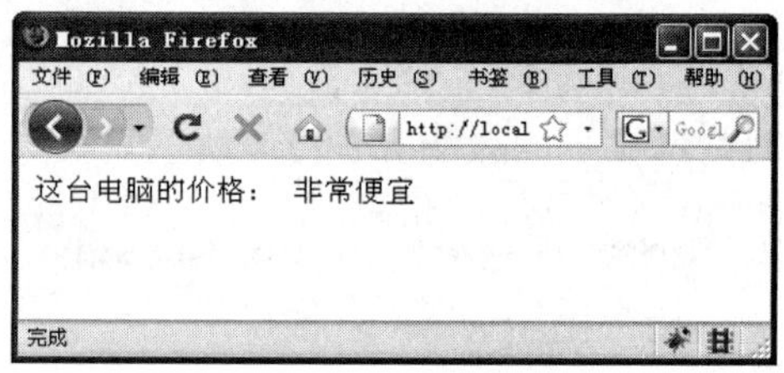

图 5.8　第一个<c:when>标签满足条件

5.3.7　<c:forEach>标签

<c:forEach>标签用于根据集合对象或指定的次数循环迭代标签体中的内容。<c:forEach>标签有如下两种语法格式：

语法 1：根据集合对象进行迭代：

```
<c:forEach[var="varName"] items="collection"
[varStatus="varStatusName"]
[begin="begin"] [end="end"] [step="step"]>
body content
</c:forEach>
```

语法 2：根据指定的次数进行迭代：

```
<c:forEach [var="varName"]
[varStatus="varStatusName"]
begin="begin" end="end" [step="step"]>
    body content
</c:forEach>
```

<c:forEach>标签的属性的详细说明如表 5.7 所示。

表 5.7 <c:forEach>标签的属性

属性名	是否支持动态属性值	属性类型	属性描述
var	false	String	指定将当前迭代元素保存在 page 域中的属性名
items	true	任何支持的类型	用于迭代的集合对象
varStatus	false	String	指定将表示当前迭代元素状态信息的对象保存在 page 域中的属性名。当前迭代元素的状态信息对象实际上是 javax.servlet.jsp.jstl.core.LoopTagStatus 类的对象实例
begin	true	int	如果指定 items 属性，就从集合中第 begin 个元素开始迭代。begin 属性的索引值从 0 开始编号。如果未指定 items 属性，那从 begin 属性指定的值开始迭代，直到 end 属性指定的值结束
end	true	int	如果指定 items 属性，则迭代到第 end 个集合元素为止。如果未指定 items 属性，则迭代到 end 属性所指定的值为止
step	true	int	指定迭代的步长，即每迭代一步的迭代增量

在使用<c:forEach>标签时应注意如下几点：

- 如果指定 begin 属性，该属性的值必须大于或等于 0，否则会抛出 javax.servlet.jsp.JspTag Exception 异常。
- 如果指定 end 属性，该属性的值不能小于 begin 属性的值，否则不会进行迭代操作。
- 如果指定 step 属性，该属性的值必须大于或等于 1，否则会抛出 javax.servlet.jsp.JspTag Exception 异常。
- 如果 items 属性的值为 null，或 items 属性指定的集合对象不存在，items 属性值将被作为一个空集合对待，<c:forEach>标签不会进行迭代操作。
- 如果 begin 属性值大于或等于集合对象的元素个数，则不会进行迭代操作。
- 如果 begin 属性值在有效的范围内，但 end 属性值大于或等于集合对象的元素个数，则迭代到集合对象的最后一个元素为止。

<c:forEach>标签的 items 属性支持如下的数据类型：

- 任意类型的数组。
- java.util.Collection。
- java.util.Iterator。
- java.util. Enumeration。
- java.util.Map。
- String 。

如果 items 属性值是 String 类型，该字符串必须用逗号（,）分隔。<c:forEach>标签会将以逗号分隔的字符串当做 String 数组来处理（每一个被逗号分隔的子串相当于 String 数组中的一个元素）。

1. 迭代数组

forEach_array.jsp 页面是一个使用<c:forEach>标签迭代数组的例子，代码如下：

```
<%@ page language="java" contentType="text/html; charset=UTF-8"
   pageEncoding="UTF-8"%>
<%@ taglib uri="http://java.sun.com/jsp/jstl/core" prefix="c"%>
<%
   String[] strArray=new String[]
   { "Android/OPhone 技术开发讲义", "Java Web 开发大全", "Hibernate 深入浅出",
```

```
            "C++编程思想" };
    int[] intArray=new int[]
    {123,321,145,111,432};
    chapter5.Message[]messages=new chapter5.Message[3];
    messages[0]=new chapter5.Message();
    messages[0].setName("小明");
    messages[1]=new chapter5.Message();
    messages[1].setName("赵云");
    messages[2]=new chapter5.Message();
    messages[2].setName("张飞");
    //将数组保存在 request 域中
    request.setAttribute("strArray",strArray);
    request.setAttribute("intArray",intArray);
    request.setAttribute("messages",messages);
%>
迭代输出 String 数组中的元素
<br>
<c:forEach var="str"items="${strArray}">
${str}
</c:forEach>
<hr>
迭代输出 int 数组中的元素
<br>
<c:forEach var="int"items="${intArray}" begin="1" end="3"
    varStatus="status">
intArray[${status.index}]=${int}   
</c:forEach>
<hr>
迭代 Message 对象数组
<br>
<c:forEach var="message" items="${messages}" step="2" varStatus="status">
messages[${status.index}].name =${message.name}<br>
</c:forEach>
```

在浏览器地址栏中输入如下的 URL:

```
http://localhost:8080/samples/chapter5/forEach_array.jsp
```

浏览器的显示结果如图 5.9 所示。

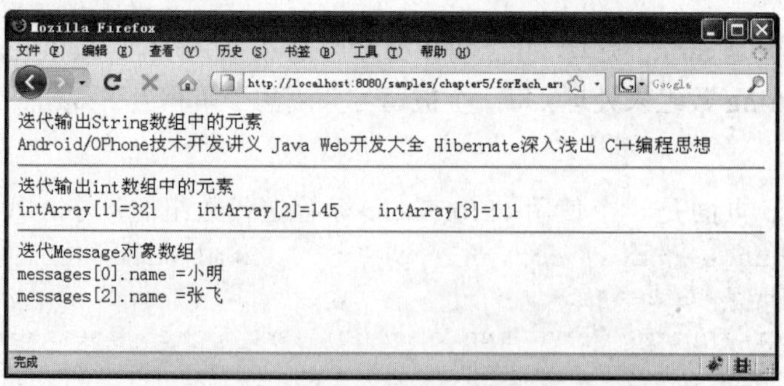

图 5.9　使用<c:forEach>标签迭代数组

2．迭代 Collection 和 Iterator 类型的集合对象

forEach_collection.jsp 页面是一个使用<c:forEach>标签迭代 Collection 和 Iterator 类型的集合对象的例子，代码如下：

```
<%@ page language="java" contentType="text/html;charset=UTF-8"
    pageEncoding="UTF-8"%>
<%@ taglib uri="http://java.sun.com/jsp/jstl/core"prefix="c"%>
<%
    java.util.List<Object[]> objList=new java.util.ArrayList<Object[]>();
    java.util.Random random=new java.util.Random();
    for (int i=0; i<10; i++)
    {
        Object[] objArray=new Object[]
        { "Random"+String.valueOf(i+1),random.nextInt(10000) };
        objList.add(objArray);
    }
    request.setAttribute("objList",objList);
    request.setAttribute("objIterator",objList.iterator());
%>
<table width="100%">
    <tr>
        <td align="right" style="padding-right: 20px">
        <table border="1">
            <tr>
                <th>Name</th>
                <th>Random</th>
            </tr>
            <c:forEach var="obj" items="${objList}">
                <tr>
                    <td>${obj[0]}</td>
                    <td>${obj[1]}</td>
                </tr>
            </c:forEach>
        </table>
        </td>
        <td style="padding-left:20px">
        <table border="1">
            <tr>
                <th>Random</th>
                <th>Name</th>
            </tr>
            <c:forEach var="obj"items="${objIterator}">
                <tr>
                    <td>${obj[1]}</td>
                    <td>${obj[0]}</td>
                </tr>
```

```
            </c:forEach>
        </table>
        </td>
    </tr>
</table>
```

在浏览器地址栏中输入如下的 URL：

```
http://localhost:8080/samples/chapter5/forEach_collection.jsp
```

浏览器显示的结果如图 5.10 所示。

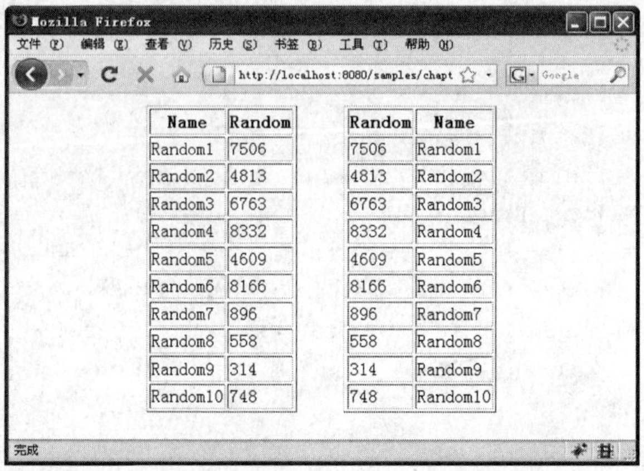

图 5.10　使用<c:forEach>标签迭代 Collection 和 Iterator 类型的集合对象

3. 使用双重循环迭代 Enumeration 类型的集合对象和数组

forEach_enumeration.jsp 页面是一个使用<c:forEach>标签迭代 Enumeration 类型的集合对象和数组的例子。内层循环迭代数组，外层循环迭代 Enumeration 类型的集合，代码如下：

```
<%@page language="java" contentType="text/html; charset=UTF-8"
    pageEncoding="UTF-8"%>
<%@taglib uri="http://java.sun.com/jsp/jstl/core" prefix="c"%>
<%
    java.util.Vector v=new java.util.Vector();
    String[] strArray=new String[]
    {"Android/OPhone 技术开发讲义","Java Web 开发大全","Hibernate 深入浅出",
    "C++编程思想"};
    int[]intArray=new int[6];
    java.util.Random random=new java.util.Random();
    for(int i=0; i<intArray.length; i++)
    {
        intArray[i]=random.nextInt(12345);
    }
    v.add(strArray);
    v.add(intArray);
    request.setAttribute("elements", v.elements());
%>
使用循环输出 Enumeration 对象中的值
```

```
<hr>
<c:forEach var="element" items="${elements}">
    <c:forEach var="value" items="${element}">
        ${value}
    </c:forEach>
    <br>
</c:forEach>
```

Vector 对象的 elements 方法返回了一个 Enumeration 对象，该对象描述了 Vector 对象中的所有元素。

在浏览器地址栏中输入如下的 URL：

```
http://localhost:8080/samples/chapter5/forEach_enumeration.jsp
```

浏览器显示的结果如图 5.11 所示。

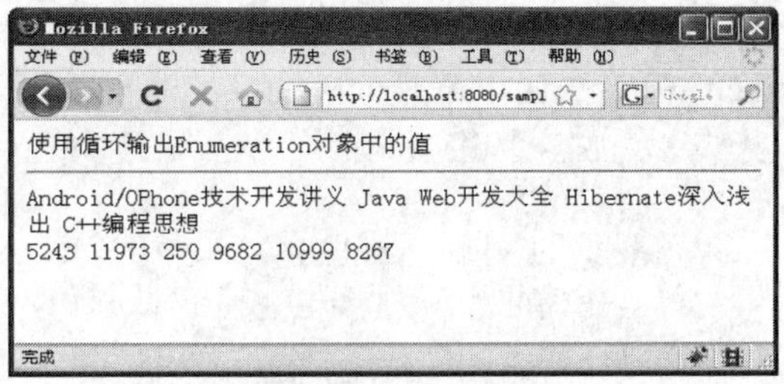

图 5.11　使用双重循环迭代 Collection 类型的集合对象和数组

4．迭代 Map 类型的集合对象

foreach_map.jsp 页面是一个使用<c:forEach>标签迭代 Map 类型的集合对象的例子，代码如下：

```
<%@page language="java" contentType="text/html; charset=UTF-8"
    pageEncoding="UTF-8"%>
<%@taglib uri="http://java.sun.com/jsp/jstl/core" prefix="c"%>
<%
    java.util.Map<String, Integer> map = new java.util.HashMap<String, Integer>();
    map.put("电脑",120);
    map.put("羽毛球",2012);
    map.put("排球",300);
    request.setAttribute("map", map);
%>
<br>
<center>迭代输出 Map 对象中的 key-value 对
<p />
<table border="1">
    <tr>
        <th>Product</th>
        <th>Count</th>
    </tr>
    <!--迭代 Map 类型的集合对象-->
    <c:forEach var="entry" items="${map}">
        <tr>
            <!--输出集合元素的 key-->
            <td>${entry.key}</td>
            <!--输出集合元素的 value-->
            <td>${entry.value}</td>
        </tr>
    </c:forEach>
</table>
</center>
```

在浏览器地址栏中输入如下的 URL：

```
http://localhost:8080/samples/chapter5/forEach_map.jsp
```

浏览器显示的结果如图 5.12 所示。

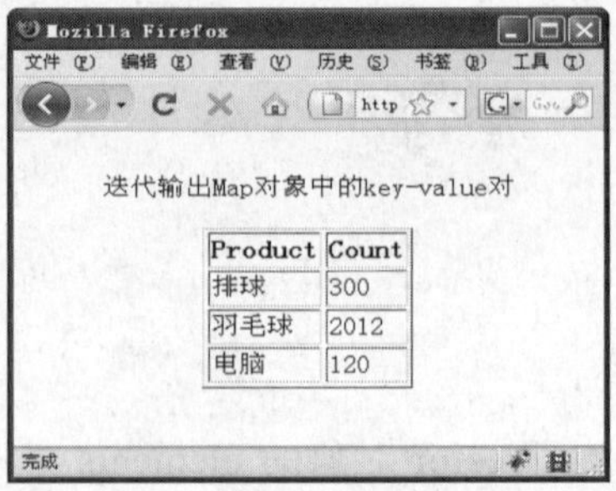

图 5.12　使用<c:forEach>标签迭代 Map 类型的集合对象

5. 迭代用逗号（,）分隔的字符串

<c:forEach>标签除了可以迭代各种类型的集合对象和数组外，还可以迭代用逗号分隔的字符串。但要注意，分隔符必须是逗号。forEach_string.jsp 页面是一个使用<c:forEach>标签迭代以逗号分隔的字符串的例子，代码如下：

```
<%@page language="java" contentType="text/html; charset=UTF-8"
   pageEncoding="UTF-8"%>
<%@taglib uri="http://java.sun.com/jsp/jstl/core" prefix="c"%>
<!--迭代用逗号分隔的字符串-->
<center>
<table border="1">
   <tr>
      <c:forEach var="s"
         items="Android/OPhone技术开发讲义，Java Web开发大全，Hibernate深入浅出,C++编程思想">
         <td>${s}</td>
      </c:forEach>
   </tr>
</table>
</center>
```

在浏览器地址栏中输入如下的 URL：

```
http://localhost:8080/samples/chapter5/forEach_string.jsp
```

浏览器显示的结果如图 5.13 所示。

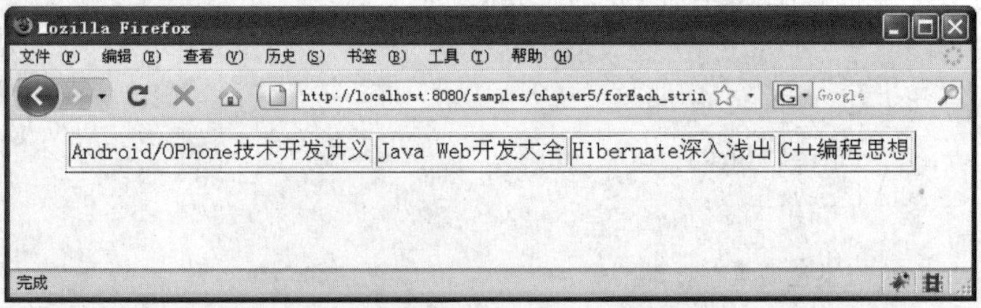

图 5.13　使用<c:forEach>标签迭代以逗号分隔的字符串

6. 获得当前迭代元素的状态信息

通过<c:forEach>标签的 status 属性可以指定保存当前迭代元素状态信息的对象名，该对象被保存在 page 属性，这个对象实际上就是 javax.servlet.jsp.jstl.core.LoopTagStatus 对象实例。在 LoopTagStatus 接口有如下几个方法可以获得当前迭代元素的状态信息：

- public Object getCurrent()：该方法返回当前迭代的元素对象。
- public int getCount()：该方法返回当前已循环迭代的次数。

- public int getIndex()：该方法返回当前迭代的元素索引号。
- public boolean isFirst()：如果当前迭代元素是迭代集合对象的第一个元素，该方法返回 true，否则返回 false。
- public boolean isLast()：如果当前迭代元素是迭代集合对象的最后一个元素，该方法返回 true，否则返回 false。
- public Integer getBegin()：该方法返回<c:forEach>标签的 begin 属性值。如果未设置 begin 属性，则返回 null。
- public Integer getEnd()：该方法返回<c:forEach>标签的 end 属性值。如果未设置 end 属性，则返回 null。
- public Integer getStep()：该方法返回<c:forEach>标签的 step 属性值。如果未设置 step 属性，则返回 null。

forEach_status.jsp 页面是一个使用<c:forEach>标签输出当前迭代元素状态信息的例子，代码如下：

```
<%@page language="java", contentType="text/html; charset=UTF-8"
    pageEncoding="UTF-8"%>
<%@taglib uri="http://java.sun.com/jsp/jstl/core" prefix="c"%>
<%
    String[] strArray = new String[]
    {"Android/OPhone技术开发讲义", "Java Web开发大全", "Hibernate深入浅出",
    "C++编程思想" };
    // 将数组保存在request域中
    request.setAttribute("strArray", strArray);
%>
<center>未设置begin、end和step属性
<p />
<table border="1">
    <tr>
        <th>当前迭代元素</th>
        <th>current</th>
        <th>count</th>
        <th>index</th>
        <th>first</th>
        <th>last</th>
        <th>begin</th>
        <th>end</th>
        <th>step</th>
    </tr>
    <c:forEach var="s" items="${strArray}" varStatus="status">
        <tr>
            <td>${s}</td>
            <td>${status.current}</td>
            <td>${status.count}</td>
            <td>${status.index}</td>
```

```
            <td>${status.first}</td>
            <td>${status.last}</td>
            <td>${status.begin}</td>
            <td>${status.end}</td>
            <td>${status.step}</td>
        </tr>
    </c:forEach>
</table>
<hr>
设置了 begin、end 和 step 属性
<p/>
<table border="1">
    <tr>
        <th>当前迭代元素</th>
        <th>current</th>
        <th>count</th>
        <th>index</th>
        <th>first</th>
        <th>last</th>
        <th>begin</th>
        <th>end</th>
        <th>step</th>
    </tr>
    <c:forEach var="s" items="${strArray}" varStatus="status" begin="1"
        end="3" step="2">
        <tr>
            <td>${s}</td>
            <td>${status.current}</td>
            <td>${status.count}</td>
            <td>${status.index}</td>
            <td>${status.first}</td>
            <td>${status.last}</td>
            <td>${status.begin}</td>
            <td>${status.end}</td>
            <td>${status.step}</td>
        </tr>
    </c:forEach>
</table>
</center>
```

在浏览器地址栏中输入如下的 URL:

```
http://localhost:8080/samples/chapter5/forEach_status.jsp
```

浏览器显示的结果如图 5.14 所示。

7. 设置表格偶数行的背景色

使用迭代元素状态信息对象的属性可以实现很多有趣的功能。如使用 count 属性可以实现改变表格的偶数行背景色的功能，代码如下：

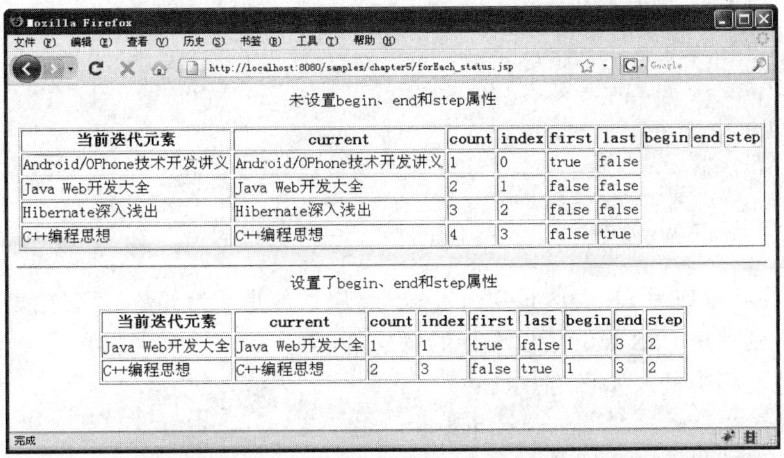

图 5.14　使用<c:forEach>标签输出当前迭代元素的状态信息

```
<%@page language="java" contentType="text/html; charset=UTF-8"
    pageEncoding="UTF-8"%>
<%@taglib uri="http://java.sun.com/jsp/jstl/core" prefix="c"%>
<%
    java.util.Map<String,Integer[]>map=new java.util.HashMap<String, Integer[]>();
    map.put("飞机",new Integer[]
    { 200000, 5 });
    map.put("火箭",new Integer[]
    { 12300000, 3 });
    map.put("游艇",new Integer[]
    { 230000, 15 });
    map.put("飞碟",new Integer[]
    { 300, 120 });
    map.put("变形金刚",new Integer[]
    { 2200, 123 });
    //将 Map 对象保存在 request 域中
    request.setAttribute("map", map);
%>
<br>
<center>设置表格偶数行的背景色
<p />
<table border="1" width="80%">
    <tr>
        <th>Product</th>
        <th>Price</th>
        <th>Count</th>
    </tr>
    <!--迭代 Map 类型的集合对象-->
    <c:forEach var="entry" items="${map}" varStatus="status">
        <tr ${status.count%2==0? 'style="background-color:#00CCEE"':""}>
            <!--输出集合元素的 key-->
```

```
            <td>${entry.key}</td>
            <!--输出集合元素的 value-->
            <td>${entry.value[0]}</td>
            <td>${entry.value[1]}</td>
        </tr>
    </c:forEach>
</table>
</center>
```

在上面的代码中，使用 EL 表达式判断了 count 属性值是否为偶数(不包括表头)。如果 count 属性值为偶数，则使用 CSS 设置了偶数行的背景色。

在浏览器地址栏中输入如下的 URL：

```
http://localhost:8080/samples/chapter5/forEach.jsp
```

浏览器显示的结果如图 5.15 所示。

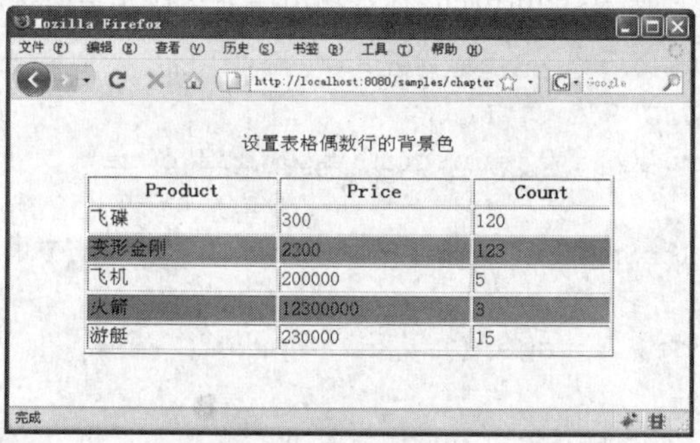

图 5.15　设置表格偶数行的背景色

5.3.8　<c:forTokens>标签

<c:forTokens>标签用于迭代指定分隔符分隔的字符串。分隔符号必须是单个字符，但<c:forTokens>支持包含多个分隔符的字符串。假设“,;?”为 3 个分隔符，那么<c:forTokens>标签对“a,b;c?d”字符串迭代后，可以获得 4 个迭代元素：a、b、c、d。

虽然<c:forEach>标签也可以对用分隔符分隔的字符串进行迭代，但<c:forEach>标签只支持逗号分隔符，而<c:forTokens>标签支持更多的分隔符，而且还支持多个分隔符一起使用。

<c:forTokens>标签的语法格式如下：

```
<c:forTokens items="stringOfTokens" delims="delimiters"
[var="varName"] [varStatus="varStatusName"]
[begin="begin"] [end="end"] [step="step"]>
   body content
</c:forTokens>
```

<c:forTokens>标签的属性说明如表 5.8 所示。

表 5.8　<c:forTokens>标签的属性

属性名	是否支持动态属性值	属性类型	属 性 描 述
var	false	String	指定将当前迭代的子字符串保存在 page 域中的属性名
items	true	String	指定将要迭代的字符串

续表

属性名	是否支持动态属性值	属性类型	属 性 描 述
delims	true	String	指定一个或多个分隔符
varStatus	false	String	指定将当前迭代元素的状态信息对象保存在 page 域中的属性名。该状态信息对象的类型是 javax.servlet.jsp.jstl.core.LoopTagStatus。读者可以从 JSTL 规范或 JSTL 源代码中查看这个接口的信息
begin	true	int	指定从第 begin 个子字符串开始迭代，begin 的值从 0 开始
end	true	int	指定迭代到第 end 个子字符串
step	true	int	指定迭代的步长，即每次迭代后的索引的增量

<c:forTokens>标签实际上是通过 java.util.StringTokenizer 类来迭代有分隔符的字符串的，如下面的代码所示：

```
java.util.StringTokenizer st=new java.util.StringTokenizer("a,b;c", ",;", true);
while(st.hasMoreElements())
{
    System.out.println(st.nextElement());
}
```

上面的代码使用了两个分隔符“,”和“;”来迭代“a,b;c”。因此会分别输出 a、b、c 3 个子字符串。下面的代码使用<c:forTokens>标签实现了和上面的代码相同的功能：

```
<c:forTokens var="s" items="a,b;c" delims=",;">
    ${s}<br>
</c:forTokens>
```

在使用<c:forTokens>标签时应注意如下几点：

- 如果指定 begin 属性，该属性值必须大于或等于 0，否则会抛出 javax.servlet.jsp.JspTagException 异常。
- 如果指定 end 属性，该属性值不能小于 begin 属性的值，否则不会进行迭代操作。
- 如果 begin 属性值在有效的范围内，但 end 属性值大于或等于字符串中子字符串的个数，则迭代到最后一个子字符串为止。
- 如果指定 step 属性，该属性的值必须大于或等于 1，否则会抛出 javax.servlet.jsp.JspTagException 异常。
- 如果 items 属性值为 null，或通过 items 属性的动态属性值指定的字符串不存在，items 属性值将被作为一个空集合对待。<c:forTokens>标签不会进行迭代操作。
- 如果 delims 属性值为 null 或空串，items 属性的值会被当作没有分隔符的字符串。也就是说，<c:forTokens>标签只会迭代一次，迭代的子字符串就是 items 属性值本身。
- 如果某个迭代子字符串是空串，<s:forTokens>标签会自动忽略这个空串。

forTokens.jsp 页面是一个使用<c:forTokens>标签迭代字符串的例子，代码如下：

```
<%@page language="java" contentType="text/html; charset=UTF-8"
    pageEncoding="UTF-8"%>
<%@taglib uri="http://java.sun.com/jsp/jstl/core" prefix="c"%>
使用"#"作为分隔符<br>
要迭代的字符串："超人#大侠#钢铁侠#变形金刚"<br>
```

```
    迭代结果:
    <c:forTokens var="s" items="超人#大侠#钢铁侠#变形金刚" delims="#" >
    ${s}  
    </c:forTokens>
    <hr>
    使用"#"、"&"和"@"作为分隔符<br>
    要迭代的字符串: "汽车#火箭&轮船&飞机@火车"<br>
    迭代结果:
    <c:forTokens var="s" items="汽车#火箭&轮船&飞机@火车" delims="#&@">
    ${s}  
    </c:forTokens>
    <hr>
    使用"#"、"&"和"@"作为分隔符，某些子字符串是空串，会被自动忽略<br>
    要迭代的字符串: "汽车#火箭&轮船&飞机@火车##@帆船"<br>
    迭代结果:
    <c:forTokens var="s" items="汽车#火箭&轮船&飞机@火车##@帆船" delims="#&@"
varStatus="status">
    ${s}(${status.index})  
    </c:forTokens>
    <hr>
```

在浏览器地址栏中输入如下的 URL：

```
http://localhost:8080/samples/chapter5/forTokens.jsp
```

浏览器的输出结果如图 5.16 所示。

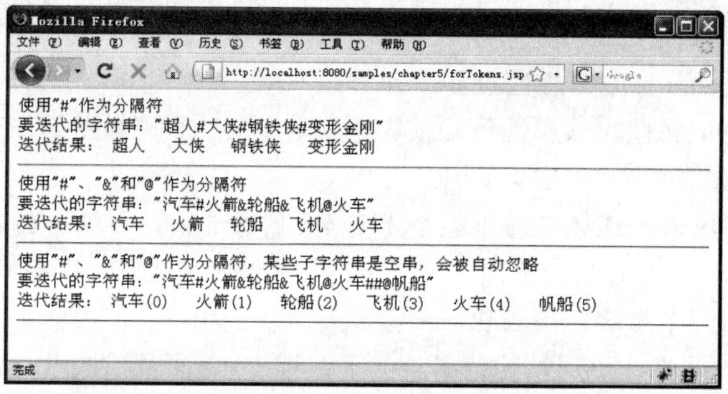

图 5.16　使用<c:forTokens>标签迭代字符串

5.3.9　<c:param>标签

在 JSTL 核心标签库中有如下 3 个标签和 URL 有关：

- <c:import>标签。
- <c:url>标签。
- <c:redirect>标签。

在为这些标签指定 URL 时经常要为这些 URL 指定一些参数，而<c:param>标签的功能就是为上述 3 个标签的 URL 指定参数。如果指定的参数包含中文，<c:param>标签会自动为其编码。编码规则是按 JSP 页面的 contentType 属性设置的字符集进行编码。如下面的 JSP 页面将按 GBK 编码格式将“超人”转换为“%b3%ac%c8%cb”。

```
<%@page language="java" contentType="text/html; charset=GBK" %>
<%@taglib uri="http://java.sun.com/jsp/jstl/core" prefix="c"%>
<c:redirect url="http://nokiaguy.blogjava.net">
   <!--按 GBK 格式进行编码-->
   <c:param name="abc" value="超人"/>
</c:redirect>
```

如果将 contentType 属性设为“text/html; charset=UTF-8”，则“超人”会被转换为“%e8%b6%85%e4%ba%ba”。

<c:param>标签有如下两种语法格式：

语法 1：使用 value 属性指定参数值：

```
<c:param name="name" value="value"/>
```

语法 2：使用标签体指定参数值：

```
<c:param name="name">
   parameter value
</c:param>
```

<c:param>标签的属性说明如表 5.9 所示。

表 5.9　<c:param>标签的属性

属性名	是否支持动态属性值	属性类型	属　性　描　述
name	true	String	参数的名称
value	true	String	参数的值

5.3.10　<c:url>标签

<c:url>标签主要用于对 URL 的重写。重写 URL 其实就是为 URL 增加 Session ID 和请求参数。<c:url>标签有如下两种语法格式：

语法 1：没有标签体的情况：

```
<c:url value="value" [context="context"]
   [var="varName"] [scope="{page|request|session|application}"]/>
```

语法 2：有标签体的情况，使用标签体设置请求参数：

```
<c:url value="value" [context="context"]
[var="varName"] [scope="{page|request|session|application}"]>
   0 个或多个<c:param>标签
</c:url>
```

其中黑体字部分为属性的默认值。

<c:url>标签的属性说明如表 5.10 所示。

表 5.10　<c:url>标签的属性

属性名	是否支持动态属性值	属性类型	属　性　描　述
value	true	String	指定要重写的 URL
context	true	String	当要重写同一服务器的其他 Web 应用程序中的资源的 URL 时，该属性指定了其他 Web 应用程序的名称
var	false	String	将重写后的 URL 保存在指定 Web 域中的属性名
scope	false	String	指定重写后的 URL 要保存到的 Web 域

在使用<c:url>标签时应注意如下几点：

- value 属性可以是绝对路径，也可以是相对路径。
- 如果指定 context 属性，var 属性和 context 属性的值必须以“/”开头，否则<c:url>标签会抛出异常。
- 如果为 URL 指定的请求参数中包含中文，应在<c:url>标签中使用<c:param>子标签指定请求参数，而不要直接将请求参数放到 URL 后面。因为<c:param>标签会自动对中文请求参数进行编码，而<c:url>标签并不会对中文请求参数进行编码。
- 如果指定 scope 属性，必须指定 var 属性，否则<c:url>标签会抛出异常。
- 如果未指定 var 属性，<c:url>标签会将重写后的 URL 直接输出到客户端。如果指定了 var 属性，则<c:url>标签会将重写后的 URL 保存在指定的 Web 域中，并不会将重写后的 URL 输出到客户端。要想输出或引用重写后的 URL，可以使用 EL 或其他方法从 Web 域中读取被重写的 URL。
- 如果 value 属性指定的 URL 中包含的请求参数名和<c:param>标签指定的请求参数重名，<c:url>标签会使用两个重名的请求参数来重写 URL，而不会使用其中一个请求参数值来覆盖另外一个请求参数值。

url.jsp 页面是一个使用<c:url>标签重写 URL 的例子，代码如下：

```
<%@page language="java" contentType="text/html; charset=UTF-8" %>
<%@taglib uri="http://java.sun.com/jsp/jstl/core" prefix="c"%>
重写绝对路径，并生成链接<br>
<a href='<c:url value="http://nokiaguy.blogjava.net"/>'>http://nokiaguy.
blogjava.net</a>
<hr>
使用 context 属性重写相对路径<br>
<c:url value="/chapter5/url.jsp" context="/samples"/>
<hr>
将重写后的 URL 保存在 session 域中，并通过 param 标签指定中文请求参数<br>
<c:url var="newURL" value="http://localhost:8080/samples/chapter5/url.jsp">
  <c:param name="name">变形金刚</c:param>
</c:url>
使用 EL 输出 session 域中被重写的 URL<br>
${newURL}
<hr>
指定重名的请求参数<br>
<c:url value="http://localhost:8080/samples/chapter5/url.jsp?name=John">
  <c:param name="name">变形金刚</c:param>
</c:url>
<hr>
```

假设本地的 IP 地址是 192.168.17.156（读者需要使用自己机器的 IP 地址），在浏览器地址栏中输入如下的 URL：

```
http://192.168.17.156:8080/samples/chapter5/url.jsp
```

浏览器显示的结果如图 5.17 所示。

从图 5.17 所示的输出结果可以看出，在重写相对路径的 URL 时，<c:url>标签会将 Session

ID 作为请求参数自动添加在 URL 的后面。当刷新图 5.17 所示的页面后，这个 Session ID 将消失。这说明浏览器使用了 Cookie 来传递 Session ID。

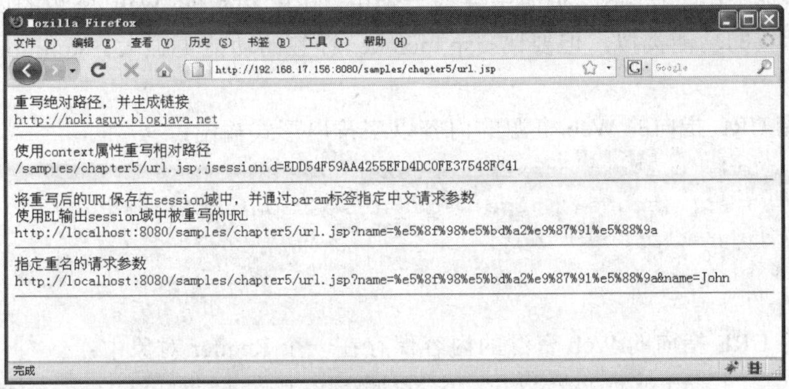

图 5.17 使用<c:url>标签重写 URL

5.3.11 <c:redirect>标签

<c:redirect>标签用于执行 URL 重定向操作，相当于调用 response.sendRedirect 方法。<c:redirect>标签有如下两种语法格式：

语法 1：没有标签体的情况：

```
<c:redirect url="value"[context="context"]/>
```

语法 2：有标签体的情况，使用标签体指定请求参数：

```
<c:redirect url="value"[context="context"]>
    0 个或多个<c:param>标签
</c:redirect>
```

<c:redirect>标签的属性说明如表 5.11 所示。

表 5.11 <c:redirect>标签的属性

属性名	是否支持动态属性值	属性类型	属 性 描 述
url	true	String	指定要重定向的 URL
context	true	String	当要重定向同一服务器的其他 Web 应用程序中的资源的 URL 时，该属性指定了其他 Web 应用程序的名称

url 属性指定要重定向的 URL 时，可以使用相对路径和绝对路径。redirect.jsp 页面是一个使用<c:redirect>标签重定向到其他 URL 的例子，代码如下：

```
<%@ page language="java" contentType="text/html; charset=UTF-8"%>
<%@ taglib uri="http://java.sun.com/jsp/jstl/core" prefix="c"%>
<c:url var="url" value="/choose.jsp" context="/chapter5">
    <c:param name="price" value="1200"/>
</c:url>
<c:redirect url="${url}"/>
```

在浏览器地址栏输入如下的 URL：

```
http://localhost:8080/samples/chapter5/redirect.jsp
```

浏览器显示的结果如图 5.18 所示。

图 5.18 使用<c:redirect>标签重定向到其他的 URL

5.3.12 <c:import>标签

<c:import>标签用于在 JSP 页面中导入一个由 URL 指定的 Web 资源的内容。该标签和<jsp:include>标签的功能类似，但要比<jsp:include>标签的功能更强大。<c:import>标签有如下两种语法格式：

语法 1：将 URL 指向的 Web 资源的内容以字符串形式输出：

```
<c:import url="url" [context="context"]
[var="varName"] [scope="{page|request|session|application}"]
[charEncoding="charEncoding"]>
    0 个或多个<c:param>标签
</c:import>
```

语法 2：将 URL 指向的 Web 资源的内容保存在一个 Reader 对象中：

```
<c:import url="url" [context="context"] varReader="varReaderName"
[charEncoding="charEncoding"]>
    只能在标签体内使用 Reader 对象
</c:import>
```

<c:import>标签的属性说明如表 5.12 所示。

表 5.12 <c:import>标签的属性

属性名	是否支持动态属性值	属性类型	属 性 描 述
url	true	String	指定要导入的 Web 资源的 URL
context	true	String	当要导入同一服务器的其他 Web 应用程序中的资源的 URL 时，该属性指定了其他 Web 应用程序的名称
var	false	String	指定要导入资源保存到 Web 域中的属性名称
scope	false	String	指定要导入资源保存的 Web 域
charEncoding	true	String	指定要导入资源内容转换成字符串时所使用的字符集编码
varReader	false	String	如果将导入的资源内容保存在 Web 域中的 java.io.Reader 对象中，该属性指定保存在 Web 域中的 java.io.Reader 对象的属性名称

在使用<c:import>标签时应注意如下几点：

- url 属性指定的要导入资源的 URL 可以是相对路径（如 abc.jsp），也可以是绝对路径（如 http://nokiaguy.blogjava.net）。当被导入的资源文件是相对路径时，相对路径的首字符可以是“/”，也可以不是“/”。如果是“/”，表示相对于当前 JSP 页面所在的 Web 应用程序的根路径；如果相对路径的首字符不是“/”，表示相对于当前 JSP 页面的路径。
- 在使用<c:import>标签导入 Web 资源时相当于在浏览器中直接访问该 Web 资源。也就是说，<c:import>标签导入的资源内容是 Web 资源在服务端执行后输出到客户端的内容。例如，如果导入的是 JSP 页面，导入后的结果是 JSP 页面输出到客户端的内容。如果要想将导入的资源按原样进行导入，需要将资源文件的扩展名修改成非服务端程序的扩展名，如.txt。
- 如果使用语法 1，在未指定 var 属性的情况下，<c:import>标签将导入的资源内容以字符串形式直接输出；如果指定了 var 属性，<c:import>标签将导入的资源内容保存在 scope 属性指定的 Web 域中，var 属性指定了将导入的资源内容保存在 Web 域中的属性名。

- 如果导入的资源中包含有非西欧字符（如 GBK、UTF-8），必须使用 charEncoding 属性指定相应的字符集编码，否则在导入资源内容后会出现乱码。
- 如果使用语法 2，<c:import>标签导入的资源内容保存在 page 域中的 java.io.Reader 对象中，varReader 属性指定了该 Reader 对象在 page 域中的属性名。
- 由于在<c:import>标签结束时就会自动将 java.io.Reader 对象关闭，并从 page 域中删除。因此，在使用语法 2 时，必须在<c:import>的标签体内使用 Reader 对象。而且在<c:import>的标签体内不能有<c:param>标签，否则<c:import>标签会抛出异常。如果要给 URL 传参数，必须直接在 url 属性中设置好这些参数，这时可以使用<c:url>标签来生成带参数的 URL。
- 如果 url 属性值是 null、空串或指定的 URL 无效，<c:import>标签将抛出异常。
- 如果指定了 charEncoding 属性，但 charEncoding 属性值是 null 或空串，<c:import>标签会忽略 charEncoding 属性。

下面的例子演示了如何使用<c:import>标签来导入 Web 资源。

import.jsp 是一个使用<c:import>标签导入 Web 资源的例子，代码如下：

```
<%@ page language="java"contentType="text/html; charset=UTF-8"%>
<%@ taglib uri="http://java.sun.com/jsp/jstl/core" prefix="c"%>
使用语法 1 导入 JSP 页面，并直接输出导入的内容
<p/><c:import url="myjstl.jsp"/>
<hr>
使用语法 1 导入 TXT 文件，并将导入的内容保存在 request 域中<p/>
<c:import var="myjstl" url="myjstl.txt" charEncoding="UTF-8" scope="request" />
<c:out value="${myjstl}"/>
<hr>
使用语法 2 导入 JSP 页面，并将导入的内容保存在 page 域中<p/>
<c:url var="url" value="choose.jsp">
   <c:param name="price" value="${param.price}"/>
</c:url>
<c:import varReader="reader" url="${url}">
   <c:out value="${reader}"/>
</c:import>
<hr>
使用语法 2 导入 TXT 文件，并将导入的内容保存在 page 域中<p/>
<c:import varReader="reader" url="myjstl.txt" charEncoding="UTF-8">
   <c:out value="${reader}"/>
</c:import>
<hr>
使用语法 2 导入跨域 Web 资源（使用绝对路径）<p/>
<c:import varReader="reader" url="http://www.csdn.net" charEncoding="UTF-8">
   <c:out value="${reader}"/>
</c:import>
```

在浏览器地址栏中输入如下的 URL：

```
http://localhost:8080/samples/chapter5/import.jsp
```

浏览器显示的结果如图 5.19 所示。

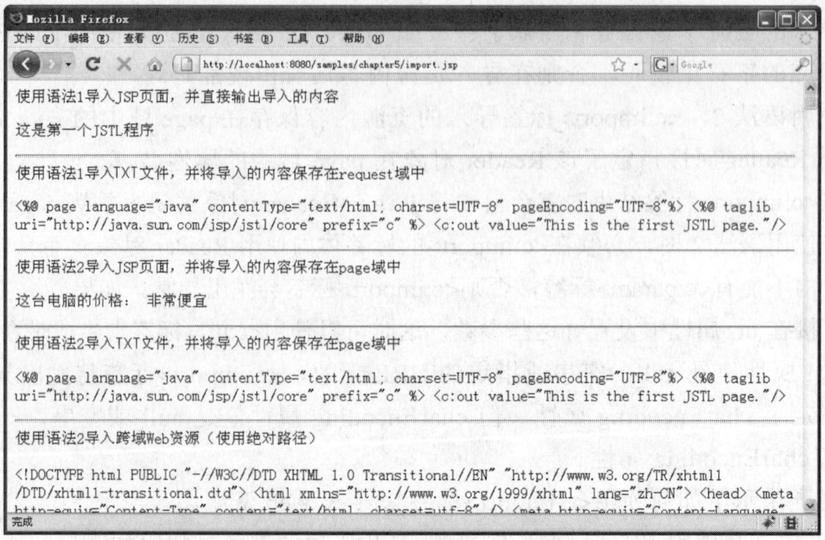

图 5.19　使用<c:import>标签导入资源内容

5.4　国际化标签库

为了在 JSP 页面中也可以开发国际化程序，JSTL 中提供了一个用于实现国际化和格式化功能的标签库，被称为国际化标签库。

5.4.1　<fmt:setLocale>标签

<fmt:setLocale>标签用于设置本地化信息，并将封装本地化信息的 Locale 对象保存在指定的 Web 域中，Locale 对象在 Web 域中的属性名为 javax.servlet.jsp.jstl.fmt.locale.scope。其中 scope 表示指定的 Web 域。如果 Web 域是 request，则保存在 request 域中的 Locale 对象的属性名是 javax.servlet.jsp.jstl.fmt.locale.request。使用<fmt:setLocale>标签设置本地化信息后，其他的国际化标签都会使用该本地化信息，而忽略从请求消息中传递过来的本地信息。<fmt:setLocale>标签的语法格式如下：

```
<fmt:setLocale value="locale"[variant="variant"]
[scope="{page|request|session|application}"]/>
```

其中黑体字部分为属性的默认值。

<fmt:setLocale>标签的属性说明如表 5.13 所示。

表 5.13　<fmt:setLocale>标签的属性

属性名	是否支持动态属性值	属性类型	属性描述
value	true	String 或 java.util.Locale	指定本地化信息。该本地化信息可以是字符串或 java.util.Locale 对象实例。如果使用字符串设置本地化信息，该字符串必须是小写形式的语言编码，后面是大写形式的国家编码，中间用“-”或“_”连接
variant	true	String	指定创建 Locale 对象实例时的变量部分。实际上，该属性相当于指定了 Locale 类的 getInstance 方法的第 3 个参数
var	false	String	指定要导入资源保存到 Web 域中的属性名称

在使用<fmt:setLocale>标签时应注意如下几点：

- 如果 value 属性值是 null 或空串，其他的国际化标签将使用服务端默认的本地信息（注意，不是从客户端发送过来的本地信息）。
- 如果不使用<fmt:setLocale>标签，其他的国际化标签将使用从客户端发送过来的本地信息。

setLocale.jsp 页面是一个使用<fmt:setLocale>标签设置当前的本地化信息的例子，代码如下：

```
<%@page language="java" contentType="text/html; charset=UTF-8"%>
<%@taglib uri="http://java.sun.com/jsp/jstl/fmt" prefix="fmt"%>
<!--使用字符串设置当前的本地化信息，并将 Locale 对象保存在 request 域中-->
<fmt:setLocale value="${param.locale}" scope="request"/>
<!--创建 ResourceBundle 对象实例-->
<fmt:setBundle basename="resource.I18nResource" var="i18n"/>
<!--输出相应的国际化信息-->
<fmt:message bundle="${i18n}" key="i18n.welcome"/><hr>
<jsp:useBean id ="now" class="java.util.Date"/>
<fmt:message bundle="${i18n}" key="i18n.datetime">
  <fmt:param value="${now}"/>
   <fmt:param value="${now}"/>
</fmt:message>
<hr>
<fmt:message bundle="${i18n}" key="i18n.message">
  <fmt:param value="${20}"/>
   <fmt:param value="${466}"/>
</fmt:message>
<hr>
```

在浏览器地址栏中输入如下的 URL：

```
http://localhost:8080/samples/chapter5/setLocale.jsp
```

在浏览器中将输出图 5.20 所示的信息。

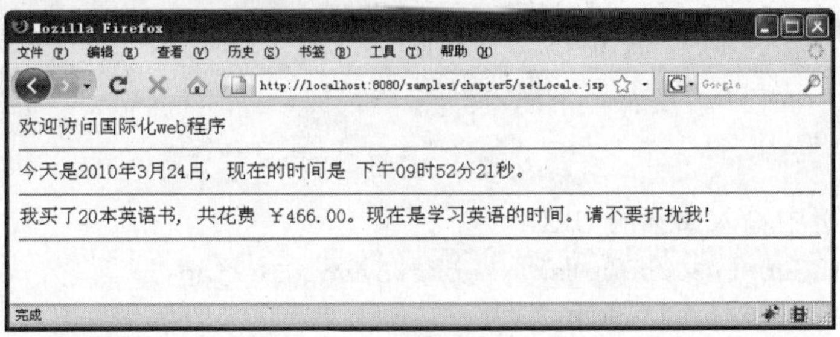

图 5.20　输出中文信息

5.4.2 <fmt:bundle>标签

<fmt:bundle>标签用于创建 ResourceBundle 对象实例，该对象实例只在<fmt:bundle>标签体中有效。<fmt:bundle>标签的语法格式如下：

```
<fmt:bundle basename="basename"[prefix="prefix"]>
    body content
</fmt:bundle>
```

<fmt:bundle>标签的属性说明如表 5.14 所示。

表 5.14　<fmt:bundle>标签的属性

属性名	是否支持动态属性值	属性类型	属　性　描　述
basename	true	String	指定创建 ResourceBundle 对象实例的基名。实际上，该属性值就是 ResourceBundle 类的 getBundle 方法的参数值。该方法用于返回 ResourceBundle 对象实例
prefix	true	String	该属性值将作为<fmt:message>标签的 key 属性值的前缀，与 key 属性值共同组成资源信息的 key 值

使用 prefix 属性指定<fmt:message>标签的 key 属性值的前缀时，key 属性值不能再包含前缀部分。

bundle.jsp 页面是一个使用<fmt:bundle>标签创建 ResourceBundle 对象实例，并输出资源信息的例子，代码如下：

```
<%@page language="java" contentType="text/html; charset=UTF-8" %>
<%@taglib uri="http://java.sun.com/jsp/jstl/fmt" prefix="fmt"%>
<!--使用字符串设置当前的本地化信息，并将 Locale 对象保存在 request 域中-->
<fmt:setLocale  value="${param.locale}" scope="request"/>
<!--创建 ResourceBundle 对象实例-->
<fmt:setBundle basename="resource.I18nResource" var="i18n"/>
<!--输出相应的国际化信息-->
<fmt:message bundle="${i18n}" key="i18n.welcome"/><hr>
<jsp:useBean id ="now" class="java.util.Date"/>
<fmt:message bundle="${i18n}" key="i18n.datetime">
  <fmt:param value="${now}"/>
   <fmt:param value="${now}"/>
</fmt:message>
<hr>
<fmt:message bundle="${i18n}" key="i18n.message">
  <fmt:param value="${20}"/>
   <fmt:param value="${466}"/>
</fmt:message>
<hr>
```

在浏览器地址栏中输入如下的 URL：

```
http://localhost:8080/samples/chapter5/bundle.jsp
```

浏览器显示的结果如图 5.21 所示。

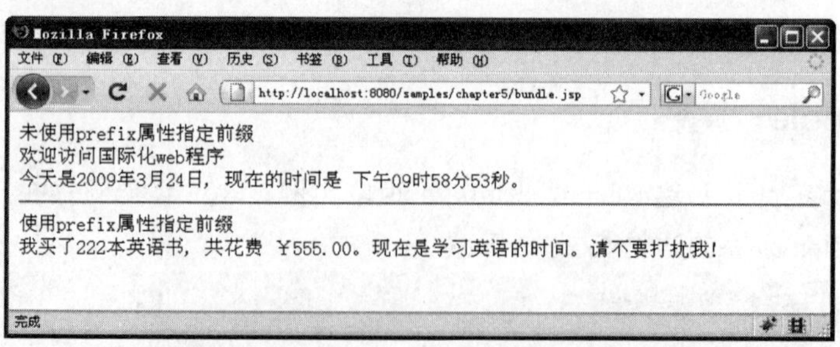

图 5.21　使用<fmt:bundle>标签创建 ResourceBundle 对象实例

5.4.3　<fmt:setBundle>标签

<fmt:setBundle>标签和<fmt:bundle>标签的功能基本相同，也用于创建 ResourceBundle 对象实例，但<fmt:setBundle>标签可以将创建的 LocalizationContext 对象实例（该对象实例中封装了由<fmt:setBundle>标签创建的 ResourceBundle 对象）以指定的属性名保存在某个 Web 域中。<fmt:setBundle>标签的语法格式如下：

```
<fmt:setBundle basename="basename" [var="varName"]
[scope="{page|request|session|application}"]/>
```

<fmt:setBundle>标签的属性说明如表 5.15 所示。

表 5.15　<fmt:setBundle>标签的属性

属性名	是否支持动态属性值	属性类型	属　性　描　述
basename	true	String	指定创建 ResourceBundle 对象实例的基名。实际上，该属性值就是 ResourceBundle 类的 getBundle 方法的参数值。该方法用于返回 ResourceBundle 对象实例
var	false	String	指定创建的 LocalizationContext 对象实例保存在 Web 域中的属性名
scope	false	String	指定创建的 LocalizationContext 对象实例保存的 Web 域

在使用<fmt:setBundle>标签时应注意如下几点：

- 如果 basename 属性值为 null、空字符串，或找不到 basename 属性指定的资源，则<fmt:setBundle>标签创建的 ResourceBundle 对象实例为 null。
- <fmt:setBundle>标签保存在某个域中的对象并不是 ResourceBundle 对象实例，而是 javax.servlet.jsp.jstl.fmt.LocalizationContext 对象实例。LocalizationContext 类可以在 JSTL 库的源代码中找到。LocalizationContext 对象封装了 ResourceBundle 对象和 Locale 对象。通过 LocalizationContext 类的 getResourceBundle 方法和 getLocale 方法可以分别返回 ResourceBundle 对象和 Locale 对象。从这一点可以看出，如果<fmt:setBundle>标签创建的 ResourceBundle 对象实例为 null，保存在 Web 域中的对象也不是 null，而是 LocalizationContext 对象实例，只是通过 LocalizationContext 类的 getResourceBundle 方法会返回 null。
- 如果指定 var 属性，<fmt:setBundle>标签会把 LocalizationContext 对象实例以 var 属性值作为属性名保存在 Web 域中。
- 如果未指定 var 属性，<fmt:setBundle>标签会把 LocalizationContext 对象实例以 javax.servlet.jsp.jstl.fmt.LocalizationContext.scope 作为属性名保存在 Web 域中，其中 scope 表示 scope 属性的值，如 scope 属性值是 request，则 javax.servlet.jsp.jstl.fmt.LocalizationContext.request 就是保存在 Web 域中的 LocalizationContext 对象的属性名。

5.4.4　<fmt:message>标签

<fmt:message>标签用于从资源文件中读取资源信息，并进行格式化输出。<fmt:message>标签有如下 3 种语法格式：

语法 1：没有标签体的情况：

```
<fmt:message key="messageKey"[bundle="resourceBundle"]
[var="varName"]
[scope="{page|request|session|application}"]/>
```

语法 2：在标签体中指定资源信息占位符参数的情况：

```
<fmt:message key="messageKey"[bundle="resourceBundle"]
[var="varName"] [scope="{page|request|session|application}"]>
   0 个或多个<fmt:param>标签
</fmt:message>
```

语法 3：在标签体中指定资源信息的 key 和占位符参数的情况：

```
<fmt:message [bundle="resourceBundle"] [var="varName"]
[scope="{page|request|session|application}"]>
   key
   0 个或多个<fmt:param> 标签
</fmt:message>
```

其中黑体字部分为属性的默认值。

<fmt:message>标签的属性说明如表 5.16 所示。

表 5.16　<fmt:message>标签的属性

属性名	是否支持动态属性值	属性类型	属　性　描　述
key	true	String	指定资源信息的 key 值
bundle	true	LocalizationContext	指定保存在 Web 域中的 LocalizationContext 对象的属性名
var	false	String	指定将格式化结果保存在 Web 域中的属性名
scope	false	String	指定格式化结果保存在 Web 域

在使用<fmt:message>标签时应注意如下几点：

- 如果指定的资源信息不存在，或者未指定 bundle 属性，或者从 bundle 属性指定的 LocalizationContext 对象的 getResourceBundle 方法返回的 ResourceBundle 对象为 null，则<fmt:message>标签会输出“???<key>???”形式的错误信息。
- 如果 key 属性为 null 或空字符串，则<fmt:message>标签会输出“??????”形式的错误信息。
- 如果指定 var 属性，则<fmt:message>标签会将格式化的资源信息保存在 Web 域中以 var 属性值为属性名的对象中。如果未指定 var 属性，则<fmt:message>标签会直接输出格式化的资源信息。
- 如果使用语法 2 和语法 3 格式化资源信息，并且在标签体中包含<fmt:param>子标签，则<fmt:param>子标签的出现顺序和资源信息中的相应占位符顺序要一致，也就是说，第一个<fmt:param>子标签对应于资源信息中第一个占位符，第二个<fmt:param>子标签对应于资源信息中的第二个占位符，以此类推。
- 如果资源信息中的占位符没有对应的<fmt:param>子标签，则<fmt:message>标签会直接输出资源信息中的占位符。
- 如果<fmt:param>子标签指定的值无法转换成资源信息中相应的占位符的数据类型，则<fmt:message>标签会抛出异常。

message.jsp 是一个使用<fmt:message>标签格式化资源信息的例子，代码如下：

```
<%@page language="java" contentType="text/html; charset=UTF-8"%>
<%@taglib uri="http://java.sun.com/jsp/jstl/fmt" prefix="fmt"%>
```

```
<fmt:setBundle var="bundle" basename="resource.I18nResource"/>
在标签体中指定资源信息的 key 和占位符参数值<br>
<fmt:message bundle="${bundle}" >
    i18n.message
    <fmt:param value="${200}" />
    <fmt:param value="${216}" />
</fmt:message>
<hr>
将格式化的资源信息保存在 page 域中，并通过 EL 输出格式化的资源信息<br>
<fmt:message var="message" bundle="${bundle}" key="i18n.datetime">
    <jsp:useBean id="now" class="java.util.Date"/>
    <fmt:param value="${now}"/>
    <fmt:param value="${now}"/>
</fmt:message>
${message}
```

在浏览器地址栏中输入如下的 URL：

```
http://localhost:8080/samples/chapter5/message.jsp
```

浏览器的输出结果如图 5.22 所示。

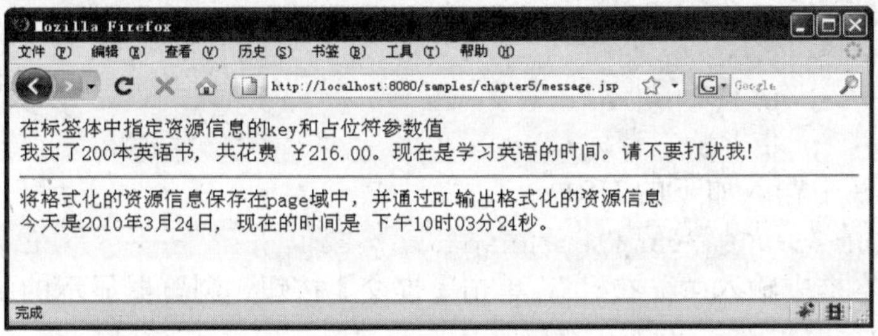

图 5.22　使用<fmt:message>标签格式化资源信息

5.4.5　<fmt:param>标签

<fmt:param>标签用于为格式化资源信息中的占位符设置参数值，该标签只能作为<fmt:message>标签的子标签使用。<fmt:param>标签有如下两种语法格式：

语法 1：通过 value 属性设置占位符参数值：

```
<fmt:param value="messageParameter"/>
```

语法 2：通过标签体设置占位符参数值：

```
<fmt:param>
    标签体
</fmt:param>
```

其中 value 属性值的类型是 java.lang.Object，而且支持动态属性值。

5.4.6　<fmt:requestEncoding>标签

<fmt:requestEncoding>标签用于设置请求消息的字符集编码。实际上，在该标签内部通过调用 request.setCharacterEncoding 来设置请求消息的字符集编码。<fmt:requestEncoding>标签的语法格式如下：

```
<fmt:requestEncoding [value="charsetName"]/>
```

其中 value 属性表示请求消息的字符集编码，该属性是 String 类型，并且支持动态属性值。在使用<fmt:requestEncoding>标签时应注意如下几点：

- <fmt:requestEncoding>标签和 request.setCharacterEncoding 方法一样，必须在获得任何请求参数之前调用。
- 如果未指定 value 属性，或 value 属性值为 null，并且从 HTTP 请求消息头中 Content-Type 字段无法确定字符集编码，则<fmt:requestEncoding>标签会在 session 域中查找属性名为 javax.servlet.jsp.jstl.fmt.request.charset 的属性值，如果 session 域中存在该属性，则<fmt:requestEncoding>标签就会使用该属性值设置字符集编码。如果 session 域中不存在该属性，则<fmt:requestEncoding>标签会采用 ISO-8859-1 字符集编码。

requestEncoding.jsp 页面是一个使用<fmt:requestEncoding>标签设置 HTTP 请求消息的字符集编码的例子，代码如下：

```
<%@page language="java" contentType="text/html; charset=UTF-8"%>
<%@taglib uri="http://java.sun.com/jsp/jstl/fmt" prefix="fmt"%>
<fmt:requestEncoding value="UTF-8"/>
${param.product}
<form method="post">
Product: <input type="text" name="product"/><br>
  <input type="submit" value="提交"/>
</form>
```

在浏览器地址栏中输入如下的 URL：

```
http://localhost:8080/samples/chapter5/requestEncoding.jsp
```

在页面中的文本框中输入“洗衣机”，单击【提交】按钮，浏览器显示的结果如图 5.23 所示。

如果将 requestEncoding.jsp 页面中的<fmt:requestEncoding>标签注释掉，在文本框中输入“洗衣机”后，单击【提交】按钮，在页面中将会显示图 5.24 所示的乱码。

图 5.23 使用<fmt:requestEncoding>标签设置 HTTP 请求消息的字符集编码

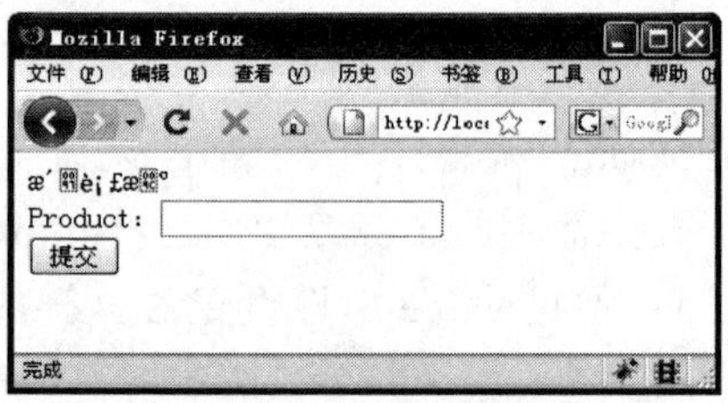

图 5.24 显示乱码

如果读者使用的是 Tomcat 5.x 及以后的版本，并且是使用 HTTP GET 方法提交的请求消息，Tomcat 并不会考虑用户设置的 HTTP 请求消息的字符集编码，而只会采用 ISO-8859-1 字符集编码。因此，在这种情况下，通过<fmt:requestEncoding>标签或 request.setCharacterRequest 方法设置 HTTP 请求消息的字符集编码是没有任何意义的。要解决这种情况下的乱码问题，需要使用如下的代码：

```
String product=new String(request.getParameter("product").
                                    getBytes("ISO-8859-1"), "UTF-8");
```

读者可以将 requestEncoding.jsp 页面中<form>标签的 method 属性值改成 get，看看会发生什么事情。

5.4.7　<fmt:timeZone>标签

<fmt:timeZone>标签用于设置时区，但该标签设置的时区只在其标签体中有效。<fmt:timeZone>标签的语法格式如下：

```
<fmt:timeZone value="timeZone">
   标签体
</fmt:timeZone>
```

其中value属性表示要设置的时区，该属性值可以是String类型，也可以是java.util.TimeZone类的对象实例。如果 value 属性值是表示时区名称的字符串，则该字符串将由 java.util.TimeZone.getTimeZone 方法解析为 java.util.TimeZone 类的对象实例。如果 value 属性值是 null 或空字符串，则<fmt:timeZone>标签就会采用格林尼治标准时间（GMT）。

timeZone.jsp 页面是一个使用<fmt:timeZone>标签设置时区的例子，代码如下：

```
<%@page language="java"contentType="text/html;charset=UTF-8"%>
<%@taglib uri="http://java.sun.com/jsp/jstl/fmt" prefix="fmt"%>
<jsp:useBean id="now" class="java.util.Date"/>
格林尼治标准时间（GMT）<br>
<fmt:timeZone value="">
   <fmt:formatDate value="${now}"type="both"dateStyle="long"timeStyle=
   "long"/>
</fmt:timeZone>
<hr>
GMT-6:00<br>
<fmt:timeZone value="GMT-6:00">
   <fmt:formatDate value="${now}"type="both" dateStyle="long"timeStyle=
   "long"/>
</fmt:timeZone>
```

在浏览器地址栏中输入如下的 URL：

```
http://localhost:8080/samples/chapter5/timeZone.jsp
```

浏览器显示的结果如图 5.25 所示。

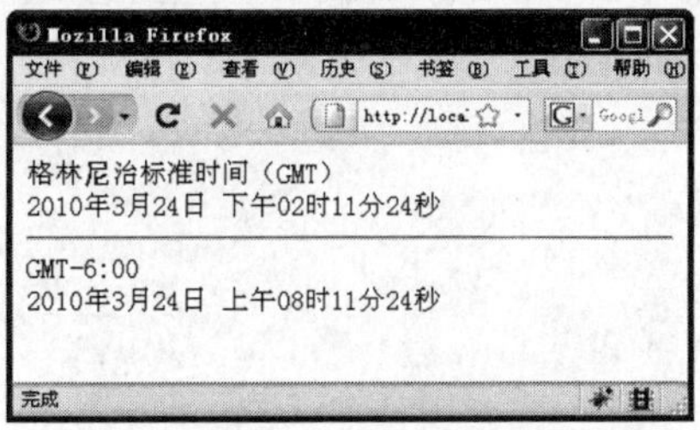

图 5.25　使<fmt:timeZone>标签设置时区

5.4.8　<fmt:setTimeZone>标签

<fmt:setTimeZone>标签和<fmt:timeZone>标签的功能类似，也用于在 JSP 页面中设置时区，但<fmt:setTimeZone>标签可以将时区信息以 java.util.TimeZone 对象的形式保存在 Web 域中。<fmt:setTimeZone>标签的语法格式如下：

```
<fmt:setTimeZone value="timeZone" [var="varName"]
[scope="{page|request|session|application}"]/>
```

<fmt:setTimeZone>标签的属性说明如表 5.17 所示。

表 5.17　<fmt:setTimeZone>标签的属性

属性名	是否支持动态属性值	属性类型	属　性　描　述
value	true	String 或 java.util.TimeZone	指定表示时区的 ID 或 java.util.TimeZone 对象
var	false	String	指定保存在 Web 域中的 TimeZone 对象的属性名
scope	false	String	指定保存 TimeZone 对象的 Web 域

如果指定 var 属性，则<fmt:setTimeZone>标签会使用 var 属性值作为属性名将设置的时区信息以 TimeZone 对象的形式保存在 scope 属性指定的 Web 域中。如果未指定 var 属性，则 TimeZone 对象保存在 Web 域中的属性名是 javax.servlet.jsp.jstl.fmt.timeZone.scope，其中 scope 表示 scope 属性的值。如 scope 属性值是 request，TimeZone 对象保存在 request 域中的属性名是 javax.servlet.jsp.jstl.fmt.timeZone.request。

setTimeZone.jsp 页面是一个使用<fmt:setTimeZone>标签设置时区的例子，代码如下：

```
<%@ page language="java" contentType="text/html; charset=UTF-8" %>
<%@ taglib uri="http://java.sun.com/jsp/jstl/fmt" prefix="fmt"%>
<jsp:useBean id="now" class="java.util.Date"/>
<fmt:setTimeZone var="gmt" value="" scope="request"/>
<fmt:formatDate value="${now}" type="both" dateStyle="long" timeStyle="long"/>
<hr>
<fmt:setTimeZone  value="GMT+9:00" scope="request"/>
从 request 域中的 TimeZone 对象获得 displayName 属性值<br>
<fmt:formatDate value="${now}" type="both" dateStyle="long" timeStyle="long"/>
```

在浏览器地址栏中输入如下的 URL：

```
http://localhost:8080/samples/chapter5/setTimeZone.jsp
```

浏览器输出的结果如图 5.26 所示。

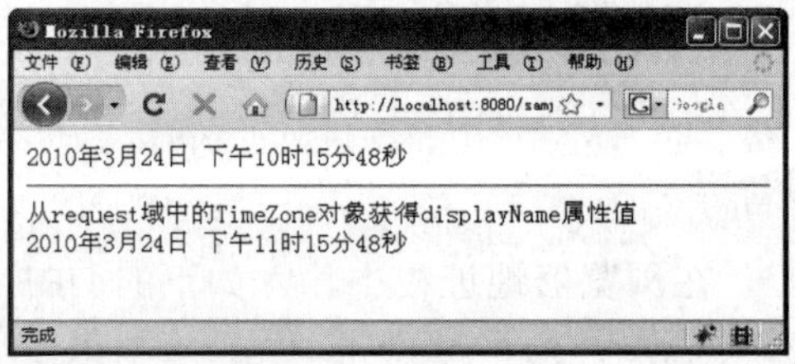

图 5.26　使用<fmt:setTimeZone>标签设置时区

5.4.9　<fmt:formatNumber>标签

<fmt:formatNumber>标签用于对数字、货币和百分数按本地化信息或用户自定义格式进行格式化。<fmt:formatNumber>标签有如下两种语法格式：

语法 1：没有标签体的情况：

```
<fmt:formatNumber value="numericValue"
                  [type="{number|currency|percent}"]
                  [pattern="customPattern"]
                  [currencyCode="currencyCode"]
                  [currencySymbol="currencySymbol"]
                  [groupingUsed="{true|false}"]
                  [maxIntegerDigits="maxIntegerDigits"]
                  [minIntegerDigits="minIntegerDigits"]
                  [maxFractionDigits="maxFractionDigits"]
                  [minFractionDigits="minFractionDigits"]
                  [var="varName"]
                  [scope="{page|request|session|application}"]/>
```

语法 2：有标签体的情况，在标签体中指定要被格式化的数值：

```
<fmt:formatNumber [type="{number|currency|percent}"]
                  [pattern="customPattern"]
                  [currencyCode="currencyCode"]
                  [currencySymbol="currencySymbol"]
                  [groupingUsed="{true|false}"]
                  [maxIntegerDigits="maxIntegerDigits"]
                  [minIntegerDigits="minIntegerDigits"]
                  [maxFractionDigits="maxFractionDigits"]
                  [minFractionDigits="minFractionDigits"]
                  [var="varName"]
                  [scope="{page|request|session|application}"]>
    被格式化的数值
</fmt:formatNumber>
```

其中黑体字部分为属性的默认值。

<fmt:formatNumber>标签的属性说明如表 5.18 所示。

表 5.18 <fmt:formatNumber>标签的属性

属性名	是否支持动态属性值	属性类型	属 性 描 述
value	true	String 或 Number	指定要格式化的数值
type	true	String	指定格式化输出的类型（货币、数值或百分数）
pattern	true	String	指定一个自定义的数值输出格式
currencyCode	true	String	指定货币代码，该代码在 ISO 4217 标准中定义。该属性只有在 type 属性值为 currency 时才有效
currencySymbol	true	String 或 Number	指定货币符号。该属性只在 type 属性值为 currenty 时才有效
groupingUsed	true	boolean	指定格式化输出的数值是否使用组分隔符
maxIntegerDigits	true	int	指定格式化输出的数值的整数部分最多包含几位数字
minIntegerDigits	true	int	指定格式化输出的数值的整数部分最少包含几位数字
maxFractionDigits	true	int	指定格式化输出的数值的小数部分最多包含几位数字
minFractionDigits	true	int	指定格式化输出的数值的小数部分最少包含几位数字
var	false	String	指定保存在 Web 域中的格式化结果的属性名
scope	false	String	指定保存格式化结果的 Web 域

在使用<fmt:formatNumber>标签时应注意如下几点：

- 如果指定 scope 属性，则必须要指定 var 属性，否则<fmt:formatNumber>标签将抛出异常。
- 如果 value 属性值是 null 或空字符串，并且 var 属性值不为 null，则<fmt:formatNumber>标签不输出任何内容，如果这时指定了 var 属性和 scope 属性，则 scope 属性指定的 Web 域中的 var 属性指定的属性将被删除。
- 如果 pattern 属性值是 null 或空字符串，则该属性将被忽略。
- 如果指定 pattern 属性，则<fmt:formatNumber>标签会忽略 type 属性。
- 由于<fmt:formatNumber>标签内部使用了 java.text.DecimalFormat 类的对象实例来格式化数值，而 pattern 属性值就是 DecimalFormat 类的构造方法的第一个参数，因此，pattern 属性指定的模式字符串必须符合 DecimalFormat 类要求的模式字符串的语法。

- 如果<fmt:formatNumber>标签无法格式化指定的数值，就会使用 Object.toString 方法直接输出该 value 属性的值。

formatNumber.jsp 页面是一个使用<fmt:formatNumber>标签格式化数值的例子，代码如下：

```
<%@page language="java" contentType="text/html; charset=UTF-8"%>
<%@taglib uri="http://java.sun.com/jsp/jstl/fmt" prefix="fmt"%>
使用组分隔符格式化数值:
<fmt:formatNumber value="123456"/><hr>
将数值格式化为货币格式，中文（中国）:
<fmt:formatNumber value="123456" type="currency"/>
<hr>
将数值格式化为货币格式，英语（美国）:
<fmt:setLocale value="en-US"/>
<fmt:formatNumber value="123456" type="currency"/>
<hr>
将数值格式化为百分数形式（使用标签体指定要格式化的数值）:
<fmt:formatNumber type="percent" minFractionDigits="1">
0.346
</fmt:formatNumber>
<hr>
指定小数部分数字的最大位数（5）和最小位数（3）:
<fmt:formatNumber maxFractionDigits="5" minFractionDigits="3">
3.12
</fmt:formatNumber>
<hr>
使用 pattern 属性指定模式字符串（#000.0000#），并将格式化结果保存在 request 域中:
<fmt:formatNumber pattern="#000.0000#" value="12.625" var="myNumber" scope=
"request"/>
${requestScope.myNumber}
```

在浏览器地址栏中输入如下的 URL：

```
http://localhost:8080/samples/chapter5/formatNumber.jsp
```

浏览器显示的结果如图 5.27 所示。

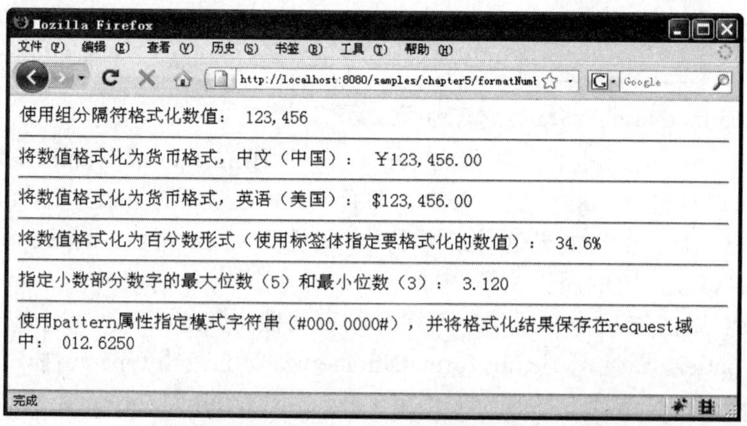

图 5.27　使用<fmt:formatNumber>标签格式化数值

5.4.10　<fmt:parseNumber>标签

<fmt:parseNumber>标签的作用正好和<fmt:formatNumber>标签相反，它用于将一个按着本地信息格式化的数值、货币或百分数字符串解析为数值，<fmt:parseNumber>标签有如下两种语法格式：

语法 1：没有标签体的情况：

```
<fmt:parseNumber value="numericValue"
                 [type="{number|currency|percent}"]
                 [pattern="customPattern"]
                 [parseLocale="parseLocale"]
                 [integerOnly="{true|false}"]
                 [var="varName"]
                 [scope="{page|request|session|application}"]/>
```

语法 2：有标签体的情况，使用标签体指定要被解析的数值：

```
<fmt:parseNumber [type="{number|currency|percent}"]
                 [pattern="customPattern"]
                 [parseLocale="parseLocale"]
                 [integerOnly="{true|false}"]
                 [var="varName"]
                 [scope="{page|request|session|application}"]>
    要被解析的数值
</fmt:parseNumber>
```

其中黑体字部分为属性的默认值。

<fmt:parseNumber>标签的属性说明如表 5.19 所示。

表 5.19　<fmt:parseNumber>标签的属性

属性名	是否支持动态属性值	属性类型	属 性 描 述
value	true	String 或 Number	指定要解析的数值、货币或百分数字符串
type	true	String	指定解析类型（货币、数值或百分数）
pattern	true	String	指定一个自定义的解析格式
parseLocale	true	String 或 java.util.Locale	指定解析字符串时所使用的本地信息（描述本地信息的字符串或 Locale 对象实例）
integerOnly	true	boolean	指定是否只解析数值字符串的整数部分
var	false	String	指定保存在 Web 域中的解析结果（Number 对象）的属性名
scope	false	String	指定保存解析结果的 Web 域

在使用<fmt:parseNumber>标签时应注意如下几点：

- 如果 value 属性值为 null 或空字符串，则<fmt:parseNumber>标签会删除 scope 属性指定的 Web 域中的 var 属性指定的域属性。如果 value 属性的值无法成功被解析，则<fmt:parseNumber>标签会抛出异常。
- 如果 parseLocale 属性值为 null 或空字符串，则该属性将被忽略。
- 如果 pattern 属性值为 null 或空字符串，则该属性将被忽略。
- 如果指定 pattern 属性，则<fmt:parseNumber>标签会忽略 type 属性。

- 如果<fmt:parseNumber>无法确定解析所使用的本地信息，将会抛出 JspException 异常。异常信息中包含要解析的字符串。
- 如果指定 var 属性，并且 var 属性值不为 null，则<fmt:parseNumber>标签会将解析结果（Number 对象）以 var 属性指定的域属性名保存在 scope 属性指定的域中。如果未指定 var 属性，或 var 属性值为 null，则<fmt:parseNumber>标签会调用 Number.toString 方法直接输出解析的结果。如果指定 scope 属性，则必须指定 var 属性，否则<fmt:parseNumber>标签将抛出异常。

parseNumber.jsp 页面是一个使用<fmt:parseNumber>标签解析数值、货币和百分数字符串的例子，代码如下：

```
<%@page language="java" contentType="text/html; charset=UTF-8" %>
<%@taglib uri="http://java.sun.com/jsp/jstl/fmt" prefix="fmt"%>
解析货币字符串($2211.23)，英语(美国):
<fmt:parseNumber value="$2211.23" type="currency" parseLocale="en-US"/>
<hr>
解析百分数字符串(21.3%):
<fmt:parseNumber value="21.3%" type="percent"/>
<hr>
使用用户定义的模式字符串解析数值，并将解析的结果保存在 request 域中:
<fmt:parseNumber var="myNumber" scope ="request" pattern="#.000#">
   123.12
</fmt:parseNumber>
${requestScope.myNumber}
```

在浏览器地址栏中输入如下的 URL：

```
http://localhost:8080/samples/chapter5/parseNumber.jsp
```

浏览器显示的结果如图 5.28 所示。

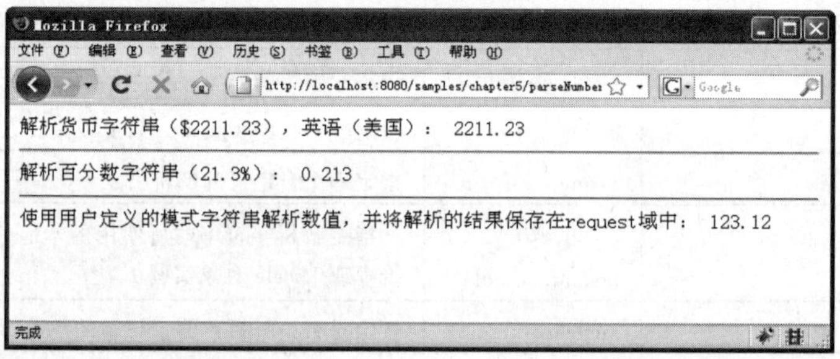

图 5.28　使用<fmt:parseNumber>标签分析数值、货币和百分数字符串

5.4.11　<fmt:formatDate>标签

<fmt:formatDate>标签用于对日期和时间按本地化信息或按用户自定义格式进行格式化。<fmt:formatDate>标签的语法格式如下：

```
<fmt:formatDate value="date"
                [type="{time|date|both}"]
                [dateStyle="{default|short|medium|long|full}"]
                [timeStyle="{default|short|medium|long|full}"]
                [pattern="customPattern"]
```

```
            [timeZone="timeZone"]
            [var="varName"]
            [scope="{page|request|session|application}"]/>
```

其中黑体字部分为属性的默认值。

<fmt:formatDate>标签的属性说明如表 5.20 所示。

表 5.20　<fmt:formatDate>标签的属性

属性名	是否支持动态属性值	属性类型	属 性 描 述
value	true	java.util.sDate	指定要格式化的日期和时间（以 Date 对象的形式指定）
type	true	String	指定格式化输出的类型（日期、时间或两者）
dateStyle	true	String	指定日期部分的输出格式，该属性仅在 type 属性值为 date 或 both 时才有效
timeStyle	true	String	指定时间部分的输出格式，该属性仅在 type 属性值为 time 或 both 时才有效
pattern	true	String	指定自定义的日期和时间的输出格式
timeZone	true	String 或 java.util.TimeZone	指定格式化日期和时间采用的时区
var	false	String	指定保存在 Web 域中的格式化结果的属性名
scope	false	String	指定保存格式化结果的 Web 域

使用<fmt:formatDate>标签应注意如下几点：

- 如果指定了 var 属性，则<fmt:formatDate>标签将格式化的结果以 var 属性值作为属性名保存在 scope 属性指定的 Web 域中，如果未指定 var 属性，则<fmt:formatDate>标签会直接输出格式化的结果。如果指定了 scope 属性，则必须指定 var 属性。
- 如果 value 属性值为 null，则不输出任何内容，如果这时指定了 var 属性和 scope 属性，则 scope 属性指定的 Web 域中的 var 属性指定的域属性将被删除。
- 如果 timeZone 属性的值是 null 或空字符串，则<fmt:formatDate>标签会忽略该属性。
- 如果标签不能确定格式化日期和时间所采用的本地信息，则使用 java.util.Date.toString() 方法作为输出格式。

formatDate.jsp 页面是一个使用<fmt:formatDate>标签格式化日期和时间的例子，代码如下：

```
<%@ page language="java" contentType="text/html; charset=UTF-8" %>
<%@ taglib uri="http://java.sun.com/jsp/jstl/fmt" prefix="fmt"%>
<jsp:useBean id="now" class="java.util.Date"/>
使用 long 格式对日期进行格式化:
<fmt:formatDate value="${now}" dateStyle="long"/>
<hr>
使用 long 格式对时间进行格式化:
<fmt:formatDate value="${now}" timeStyle="long" type="time"/>
<hr>
使用 full 格式对日期和时间进行格式化:
<fmt:formatDate value="${now}" dateStyle="full" timeStyle="full" type="both"/>
<hr>
使用自定义格式（包括毫秒）对日期和时间进行格式化:
<fmt:formatDate value="${now}" pattern="yyyy-MM-dd HH:mm:ss S"/>
<hr>
```

在浏览器地址栏中输入如下的 URL：

```
http://localhost:8080/samples/chapter5/formatDate.jsp
```

浏览器显示的结果如图 5.29 所示。

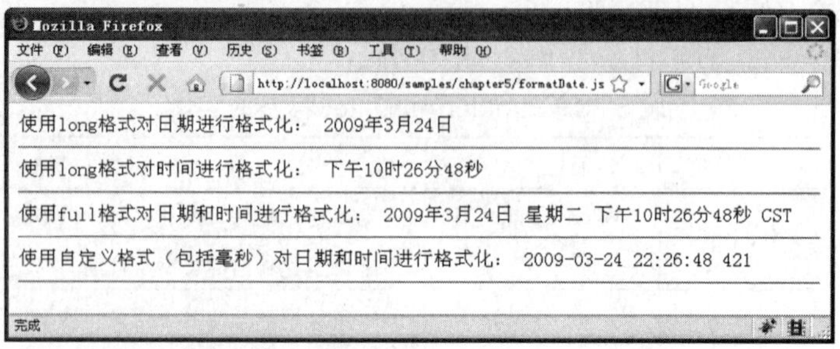

图 5.29　使用<fmt:formatDate>标签格式化日期和时间

5.4.12　<fmt:parseDate>标签

<fmt:parseDate>标签用于将一个表示日期和时间的字符串解析成 java.util.Date 对象实例。<fmt:parseDate>标签有如下两种语法格式：

语法 1：没有标签体的情况：

```
<fmt:parseDate value="dateString"
               [type="{time|date|both}"]
               [dateStyle="{default|short|medium|long|full}"]
               [timeStyle="{default|short|medium|long|full}"]
               [pattern="customPattern"]
               [timeZone="timeZone"]
               [parseLocale="parseLocale"]
               [var="varName"]
               [scope="{page|request|session|application}"]/>
```

语法 2：有标签体的情况，在标签体中指定要被解析的日期和时间字符串：

```
<fmt:parseDate [type="{time|date|both}"]
               [dateStyle="{default|short|medium|long|full}"]
               [timeStyle="{default|short|medium|long|full}"]
               [pattern="customPattern"]
               [timeZone="timeZone"]
               [parseLocale="parseLocale"]
               [var="varName"]
               [scope="{page|request|session|application}"]>
    要被解析的日期和时间字符串
</fmt:parseDate>
```

其中黑体字部分为属性的默认值。

<fmt:parseDate>标签的属性说明如表 5.21 所示。

表 5.21　<fmt:parseDate>标签的属性

属性名	是否支持动态属性值	属性类型	属　性　描　述
value	true	String	指定要被解析的日期和时间字符串
type	true	String	指定解析的字符串是日期部分，还是时间部分，或者两者都有

续表

属性名	是否支持动态属性值	属性类型	属 性 描 述
dateStyle	true	String	指定解析日期部分字符串的格式，仅在 type 属性值为 date 或 both 时有效
timeStyle	true	String	指定解析时间部分字符串的格式，仅在 type 属性值为 time 或 both 时有效
pattern	true	String	指定一个自定义的解析日期和时间字符串的格式
timeZone	true	String 或 java.util.TimeZone	指定解析日期和时间字符串时采用的时区
parseLocale	false	String 或 java.util.Locale	指定解析日期和时间字符串的本地信息（描述语言和国家信息的字符串或 Locale 对象实例）
var	false	String	指定保存在 Web 域中的解析结果的属性名
scope	false	String	指定保存解析结果的 Web 域

在使用<fmt:parseDate>标签时应注意如下几点：

- 如果 value 属性值为 null 或空字符串，则<fmt:parseDate>标签会删除 scope 属性指定的 Web 域中的 var 属性指定的域属性。如果 value 属性的值无法成功被解析，则<fmt:parseDate>标签会抛出异常。
- 如果 parseLocale 属性值为 null 或空字符串，则该属性将被忽略。
- 如果 timeZone 属性值为 null 或空字符串，则该属性将被忽略。
- 如果 pattern 属性值为 null 或空字符串，则该属性将被忽略。
- 如果指定 pattern 属性，则<fmt:parseDate>标签就会忽略 type、dateStyle 和 timeStyle 属性。这时，<fmt:parseDate>标签就会按 pattern 属性指定的自定义格式解析字符串。pattern 属性值必须符合日期和时间模式字符串，否则<fmt:parseDate>标签会抛出异常。
- 如果<fmt:parseDate>标签不能确定用于解析日期和时间字符串的本地信息，就会抛出 JspException 异常，异常信息中包含要解析的字符串。

parseDate.jsp 页面是一个使用<fmt:parseDate>标签解析日期和时间字符串的例子，代码如下：

```
<%@ page language="java" contentType="text/html; charset=UTF-8" %>
<%@ taglib uri="http://java.sun.com/jsp/jstl/fmt" prefix="fmt"%>
使用 long 格式解析时间字符串<br>
时间字符串：下午 08 时 20 分 33 秒<br>
<fmt:parseDate value="下午 08 时 20 分 33 秒"  timeStyle="long" type="time"/>
<hr>
使用 full 格式解析日期和时间字符串，并将解析结果保存在 request 域中<br>
日期和时间字符串：2009 年 10 月 31 日 星期六 下午 08 时 21 分 33 秒 CST<br>
<fmt:parseDate  dateStyle="full" timeStyle="full" type="both" var="datetime">
2009 年 10 月 31 日 星期六 下午 08 时 21 分 33 秒 CST
</fmt:parseDate>
${datetime}
<hr>
使用 pattern 属性指定自定义格式解析日期和时间字符串<br>
日期和时间字符串：2009-2-1 22:22:22 123<br>
```

```
自定义格式: yyyy-MM-dd HH:mm:ss S<br>
<fmt:parseDate pattern="yyyy-MM-dd HH:mm:ss S" value="2009-2-1 22:22:22 123" />
```

在浏览器地址栏中输入如下的 URL：

```
http://localhost:8080/samples/chapter5/parseDate.jsp
```

浏览器显示的结果如图 5.30 所示。

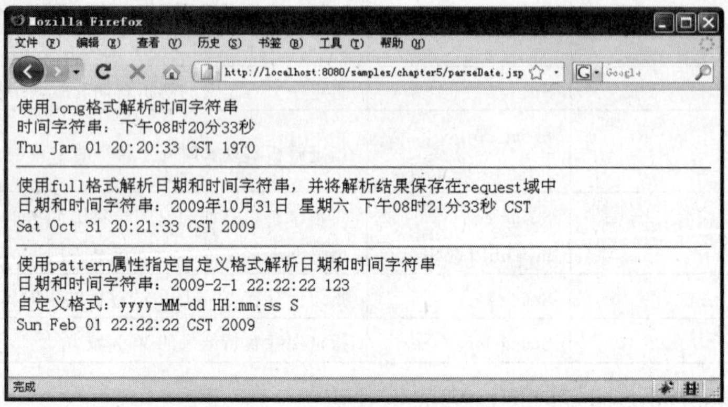

图 5.30　使用<fmt:parseDate>标签解析日期和时间字符串

5.5　本 章 小 结

本章介绍了 JSP 标准标签库（JSTL）中的部分标签库。这些标签库是核心标签库和国际化标签库。通过这两个标签库中的标签可以在不写一行 Java 代码的情况下实现非常复杂的功能。在下一章将继续介绍 JSTL 的其他标签库以及自定义函数。

第 6 章　JSP 标准标签库（二）

本章将继续介绍 JSP 的标准标签库。这些标签库包括数据库标签库、XML 标签库以及 JSTL 自定义函数。这些标签库的使用方法和上一章介绍的核心标签库和国际化标签库类似。读者可以参考上一章的内容。

6.1　数据库标签库

为了简化 JSP 页面访问数据库的操作，JSTL 中提供了一个负责操作数据库的标签库，JSP 规范建议数据库标签库的前缀名为 sql。这个标签库中对不同的数据库操作提供了相应的标签，主要包含设置数据源、执行查询语句、执行更新语句和事务处理等标签。

在 Java IDE 中打开 servers 工程，在 server.xml 文件中找到 path 属性值为“/samples”的<Context>元素，向<Context>元素中添加<Resource>子元素以配置数据源，配置完的<Context>元素的代码如下：

```
<Context docBase="demo" path="/samples" reloadable="true"
    crossContext="true" source="org.eclipse.jst.jee.server:demo">
    <Resource name="jdbc/mydb" auth="Container" type="javax.sql.DataSource"
        driverClassName="com.mysql.jdbc.Driver"
        url="jdbc:mysql://localhost:3306/mydb?characterEncoding=UTF-8"
        username="root" password="1234" maxActive="200" maxIdle="50"
        maxWait="3000"/>
</Context>
```

使用下面的 SQL 语句为 mydb 数据库中的 t_books 表插入 5 条记录：

```
INSERT INTO mydb.t_books(id,name,isbn,author,price)VALUES
(1,'人月神话','6787102165345','布鲁克斯', 52),
(2,'Ajax基础教程','5643489212407','阿斯利森',73),
(3,'Thinking in C++','7111171152','Bruce Eckel',66),
(4,'SQL Server 2005技术详解','712489876532','王超',72),
(5,'Java网络基础','765129876213','赵宇',61);
```

为了在 Java IDE 中可以使用 MySQL 驱动程序来访问 MySQL 数据库，需要将 MySQL 驱动程序的 jar 包复制到 WEB-INF\lib 目录中，如图 6.1 所示。

6.1.1　<sql:setDataSource>标签

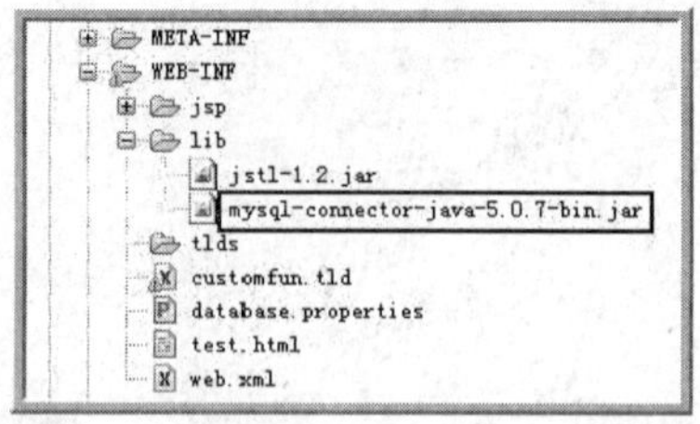

图 6.1　将 MySQL 驱动程序复制到 WEB-INF\lib 目录中

<sql:setDataSource>标签用于创建一个 javax.sql.DataSource 对象实例，并将该对象实例保存在指定 Web 域中。<sql:setDataSource>标签的语法格式如下：

```
<sql:setDataSource
        {dataSource="dataSource"|
         url="jdbcUrl"
         [driver="driverClassName"]
         [user="userName"]
         [password="password"]}
         [var="varName"]
         [scope="{page|request|session|application}"]/>
```

<sql:setDataSource>标签的属性说明如表 6.1 所示。

表 6.1　<sql:setDataSource>标签的属性

属性名	是否支持动态属性值	属性类型	属　性　描　述
dataSource	true	String 或 javax.sql.DataSource	指定数据源。该属性值可以是表示 JNDI 数据源名称的字符串，也可以是 javax.sql.DataSource 对象实例
driver	true	String	指定 JDBC 驱动程序的类名
url	true	String	指定 JDBC 驱动程序连接数据库的 URL
user	true	String	指定访问数据库的用户名
password	true	String	指定访问数据库的用户密码
var	false	String	指定保存在 Web 域中的 DataSource 对象实例的属性名
scope	false	String	指定保存 DataSource 对象实例的 Web 域

在使用<sql:setDataSource>标签时应注意如下几点：

- dataSource 属性值不能为 null，否则<sql:setDataSource>标签会抛出 JspException 异常。
- 如果指定 var 属性，则<sql:setDataSource>标签会将 DataSource 对象实例保存在 scope 属性指定的 Web 域中的属性变量中，域属性名就是 var 属性的值，如果未指定 var 属性，则保存在 Web 域中的 DataSource 对象实例的属性名是 javax.servlet.jsp.jstl.sql.dataSource.scope，其中 scope 表示 scope 属性的值。

setDataSource.jsp 页面是一个使用<sql:setDataSource>标签创建 DataSource 对象，并将该对象保存在 page 域的例子，代码如下：

```
<%@page language="java" contentType="text/html; charset=UTF-8"%>
<%@taglib uri="http://java.sun.com/jsp/jstl/sql" prefix="sql"%>
<!--使用 JNDI 数据源创建 DataSource 对象实例-->
<sql:setDataSource dataSource="jdbc/mydb" var="dataSource1"/>
<!--使用直接指定连接参数的方式创建 DataSource 对象实例-->
<sql:setDataSource
    url="jdbc:mysql://localhost:3306/mydb?characterEncoding=UTF-8"
    driver="com.mysql.jdbc.Driver"user="root"password="1234"var="data Source2"/>
```

6.1.2　<sql:query>标签

<sql:query>标签用于执行查询语句，并将查询返回的结果保存在指定的 Web 域中的某个域属性中。<sql:query>标签有如下 3 种语法格式：

语法 1：没有标签体的情况：

```
<sql:query sql="sqlQuery"
           var="varName"
          [scope="{page|request|session|application}"]
          [dataSource="dataSource"]
          [maxRows="maxRows"]
          [startRow="startRow"]/>
```

语法 2：有标签体的情况，在标签体中指定查询语句的参数：

```
<sql:query sql="sqlQuery"
            var="varName"
           [scope="{page|request|session|application}"]
           [dataSource="dataSource"]
           [maxRows="maxRows"]
           [startRow="startRow"]>
    0 个或多个<sql:param>标签
</sql:query>
```

语法 3：有标签体的情况，在标签体中指定查询语句和查询语句的参数：

```
<sql:query var="varName"
           [scope="{page|request|session|application}"]
           [dataSource="dataSource"]
           [maxRows="maxRows"]
           [startRow="startRow"]>
    查询语句
    0 个或多个<sql:param>标签
</sql:query>
```

<sql:query>标签的属性说明如表 6.2 所示。

表 6.2　<sql:query>标签的属性

属性名	是否支持动态属性值	属性类型	属　性　描　述
sql	true	String	指定 SQL 查询语句
dataSource	true	javax.sql.DataSource 或 String	指定数据源。该属性值可以是表示 JNDI 数据源的字符串，也可以是 javax.sql.DataSource 对象实例
maxRows	true	int	指定查询结果返回的最大记录数，如果未指定该属性或属性值为-1，表示不限定返回的记录数，即返回符合条件的所有记录
startRow	true	int	指定查询结果返回的记录的开始索引。如果未指定该属性，则表示索引从 0 开始
var	false	String	指定保存在 Web 域中的查询结果的属性名
scope	false	String	指定保存查询结果的 Web 域

使用<sql:query>标签应注意如下几点：

- 如果<sql:query>标签执行 url 属性指定的查询语句失败，则会抛出异常。
- dataSource 属性值不能为 null，否则<sql:query>标签会抛出 JspException 异常。
- 如果指定 dataSource 属性，则<sql:query>标签就不能嵌套在<sql:transaction>标签内，如果在<sql:transaction>标签中使用<sql:query>标签，则该标签的数据源从<sql:transaction>标签获得，并由<sql:transaction>标签来管理数据库的连接。
- 如果指定 maxRows 属性，则该属性值必须大于或等于-1。
- 如果在查询语句中包含参数占位符“?”，则需要在<sql:query>标签体内使用<sql:param>标签或<sql:dateParam>标签为相应的查询参数赋值。
- 如果指定了 startRow 属性，除非使用 order by 子句对查询结果进行排序，否则并不能保证查询结果按着某个字段进行排序。
- 一个<sql:query>标签的 sql 属性或标签体中只能包含一条 SQL 查询语句，否则将抛出异常。如果想执行多条 SQL 查询语句，则需要使用多个<sql:query>标签。

<sql:query>标签返回的查询结果是 javax.servlet.jsp.jstl.sql.Result 对象，Result 是一个接口，该接口由 org.apache.taglibs.standard.tag.common.sql.ResultImpl 类实现。在 Result 接口中定义了一系列的方法来获得和数据库相关的信息，这些方法如下：

1．public SortedMap[] getRows()

getRows 方法返回查询结果中的所有的行，每一行是一个 SortedMap 对象，SortedMap 对象中的每一个关键字（key）表示相应的列名，每个关键字对应的值就是相应的列值。

2．public Object[][] getRowsByIndex()

getRowsByIndex 方法以二维数组形式返回查询结果中的所有的行，每一行是一个 Object 数组。Object 数组中的每一个元素就是当前行的列值。通过该方法返回的查询结果可以快速定位到某一行。

3．public String[] getColumnNames()

getColumnNames 方法返回查询结果集中的所有列名。

4．public int getRowCount()

getRowCount 方法返回查询结果集中的行数。

5．public boolean isLimitedByMaxRows()

isLimitedByMaxRows 方法返回查询结果集是否通过 maxRows 属性限制了返回记录的行数。该方法只有在指定了 maxRows 属性，并且 maxRows 属性值小于查询结果的实际行数才返回 true，否则返回 false。

query.jsp 是一个使用<sql:query>标签查询 t_books 表中的记录的例子，代码如下：

```
<%@ page language="java" contentType="text/html; charset=UTF-8"%>
<%@ taglib uri="http://java.sun.com/jsp/jstl/core" prefix="c"%>
<%@ taglib uri="http://java.sun.com/jsp/jstl/sql" prefix="sql"%>
<sql:setDataSource
   url="jdbc:mysql://localhost:3306/mydb?characterEncoding=UTF-8"
   driver="com.mysql.jdbc.Driver" user="root" password="1234" var="mydb"/>
<sql:query var="books1" dataSource="${mydb}" sql="select * from t_books"/>
```

```
<sql:query var="books2" dataSource="${mydb}"
    sql="select*from t_books where id <?">
    <sql:param value="4"/>
</sql:query>
books1<br>
<table border="1">
    <tr>
        <c:forEach var="columnName" items="${books1.columnNames}">
            <th>${columnName}</th>
        </c:forEach>
    </tr>
    <c:forEach var="book"items="${books1.rows}">
        <tr>
            <td>${book.id}</td>
            <td>${book.name}</td>
            <td>${book.isbn}</td>
            <td>${book.author}</td>
            <td>${book.price}</td>
        </tr>

    </c:forEach>
</table>
<hr>
books2<br>
<table border="1">
    <tr>
        <c:forEach var="columnName"items="${books2.columnNames}">
            <th>${columnName}</th>
        </c:forEach>
    </tr>
    <c:forEach var="book"items="${books2.rowsByIndex}">
        <tr>
            <td>${book[0]}</td>
            <td>${book[1]}</td>
            <td>${book[2]}</td>
            <td>${book[3]}</td>
            <td>${book[4]}</td>
        </tr>
    </c:forEach>
</table>
```

6.1.3 <sql:update>标签

<sql:update>标签用于执行 SQL 中的更新语句，如 insert、update、delete 等，除此之外，DDL 语句（如创建和删除数据库和数据表的语句）也可以使用<sql:update>标签执行。<sql:update>标签返回执行更新语句后影响记录行数，如果更新语句影响的记录行数为 0，则<sql:update>标签返回 0。<sql:update>标签有如下 3 种语法格式：

语法 1：没有标签体的情况：

```
<sql:update sql="sqlUpdate"
            [dataSource="dataSource"]
            [var="varName"]
            [scope="{page|request|session|application}"]/>
```

语法 2：有标签体的情况，在标签体中指定更新语句参数：

```
<sql:update sql="sqlUpdate"
            [dataSource="dataSource"]
            [var="varName"]
            [scope="{page|request|session|application}"]>
   0 个或多个<sql:param>标签
</sql:update>
```

语法 3：有标签体的情况，在标签体中指定更新语句和更新语句参数：

```
<sql:update [dataSource="dataSource"]
            [var="varName"]
            [scope="{page|request|session|application}"]>
   更新语句
   0 个或多个<sql:param>标签
</sql:update>
```

<sql:update>标签的属性说明如表 6.3 所示。

表 6.3　<sql:update>标签的属性

属性名	是否支持动态属性值	属性类型	属性描述
sql	true	String	指定 SQL 更新语句或 SQL DDL 语句
dataSource	true	javax.sql.DataSource 或 String	指定数据源。该属性值可以是表示 JNDI 数据源的字符串，也可以是 javax.sql.DataSource 对象实例
var	false	String	指定保存在 Web 域中的更新结果的属性名
scope	false	String	指定保存更新结果的 Web 域

在使用<sql:update>标签时应注意如下几点：

- 如果 SQL 更新语句包含参数占位符“?”，则需要在<sql:update>标签中使用<sql:param>标签或<sql:dateParam>标签设置参数的值。
- 如果指定了 var 属性，则<sql:update>标签会将返回的结果保存在 scope 属性指定的 Web 域的属性中，域属性名为 var 属性的值。如果未指定 var 属性，或 var 属性值为 null，则<sql:update>标签不会在 Web 域中保存返回的结果。
- 如果要同时执行多条更新语句（由多个<sql:update>标签执行），并且这些更新语句要在同一个事务中执行，就需要将这些<sql:update>标签放到<sql:transaction>标签的标签体中，而且<sql:update>标签不能指定 dataSource 属性，<sql:update>标签所需要的数据源由<sql:transaction>标签指定。
- 一个<sql:update>标签的 sql 属性或标签体中只能包含一条 SQL 更新语句或 SQL DDL 语句，否则将抛出异常。如果想执行多条 SQL 更新语句或 SQL DDL 语句，则需要使用多个<sql:update>标签。

update.jsp 页面是一个使用<sql:update>标签执行 SQL 更新语句和 SQL DDL 语句的例子，代码如下：

```
<%@page language="java" contentType="text/html; charset=UTF-8"%>
<%@taglib uri="http://java.sun.com/jsp/jstl/core" prefix="c"%>
<%@taglib uri="http://java.sun.com/jsp/jstl/sql" prefix="sql"%>

<sql:setDataSource
   url="jdbc:mysql://localhost:3306/mydb?characterEncoding=UTF-8"
   driver="com.mysql.jdbc.Driver" user="root" password="1234" var="mydb"/>
<sql:update sql="DROP TABLE IF EXISTS mydb.t_products"
   dataSource="${mydb}"/>
<sql:update dataSource="${mydb}">
CREATE TABLE  mydb.t_products
(
id int unsigned NOT NULL auto_increment,
name varchar(50)NOT NULL,
price int unsigned,
PRIMARY KEY(id)
) ENGINE=InnoDB DEFAULT CHARSET=UTF8;

</sql:update>
成功创建 t_products 表! <br>
<sql:update var="insertCount" dataSource="${mydb}" scope="request">
   insert into mydb.t_products(name, price) values("洗衣机", 1024)
</sql:update>
成功向 t_products 表中插入${insertCount}条记录!<br>
<sql:update var="insertCount" dataSource="${mydb}" scope="request">
   insert into mydb.t_products(name, price) values(?, ?)
   <sql:param value="自行车"/>
   <sql:param value="320"/>
</sql:update>
成功向 t_products 表中插入${insertCount}条记录!<br>
<sql:update var="updateCount" dataSource="${mydb}" scope="request">
   update mydb.t_products set price=price+?
   <sql:param value="15"/>
</sql:update>
成功更新 t_products 表中${updateCount}条记录!<br>
<sql:query var="products"dataSource="${mydb}"sql="select*from mydb.t_
products"/>
<hr>
t_products 表中的所有记录<br>
<table border="1">
   <tr>
      <c:forEach var="columnName"items="${products.columnNames}">
         <th>${columnName}</th>
      </c:forEach>
```

```
        </tr>
        <c:forEach var="product"items="${products.rows}">
            <tr>
                <td>${product.id}</td>
                <td>${product.name}</td>
                <td>${product.price}</td>
            </tr>

        </c:forEach>

    </table>
```

6.1.4 <sql:transaction>标签

<sql:transaction>标签用于定义一个事务块，在该标签体中可以包含<sql:query>和<sql:update>子标签，如果<sql:transaction>标签体中的<sql:query>和<sql:update>标签中有一个执行 SQL 语句失败，则整个事务回滚，否则，在<sql:transaction>标签结束时成功提交事务。<sql:transaction>标签的语法格式如下：

```
<sql:transaction [dataSource="dataSource"]
                 [isolation=isolationLevel]>
    0 个或多个<sql:query>和<sql:update>标签
</sql:transaction>
```

其中 isolation 属性表示事务的隔离级别，该属性可取的值如下：

```
isolationLevel::="read_committed"
               | "read_uncommitted"
               | "repeatable_read"
               | "serializable"
```

<sql:transaction>标签的属性说明如表 6.4 所示。

表 6.4 <sql:transaction>标签的属性

属性名	是否支持动态属性值	属性类型	属性描述
dataSource	true	javax.sql.DataSource 或 String	指定数据源。该属性值可以是表示 JNDI 数据源的字符串，也可以是 javax.sql.DataSource 对象实例
isolation	true	String	指定事务的隔离级别，如果未指定该属性，则使用配置的数据源的隔离级别

在<sql:transaction>标签体中的<sql:query>和<sql:update>子标签不能指定 dataSource 属性，这两个标签将使用在<sql:transaction>标签中指定的数据源。

transaction.jsp 是一个使用<sql:transaction>标签定义事务块，并在该事务块中插入和更新 t_products 表中的记录的例子，该例子可以通过不同的请求参数值使事务成功提交或发生回滚，代码如下：

```
<%@page language="java" contentType="text/html; charset=UTF-8"%>
<%@taglib uri="http://java.sun.com/jsp/jstl/core" prefix="c"%>
<%@taglib uri="http://java.sun.com/jsp/jstl/sql" prefix="sql"%>
<sql:setDataSource
```

```
    url="jdbc:mysql://localhost:3306/mydb?characterEncoding=UTF-8"
    driver="com.mysql.jdbc.Driver" user="root" password="1234" var="mydb"/>
<jsp:include page="update.jsp"/>
<hr>
<c:catch var="exception">
    <sql:transaction dataSource="${mydb}" isolation="read_committed">
        <sql:update var="insertCount" scope="request">
    insert into mydb.t_products(name, price) values("U盘", 25)
</sql:update>
成功向 t_products 表中插入${insertCount}条记录!<br>
        <sql:update var="insertCount" scope="request">
    insert into mydb.t_products(name, price) values(?, ?)
    <sql:param value="笔记本电脑" />
            <sql:param value="8250" />
        </sql:update>
成功向 t_products 表中插入${insertCount}条记录!<br>
        <sql:update var="updateCount" scope="request">
    update mydb.t_products set price = price + ?
    <sql:param value="${param.increment}"/>
        </sql:update>
成功更新 t_products 表中${updateCount}条记录!<br>
    </sql:transaction>
</c:catch>
<hr>
${exception.message}<p/>
<sql:query var="products" dataSource="${mydb}"
    sql="select * from mydb.t_products"/>

经过事务块中的 SQL 更新语句处理后，t_products 表中新的记录
<br>
<table border="1">
    <tr>
        <c:forEach var="columnName" items="${products.columnNames}">
            <th>${columnName}</th>
        </c:forEach>
    </tr>
    <c:forEach var="product" items="${products.rows}">
        <tr>
            <td>${product.id}</td>
            <td>${product.name}</td>
            <td>${product.price}</td>s
        </tr>

    </c:forEach>

</table>
```

6.1.5　<sql:param>标签

<sql:param>标签用于设置在<sql:query>标签和<sql:update>标签中指定的 SQL 语句的参数值。<sql:param>标签有如下两种语法格式：

语法 1：使用 value 属性指定参数值：

```
<sql:param value="value"/>
```

语法 2：在标签体中指定参数值：

```
<sql:param>
   参数值
</sql:param>
```

其中 value 属性值是 Object 类型的数据，该属性支持动态属性值。在使用<sql:param>标签时，每一个参数占位符应对应一个<sql:param>标签，对应的顺序按着<sql:param>标签出现的顺序。关于<sql:param>标签的使用方法请读者参阅前面几节的例子代码，本节不再对<sql:param>标签的应用举例。

6.1.6　<sql:dateParam>标签

<sql:dateParam>标签和<sql:param>标签类型，也用于设置 SQL 语句的参数值，但<sql:dateParam>标签设置的参数值的类型是 java.util.Date。<sql:dateParam>标签的语法格式如下：

```
<sql:dateParam value="value"[type="{timestamp|time|date}"]/>
```

其中黑体字部分为属性的默认值。

<sql:dateParam>标签的属性说明如表 6.5 所示。

表 6.5　<sql:dateParam>标签的属性

属性名	是否支持动态属性值	属性类型	属 性 描 述
value	true	java.util.Date	指定 SQL 参数值，该属性的值是 java.util.Date 对象实例
type	true	String	指定 SQL 参数所对应的字段的数据类型，该属性可取的值有 timestamp、time 和 date

dateParam.jsp 页面是一个使用<sql:dateParam>标签设置 date 类型的 SQL 参数值的例子，代码如下：

```
<%@page language="java" contentType="text/html; charset=UTF-8"%>

<%@taglib uri="http://java.sun.com/jsp/jstl/sql" prefix="sql"%>
<%@taglib uri="http://java.sun.com/jsp/jstl/fmt" prefix="fmt"%>

<sql:setDataSource
   url="jdbc:mysql://localhost:3306/mydb?characterEncoding=UTF-8"
   driver="com.mysql.jdbc.Driver" user="root" password="1234" var="mydb"/>
<fmt:parseDate var="myDate" pattern="yyyy-MM-dd">
   2001-10-20
</fmt:parseDate>

<sql:update dataSource="${mydb}">
   update mydb.t_booksale set amount=?, saledate=? where id=2
```

```
    <sql:param>58</sql:param>
    <sql:dateParam value="${myDate}" type="date"/>
</sql:update>
已经将 id=2 的记录的 amount 和 saledate 字段值分别修改成 58 和 2001-10-20
```

6.2　XML 标签库

为了简化 JSP 页面中对 XML 文档的处理，JSTL 中提供了一个用于处理 XML 文档的标签库，JSP 规范建议 XML 标签库的前缀名为 x。

在 XML 标签库的标签中可以使用 XPath 表达式，XPath 表达式是专门用于查询 XML 文档资料中数据的表达式语言的，读者可以从下面的网址查询 XPath 表达式的规范：

```
http://www.w3.org/TR/xpath
```

在 XML 标签中可以通过 XPath 表达式访问 Web 域中的域属性。XPath 表达式所访问的 Web 域和 EL 中定义的隐含对象所访问的 Web 域相同。表 6.6 列出了访问 Web 域中域属性的 XPath 表达式和获得 Web 域中域属性的方法的映射关系。

表 6.6　访问 Web 域中域属性的 XPath 表达式和获得 Web 域中域属性的方法的映射

XPath 表达式	映　　射
$foo	pageContext.findAttribute("foo")
$param:foo	request.getParameter("foo")
$header:foo	request.getHeader("foo")
$cookie:foo	获得 Cookie 名称为 foo 的 Cookie 值
$initParam:foo	application.getInitParameter("foo")
$pageScope:foo	pageContext.getAttribute("foo", PageContext.PAGE_SCOPE)
$requestScope:foo	pageContext.getAttribute("foo", PageContext.REQUEST_SCOPE)
$sessionScope:foo	pageContext.getAttribute("foo", PageContext.SESSION_SCOPE)
$applicationScope:foo	pageContext.getAttribute("foo", PageContext.APPLICATION_SCOPE)

从表 6.6 可以看出，通过 XPath 表达式可以从 request、session 等 Web 域以及 Cookie、请求参数、请求消息头中获得指定的属性值。如下面的 XPath 表达式从 request 域中获得 id 值，并在 XML 文档中检索 id 属性等于 id 域属性的<商品>元素：

```
/工厂/商品[@id=$requestScope.id]
```

在开始学习 XML 标签之前，先建立一个 XML 文档，该 XML 文档的文件名为 products.xml。该 XML 文档的内容如下：

```
<?xml version="1.0" encoding="UTF-8"?>
<商场>
  <商品 id = "0001A">
     <商品名称>自行车</商品名称>
     <产地>上海</产地>
     <单价>320</单价>
  </商品>
  <商品 id="0001B">
```

```
        <商品名称>洗衣机</商品名称>
        <产地>深圳</产地>
        <单价>1024</单价>
    </商品>
    <商品 id="0002C">
        <商品名称>笔记本电脑</商品名称>
        <产地>厦门</产地>
        <单价>6520</单价>
    </商品>
</商场>
```

6.2.1　<x:parse>标签

<x:parse>标签用于解析 XML 文档，并将解析的结果对象保存在指定的 Web 域中的某个属性中。<x:parse>标签可以通过如下 3 种方式指定 XML 数据源：

- 在 JSP 页面中导入外部的 XML 文档。
- 使用<c:set>标签设置 XML 文档。
- 在<x:parse>标签体中内嵌 XML 文档。

<x:parse>标签有如下两种语法格式：

语法 1：通过字符串或 Reader 对象指定 XML 文档：

```
<x:parse {doc="XMLDocument"|xml="XMLDocument"}
         {var="var"[scope="scope"]|varDom="var"[scopeDom="scope"]}
         [systemId="systemId"]
         [filter="filter"]/>
```

语法 2：通过标签体指定 XML 文档：

```
<x:parse  {var="var"[scope="scope"]|varDom="var"[scopeDom="scope"]}
          [systemId="systemId"]
          [filter="filter"]>
    XML 文档
</x:parse>
```

其中 scope 属性表示 Web 域，该属性可取的值是{**page**|request|session|application}。

<x:parse>标签的属性说明如表 6.7 所示。

表 6.7　<x:parse>标签的属性

属性名	是否支持动态属性值	属性类型	属　性　描　述
doc	true	String, Reader	指定要解析的 XML 文档
xml	true	String, Reader	指定要解析的 XML 文档
systemId	true	String	指定要解析的 XML 文档的系统标识符（URI）
filter	true	org.xml.sax.XMLFilter	指定用于过滤 XML 文档的过滤器（Filter 对象实例）
var	false	String	指定保存在 Web 域中的解析结果的属性名
scope	false	String	指定保存解析结果的 Web 域
varDom	false	String	指定保存在 Web 域中的解析结果（org.w3c.dom.Document 对象实例）的属性名
scopeDom	false	String	指定保存解析结果（org.w3c.dom.Document 对象实例）的 Web 域

在使用<x:parse>标签时应注意如下几点：

- xml 属性是为 XML 规范保留的，建议读者尽量不要使用该属性，而要使用 doc 属性指定 XML 文档。
- 如果 doc 属性或 xml 属性的值为 null 或空字符串，则<x:parse>标签会抛出 JspException 异常。
- 如果 filter 属性值为 null，则<x:parse>标签会忽略该属性。
- 如果指定 var 属性，则 JSTL 规范允许<x:parse>标签使用适当的类型保存解析结果，如果指定 varDom 属性，则<x:parse>标签的解析结果必须是 Document 对象实例。在 apache 的 JSTL 实现中 var 属性和 varDom 属性是一样的。

parse.jsp 页面是一个使用<x:parse>标签解析 XML 文档的例子，代码如下：

```
<%@page language="java"contentType="text/html;charset=UTF-8"%>
<%@taglib uri="http://java.sun.com/jsp/jstl/core"prefix="c"%>
<%@taglib uri="http://java.sun.com/jsp/jstl/xml"prefix="x"%>
<c:import url="products.xml"charEncoding="UTF-8"var="products"/>
<x:parse varDom="productDom"doc="${products}"/>
<table border="1">
    <tr>
        <th>Product Name</th>
        <th>Product Area</th>
        <th>Price</th>
    </tr>
    <tr>
        <td><x:out select="$productDom//商品[@id='0001A']//商品名称"/></td>
        <td><x:out select="$productDom//商品[@id='0001A']//产地"/></td>
        <td><x:out select="$productDom//商品[@id='0001A']//单价"/></td>
    </tr>
</table>
<hr>
<x:parse varDom="dom">
    <root>
        <element1>
            value1
        </element1>
    <element2>
            value2
        </element2>
    </root>
</x:parse>

<x:out select="$dom//element1"/>
<br>
<x:out select="$dom//element2"/>
```

在浏览器地址栏中输入如下的 URL：

```
http://localhost:8080/samples/chapter5/parse.jsp
```

浏览器输出的结果如图 6.2 所示。

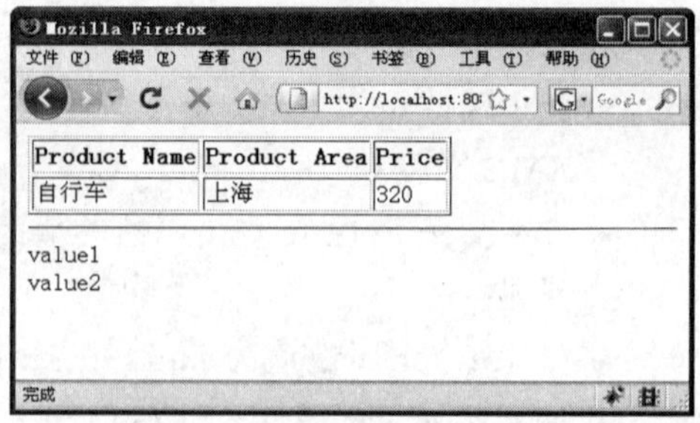

图 6.2　使用<x:parse>标签分析 XML 文档

6.2.2　使用 Filter 过滤 XML 文档

由于<x:parse>标签在解析 XML 文档时，会将整个 XML 文档都装入内存。如果<x:parse>标签解析的 XML 文档非常大，就会大量消耗系统资源。因此，在这种情况下，就需要在解析之前对 XML 进行过滤。<x:parse>标签提供了一个 filter 属性，通过该属性指定一个过滤器的对象实例，就可以达到过滤 XML 文档的目的。

本节的例子使用 Servlet 类创建一个 org.xml.sax.XMLFilter 对象实例，并将该对象实例保存在 request 域中。在 xmlFilter.jsp 页面中包含该 Servlet，在使用<x:parse>解析 XML 文档时，将 request 域中的 XMLFilter 对象实例作为 filter 属性的值。在本例中仍然使用 products.xml 文件作为测试用的 XML 文档，并建立一个 products.xsl 文件作为过滤 XML 文档的 XSLT 文档。products.xsl 文件可以将 products.xml 文件中所有单价小于 1000 的商品过滤掉。

products.xsl 文件是一个 XSLT（Extensible Stylesheet Language Transformations）文档，XSLT 是一种样式表转换语言，用于根据 XML 文档中的数据生成自定义格式的样式。在本例中使用 XSLT 生成 XML 文档的子集。products.xsl 文件的内容如下：

```
<?xml version="1.0" encoding="UTF-8"?>
<xsl:stylesheet version="1.0" xmlns:xsl="http://www.w3.org/1999/XSL/Transform">
   <xsl:template match="/">s
      <商场>
         <xsl:for-each select="商场/商品[单价>=1000]">
            <商品>
               <商品名称><xsl:value-of select="商品名称"/></商品名称>
               <产地><xsl:value-of select="产地"/></产地>
               <单价><xsl:value-of select="单价"/></单价>
            </商品>
         </xsl:for-each>
      </商场>
   </xsl:template>
</xsl:stylesheet>
```

实际上可以直接在 XML 文档中引用 XSLT 文档来测试该 XSLT 文档是否正确。在 products.xml 文件的第二行添加如下的代码来引用 products.xsl 文件：

```
<?xml-stylesheet type="text/xsl" href="products.xsl"?>
```

在浏览器地址栏输入如下的 URL：

```
http://localhost:8080/samples/chapter5/prod
ucts.xml
```

浏览器显示的结果如图 6.3 所示。

从图 6.3 所示的显示结果可以看出，浏览器只显示出了单价不小于 1000 的商品。因此可以断定，products.xsl 文件成功过滤了 products.xml 文件中的数据。

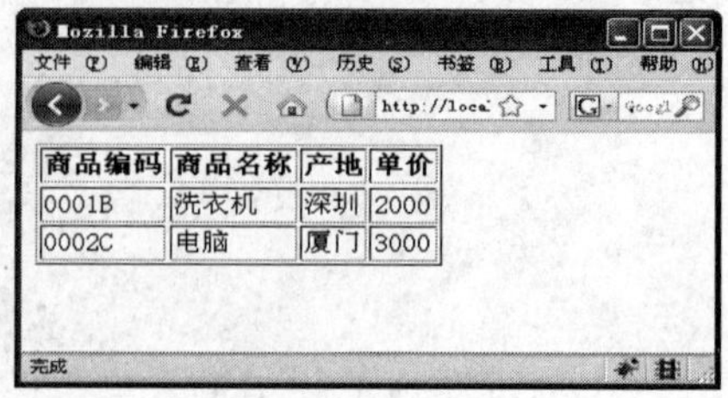

图 6.3　测试 products.xsl 文件

MyXMLFilter 类是一个 Servlet 类，用于创建 XMLFilter 对象实例，并将该对象实例保存在 request 域中。MyXMLFilter 类的实例代码如下：

```
package chapter5.servlet;
import java.io.IOException;
import javax.servlet.ServletException;
import javax.servlet.http.HttpServlet;
import javax.servlet.http.HttpServletRequest;
import javax.servlet.http.HttpServletResponse;
import javax.xml.transform.TransformerFactory;
import javax.xml.transform.sax.SAXTransformerFactory;
import javax.xml.transform.stream.StreamSource;
import org.xml.sax.XMLFilter;
public class MyXMLFilter extends HttpServlet
{
    protected  void  service(HttpServletRequest  request,HttpServletResponse
response) throws ServletException, IOException
    {
        try
        {
            String path=this.getServletContext().getRealPath("/chapter5");
            SAXTransformerFactory saxTransformerFactory = (SAXTransformerFactory)
            TransformerFactory.newInstance();
            StreamSource streamSource=new StreamSource(path + "/products.xsl");
            XMLFilter xmlFilter=saxTransformerFactory.newXMLFilter(streamSource);
            request.setAttribute("xmlFilter",xmlFilter);
        }
        catch(Exception e)
        {
            System.out.println(e.getMessage());
        }
    }
}
```

MyXMLFilter 类的配置代码如下：

```
<servlet>
    <servlet-name>MyXMLFilter</servlet-name>
    <servlet-class>chapter5.servlet.MyXMLFilter</servlet-class>
</servlet>
<servlet-mapping>
    <servlet-name>MyXMLFilter</servlet-name>
    <url-pattern>/chapter5/MyXMLFilter</url-pattern>
</servlet-mapping>
```

xmlFilter.jsp 页面导入了 MyXMLFilter，并使用<x:parse>标签解析 products.xml 文件，该标签的 filter 属性值就是在 MyXMLFilter 类中创建的 XMLFilter 对象实例。xmlFilter.jsp 页面的实现代码如下：

```
<%@page language="java" contentType="text/html;charset=UTF-8"%>
```

```
<%@taglib uri="http://java.sun.com/jsp/jstl/core"prefix="c"%>
<%@taglib uri="http://java.sun.com/jsp/jstl/xml"prefix="x"%>
<jsp:include page="MyXMLFilter"/>
<c:import url="products.xml"charEncoding="UTF-8"var="products"/>
<x:parse varDom="productDom"doc="${products}"filter="${xmlFilter}"/>
<table border="1">
    <tr>
        <th>Product Name</th>
        <th>Product Area</th>
        <th>Price</th>
    </tr>

    <x:forEach select="$productDom//商品">
        <tr>
            <td><x:out select="商品名称"/></td>
            <td><x:out select="产地"/></td>
            <td><x:out select="单价"/></td>
        </tr>
    </x:forEach>
</table>
```

在浏览器地址栏中输入如下的 URL：

```
http://localhost:8080/samples/chapter5/xmlFilter.jsp
```

浏览器显示的结果如图 6.4 所示。

从图 6.4 所示的输出结果可以看出，第一个商品被过滤掉了，只显示出单价大于 1000 的商品。

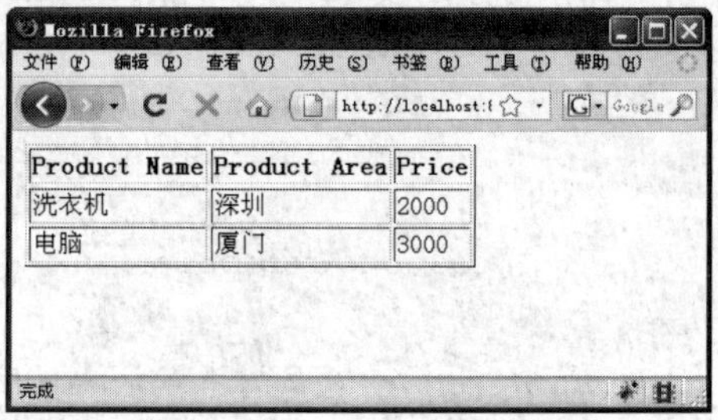

图 6.4　使用 XSLT 过滤 XML 文档

6.2.3　<x:out>标签

<c:out>标签用于计算 XPath 表达式，并输出计算结果。<x:out>标签与核心标签库中的<c:out>标签的功能类似。如果在 XPath 表达式中包含 HTML 的特殊字符，在默认情况下，将会按表 5.3 所示的转换规则进行转换后再输出。<c:out>标签的语法格式如下：

```
<x:out select="XPathExpression" [escapeXml="{true|false}"]/>
```

<x:out>标签的属性说明如表 6.8 所示。

表 6.8　<x:out>标签的属性

属性名	是否支持动态属性值	属性类型	属性描述
select	false	String	指定要计算的 XPath 表达式
escapeXml	true	boolean	指定是否将特殊字符<、>、&、'、"转换成相应的字符实体编码再进行输出。默认值为 true

select 属性值必须是合法的 XPath 表达式，否则<x:out>标签将抛出 javax.xml.xpath.XpathExpressionException 异常。

6.2.4　<x:set>标签

<x:set>标签用于计算 XPath 表达式，并将计算结果保存在 Web 域中的属性中。<x:set>标签的语法格式如下：

```
<x:set select="XPathExpression"
       var="varName"[scope="{page|request|session|application}"]/>
```

<x:set>标签的属性说明如表 6.9 所示。

表 6.9　<x:set>标签的属性

属性名	是否支持动态属性值	属性类型	属　性　描　述
select	false	String	指定要计算的 XPath 表达式
var	false	String	指定保存在 Web 域中的计算结果的属性名
scope	false	String	指定保存计算结果的 Web 域

x_set.jsp 是一个使用<x:set>标签保存 XPath 表达式计算结果并使用<x:out>标签输出计算结果的例子，代码如下：

```
<%@page language="java" contentType="text/html; charset=UTF-8"%>
<%@taglib uri="http://java.sun.com/jsp/jstl/core" prefix="c"%>
<%@taglib uri="http://java.sun.com/jsp/jstl/xml" prefix="x"%>
<c:import url="products.xml" charEncoding="UTF-8" var="products" />
<x:parse varDom="productDom" doc="${products}"/>
id 等于 0002C 的商品信息:
<x:set var="product1"select="$productDom//商品[@id='0002C']"/>
<x:out select="$product1"/>
<hr>
id 等于 0001B 的商品名称:
<x:set var="product2"select="$productDom//商品[@id='0001B']//商品名称" scope
="request"/>
<x:out select="$product2"/>
```

在浏览器地址栏中输入如下的 URL：

```
http://localhost:8080/samples/chapter5/x_set.jsp
```

浏览器显示的输出结果如图 6.5 所示。

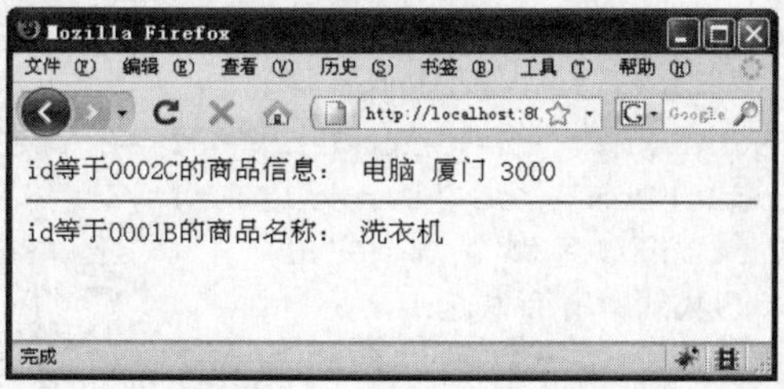

图 6.5　使用<x:set>标签将 XPath 表达式计算结果保存在 Web 域中

6.2.5　XPath 表达式的条件判断

XML 标签库提供了一些用于条件判断的标签，如<x:if>、<x:when>等。这些标签先将 XPath 表达式的计算结果转换成布尔类型的值再进行判断，如果 XPath 表达式的计算结果为 true，则执行标签体的内容。将 XPath 表达式的计算结果转换成布尔类型的规则如下：

- 如果 XPath 表达式的计算结果是一个数值，只有在计算结果不是 0 或 NaN 时，转换的结果才为 true。其中 NaN 是不能用数值表示的值，如正无穷大和负无穷大。
- 如果 XPath 表达式的结果是 XML 文档的结点集时，只有在结点集非空时，转换的结果才为 true。
- 如果 XPath 表达式的结果是一个字符串，只有在非空字符串（长度为 0 的字符串）时，转换的结果才为 true。

6.2.6　<x:if>标签

<x:if>标签可以构造简单的 if-then 结构的条件表达式，该标签计算一个 XPath 表达式，当计算结果为 true 就执行标签体的内容。<x:if>标签有如下两种语法格式：

语法 1：没有标签体的情况：

```
<x:if select="XPathExpression"
      var="varName"[scope="{page|request|session|application}"]/>
```

语法 2：有标签体的情况：

```
<x:if select="XPathExpression"
     [var="varName"] [scope="{page|request|session|application}"]>
   标签体
</x:if>
```

<x:if>标签的属性说明如表 6.10 所示。

表 6.10　<x:if>标签的属性

属性名	是否支持动态属性值	属性类型	属　性　描　述
select	false	String	指定要计算的 XPath 表达式
var	false	String	指定保存在 Web 域中的计算结果的属性名
scope	false	String	指定保存计算结果的 Web 域

如果指定了 scope 属性，则必须指定 var 属性，否则<x:if>标签将会抛出异常。

x_if.jsp 是一个使用<x:if>标签进行条件判断的例子，代码如下：

```
<%@page language="java" contentType="text/html; charset=UTF-8"%>
<%@taglib uri="http://java.sun.com/jsp/jstl/core" prefix="c"%>
<%@taglib uri="http://java.sun.com/jsp/jstl/xml" prefix="x"%>
<c:import url="products.xml" charEncoding="UTF-8" var="products"/>
<x:parse varDom="productDom" doc="${products}"/>
<x:if select="$productDom//商品[@id='0002C']" var="result" scope="request">
   id 等于 0002C 的商品已找到，商品信息:
   <x:out select="$productDom//商品[@id='0002C']"/>
   <hr>
   XPath 表达式的计算结果: ${result }
</x:if>
```

在浏览器地址栏中输入如下的 URL：

```
http://localhost:8080/samples/chapter5/x_if.jsp
```

浏览器显示的输出结果如图 6.6 所示。

6.2.7　<x:choose>、<x:when>和<x:otherwise>标签

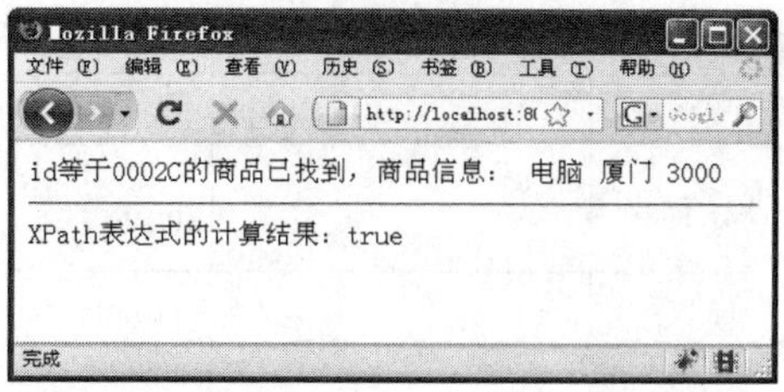

图 6.6　使用<x:if>标签进行条件判断

<x:choose>标签用于构成包含多个分支的条件判断表达式。每一个<x:when>标签表示一个条件分支，<x:otherwise>标签表示当所有的<x:when>标签的条件都不满足时，执行<x:otherwise>标签体的内容。<x:when>标签只有一个 select 属性，该属性是 String 类型，不支持动态属性值。select 属性表示要计算的 XPath 表达式，该 XPath 表达式的计算结果被转换成布尔类型，如果计算结果为 true，则执行<x:when>标签体的内容。

x_choose.jsp 是一个使用<x:choose>标签进行多分支条件判断的例子，代码如下：

```
<%@page language="java"contentType="text/html;charset=UTF-8"%>
<%@taglib uri="http://java.sun.com/jsp/jstl/core"prefix="c"%>
<%@taglib uri="http://java.sun.com/jsp/jstl/xml"prefix="x"%>
<c:import url="products.xml"charEncoding="UTF-8"var="products"/>
<x:parse varDom="productDom"doc="${products}"/>
<x:choose>
    <x:when select="$productDom//商品[@id=$param:id]">
    id 等于${param.id}的商品: <x:out select="$productDom//商品[@id=$param:id]"/>
    </x:when>
    <x:otherwise>
         未找到 id 等于${param.id}的商品!
    </x:otherwise>
</x:choose>
```

在浏览器地址栏中输入如下的 URL：

```
http://localhost:8080/samples/chapter5/x_choose.jsp?id=0002C
```

浏览器显示的输出结果如图 6.7 所示。

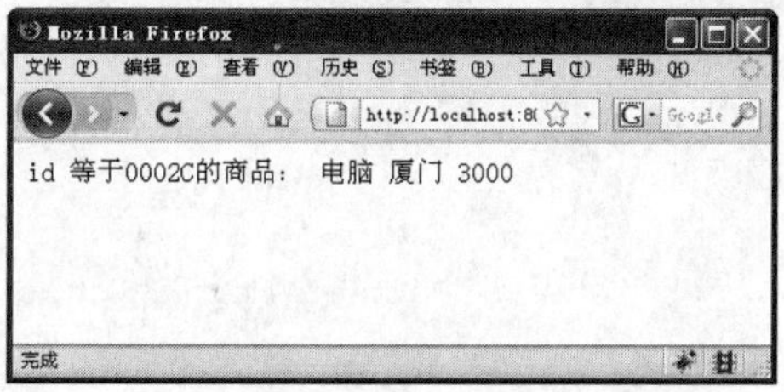

图 6.7　使用<x:choose>标签进行多分支条件判断

如果将 id 请求参数改成其他在 products.xml 文件中不存在的值，如 0003A，再次访问 x_choose.jsp 页面，就会输出如下的信息：

```
未找到 id 等于 0003A 的商品!
```

6.2.8　<x:forEach>标签

<x:forEach>标签用于计算一个 XPath 表达式，并将计算结果作为上下文（Context）来迭代标签体的内容。<x:forEach>标签的语法格式如下：

```
<x:forEach [var="varName"]select="XPathExpression">
          [varStatus="varStatusName"]
          [begin="begin"] [end="end"] [step="step"]>
    标签体
</x:forEach>
```

<x:forEach>标签的属性说明如表 6.11 所示。

表 6.11　<x:forEach>标签的属性

属性名	是否支持动态属性值	属性类型	属　性　描　述
var	false	String	指定将当前迭代元素保存在 page 域中的属性名。属性值的类型取决于 XPath 表达式的计算结果
select	false	String	指定要计算的 XPath 表达式
varStatus	false	String	指定将表示当前迭代元素状态信息的对象保存在 page 域中的属性名。当前迭代元素的状态信息对象实际上是 javax.servlet.jsp.jstl.core.LoopTagStatus 类的对象实例
begin	true	int	指定从第 begin 个元素开始迭代。begin 的索引从 0 开始编号
end	true	int	指定到第 end 个元素结束迭代
step	true	int	指定迭代的步长，即每迭代一步的迭代增量

在使用<x:forEach>标签时应注意如下几点：

- 如果指定 begin 属性，则该属性值必须大于或等于 0。
- 如果指定 end 属性，并且该属性值小于 begin 属性的值，则不迭代标签体中的内容。
- 如果指定 step 属性，则该属性值必须大于或等于 1。
- 如果 select 属性值为空字符串，则<x:forEach>标签将抛出 JspException 异常。

x_forEach.jsp 页面是一个使用<x:forEach>标签迭代 XML 文档中某个结点的子结点的例子，代码如下：

```
<%@page language="java" contentType="text/html;charset=UTF-8"%>
<%@taglib uri="http://java.sun.com/jsp/jstl/core"prefix="c"%>
<%@taglib uri="http://java.sun.com/jsp/jstl/xml"prefix="x"%>
<c:import url="products.xml"charEncoding="UTF-8"var="products"/>
<x:parse varDom="productDom"doc="${products}"/>
<table border="1">
    <tr>
        <th>ID</th>
        <th>Product Code</th>
        <th>Product Name</th>
        <th>Product Area</th>
        <th>Product Price</th>
    </tr>
    <x:forEach select="$productDom//商品" varStatus="status">
        <tr>
            <td>${status.count}</td>
            <td><x:out select="@id"/></td>
            <td><x:out select="商品名称"/></td>
            <td><x:out select="产地"/></td>
            <td><x:out select="单价"/></td>
        </tr>
    </x:forEach>
</table>
```

在浏览器地址栏中输入如下的 URL：

```
http://localhost:8080/samples/chapter5/x_forEach.jsp
```

浏览器显示的输出结果如图 6.8 所示。

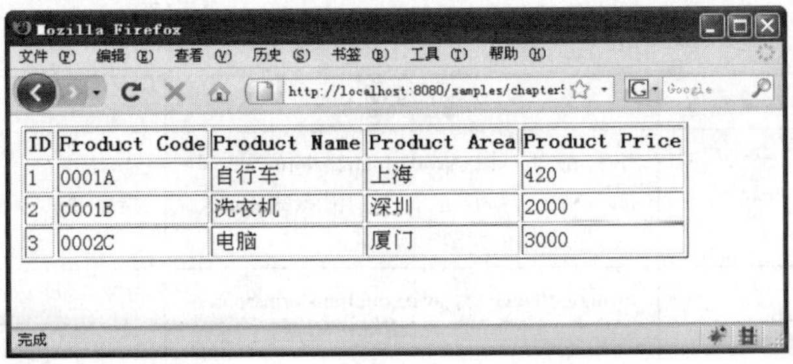

图 6.8　使用<x:forEach>标签迭代“商品”结点的子结点

6.2.9　<x:transform>标签

<x:transform>标签根据指定的 XSLT 样式表对 XML 文档进行转换，在转换时不执行任何 DTD 验证或 Schema 验证。<x:transform>标签有如下 3 种语法格式：

语法 1：没有标签体的情况：

```
<x:transform
    {doc="XMLDocument"|xml="XMLDocument"} xslt="XSLTStylesheet"
    [{docSystemId="XMLSystemId"|xmlSystemId1="XMLSystemId"}]
    [xsltSystemId="XSLTSystemId"]
    [{var="varName"[scope="scopeName"]|result="resultObject"}]
```

语法 2：有标签体的情况，在标签体中指定 XSLT 样式表的参数：

```
<x:transform
     {doc="XMLDocument"|xml1="XMLDocument"} xslt="XSLTStylesheet"
    [{docSystemId="XMLSystemId"|xmlSystemId1="XMLSystemId"}]
    [xsltSystemId="XSLTSystemId"]
    [{var="varName"[scope="scopeName"]|result="resultObject"}]
   0 个或多个<x:param>标签
</x:transform>
```

语法 3：有标签体的情况，在标签体中指定 XML 文档和 XSLT 样式表的参数：

```
<x:transform
       xslt="XSLTStylesheet"
       [{docSystemId="XMLSystemId"|xmlSystemId1="XMLSystemId"}]
          xsltSystemId="XSLTSystemId"
       [{var="varName"[scope="scopeName"]|result="resultObject"}]
   XML 文档
   0 个或多个<x:param>标签
</x:parse>
```

其中 scopeName 表示指定的 Web 域，可取的值为{**page**|request|session|application}。

<x:transform>标签的属性说明如表 6.12 所示。

表 6.12　<x:transform>标签的属性

属性名	是否支持动态属性值	属性类型	属 性 描 述
doc	true	String、Reader、javax.xml.transform.Source、org.w3c.dom.Document，或由<x:parse>、<x:set>导出的对象	指定要转换的 XML 文档

续表

属性名	是否支持动态属性值	属性类型	属 性 描 述
xml	true	String、Reader、javax.xml.transform.Source、org.w3c.dom.Document，或由<x:parse>、<x:set>导出的对象	指定要转换的 XML 文档
xslt	true	String、Reader 或 javax.xml.transform.Source	指定要转换的 XSLT 样式表文档
docSystemId	true	String	指定要转换的 XML 文档的系统标识符（URI）
xmlSystemId	true	String	指定要转换的 XML 文档的系统标识符（URI）
xsltSystemId	true	String	指定要转换的 XSLT 样式表的系统标识符（URI）
var	false	String	指定保存在 Web 域中的转换结果 org.w3c.dom.Document 对象实例的属性名
scope	false	String	指定保存转换结果的 Web 域
result	true	javax.xml.transform.Result	指定保存转换结果到一个 Result 对象实例

在使用<x:transform>标签时应注意如下几点：

- xml 属性和 xmlSystemId 属性是为 XML 规范保留的，建议读者不要使用这两个属性，而要使用 doc 属性和 docSystemId 属性。
- 如果要转换的 XML 文档或 XSLT 样式表文档为 null 或空字符串，则<x:transform>标签将抛出 JspException 异常。
- 如果指定了 result 属性，则转换结果将保存在 Result 对象中，如可以在创建 Result 对象时指定一个文件，这时<x:transform>标签会将转换结果保存在指定的文件中。
- 如果设置了 var 属性和 scope 属性，则<x:transform>标签会将转换结果以 org.w3c.doc.Document 对象的形式保存在 scope 属性指定的 Web 域中，域属性名为 var 属性的值。

在实验<x:transform>标签之前先建立一个 myProducts.xsl 文件，该文件是 XSLT 样式表文档，代码如下：

```
<?xml version="1.0" encoding="UTF-8"?>
<xsl:stylesheet version="1.0"
   xmlns:xsl="http://www.w3.org/1999/XSL/Transform">
   <!--定义 XSLT 样式表参数，并指定默认值-->
   <xsl:param name="price">1000</xsl:param>
   <xsl:template match="/">
      <html>
         <head>
            <!--指定转换后的 HTML 文档采用 UTF-8 编码-->
            <meta http-equiv="Content-Type" content="text/html; charset=UTF-8"/>
         </head>
         <body>
```

```
                <table border="1">
                    <tr align="center">
                        <th>商品编码</th>
                        <th>商品名称</th>
                        <th>产地</th>
                        <th>单价</th>
                    </tr>
                    <!--迭代商品结点的所有满足条件的子结点-->
                    <xsl:for-each select="商场/商品[单价>=$price]">
                        <tr>
                            <td>
                                <xsl:value-of select="@id"/>
                            </td>
                            <td>
                                <xsl:value-of select="商品名称"/>
                            </td>
                            <td>
                                <xsl:value-of select="产地"/>
                            </td>
                            <td>
                                <xsl:value-of select="单价"/>
                            </td>
                        </tr>
                    </xsl:for-each>
                </table>
            </body>
        </html>
    </xsl:template>
</xsl:stylesheet>
```

transform.jsp 页面是一个使用<x:transform>标签根据 XSLT 样式表转换 XML 文档的例子，代码如下：

```
<%@page language="java" contentType="text/html; charset=UTF-8"%>
<%@taglib uri="http://java.sun.com/jsp/jstl/core" prefix="c"%>
<%@taglib uri="http://java.sun.com/jsp/jstl/xml" prefix="x"%>
<%@page import="javax.xml.transform.stream.StreamResult"%>
<!--导入 XML 文档(products.xml 文件)-->
<c:import url="products.xml" charEncoding="UTF-8" var="products" />
<!--导入 XSLT 样式表文档(myProducts.xsl 文件)-->
<c:import url="myProducts.xsl" charEncoding="UTF-8" var="products_xslt" />
<form>
    最低单价:
    <!--提交 price 请求参数，也是 XSLT 样式表的请求参数-->
    <input type="text" name="price" value="${param.price}" />
    <input type="submit" value="提交" />
</form>
<!--根据 XSLT 样式表转换 XML 文档-->
```

```
<x:transform doc="${products}" xslt="${products_xslt}">
    <!--指定 XSLT 样式表参数值（该参数值就是相应的请求参数值）-->
    <x:param name="price" value="${param.price}"/>
</x:transform>
<hr>
<!--根据 XSLT 样式表转换 XML 文档，并将转换结果保存在 Web 域中-->
<x:transform doc="${products}" xslt="${products_xslt}" var="trans"/>
输出 table 元素的字符串值:
<x:out select="$trans//table"/>
<%
    String path=pageContext.getServletContext().getRealPath("/");
    StreamResult sr=new StreamResult(path+"products.html");
    System.out.println(path+"products.html");
    request.setAttribute("result",sr);
%>
<!--将转换结果保存在 products.html 文件中-->
<x:transform doc="${products}" xslt="${products_xslt}" result="${result}"/>
```

在浏览器地址栏中输入如下的 URL:

```
http://localhost:8080/samples/chapter5/transform.jsp
```

在【最低单价】文本框中输入“1500”，单击【提交】按钮，将输出图 6.9 所示的结果。

在浏览器地址栏中输入如下的 URL:

```
http://localhost:8080/samples/products.html
```

浏览器显示的输出结果如图 6.10 所示。

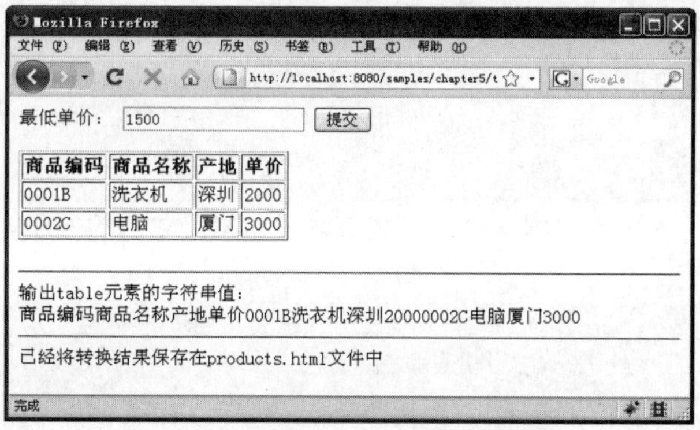

图 6.9　使用<x:transform>标签转换 XML 文档

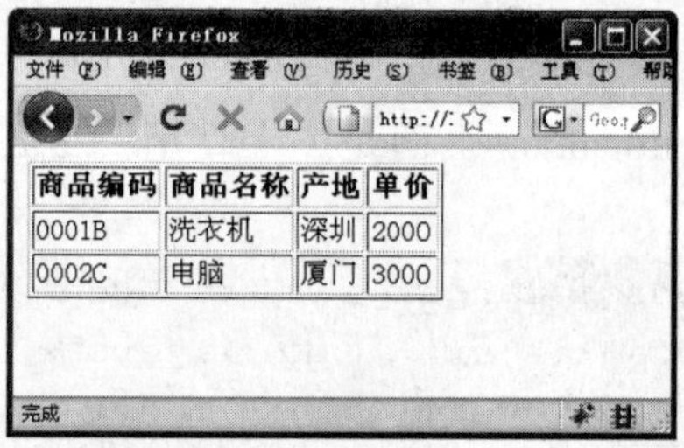

图 6.10　访问<x:transform>标签生成的 HTML 页面

6.2.10　<x:param>标签

<x:param>标签用于嵌套在<x:transform>标签内设置 XSLT 样式表参数。<x:param>标签有如下两种语法格式:

语法 1：使用 value 属性指定 XSLT 样式表的参数值:

```
<x:param name="name" value="value"/>
```

语法 2：在标签体中指定 XSLT 样式表的参数值:

```
<x:param name="name">
    XSLT 样式表的参数值
```

```
</x:param>
```

其中，name 属性表示参数名，该属性是 String 类型；value 属性表示参数值，该属性是 Object 类型。这两个属性都支持动态属性值。

6.3　JSTL 自定义函数

为了 JSP 页面中的字符串操作，JSTL 中提供了一套 EL 自定义函数，这些函数可以完成大多数的字符串操作。如 fn:contains 函数判断一个字符串中是否包含指定的子字符串，fn:toLowerCase 函数可以将字符串中的所有字符转换成小写形式。如果所有的自定义函数中的参数值为 null，则会按空字符串进行处理。在使用 JSTL 自定义函数之前，需要使用 taglib 指令来引用 JSTL 自定义函数，代码如下：

```
<%@ taglib uri="http://java.sun.com/jsp/jstl/functions" prefix="fn"%>
```

关于本节的示例代码，请读者参阅 fn.jsp 页面。在浏览器地址栏中输入如下的 URL 可以访问 fn.jsp 页面：

```
http://localhost:8080/samples/chapter5/fn.jsp
```

6.3.1　fn:contains 函数

fn:contains 函数用于检测一个字符串中是否包含指定的子字符串，如果包含子字符串，则返回 true，否则返回 false。fn:contains 函数在比较两个字符是否相等时对大小写敏感。

fn:contains 函数有两个参数，第一个参数表示被检测的字符串，第二个参数表示子字符串。如果第一个参数值中包含第二个参数值，则 fn:contains 函数返回 true，否则返回 false。fn:contains 函数相当于判断 fn:indexOf 函数返回值是否为–1，如下面的代码所示：

```
fn:indexOf(string,substring)!=-1
```

下面的代码是 fn:contains 函数的应用举例：

```
<!--返回 true-->
${fn:contains("nokiaguy.blogjava.net","nokiaguy")}
<!--返回 false-->
${fn:contains("nokiaguy.cnblogs.com","Nokiaguy")}
<!--返回 true-->
${fn:contains("nokiaguy.cnblogs.com","")}
<!--返回 true-->
${fn:contains("nokiaguy.blogjava.net",null)}
```

6.3.2　fn:containsIgnoreCase 函数

fn:containsIgnoreCase 函数的功能和 fn:contains 函数类似，这两个函数的唯一区别是 fn:containsIgnoreCase 函数在比较两个字符时对大小写不敏感。读者可以使用下面的代码来代替 fn:containsIgnoreCase 函数的功能：

```
fn:contains(fn:toUpperCase(string), fn:toUpperCase(substring))
```

下面的代码是 fn:containsIgnoreCase 函数的应用举例：

```
<!--返回 true-->
${fn:containsIgnoreCase("nokiaguy.blogjava.net","nokiaguy")}
```

```
<!--返回 true-->
${fn:containsIgnoreCase("nokiaguy.cnblogs.com","Nokiaguy")}
```

6.3.3　fn:startsWith 函数

fn:startsWith 函数用于检测一个字符串是否以一个指定的字符串开始，返回 Boolean 类型。fn:startsWith 函数有两个参数，第一个参数表示被检测的字符串，第二个参数表示子字符串。如果第一个参数值以第二个参数值开始，则 fn:startsWith 函数返回 true，否则返回 false。fn:startsWidth 函数在比较两个字符时对大小写敏感。

下面的代码是 fn:startsWidth 函数的应用举例：

```
<!--返回 true-->
${fn:startsWith("nokiaguy.cnblogs.com","nokiaguy")}
<!--返回 false-->
${fn:startsWith("nokiaguy.cnblogs.com","guy")}
<!--返回 false-->
${fn:startsWith("nokiaguy.cnblogs.com","Nokia")}
```

6.3.4　fn:endsWith 函数

fn:endsWith 函数用于检测一个字符串是否以一个指定的字符串结束，返回 Boolean 类型。fn:endsWith 函数有两个参数，第一个参数表示被检测的字符串，第二个参数表示子字符串。如果第一个参数值以第二个参数值结束，则 fn:endsWith 函数返回 true，否则返回 false。fn:endsWidth 函数在比较两个字符时对大小写敏感。

下面的代码是 fn:endsWidth 函数的应用举例：

```
<!--返回 true-->
${fn:endsWith("nokiaguy.cnblogs.com",".com")}
<!--返回 false-->
${fn:endsWith("nokiaguy.cnblogs.com",".net")}
<!--返回 false-->
${fn:endsWith("nokiaguy.cnblogs.com",".COM")}
```

6.3.5　fn:escapeXml 函数

fn:escapeXml 函数用于将字符串中的特殊字符按表 5.3 所示的转换规则进行 HTML 编码转换，并返回转换后的字符串。fn:escapeXml 函数有一个字符串参数，表示被转换的字符串。

下面的代码是 fn:escapeXml 函数的应用举例：

```
<a href='http://nokiaguy.blogjava.net'>nokiaguy.blogjava.net</a><br>
${fn:escapeXml("<a href='http://nokiaguy.blogjava.net'>
                    nokiaguy.blogjava.net</a>")}
```

在运行上面的代码后，第一行将被解释成 HTML 代码，而使用 fn:escapeXml 函数进行转换后，将在浏览器中按原样显示被转换的字符串，发送到客户端的内容如下：

```
&lt;a href=&#039;
    http://nokiaguy.blogjava.net&#039;&gt;nokiaguy.blogjava.net&lt;/a&gt;
```

6.3.6　fn:indexOf 函数

fn:indexOf 函数返回一个字符串中第一次出现指定子字符串的位置（从 0 开始），返回值为 int 类型。fn:indexOf 函数有两个参数，第一个参数表示要检索的字符串，第二个参数表示子字符串。不管第二个参数值在第一个参数值中出现几次，fn:indexOf 函数总是返回第一次出现的位置。如果第二个参数值在第一个参数值中未出现，则 fn:indexOf 函数返回–1，如果第二个参数值为空字符串，则 fn:indexOf 函数返回–1。

下面的代码是 fn:indexOf 函数的应用举例：

```
fn:indexOf 函数演示<br>
<!--返回 0-->
${fn:indexOf("nokiaguy.cnblogs.com","nokiaguy")}
<!--返回 16-->
${fn:indexOf("nokiaguy.cnblogs.com",".com")}
<!--返回-1-->
${fn:indexOf("nokiaguy.cnblogs.com","abcd")}
<!--返回 0-->
${fn:indexOf("nokiaguy.cnblogs.com","")}
```

6.3.7　fn:split 函数

fn:split 函数以指定字符串作为分隔符，将一个字会串分隔成字符串数组并返回该数组。fn:split 函数有两个参数，第一个参数表示被分隔的字符串，第二个参数表示作为分隔符的字符串。fn:split 函数使用 java.util.StringTokenizer 类分隔字符串，得到的字符串数组不包含分隔符本身。如果第一个参数值是空字符串，返回的字符串数组只包含一个空字符串元素。如果第二个参数值为空字符串，返回的字符串数组只包含一个元素，该元素就是源字符串（第一个参数值）本身。

下面的代码是 fn:split 函数的应用举例：

```
<!--返回 nokiaguy-->
${fn:split("nokiaguy.cnblogs.com",".")[0]} <br>
<!--返回 nokia-->
${fn:split("nokiaguy.cnblogs.com","gy")[0]}<br>
<!--返回 u-->
${fn:split("nokiaguy.cnblogs.com","gy")[1]}<br>
<!--返回 nokiaguy.cnblogs.com-->
${fn:split("nokiaguy.cnblogs.com","")[0]}
```

6.3.8　fn:join 函数

fn:join 函数以一个字符串作为分隔符，将一个字符串数组中的所有元素合并成一个字符串，并返回合并后的字符串。fn:join 函数有两个参数，第一个参数表示要合并的字符串数组，第二个参数表示作为分隔符的字符串。

下面的代码是 fn:join 函数的应用举例：

```
<!--返回 superman@126.com-->
${fn:join(fn:split("superman#126.com", "#"), "@")}
```

6.3.9　fn:length 函数

fn:length 函数返回指定字符串、数组或集合的长度。fn:length 函数只有一个参数，该参数值除了可以是字符串或数组外，还可以是<c:forEach>标签的 items 属性所支持的各种类型的集合，如 java.util.Collection、java.util.Iterator、java.util.Map 等。

下面的代码是 fn:length 函数的应用举例：

```
<%
    java.util.Map<String, String> map = new java.util.HashMap<String, String>();
    map.put("abc","xyz");
    map.put("xyz","abc");
    map.put("ccc","abcxyz");
    String[]strArray=new String[]{};
    request.setAttribute("map", map);
    request.setAttribute("strArray", strArray);
%>
<!--返回 8-->
${fn:length("编译原理: 55 元")}
<!--返回 2-->
${fn:length(fn:split("superman#126.com","#"))}
<!--返回 0-->
${fn:length(strArray)}
<!--返回 3-->
${fn:length(map)}
```

6.3.10　fn:replace 函数

fn:replace 函数用于将一个字符串中的某个子字符串替换成另外一个指定的字符串，并返回被替换后的字符串。fn:replace 函数有 3 个参数，第一个参数表示原字符串，第二个参数表示被替换的子字符串，第三个参数表示要被替换成的字符串。fn:replace 函数按如下规则进行替换：

- 原字符串中出现的所有子字符串都被替换成了第三个参数的值。
- 如果第一个参数为空字符串，则 fn:replace 函数返回空字符串。
- 如果第二个参数为空字符串，则 fn:replace 函数返回原字符串（第一个参数的值）。
- 如果第三个参数为空字符串，则 fn:replace 函数将在原字符串中删除第二个参数指定的子字符串，并返回删除后的原字符串。

下面的代码是 fn:replace 函数的应用举例：

```
<!--返回 ababcdefgefg-->
${fn:replace("abcdefg","cd","abcdefg")}
<!--返回 xyzbxyzcxyzd-->
${fn:replace("abacad","a","xyz")}
<!--返回 bcd-->
${fn:replace("abacad","a","")}
<!--返回 abacad-->
${fn:replace("abacad","","abc")}
```

6.3.11　fn:substring 函数

fn:substring 函数截取一个字符串的子字符串，并返回截取后的子字符串。fn:substring 函数有 3 个参数。第一个参数表示原字符串，第二个参数表示要截取的子字符串在原字符串中的开始索引，第三个参数表示要截取的子字符串在原字符串中的结束索引。第二个参数和第三个参数都是 Integer 类型，它们的索引值都从 0 开始。

在使用 fn:substring 函数时应注意如下规则：

- fn:substring 函数截取的子字符串不包括原字符串中第三个参数指定的索引的字符。
- 如果第二个参数的值大于或等于原字符串中的字符个数，则 fn:substring 函数返回空字符串。
- 如果第二个参数的值小于 0，则将其值设为 0。
- 如果第三个参数的值小于 0，或大于原字符串中的字符个数，则将其值设为原字符串的长度，即截取的字符串是从第二个参数值开始往后的所有字符。
- 如果第三个参数值小于第二个参数值，则 fn:substring 函数返回空字符串。

下面的代码是 fn:substring 函数的应用举例：

```
<!--返回 bc-->
${fn:substring("abcdefg",1,3)}
<!--返回空字符串-->
${fn:substring("abcdefg",20,3)}
<!--返回 abc-->
${fn:substring("abcdefg",-2,3)}
<!--返回 cdefg-->
${fn:substring("abcdefg",2,30)}
<!--返回空字符串-->
${fn:substring("abcdefg",4,2)}
```

6.3.12　fn:substringAfter 函数

fn:substringAfter 函数用于截取一个字符串中第一次出现的子字符串后面的字符串。fn:substringAfter 函数有两个参数。第一个参数表示原字符串，第二个参数表示在原字符串中第一次出现的子字符串。fn:substringAfter 函数按如下的规则截取子字符串。

- 如果第一个参数值是空字符串，则 fn:substringAfter 函数返回空字符串。
- 如果第二个参数值是空字符串，则 fn:substringAfter 函数返回原字符串（第一个参数值）。
- 如果第二个参数值不是第一个参数值中第一次出现的子字符串，则 fn:substringAfter 函数返回空字　符串。

下面的代码是 fn:substringAfter 函数的应用举例：

```
fn:substringAfter 函数演示<br>
<!--返回 defg-->
${fn:substringAfter("abcdefg","bc")}
<!--返回空字符串-->
${fn:substringAfter("","bc")}
<!--返回 abcdefg-->
${fn:substringAfter("abcdefg","")}
<!--返回空字符串-->
${fn:substringAfter("abcdefg","xyz")}
```

6.3.13　fn:substringBefore 函数

fn:substringBefore 函数用于截取一个字符串中第一次出现的子字符串前面的字符串。fn:substringBefore 函数有两个参数。第一个参数表示原字符串，第二个参数表示在原字符串中第一次出现的子字符串。fn:substringBefore 函数按如下的规则截取子字符串。

- 如果第一个参数值是空字符串，则 fn:substringBefore 函数返回空字符串。
- 如果第二个参数值是空字符串，则 fn:substringBefore 函数返回空字符串。
- 如果第二个参数值不是第一个参数值中第一次出现的子字符串，则 fn:substringBefore 函数返回空字符串。

下面的代码是 fn:substringBefore 函数的应用举例：

```
<!--返回 abc-->
${fn:substringBefore("abcdefg","de")}
<!--返回空字符串-->
${fn:substringBefore("","bc")}
<!--返回空字符串-->
${fn:substringBefore("abcdefg","")}
<!--返回空字符串-->
${fn:substringBefore("abcdefg","xyz")}
```

6.3.14 fn:toLowerCase 函数

fn:toLowerCase 函数用于将指定字符串中的所有字符转换成小写形式，并返回转换后的字符串。fn:toLowerCase 函数只有一个参数，该参数表示被转换的字符串。

下面的代码是 fn:toLowerCase 函数的应用举例：

```
<!--返回 abcdefg-->
${fn:toLowerCase("ABCDEFG")}
```

6.3.15 fn:toUpperCase 函数

fn:toUpperCase 函数用于将指定字符串中的所有字符转换成大写形式，并返回转换后的字符串。fn:toUpperCase 函数只有一个参数，该参数表示被转换的字符串。

下面的代码是 fn:toUpperCase 函数的应用举例：

```
<!--返回 ABCDEFG-->
${fn:toUpperCase("abcdefg")}
```

6.3.16 fn:trim 函数

fn:trim 函数删除指定字符串的首尾空格，并返回被删除空格的字符串。fn:trim 函数只有一个参数，表示要被删除首尾空格的字符串。fn:trim 函数不能删除字符串中间的空格。

下面的代码是 fn:trim 函数的应用举例：

```
<!--返回 abcdefg-->
${fn:trim("    abcdefg       ")}
```

6.4 本章小结

本章介绍了 JSTL 的另外两个标签库：XML 标签库和数据库标签库。除此之外，还介绍了 JSTL 自定义函数库中的 16 个函数。通过 XML 标签和数据库标签，可以很容易地在不使用 Java 的情况下操作 XML 和数据库，而自定义函数也为扩展 JSTL 打开了方便之门。

第 7 章　自定义标签的开发与应用

在 JSTL 提供了 4 个标签库（核心标签库、国际化标签库、数据库标签库和 XML 标签库），涉及了几十个标签。虽然这些标签可以完成比较复杂的工作，但它们仍然无法满足程序中的特殊需求。因此，就需要用户根据自己的需要来定制 JSP 标签，这种由用户自己实现的 JSP 标签被称为自定义标签。

7.1　自定义标签基础

自定义标签和 JSTL 中的标签从技术上看没有任何区别，可以将这些标签统称为 JSP 标签。JSP 标签在 JSP 页面中通过 XML 语法格式被调用，当 JSP 引擎将 JSP 页面翻译成 Servlet 时，就将这些调用转换成执行相应的 Java 代码。也就是说，JSP 标签实际上就是调用了某些 Java 代码，只是在 JSP 页面中以另外一种形式（XML 语法格式）表现出来。

7.1.1　编写输出随机数的标签

在开始自定义标签的学习之前，这一节先来实现一个简单的自定义标签，以使读者做一下热身，同时读者通过本节的例子可以对自定义标签的实现方法和过程有一个感性的认识。

本例实现的自定义标签（random 标签）的功能是输出一个指定范围的随机整数。random 标签有如下几个特征：

- 没有标签体。
- 有两个属性：min 和 max。其中 min 属性表示生成随机数的最小值，max 属性表示生成随机数的最大值。min 属性的默认值是 0，max 属性的默认值是 Integer.MAX_VALUE。
- 生成随机数的范围是 min≤random < max。

random 标签的标准调用形式如下：

```
<ct:random min="1" max="1000" />
```

其中 ct 是调用标签时的前缀，通过 taglib 指定的 prefix 属性指定。上面的代码的功能是输出一个在 1（包括）和 1000（不包括）之间的随机数。

标签类是自定义标签的核心部分。实现标签类的方法有很多，但最简单的方法是编写一个从 javax.servlet.jsp.tagext.TagSupport 类继承的 Java 类，并在该类中覆盖 TagSupport 类的 doStartTag 方法。为了读取标签中的属性值，还需要在标签类中为每一个标签属性提供一个相应数据类型的标签类属性以及该属性的 setter 方法（不需要 getter 方法）。生成随机数的代码需要放在标签类的 doStartTag 方法中。该标签类的实现代码如下：

```
package chapter6;
import java.io.IOException;
import java.util.Random;
import javax.servlet.jsp.JspException;
import javax.servlet.jsp.tagext.TagSupport;
public class RandomTag extends TagSupport
{
    //封装 random 标签的两个属性的 JavaBean 属性
    private int min=0;
    private int max=Integer.MAX_VALUE;
    //min 属性的 setter 方法
    public void setMin(int min)
    {
        this.min=min;
    }
    //max 属性的 setter 方法
    public void setMax(int max)
    {
        this.max = max;
    }
    //覆盖 TagSupport 类的 doStartTag 方法
    //当遇到标签（也就是<ct:random>）的开始标记时调用该方法
    @Override
    public int doStartTag()throws JspException
    {
        try
        {
            Random random=new Random();
            //生成一个在 min 和 max 之间的随机数
            int result=min+random.nextInt(max-min);
            //将生成的随机数输出到客户端
            pageContext.getOut().write(String.valueOf(result));
        }
        catch (IOException e)
        {
        }
        //TagSupport 类的 doStartTag 方法默认返回 SKIP_BODY，表示忽略自定义标签体
        return super.doStartTag();
    }
}
```

在 RandomTag 类的 doStartTag 方法中使用了一个 pageContext 变量来获得 JspWriter 对象（JSP 的 out 内置对象）。pageContext 变量是在 TagSupport 类中定义的一个类变量，该变量通过

TagSupport 类中的 setPageContext 方法进行赋值。实际上，setPageContext 方法是在 Tag 接口中定义的，而 TagSupport 实现了 Tag 接口的 setPageContext 方法。Servlet 容器在调用 doStartTag 方法之前，会先调用 Tag 接口的 setPageContext 方法来初始化 pageContext 变量。为了简化标签类的实现，JSP API 提供了一个 TagSupport 类，有了 TagSupport 类，用户在编写标签类时就不需要实现 Tag 接口的所有方法了。

在 JSTL 中有若干 TLD 文件，其中 TLD 是 Tag Library Descriptor（标签库描述符）的缩写。要想使一个自定义标签正常工作，必须在 TLD 文件中对该标签进行配置。在 TLD 文件中主要配置如下两部分内容：

- 标签库的配置信息。
- 标签库中具体标签的配置信息。

标签库的配置信息主要包括如下的内容：

- 标签库的版本：使用<tlib-version>标签设置。
- 正常使用标签库中的标签所需要的最低 JSP 版本：使用<jsp-version>标签设置。
- 标签库的默认前缀：使用<short-name>标签设置。
- 标签库的 URI：使用<uri>标签设置。
- 标签库的描述信息：使用<description>标签设置。

标签的配置信息主要包括如下的内容：

- 标签名：使用<name>标签设置。
- 标签对应的 Java 类：使用<tag-class>标签设置。
- 标签体的类型：使用<body-content>标签设置。
- 标签的描述信息：使用<description>标签设置。
- 标签属性的信息：每一个标签属性对应一个<attribute>标签。在<attribute>标签中可以指定标签名（使用<name>标签设置）、该属性是否必须指定（使用<required>标签设置）、该属性是否支持动态属性值（使用<rtexprvalue>标签指定）等配置信息。

在 WEB-INF 目录中建立一个 jsp-taglib.tld 文件，并在该文件中输入如下的内容：

```
<!--标签库描述符文件头-->
<?xml version="1.0" encoding="UTF-8" ?>
<taglib xmlns="http://java.sun.com/xml/ns/j2ee"
 xmlns:xsi="http://www.w3.org/2001/XMLSchema-instance"
    xsi:schemaLocation="http://java.sun.com/xml/ns/j2ee
    http://java.sun.com/xml/ns/j2ee/web-jsptaglibrary_2_0.xsd" version="2.0">
    <!--标签库的配置信息-->
    <description>自定义标签库</description>
    <tlib-version>1.1</tlib-version>
    <short-name>ct</short-name>
    <uri>http://nokiaguy.blogjava.net</uri><taglib>
    <!--random 标签的配置信息-->
    <tag>
        <description>产生一个指定范围的随机数</description>
        <name>random</name>
        <tag-class>chapter6.RandomTag</tag-class>
        <body-content>empty</body-content>
        <attribute>
```

```
            <name>min</name>
            <required>false</required>
            <rtexprvalue>false</rtexprvalue>
        </attribute>
        <attribute>
            <name>max</name>
            <required>false</required>
            <rtexprvalue>false</rtexprvalue>
        </attribute>
    </tag>
</taglib>
```

上面的配置代码分为 3 部分：标签库描述符文件头、标签库配置信息和 random 标签的配置信息。其中描述库文件头的内容并不需要读者去记忆，读者只需要将 JSTL 中的任何一个 TLD 文件打开，将其中的标签库描述文件头的部分复制过来即可。如果在标签库描述符文件中包含中文，需要将 encoding 属性改成 UTF-8 或 GBK。

标签库的 URI 被<uri>元素指定为 http://nokiaguy.blogjava.net，该标签值就是 taglib 指令的 uri 属性值。<short-name>元素指定了标签库的默认前缀。要注意的是，该默认前缀并不等于 taglib 指令的 prefix 属性值，也就是说，taglib 指令的 prefix 属性值和<short-name>元素的值毫无关系。<short-name>元素值实际上只是个推荐的标签库前缀，如国际化标签库的描述符文件（fmt.tld）中的<short-name>元素值是 fmt。在使用 taglib 指令引用某个标签库时，应尽量使用<short-name>元素推荐的标签库前缀，当然，也可以设置其他的前缀名。

random 标签的标签体类型为 empty（<body-content>元素的值），表示该标签不支持标签体。关于<body-content>元素支持的其他值，将在后面的部分详细介绍。random 标签的 min 属性和 max 属性都被设置为可选的属性，并且都不支持动态属性值。因此，在 JSP 页面中设置 random 标签的这两个属性时只能直接为它们赋值。

在<Web 根目录>\chapter6 目录建立一个 random.jsp 文件（本章的所有 JSP 文件都放在该目录下），并输入如下的内容：

```
<%@ page language="java" contentType="text/html; charset=UTF-8"%>
<%@ taglib uri="http://nokiaguy.blogjava.net" prefix="ct"%>
<%@ taglib uri="http://java.sun.com/jsp/jstl/core" prefix="c"%>
<!--使用 forEach 标签产生 10 个 100~200 之间的随机数-->
<c:forEach begin="1" end="10">
    <!--调用 random 标签-->
    <ct:random min="100" max="200" />
</c:forEach>
```

在浏览器地址栏中输入如下的 URL：

```
http://localhost:8080/samples/chapter6/random.jsp
```

浏览器显示的输出结果如图 7.1 所示。

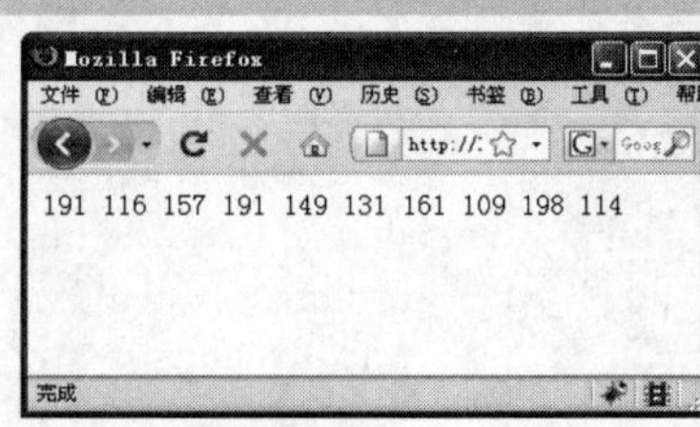

图 7.1　使用 random 标签产生 10 个 100～200 之间的随机数

在部署和安装自定义标签时，TLD 文件应放在 WEB-INF 目录或其子目录中（包括 classes 和 lib 目录）。

根据本例实现的 random 标签，可以将开发自定义标签的基本步骤总结如下：

（1）实现一个标签类。该标签类可以实现 Tag 接口、继承 TagSupport 类或实现其他的接口（这些接口将在后面的部分详细介绍）。

（2）在标签库描述符文件（TLD 文件）中配置自定义标签。

（3）部署和安装自定义标签。主要是将.class 文件放在 WEB-INF\classes 目录中，并且将 TLD 文件放在 WEB-INF 目录或其子目录中。

7.1.2　自定义标签能做什么

自定义标签除了可以读取标签的属性值外，还可以完成如下的工作：

- 单次执行标签体中的内容。
- 重复执行标签体中的内容。
- 修改标签体中的内容。
- 忽略 JSP 页面中位于自定义标签后面的内容。

在上一节介绍了 Tag 接口中的 doStartTag 方法，该方法在 Web 容器执行到自定义标签的开始标记时被调用。除了这个方法，在 Tag 接口中还有 doEndTag 方法，该方法在 Web 容器中执行到自定义标签的结束标记时被调用。

doStartTag 方法可以通过返回如下两个值来控制 Web 容器是否执行自定义标签的标签体：

- EVAL_BODY_INCLUDE：执行自定义标签的标签体。
- SKIP_BODY：忽略（不执行）自定义标签的标签体。

doEndTag 方法可以通过返回如下两个值来控制 Web 容器是否忽略 JSP 页面中位于自定义标签后面的内容：

- EVAL_PAGE：继续执行自定义标签后面的内容。
- SKIP_PAGE：忽略自定义标签后面的内容。

其中 EVAL_BODY_INCLUDE、SKIP_BODY、EVAL_PAGE 和 SKIP_PAGE 是在 Tag 接口中定义的整型常量，所有实现 Tag 接口的类都可以直接使用这些常量。

除此之外，实现 IterationTag 接口的标签类还可以重复执行标签体。IterationTag 是 Tag 接口的子接口。在 IterationTag 接口中有一个 doAfterBody 方法，该方法可以通过返回如下两个值来决定是否重复执行自定义标签体的内容：

- EVAL_BODY_AGAIN：重复执行标签体的内容。
- SKIP_BODY：不再执行标签体的内容。

其中 EVAL_BODY_AGAIN 是在 IterationTag 接口中定义的整型常量。如果 doAfterBody 方法返回 SKIP_BODY，则 Web 容器会继续执行自定义标签的结束标记，同时会调用 doEndTag 方法。

通过上面的描述可以将 Web 容器执行自定义标签的过程总结如下：

（1）Web 容器首先会执行自定义标签的开始标记，同时会调用标签类的 doStartTag 方法。

（2）如果 doStartTag 方法返回 EVAL_BODY_INCLUDE，则 Web 容器在执行完标签体的内容后，会调用标签类的 doAfterBody 方法；如果 doStartTag 方法返回 SKIP_BODY，则 doAfterBody 方法不会被调用，Web 容器会直接调用标签类的 doEndTag 方法。

（3）如果 doAfterBody 方法被调用，并且该方法返回 EVAL_BODY_AGAIN，则 Web 容器会再次执行标签体的内容；如果 doAfterBody 方法返回 SKIP_BODY，则 Web 容器会调用标签类的 doEndTag 方法。

（4）如果 doEndTag 方法返回 EVAL_PAGE，则 Web 容器会执行自定义标签后面的内容；如果 doEndTag 方法返回 SKIP_PAGE，则 Web 容器会忽略自定义标签后面的内容。

7.1.3　自定义标签 API

自定义标签 API 中除了前面介绍的 Tag 接口和 IterationTag 接口外，还有另外 3 个核心接口：JspTag、BodyTag 和 SimpleTag。为了简化自定义标签的编程工作，在自定义标签 API 中提供了 TagSupport 类、SimpleTagSupport 类和 BodyTagSupport 类。其中 TagSupport 类实现了 IterationTag 接口，SimpleTagSupport 类实现了 SimpleTag 接口，BodyTagSupport 类是 TagSupport 的子类，并实现了 BodyTag 接口。上述 5 个接口和 3 个类的关系如图 7.2 所示。

上述的接口和类都在 javax.servlet.jsp.tagext 包中，读者可以从如下的网址来查询这些接口和类的详细介绍：

```
    http://java.sun.com/javaee/5/docs/api/javax/servlet/jsp/tagext/package-summary.html
```

访问上面的网址将得到图 7.3 所示的页面。

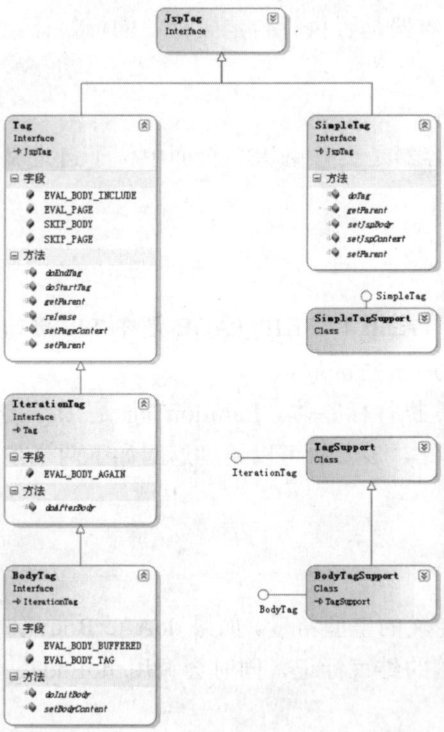

图 7.2　自定义标签 API 的核心接口和类的关系图

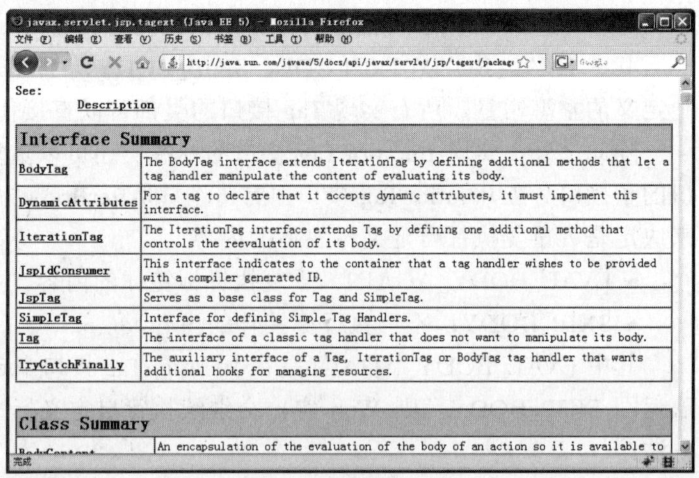

图 7.3　自定义标签 API 的官方文档

上述 5 个接口的功能和作用如下：

1．JspTag 接口

JspTag 接口是所有自定义标签的父接口。它没有任何属性和方法。Tag 接口和 SimpleTag

接口是 JspTag 的两个直接子接口。其中 JspTag 和 SimpleTag 是 JSP 2.0 新增的接口。在 JSP 2.0 之前的版本的所有自定义标签的父接口是 Tag。因此，可以将所有实现 Tag 接口的自定义标签称为传统标签，把所有实现 SimpleTag 接口的标签称为简单标签。本章主要介绍传统标签，简单标签将在下一章详细介绍。

2. Tag 接口

Tag 接口是所有传统标签的父接口。该接口有两个核心方法（doStartTag 和 doEndTag）以及 4 个常量（EVAL_BODY_INCLUDE、SKIP_BODY、EVAL_PAGE 和 SKIP_PAGE）。其中 doStartTag 方法可以返回 EVAL_BODY_INCLUDE 和 SKIP_BODY，用于控制 Web 容器是否执行标签体的内容；doEndTag 方法可以返回 EVAL_PAGE 和 SKIP_PAGE，用于控制 Web 容器是否执行自定义标签后面的内容。

3. IterationTag 接口

IterationTag 接口继承了 Tag 接口。IterationTag 接口可用于实现需要循环执行标签体内容的自定义标签。在 IterationTag 接口中只有一个 doAfterBody 方法和一个 EVAL_BODY_AGAIN 常量。doAfterBody 方法通过返回 EVAL_BODY_AGAIN 常量或 Tag 接口中的 SKIP_BODY 常量来控制 Web 容器是否重复执行标签体中的内容。

并不是每一个自定义标签都需要循环执行标签体的内容，或是控制自定义标签后面的内容是否被执行。因此，JSP API 中提供了一个实现 IterationTag 接口的 TagSupport 类。在 TagSupport 类中对 Tag 接口和 IterationTag 接口中定义的方法都提供了默认的实现。如 doStartTag 方法、doEndTag 方法和 doAfterBody 方法都提供了默认的返回值，代码如下：

```
public class TagSupport implements IterationTag, Serializable
{
    public TagSupport(){ }
    public int doStartTag()throws JspException
    {
        return SKIP_BODY;
    }
    public int doEndTag()throws JspException
    {
        return EVAL_PAGE;
    }
    public int doAfterBody()throws JspException
    {
        return SKIP_BODY;
    }
    //此处省略了 TagSupport 类中的其他方法和属性
    …
}
```

标签类通过继承 TagSupport 类，就不需要实现 Tag 接口和 Iteration 接口中的每一个方法了，这样将大大简化自定义标签的开发工作。

4. BodyTag 接口

BodyTag 接口继承了 IterationTag 接口。BodyTag 接口不仅拥有 IterationTag 接口的所有功

能，而且还可以初始化和修改标签体的内容。在 BodyTag 接口中定义了两个方法（doInitBody 和 setBodyContent）和两个常量（EVAL_BODY_BUFFERED 和 EVAL_BODY_TAG），这两个常量的含义相同。其中 EVAL_BODY_TAG 常量是 JSP 1.2 中的遗留产物，在 JSP 的后续版本中可能不支持该常量，因此，建议使用 EVAL_BODY_BUFFERE 常量。如果 doStartTag 方法返回 EVAL_BODY_BUFFERE，Web 容器就会将标签体的执行结果保存在 BodyContent 对象中，然后 Web 容器在处理标签时就会调用标签类的 setBodyContent 方法将 BodyContent 对象传入标签类的对象实例，接下来就可以在标签类的对象实例中处理标签体的执行结果了。

由于 BodyTag 接口及其父接口中定义了很多方法，为了在实现 BodyTag 接口的类中不用再实现所有的方法，JSP API 提供了一个 BodyTagSupport 类，该类是 TagSupport 类的子类，并且实现了 BodyTag 接口。在 BodyTagSupport 类中改变了 doStartTag 方法的默认返回值，并且覆盖了其他的核心方法，代码如下：

```
public class BodyTagSupport extends TagSupport implements BodyTag
{
    protected BodyContent bodyContent;
    public BodyTagSupport()
    {
        super();
    }
    public void setBodyContent(BodyContent b)
    {
        this.bodyContent=b;
    }
    public BodyContent getBodyContent()
    {
        return bodyContent;
    }
    //改变了doStartTag方法的默认返回值
    public int doStartTag()throws JspException
    {
        return EVAL_BODY_BUFFERED;
    }
    public int doEndTag()throws JspException
    {
        return super.doEndTag();
    }
    public void doInitBody()throws JspException
    {
    }
    public int doAfterBody()throws JspException
    {
        return SKIP_BODY;
    }
    //此处省略了BodyTagSupport类的其他方法和属性
    …
}
```

从前面的内容可知，自定义标签 API 涉及了 3 个方法(doStartTag、doAfterBody 和 doEndTag)以及这 3 个方法可能返回的 6 个常量（EVAL_BODY_INCLUDE、EVAL_BODY_ BUFFERE、SKIP_BODY、EVAL_BODY_AGAIN、EVAL_PAGE 和 SKIP_PAGE)。表 7.1 给出了这 3 个方法的返回值与这 6 个常量的关系。

表 7.1　doStartTag、doAfterBody 和 doEndTag 方法的返回值及其作用

方法名 / 返回值	doStartTag	doAfterBody	doEndTag
EVAL_BODY_INCLUDE	执行标签体中的内容（直接将标签体的执行结果输出到 out 对象的缓冲区中）	*	*
EVAL_BODY_BUFFERE	执行标签体中的内容，并将标签体的执行结果保存在 BodyContent 对象中，以备后续处理和加工	*	*
SKIP_BODY	忽略标签体的内容	不再重复执行标签体的内容	*
EVAL_BODY_AGAIN	*	重复执行标签体的内容	*
EVAL_PAGE	*	*	继续执行自定义标签后面的内容
SKIP_PAGE	*	*	忽略自定义标签后面的内容

5. SimpleTag 接口

SimpleTag 是 JSP 2.0 新增的一个接口。该接口只有一个 doTag 方法，这个方法只在 Web 容器执行自定义标签时调用一次。所有的处理逻辑（包括是否执行标签体、重复执行标签体等）都要写在 doTag 方法中，因此，SimpleTag 接口的功能相当于 BodyTag 接口，只是 SimpleTag 接口要比 BodyTag 接口更容易使用。为了更进一步简化自定义标签的开发工作，JSP API 提供了一个实现 SimpleTag 接口的 SimpleTagSupport 类，建议读者在编写简单标签时，标签类从 SimpleTagSupport 类继承。

7.2　实现基本的自定义标签

一个自定义标签最基本的功能就是控制是否执行标签体的内容，以及控制是否执行自定义标签后面的内容。通过实现 Tag 接口的 doStartTag 方法和 doEndTag 方法可以很容易地完成这两个功能。在 Tag 接口中还定义了一些其他的方法（setPageContext、setParent 等)，通过实现这些方法，可以编写更高级的自定义标签。

7.2.1　Tag 接口

javax.servlet.jsp.tagext.Tag 接口是所有传统标签的父接口，该接口定义了 Web 容器处理自定义标签的基本方法。这些方法主要包括 Web 容器执行到标签的开始标记时发生的标签开始事件（调用 Tag 接口的 doStartTag 方法）和执行到标签的结束标记时发生的标签结束事件（调用 Tag 接口的 doEndTag 方法)。在 Tag 接口中定义了 4 个常量，并由 doStartTag 方法和 doEndTag 方法返回相应的常量以通知 Web 容器如何执行自定义标签。Tag 接口中定义的常量和方法如下：

1．Tag 接口中定义的常量

在 Tag 接口中定义了如下 4 个整型常量：

- EVAL_BODY_INCLUDE。
- SKIP_BODY。
- EVAL_PAGE。
- SKIP_PAGE。

其中 EVAL_BODY_INCLUDE 和 SKIP_BODY 将作为 doStartTag 方法的返回值返回给 Web 容器，Web 容器根据 doStartTag 方法的返回值来决定是否执行自定义标签的标签体。EVAL_PAGE 和 SKIP_PAGE 将作为 doEndTag 方法的返回值返回给 Web 容器，Web 容器根据 doEndTag 方法的返回值决定是否执行自定义标签后面的内容。

2．setPageContext 方法

在 Web 容器创建标签类的对象实例后，会先调用标签类的 setPageContext 方法将 PageContext 对象实例传入标签类的对象实例，然后调用标签类中的其他方法，这样在标签类中的其他方法就可以使用 PageContext 对象了。setPageContext 方法的定义如下：

```
public void setPageContext(PageContext pageContext)
```

3．setParent 方法和 getParent 方法

Web 容器在调用标签类的 setPageContext 方法后，会调用标签类的 setParent 方法，该方法用来设置当前标签的父标签的对象实例。通过 getParent 标签可以获得当前标签的父标签的对象实例。如果当前标签没有父标签，则 setParent 方法的参数值为 null。setParent 方法和 getParent 方法的定义如下：

```
public void setParent(Tag t)
public Tag getParent()
```

4．doStartTag 方法

Web 容器在依次调用 setPageContext 方法、setParent 方法以及设置当前标签属性的 setter 方法后，就会调用标签类的 doStartTag 方法。当 Web 容器调用 doStartTag 方法时，就意味着 Web 容器已经开始处理当前标签的开始标记。如果 doStartTag 方法返回 EVAL_BODY_INCLUDE，则 Web 容器会在执行完标签体后调用标签类的 doEndTag 方法；如果 doEndTag 方法返回 SKIP_BODY，则 Web 容器并不会执行标签体，而是直接调用标签类的 doEndTag 方法。doStartTag 方法的定义如下：

```
int doStartTag()throws JspException
```

5．doEndTag 方法

Web 容器在遇到标签的结束标记时，会调用标签类的 doEndTag 方法。如果 doEndTag 方法返回 EVAL_PAGE，则 Web 容器会继续执行结束标记后面的内容；如果 doEndTag 方法返回 SKIP_PAGE，则结束标签后面的内容都不会被执行，也就是说，Web 容器在执行当前 JSP 页面时，执行到标签的结束标记处就会终止执行当前的 JSP 页面。doEndTag 方法的定义如下：

```
int doEndTag()throws JspException
```

6．release 方法

JSP 规范要求 Web 容器必须在垃圾回收器回收标签类的对象实例时调用 release 方法，以便

自定义标签可以利用该方法释放所占用的相关资源。但 JSP 规范并没有规定 Web 容器调用 release 方法的具体时间，因此，release 方法的调用时间由具体的 Web 容器厂商决定。release 方法的定义如下：

```
public void release()
```

7.2.2 标签类中方法的调用顺序

在本节给出一个例子来测试标签类中方法的调用顺序。本示例测试了 Web 容器在调用自定义标签时调用标签类中的 setPageContext 方法、setParent 方法、设置标签属性的 setter 方法、doStartTag 方法、doEndTag 方法和 release 方法的顺序。

InvokeOrderTag 是一个标签类，在该类中覆盖了 TagSupport 类中的相关方法，并将这些方法的调用轨迹输出到控制台。InvokeOrderTag 类的实现代码如下：

```
package chapter6;
import javax.servlet.jsp.JspException;
import javax.servlet.jsp.PageContext;
import javax.servlet.jsp.tagext.Tag;
import javax.servlet.jsp.tagext.TagSupport;
public class InvokeOrderTag extends TagSupport
{
    //定义了两个属性，用于设置和读取标签的相应属性值
    private String attr1;
    private String attr2;
    //设置 attr1 属性的值
    public void setAttr1(String attr1)
    {
        System.out.println("setAttr1");
        this.attr1=attr1;
    }
    //设置 attr2 属性的值
    public void setAttr2(String attr2)
    {
        System.out.println("setAttr2");
        this.attr2=attr2;
    }
    @Override
    public void setPageContext(PageContext pageContext)
    {
        System.out.println("pageContext");
        super.setPageContext(pageContext);
    }
    @Override
    public void setParent(Tag t)
    {
        System.out.println("setParent");
        System.out.print("父标签:");
        System.out.println(t);
```

```
        super.setParent(t);
    }
    public int doStartTag()throws JspException
    {
        System.out.println("doStartTag");
        return super.doStartTag();
    }
    public int doEndTag()throws JspException
    {
        System.out.println("doEndTag");
        return super.doEndTag();
    }
    @Override
    public void release()
    {
        System.out.println("release");
        super.release();
    }
}
```

在 jsp-taglib.tld 文件中添加如下的内容来安装 invokeOrder 标签：

```
<tag>
    <description>测试标签类中方法的调用顺序</description>
    <name>invokeOrder</name>
    <tag-class>chapter6.InvokeOrderTag</tag-class>
    <body-content>empty</body-content>
    <!--设置 invokeOrder 标签的两个属性-->
    <attribute>
        <name>attr1</name>
        <required>false</required>
        <rtexprvalue>false</rtexprvalue>
    </attribute>
    <attribute>
        <name>attr2</name>
        <required>false</required>
        <rtexprvalue>false</rtexprvalue>
    </attribute>
</tag>
```

invokeorder.jsp 页面用来调用 invokeOrder 标签。当访问 invokeorder.jsp 页面后，就会在 Tomcat 控制台输出相应的方法调用轨迹。invokeorder.jsp 页面的代码如下：

```
<%@page language="java" contentType="text/html; charset=UTF-8"%>
<%@taglib uri="http://nokiaguy.blogjava.net" prefix="ct"%>
<%@taglib uri="http://java.sun.com/jsp/jstl/core" prefix="c"%>
<c:if test="true">
    <!--调用 invokeOrder 标签-->
    <ct:invokeOrder attr2="value2" attr1="value1"/>
</c:if>
```

在浏览器地址栏中输入如下的 URL：

```
http://localhost:8080/samples/chapter6/invokeorder.jsp
```

Tomcat 的控制台将输出如下的信息：

```
pageContext
setParent
父标签：org.apache.taglibs.standard.tag.rt.core.IfTag@8c436b
setAttr2
setAttr1
doStartTag
doEndTag
```

从上面的输出信息可知，Web 容器会根据使用标签时属性的位置来调用设置属性值的 setter 方法（在 invokeorder.jsp 页面中调用 invokeOrder 标签时，attr2 属性在 attr1 属性前面）。

7.2.3　控制是否执行标签体

本节的例子通过 doStartTag 方法的返回值来控制 Web 容器是否执行标签体的内容。本例根据是否存在 body 请求参数来决定 doStartTag 方法的返回值。如果存在 body 请求参数，则 doStartTag 方法返回 EVAL_BODY_INCLUDE，否则返回 SKIP_BODY。

DisplayBodyTag 是一个标签类，负责判断是否存在 body 请求参数，并根据判断结果决定 doStartTag 方法的返回值。DisplayBodyTag 类的实现代码如下：

```
package chapter6;
import javax.servlet.jsp.JspException;
import javax.servlet.jsp.PageContext;
import javax.servlet.jsp.tagext.Tag;
import javax.servlet.jsp.tagext.TagSupport;
public class DisplayBodyTag extends TagSupport
{
    public int doStartTag()throws JspException
    {
        //获得 body 请求参数的值
        String body=pageContext.getRequest().getParameter("body");
        //存在 body 请求参数，返回 EVAL_BODY_INCLUDE
        if(body!=null)
        {
            return this.EVAL_BODY_INCLUDE;
        }
        //不存在 body 请求参数，返回 SKIP_BODY
        else
        {
            return this.SKIP_BODY;
        }
    }
}
```

在 jsp-taglib.tld 文件中添加如下的内容来安装 displayBody 标签：

```
<tag>
    <description>显示标签体的内容</description>
```

```
        <name>displayBody</name>
        <tag-class>chapter6.DisplayBodyTag</tag-class>
        <body-content>JSP</body-content>
    </tag>
```

在上面配置代码中的<body-content>元素的值是 JSP，该值表示标签体的内容可以是任意 JSP 页面元素，JSP 也是<body-content>元素的默认值。

displaybody.jsp 页面用来调用 displayBody 标签，在 displayBody 的标签体中有一行字符串，如果访问 displaybody.jsp 页面时包含 body 请求参数，则 displayBody 标签会显示这行字符串。displaybody.jsp 页面的代码如下：

```
<%@ page language="java" contentType="text/html; charset=UTF-8"%>
<%@ taglib uri="http://nokiaguy.blogjava.net" prefix="ct"%>
displayBody 标签体的内容:
<ct:displayBody>
    如果存在请求参数 body，则输出标签体的内容
</ct:displayBody>
```

在浏览器地址栏中输入如下的 URL：

```
http://localhost:8080/samples/chapter6/displaybody.jsp?body
```

浏览器显示的信息如图 7.4 所示。

如果在访问 displaybody.jsp 页面时不带 body 请求参数，则在浏览器中输出的信息如图 7.5 所示。

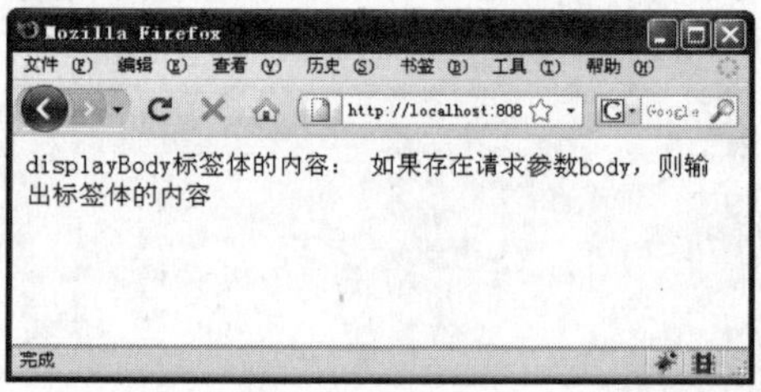

图 7.4 访问 displaybody.jsp 页面时带 body 请求参数

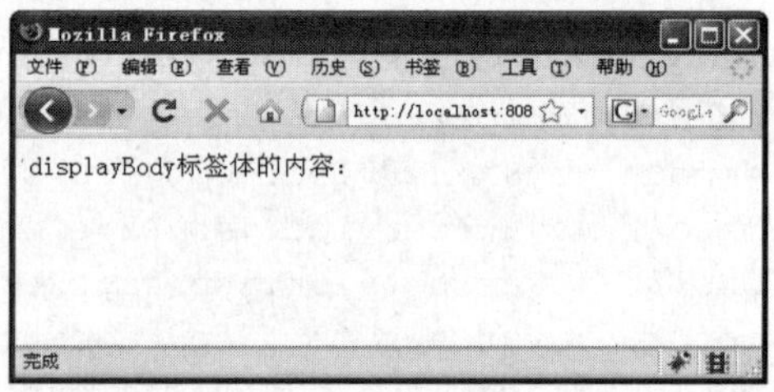

图 7.5 访问 displaybody.jsp 页面时不带 body 请求参数

从图 7.5 所示的输出结果可以看出，当访问 displaybody.jsp 页面的 URL 不包含 body 请求时，<ct:displayBody>标签体中的内容并没有输出。

7.2.4 控制是否执行标签后面的内容

本节的例子根据访问 JSP 页面的客户端 IP 地址来决定是否执行 localPage 标签后面的内容。如果 IP 地址为 127.0.0.1，则允许执行 localPage 标签后面的内容，否则 Web 容器只执行到 localPage 标签的结束标记为止。

LocalPageTag 是一个标签类，负责验证客户端的 IP 地址，并根据验证结果决定是否执行 localPage 标签后面的内容。LocalPageTag 类的代码如下：

```
package chapter6;
import javax.servlet.jsp.JspException;
import javax.servlet.jsp.PageContext;
import javax.servlet.jsp.tagext.Tag;
import javax.servlet.jsp.tagext.TagSupport;
public class LocalPageTag extends TagSupport
{
    public int doEndTag()throws JspException
```

```
        {
            //获得客户端的 IP 地址
            String remoteAddr=pageContext.getRequest().getRemoteAddr();
            //如果客户端的 IP 地址是 127.0.0.1，则返回 EVAL_PAGE
            if(remoteAddr.equals("127.0.0.1"))
            {
                return this.EVAL_PAGE;
            }
           //如果是其他的客户端 IP 地址，则返回 SKIP_PAGE
            else
            {
                return this.SKIP_PAGE;
            }
        }
    }
```

在 jsp-taglib.tld 文件中添加如下的内容来安装 localPage 标签：

```
<tag>
    <description>
        只有使用本地的 IP（127.0.0.1）或主机名（localhost)才能执行标签后面的内容
    </description>
    <name>localPage</name>
    <tag-class>chapter6.LocalPageTag</tag-class>
    <body-content>empty</body-content>
</tag>
```

localpage.jsp 页面负责调用 localPage 标签。如果访问 localpage.jsp 页面的客户端 IP 地址是 127.0.0.1，则 Web 容器会继续执行 localPage 标签后面的内容，否则 Web 容器将不会执行 localPage 标签后面的内容。localpage.jsp 页面的代码如下：

```
<%@page language="java"contentType="text/html;charset=UTF-8"%>
<%@taglib uri="http://nokiaguy.blogjava.net"prefix="ct"%>
localPage 标签前的内容<br>
<ct:localPage/>
localPage 标签后的内容
```

在浏览器地址栏中输入如下的 URL：

```
http://localhost:8080/samples/chapter6/localpage.jsp
```

浏览器显示的输出结果如图 7.6 所示。

假设本地的 IP 地址为 192.168.17.156。在浏览器地址栏中输入如下的 URL：

```
http://192.168.17.156:8080/samples/chapter6/localpage.jsp
```

浏览器显示的输出结果如图 7.7 所示。

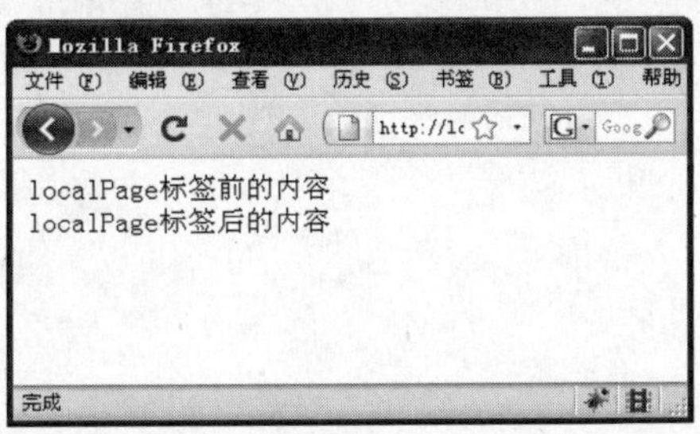

图 7.6　执行 localPage 标签后面的内容

图 7.7　未执行 localPage 标签后面的内容

7.2.5　限定自定义标签的父标签

Tag 接口的 getParent 方法可以获得当前标签的父标签的对象实例。利用这个功能可以限定自定义标签的父标签，如限定某一个标签只能在<c:forEach>标签的标签体中使用。

在本节的示例中将编写一个可以生成 HTML 表格的标签，该标签只能在<c:forEach>标签的标签体中使用。用于根据<c:forEach>标签的 items 属性指定的集合生成表格的行（<tr>...</tr>）。items 属性指定的集合中的元素必须是 java.util.List 类型。否则该标签将抛出异常。

TRTag 是一个标签类，负责根据<c:forEach>标签的 items 属性指定的集合元素生成相应的<tr>...</tr>。TRTag 类的代码如下：

```
package chapter6;
import java.io.IOException;
import org.apache.taglibs.standard.tag.rt.core.ForEachTag;
import javax.servlet.jsp.tagext.Tag;
import javax.servlet.jsp.JspException;
import javax.servlet.jsp.tagext.TagSupport;
public class TRTag extends TagSupport
{
    @Override
    public int doStartTag() throws JspException
    {
        //返回 tr 标签的父标签的对象实例
        Tag tag=getParent();
        //如果 tr 标签的父标签的对象实例是 ForEachTag，则继续执行下面的操作
        if (tag instanceof ForEachTag)
        {
            ForEachTag forEachTag = (ForEachTag) tag;
            //获得 forEach 标签当前迭代的元素
            Object current=forEachTag.getLoopStatus().getCurrent();
            //如果当前迭代的元素为 null，则不处理该元素
            if(current==null)return this.SKIP_BODY;
            //如果当前迭代的元素类型是 java.util.List，则继续处理当前迭代的元素
            if (current instanceof java.util.List)
            {
                java.util.List row=(java.util.List)current;
                //开始生成<tr>…</tr>
                String tr="<tr>";
                for(Object cell:row)
                {
                    tr+="<td>"+cell+"</td>";
                }
                tr+="</tr>";
                try
                {
                    //将生成的<tr>…</tr>输出到客户端
                    pageContext.getOut().write(tr);
```

```
                }
                catch(IOException e)
                {
                }
            }
            //如果当前迭代的元素类型不是 java.util.List，则抛出 JspException 异常
            else
            {
                throw new JspException("当前元素必须是 java.util.List 类型！");
            }
        }
        //如果 tr 标签的父标签的对象实例不是 ForEachTag，则抛出 JspException 异常
        else
        {
            throw new JspException("continue 标签必须在 forEach 标签体中使用！");
        }
        return this.SKIP_BODY;
    }
}
```

在 jsp-taglib.tld 文件中添加如下的内容来安装 tr 标签：

```
<tag>
    <description>生成表格中的 tr 标签</description>
    <name>tr</name>
    <tag-class>chapter6.TRTag</tag-class>
    <body-content>empty</body-content>
</tag>
```

tr.jsp 页面使用<c:forEach>标签和<ct:tr>标签生成一个表格。其中<c:forEach>标签对一个 java.util.List 对象进行迭代，该对象中的元素也是 java.util.List 对象，每当<c:forEach>标签迭代到一个元素时，就会调用<ct:tr>标签来生成表格行（<tr>...</tr>）。tr.jsp 页面的代码如下：

```
<%@page language="java" contentType="text/html; charset=UTF-8"%>
<%@taglib uri="http://nokiaguy.blogjava.net" prefix="ct"%>
<%@taglib uri="http://java.sun.com/jsp/jstl/core" prefix="c"%>
<%
    java.util.List<java.util.List>rows=new java.util.ArrayList<java.util. List>();
    java.util.List row1=new java.util.ArrayList();
    java.util.List row2=new java.util.ArrayList();
    java.util.List row3=new java.util.ArrayList();
    row1.add("足球");
    row1.add(30);
    row1.add(12);
    row2.add("跑步机");
    row2.add(3210);
    row2.add(25);
    row3.add("自行车");
    row3.add(221);
    row3.add(6);
```

```
        rows.add(row1);
        rows.add(row2);
        rows.add(row3);
        request.setAttribute("rows", rows);
    %>
    <table border="1">
        <tr>
            <th>商品名称</th>
            <th>单价</th>
            <th>数量</th>
        </tr>
        <c:forEach items="${rows}">
            <!--生成表格的行代码-->
            <ct:tr/>
        </c:forEach>
    </table>
```

在浏览器地址栏中输入如下的 URL：

```
http://192.168.17.156:8080/samples/chapter6/tr.jsp
```

浏览器的输出信息如图 7.8 所示。

如果<ct:tr>标签的父标签不是<c:forEach>，在调用<ct:tr>标签时就会抛出图 7.9 所示的异常信息。

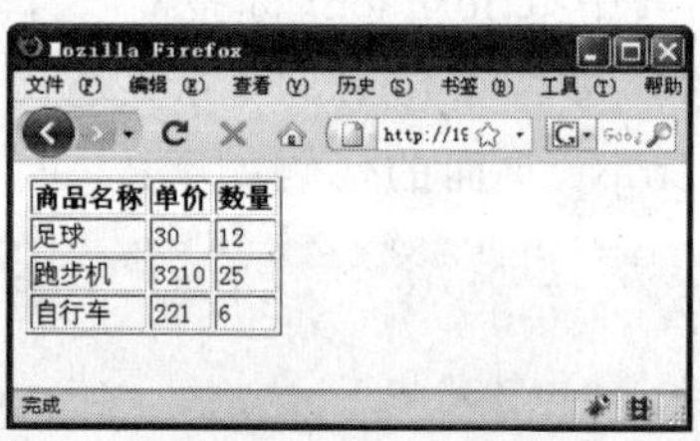

图 7.8　使用<ct:tr>标签生成表格

图 7.9　<ct:tr>标签的父标签不是<c:forEach>时抛出的异常信息

7.3　自定义标签的属性

自定义标签可以定义一个或多个属性。在前面的例子已经多次使用到自定义标签的属性。在自定义标签中使用属性的一般形式如下：

```
<prefix:tag attr1="value1" attr2="value2" … attrn="valuen"/>
```

7.3.1　定义标签属性

可按如下两个步骤向自定义标签添加属性：

（1）在标签类中编写和标签属性对应的 setter 方法。

（2）在 TLD 文件中使用<attribute>元素配置每一个标签属性。

假设标签 mytag 有两个属性：uri 和 name。首先需要在 mytag 标签所对应的标签类（MyTag 类）中编写两个 setter 方法（setUri 和 setName），代码如下：

```
public class MyTag extends TagSupport
{
    private String uri;
    private String name;
    public void setUri(String uri)
    {
        this.uri=uri;
    }
    public void setName(String name)
    {
        this.name=name;
    }
    //此处省略了 MyTag 类的其他属性和方法
    …
}
```

Web 容器在调用 mytag 标签时，如果发现 MyTag 类中有 setUri 方法和 setName 方法，会自动将 mytag 标签的 uri 属性和 name 属性的值分别通过 setUri 方法和 setName 方法传入 MyTag 类的对象实例，然后就可以在 MyTag 类中直接使用 uri 属性和 name 属性的值了。如下面的调用 mytag 标签的代码将/uri-tag 和 test 分别作为 MyTag 对象的 uri 属性和 name 属性值传入 MyTag 对象。

```
<prefix:mytag uri="/uri-tag" name="test"/>
```

如果和某个标签属性对应的 setter 方法需要传递非字符串类型的参数值，如 int、double、boolean 等，Web 容器会调用相应类的 valueOf 方法进行类型转换。假设 doubleTag 标签有一个 value 属性（该属性的值是 12.34），与 value 属性对应的 setter 方法的参数类型是 double。Web 容器在调用 setter 方法时，会使用 Double.valueOf("12.34")方法将字符串 12.34 转换成双精度浮点数 12.34。Java 中的所有基本类型（byte、short、int、long、float、double、boolean）都支持这种转换机制。

除了在标签类中编写相应的 setter 方法外，还需要在 TLD 文件中使用<attribute>元素来配置这些属性，配置代码如下：

```
<tag>
    <description>带属性的标签</description>
    <name>mytag</name>
    <tag-class>MyTag</tag-class>
    <body-content>empty</body-content>
    <attribute>
        <name>uri</name>
        <required>false</required>
        <rtexprvalue>false</rtexprvalue>
    </attribute>
    <attribute>
```

```
        <name>name</name>
        <required>false</required>
        <rtexprvalue>false</rtexprvalue>
    </attribute>
</tag>
```

上面代码中的黑体字部分配置了 uri 属性和 name 属性。<attribute>元素的所有子元素的含义如表 7.2 所示。

表 7.2　<attribute>元素的所有子元素的含义

元素名	是否必须指定	含　　义
name	是	用于设置标签属性的名称。属性名称对大小写敏感
required	否	用于指定当前标签属性是否必须指定。默认值是 false。如果该元素的值为 true，则表示在使用自定义标签时必须指定当前属性；如果该元素的值为 false，则表示在使用自定义标签时可以不指定当前属性
rtexprvalue	否	rtexprvalue 是 runtime expression value（运行时表达式值）的英文缩写，用于指定当前属性是否支持动态属性值。默认值是 false。如果该元素值设为 true，则表示属性值可以是 JSP 表达式或 EL，否则属性值只能是字符串
type	否	用于指定标签属性值对应的 Java 数据类型
description	否	用于指定属性的描述信息

7.3.2　编写数学运算标签

本节给出一个数学运算标签（math 标签）的例子。math 标签可以调用 java.lang.Math 类中所有只含有一个 double 类型参数的静态方法（如 sin、cos、tan、sqrt 等）。math 标签有如下 4 个属性：

- method（必选）：指定 Math 类中的静态方法名。
- value（必选）：指定要调用的静态方法的参数值。该属性值必须可转换成 double 数据类型。
- angle（可选）：如果调用的是三角函数，该属性指定 value 属性的值是否表示角度。默认值是 false。如果该属性值为 true，表示 value 属性的值是弧度。
- pattern（可选）：指定格式化静态方法返回值的模式字符串。默认值是 0.00。模式字符串的格式和 DecimalFormat 类所使用的模式字符串格式相同。

MathTag 是一个标签类，负责读取 math 标签的属性值，并调用相应的静态方法进行数学运算，MathTag 类的代码如下：

```
package chapter6;
import javax.servlet.jsp.JspException;
import javax.servlet.jsp.tagext.TagSupport;
public class MathTag extends TagSupport
{
    //下面 4 个属性和 math 标签的 4 个属性相对应
    private String method;
    private double value;
    private String pattern="0.00";
    private boolean angle=false;
    public void setMethod(String method)
```

```
    {
        this.method=method;
    }
    public void setValue(double value)
    {
        this.value=value;
    }
    public void setangle(boolean angle)
    {
        this.angle=angle;
    }
    public void setPattern(String pattern)
    {
        this.pattern=pattern;
    }
    public int doStartTag()throws JspException
    {
        try
        {
            //获得指定静态方法的Method对象
            java.lang.reflect.Method m=Math.class.getMethod(method,new Class[]
{double.class});
            java.text.NumberFormat nf =java.text.NumberFormat.getNumberInstance();
            java.text.DecimalFormat df=(java.text.DecimalFormat)nf;
            //应用模式字符串
            df.applyPattern(pattern);
            //如果angle属性值为true（value属性值表示角度），则将value属性值转换成弧度
            if(angle)
                value=Math.toRadians(value);
            //动态调用Math类指定的静态方法，并格式化返回值
            String result=df.format(m.invoke(null,value));
            //将格式化后的结果输出到客户端
            pageContext.getOut().println(result);
        }
        catch (Exception e)
        {
            throw  new JspException(e.getMessage());
        }
        return super.doStartTag();
    }
}
```

在 jsp-taglib.tld 文件中添加如下的内容来安装 math 标签：

```
<tag>
    <description>
        调用Math类中的静态数学方法（只调用有一个double类型参数的静态方法）
    </description>
```

```
    <name>math</name>
    <tag-class>chapter6.MathTag</tag-class>
    <body-content>empty</body-content>
    <attribute>
        <name>method</name>
        <required>true</required>
        <rtexprvalue>false</rtexprvalue>
    </attribute>
    <attribute>
        <name>value</name>
        <required>true</required>
        <rtexprvalue>false</rtexprvalue>
    </attribute>
    <attribute>
        <name>pattern</name>
        <required>false</required>
        <rtexprvalue>false</rtexprvalue>
    </attribute>
    <attribute>
        <name>angle</name>
        <required>false</required>
        <rtexprvalue>false</rtexprvalue>
    </attribute>
</tag>
```

math.jsp 页面通过 math 标签调用了 Math 类中的 sin、cos、tan、sqrt 和 log 方法进行相应的数学运算。math.jsp 页面的代码如下：

```
<%@page language="java"contentType="text/html;charset=UTF-8"%>
<%@taglib uri="http://nokiaguy.blogjava.net"prefix="ct"%>
sin(π) = <ct:math value="3.14"method="sin"/>    
cos(π) = <ct:math value="3.14"method="cos"/><br>
tan(1.45) = <ct:math value="1.45"method="tan"/><br>
sin(90°) = <ct:math value="90"method="sin"angle="true"/><br>
sin(50°) = <ct:math value="50" method="sin" angle="true" pattern="0.0000"/><br>
tan(39°) = <ct:math value="39" method="tan" angle="true" pattern="0.00000"/><br>
sqrt(25) =  <ct:math value="25"method="sqrt"pattern="0.0"/><br>
log(221) =  <ct:math value="221"method="log"pattern="0.0000"/>(以 e 为底的对数)
```

在浏览器地址栏中输入如下的 URL：

```
http://localhost:8080/samples/chapter6/math.jsp
```

浏览器的输出结果如图 7.10 所示。

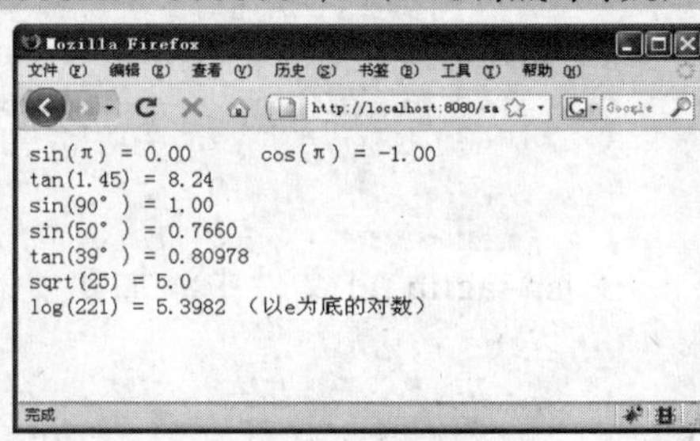

图 7.10　使用 math 标签进行数学运算

7.3.3　动态属性值

如果在配置标签属性时将 rtexprvalue 元素值设为 true，则当前的标签属性值可以是 JSP 表达式或 EL。

例如，将 7.3.2 节中的数学运算标签的 4 个属性的 rtexprvalue 元素值都设为 true，配置代码如下：

```
<tag>
    <description>支持动态属性值的数学运算标签</description>
    <name>dynMath</name>
    <tag-class>chapter6.MathTag</tag-class>
    <body-content>empty</body-content>
    <attribute>
        <name>method</name>
        <required>true</required>
        <rtexprvalue>true</rtexprvalue>
    </attribute>
    <attribute>
        <name>value</name>
        <required>true</required>
        <rtexprvalue>true</rtexprvalue>
    </attribute>
    <attribute>
        <name>pattern</name>
        <required>false</required>
        <rtexprvalue>true</rtexprvalue>
    </attribute>
    <attribute>
        <name>angle</name>
        <required>false</required>
        <rtexprvalue>true</rtexprvalue>
    </attribute>
</tag>
```

在上面的配置代码中将<trexprvalue>元素的值设为 true，并且为数学运算标签重新设置了一个标签名：dynMath。下面的代码通过 EL 来设置 dynMath 标签的属性值：

```
<ct:dynMath method="${param.method}"value="${param.value}"/>
```

如果使用 JSP 表达式或 EL 作为标签属性的值，Web 容器不会对 JSP 表达式或 EL 返回的值进行类型转换，因此，JSP 表达式或 EL 的返回值类型必须与属性值的类型相同，否则 Java 编译器会报告编译错误。

dynmath.jsp 页面通过 4 个表单来提交和 dynMath 标签的属性相对应的请求参数，同时，dynMath 标签从请求参数获得相应的属性值，并输出计算结果。dynmath.jsp 页面的代码如下：

```
<%@page language="java" contentType="text/html; charset=UTF-8"%>
<%@taglib uri="http://nokiaguy.blogjava.net" prefix="ct"%>
<%@taglib uri="http://java.sun.com/jsp/jstl/core" prefix="c"%>
<!--如果 method 和 value 请求参数不为 null，则调用 dynMath 标签进行数学运算-->
<c:if test="${param.method!=null&&param.value!=null}">
    ${param.method}(${param.value}${param.angle=='true'?'°':''})=
    <ct:dynMath value="${param.value}"
                method="${param.method}"
                <!--如果 angle 请求参数为空字符串，则使用默认值 false-->
                angle="${(param.angle=='')?'false':param.angle}"
```

```
                    <!--如果pattern请求参数为空字符串，则使用默认值0.00-->
                    pattern="${param.pattern==''?'0.00':param.pattern}"/>
</c:if>
<form method="post">
    <table>
        <tr>
            <td>方法名：</td>
            <td><input type="text" name="method" value="${param.method}"/></td>
        </tr>
        <tr>
            <td>参数值：</td>
            <td><input type="text" name="value" value="${param.value}"/></td>
        </tr>
        <tr>
            <td>是否为角度：</td>
            <td><input type="checkbox" name="angle" value="true"
                ${param.angle=='true'?"checked='checked'":''}/>
            </td>
        </tr>
        <tr>
             <td>模式字符串：</td>
             <td><input type="text" name="pattern"
                         value="${param.pattern}"/>
             </td>
        </tr>
    </table>
    <p/><input type="submit" value="计算"/>
</form>
```

在浏览器地址栏中输入如下的 URL：

```
http://localhost:8080/samples/chapter6/dynmath.jsp
```

在页面中的【方法名】文本框中输入 sin，在【参数值】文本框中输入 69，选中【是否为角度】复选框，在【模式字符串】文本框中输入 0.000，单击【计算】按钮，页面显示的效果如图 7.11 所示。

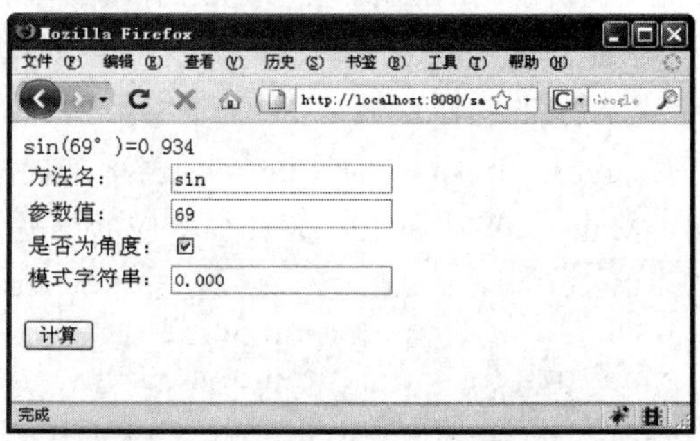

图 7.11　使用支持动态属性值的 dynMath 标签进行数学运算

7.3.4　标签的动态属性

JSP 规范允许标签中的属性不需要在 TLD 文件中定义就可以使用，这种属性称为动态属性。使用动态属性的好处是可以根据需要为自定义标签添加相应的属性，而无须修改 TLD 文件，这无疑会大大增强自定义标签的灵活性。为自定义标签增加动态属性功能需要如下两个步骤：

（1）标签类需要实现 javax.servlet.jsp.tagext.DynamicAttributes 接口。

（2）在 TLD 文件中定义标签时需要使用<dynamic-attributes>元素打开标签的动态属性功能。

在 DynamicAttributes 接口只定义了一个 setDynamicAttribute 方法，该方法的定义如下：

```
public void setDynamicAttribute(String uri,String localName,Object value)
throws JspException
```

其中 uri 参数表示属性的命名空间，如果属性在默认的命名空间中，该参数值为 null，localName 参数表示动态属性的名称，value 参数表示动态属性的值。

在使用标签的动态属性功能时应注意如下几点：

- 标签中未使用<attribute>元素定义的属性都是动态属性，Web 容器每遇到一个动态属性，就会调用一次 setDynamicAttribute 方法。如果想在标签类中使用这些动态属性，通常将这些动态属性添加到 Map 对象中，再在其他的方法（如 doStartTag、doEndTag 等）中处理这些动态属性。
- 如果在标签中使用动态属性，则必须将<dynamic-attributes>元素的值设为 true。<dynamic-attributes>（元素的默认值是 false）。
- 如果<dynamic-attributes>元素的值为 true，则标签类必须实现 DynamicAttributes 接口，否则在调用标签时会抛出异常。

7.3.5　使用动态属性生成不同风格的列表框

使用标签的动态属性可以实现很多非常灵活的功能。可以将动态属性的名称和属性值看做是 key-value 对（属性名称相当于 key，属性值相当于 value）。根据动态属性的这个特点可以生成由 key-value 对组成的 HTML 代码。如 HTML 列表框，代码如下：

```
<select>
   <option value="key">value</option>
   …
</select>
```

本节的例子编写的标签（options 标签）可以使用动态属性生成下拉列表框和可以显示多个选项的列表框。options 标签除了动态属性外，还有如下几个在 TLD 文件中定义的属性：

- name：指定生成的列表框的 name 属性值。
- isMultiple：指定生成的列表框是下拉列表框，还是可以显示多个选项的列表框。默认值为 false，表示生成的是下拉列表框。
- style：指定生成的列表框的 CSS 样式属性值，也就是<select>元素的 style 属性值。

OptionsTag 是一个标签类，负责根据在 TLD 文件中定义的属性以及动态属性生成不同风格的列表框。OptionsTag 类的代码如下：

```
package chapter6;
import java.io.IOException;
import javax.servlet.jsp.JspException;
import javax.servlet.jsp.tagext.TagSupport;
import javax.servlet.jsp.tagext.DynamicAttributes;
import java.util.Map;
import java.util.Set;
import java.util.HashMap;
public class OptionsTag extends TagSupport implements DynamicAttributes
{
```

```
    private String name;
    private boolean isMultiple=false;
    private String style;
    private Map<String, String>dynAttributes=new HashMap<String, String>();
    public void setName(String name)
    {
        this.name=name;
    }
    public void setIsMultiple(boolean isMultiple)
    {
        this.isMultiple=isMultiple;
    }
    public void setStyle(String style)
    {
        this.style=style;
    }
    //实现处理动态属性的 setDynamicAttribute 方法
    public void setDynamicAttribute(String uri, String localName, Object value)
    throws JspException
    {
        //将所有的动态属性名称和属性值保存在 Map 对象中
        dynAttributes.put(localName,value.toString());
    }
    @Override
    public int doStartTag()throws JspException
    {
        try
        {
            //获得动态属性名称集合
            Set<String>keys=dynAttributes.keySet();
            //生成<select>元素的开始标记
            String html="<select name='"+name+"'style='"+style+"'"+
            ((isMultiple==true)?"multiple='multiple'":"")+">";
            //根据动态属性名称查找动态属性值，并根据每一个动态属性生成<option>元素
            for(String key:keys)
            {
                String value=dynAttributes.get(key);
                html+="<option value='"+key+"'>"+value+"</option>";
            }
            html+="</select>";
            //将生成的 select 元素的完整 HTML 代码发送到客户端
            pageContext.getOut().println(html);
        }
        catch(IOException e)
        {
            e.printStackTrace();
```

```
        }
        return this.SKIP_BODY;
    }

}
```

在 jsp-taglib.tld 文件中添加如下的内容来安装 options 标签：

```
<tag>
    <description>使用动态属性值和动态属性生成不同类型的选项列表</description>
    <name>options</name>
    <tag-class>chapter6.OptionsTag</tag-class>
    <body-content>empty</body-content>
    <attribute>
        <name>name</name>
        <required>true</required>
        <rtexprvalue>false</rtexprvalue>
    </attribute>
    <attribute>
        <name>isMultiple</name>
        <required>false</required>
        <rtexprvalue>false</rtexprvalue>
    </attribute>
    <attribute>
        <name>style</name>
        <required>false</required>
        <rtexprvalue>false</rtexprvalue>
    </attribute>
    <!--打开 options 标签的动态属性功能-->
    <dynamic-attributes>true</dynamic-attributes>
</tag>
```

options.jsp 页面使用 options 标签生成了两种列表框，代码如下：

```
<%@ page language="java" contentType="text/html; charset=UTF-8"%>
<%@ taglib uri="http://nokiaguy.blogjava.net" prefix="ct"%>
<center>
    选择你的爱好
    <br>
    <ct:options name="hobby" tennis="网球" internet="上网" tour="旅游" reading="
    阅读" style="width:100px"/>
    <hr>
    选择你最喜欢的科幻电影：<br>
    <ct:options name="movie" movie1="独立日"
                             movie2="变形金刚（真人版）"
                             movie3="黑超特警组"
                             movie4="回到未来三步曲"
                             movie5="火星任务"
                             movie6="人工智能"
                             movie7="其他"
```

```
                                        isMultiple="true"
                                        style="width:150px;height:200px"/>
    </center>
```

在浏览器地址栏中输入如下的 URL：

```
http://localhost:8080/samples/chapter6/options.jsp
```

浏览器显示的效果如图 7.12 所示。

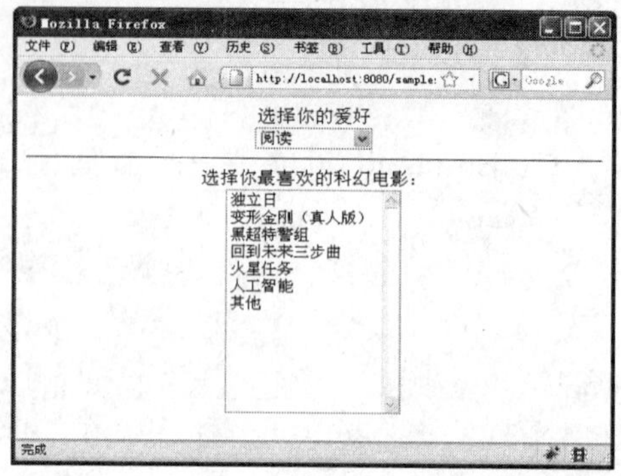

图 7.12　使用 options 标签生成列表框

如果读者查询 options.jsp 页面生成的源代码，可以看到如下的内容：

```
<center>
    选择你的爱好
    <br>
    <select name='hobby'style='width: 100px'>
        <option value='reading'>阅读</option>
        <option value='tour'>旅游</option>
        <option value='tennis'>网球</option>
        <option value='internet'>上网</option>
    </select>
    <hr>
    选择你最喜欢的科幻电影: <br>
    <select name='movie' style='width:150px;height:200px'multiple='multiple'>
        <option value='movie1'>独立日</option>
        <option value='movie2'>变形金刚（真人版）</option>
        <option value='movie3'>黑超特警组</option>
        <option value='movie4'>回到未来三步曲</option>
        <option value='movie5'>火星任务</option>
        <option value='movie6'>人工智能</option>
        <option value='movie7'>其他</option>
    </select>
</center>
```

从上面的 HTML 代码可以看出，动态属性名称就是<option>元素的 value 属性值，动态属性值就是<option>元素本身的值。

7.4　迭代标签

在实际应用中经常要使用自定义标签来迭代输出数组或集合对象中的元素。为此，JSP 规范专门提供了一个 IterationTag 接口来解决这个问题。IterationTag 是 Tag 接口的子接口。所有实现 IterationTag 接口的标签类都可以循环执行标签体中的内容。

7.4.1　IterationTag 接口

IterationTag 接口在 Tag 接口的基础上增加了一个 doAfterBody 方法。如果该方法返回 EVAL_BODY_AGAIN，则 Web 容器会再次执行标签体的内容；如果 doAfterBody 方法返回 SKIP_BODY，则 Web 容器将不再执行标签体的内容。Web 容器每执行完一次标签体，就会调用一次 doAfterBody 方法，而 doStartTag 方法只在 Web 容器遇到标签的开始标记时执行一次。因此，可以利用 doStartTag 方法和 doAfterBody 方法的调用方式来完成迭代的初始化和移动到下一个迭代元素的工作。

如果想让标签体中的代码可以访问当前迭代的元素，需要将当前迭代的元素保存在 Web 域中（通常为 page 域），然后使用 EL 或 JSP 表达式从 Web 域中取得当前迭代的元素。当 Web 容器调用 doStartTag 方法时，需要将迭代集合的第一个元素保存在 page 域中，并且 doStartTag 方法要返回 EVAL_BODY_INCLUDE，使得 Web 容器执行标签体中的内容，并且调用 doAfterBody 方法。在 doAfterBody 方法中需要对迭代集合的当前索引增加指定的步长，如果当前索引超过迭代集合的最后一个元素的索引或指定的最大索引，则 doAfterBody 方法返回 SKIP_BODY（不再执行标签体的内容），否则返回 EVAL_BODY_AGAIN（再次执行标签体的内容）。

7.4.2　编写迭代集合的标签

本节将实现一个 iterator 标签来模拟 JSTL 中的<c:forEach>标签的功能。iterator 标签有如下几个属性：

- items：指定要迭代的集合对象。
- var：指定保存在 page 域中的当前迭代元素的属性名。
- begin：指定迭代的开始索引。
- end：指定迭代的最大索引。
- step：指定迭代的步长。
- index：指定保存在 page 域中的迭代索引的属性名。

iterator 标签在如下的几种情况不对集合进行迭代：

- 集合对象为 null。
- 集合对象中没有元素（size 为 0）。
- end 属性值小于 begin 属性值。
- begin 属性值大于或等于集合中的元素个数。

IteratorTag 是一个标签类，负责对集合对象进行迭代。IteratorTag 类的代码如下：

```
package chapter6;
import java.io.IOException;
import java.util.List;
import javax.servlet.jsp.tagext.Tag;
import javax.servlet.jsp.JspException;
import javax.servlet.jsp.tagext.TagSupport;
public class IteratorTag extends TagSupport
{
    private List items=null;
    private String var;
    private int begin=0;
    private int end=Integer.MAX_VALUE;
    private int step=1;
    private String count=null;
    //i 变量表示当前已经迭代的集合元数个数
```

```
    private int i=1;
    public void setItems(List items)
    {
        this.items=items;
    }
    public void setVar(String var)
    {
        this.var=var;
    }
    public void setBegin(int begin)
    {
        this.begin=begin;
    }
    public void setEnd(int end)
    {
        this.end=end;
    }
    public void setStep(int step)
    {
        this.step=step;
    }
    public void setCount(String count)
    {
        this.count=count;
    }
    @Override
    public int doStartTag()throws JspException
    {

        if (items!=null&&items.size()>0&&begin<items.size()&&begin<=end)
        {
            //将集合的第一个元素保存在page域中
            pageContext.setAttribute(var,items.get(begin));
            //如果count属性不为null，将当前已经迭代的集合元素个数保存在page域中
            if(count!=null)
                pageContext.setAttribute(count,i);
            begin+=step;
            i++;
            return this.EVAL_BODY_INCLUDE;
        }
        else
            return this.SKIP_BODY;
    }
    @Override
    public int doAfterBody()throws JspException
    {
        if(begin<items.size()&&begin<end)
        {
```

```
            //将下一个集合元素保存在page域中
            pageContext.setAttribute(var,items.get(begin));
            //将当前已经迭代的集合元素个数保存在page域中
            pageContext.setAttribute(count,i);
            i++;
            begin+=step;
            return this.EVAL_BODY_AGAIN;
        }
        else
        {
            //重新初始化begin和i变量
            begin=0;
            i=0;
            return this.SKIP_BODY;
        }
    }
}
```

由于标签缓存的原因，需要对 begin 和 i 变量进行初始化。这是因为 begin 和 i 变量在 IteratorTag 类中被改变了，如果不进行初始化，下次再调用 iterator 标签时，Web 容器会从标签缓存中获得 IteratorTag 对象实例，如果在 iterator 标签中不指定 begin 属性，则 begin 和 i 变量便会保持上一次调用 iterator 标签的结果，在这种情况下，iterator 标签就不会按着预定的方式进行迭代了。读者可以将重新初始化 begin 和 i 变量的代码注释掉，看看会发生什么情况。

在 jsp-taglib.tld 文件中添加如下的内容来安装 iterator 标签：

```
<tag>
    <description>迭代集合的标签</description>
    <name>iterator</name>
    <tag-class>chapter6.IteratorTag</tag-class>
    <body-content>JSP</body-content>
    <attribute>
        <name>items</name>
        <required>true</required>
        <rtexprvalue>true</rtexprvalue>
    </attribute>
    <attribute>
        <name>var</name>
        <required>true</required>
        <rtexprvalue>false</rtexprvalue>
    </attribute>
    <attribute>
        <name>begin</name>
        <required>false</required>
        <rtexprvalue>false</rtexprvalue>
    </attribute>
    <attribute>
        <name>end</name>
        <required>false</required>
```

```
        <rtexprvalue>false</rtexprvalue>
    </attribute>
    <attribute>
        <name>step</name>
        <required>false</required>
        <rtexprvalue>false</rtexprvalue>
    </attribute>
    <attribute>
        <name>count</name>
        <required>false</required>
        <rtexprvalue>false</rtexprvalue>
    </attribute>
</tag>
```

iterator.jsp 页面使用 iterator 标签生成了两个列表框。iterator.jsp 页面的代码如下：

```
<%@page language="java" contentType="text/html; charset=UTF-8"%>
<%@taglib uri="http://nokiaguy.blogjava.net" prefix="ct"%>
<%
    java.util.List<String> teleplays = new java.util.ArrayList<String>();
    teleplays.add("李小龙传奇");
    teleplays.add("绝密押运");
    teleplays.add("神探狄仁杰3");
    teleplays.add("新大秦帝国");
    teleplays.add("士兵突击");
    request.setAttribute("teleplays",teleplays);
%>
<center>
    国产电视剧<p/>
    <select name="teleplays1" multiple="multiple"
        style="width: 120px; height:150px">
        <ct:iterator items="${teleplays}" var="teleplay" count="count">
            <option value="${count}">${teleplay}</option>
        </ct:iterator>
    </select>
                
    <select name="teleplays2" multiple="multiple"
            style="width: 120px; height: 150px">
        <ct:iterator items="${teleplays}" var="teleplay" count="count" begin="1"
                    end="4" step="2">
            <option value="${count}">${teleplay}</option>
        </ct:iterator>
    </select>
</center>
```

在浏览器地址栏中输入如下的 URL：

```
http://localhost:8080/samples/chapter6/iterator.jsp
```

浏览器输出的效果如图 7.13 所示。

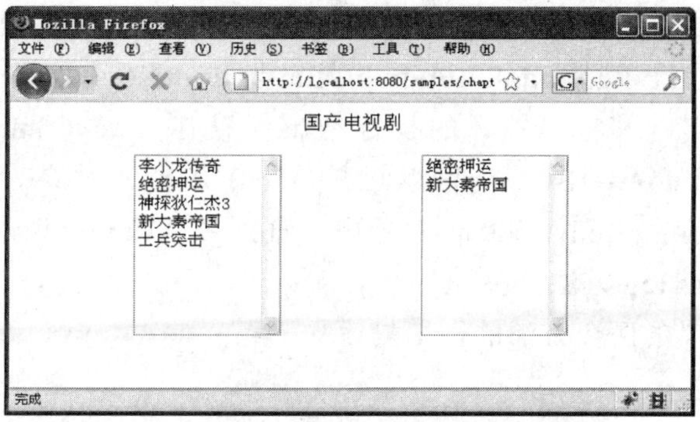

图 7.13　使用 iterator 标签生成列表框

使用 iterator 标签生成列表框的 HTML 代码如下：

```
<center>
    国产电视剧<p/>
    <select name="teleplays1" multiple="multiple"
              style="width: 120px; height: 150px">
        <option value="1">李小龙传奇</option>
        <option value="2">绝密押运</option>
        <option value="3">神探狄仁杰 3</option>
        <option value="4">新大秦帝国</option>
        <option value="5">士兵突击</option>
    </select>
                
    <select name="teleplays2" multiple="multiple"
              style="width: 120px; height: 150px">
        <option value="1">绝密押运</option>
          <option value="2">新大秦帝国</option>
      </select>
</center>
```

7.5　处理标签体内容

在实际应用中，有时也需要修改标签体的执行结果。JSP API 定义了一个 BodyTag 接口，所有实现 BodyTag 接口的标签类都可以修改标签体的执行结果。与 Tag、IterationTag 接口一样，BodyTag 接口也提供了一个默认的实现类 BodyTagSupport，该类实现了 BodyTag 接口中的所有方法，并为有返回值的方法提供了默认返回值。

7.5.1　BodyTag 接口

BodyTag 接口的父接口是 IterationTag。BodyTag 接口在 IterationTag 接口的基础上增加了两个方法和一个常量。这两个方法是 setBodyContent 和 doInitBody，常量是 EVAL_BODY_BUFFERED。如果标签类实现 BodyTag 接口，doStartTag 方法除了可以返回 EVAL_BODY_INCLUDE 和 SKIP_BODY 外，还可以返回 EVAL_BODY_BUFFERED。如果 doStartTag 方法返回 EVAL_BODY_BUFFERED，Web 容器会调用标签类的 setBodyContent 方法将标签体的执行

结果作为 javax.servlet.jsp.BodyContent 类的对象实例传入标签类的对象实例，在调用完 setBodyContent 方法后，就会调用 doInitBody 方法。当 doInitBody 方法执行完后，Web 容器将继续执行标签体的内容，并将标签体的执行结果保存在 BodyContent 对象中，然后调用 doAfterBody 方法。如果 doAfterBody 方法返回 EVAL_BODY_AGAIN，Web 容器会再次执行标签体，并将执行结果保存在 BodyContent 对象中，直到 doAfterBody 方法返回 SKIP_BODY，Web 容器才会调用 doEndTag 方法。

BodyTag 接口中定义的两个方法的详细描述如下：

1. setBodyContent

setBodyContent 方法用于将 Web 容器创建的 BodyContent 对象传入标签类的对象实例，该方法的定义如下：

```
public void setBodyContent(BodyContent b)
```

2. doInitBody

doInitBody 方法在 setBodyContent 方法之后调用。通常在该方法中初始化 BodyContent 对象的内容。如果在 doInitBody 方法中向 BodyContent 对象中写入一些内容，这些内容将出现在标签体执行结果的前面。doInitBody 方法的定义如下：

```
public void doInitBody()throws JspException
```

Web 容器调用自定义标签的流程如图 7.14 所示。

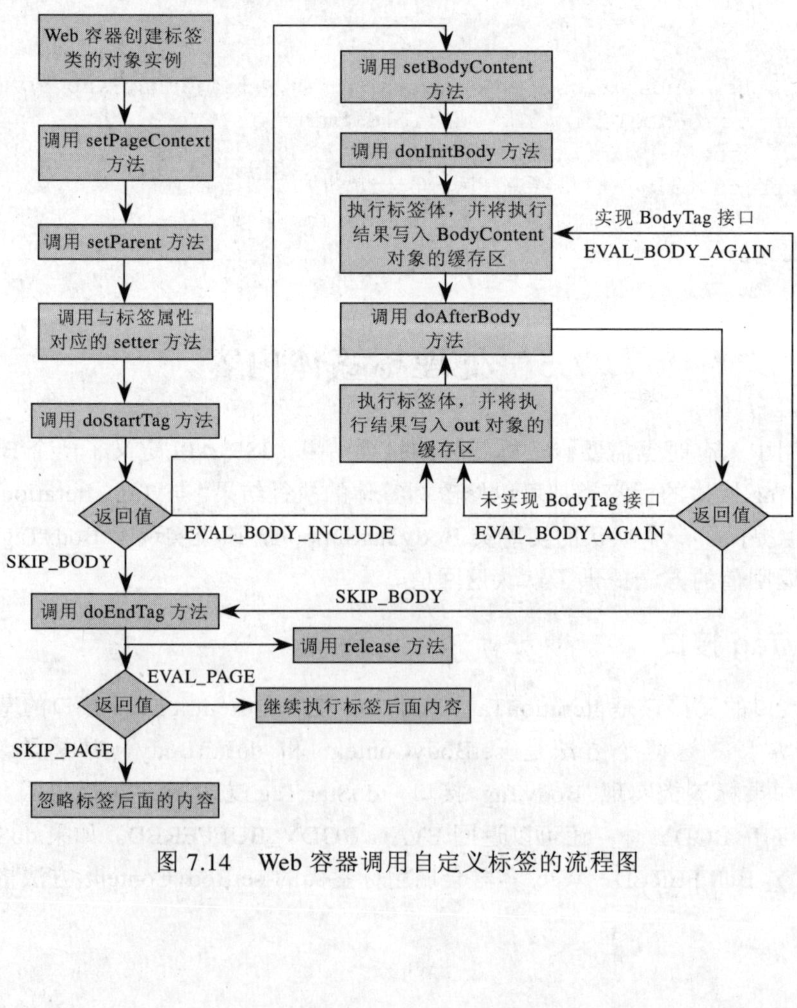

图 7.14　Web 容器调用自定义标签的流程图

7.5.2 BodyContent 类

BodyContent 是 JspWriter 类的子类。BodyContent 类在 JspWriter 类的基础上增加了保存标签体执行结果的缓冲区。在 BodyContent 类中还定义了一些用于操作缓冲区的方法，这些方法可以将缓冲区中的内容转换成字符串或返回封装缓冲区内容的 java.io.Reader 对象，也可以将缓冲区中的内容写入其他的数据流。

PageContext 类中有一个用于表示 JspWriter 对象的 out 变量，通过 PageContext 类的 getOut 方法可以返回 out 变量的值。如果 doStartTag 方法返回 EVAL_BODY_BUFFERED，Web 容器会调用 PageContext 类的 pushBody 方法产生一个 BodyContent 对象，在产生 BodyContent 对象后，会将 out 变量原来指向的 JspWriter 对象压栈，并使 out 变量重新指向新产生的 BodyContent 对象。当 Web 容器遇到标签结束标记后，就会调用 doEndTag 方法，在调用完 doEndTag 方法后，Web 容器会调用 PageContext 类的 popBody 方法将 out 变量原来的 JspWriter 对象从堆栈中弹出，并使 out 变量重新指向这个 JspWriter 对象。因此，在标签后面使用 PageContext.getOut 方法返回的是 JspWriter 对象。

BodyContent 类常用方法的定义如下：

1. getString 方法

getString 方法用于以字符串形式返回 BodyContent 对象缓冲区中保存的内容，该方法的定义如下：

```
public abstract String getString()
```

2. getReader 方法

getReader 方法用于返回一个可以读取 BodyContent 对象缓冲区内容的 java.io.Reader 对象。该方法的定义如下：

```
public abstract Reader getReader()
```

3. getEnclosingWriter 方法

getEnclosingWriter 方法用于返回一个 JspWriter 对象。通过该对象可以向 BodyContent 对象缓冲区写入内容，这个 JspWriter 对象是在 Web 容器创建 BodyContent 对象时通过 BodyContent 类的构造方法传入 BodyContent 对象的。getEnclosingWriter 方法的定义如下：

```
public JspWriter getEnclosingWriter()
```

4. clearBody 方法

clearBody 方法用于清空 BodyContent 对象缓冲区中的内容。clearBody 方法的定义如下：

```
public void clearBody()
```

5. writeOut 方法

writeOut 方法用于将 BodyContent 对象缓冲区中的内容写入指定的 java.io.Writer 对象中。writeOut 方法的定义如下：

```
public abstract void writeOut(Writer out)throws IOException
```

7.5.3 编写将 URL 转换成 a 元素的标签

本节要实现的自定义标签可以将标签体的内容（一个 URL）转换成如下的 a 元素，如下面的代码所示：

```
<a href="http://nokiaguy.blogjava.net">http://nokiaguy.blogjava.net</a>
```

其中 http://nokiaguy.blogjava.net 就是标签体的内容。

本示例的标签（url 标签）类需要继承 BodyTagSupport 类。在 doEndTag 方法中以字符串形式获得 BodyContent 对象缓冲区中的内容（一个 URL），并将该 URL 转换成 a 元素，再使用 JspWriter 类的 write 方法将转换后的内容输出到客户端。url 标签有一个 style 属性，用于设置 a 元素的 style 属性。

UrlTag 是一个标签类，负责将标签体中的 URL（标签体中只有一个 URL）转换成 a 元素。UrlTag 类的代码如下：

```
package chapter6;
import java.io.IOException;
import javax.servlet.jsp.JspWriter;
import javax.servlet.jsp.JspException;
import javax.servlet.jsp.tagext.BodyTagSupport;
public class UrlTag extends BodyTagSupport
{
    private String style=null;
    public void setStyle(String style)
    {
        this.style=style;
    }
    @Override
    public int doAfterBody()throws JspException
    {

        //以字符串形式获得 BodyContent 对象缓冲区中的内容
        String url=bodyContent.getString();
        //将从 BodyContent 对象缓冲区中获得的 URL 转换成 a 标签，并根据 style 属性的值为
        //a 元素添加 style 属性
        String html="<a href='"+url+"' "+((style==null)? "":"style='"+
        style+"'")+">"+url+ "</a>";
        JspWriter out=bodyContent.getEnclosingWriter();
        //也可使用如下的代码来获得 JspWriter 对象，并将 a 元素输出到客户端
        //  JspWriter out=pageContext.getOut();
        try
        {
            out.write(html);          //将生成的 a 元素输出到客户端
        }
        catch(IOException e)
        {
            e.printStackTrace();
        }
        return this.SKIP_BODY;
    }
}
```

在编写上面代码时应注意如下几点：

- 由于 setPageContext 方法、setParent 方法、属性的 setter 方法和 doStartTag 方法在 setBodyContent 方法之前被调用，因此，不能在这些方法中使用 BodyContent 对象。也就是说，只能在 setBodyContent 方法后面被调用的方法中才能使用 BodyContent 对象，如 doInitBody、doAfterBody 和 doEndTag 方法。
- 如果要修改标签体的内容，只能在标签体执行完后再处理，也就是说，只能在 doAfterBody 或 doEndTag 方法中编写处理代码。在本例中修改标签体内容的代码被写在了 doAfterBody 方法中。
- 在 doAfterBody 方法中使用了 bodyContent 变量，该变量是在 BodyTagSupport 类中定义的，并在 BodyTagSupport 类的 setBodyContent 方法中为 bodyContent 赋值，因此，可以在 doInitbody、doAfterBody 和 doEndTag 方法中使用 bodyContent 变量。

在 jsp-taglib.tld 文件中添加如下的内容来安装 url 标签：

```
<tag>
    <description>将 URL 转换成 a 元素</description>
    <name>url</name>
    <tag-class>chapter6.UrlTag</tag-class>
    <body-content>JSP</body-content>
    <attribute>
        <name>style</name>
        <required>false</required>
        <rtexprvalue>false</rtexprvalue>
    </attribute>
</tag>
```

url.jsp 页面使用 url 标签将标签体中的 URL 转换成 a 元素，并设置了 a 元素的 style 属性值。url.jsp 页面的代码如下：

```
<%@page language="java" contentType="text/html; charset=UTF-8"%>
<%@taglib uri="http://nokiaguy.blogjava.net" prefix="ct"%>
<ct:url>
    http://nokiaguy.blogjava.net
</ct:url>
<hr>
<!--设置 a 元素的 style 属性值-->
<ct:url style="font-size:25px">
    http://nokiaguy.cnblogs.com
</ct:url>
```

在浏览器地址栏中输入如下的 URL：

```
http://localhost:8080/samples/chapter6/url.jsp
```

浏览器显示的效果如图 7.15 所示。

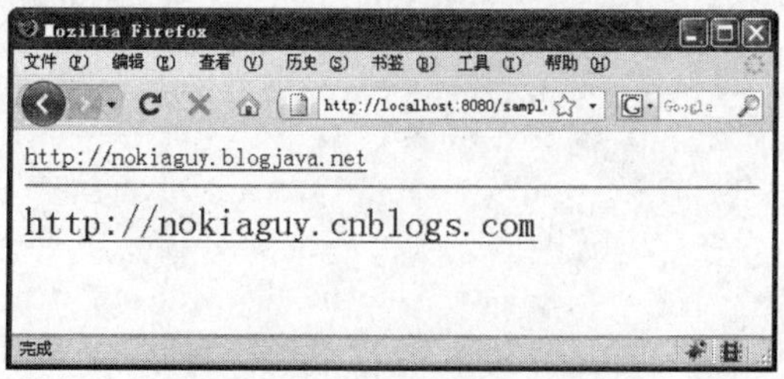

图 7.15　使用 url 标签将 URL 转换成 a 元素

7.5.4　编写将文本内容转换成表格的标签

本节给出一个更复杂的自定义标签（text2Table 标签）的例子。text2Table 标签可以将文本的内容转换成表格，列使用空格、tab 等字符分隔，而行使用\r\n 分隔。text2Table 标签还可以将文本内容中的特殊字符（如<、>、空格等）转换成字符实体编码。text2Table 标签有如下几个属性：

- isFile：该属性指定标签体的内容是否为一个指定文本文件的相对路径。默认值是 false。如果该属性为 true，则 text2Table 标签会将该相对路径指定的文本文件的内容转换成表格。
- haveHeader：该属性指定是否将表格的第一行设置为表头（使用 th 元素设置）。默认值是 false。
- escapeXML：该属性指定是否将文本内容中的特殊字符进行 HTML 编码转换。默认值是 true。
- attributes：该属性指定了 table 元素中的所有属性和属性值。也就是说，text2Table 标签会将 attributes 属性值作为<table ... >中间的部分。

Text2TableTag 是一个标签类，负责将标签体的内容或相对路径指定的文本文件中的内容转换成表格。Text2TableTag 类的代码如下：

```
package chapter6;
import java.io.IOException;
import java.io.BufferedReader;
import javax.servlet.jsp.JspWriter;
import javax.servlet.jsp.JspException;
import javax.servlet.jsp.tagext.BodyTagSupport;
public class Text2TableTag extends BodyTagSupport
{
    private boolean isFile=false;
    private boolean haveHeader=false;
    private boolean escapeXML=true;
    private String attributes=null;

    public void setAttributes(String attributes)
    {
        this.attributes=attributes;
    }

    public void setIsFile(boolean isFile)
    {
        this.isFile=isFile;
    }

    public void setEscapeXML(boolean escapeXML)
    {
        this.escapeXML=escapeXML;
    }

    public void setHaveHeader(boolean haveHeader)
    {
        this.haveHeader=haveHeader;
    }
```

```
    //对 message 参数值进行 HTML 编码转换，并返回转换结果
    private String filter(String message)
    {
        if(message==null)
            return(null);
        char content[]=new char[message.length()];
        message.getChars(0,message.length(),content, 0);
        //将转换结果添加到 StringBuffer 对象中
        StringBuffer result=new StringBuffer(content.length + 50);
        for(int i=0; i<content.length; i++)
        {
            switch(content[i])
            {
            case'<':
                result.append("&lt;");
                break;
            case'>':
                result.append("&gt;");
                break;
            case'&':
                result.append("&amp;");
                break;
            case'"':
                result.append("&quot;");
                break;
            case' ':
                result.append(" ");
                break;
            default:
                result.append(content[i]);
            }
        }
        return (result.toString());
    }
    @Override
    public int doEndTag()throws JspException
    {
        BufferedReader br=null;
        try
        {
            //标签体的内容是指向文本文件的相对路径
            if(isFile)
            {
                String url=bodyContent.getString().trim();
                //将相对路径转换成本地路径
                String path = pageContext.getServletContext().getRealPath(url);
```

```
        //打开这个文件，并返回 BufferedReader 对象
        br=new BufferedReader(new java.io.FileReader(path));
    }
    //标签体的内容是普通的文本
    else
    {
        //使用 BodyContent 类的 getReader 方法返回
        //可以读取 BodyContent 对象内容的 java.io.Reader 对象，//并根据该
        //Reader 对象创建 BufferedReader 对象
        br=new BufferedReader(bodyContent.getReader());
    }
    //开始生成表格（table 元素）
    String html="<table"+((attributes==null)?"":attributes)+">";
    String line=null;
    int lineCount=1;
    //读取标签体的内容或文本文件中的每一行，并将这些行转换成表格行
    while((line=br.readLine())!=null)
    {
        //如果当前行为空字符串，忽略该行
        if(line.trim().equals(""))
            continue;
        if(escapeXML)
        {
            //对当前行进行 HTML 编码转换
            line=filter(line);
        }
        String cellHtml="td";
        if(lineCount==1&&haveHeader)
        {
            //设置第一行为表头
            cellHtml="th";
        }
        lineCount++;
        html+="<tr>";
        String[]cells=line.split("\\s+");
        //生成当前行的每一个单元格
        for(String cell:cells)
        {
            html+="<"+cellHtml+">"+cell+"</"+cellHtml+">";
        }
        html+="</tr>";
    }
    html+="</table>";
    JspWriter out=bodyContent.getEnclosingWriter();
    //将生成的表格代码输出到客户端
    out.write(html);
```

```
        }
        catch(IOException e)
        {
            e.printStackTrace();
        }
        return this.EVAL_PAGE;
    }
}
```

在 jsp-taglib.tld 文件中添加如下的内容来安装 text2Table 标签：

```
<tag>
    <description>将文本转换成表格，每一列使用空格、tab 等字符分隔</description>
    <name>text2Table</name>
    <tag-class>chapter6.Text2TableTag</tag-class>
    <body-content>JSP</body-content>
    <attribute>
        <name>isFile</name>
        <required>false</required>
        <rtexprvalue>false</rtexprvalue>
    </attribute>
    <attribute>
        <name>escapeXML</name>
        <required>false</required>
        <rtexprvalue>false</rtexprvalue>
    </attribute>
    <attribute>
        <name>attributes</name>
        <required>false</required>
        <rtexprvalue>false</rtexprvalue>
    </attribute>
    <attribute>
        <name>haveHeader</name>
        <required>false</required>
        <rtexprvalue>false</rtexprvalue>
    </attribute>
</tag>
```

text2table.jsp 页面使用 text2Table 标签将标签体的内容和指定的文本文件中的内容转换成表格。在编写 text2table.jsp 页面的代码之前，先在<Web 根目录>\chapter6 目录下建立一个 table.txt 文件，内容如下：

```
产品 ID     产品名称     单价     产地
0001A      复印机       3200     上海
0002C      打印机       1200     北京
0002D      电脑桌        210     北京
0003B      摄像头         67     广州
```

要注意上面内容中的字符串之间使用 tab 字符分隔。

text2table.jsp 页面的代码如下：

```
<%@page language="java"contentType="text/html;charset=UTF-8"%>
<%@taglib uri="http://nokiaguy.blogjava.net"prefix="ct"%>
<ct:text2Table attributes="border='1'"escapeXML="true">
aaa    bbb    ccc    dd   d
xxx    yyy    z  zz
u   uu    v   vv
ppp
</ct:text2Table>
<hr>
<ct:text2Table attributes="border='1'" haveHeader="true">
产品 ID  产品名称       单价      产地
0001A    复印机         3200     上海
0002C    打印机         1200      北京
0002D    电脑桌         210       北京
0003B    摄像头         67        广州
</ct:text2Table>
<hr>
<!--将 table.txt 文件中的内容转换成表格-->
<ct:text2Table attributes="border='1'" isFile="true">
chapter6\table.txt
</ct:text2Table>
```

在浏览器地址栏中输入如下的 URL：

```
http://localhost:8080/samples/chapter6/text2table.jsp
```

浏览器显示的效果如图 7.16 所示。

图 7.16　使用 text2Table 标签将标签体或文本文件的内容转换成表格

图 7.16 所示的显示效果对应的 HTML 代码如下：

```
<table border='1'>
    <tr>
        <td>aaa</td><td>bbb</td><td>ccc</td><td>dd   d</td>
    </tr>
    <tr>
        <td>xxx</td><td>yyy</td><td>z  zz</td>
    </tr>
    <tr>
        <td>u   uu</td><td>v   vv</td>
    </tr>
    <tr>
        <td>ppp </td>
    </tr>
</table>
<hr>
<table border='1'>
    <tr>
        <th>产品 ID</th><th>产品名称</th><th>单价</th><th>产地</th>
    </tr>
    <tr>
        <td>0001A</td><td>复印机</td><td>3200</td><td>上海</td>
    </tr>
    <tr>
        <td>0002C</td><td>打印机</td><td>1200</td><td>北京</td>
    </tr>
    <tr>
        <td>0002D</td><td>电脑桌</td><td>210</td><td>北京</td>
    </tr>
    <tr>
        <td>0003B</td><td>摄像头</td><td>67</td><td>广州</td>
    </tr>
</table>
<hr>
<table border='1'>
    <tr>
        <td>产品 ID</td><td>产品名称</td><td>单价</td><td>产地</td>
    </tr>
    <tr>
        <td>0001A</td><td>复印机</td><td>3200</td><td>上海</td>
    </tr>
    <tr>
        <td>0002C</td><td>打印机</td><td>1200</td><td>北京</td>
    </tr>
    <tr>
        <td>0002D</td><td>电脑桌</td><td>210</td><td>北京</td>
    </tr>
```

```
    <tr>
        <td>0003B</td><td>摄像头</td><td>67</td><td>广州</td>
    </tr>
</table>
```

在使用 text2Table 标签时要注意，如果要转换成表格的文本内容中包含空格，则需要将 escapeXML 属性值设为 true，将这些空格转换成 ，否则 text2Table 标签会将空格作为分隔符来分隔表格中的列。

7.6　标签体的类型

在安装自定义标签时需要使用<body-content>元素指定标签体的类型，在前面已经使用到了两种标签体类型：empty 和 JSP。<body-content>元素除了设置这两个标签体类型外，还可以设置另外两种标签体类型：scriptless 和 tagdependent。这 4 种标签体类型的含义如下：

1．empty

表示自定义标签不能有标签体，否则 Web 容器在调用自定义标签时会抛出异常。

2．JSP

表示自定义标签的标签体可以是任意 JSP 页面的元素，如静态内容、JSP 表达式、EL 等。

3．scriptless

表示自定义标签的标签体可以包含除了 Java 代码（<%=...%>或<%...%>）外的任何 JSP 页面元素。如果标签体中包含了 Java 代码，Web 容器在调用自定义标签时将抛出异常。

4．tagdependent

表示自定义标签的标签体不能包含任何服务端代码（需要服务端的 JSP 引擎解析的代码），如<%...%>、<%=...%>、EL 和自定义标签。如果标签体中包含服务端代码，自定义标签并不会抛出异常，而是按着原样输出这些服务端代码。

读者可以将 7.4.2 节中实现的 iterator 标签的<body-content>元素值改为 tagdependent，并访问 iterator.jsp 页面，将会得到图 7.17 所示的输出效果。

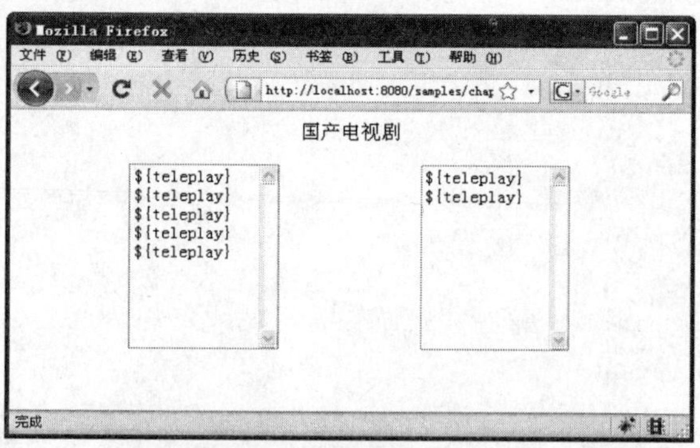

图 7.17　将<body-content>元素值设为 tagdependent

从图 7.17 所示的输出效果可以看出，iterator 标签的标签体中的 EL 并没有被 JSP 引擎翻译执行，而是直接输出到了客户端。

7.7　在自定义标签中使用 Java 变量

如果想在 JSP 页面中使用 Java 变量，必须定义这个变量。如下面的代码使用了 Java 变量 url：

```
<%
    out.println(url);
%>
```

要想使上面的代码编译通过，必须在这段代码之前使用如下的代码定义 url 变量：

```
<%
    String url="http://nokiaguy.blogjava.net";
%>
```

然而到目前为止，自定义标签要想返回处理结果或状态信息，除了将这些信息输出到 JspWriter 对象的缓冲区外，就只有将它们保存在 Web 域中，然后使用 EL、Java 代码等技术从 Web 域中取得这些内容。由于这个过程并未定义保存相应内容的 Java 变量，因此，无法直接使用 Java 变量的方式获得自定义标签返回的内容。

为了使自定义标签更加灵活，JSP 规范允许 JSP 引擎为自定义标签创建 Java 变量，并在该变量中保存相应的内容。这样就可以直接使用 Java 变量来获得自定义标签返回的内容了。

7.7.1　在 TLD 文件中定义 Java 变量

在 7.4.2 节实现的 iterator 标签在标签体内只能通过 EL 来获得当前的迭代元素，代码如下：

```
<select name="teleplays1" multiple="multiple"
    style="width:120px;height: 150px">
    <ct:iterator items="${teleplays}" var="teleplay" count="count">
        <option value="${count}">${teleplay}</option>
    </ct:iterator>
</select>
```

如果将上面代码中的 EL 改成 Java 代码，例如，将${teleplay}改成<%= teleplay %>，在调用 iterator 时将会抛出异常。抛出异常的原因是未定义 teleplay 变量。因此，就需要 JSP 引擎为 iterator 标签产生这个 teleplay 变量。

要想使 JSP 引擎为自定义标签产生 Java 变量，需要在安装自定义标签时使用<variable>元素来配置 Java 变量，代码如下：

```
<tag>
    <description>迭代集合的标签</description>
    <name>iterator</name>
    <tag-class>chapter6.IteratorTag</tag-class>
    <body-content>JSP</body-content>
    <variable>
        <name-given>teleplay</name-given>
    </variable>
    <attribute>
        <name>items</name>
        <required>true</required>
        <rtexprvalue>true</rtexprvalue>
```

```
    </attribute>
    …
</tag>
```

上面代码中的黑体字部分在<variable>元素中使用<name-given>子元素设置了 Java 变量名（teleplay）。

在 javavar.jsp 页面中编写如下的代码：

```
<%@page language="java"contentType="text/html;charset=UTF-8"%>
<%@taglib uri="http://nokiaguy.blogjava.net" prefix="ct"%>
<%
    java.util.List<String>teleplays=new java.util.ArrayList<String>();
    teleplays.add("李小龙传奇");
    teleplays.add("绝密押运");
    teleplays.add("神探狄仁杰3");
    teleplays.add("新大秦帝国");
    teleplays.add("士兵突击");
    request.setAttribute("teleplays", teleplays);
%>
<center>
国产电视剧
    <p/>
    <select name="teleplays1" multiple="multiple"
            style="width:120px;height:150px">
        <ct:iterator items="${teleplays}" var="teleplay" count="count">
            <!--直接使用teleplay变量获得当前迭代的元素-->
            <option value="${count}"><%=teleplay%></option>
        </ct:iterator>
    </select>
</center>
```

在浏览器地址栏中输入如下的 URL：

```
http://localhost:8080/samples/chapter6/javavar.jsp
```

浏览器显示的输出效果如图 7.18 所示。

从图 7.18 所示的输出结果可以看出，<%=teleplay%>正确输出了当前的迭代元素。

7.7.2 TLD 文件中的 Java 变量详解

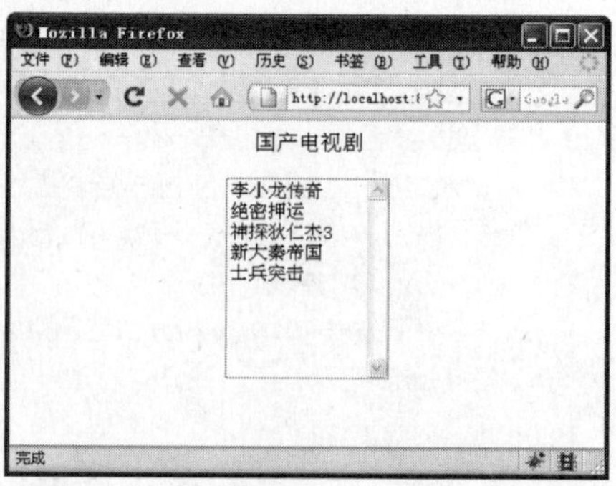

图 7.18 使用 Java 变量获得当前的迭代元素

虽然使用<name-given>元素可以指定 Java 变量名，但使用<name_given>元素指定的 Java 变量名是自定义标签中某个属性的值，也就是说，自定义标签的这个属性值必须和<name_given>元素值相同。如 7.7.1 节中使用<name_given>元素指定了 teleplay 变量，在 iterator 标签中的 var 属性值也必须是 teleplay，否则在调用 iterator 标签时仍然会由于未找到 Java 变量而抛出异常。

JSP 规范允许使用更灵活的方式在 TLD 文件中定义 Java 变量。如果想让自定义标签某个指定 Java 变量的属性的值可任意指定，最直接的方法就是指定自定义标签的属性名。这个属性名可以使用<name-from-attribute>元素指定，代码如下：

```
<tag>
    <description>迭代集合的标签</description>
    <name>iterator</name>
    <tag-class>chapter6.IteratorTag</tag-class>
    <body-content>JSP</body-content>
    <variable>
        <!--指定了 iterator 标签的 var 属性名-->
        <name-from-attribute>var</name-from-attribute>
    </variable>
    …
</tag>
```

如果使用上面的代码来定义 Java 变量，iterator 标签的 var 属性的值可以任意指定，而且无论 var 属性指定什么值，都可以将该值作为 Java 变量使用，如下面的代码所示：

```
<ct:iterator items="${teleplays}"var="abcd" count="count">
    <!--将 abcd 作为 Java 变量使用-->
    <option value="${count}"><%=abcd %></option>
</ct:iterator>
```

<variable>元素还有一些其他的子元素用于对 Java 变量做更进一步地定义，如<variable-class>、scope 等。<variable>元素的所有子元素的含义如表 7.3 所示。

表 7.3　<variable>元素的所有子元素的含义

元 素 名	是否为必选属性	描　　述
name-given	是	指定一个固定名称的 Java 变量。JSP 引擎在声明 Java 变量时，会将 name-given 元素的值作为 Java 变量名
name-from-attribute	是	指定标签的一个属性。JSP 引擎在声明 Java 变量时，会将 name-from-attribute 元素指定的标签属性的值作为 Java 变量名
variable-class	否	指定 Java 变量的类型，默认值是 java.lang.String
declare	否	指定 JSP 引擎在将 JSP 页面翻译成 Servlet 源代码时是否创建声明 Java 变量的语句。如果 declare 元素的值为 true，则创建声明 Java 变量的语句；如果为 false，则不创建声明 Java 变量的语句。declare 元素的默认值是 true。如果在 JSP 页面中已经定义了同名的 Java 变量，应将 declare 元素的值设为 false
scope	否	指定 Java 变量的作用范围，该元素有 3 个可选值：NESTED、AT_BEGIN 和 AT_END，默认值是 NESTED。其中 NESTED 表示定义的 Java 变量只能在标签体中使用，AT_BEGIN 表示定义的 Java 变量既可以在标签体内使用，也可以在标签后面的任何位置使用。AT_END 表示定义的 Java 变量不能在标签体内使用，但可以在标签后面的任何位置使用
description	否	指定描述变量的信息

在使用<variable>元素的子元素来定义 Java 变量时应注意如下几点：

- <variable>元素可以出现任意次，但每一个<variable>元素只能定义一个 Java 变量或指定一个标签属性。
- <name-given>和<name-from-attribute>元素只能在一个<variable>元素中出现一个，也就是说这两个元素在同一个<variable>元素中不能共存。

- <description>元素可以出现任意次，但所有的<description>元素必须放到<variable>元素中的其他子元素的前面。

7.7.3　JSP 引擎如何创建声明和使用 Java 变量的语句

本节以 iterator 标签为例介绍 JSP 引擎如何根据<variable>元素中定义 Java 变量的信息来创建声明和使用 Java 变量的语句。假设在安装 iterator 标签时<variable>元素只有一个子元素：<name-from-attribute>，该元素的值为 var，而且 var 属性值为 item。

由于 JSP 引擎翻译 iterator 标签时产生的代码比较复杂，而且不容易理解，因此，在本节使用了示意代码来解释这一过程。在一般情况下，读者并不需要了解 JSP 引擎翻译自定义标签所产生的 Java 代码的实际情况，但理解在安装自定义标签时<variable>元素的各个子元素的值对 JSP 引擎翻译自定义标签所产生的 Java 代码的影响，对深入学习自定义标签将有很大的帮助。

由于 iterator 标签是通过 doStartTag 方法返回 EVAL_BODY_INCLUDE 或 EVAL_BODY_BUFFERED，以及 doAfterBody 方法返回 EVAL_BODY_AGAIN 来循环执行标签体的。因此，JSP 引擎翻译 iterator 标签生成的代码会是如下的形式：

```
//调用标签类的 doAfterBody 方法，evalDoStartTag 表示 doStartTag 方法的返回值，
//iterator 表示标签类(IteratorTag 类)的对象实例，
//在 doStartTag 方法中会将每一个迭代元素保存在 Web 域中
int evalDoStartTag=iterator.doAfterBody();
if(evalDoStartTag!=SKIP_BODY)
{
    java.lang.String item=null;
  //从 Web 域中获得当前迭代元素的值，并初始化 item 变量
  item=(java.lang.String)pageContext.findAttribute("item");
  do
  {
     //执行 iterator 标签体中的代码
     …
     //调用标签类的 doAfterBody 方法，并将 doAfterBody 方法的返回值保存在 evalDoAfterBody
     //变量中。在 doAfterBody 方法中将迭代集合的相应元素保存在 Web 域中
     int evalDoAfterBody = iterator.doAfterBody();
     //从 Web 域中获得当前迭代元素的值，并为 item 变量赋值
     item=(java.lang.String)pageContext.findAttribute("item");
     //如果 doAfterBody 方法的返回值不是 EVAL_BODY_AGAIN，则退出循环，不再执行标签体的内容
     if(evalDoAfterBody!=EVAL_BODY_AGAIN)
         break;
  } while (true);
}
//调用标签类的 doEndTag 方法，如果该方法的返回值是 SKIP_PAGE，
//则不再执行 iterator 标签后面的内容
if(iterator.doEndTag()==SKIP_PAGE)
{
   return;
}
```

```
//iterator 标签后面的内容生成的 Java 代码
...
```

从上面的代码可以看出，如果标签类实现了 IteratorTag 接口，则 JSP 引擎在翻译该标签时会将其翻译成一个 do...while 循环，并将标签体的内容都放在 do...while 循环体中。JSP 引擎会按如下的规则来创建声明和使用 Java 变量的语句：

1. 根据<scope>元素的值确定声明 Java 变量的位置

如果<scope>元素的值是 NESTED，则 Java 变量会在 if 语句体中声明（如上面的代码所示），由于标签后面的内容在翻译成 Java 代码时都放在了 if 语句体的外面，所以标签后面的内容是无法使用在 if 语句体中声明的变量的。

如果<scope>元素的值是 AT_BEGIN，则 Java 变量会在 if 语句的前面声明，如下面的代码所示：

```
java.lang.String item=null;
if(evalDoStartTag!=SKIP_BODY)
{
    ...
}
...
```

当 Java 变量在 if 语句前面声明时，无论 if 语句内部（包括 do...while 循环体，也就是标签体），还是 if 语句后面（也就是标签后面的 JSP 代码），都可以使用这个变量。

如果<scope>元素的值是 AT_END，则 JSP 引擎会将声明 Java 变量的语句放在调用 doEndTag 方法的后面，代码如下：

```
if(evalDoStartTag!=SKIP_BODY)
{
    ...
}
if(iterator.doEndTag()==SKIP_PAGE)
{
    return;
}
java.lang.String item=null;
//iterator 标签后面的内容生成的 Java 代码
...
```

当 Java 变量在 if 语句后面声明时，在 if 语句体中的内容就无法使用这个变量了。

在设置 Java 变量的应用范围时要注意，如果产生 Java 变量的标签在另一个标签体内，例如，在<c:if>标签内，如果将<scope>元素的值设为 AT_BEGIN 或 AT_END，也只能在产生 Java 变量的标签体内、标签后，但在<c:if>标签的结束标记之前使用，如下面的代码所示：

```
<!--javavar 标签的 xyz 变量的<scope>元素值为 AT_BEGIN-->
<c:if test="${param.abc!=null}">
    <!--产生 Java 变量的标签-->
    <ct:javavar var="xyz">
        <!--可以访问 xyz 变量-->
    </ct:javavar>
    <!--可以访问 xyz 变量-->
</c:if>
<!--不能访问 xyz 变量-->
```

2．根据<variable-class>元素确定Java变量的类型

如果未指定<variable-class>元素，则JSP引擎会使用该元素的默认值（java.lang.String）作为Java变量的类型，如果指定了<variable-class>元素，则JSP引擎在翻译标签时并不会检查<variable-class>元素指定的类型是否正确，而是直接将<variable-class>元素的值作为Java变量的类型放到由JSP页面生成的Servlet源代码中，但如果指定的类型不正确，Java编译器将无法成功编译Servlet源代码，因此，一定要使用<variable-class>标签指定正确的类型，否则Web容器在调用标签时会抛出异常。

3．从Web域中获得和Java变量同名的属性值，并为Java变量赋值

JSP引擎在创建使用Java变量的语句时，第一件事就是为Java变量赋值。从上面的代码可以看出，为Java变量赋值的语句首先从Web域中查找和Java变量同名的域属性，并将该域属性的值赋给Java变量，也就是说，Java变量的值和同名的域属性的值是相同的。因此，在定义Java变量时要指定在Web域中存在同名域属性的变量名。如在标签类中将名为abcd的属性保存在Web域中，就可以使用<name-given>元素指定名为abcd的Java变量。

4．根据<declare>元素的值决定是否创建声明Java变量的语句

如果在JSP页面中已经声明了同名的Java变量，应将<declare>元素的值设为false，这样JSP引擎就不会创建声明Java变量的语句了，但使用Java变量的语句（如为Java变量赋值的语句）仍然会被创建。

7.7.4 使用TagExtraInfo类定义Java变量

除了在TLD文件中定义Java变量外，还可以使用TagExtraInfo类来定义Java变量。TagExtraInfo类有一个getVariableInfo方法，该方法返回一个VariableInfo对象数组，表示为当前标签创建的所有Java变量的信息。每一个VariableInfo对象表示一个变量。getVariableInfo方法有一个TagData类型的参数，可以通过该参数获得当前标签指定属性的值。getVariableInfo方法的定义如下：

```
public VariableInfo[]getVariableInfo(TagData data)
```

VariableInfo类只有一个构造方法，该构造方法有4个参数，分别可以指定<variable>元素的<name-given>、<variable-class>、<declare>和<scope>子元素的值。VariableInfo类的构造方法的定义如下：

```
public VariableInfo(String varName,String className,boolean declare,int scope)
```

VariableInfo类有如下几个方法可以分别返回通过VariableInfo类的构造方法设置的4个值：

- public String getVarName()。
- public String getClassName()。
- public boolean getDeclare()。
- public int getScope()。

JSP引擎在为标签生成Java变量时，将通过调用这4个方法来返回相应的Java变量信息。

VariableInfo类的构造方法的第一个参数（varName）只能设置<name-give>元素的值，而不能设置<name-from-attribute>元素的值，也就是说，varName参数只表示Java变量名，并不代表

标签的属性。为了使 VariableInfo 对象实现<name-from-attribute>元素的功能，需要使用 TagData 类的 getAttributeString 方法返回指定标签属性的值。getAttributeString 方法的定义如下：

```
public String getAttributeString(String attName)
```

如果标签属性 var 的值将产生一个 Java 变量，可以使用如下的代码来创建 VariableInfo 对象：

```
VariableInfo variableInfo=new VariableInfo(tagData.getAttributeString("var"),
"java.lang.String", true,VariableInfo.AT_BEGIN);
```

上面的代码相当于 JSP 引擎每次翻译指定 var 属性的标签时都会动态设置<name-given>元素的值，这样也就达到<name-from-attribute>元素的效果了。

在编写完 TagExtraInfo 类后，需要在 TLD 文件中使用如下的代码来安装 TagExtraInfo 类：

```
<tag>
    <description>使用 Base64 格式进行编码和解码</description>
    <name>base64</name>
    <tag-class>package.MyTag</tag-class>
    <!--tei-class 元素必须位于 tag-class 和 body-content 元素之间-->
    <tei-class>package.MyTagExtraInfo</tei-class>
    <body-content>JSP</body-content>
</tag>
```

由于 TagExtraInfo 类是一个抽象类，不能直接创建 TagExtraInfo 类的对象实例，因此，需要使用 TagExtraInfo 类的子类来创建 TagExtraInfo 对象实例，而 MyTagExtraInfo 就是 TagExtraInfo 类的子类。在安装 TagExtraInfo 类时要注意，不能同时使用<tei-class>和<attribute>元素来指定 Java 变量，否则 JSP 引擎在翻译自定义标签时会抛出异常。

7.7.5 编写使用 Base64 格式编码和解码的标签

本节给出一个使用 Base64 格式进行编码和解码的自定义标签（base64 标签）。Base64 是一种编码格式，通常用于 E-mail 中传送文本和二进制文件。

base64 标签可以将标签体的内容使用 Base64 格式进行编码，也可以将标签体的内容作为 Base64 编码进行解码。base64 标签有如下几个属性：

- processor：该属性指定 base64 标签是对标签体的内容进行编码还是解码。processor 属性有两个可选值：encoder 和 decoder，分别表示对标签体的内容进行编码和解码。默认值是 encoder。
- var：该属性指定保存在 Web 域中的编码或解码结果的域属性名，该属性值也是 JSP 引擎创建的 Java 变量名。如果不指定该属性，base64 标签会直接将编码或解码的结果输出到客户端，JSP 引擎也不会创建 Java 变量。
- scope：该属性指定编码或解码结果保存的 Web 域，该属性有 4 个可选值：page、request、session 和 application。默认值是 page。

Base64Tag 是一个标签类，类负责根据相应的属性值对 base64 标签体的内容进行 Base64 编码或解码，如果指定 var 属性，base64 标签会将编码或解码的结果保存在 scope 属性所指的 Web 域中，属性名为 var 属性的值。Base64Tag 类的代码如下：

```
package chapter6;
import java.io.IOException;
```

```
import sun.misc.BASE64Encoder;
import sun.misc.BASE64Decoder;
import javax.servlet.jsp.JspWriter;
import javax.servlet.jsp.JspException;
import javax.servlet.jsp.PageContext;
import javax.servlet.jsp.tagext.BodyTagSupport;
public class Base64Tag extends BodyTagSupport
{
    private String processor="encoder";
    private String var=null;
    private String scope="page";
    public void setProcessor(String processor)
    {
        this.processor=processor;
    }
    public void setVar(String var)
    {
        this.var=var;
    }
    public void setScope(String scope)
    {
        this.scope=scope;
    }
    @Override
    public int doEndTag()throws JspException
    {
        try
        {
            //以字符串形式获得标签体的内容
            String content=bodyContent.getString();
            JspWriter out=bodyContent.getEnclosingWriter();
            String result="";
            if(content!=null)
            {
                //去掉标签体内容的前后空格
                content=content.trim();
                //如果processor属性值是encoder，则对标签体的内容进行编码
                if ("encoder".equals(processor))
                {

                    //创建用于编码的BASE64Encoder对象
                    BASE64Encoder encoder=new BASE64Encoder();
                    //使用encode方法进行Base64编码
                    result=encoder.encode(content.getBytes("UTF-8"));
                }
                //如果processor的属性值是decoder，则对标签体的内容进行解码
```

```
            else if ("decoder".equals(processor))
            {
                //创建用于解码的 BASE64Decoder 对象
                BASE64Decoder decoder=new BASE64Decoder();
                //使用 decodeBuffer 方法进行 Base64 解码，该方法返回一个字节数组
                result=new String(decoder.decodeBuffer(content.trim()),
                "UTF-8");
            }
            int scopeID=PageContext.PAGE_SCOPE;
            //根据 scope 属性的值设置 Web 域的 ID
            if("page".equals(scope))
            {
                scopeID=PageContext.PAGE_SCOPE;
            }
            else if("request".equals("request"))
            {
                scopeID=PageContext.REQUEST_SCOPE;
            }
            else if("session".equals("session"))
            {
                scopeID=PageContext.SESSION_SCOPE;
            }
            else if("application".equals("application"))
            {
                scopeID=PageContext.APPLICATION_SCOPE;
            }
            //如果未指定 var 属性，则将编码或解码结果直接输出到客户端
            if(var==null)
            {
                out.write(result);
            }
            //如果指定 var 属性，则将编码或解码结果保存在 Web 域中
            else
            {
                pageContext.setAttribute(var,result,scopeID);
            }
        }
    }
    catch(IOException e)
    {
        e.printStackTrace();
    }
    return this.EVAL_PAGE;
  }
}
```

由于使用 BASE64Encoder 类的 encode 方法进行 Base64 编码时需要操作字节数组，而在上

面的代码中将标签体的内容按 UTF-8 编码格式转换成了字节数组，并使用 UTF-8 格式的字节数组进行编码。因此，在使用 BASE64Decoder 类的 decodeBuffer 方法进行解码后返回的字节数组仍然是 UTF-8 格式，因此，需要将 String 类的第二个参数值指定为 UTF-8。

要注意的是，在对标签体的内容进行解码时（标签体的内容是 Base64 编码）需要将标签体内容前后的空格去掉，否则，decodeBuffer 方法会将空格也当成 Base64 编码来处理。

Base64TagExtraInfo 是 TagExtraInfo 类的子类，负责设置 Java 变量的信息。如果未指定 var 属性，或 var 属性值为 null，则不设置任何 Java 变量的信息。Base64TagExtraInfo 类的代码如下：

```
package chapter6;
import javax.servlet.jsp.tagext.TagData;
import javax.servlet.jsp.tagext.TagExtraInfo;
import javax.servlet.jsp.tagext.VariableInfo;
public class Base64TagExtraInfo extends TagExtraInfo
{
    //返回所有 Java 变量的信息
    @Override
    public VariableInfo[]getVariableInfo(TagData data)
    {
        //获得 var 属性的值
        String value=data.getAttributeString("var");
        //如果 var 属性值不为 null，将该属性值设置成 Java 变量名，并设置该 Java 变量的其他信息
        if(value!=null)
        {
            VariableInfo variableInfo=new VariableInfo(data.getAttributeString
("var"),"java.lang.String",true,VariableInfo.AT_BEGIN);
            return new VariableInfo[]{variableInfo};
        }
        //如果未指定 var 属性，或 var 属性值为 null，则调用父类的 getVariableInfo 方法
        else
        {
            return super.getVariableInfo(data);
        }
    }
}
```

在 jsp-taglib.tld 文件中添加如下的内容来安装 base64 标签：

```
<tag>
    <description>使用 Base64 格式进行编码和解码</description>
    <name>base64</name>
    <tag-class>chapter6.Base64Tag</tag-class>
    <!--安装 Base64TagExtraInfo 类-->
    <tei-class>chapter10.Base64TagExtraInfo</tei-class>
    <body-content>JSP</body-content>
    <attribute>
        <name>processor</name>
        <required>false</required>
```

```
        <rtexprvalue>false</rtexprvalue>
    </attribute>
    <attribute>
        <name>scope</name>
        <required>false</required>
        <rtexprvalue>false</rtexprvalue>
    </attribute>
    <attribute>
        <name>var</name>
        <required>false</required>
        <rtexprvalue>false</rtexprvalue>
    </attribute>
</tag>
```

base64.jsp 页面使用 base64 标签对相应的信息进行 Base64 编码和解码。base64.jsp 页面的代码如下：

```
<%@page language="java"contentType="text/html;charset=UTF-8"%>
<%@taglib uri="http://nokiaguy.blogjava.net"prefix="ct"%>
"今天是星期几"的 Base64 编码:
<!--直接输出编码结果-->
<ct:base64>今天是星期几</ct:base64>
<hr>
<!--对 sourceString 请求参数值进行编码-->
<ct:base64 var="base64Result" scope="request" processor="encoder">
${param.sourceString}
</ct:base64>
<!--对 base64String 请求参数值进行解码-->
<ct:base64 var="sourceResult" scope="request" processor="decoder">
    ${param.base64String}
</ct:base64>
<form >
原字符串: <input type="text" name = "sourceString" value="${param.sourceString}"/>
<input type="submit" value="进行 Base64 编码"/>
</form>
编码后的字符串: <%=base64Result%>
<hr>
<form >
Base64 字符串:
<input type="text" name = "base64String" value="${param.base64String}"/>
<input type="submit" value="进行 Base64 解码"/>
</form>
解码后的字符串: <%=sourceResult%>
```

在浏览器地址栏中输入如下的 URL：

```
http://localhost:8080/samples/chapter6/base64.jsp
```

在【原字符串】文本框中输入"Base64 编码转换"，单击【进行 Base64 编码】按钮，将会显示图 7.19 所示的效果。

如果【原字符串】文本框中出现乱码，需要将<Tomcat 安装目录>\conf\sever.xml 文件中的 8080 端口添加一个 URIEncoding 属性，并将该属性值设为 UTF-8，代码如下：

```
<Connector connectionTimeout="20000" port="8080"
protocol="HTTP/1.1" redirectPort="8443" URIEncoding="UTF-8"/>
```

将图 7.19 所示的编码结果复制到【Base64 字符串】文本框中，单击【进行 Base64 解码】按钮，将会显示图 7.20 所示的效果。

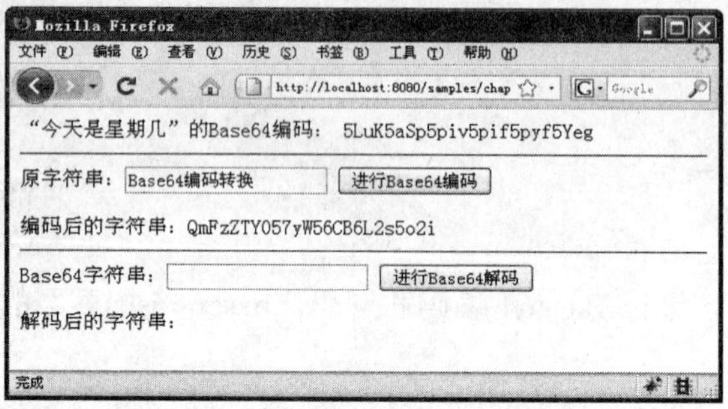

图 7.19　使用 base64 标签对标签体的内容进行编码

图 7.20　使用 base64 标签对标签体的内容进行解码

虽然使用<variable>元素和 TagExtraInfo 类都可以设置 Java 变量的信息，但使用 TagExtraInfo 类设置 Java 变量的信息会更灵活。如 JSTL 中有很多标签都有 var 属性，该属性表示将执行标签体内容的结果保存在 Web 域中的域属性名。如果要使用<variable>元素设置 var 变量的信息，需要在每一个标签的<tag>元素中都包含<variable>子元素，而使用 TagExtraInfo 类来设置 Java 变量，只需要在每一个标签的<tag>元素中包含一个<tei-class>子元素即可。

7.8　本 章 小 结

本章主要介绍了如何编写传统的自定义标签。传统的自定义标签必须实现 Tag 接口，为了给自定义标签增加更多的功能，JSP API 又提供了两个接口：IterationTag 和 BodyTag。这两个接口分别用来实现自定义标签的迭代功能和截获、修改标签体内容的功能。这两个接口都是 Tag 的子接口，BodyTag 接口是 IterationTag 的子接口。

由于并不是每一个标签类都需要 Tag、IterationTag 或 BodyTag 接口的所有功能，因此，就没有必要使每一个自定义标签的标签类都要实现这些接口。为了解决这个问题，JSP API 为 Tag 和 BodyTag 接口分别提供了两个默认实现类，这两个默认实现类的类名就是相应接口名加 Support 后缀。也就是说，Tag 接口的默认实现类是 TagSupport、BodyTag 接口的默认实现类是 BodyTagSupport。

自定义标签还可以使用<variable>元素或 TagExtraInfo 类定义 Java 变量。当 JSP 引擎在翻译自定义标签时会自动创建声明和使用这些 Java 变量的 Java 语句。通过这种方式，可以在 JSP 页面中直接使用 Java 代码来访问这些 Java 变量。

第 2 篇　SSH 整合技术篇

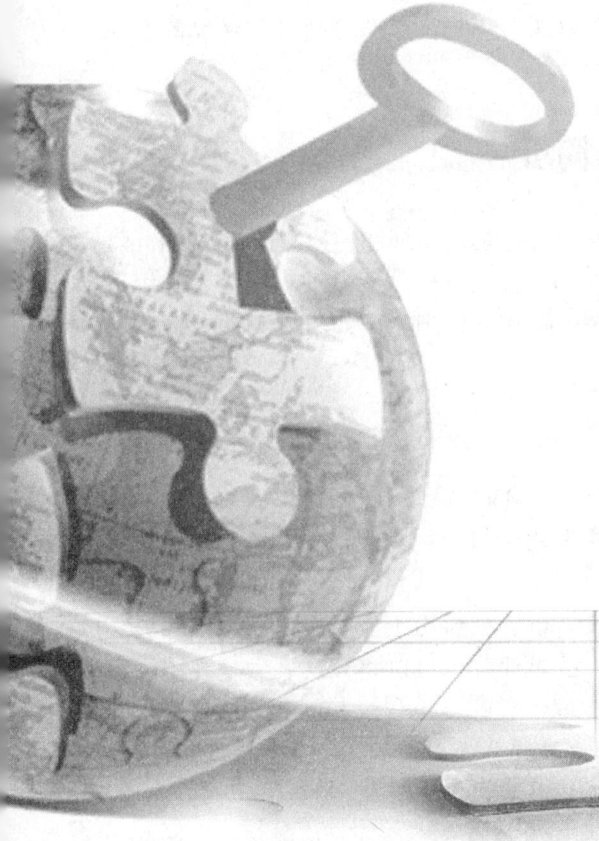

本篇主要介绍了 Struts2 的相关知识、Hibernate 和 Spring 技术，以及 Struts 2、Spring、Hibernate 三个组件的整合技术。Struts 2 是目前最流行的 MVC 框架。通过 Struts 2 可以很容易地将 MVC 模式引入 Web 程序。Hibernate 是 SSH 中最底层的框架。通过该框架可以很容易地访问各种数据库，并且很容易地迁移到其他的数据库上。而且 Hibernate 还支持很多高级特性，如事务、HQL 等。Spring 框架则起到了拈合剂的作用，通过 Spring 可以将 Struts 2、Hibernate 以非常蜕变弹性的方式结合在一起。这也就是我们所说的 SSH 整合技术。在本篇的最后则介绍了 SSH 整合的核心技术。

本篇包含：

第 8 章 Struts 2入门

本章将介绍 Struts 2 的安装和基本使用方法。Struts 2 是目前非常流行的 MVC 框架。Struts 2 比起它的上一个版本 Struts 1 在功能和设计理念上有了很大的提升。例如，Struts 2 利用内置的拦截器实现了很多通用的功能。

Struts 2 的主要特点就是需要进行大量的配置。在 Struts 2 框架中涉及的配置文件非常多，本章将详细介绍这些配置文件（例如，web.xml、struts.xml、struts.properties 等）的使用方法，以及主要的配置标签。读者通过对本章的学习，可以掌握编写 Struts 2 程序所必需的配置方法的技巧。

8.1 Struts 2 简介

Struts 2 虽然从名称上看是 Struts 1 的升级版，但 Struts 2 在实现原理和使用方法上与 Struts 1 有很大的差异。Struts 2 实际上是从 WebWork 框架演变过来的。如果读者查看 Struts 2 框架中提供的类和接口，会发现这些类和接口有很多都来自 WebWork 框架。因此，从本质上看，Struts 2 是 WebWork 框架的升级版本。

8.1.1 Struts 2 的 MVC 模式

MVC 模式是目前非常流行的 Web 应用程序开发模式。MVC 模式分为如下 3 层：

- 视图层（View）：视图就是 MVC 中的 V。该层主要用于显示用户接口，并将采集用户的录入信息提交给控制器层的组件。
- 控制器层（Controller）：控制器就是 MVC 中的 C。该层主要用于接收由视图层组件提交的请求信息，并根据某些业务规则调用模型层中的组件。也可以将该层看做是视图层和模型层的桥梁。
- 模型层（Model）：模型就是 MVC 中的 M。该层可继续分为更细的部分，如数据访问层、业务逻辑层等。该层的组件主要用于访问数据库以及处理业务逻辑。

由于 Struts 2 是 MVC 框架，因此，在 Struts 2 中必须包含与这 3 个层次对应的部分。Struts 2 中与 MVC 模式的 3 个层次对应的部分如下：

- 视图层：由 JSP 页面（包括 Struts 2 标签）及一些客户端代码（HTML、JavaScript 等）组成。
- 控制器层：由 Struts 2 的 Action 类组成。Action 类可以是一个 POJO 类，也可以是一个从 ActionSupport 类继承的类。
- 模型层：Struts 2 中的模型层根据系统业务的不同而有所差异。通常模型层包括实体类、DAO 类、Service 类。

Struts 2 框架作为 MVC 模式的一个具体实现，必须要对其进行相应的配置。在 Struts 2 中有一个核心配置文件 struts.xml，该文件通常被放在 WEB-INF\classes 目录中。

8.1.2 Struts 2 的下载和安装

读者可以在如下的网址下载 Struts 2 的最新版本：

```
http://struts.apache.org/
```

笔者在编写本书时，Struts 2 的最新版本是 Struts 2.1.6。在本书中将使用这个版本来编写本书中的示例程序。Struts 2 至少需要如下 7 个 jar 包才能正常使用：

- struts2-core-2.1.6.jar。
- xwork-2.1.2.jar。
- ognl-2.6.11.jar。
- freemarker-2.3.13.jar。
- commons-logging-1.0.4.jar。
- commons-fileupload-1.2.1.jar。
- struts2-convention-plugin-2.1.6.jar。

上面 7 个 jar 包都在<Struts 2 解压目录>\lib 目录中，将这 7 个 jar 包复制到 samples 工程的 WEB-INF\lib 目录中即可。

要注意的是，在 Eclipse IDE for Java EE 中不能在 Properties for Samples 对话框中直接引用这些 jar 包，否则在运行 Struts 2 程序时会抛出无法找到 Struts 2 类的异常。

安装 Struts 2 的最后一步是在 web.xml 文件中配置 Struts 2 的入口过滤器，配置代码如下：

```
<filter>
   <filter-name>struts2</filter-name>
   <filter-class>
org.apache.struts2.dispatcher.ng.filter.StrutsPrepareAndExecuteFilter
   </filter-class>
</filter>
<filter-mapping>
   <filter-name>struts2</filter-name>
   <url-pattern>*.action</url-pattern>
</filter-mapping>
```

Struts 2 的入口过滤器是 StrutsPrepareAndExecuteFilter，而不是 Struts 2 早期版本的 FilterDispatcher。从上面的过滤器的配置代码可以看出，StrutsPrepareAndExecuteFilter 过滤器拦截了以.action 结尾的请求，也就是说，所有以.action 结尾的请求都需要由 StrutsPrepareAndExecuteFilter 类负责处理。如果将<url-pattern>元素的值设为“/*”，则所有的请求都会交由 StrutsPrepareAndExecuteFilter 类处理。

8.2　编写一个简单的 Struts 2 程序

本节将使用 Struts 2 框架来实现一个“用户调查”的 Web 程序，该程序可以通过页面输入一些信息，并提交给 Action，然后 Action 在处理完信息后，会传入一个 JSP 页面，并显示调查的结果。

通常可以按如下的步骤开发一个基于 Struts 2 的 Web 程序：

（1）编写 Action 类。

（2）在 struts.xml 文件中配置 Action 类。

（3）编写 JSP 页面。通常在 JSP 页面中使用 Struts 2 标签编写视图层组件。

SurveyAction 是一个 Action 类，该类有如下两个功能：

- 封装请求参数。
- 返回结果（Result）。Struts 2 中的结果的作用是通知 Struts 2 在 Action 类处理完客户端请求后应该如何做。默认的结果是转入（forward）其他的页面。

SurveyAction 类的实现代码如下：

```
package chapter7.action;

import com.opensymphony.xwork2.ActionSupport;

public class SurveyAction extends ActionSupport
{
    private String name;
    private int age;
    private String company;
    private float salary;
    public String getName()
    {
        return name;
    }
    public void setName(String name)
    {
        this.name=name;
    }
    public int getAge()
    {
        return age;
    }
    public void setAge(int age)
    {
        this.age=age;
    }
    public String getCompany()
    {
        return company;
    }
```

```
    public void setCompany(String company)
    {
       this.company=company;
    }
    public float getSalary()
    {
       return salary;
    }
    public void setSalary(float salary)
    {
       this.salary=salary;
    }
    public String execute()
    {
       return SUCCESS;
    }
}
```

在编写 SurveyAction 类时应注意如下几点：

- Action 类中的属性有多种用途，其中主要的用途有两个：封装请求参数和向转入的页面传递信息。如果想获得某个请求参数的值，只需要定义和该请求参数名相同的属性即可，Struts 2 会根据 Action 类的属性的数据类型对请求参数值进行类型转换，例如，age 属性封装了 age 请求参数的值，Struts 2 会将 age 请求参数的值转换成整型，如果无法进行类型转换，Struts 2 将会抛出异常。除此之外，Action 类中的属性值还可以在由 Struts 2 结果转入的页面中获得，这些内容将在后面详细介绍。
- Action 类必须有一个 execute 方法。该方法相当于 Servlet 类的 service 方法。Struts 2 在调用 Action 时会调用 Action 类的 execute 方法。可以在该方法中编写处理客户端请求的逻辑。execute 方法返回的值就是 Struts 2 结果。在本例中返回了 SUCCESS，这是一个 Java 常量，该常量在 com.opensymphony.xwork2.Action 接口中定义 ActionSupport 类是 Action 接口的一个默认实现。

在编写完 Action 类后，需要在 struts.xml 文件中配置 Action 类，通常将 struts.xml 文件放在 WEB-INF\classes 目录中。

struts.xml 文件是普通的 XML 格式文件，该文件的根元素是<struts>。在<struts>元素中可以有 0 个或多个<package>元素，该元素相当于 Java 中的 package。Action 类需要使用<action>元素进行配置。所有的<action>元素必须作为<package>元素的子元素使用。

配置 SurveyAction 类的代码如下：

```
<?xml version="1.0"encoding="UTF-8"?>
<!--指定 Struts 2 配置文件的 DTD 信息-->
<!DOCTYPE struts PUBLIC
    "-//Apache Software Foundation//DTD Struts Configuration 2.0//EN"
    "http://struts.apache.org/dtds/struts-2.0.dtd">
<struts>
   <package   name="struts2_chapter7"namespace="/chapter7"extends="struts-
default">
```

```
        <!--配置 SurveyAction 类-->
        <action name="survey"class="chapter7.action.SurveyAction">
            <result name="success">/WEB-INF/chapter7/survey_result.jsp</result>
            <result name="input">/WEB-INF/chapter7/survey_error.jsp</result>
        </action>
        <!--使用通配符配置 Action，该 Action 将转入 WEB-INF\chapter7 中的相应页面-->
        <action name="*_page">
            <!--{1}表示_page 前面的部分，也就是表示“*”所匹配的部分-->
            <!--如匹配 survey_result_page.action，那么{1}就表示 survey_result-->
            <result>/WEB-INF/chapter7/{1}.jsp</result>
        </action>
    </package>
</struts>
```

在配置 SurveyAction 时需要注意如下几点：

- 在 struts.xml 文件的开始部分指定了该文件的 DTD 信息，读者并不需要记忆这些内容。在 Struts 2 的发行包中有很多例子，可以直接将这些例子中 struts.xml 文件的 DTD 部分复制过来即可，例如，在<Struts 2 解压目录>\apps 目录中有 4 个例子，将其解压，查看 WEB-INF\classes 目录中的 struts.xml 文件的内容即可。
- 在<package>元素中设置了 3 个属性：name、namespace 和 extends。其中 name 属性表示 package 的名称，该属性必须指定；namespace 属性表示该 package 的命名空间，该属性值必须以“/”开始，实际上，该属性值将作为访问 Action 的 URL 的一部分，在后面的部分将详细介绍；extends 属性表示该 package 的父 package，通常将该属性值设为 struts-default，因为在这个 package 中定义了大多数常用的拦截器、结果等。
- 在<action>元素中设置了两个属性：name 和 class。其中 name 属性表示 Action 的名称，该属性值也将作为访问 Action 的 URL 的一部分；class 属性表示 Action 对应的 Action 类（package.classname）。
- 每一个结果（Result）对应于一个<result>元素。<result>元素的 name 属性值就是 Action 类的 execute 方法返回的值。在第一个<action>元素中定义了两个<result>元素，第一个<result>元素的 name 属性值是 execute 方法返回的 success，而第二个<result>元素的 name 属性值实际上是 Struts 2 抛出异常时设置的值（通常，Struts 2 抛出异常时会将结果设为 input）。<result>元素的默认行为是转入（forward），而<result>元素的值就是要转入的 URL。
- 第二个<action>元素的 name 属性值使用了通配符。该<action>元素可以截获所有 Action 名称以_page 结尾的 Action，如 survey_result_page.action。该 Action 用于转入在 WEB-INF\chapter7 目录中的 JSP 页面。Struts 2 建议不直接访问 JSP 页面，而要通过 Struts 2 Action 进行中转来访问 JSP 页面，这样做主要是可以利用 Struts 2 的拦截器（Struts 2 中的拦截器和 Servlet 规范定义的过滤器类似）对这些 JSP 页面进行控制，例如，验证这些 JSP 页面的访问权限。但应用程序中的 JSP 页面可能非常多，单独为每一个 JSP 页面配置一个<action>元素会使 struts.xml 文件过于臃肿，而且很麻烦，因此，需要利用 Struts 2 的通配符（*）来解决这个问题。

survey.jsp 页面使用 Struts 2 标签生成了用户录入页面。在 WEB-INF\chapter7 目录下建立一个 survey.jsp 文件，并输入如下的代码：

```
<%@page language="java" contentType="text/html; charset=UTF-8"
    pageEncoding="UTF-8"%>
<!--引用 Struts 2 标签库-->
<%@ taglib prefix="s" uri="/struts-tags"%>
<html>
    <head>
        <title>调查表</title>
    </head>
    <body>
        <center>
        <!--向 survey 动作提交信息-->
        <s:form action="survey">
            <s:textfield name="name" label="姓名" />
            <s:textfield name="age" label="年龄" />
            <s:textfield name="company" label="公司" />
            <s:textfield name="salary" label="薪水" />
            <s:submit value="提交" />
        </s:form>
</center>
    </body>
</html>
```

Struts 2 标签也是普通的 JSP 自定义标签，这些标签和 JSTL 在同一个层次。Struts 2 标签库中有很多标签都是为 Struts 2 单独定做的，如在本例中的<s:form>标签会生成 HTML 的<form>元素，而且会自动在 action 属性值后面添加.action，因此，<s:form>标签的 action 属性值并不需要以.action 结尾。<s:textfield>和<s:checkbox>标签会分别生成 HTML 的文本框和复选框表单域，但要注意，这些表单域的 name 属性值必须和 SurveyAction 类的相应属性的名称相同，否则 Action 类无法获得相应的请求参数值。

survey_result.jsp 页面用于显示提交成功（Action 类的 execute 方法返回 success）后的请求参数值。在 WEB-INF\chapter7 目录下建立一个 survey_result.jsp 文件，并输入如下的内容：

```
<%@ page language="java" contentType="text/html; charset=UTF-8"
    pageEncoding="UTF-8"%>
<%@ taglib uri="http://java.sun.com/jsp/jstl/fmt" prefix="fmt"%>
<%@ taglib prefix="s" uri="/struts-tags"%>
<html>
    <head>
        <title>调查结果</title>
    </head>
    <body>
        调查结果<hr>
        <s:label value="姓名: "/> <s:property value="name"/><p/>
        <s:label value="年龄: "/> <s:property value="age"/><p/>
        <s:label value="公司: "/> <s:property value="company"/><p/>
        <s:label value="薪水: "/> <s:property value="salary"/><p/>
    </body>
</html>
```

survey_result.jsp 页面使用<s:property>标签输出了请求参数的值，实际上是输出 Action 类的相应属性的值。当 Action 类的 execute 方法返回结果并转入相应的页面后，Struts 2 会将 Action 类的属性值以某种结构保存在 request 域中，而<s:property>元素可以从 request 域中获得这些属性值。在 survey_result.jsp 页面中还使用了 JSTL 中的<fmt:formatDate>标签对 birthday 属性的值进行格式化输出。

当 survey.jsp 页面提交抛出异常时，survey_error.jsp 页面用于显示抛出的异常信息。在 WEB-INF\chapter7 目录中建立一个 survey_error.jsp 文件，并输入如下的内容：

```
<%@ page language="java" contentType="text/html; charset=UTF-8"
   pageEncoding="UTF-8"%>
<%@ taglib prefix="s" uri="/struts-tags"%>
<s:fielderror/>
```

其中<s:fielderror/>标签可以显示所有表单域抛出的异常信息。

在浏览器地址栏中输入如下的 URL：

```
http://localhost:8080/samples/chapter7/survey_page.action
```

在调查页面中的相应文本框输入如图 8.1 所示的内容，然后单击【提交】按钮，将显示如图 8.2 所示的信息。

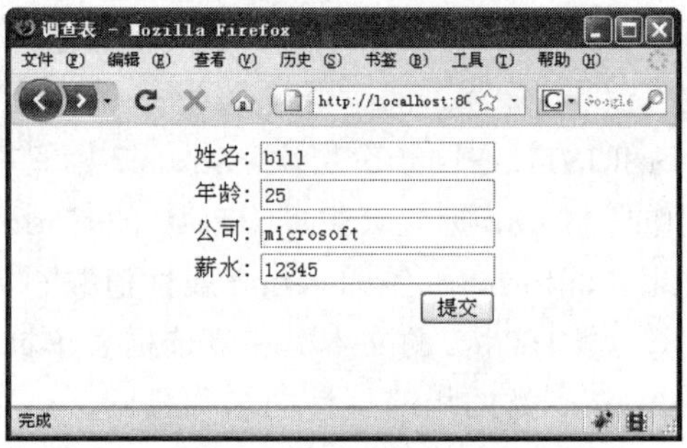

图 8.1　用户调查页面

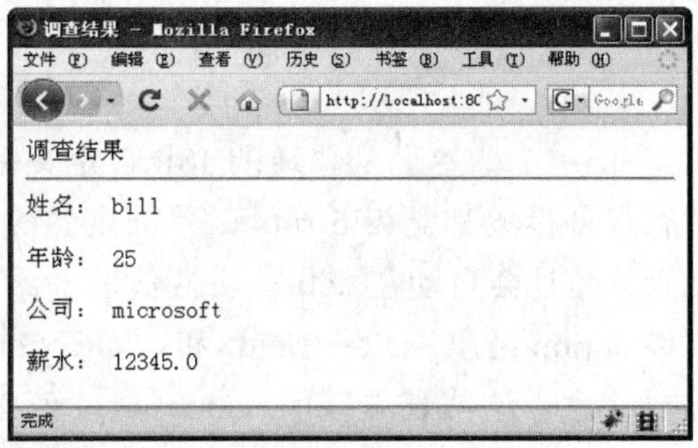

图 8.2　显示用户调查结果

如果 survey.jsp 页面的某些字段值输入错误，例如，“年龄”文本框的值输入 abc，“薪水”文本框的值输入 aaa，单击“提交”按钮，浏览器将显示如图 8.3 所示的异常信息。

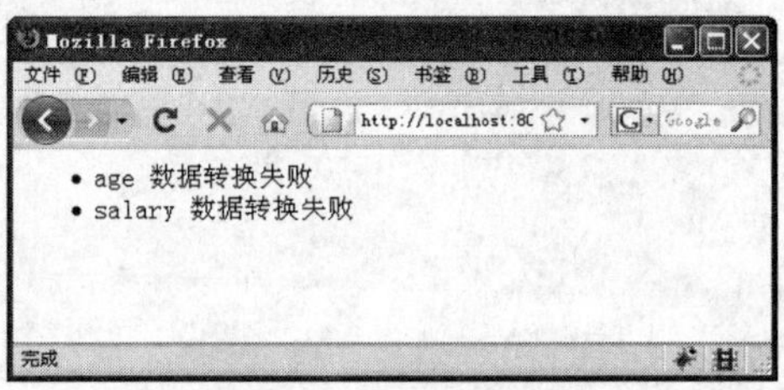

图 8.3　由于无法进行类型转换而抛出的异常

8.3　模 型 驱 动

虽然使用 8.2 节介绍的方法可以很容易地将请求参数封装在 Action 类的属性中，但将这些属性与相应的 getter 方法与 setter 方法都放在 Action 类中将会显得非常臃肿，为此，Struts 2 提供了另外一种解决方案：模型驱动。利用这种方法，可以将所有封装请求参数和向其他转入页面传值的属性单独放在一个 JavaBean（也称为模型类）中，然后 Action 类要实现一个 com.opensymphony.xwork2. ModelDriven 接口。该接口只有一个 getModel 方法，用于返回模型类的对象实例。

本节的例子使用模型驱动模式重新实现了 8.2 节给出的例子，在本示例中将所有封装请求参数的属性都放在了 Survey 类中，并在 Action 类中实现了用 ModelDriven 接口中的 getModel 方法来返回 Survey 类的对象实例。

Survey 是一个模型类，该类的代码如下：

```
package chapter7;
public class Survey
{
    //封装请求参数的属性
    private String name;
    private int age;
    private String company;
    private float salary;
    public String getName()
    {
        return name;
    }
    public void setName(String name)
    {
        this.name=name;
    }
    public int getAge()
    {
        return age;
    }
    public void setAge(int age)
    {
        this.age=age;
    }
    public String getCompany()
    {
        return company;
    }
    public void setCompany(String company)
    {
        this.company=company;
    }
    public float getSalary()
    {
        return salary;
    }
    public void setSalary(float salary)
    {
```

```
        this.salary=salary;
    }
}
```

SurveyModelAction 是一个 Action 类，该类实现了 ModelDriven 接口，并通过 ModelDriven 接口的 getModel 方法返回一个 Survey 类的对象实例。SurveyModelAction 类的代码如下：

```
package chapter7.action;
import chapter7.Survey;
import com.opensymphony.xwork2.ActionSupport;
import com.opensymphony.xwork2.ModelDriven;
public class SurveyModelAction extends ActionSupport implements ModelDriven
<Survey>
{
    private Survey survey=new Survey();
    //返回模型类的对象实例
    public Survey getModel()
    {
        return survey;
    }
    public String execute()
    {
        return SUCCESS;
    }
}
```

在上面的代码中使用了 Survey 类来代替封装请求参数的属性，这样做大大减少了 Action 类的代码量，现在 SurveyModelAction 类看起来要比 8.2 节实现的 SurveyAction 类简单得多了。

SurveyModelAction 类和 SurveyAction 类的配置方法类似，下面是 SurveyModelAction 类的配置代码：

```
<action name="surveyModel" class="chapter7.action.SurveyModelAction">
    <result name="success">/WEB-INF/chapter7/survey_result.jsp</result>
    <result name="input">/WEB-INF/chapter7/survey_error.jsp</result>
</action>
```

survey_model.jsp 页面的功能和 survey.jsp 页面类似，代码如下：

```
<%@page language="java" contentType="text/html;charset=UTF-8"
    pageEncoding="UTF-8"%>
<!--引用 Struts 2 标签库-->
<%@ taglib prefix="s" uri="/struts-tags"%>
<html>
    <head>
        <title>调查表</title>
    </head>
    <body>
        <center>
        <!--向 survey 动作提交信息-->
        <s:form action="surveyModel">
            <s:textfield name="name" label="姓名"/>
```

```
            <s:textfield name="age" label="年龄"/>
            <s:textfield name="company" label="公司"/>
            <s:textfield name="salary" label="薪水"/>
            <s:submit value="提交"/>
        </s:form>
</center>
    </body>
</html>
```

在浏览器地址栏中输入如下的URL：

```
http://localhost:8080/samples/chapter7/survey_model_page.action
```

在出现用户调查页面后，按图 8.1 所示输入相应的信息，在单击【提交】按钮后，会得到与图 8.2 完全一样的输出结果。

8.4 Struts 2 中的配置文件

学会配置 Struts 2 是用好 Struts 2 的第一步。在 Struts 2 中涉及了 3 个常用的配置文件：web.xml、struts.xml 和 struts.properties。其中 struts.xml 是 Struts 2 的核心配置文件。在这个文件中配置了 Struts 2 中的所有动作以及其他重要的元素。本节将讲解这些配置文件的作用和基本配置方法。

8.4.1 web.xml 文件的配置

不管是基于 MVC 模式的框架，还是完成其他功能的框架，只要参与了 Web 应用程序的请求与响应动作，就必须要借助 web.xml 文件来安装这个框架。如 Struts 2 框架要先依赖于过滤器 FilterDispatcher 来截获 Web 程序的客户端请求，再做进一步处理。这就必须要在 web.xml 配置文件中安装 FilterDispatcher 过滤器。配置 FilterDispatcher 过滤器的代码片段如下：

```
<!--配置 Struts 2 框架的核心 Filter-->
<filter>
    <!--配置核心 Filter 的名字-->
    <filter-name>struts</filter-name>
    <!--配置核心 Filter 的类名-->
    <filter-class>org.apache.struts2.dispatcher.FilterDispatcher</filter-class>
    <init-param>
       <!--配置 Struts 2 框架默认加载的包-->
        <param-name>actionPackages</param-name>
        <param-value>com.mycompany.myapp.actions</param-value>
    </init-param>
    <init-param>
        <!--配置 Struts 2 框架的配置提供者-->
        <param-name>configProviders</param-name>
        <param-value>providers.MyConfigurationProvider</param-value>
    </init-param>
</filter>
```

从上面的配置代码可以看出，当配置 Struts 2 的 FilterDispatcher 类时，可以指定一系列的初始化参数，FilterDispatcher 类的初始化参数有如下 3 个：

- config：该参数表示 Struts 2 框架自动加载的系列配置文件。如果有多个配置文件，中间用逗号（,）分隔。
- actionPackages：该参数表示 Struts 2 框架要扫描的包，如在默认情况下，Struts 2 会扫描 org.apache.struts2.static 包，以获得相应的静态资源。Struts 2 还会通过该属性指定的包搜索使用注释定义的 Action 类。如果有多个包，则中间使用逗号（,）分隔。
- configProviders：该参数表示自定义的 ConfigurationProvider 类，用户可以提供一个或多个实现了 ConfigurationProvider 接口的类，并将这些类名设置成 configProviders 属性值。如果有多个 ConfigurationProvider 类，中间用逗号（,）分隔。

在 web.xml 文件中除了配置 Filter 的主体部分，还需要配置该 Filter 拦截的 URL。可以使用如下的代码来配置 FilterDispatcher 拦截的 URL：

```
<!--配置 FilterDispatcher 要拦截的 URL-->
<filter-mapping>
    <!--FilterDispatcher 要拦截所有的用户请求-->
    <filter-name>struts2</filter-name>
    <url-pattern>/*</url-pattern>
</filter-mapping>
```

8.4.2　struts.xml 文件的配置

struts.xml 是 Struts 2 框架的核心配置文件。该文件主要负责管理 Struts 2 框架中的 Action。在默认情况下，Struts 2 会自动加载 WEB-INF\classes 目录中的 struts.xml 文件。但随着 Action 数量的不断增加，将所有的 Action 都配置在一个 struts.xml 文件中会显得非常臃肿，也不利于维护和管理。为了避免这个问题，在 struts.xml 中可以使用<include>标签将配置文件的内容分散到多个配置文件中。如下面代码所示的配置：

```
<!--struts.xml-->
<?xml version="1.0" encoding="UTF-8" ?>
<!--指定 struts.xml 的 DTD 信息-->
<!DOCTYPE struts PUBLIC
    "-//Apache Software Foundation//DTD Struts Configuration 2.0//EN"
    "http://struts.apache.org/dtds/struts-2.0.dtd">
<!--下面是 Struts 2 的具体配置-->
<struts>
    <!--在 struts.xml 中包含 struts1.xml 文件-->
    <include file="struts1.xml"/>
    <!--在 struts.xml 文件中包含 struts2.xml 文件-->
    <include file="struts2.xml"/>
    …
    <!--在 struts.xml 中配置的 package-->
    <package name="test" extends="struts-default">
        …
    </package>
</struts>
```

虽然可以方便地使用<include>标签来包含其他的配置文件，但在 Struts 2 中有很多常用的配置需要每次都包含在 struts.xml 中，这样也会给开发人员带来诸多不便，因此，在 Struts 2 中提供了一个默认的配置文件 struts-default.xml，struts.xml 会自动包含这个配置文件。读者可以在 Eclipse 中查看 struts2-core-2.0.11.2.jar 中的所有文件，我们可以从中找到一个 struts-default.xml 文件，如图 8.4 所示。

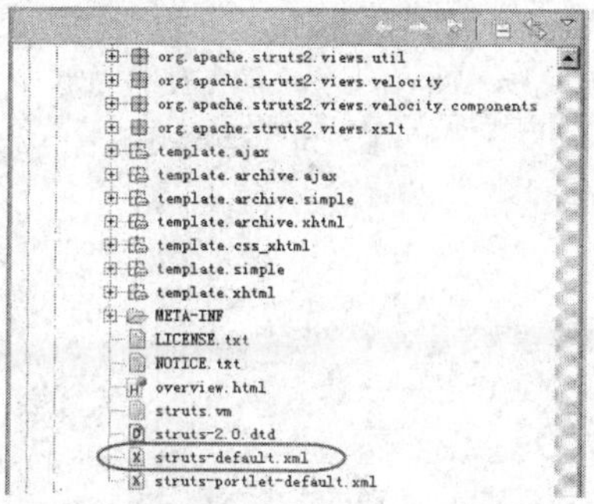

图 8.4　struts-default.xml 文件的位置

双击 struts-default.xml 结点打开这个文件，可以看到如下的代码片段：

```
<!--struts-default.xml 的代码片段-->
<?xml version="1.0" encoding="UTF-8" ?>
<!--指定了 struts-default.xml 的 DTD 信息-->
<!DOCTYPE struts PUBLIC
    "-//Apache Software Foundation//DTD Struts Configuration 2.0//EN"
    "http://struts.apache.org/dtds/struts-2.0.dtd">
<!--开始配置 Struts 2-->
<struts>
    <!--下面配置了一些常用的 Bean-->
    <bean class="com.opensymphony.xwork2.ObjectFactory"name="xwork"/>
    <bean type="com.opensymphony.xwork2.ObjectFactory"name="struts"
        class="org.apache.struts2.impl.StrutsObjectFactory"/>
    <bean type="com.opensymphony.xwork2.ActionProxyFactory"name="xwork"
        class="com.opensymphony.xwork2.DefaultActionProxyFactory"/>
    …
    <bean type="com.opensymphony.xwork2.TextProvider" name="struts"
        class="com.opensymphony.xwork2.TextProviderSupport"/>
    …
    <!--下面配置了一些静态注入的 Bean-->
    <bean class="com.opensymphony.xwork2.ObjectFactory"static="true"/>
    <bean class="com.opensymphony.xwork2.util.XWorkConverter"static="true"/>
    …
    <!--下面定义了默认的包 struts-default，如果这个包的 abstract 属性值为 true，则表示
不能在 struts-default.xml 中包含 action-->
    <package name="struts-default" abstract="true">
        <!--定义 Struts 2 支持的结果类型-->
        <result-types>
            <!--定义 Action 链结果类型-->
            <result-type name="chain"class="com.opensymphony.xwork2.Action
            ChainResult"/>
            <!--定义 dispatcher 结果类型，并设置 default 属性为 true，表示这个结果是默认
的 Result-->
            <result-type name="dispatcher" class="org.apache.struts2.dispatcher.
            ServletDispatcherResult"default="true"/>
```

```
        …
        <!--设置 plainText 结果类型，这个结果类型不建议使用，因为在 Struts 2.1 及以
后的版本中，这个结果类型将被移除-->
        <result-type name="plainText" class="org.apache.struts2.dispatcher.
PlainTextResult"/>
    </result-types>
    <!--定义 Struts 2 的内建拦截器-->
    <interceptors>
        <!--定义 alias 拦截器-->
        <interceptor name="alias" class="com.opensymphony.xwork2.interceptor.
        AliasInterceptor"/>
        <!--定义 autowiring 拦截器-->
        <interceptor name="autowiring" class="com.opensymphony.xwork2.spring.
interceptor.Action AutowiringInterceptor"/>
        …
        <!--定义基本的拦截器栈-->
        <interceptor-stack name="basicStack">
            <interceptor-ref name="exception"/>
            <interceptor-ref name="servletConfig"/>
            <interceptor-ref name="prepare"/>
            <interceptor-ref name="checkbox"/>
            <interceptor-ref name="params"/>
            <interceptor-ref name="conversionError"/>
        </interceptor-stack>
        <!--还定义了很多拦截器栈-->
    </interceptors>
    <!--定义了默认的拦截器栈引用-->
    <default-interceptor-ref name="defaultStack"/>
  </package>
</struts>
```

上面的代码只列出了 struts-default.xml 文件的部分内容，但从这些代码中足以看出在该文件中配置了 Struts 2 中很多的内建的 Bean、结果类型、拦截器和拦截器栈，在文件的最后还定义了默认的拦截器栈引用。

struts-default.xml 是 Struts 2 框架的默认配置文件，Struts 2 框架每次都会自动加载这个文件。在 struts.xml 及其他被包含的配置文件中的<package>标签的 extends 属性值一般都是 struts-default，这个默认的包就是在 struts-default.xml 文件中定义的。由此可见，Struts 2 在装载 struts.xml 文件之前，确实自动装载了 struts-default.xml 文件。

Struts 2 和 Struts 1 一样，也支持插件扩展。在 Struts 2 的发行包中提供了整合 JSF、Spring、JFreeChart 等框架的插件。这些插件一般是以 jar 包形式发布的，每个插件都提供了类似 struts2-XXX-plugin.jar 的文件。将这些文件放到 WEB-INF\lib 目录下，Struts 2 框架就会自动加载这些插件。我们可以在相关的 jar 包中找到 struts-plugin.xml 文件，打开该文件，会看到如下的代码：

```
<!--struts-plugin.xml-->
<?xml version="1.0" encoding="UTF-8" ?>
<!--指定 struts-plugin.xml 文件中的 DTD-->
```

```
<!DOCTYPE struts PUBLIC
    "-//Apache Software Foundation//DTD Struts Configuration 2.0//EN"
    "http://struts.apache.org/dtds/struts-2.0.dtd">
<struts>
    <!--定义名为spring的ObjectFactory对象-->
    <bean type="com.opensymphony.xwork2.ObjectFactory" name="spring"
        class="org.apache.struts2.spring.StrutsSpringObjectFactory" />
    <!--定义常量struts.objectFactory，值为spring-->
    <constant name="struts.objectFactory" value="spring" />
    <package name="spring-default">
        <!--定义整合Spring框架所必需的拦截器列表-->
        <interceptors>
            <interceptor name="autowiring"class="com.opensymphony.xwork2.spring.
            interceptor.Action AutowiringInterceptor"/>
            <interceptor name="sessionAutowiring"class="org.apache.struts2.spring.
            interceptor.SessionContext AutowiringInterceptor"/>
        </interceptors>
    </package>
</struts>
```

上面的配置文件实际上就是 struts.xml 文件的格式，只是这是一个和插件相关的配置文件，因此，文件名为 struts-plugin.xml。当 Struts 2 扫描到当前的插件 jar 包文件后，会自动加载 jar 文件中相应的 struts-plugin.xml。如果想卸载某个插件，只需要将该插件直接从 WEB-INF\lib 目录中删除即可。

8.4.3　struts.properties 文件的配置

Struts 2 框架除了 struts.xml 配置文件外，还有另外一个核心配置文件，即 struts.properties。struts.xml 文件主要负责管理 Struts 2 的 Action 映射以及 Result 等，而 struts.properties 文件则用于配置 Struts 2 中所需的大量的属性。

struts.properties 文件是一个标准的属性文件，该文件包含了大量的 key-value 对，每个 key 就是一个 Struts 2 属性，该 key 对应的 value 就是 Struts 2 的一个属性值。

struts.properties 文件一般放在 WEB-INF\classes 目录中，或将其放在 Web 应用程序的 CLASSPATH 路径下，如果将其放在这些路径下，Struts 2 框架就可以找到 struts.properties，并装载这个文件。

struts.properties 文件中有很多 key-value 对，而且有很多 key-value 对都有其默认值，下面就对这些 key-value 对及其默认值进行详细讲解。struts.properties 文件中的 key-value 对如下：

- struts.configuration：该属性指定加载 Struts 2 配置文件的配置管理器。默认值是 org.apache.struts2.config.DefaultConfiguration，这是 Struts 2 默认的配置管理器。如果读者要实现自己的配置管理器，可以编写一个实现 com.opensymphony.xwork2.config. Configuration 接口的类，并在该类中进一步处理 Struts 2 的配置信息。
- struts.locale：指定了 Web 应用程序默认的 locate 和 encoding scheme，默认值是 en_US。
- struts.i18n.encoding：指定了 Web 应用程序的默认编码集，正确地设置该属性可以解决客户端请求的中文编码问题。该属性的默认值是 UTF-8，因此，如果 Web 应用程序采用了 UTF-8 格式，在请求中的中文就会以 UTF-8 格式进行编码。如果设置了这个属性值（如设成 GBK），就相当于调用了 HttpServletRequest 类的 setCharacterEncoding 方法。

- struts.objectFactory：指定了 Struts 2 默认的 ObjectFactory Bean，默认值是 spring。这个值也可以使用类的全名，如指定一个 com.opensymphony.xwork2.ObjectFactory 的子类。
- struts.objectFactory.spring.autoWire：指定 Spring 框架的自动装配模式，该属性的默认值是 name，也就是说，在默认情况下，Spring 是根据 name 属性自动装配的。该属性可以取的值是 name、type、auto 和 constructor。
- struts.objectFactory.spring.useClassCache：指定在整合 Spring 框架时，是否缓存 Bean 的实例，该属性只允许设置 false 和 true，默认值是 true。笔者并不建议改变该属性的值，除非确实有必要这样做。
- struts.objectTypeDeterminer：指定了 Struts 2 的类型检测机制，该属性可以设置为 tiger 或 notiger，也可以设置成实现 com.opensymphony.xwork2.util.ObjectTypeDeterminer 接口的类。Struts 2 在默认情况下使用 com.opensymphony.xwork2.util.DefaultObjectTypeDeterminer 类来处理类型检测。
- struts.multipart.parser：指定了处理 multipart/form-data 的 MIME 类型请求框架，该属性支持 cos、pell 和 jakarta，即分别对应于 cos 的文件上传框架、pell 文件上传框架 common-fileupload 文件上传框架。该属性的默认值是 jakarta。
- struts.multipart.saveDir：指定了保存上传文件的临时路径，该属性的默认值是 javax.servlet.context.tempdir 属性所指的路径。
- struts.multipart.maxSize：该属性指定了 Struts 2 允许的上传文件最大的字节数（所有上传文件的字节数之和），默认值是 2097152，也就是 2MB。
- struts.custom.properties：指定了 Struts 2 架载的用户自定义属性文件，该自定义属性文件指定的属性不会覆盖 struts.properties 文件中预定义的属性，因此，在自定义属性文件中只能设置用户新添加的自定义属性。如果有多个自定义属性文件，中间用逗号（,）分隔。
- struts.mapper.class：指定将 HTTP 请求映射到指定 Action 的映射器，Struts2 提供了一个默认的映射器 org.apache.struts2.dispatcher.mapper.DefaultActionMapper，这个类也是该属性默认值。该映射器会根据请求 URL 的前缀来匹配相应的 Action 的 name 属性来完成映射。
- struts.action.extension：该属性指定了由 Struts 2 处理的请求 URL 的后缀，默认值是 action，即所有请求 URL 的后缀为 action 的请求都交由 Struts 2 来处理。如果用户要指定多个请求后缀，中间用逗号（,）分隔。
- struts.serve.static：该属性设置是否从 jar 文件中获得静态内容服务，该属性只支持 true 和 false，默认值是 true。
- struts.serve.static.browserCache：该属性设置了浏览器是否缓存静态内容，但要注意，该属性只有在 struts.serve.static 属性值为 true 时才有效。该属性值只支持 true 和 false。默认值为 true。如果该属性值为 true，Struts 2 会设置一些 HTTP 响应头（如 Date、Cache-Content、Expires）来使浏览器缓存静态内容。如果该属性值为 false，Struts 2 也会通过一些 HTTP 响应头来关闭浏览器的缓存功能。

- struts.enable.DynamicMethodInvocation：该属性设置了 Struts 2 是否支持动态方法调用，默认值是 true。
- struts.enable.SlashesInActionNames：该属性设置了 Struts 2 是否允许在 Action 名中使用斜杠（/），默认值是 false。
- struts.tag.altSyntax：该属性指定是否允许在 Struts 2 标签中使用表示式语法，默认值是 true。
- struts.devMode：该属性指定 Struts 2 是否使用开发模式，默认值是 false。如果该属性值为 true，则会显示出更多、更友好的提示信息。在开发阶段，一般将该属性值设为 true。
- struts.i18n.reload：该属性指定在 HTTP 请求达到时，是否每次都装载资源文件，默认值是 false。在开发阶段，将该属性值设为 true 会更方便开发。
- struts.ui.theme：该属性指定了 UI 标签的默认视图主题。该属性的默认值是 xhtml。
- struts.ui.templateDir：该属性指定了视图主题所使用的模板文件的位置，默认值是 template，默认加载 template 路径下的模板文件。
- struts.ui.templateSuffix：该属性指定了模板文件的后缀，该属性的默认值是 ftl。该属性还允许使用 vm 和 jsp。ftl、vm 和 jsp 分别对应 FreeMarker、Velocity 和 JSP 模板。
- struts.configuration.xml.reload：该属性指定了在 struts.xml 文件的内容改变后，系统是否会自动重新加载该文件。该属性的默认值是 false。
- struts.velocity.configfile：该属性指定了 Velocity 框架所使用的 velocity.properties 文件的位置。该属性的默认值是 velocity.properties。
- struts.velocity.contexts：该属性指定了 Velocity 框架的 Context，如果该框架有多个 Context，则中间用逗号（,）分隔。
- struts.velocity.toolboxlocation：该属性指定了 Velocity 框架的 toolbox 的位置。
- struts.url.http.port：该属性指定了 Web 应用程序所使用的监听端口。该属性的默认值是 80。该属性一般在使用 Struts2 URL 标签建立 URL 时使用。
- struts.url.https.port：该属性类似于 struts.url.http.port，区别是该属性设置的是 HTTPS 协议的监听端口。该属性的默认值是 443。
- struts.url.includeParams：该属性指定了 Struts 2 在生成 URL 时是否包含请求参数。该属性只支持 none、get 和 all，分别对应于不包含、只包含 GET 类型的请求参数和包含所有的请求参数。
- struts.custom.i18n.resources：该属性指定了 Struts 2 所使用的国际化资源文件，如果有多个资源文件，中间用逗号（,）分隔。
- struts.dispatcher.parametersWorkaround：如果某些 Java EE 服务器不支持 HttpServletRequest 类的 getParameterMap 方法（如 WebLogic、Orion 和 OC4J），在这种情况下，就需要将该属性值设为 true 来解决这个问题。该属性的默认值是 false。
- struts.freemarker.manager.classname：该属性指定了 Struts 2 使用的 FreeMarker 管理器。该属性的默认值是 org.apache.struts2.views.freemarker.FreemarkerManager，这是 Struts 2 内建的 FreeMarker 管理器。
- struts.freemarker.templatesCache：指定是否打开 FreeMarker 模板的缓存。如果该属性值为 true，就相当于将模板复制到 WEB_APP/templates 路径下。该属性的默认值是 false。
- struts.freemarker.beanwrapperCache：该属性指定是否打开 BeanWrapper 上的模型的缓存。

默认值是 false。

- struts.freemarker.wrapper.altMap：该属性只支持 true 和 false 两个属性值，默认值是 true。这个属性值一般不需要修改。
- struts.xslt.nocache：该属性指定 XSLTResult 类是否使用样式表缓存，如果处于开发阶段，一般将该属性设为 true。该属性的默认值是 false。
- struts.configuration.files：该属性指定了 Struts 2 自动装载的配置文件列表。如果有多个配置文件，中间使用逗号（,）分隔。该属性的默认值是 struts-default.xml,struts-plugin.xml, struts.xml。读者从该属性的默认值可以看出，Struts 2 会自动装载 struts-default.xml、struts-plugin.xml 和 struts.xml。
- struts.mapper.alwaysSelectFullNamespace：该属性指定是否一直在最后一个斜线（/）之前的任何位置选定 namespace.，默认值是 false。

除了在 struts.properties 文件中配置 Struts2 属性外，还可以通过 struts.xml 配置文件的常量来配置 Struts2 属性，代码如下：

```
<!--  在 struts.xml 中配置 Struts2 属性  -->
<?xml version="1.0" encoding="UTF-8" ?>
<!--  指定 Struts 2 的 DTD  -->
<!DOCTYPE struts PUBLIC
     "-//Apache Software Foundation//DTD Struts Configuration 2.0//EN"
     "http://struts.apache.org/dtds/struts-2.0.dtd">
<struts>
   <!-- 通过 constant 标签来配置 Struts2 的属性  -->
   <constant name="struts.i18n.encoding"  value="GBK"  />
</struts>
```

上面的代码通过<constant>标签配置了 struts.i18n.encoding 属性。该属性值被设为 GBK。

8.4.4　使用 DTD

在前面很多 struts.xml 配置文件中都涉及了 Struts 2 的 DTD 信息。这些存在于 struts.xml 文件中的DTD是必需的。因为 Struts 2 在装载 struts.xml 文件时根据这些DTD信息来核对 struts.xml 文件中的标签设置是否合法。DTD 信息除了有核查功能外，Eclipse 还会根据 DTD 信息自动列出当前标签允许设置的子标签以及标签的所有属性（在 struts.xml 编辑器中输入“<”或按【Content Assist】快捷键可以显示相关的内容），如图 8.5 所示。

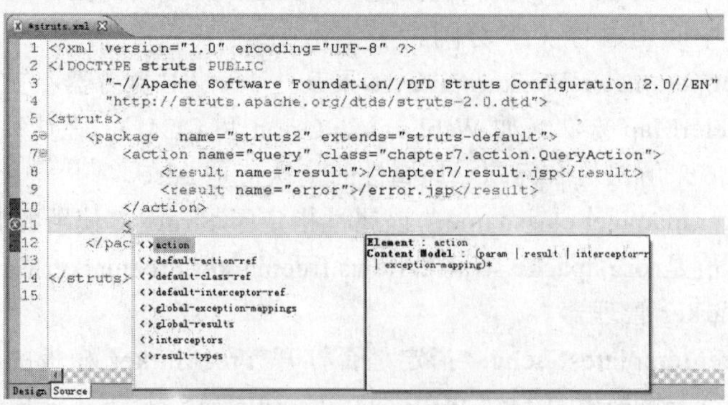

图 8.5　自动列出<package>标签中的子标签

除了通过 Eclipse 自动列出相应的子标签和属性外，还可以通过直接查看 DTD 文件的方式获得相关信息。在相关的 JAR 文件中找到 struts-2.0.dtd 文件（与 struts-default.xml 在同一个路径下），并在 Eclipse 中打开这个文件，代码如下：

```
<!--struts-2.0.dtd-->
<?xml version="1.0" encoding="UTF-8"?>
<!--
  在struts.xml或其他的Struts 2配置文件中要使用下面的文档类型
  <!DOCTYPE struts PUBLIC
   "-//Apache Software Foundation//DTD Struts Configuration 2.0//EN"
   "http://struts.apache.org/dtds/struts-2.0.dtd">
-->
<!--struts标签只允许package、include、bean和constant 4个子标签点，再写其他的会出错-->
<!ELEMENT struts (package|include|bean|constant)*>
<!--定义package标签的子标签及其顺序-->
<!ELEMENT package (result-types?, interceptors?, default-interceptor-ref?, default-action-ref?, default-class-ref?, global-results?, global-exception-mappings?, action*)>
<!--定义package标签的属性-->
<!ATTLIST package
   name CDATA #REQUIRED
   extends CDATA #IMPLIED
   namespace CDATA #IMPLIED
   abstract CDATA #IMPLIED
   externalReferenceResolver NMTOKEN #IMPLIED
>
<!--定义result-types标签是至少要有一个result-type子标签-->
<!ELEMENT result-types (result-type+)>
<!ELEMENT result-type (param*)>
<!--定义result-type标签的属性-->
<!ATTLIST result-type
   name CDATA #REQUIRED
   class CDATA #REQUIRED
   default (true|false)"false"
>
<!ELEMENT interceptors(interceptor|interceptor-stack)+>
<!ELEMENT interceptor(param*)>
<!ATTLIST interceptor
   name CDATA #REQUIRED
   class CDATA #REQUIRED
>
<!ELEMENT interceptor-stack(interceptor-ref*)>
<!ATTLIST interceptor-stack
   name CDATA #REQUIRED
>
<!ELEMENT interceptor-ref(param*)>
```

```
<!ATTLIST interceptor-ref
    name CDATA #REQUIRED
>
<!ELEMENT default-interceptor-ref(param*)>
<!ATTLIST default-interceptor-ref
    name CDATA #REQUIRED
>
<!ELEMENT default-action-ref(param*)>
<!ATTLIST default-action-ref
    name CDATA #REQUIRED
>
<!ELEMENT default-class-ref(param*)>
<!ATTLIST default-class-ref
    class CDATA #REQUIRED
>
<!ELEMENT global-results(result+)>
<!ELEMENT global-exception-mappings(exception-mapping+)>
<!ELEMENT action(param|result|interceptor-ref|exception-mapping)*>
<!ATTLIST action
    name CDATA #REQUIRED
    class CDATA #IMPLIED
    method CDATA #IMPLIED
    converter CDATA #IMPLIED
>
<!ELEMENT param(#PCDATA)>
<!ATTLIST param
    name CDATA #REQUIRED
>
<!ELEMENT result(#PCDATA|param)*>
<!ATTLIST result
    name CDATA #IMPLIED
    type CDATA #IMPLIED
>
<!ELEMENT exception-mapping(#PCDATA|param)*>
<!ATTLIST exception-mapping
    name CDATA #IMPLIED
    exception CDATA #REQUIRED
    result CDATA #REQUIRED
>
<!ELEMENT include(#PCDATA)>
<!ATTLIST include
    file CDATA #REQUIRED  <!--file属性是必需的-->
>
<!ELEMENT bean (#PCDATA)>
<!--定义bean标签的属性-->
<!ATTLIST bean
```

```
    type CDATA #IMPLIED
    name CDATA #IMPLIED
    class CDATA #REQUIRED
    scope CDATA #IMPLIED
    static CDATA #IMPLIED
    optional CDATA #IMPLIED
>
<!--定义 constant 标签-->
<!ELEMENT constant (#PCDATA)>
<!ATTLIST constant
    name CDATA #REQUIRED
    value CDATA #REQUIRED
>
```

通过上面的代码可以看出，<!ELEMENT>标签定义了 struts.xml 文件中标签的约束条件，如标签中的子标签和子标签的顺序。而<!ATTLIST>标签则定义了标签中的属性以及属性的约束，如某个属性是否是必需的（REQUIRED）。

8.5 Struts 2 的配置标签

上一节已经介绍了 Struts 2 配置文件的基本结构和基本配置，但并没有详细介绍每个配置标签的具体含义和配置方法。本节将具体讲解 struts.xml 文件中的每个配置标签的含义，这些标签主要包括<bean>、<constant>、<include>、<package>和<interceptor>。

8.5.1 <bean>标签

在 Struts 2 中的大部分组件，如类型检测器、上传文件处理器等，并不是直接用硬编码的方式写到程序中的，而是通过 IoC（控制反转）的方式来管理这些组件的。

Struts 2 框架可以通过可配置的方式很方便地管理 Struts 2 的核心组件。当开发者需要扩展，或者要用自己的组件来替换 Struts 2 的核心组件时，只需要提供相应的组件类，并使用<bean>标签来部署 Struts 2 的 IoC 容器中即可。

读者可以打开 struts-default.xml 文件，在这个文件中会看到大量的 Bean 定义，如下面的代码片段配置了 Struts 2 的类型检测器、上传文件处理器和模板引擎管理器：

```
<!--下面配置了 Struts 2 的 3 个类型检测器 Bean-->
<bean type="com.opensymphony.xwork2.util.ObjectTypeDeterminer" name="tiger"
class="com.opensymphony.xwork2.util.GenericsObjectTypeDeterminer"/>
<bean type="com.opensymphony.xwork2.util.ObjectTypeDeterminer" name="notiger"
class="com.opensymphony.xwork2.util.DefaultObjectTypeDeterminer"/>
<bean type="com.opensymphony.xwork2.util.ObjectTypeDeterminer" name="struts"
class="com.opensymphony.xwork2.util.DefaultObjectTypeDeterminer"/>
…
<!--下面配置了 Struts 2 的两个文件上传处理器 Bean-->
<bean type="org.apache.struts2.dispatcher.multipart.MultiPartRequest" name=
"struts"
```

```
    class="org.apache.struts2.dispatcher.multipart.JakartaMultiPartRequest"
scope="default" optional="true"/>
        <bean type="org.apache.struts2.dispatcher.multipart.MultiPartRequest" name=
"jakarta"
    class="org.apache.struts2.dispatcher.multipart.JakartaMultiPartRequest"
scope="default" optional="true"/>
    …
    <!--下面配置了 Struts 2 的 3 个模板引擎管理器 Bean-->
    <bean type="org.apache.struts2.components.template.TemplateEngine" name="ftl"
    class="org.apache.struts2.components.template.FreemarkerTemplateEngine" />
    <bean type="org.apache.struts2.components.template.TemplateEngine" name="vm"
    class="org.apache.struts2.components.template.VelocityTemplateEngine" />
    <bean type="org.apache.struts2.components.template.TemplateEngine" name="jsp"
    class="org.apache.struts2.components.template.JspTemplateEngine" />
```

从上面的配置代码可以看出，在 struts.properties 文件中使用的类型检测器、上传文件处理器的属性值就是在这里配置的。

在 struts.xml 文件中定义的 Bean 有如下两个作用：

- Struts 2 创建该 Bean 的实例，并作为框架的内部对象使用。
- 对 Bean 包含的静态方法进行值注入。

对于第一种用法，如果用户需要加入自己的类作为 Struts 2 的内部对象使用，往往需要实现 Struts 2 提供的一些接口。如要加入一个新的文件上传处理器 Bean，可以使用如下的配置代码：

```
    <struts>
        <!--配置一个新的上传组件管理器 UploadMultiPartRequest-->
        <bean type="org.apache.struts2.dispatcher.multipart.MultiPartRequest" name=
"myUpload"
         class="com.company.UploadMultiPartRequest"scope="default"optional= "true"/>
        …
    </struts>
```

从上面的配置代码可以看出，新加入的上传文件管理器实现了 MultiPartRequest 接口，这个接口是所有上传文件管理器类必须实现的，如上面代码中的 UploadMultiPartRequest 类就实现了这个接口。

对于第二种用法，允许在容器不创建类的对象实例的前提下，接收框架常量。在这种用法下，一般将 static 属性设为 true。下面是 struts-default.xml 文件中关于第二种用法的代码片段：

```
    <struts>
        <bean class="com.opensymphony.xwork2.util.OgnlValueStack" static="true" />
        …
    </struts>
```

从上面的代码可以看出，<bean>标签在 struts.xml 文件中定义了 Bean，<bean>标签有如下几个属性：

- class：表示 Bean 的类名。
- type：表示 Bean 实现的接口。
- name：表示 Bean 实例的名字，对于相同类型的多个 Bean 来说，它们的 name 属性值必须唯一。

- scope：表示 Bean 实例的作用域，这个属性值必须是 default、singleton、request、session 或 thread 其中之一。
- static：该属性指定 Bean 是否使用静态方法注入。当指定 type 属性时，该属性值不应该为 true。
- optional：表示 Bean 是否为一个可选 Bean。

8.5.2　<constant>标签

在 Struts 2 框架中有 3 种配置常量的方式，或者说是可以在 3 类文件中配置常量，这 3 种配置常量的方式如下：

- 在 struts.properties 文件中配置常量：这种配置常量的方式是从 WebWork 框架继承下来的，目的是为了保持与 WebWork 框架的兼容性。在 Struts 2 中并不建议使用这种方式来配置常量。
- 在 struts.xml 文件及其他 Struts 2 配置文件中配置常量：这是 Struts 2 推荐的配置常量的方式。在 Struts 2 中可以使用<constant>标签来配置常量。
- 在 web.xml 文件中配置常量：这种配置常量的方式在前面已经提到过了。在对于和 Web 整合的框架来说，应尽量在框架自身的文件中配置和框架相关的信息。因此，除非必需，应尽量避免在 web.xml 文件中配置常量。

既然 Struts 2 可以在多个文件中配置常量，那就涉及一个搜索和加载顺序的问题。Struts 2 框架将按如下的搜索顺序加载 Struts 2 常量：

- struts-default.xml：该文件保存在 struts2-core-xxx.jar 文件中。
- struts-plugin.xml：该文件是 Struts 2 插件配置文件，保存在类似 struts2-Xxx-2.0.11.jar 这样的文件中。
- struts.xml：该文件是 Struts 2 框架默认的配置文件。
- struts.properties：该文件是 Struts 2 框架默认的属性文件（为了保持和 WebWork 框架兼容）。
- web.xml：该文件是 Web 应用程序的核心配置文件。

如果在多个文件中配置同一个常量，则后一个配置文件中的常量会覆盖前一个配置文件中的同名常量的值。

虽然在不同的配置文件中配置常量的方式不同，但配置常量都需要两个必需的属性：

- name：该属性指定了常量名。
- value：该属性指定了常量值。

如果在sturts.xml 中通过 devMode 属性来设置 Struts 2 的工作模式，可以按如下的代码设置：

```
<struts>
    <!--设置了 Struts 2 的工作模式为开发模式-->
    <constant name="struts.devMode" value="true"/>
    …
</struts>
```

在 struts.properties 文件中的属性和属性值是 key-value 对，其中 key 对应于 Struts 2 常量的 name，而 value 对应于 Struts 2 常量的 value。配置代码如下：

```
#设置了 Struts 2 处于开发模式
```

```
struts.devMode=true
```

在 web.xml 文件中配置 Struts 2 常量，可通过<filter>标签的<init-param>子标签来指定，每个<init-param>标签配置了一个 Struts 2 常量。下面的代码通过 web.xml 文件来配置 devMode 属性：

```
<?xml version="1.0" encoding="UTF-8"?>
<!--配置了 Struts 2 的 DTD 信息-->
<web-app version="2.5" xmlns="http://java.sun.com/xml/ns/javaee"
    xmlns:xsi="http://www.w3.org/2001/XMLSchema-instance"
    xsi:schemaLocation="http://java.sun.com/xml/ns/javaee
    http://java.sun.com/xml/ns/javaee/web-app_2_5.xsd">
    <filter>
        <!--指定了 Struts 2 的核心过滤器-->
        <filter-name>struts</filter-name>
        <filter-class>org.apache.struts2.dispatcher.FilterDispatcher</ filter
        -class>
        <!--通过 init-param 元素配置 Struts 2 常量-->
        <init-param>
         <param-name>struts.devMode</param-name>
         <param-value>true</param-value>
        </init-param>
    </filter>
    …
</web-app>
```

8.5.3　<include>标签

Struts 2 允许将一个配置文件分解成多个配置文件，从而达到更容易维护的目的。由于 Struts 2 在默认情况下只装载 WEB-INF\classes 目录中的 struts.xml 文件，因此，需要在 struts.xml 文件中使用<include>标签包含其他的 Struts 2 配置文件才能达到“分而治之”的目的。

下面是一个包含了 4 个配置文件的 struts.xml 文件，该配置文件的代码片段如下：

```
<struts>
    <!--下面包含了 4 个配置文件-->
    <include file="struts-portlet-default.xml"/>
    <include file="struts-view.xml"/>
    <include file="struts-edit.xml"/>
    <include file="struts-help.xml"/> .
</struts>
```

8.5.4　<package>标签

在 sturts.xml 文件中使用<package>标签来配置包。包也是 struts.xml 中的核心元素。在 Struts 2 框架中的核心组件，如 Action、结果、结果类型、拦截器和拦截器栈，都是由包管理的。也就是说，包将这些核心组件组织成了一个逻辑配置单元。除此之外，Struts 2 还提供了一种抽象包，在抽象包中不能包含 Action。可以将<package>标签的 abstract 属性值设为 true 来定义一个抽象包，如在 struts-default.xml 文件中定义的默认包 struts-default 就是一个抽象包，代码片段如下：

```
<package name="struts-default" abstract="true">
```

```
…
</package>
```

<package>标签有如下几个属性可供设置：

- name：该属性指定了包的名字。这个名字也是其他包引用的key。
- extends：该属性指定了该包继承的其他包的名字。如果该包继承了其他的包，可以继承包中的Action、拦截器等。
- namespace：该属性指定了包的命名空间。
- abstract：该属性指定当前包是否为一个抽象包。抽象包不能包含Action。

下面是一个struts.xml文件的配置代码，在这个文件中演示了<package>标签的使用。

```
<struts>
    <!--配置第一个包，该包名为default，这个包继承于struts-default-->
    <package name="default" extends="struts-default">
        <!--下面定义了一个拦截器栈-->
        <interceptors>
            <interceptor-stack name="crudStack">
                <interceptor-ref name="checkbox"/>
                <interceptor-ref name="static-params"/>
            </interceptor-stack>
        </interceptors>
        <!--下面定义了两个Action-->
        <action name="showcase">
            <result>showcase.jsp</result>
        </action>
        <action name="viewSource" class="org.company.action.ViewSourceAction">
            <result>viewSource.jsp</result>
        </action>
    </package>
    <!--配置第二个包，该包名为skill，这个包继承于default-->
    <package name="Skill" extends="default" namespace="/skill">
        <!--定义默认的拦截器引用-->
        <default-interceptor-ref name="crudStack"/>
        <!--定义名为list的Action，将结果直接指向了listSkills.jsp-->
        <action name="list" class="org.company.action.SkillAction" method="list">
            <result>/manager/listSkills.jsp</result>
            <interceptor-ref name="basicStack"/>
        </action>
        <!--定义名为edit的Action，将结果直接指向了editSkill.jsp-->
        <action name="edit" class="org.company.action.SkillAction">
            <result>/empmanager/editSkill.jsp</result>
            <interceptor-ref name="params"/>
            <interceptor-ref name="basicStack"/>
        </action>
        <!--定义名为delete的Action，该Action通过delete方法来处理请求-->
        <action name="delete" class="org.company.action.SkillAction" method=
        "delete">
            <result name="error">/empmanager/editSkill.jsp</result>
```

```
                <result  type="redirect">edit.action?skillName=${currentSkill.name}
</result>
            </action>
        </package>
```

从上面的配置代码可以看出，在定义 skill 包时指定了 namespace 属性值为/skill，实际上这是访问命名空间的 URL 的一部分。

8.5.5　struts.xml 文件中的命名空间

命名空间用来解决在同一个 Web 应用中 Action 重名的问题。Struts 2 的命名空间相当于 Java 中的 package 关键字，或者也可以把命名空间看成是 Struts 1 的模块。只是命名空间要比 Struts 1 中的模块在使用上更方便、更灵活。

下面是 sturuts.xml 中的配置代码片段，在这段代码中使用了<package>标签的 namespace 属性来指定当前包的命名空间：

```
    <struts>
        <!--指定包 edit 的命名空间是/edit-->
        <package name="edit" extends="struts-portlet-default" namespace="/edit">
            <action name="test"
                class="com.opensymphony.xwork2.ActionSupport">
                <result name="success">/WEB-INF/edit/test.jsp</result>
            </action>
        </package>
        <!--指定包 editTest 的命名空间是/edit/dummy/test-->
        <package name="editTest" extends="edit" namespace="/edit/dummy/test">
            <action name="testAction"
                class="com.opensymphony.xwork2.ActionSupport">
                <result name="success">/WEB-INF/edit/test.jsp</result>
            </action>
        </package>
        <!--包 view 的命名空间是默认的命名空间-->
        <package name="view" extends="struts-default">
            <action name="test"
                class="com.opensymphony.xwork2.ActionSupport">
                <result >/WEB-INF/view/view.jsp</result>
            </action>
        </package>
    </struts>
```

在上面的代码中配置了 3 个包：edit、editTest 和 view。在配置 edit 和 editTest 包时分别指定了/edit 和/edit/dummy/test 作为其命名空间，而在配置 view 时，并未指定 namespace 属性，在这种情况下，该包则使用默认的命名空间，默认的命名空间总是""。

在为包指定命名空间后，在访问包中的 Action 时就要在 Action 的 name 前加上命名空间的名字。如访问 edit 包中的 test 动作的 URL 如下：

```
    http://localhost:8080/samples/edit/test.action
```

如果将包 edit 的 namespace 属性去掉，则可以使用下面的 URL 来访问 test 动作：

```
http://localhost:8080/samples/test.action
```

除此之外，Struts 2 还可以显式地指定根命名空间，通过将 namespace 属性的值设为“/”来指定根命名空间。

假设一个客户端请求是/abcd/test.action，则 Struts 2 会首先在命名空间/abcd 中查找名为 test 的 Action，如果未找到，就会在默认命名空间的包中查找名为 test 的 Action，如果仍未找到，则系统会抛出异常。从 Struts 2 查询 Action 的规则可以看出，默认命名空间可以处理任何命名空间中的 Action 请求，也就是说，在当前命名空间中（如/abcd）如果没有要查找的 Action，则 Struts 2 就会在默认的命名空间查找这个 Action。

在使用命名空间时要注意以下 3 点：

- 命名空间名必须以斜杠（/）开头，否则 Struts 2 不识别该命名空间。
- 根命名空间和默认命名空间是不同的。如使用 namespace="/"设置了根命名空间后，如果请求为/register.action，则系统会先在根命名空间中查找 register 动作，如果 register 动作不存在，则会到默认命名空间中去查找这个 Action。
- Struts 2 不会对命名空间分层查找，也就是说，如果请求为/edit/dummy/test.action，当命名空间/edit/dummy 下没有 test 动作时，系统会直接到默认命名空间去查找 test 动作，而不会再到命名空间/edit 去查找 test 动作。

8.5.6 配置拦截器

拦截器在前面已经多次提到了。实际上，拦截器有点类似于 Web 应用的过滤器，或者是 AOP 中的切面编程。说白了，拦截器就是在多个 Action 处理之前或之后加入开发人员自定义的代码。

在很多时候，需要对不同的 Action 进行权限验证、日志跟踪以及其他处理。在这种情况下，单独处理每一个 Action 是非常麻烦的，就算可以通过继承、组合等面向对象思想来解决代码重用的问题，但如果要修改这些代码，每个 Action 也得或多或少地进行一些修改（至少在 Action 中还有调用或引用部分的代码需要处理），而使用拦截器，就只需修改拦截器本身的代码（这就相当于修改了 AOP 的切面代码），所有被拦截器拦截的 Action 就都会有所体现了。

Struts 2 为了使用拦截器更方便，还增加拦截器栈的概念（使用<interceptor-stack>标签配置），实际上，这个拦截器栈就是使不同的拦截器形成一个拦截器组，只要引用了拦截器栈，Struts 2 就会引用拦截器栈中的所有拦截器。

下面是定义拦截器的代码片段：

```
<interceptors>
    <!--下面定义了 3 个拦截器-->
    <interceptor name="autowiring"class="com.opensymphony.xwork2.spring.
    interceptor.ActionAutowiring Interceptor"/>
    <interceptor name="chain"class="com.opensymphony.xwork2.interceptor.
    ChainingInterceptor"/>
    <interceptor name="conversionError"class="org.apache.struts2.interceptor.
    StrutsConversionError Interceptor"/>
```

```
    <!--下面定义了一个拦截器栈-->
    <interceptor-stack name="validationWorkflowStack">
        <interceptor-ref name="basicStack"/>
        <interceptor-ref name="validation"/>
        <interceptor-ref name="workflow"/>
    </interceptor-stack>
</interceptors>
```

在 Action 中使用<interceptor-ref>标签来引用拦截器或拦截器栈，如引用上面代码中的 autowiring 拦截器和 validationworkflowStack 拦截器栈的代码如下：

```
<action name="who" class="who.ShopAction">
    <result name="success">/WEB-INF/shop/index.jsp</result>
    <interceptor-ref name="autowiring"/>
    <interceptor-ref name="validationworkflowStack"/>
</action>
```

8.6　本 章 小 结

本章主要介绍了 Struts 2 的基础知识，如 MVC 模式、Struts 2 的下载和安装。除此之外，本章还提供了两个例子。这两个例子的功能相同，所不同的是第二个例子使用了模型驱动的方法来封装请求参数值，这样做将使程序的结构看起来更加清晰和整洁。本章还介绍了 Struts 2 的常用配置，尤其详细阐述了 Struts 2 的核心配置文件 struts.xml 中的主要标签的配置方法。从 Java SE5 开始，这些标签包括<bean>、<constant>、<include>和<package>。除此之外，在 Struts 2 中常用的配置文件还有 web.xml 和 struts.properties。

第 9 章　Struts 2 中的常用技术

本章将介绍 Struts 2 中一些常用的技术。这些技术主要包括一些接口和类，例如，ActionSupport，ActionContext 等。除此之外，Result 也是 Struts 2 中的一个重要概念，本章将介绍通过通配符和请求参数指定 Result。最后将介绍 Struts 2 中的模型驱动和异常处理。

9.1　常用类和接口

Action 是 Struts 2 的核心。本节主要介绍与 Action 相关的类和接口。如 Action 接口、Action 接口的默认实现类 ActionSupport、在 Action 中访问 Servlet API、处理多个提交动作和使用通配符等技术。通过本节的学习，读者可以基本了解 Action 中的常用技术和操作。

9.1.1　getter 和 setter 方法

Struts 2 的 Action 类和 Struts 1 的 Action 类的最大的不同就是 Struts 2 的 Action 类不需要实现任何接口，也不需要继承任何的类，而只是一个普通的 POJO 类即可。一般在这个 POJO 类中需要有一个 execute 方法来处理请求。

在 Struts 2 中通过直接使用 Action 来封装 HTTP 请求参数，因此，在 Action 类中需要有和请求参数相对应的属性。如在用户请求中有两个参数 employee 和 salary，则在 Action 类中要想获得这两个请求参数值，需要编写如下的代码：

```
//处理用户请求的 Action 类，这个类只是一个 POJO 类，未实现任何接口，未继承任何类
public class CompanyAction
{
    //和 employee 请求参数对应的属性
    private String employee;
    //和 salary 请求参数对应的属性
    private float salary;
    //employee 属性的 getter 方法
    public String getEmployee()
    {
        return employee;
```

```
    }
    //employee 属性的 setter 方法
    public void setEmployee(String employee)
    {
        this.employee=employee;
    }
    //salary 属性的 getter 方法
    public float getSalary()
    {
        return salary;
    }
    //salary 属性的 setter 方法
    public void setSalary(float salary)
    {
        this.salary=salary;
    }
    //Action 类默认的处理用户请求的方法
    public String execute()
    {
        System.out.println(employee);          //输出 employee 请求参数值
        System.out.println(salary);            //输出 salary 请求参数值
        …
        return "success";
    }
}
```

上面的类提供了 employee 和 salary 属性，分别用来获得 employee 和 salary 请求参数值，如果使用如下的 URL 来访问 CompanyAction，就会在控制台输出 employee 和 salary 请求参数值：

```
http://localhost:8080/samples/company.action?employee=bill&salary=1234
```

在 Action 类中，属性不仅可以封装请求参数，还可以为要转入的页面传递处理结果信息。如果在 Action 类中处理完某项任务，并转入 result.jsp 页面。这时在 result.jsp 页面要接收 Action 类处理任务的结果（成功或失败），就可以在 Action 类中加一个 result 属性，代码如下：

```
//返回处理结果的属性
private String result;
//result 属性的 getter 方法
public String getResult();
{
    return result;
}
//result 属性的 setter 方法
public void setResult(String result)
{
    this.result=result;
}
```

在 result.jsp 页面中可以通过如下的 Struts 2 标签来读取 result 属性值：

```
<!--使用 Struts 2 标签来输出 result 属性值-->
<s:property value="result"/>
```

由此可见，Action 类的 getter 方法和 setter 方法不仅可以封装 HTTP 请求参数，还可以封装处理结果信息。但 Struts 2 并不区分哪些属性封装的是请求参数，哪些属性封装的是处理结果。因此，使用 Struts 2 标签不仅可以输出处理结果信息，也同样可以输出请求参数值。

9.1.2 Action 接口

虽然 Struts 2 中的 Action 类不需要实现任何接口，也不需要继承任何的类，但 execute 方法的返回值可能会使 Action 类变得不规范，如在 execute 方法中成功处理任务后，有的开发人员会返回 success，而有的开发人员会返回 ok，这样就会造成在配置 Action 的结果时发生混乱。为了使 Action 类更加规范，Struts 2 中提供了一个 Action 接口，在这个接口中定义了一些常用结果常量，如 Action.SUCCESS 表示"success"，Action.ERROR 表示"error"等。而且在 Action 接口中还有一个 execute 方法，如果要实现 Action 接口，就必须要实现 execute 方法。Action 接口的代码如下：

```
package com.opensymphony.xwork2;
public interface Action
{
    //在Action接口中定义的结果常量
    public static final String SUCCESS="success";
    public static final String NONE="none";
    public static final String ERROR="error";
    public static final String INPUT="input";
    public static final String LOGIN="login";
    //定义处理用户请求的execute方法
    public String execute()throws Exception;
}
```

如果在 Action 类中想使用 Action 接口中的常量，可以实现 Action 接口，代码如下：

```
import com.opensymphony.xwork2.Action;
public MyAction implements Action
{
    //必须实现execute方法
    public String execute()
    {
        if(...)
            return SUCCESS;        //返回"success"
        else
            return ERROR;          //返回"error"
    }
}
```

虽然上面的代码可以很方便地使用 Action 接口的常量，但如果在定义 Action 时修改了 Action 的默认处理请求的方法，如将其改为 process。如果是这种情况，那么在实现 Action 接口的 Action 类中不仅要有 process 方法，而且必须实现 execute 方法，这就有点画蛇添足了。为了既使用 Action 接口中的常量，又不用实现 execute 方法，可以直接引用 Action 接口，代码如下：

```
import com.opensymphony.xwork2.Action;
public MyAction
```

```
{
    //在 process 方法中处理用户请求
    public String process()
    {
        if(…)
            return Action.SUCCESS;
        else
            return Action.ERROR;
    }
}
```

但这样做还需要写 Action 接口，仍然有些麻烦，为了使代码尽可能地简化，可以使用 Java SE5 新增加的静态导入功能，代码如下：

```
import static com.opensymphony.xwork2.Action.*;
public MyAction
{
    public String process()
    {
        if(…)
            return SUCCESS;
        else
            return ERROR;
    }
}
```

9.1.3　ActionSupport 类

在 Struts 2 中还提供了一个 ActionSupport 类，这个类是很多 Struts 2 内建接口（包括 Action 接口）的默认实现。Action 类通过继承 ActionSupport 类，可以大大简化 Action 类的开发。ActionSupport 类的部分代码如下：

```
package com.opensymphony.xwork2;
//ActionSupport 类实现了很多接口
public class ActionSupport implements Action,Validateable,ValidationAware,
TextProvider,LocaleProvider,Serializable
{
    …
    //设置效验错误的方法
    public void setActionErrors(Collection errorMessages)
    {
        validationAware.setActionErrors(errorMessages);
    }
    //获得效验错误的方法
    public Collection getActionErrors()
    {
        return validationAware.getActionErrors();
    }
    //获得字段错误的方法
```

```
        public Map getErrors()
        {
            return getFieldErrors();
        }
        //设置字段错误的方法
        public void setFieldErrors(Map errorMap)
        {
            validationAware.setFieldErrors(errorMap);
        }
        public Map getFieldErrors()
        {
            return validationAware.getFieldErrors();
        }
        //返回国际化信息的方法
        public String getText(String aTextName,String defaultValue,String obj)
        {
            return textProvider.getText(aTextName,defaultValue,obj);
        }
        public String getText(String aTextName,List args)
        {
            return textProvider.getText(aTextName,args);
        }
        //默认的处理请求的方法，返回 SUCCESS
        public String execute() throws Exception
        {
            return SUCCESS;
        }
        //判断是否有 Action 错误的方法
        public boolean hasActionErrors() {
            return validationAware.hasActionErrors();
        }
        //用于效验的方法
        public void validate()
        {
        }
        …
    }
```

从上面的代码可以看出，ActionSupport 实现了很多接口，如 Validateable、ValidationAware 等，并提供了这些接口中方法的默认实现。如果 Action 类从 ActionSupport 类继承，那么将会大大简化 Action 的开发。

9.1.4 通过 ActionContext 访问 Servlet API

Struts 2 的 Action 并没有直接和 Servlet API 进行耦合，也就是说，在 Struts 2 的 Action 中并不能像 Struts 1 的 Action 一样直接访问 Servlet API。虽然 Struts 2 的 Action 访问 Servlet API 麻烦一些，但这却是 Struts 2 的 Action 的重要改良之一，如果 Action 不再与 Servlet API 进行耦

合，那么测试 Action 类就变得非常容易了。

尽管 Action 和 Servlet API 脱离会带来很多好处，但在 Action 中要想完全不访问 Servlet API 几乎是不可能的。因此，Struts 2 提供了很多在 Action 中访问 Servlet API 的方法。

一般来讲，在 Web 程序中最常访问 Servlet API 的是 HttpServletRequest、HttpSession 和 ServletContext，这 3 个类分别和 JSP 内置对象中的 request、session 和 application 对应。

在 Struts 2 中提供了一个 com.opensymphony.xwork2.ActionContext 类，Struts 2 的 Action 可以通过这个类来访问相应的 Servlet API。ActionContext 类可以使用以下两种方法来访问 Servlet API：

- 通过 getXxx 方法获得 Map 对象。
- 通过 get 方法获得相应的 Servlet API 类的对象实例。

在 ActionContext 类中存在一些 getXxx 方法，这些方法可以获得相应 Servlet API 中操作 key-value 对的 Map 对象。也就是说，在 Servlet API 中（如 HttpSession）都可以使用 setAttribute 和 getAttribute 方法设置和获得 key-value 对，这也相当于一个 Map 对象。ActionContext 中主要的 getXxx 方法如下：

- getContext()：返回一个 ActionContext 对象。这个 getter 方法比较特殊，它返回了 ActionContext 的对象实例，而不是 Map 对象。使用 ActionContext 类的 put 方法可以加入 key-value 对，这也相当于使用 HttpServletRequest 类的 setAttribute 方法加入 key-value 对。同样，使用 ActionContext 类的 get 方法就相当于调用 HttpServletRequest 类的 getAttribute 方法。
- getApplication()：返回一个 Map 对象，使用 Map 类的 put 和 get 方法，相当于分别调用 ServletContext 类的 setAttribute 和 getAttribute 方法设置和获得 key-value 对。
- getSession()：返回一个 Map 对象，使用 Map 类的 put 和 get 方法，相当于分别调用 HttpSession 类的 setAttribute 和 getAttribute 方法设置和获得 key-value 对。

下面给出一个例子来演示如何使用 ActionContext 的 getXxx 方法访问 Servlet API，这个例子是一个简单的登录程序，通过登录界面向 Action 提交用户名和密码，然后在 Action 中处理后，将相关的信息保存在 ServletContext、HttpSession 和 HttpServletRequest 对象中，并在 JSP 页面中输出相关的信息。具体实现步骤如下：

（1）编写登录页面 login.jsp。这个页面非常简单，在这个页面中使用 Struts 2 标签生成一个 <form>和两个文本框，分别用来输入用户名和密码，在 WebContent\chapter9 目录中建立一个 login.jsp 文件，代码如下：

```
<%@page language="java" pageEncoding="UTF-8"%>
<%@taglib prefix="s" uri="/struts-tags"%>
<html>
   <head>
      <title>Login</title>
   </head>
   <body>
      <!--用 Struts 2 标签生成 form-->
      <s:form action="login">
```

```
            <s:textfield label="User" name="username"/>
            <s:textfield label="Password" name="password"/>
            <s:submit value="login"/>
        </s:form>
    </body>
</html>
```

在浏览器中输入如下的 URL：

```
http://localhost:8080/samples/chapter9/login.jsp
```

访问上面的 URL 后，在浏览器中将显示登录界面，并在【用户名】和【密码】文本框中分别输入 join 和 5678，如图 9.1 所示。

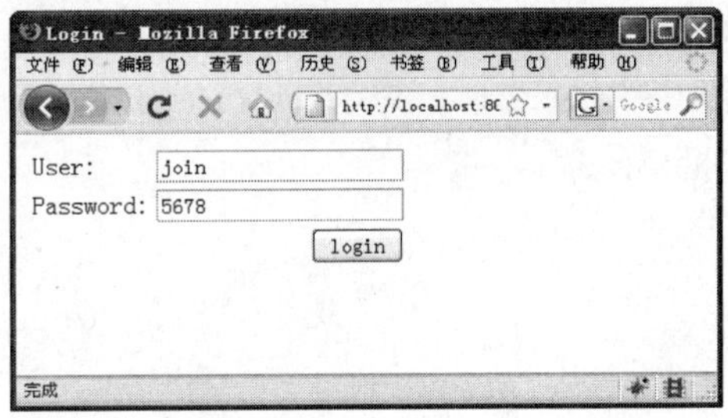

图 9.1　用户登录界面

在输入完用户名和密码后，先不要单击【login】按钮提交，等下面步骤进行完再提交。

（2）编写 LoginAction 类。LoginAction 类是一个处理登录信息的 Action 类。在这个类中设置了一个计数器变量 counter，并将这个计数器变量保存在 ServletContext 对象中，每次用户登录成功后，这个计数器就加 1。在 LoginAction 类中将用户登录名保存在 HttpSession 对象中，将处理结果信息保存在 HttpServletRequest 对象中。以上保存在 3 个 Servlet API 对象中的值都将在 success.jsp 中显示。LoginAction 类的代码如下：

```
//处理用户登录信息的 LoginAction 类
public class LoginAction implements Action
{
    //封装请求参数的 username 和 password 属性
    private String username;
    private String password;
    //保存用户信息的 Map 对象
    private static Map<String,String>users=new java.util.HashMap<String,
    String>();
    //username 属性的 getter 方法
    public String getUsername()
    {
        return username;
    }
    //username 属性的 setter 方法
    public void setUsername(String username)
    {
        this.username=username;
    }
    //password 属性的 getter 方法
    public String getPassword()
    {
        return password;
    }
    //password 属性的 setter 方法
```

```
    public void setPassword(String password)
    {
        this.password=password;
    }
    //在静态块中初始化用户列表
    static
    {
        users.put("join","5678");
        users.put("mike","6666");
    }
    //用户处理用户请求的 execute 方法
    public String execute()throws Exception
    {
        try
        {
            //获得 ActionContext 对象，可以通过该对象实例访问 Servlet API
            ActionContext ctx=ActionContext.getContext();
            //获得 Map 对象，可以用这个 Map 对象访问 ServletContext 对象
            Map application = ctx.getApplication();
            //获得 Map 对象，可以用这个 Map 对象访问 HttpSession 对象
            Map session=ctx.getSession();
            //从 ServletContext 对象中获得计数器变量
            Integer counter=(Integer)application.get("counter");
            session.put("username",getUsername());//将用户名保存在 HttpSession 对象中
            String pw = users.get(username); //查找用户是否存在
            //未找到用户，用户不存在，登录失败
            if(pw==null)
            {
                ctx.put("info", "该用户不存在，登录失败！");
                //将处理结果保存在 HttpServletRequest 对象中
                return ERROR;
            }
            else
            {
                if(pw.equals(getPassword()))
                {
                    //计数器变量为 null，将其初始化为 1
                    if(counter==null)
                    {
                        counter=1;
                    }
                    else
                    {
                        counter++;                //计数器变量加 1
                    }
```

```
                application.put("counter",counter);
                //将计数器保存在 ServletContext 对象中
                ctx.put("info", "已成功登录!");
                return SUCCESS;
            }
            else
            {
                //将处理结果保存在 HttpServletRequest 对象中
                ctx.put("info", "该用户不存在，登录失败!");
                return ERROR;
            }
        }
    }
    catch (Exception e)
    {
        return ERROR;
    }
}
}
```

（3）配置 LoginAction 类。在配置 LoginAction 类时，如果 execute 方法返回"success"，则转入 success.jsp 页面，如果返回"error"，则转入 error.jsp 页面，LoginAction 类的配置代码如下：

```
<?xml version="1.0" encoding="UTF-8"?>
<!--配置 Struts 2 的 DTD 信息-->
<!DOCTYPE struts PUBLIC
    "-//Apache Software Foundation//DTD Struts Configuration 2.0//EN"
    "http://struts.apache.org/dtds/struts-2.0.dtd">
<struts>
   <package name="struts2" extends="struts-default" namespace="/chapter9">
      <!--配置 LoginAction 类，Action 名为 login-->
      <action name="login" class="chapter9.action.LoginAction">
         <!--execute 方法返回"success"时，转入 success.jsp-->
         <result name="success">/chapter9/success.jsp</result>
         <!--execute 方法返回"error"时，转入 error.jsp-->
         <result name="error">/chapter9/error.jsp</result>
      </action>
   </package>
</struts>
```

（4）编写 success.jsp 和 error.jsp。这两个文件实现非常简单，在 success.jsp 页面中使用 EL 显示了在 LoginAction 类中设置的 3 个变量，success.jsp 页面的代码如下：

```
<%@page language="java" pageEncoding="UTF-8"%>
<html>
   <head>
      <title>成功登录</title>
   </head>
   <body>
```

```
        <!--通过 EL 访问 ServletContext 对象，并显示计数器的值-->
        本站访问次数：${ applicationScope.counter}<p/>
        <!--通过 EL 访问 HttpSession 对象，并显示登录用户名-->
        用户名：${sessionScope.username}<p/>
        <!--通过 EL 访问 HttpServletRequest 对象，并显示处理结果信息-->
        ${requestScope.info}
    </body>
</html>
```

error.jsp 页面的代码如下：

```
<%@ page language="java" import="java.util.*" pageEncoding="UTF-8"%>
  <html>
    <head>
      <title>成功失败</title>
    </head>
    <body>
        用户名：${sessionScope.username}<p/>
      ${requestScope.info}
    </body>
  </html>
```

当按图 9.1 所示输入用户名和密码后，单击【login】按钮，然后再次访问 login.jsp 页面，再次输入正确的用户名和密码，并单击【login】按钮，这时在 IE 中会输出图 9.2 所示的信息。

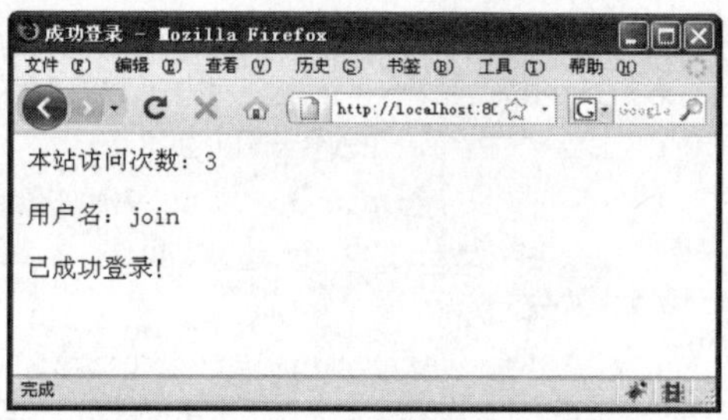

图 9.2　登录成功后输出的信息

前面讲的是如何使用 ActionContext 类的 getXxx 方法来访问 Servlet API，这种方法虽然可以很方便地访问 Servlet API，但只能通过 Map 对象处理 key-value 对。而有时开发人员需要直接访问 Servlet API 对象，如 HttpServletRequest 对象，这时，就需要使用 ActionContext 类的 get 方法来获得相应的 Servlet API 对象，如下面的代码分别获得了 ServletContext 对象、HttpServletRequest 对象和 HttpServletResponse 对象：

```
//定义用于获得 Servlet API 对象的常量
final String SERVLET_CONTEXT=org.apache.struts2.StrutsStatics. SERVLET_CONTEXT;
final String HTTP_REQUEST=org.apache.struts2.StrutsStatics.HTTP_REQUEST;
final String HTTP_RESPONSE=org.apache.struts2.StrutsStatics.HTTP_RESPONSE;
//获得 ServletContext 对象
ServletContext ctx=(ServletContext) ActionContext.getContext().get(SERVLET_
CONTEXT);
//获得 HttpServletRequest 对象
HttpServletRequest request=(HttpServletRequest) ActionContext.getContext().
get(HTTP_REQUEST);
//  获得 HttpServletResponse 对象
HttpServletResponse response=(HttpServletResponse)ActionContext.getCon text
().get(HTTP_RESPONSE);
```

从上面的代码可以看出，通过向 get 方法传递一个常量字符串，就可以获得相应的 Servlet API 对象。

9.1.5 通过感知拦截器访问 Servlet API

拦截器的概念在前面已经不止一次提到了，在 Struts 2 框架中，有很多功能都是通过拦截器实现的。在这些拦截器中，有一类拦截器类名中含有 Aware，通过这类拦截器，同样可以访问 Servlet API，这些拦截器都在 org.apache.struts2.interceptor 包中。如下面的几个拦截器可用于获得相应的 Servlet API 对象或向相应的 Servlet API 对象写入 key-value 对的 Map 对象：

- ApplicationAware 接口：获得和 ServletContext 关联的 Map 对象。
- CookieAware 接口：获得和 Cookie 数组关联的 Map 对象。
- ParameterAware 接口：获得和请求参数关联的 Map 对象。
- ServletRequestAware 接口：获得 HttpServletRequest 对象。
- ServletResponseAware 接口：获得 HttpServletResponse 对象。

Action 类只要实现上面的接口，就可以获得相应的 Map 对象或 Servlet API 对象，下面的例子通过使用拦截器获得 Servlet API 对象的方式重写上节的 LoginAction 类，并将这个类重命名为 LoginAwareAction，代码如下：

```
package chapter9.action;
import com.opensymphony.xwork2.*;
import org.apache.struts2.interceptor.*;
import java.util.*;
import javax.servlet.http.*;
public  class  LoginAwareAction  implements  Action,ServletRequestAware,
ApplicationAware
{

    //封装请求参数的 username 属性
    private String username;
    //封装请求参数的 password 属性
    private String password;
    private HttpServletRequest request;
    private Map application;
    public void setServletRequest(HttpServletRequest request)
    {
        this.request=request;

    }
    public void setApplication(Map application)
    {
        this.application=application;
    }
    //保存用户信息的 Map 对象
    private static Map<String,String>users=new java.util.HashMap<String,
    String>();

    //username 属性的 getter 方法
    public String getUsername()
```

```
    {
        return username;
    }
    //username属性的 setter 方法
    public void setUsername(String username)
    {
        this.username=username;
    }
    //password属性的 getter 方法
    public String getPassword()
    {
        return password;
    }
    //password属性的 setter 方法
    public void setPassword(String password)
    {
        this.password=password;
    }
    static
    {
        users.put("join","5678");
        users.put("mike","6666");
    }
    public String execute()throws Exception
    {
        try
        {
            HttpSession session=request.getSession();
            //从 ServletContext 对象中获得计数器变量
            Integer counter=(Integer)application.get("counter");
            //计数器变量为 null，将其初始化为 1
            session.setAttribute("username",getUsername());
            //将用户名保存在 HttpSession 对象中
            String pw=users.get(username);//查找用户是否存在
            //未找到用户，用户不存在，登录失败
            if (pw==null)
            {
                request.setAttribute("info", "该用户不存在，登录失败！");
                //将处理结果保存在 HttpServletRequest 对象中
                return ERROR;
            }
            else
            {
                if(pw.equals(getPassword()))
                {
                    if(counter == null)
```

```
                {
                    counter = 1;
                }
                else
                {
                    counter++;//计数器变量加 1
                }
                application.put("counter", counter);
                //将计数器保存在 ServletContext 对象中
                request.setAttribute("info","已成功登录!");
                return SUCCESS;
            }
            else
            {
                request.setAttribute("info", "密码错误，登录失败!");
                //将处理结果保存在 HttpServletRequest 对象中
                return ERROR;
            }
        }
    }
    catch(Exception e)
    {
        return ERROR;
    }
  }
}
```

从上面的代码可以看出，LoginAwareAction 类通过实现 ServletRequestAware 和 ApplicationAware 接口，获得了 HttpServletRequest 对象和同 ServletContext 关联的 Map 对象。并通过 HttpServletRequest 对象获得了 HttpSession 对象。

LoginAwareAction 类的配置代码如下：

```
<struts>
    <package name="struts2" extends="struts-default">
        <action name="loginaware" class="chapte9.action.LoginAwareAction">
            <result name="success">/chapter9/success.jsp</result>
            <result name="error">/chapter9/error.jsp</result>
        </action>
    </package>
</struts>
```

loginaware.jsp 是登录页面，代码如下：

```
<%@page language="java" pageEncoding="UTF-8"%>
<%@taglib prefix="s" uri="/struts-tags"%>
  <html>
    <head>
      <title>Login</title>
    </head>
```

```
    <body>
       <s:form action="loginaware">
          <s:textfield label="User" name="username"/>
          <s:textfield label="Password" name="password"/>
          <s:submit value="Login"/>
       </s:form>
    </body>
  </html>
```

在浏览器中输入如下的 URL，并输入相应的用户名和密码，单击【login】按钮后，将输出和图 9.2 相同的信息：

```
http://localhost:8080/samples/chapter9/loginaware.jsp
```

9.1.6　动态方法处理多个提交请求

在很多时候，一个<form>标签中不止一个提交按钮，如一个登录界面除了【登录】按钮外，还可能有一个【注册】按钮，在单击【注册】按钮后，就会转入注册界面。对于这种情况，处理的方法有很多。有很多 Web 框架也给出了自己的解决方案。如 Struts 1 可以通过 DispatchAction 来解决，如果开发人员直接使用 JSP 和 Servlet 来编写程序，可以通过判断请求参数是否存在的方式来解决这个问题。

在 Struts 2 中也提供了关于这类问题的解决方案。在前面讲过，Action 类的默认处理用户请求的方法是 execute，但这个方法也是可以改变的，而且无须修改配置文件。假设客户端在访问某个 Action 类时，要通过 Action 类的 process 方法而不是 execute 方法来处理请求，可以使用如下的 URL：

```
http://localhost:8080/samples/actionname!process.action
```

LoginRegisterAction 类是一个可以处理登录和注册动作的 Action 类，代码如下：

```
public class LoginRegisterAction implements Action
{
   //封装请求参数的 username 属性
   private String username;
   //封装请求参数的 password 属性
   private String password;
   //保存用户信息的 Map 对象
   private static Map<String,String>users=new java.util.HashMap<String,
   String>();
   …
   public String register()throws Exception
   {
      //处理注册请求
      return "register";
   }
   public String execute()throws Exception
   {
      //处理登录请求
      return SUCCESS;
```

```
    }
}
```

LoginRegisterAction 类的登录处理部分和 LoginAction 完全一样。登录请求仍然在 execute 方法中处理。而在这个类中又多了一个 register 方法，这个方法用来处理注册动作。

LoginRegisterAction 类的配置代码如下：

```
<struts>
    <package name="struts2" extends="struts-default">
        <action name="loginregister" class="chapter8.action.LoginRegisterAction">
            <!--转入 register.jsp-->
            <result name="register">/chapter8/register.jsp</result>
            <result name="success">/chapter8/success.jsp</result>
            <result name="error">/chapter8/error.jsp</result>
        </action>
    </package>
</struts>
```

下面的代码演示了如何通过<form>标签来调用不同的处理请求的方法：

```
<!--loginregister.jsp-->
<s:form action="loginregister" theme="simple">
    用户：<s:textfield name="username"/><p/>
    密码：<s:textfield name="password"/><p/>
    <s:submit value="登录"/>                <!--提交登录请求-->
    <s:submit value="注册" action="loginregister!register"/><!--提交注册请求-->
</s:form>
```

从上面的代码可以看出，提交注册请求需要通过<s:submit>标签的 action 属性，在本例中，action 属性值为 loginregister!register，注意在后面不要加.action，也就是说，在惊叹号（!）后面直接跟要调用的 Action 类中的方法名。当然，还可以通过如下的 URL 来调用 register 方法：

```
http://localhost:8080/webdemo/chapter8/loginregister!register.action
```

读者可以使用 JavaScript 代码来通过上面的 URL 提交注册请求。

9.1.7 通过 method 属性处理多个提交请求

除了在上一节讲到的处理多个提交请求的方法外，还可以通过<action>标签的 method 属性来解决这个问题。这种方法的基本原理是为同一个 Action 类指定多个 name 值，这样一个 Action 就变成多个 Action 类了，再通过<action>标签的 method 属性为每一个 Action 类指定一个处理请求的方法。这样就可以将一个 Action 类当成多个不同的 Action 类来处理了。

下面的代码是 LoginRegisterAction 类的改进版，在这个版本中加入了 login 方法用来处理登录请求，代码如下：

```
public class LoginRegisterAction implements Action
{
//封装请求参数的 username 属性
private String username;
//封装请求参数的 password 属性
private String password;
//保存用户信息的 Map 对象
```

```
    private static Map<String,String> users=new java.util.HashMap<String,String>();
    …
    public String register()throws Exception
    {
        System.out.println("register");
        //处理注册请求
        return"register";
    }
    public String login()throws Exception
    {
        System.out.println("login");
        //处理登录请求
        return execute();
    }
    public String execute()throws Exception
    {
        //处理登录请求
        return SUCCESS;
    }
}
```

下面是配置 LoginRegisterAction 类的代码：

```
<struts>
    <package name="struts2" extends="struts-default" package="/chapter9">
        <!--配置处理登录请求的 Action 类-->
        <action name="mylogin"class="chapter9.action.LoginRegisterAction" method
        ="login">
            <result name="success">/chapter9/success.jsp</result>
            <result name="error">/chapter9/error.jsp</result>
        </action>
        <!--配置处理注册请求的 Action 类-->
        <action name="myregister" class="chapter9.action.LoginRegisterAction"
        method="register">
            <result name="register">/chapter9/register.jsp</result>
        </action>
    </package>
</struts>
```

读者可以通过如下的 JavaScript 代码来提交相应的请求：

```
//提交登录请求
function login()
{
    form.action="mylogin.action";
    form.submit();
}
//提交注册请求
function register()
{
```

```
        form.action="myregister.action";
        form.submit();
    }
```

其中 form 是<form>标签的 name 属性值，代码如下：

```
    <s:form name="form" theme="simple">
        用户：<s:textfield name="username"/><p/>
        密码：<s:textfield name="password"/><p/>
        <s:submit value="登录"onclick="login()"/><!--调用 login 函数提交登录请求-->
        <s:submit value="注册"onclick="register()"/><!--调用 register 函数提交注册请
求-->
    </s:form>
```

通过上面的方法，仍然可以处理多个提交请求。但从上面的配置代码可以看出，两个 Action（mylogin 和 myregister）大多数的配置代码是相同的，这就会造成代码冗余，因此，Struts 2 提供了通配符的方式来解决这个问题。

9.1.8　通配符

使用通配符可以使 Struts 2 的配置更简单，更易维护。<action>标签的 name、class 和 method 属性都支持通配符。在上一节给出的例子中配置了 mylogin 和 myregister 两个 Action，这两个 Action 的配置代码相似，只是它们的 name 属性和 method 属性的值不同（虽然<result>的配置也不同，但在设计系统时可以采用同样的结果配置）。但 name 属性和 method 属性的值有一个规律，也就是说，mylogin 和 myregister 各自的 name 属性和 method 属性有相同的部分，因此，这部分就可以使用通配符来代替。

先看看下面的 struts.xml 配置文件代码：

```
    <?xml version="1.0" encoding="UTF-8" ?>
    <!DOCTYPE struts PUBLIC
        "-//Apache Software Foundation//DTD Struts Configuration 2.0//EN"
        "http://struts.apache.org/dtds/struts-2.0.dtd">
    <struts>
        <!--配置一个 package-->
        <package name="struts2" extends="struts-default" namespace="/chapter9">
            <!--使用通配符配置了 Action 外，method 属性是动态指定的-->
            <action name="*Action" class="chapter9.action.wildcard.LoginRegister
            Action" method="{1}">
                <!--定义了两个 Result-->
                <result name="success">/chapter9/success.jsp</result>
                <result name="error">/chapter9/error.jsp</result>
            </action>
        </package>
    </struts>
```

从上面的代码可以看出，<action name="*Action".../>中的 name 属性值并不是一个普通的 Action 名，而是使用了星号（*）作为通配符的 Action 名。这个 Action 名匹配所有以 Action 结尾的 Action。如/abcAction.action、/loginAction.action 等。而 method 属性则使用{1}来表示配置

Action 名的第一个值，如 Action 名为/loginAction.action，则{1}的值为 login。

下面的代码是本例使用的 LoginRegisterAction 类的代码：

```
package chapter9.action.wildcard;
import com.opensymphony.xwork2.*;
import org.apache.struts2.interceptor.*;
import java.util.*;
import javax.servlet.http.*;
public class LoginRegisterAction extends ActionSupport implements
        ServletRequestAware
{
    //封装请求参数的 username 属性
    private String username;
    //封装请求参数的 password 属性
    private String password;
    private HttpServletRequest request;
    public void setServletRequest(HttpServletRequest request)
    {
        this.request=request;
    }
    //username 属性的 getter 方法
    public String getUsername()
    {
        return username;
    }
    //username 属性的 setter 方法
    public void setUsername(String username)
    {
        this.username=username;
    }
    //password 属性的 getter 方法
    public String getPassword()
    {
        return password;
    }
    //password 属性的 setter 方法
    public void setPassword(String password)
    {
        this.password=password;
    }
    public String register()throws Exception
    {
        request.setAttribute("info", "您已经注册成功");
        return SUCCESS;
    }
    public String login()throws Exception
    {
```

```
        try
        {
            if(getUsername().equals("bill") && getPassword().equals("1234"))
            {
                request.setAttribute("info", "登录成功");
                return SUCCESS;
            }
            else
            {
                request.setAttribute("info", "登录失败");
                return ERROR;
            }
        }
        catch(Exception e)
        {
            return ERROR;
        }
    }
}
```

上面的 Action 类并不包含 execute 方法，而只包含了 register 和 login 两个方法，这两个方法分别处理注册和登录请求，它们虽然与 execute 不同名，但作用是完全相同的，都负责处理用户请求。

从上面的代码可以看出，当单击【注册】按钮时，form 就会提交 registerAction.action 请求，该请求匹配 struts.xml 文件中的 name 属性值为*Action 的 Action，并将 register 作为 method 属性值（也就是{1}的值）来调用 LoginRegisterAction 类的 register 方法处理注册请求。

除此之外，<action>标签的 class 属性也可以使用表达式，如下面的配置代码所示：

```
<?xml version="1.0" encoding="UTF-8" ?>
<!DOCTYPE struts PUBLIC
    "-//Apache Software Foundation//DTD Struts Configuration 2.0//EN"
    "http://struts.apache.org/dtds/struts-2.0.dtd">
<struts>
    <!--配置一个 package-->
    <package name="struts2" extends="struts-default" namespace="/chapter9">
        <!--使用通配符配置了 Action 外，method 属性是动态指定的-->
        <action name="*Action" class="chapter9.action.{1}Action" method="{1}">
            <result name="result">/result.jsp</result>
        </action>
    </package>
</struts>
```

在上面的代码中，除了 method 属性使用了{1}外，在 class 属性中也使用了{1}，这就意味着如果客户端发送的请求是/RegisterAction，则对应的 Action 类就是 chapter9.action.RegisterAction，而调用的 Action 方法是 Register。

由于 Java 方法名一般第一个单词首字母小写，而类名第一个单词的首字母大写。所以在发送请求时就希望同时将这两类名字作为 Action 的名字，要达到这种目的，就需要使用两个通配符来分别匹配类名和方法名。如可以使用*_*来匹配这类 Action，如下面的代码所示：

```
<action name="*_*"class="chapter9.action.{1}Action" method="{2}">
```

当客户端发送/Product_select.action 请求时，class 属性的{1}匹配第一个通配符，值为 chapter8.action.ProductAction，而 method 属性匹配第二个通配符，值为 select。

为了使通配符不至于产生冲突，在 Struts 2 使用了一个约定。如果在 struts.xml 配置文件中有多个<action>标签的 name 属性值使用了通配符，而且通配符都匹配某些 Action，如下面的代码所示：

```
<struts>
    <!--配置一个 package-->
    <package name="struts2"extends="struts-default"namespace="/chapter9">
        <!--下面配置了两个使用通配符的 Action-->
        <action name="*"class="chapter9.action.NewAction" method="{1}">
            <result name="result">/result.jsp</result>
        </action>
        <action name="*Action" class="chapter9.action.MyAction" method="{1}"/>
        <!--下面的 Action 未使用通配符-->
        <action name="loginAction"class="chapter9.action.LoginAction"/>
    </package>
</struts>
```

从上面的代码可以看出，第一个<action>标签的 name 属性值为*，这就意味着所有的 Action 都会匹配这个通配符，第二个<action>标签的 name 属性值为*Action，这个标签只能匹配以 Action 结尾的用户请求。第三个<action>标签的 name 属性值并未使用通配符，这个标签会直接匹配/loginAction.action。

如果客户端请求是/registerAction，毫无疑问，第三个 Action 是肯定不会匹配的，而如果在 struts.xml 配置文件中有多个使用通配符的 Action 同时匹配一个用户请求，则 Struts 2 会按着 Action 的配置顺序来匹配。也就是说，对于上面的配置代码，系统会匹配第一个<action>标签，而不会匹配第二个<action>标签。如果将这两个<action>标签的位置调换，则正好相反。如果客户端请求是/loginAction，系统会直接匹配第三个未使用通配符的<action>。

综上所述，Struts 2 匹配 Action 的规则是，先配置不使用通配符的<action>标签，如果未找到相匹配的<action>标签，就从前往后寻找使用通配符的<action>标签，直到发现第一个与之匹配的<action>标签为止，如果在 struts.xml 中没有与之匹配的<action>标签，则系统抛出异常。

9.2　结果（Result）

由于 Action 只是一个控制器，因此，Action 只负责处理用户请求，一般在 Action 中并不负责直接提供对浏览器的响应，如向浏览器输出信息、转发 URL 等。当 Action 处理完用户请求后，会通过 execute 方法或其他负责处理用户请求的方法返回一个字符串，通过这个字符串，Action 可以将处理结果交由视图资源来完成，而控制器的作用应该是控制将哪个视图呈现给用户。

9.2.1　配置 Result

当 Action 处理完用户请求后，会返回一个字符串，这个字符串也可以称为结果名。通过这个结果名，可以找到一个 Web 资源，并根据结果类型进行不同的操作。

上面描述的是 Action 处理完用户请求后所做的事情。所提到的结果可通过<result>标签进行配置。这个标签有两个属性：name 和 type。分别表示结果名和结果类型。其中 Action 返回的字符串必须和其中一个<result>标签的 name 属性值相匹配，否则系统会抛出异常。type 属性表示结果类型，默认值是 dispatcher，也就是转发类型，相当于使用 forward 方法。

<result>标签必须作为<action>的子标签存在，一个<action>可以有多个<result>子标签，下面是一个典型的结果配置代码：

```
<action name="register" class="action.RegisterAction">
    <!--配置Result，通过type指定结果类型-->
    <result name="success" type="dispatcher">
        <!--指定Web资源-->
        <param name="location">/success.jsp</param>
    </result>
</action>
```

上面的代码中使用了<param>标签来设置结果参数 location 的值，这是一种比较烦琐的写法，为了方便，也可以采用下面的简写形式：

```
<action name="register" class="action.RegisterAction">
    <!--配置Result，通过type指定结果类型-->
    <result name="success" type="dispatcher">/success.jsp</result>
</action>
```

由于默认的结果类型就是 dispatcher，因此，如果要使用 dispatcher 的话，就不用设置 type 属性了，代码如下：

```
<result name="success">/success.jsp</result>
```

在很多情况下，会有一些 URL 经常被结果用到，如很多 Action 在返回 success 后都会转入 success.jsp 页面，如果在每一个结果中都指定这个页面就会很麻烦，因此，Struts 2 提供了全局结果来解决这个问题。全局结果使用<global-results>标签来定义，代码如下：

```
<?xml version="1.0" encoding="UTF-8" ?>
<!--指定Struts 2配置文件的DTD信息-->
<!DOCTYPE struts PUBLIC
     "-//Apache Software Foundation//DTD Struts Configuration 2.0//EN"
     "http://struts.apache.org/dtds/struts-2.0.dtd">
<struts>
    <package name="struts2" extends="struts-default" namespace="/chapter9">
        <!--定义全局结果-->
        <global-results>
            <result name="success">/success.jsp</result>
        </global-results>
        <!--如果Action返回success，会转入到success.jsp页面-->
        <action name="query" class=" action.QueryAction"/>
    </package>
</struts>
```

上面的代码配置了一个全局结果和一个 Action，这个 Action 没有配置任何结果，当 Action 返回 success 时，就会转入全局结果 success 中定义的 success.jsp 页面。

9.2.2　Result 类型

Struts 2 支持很多结果类型，读者可以打开 struts-default.xml 文件，在里面可以找到包 struts-default 的定义部分，代码片段如下：

```
<package name="struts-default" abstract="true">
    <result-types>
        <!--Action 链式处理的结果类型-->
        <result-type name="chain"class="com.opensymphony.xwork2.ActionChain
        Result"/>
        <!--用于转发 URL 的结果类型，一般转发的是 JSP 页面-->
        <result-type name="dispatcher" class="org.apache.struts2.dispatcher.
        ServletDispatcherResult"default="true"/>
        <!--用于与 FreeMarker 整合的结果类型-->
        <result-type name="freemarker" class="org.apache.struts2.views.freemarker.
        FreemarkerResult"/>
        <!--用于控制 HTTP 头的结果类型-->
        <result-type name="httpheader" class="org.apache.struts2.dispatcher.
        HttpHeaderResult"/>
        <!--用于重定向的结果类型-->
        <result-type name="redirect"class="org.apache.struts2.dispatcher.
        ServletRedirectResult"/>
        <!--用于重定向到其他 Action 的结果类型-->
        <result-type name="redirectAction"class="org.apache.struts2.dispatcher.
        ServletActionRedirectResult"/>
        <!--用于向客户端输出字节流的结果类型-->
        <result-type name="stream" class="org.apache.struts2.dispatcher.Stream
        Result"/>
        <!--用于整合 Velocity 的结果类型-->
        <result-type name="velocity"class="org.apache.struts2.dispatcher.
        VelocityResult"/>
        <!--用于整合 XML/XSLT 的结果类型-->
        <result-type name="xslt"class="org.apache.struts2.views.xslt.XSLT
        Result"/>
        <!--用于显示页面原始代码的结果类型-->
        <result-type name="plainText"class="org.apache.struts2.dispatcher.
        PlainTextResult"/>
        <!--不建议使用下面两个结果类型，因为这两个结果类型会在 Struts 2.1 及以后的版本中
        被移除-->
        <result-type name="redirect-action"class="org.apache.struts2.dispatcher.
ServletActionRedirectResult"/>
        <result-type name="plaintext"class="org.apache.struts2.dispatcher.
        PlainTextResult"/>
    </result-types>
    …
</package>
```

上面的结果类型是在 struts-default 中定义的，这就意味着所有继承于 struts-default 的包都

支持上面 10 种结果类型。其中 redirect-action 和 plaintext 结果类型并不建议在新系统中继续使用，因为这两个结果类型会在 Struts 2.1 及以后的版本中被移除。

除此之外，还可以在 struts2-jfreechart-plugin-xxx.jar 文件中的 struts-plugin.xml 配置文件中找到如下的代码片段：

```
<package name="jfreechart-default">
    <result-types>
        <!--用于整合 JFreeChart 的结果类型-->
        <result-type name="chart"class="org.apache.struts2.dispatcher.Chart
        Result">
            <param name="height">150</param>
            <param name="width">200</param>
        </result-type>
    </result-types>
</package>
```

在 struts2-jfreechart-plugin-xxx.jar 文件中的 struts-plugin.xml 配置文件中可以找到如下的代码片段：

```
<package name="jasperreports-default">
    <result-types>
        <!--用于整合 JasperReport 的结果类型-->
        <result-type name="jasper" class="org.apache.struts2.views.jasperreports.
        JasperReportsResult"/>
    </result-types>
</package>
```

在 struts2-jsf-plugin-xxx.jar 文件中的 struts-plugin.xml 配置文件中可以找到如下的代码片段：

```
<package name="jsf-default" extends="struts-default">
    <result-types>
        <!--用于整合 JSP 的结果类型-->
        <result-type name="jsf" class="org.apache.struts2.jsf.FacesResult"/>
    </result-types>
    …
</package>
```

在 struts2-tiles-plugin-xxx.jar 文件中的 struts-plugin.xml 配置文件中可以找到如下的代码片段：

```
<package name="tiles-default" extends="struts-default">
    <result-types>
        <!--用于整合 Tiles 的结果类型-->
        <result-type name="tiles" class="org.apache.struts2.views.tiles.Tiles
        Result"/>
    </result-types>
</package>
```

从上面的几段代码可以看出，Struts 2 还支持 chart、jasper、jsf 和 tiles 4 个结果类型。

如果想使用上面的结果类型，可以使用<result>标签的 type 属性来指定结果类型名，如使用 redirect 结果类型的代码如下：

```
<?xml version="1.0" encoding="UTF-8" ?>
<!--指定 Struts 2 配置文件的 DTD 信息-->
```

```
<!DOCTYPE struts PUBLIC
     "-//Apache Software Foundation//DTD Struts Configuration 2.0//EN"
     "http://struts.apache.org/dtds/struts-2.0.dtd">
<struts>
    <package name="struts2" extends="struts-default">
        <!--定义处理用户请求的Action-->
        <action name="query"class="action.QueryAction">
            <!--定义redirect结果类型的result-->
            <result name="success"type="redirect">/success.jsp</result>
        </action>
    </package>
</struts>
```

9.2.3　用通配符指定结果

Result 中的 URL 也可以使用通配符指定，代码如下：

```
<action name="*Action"class="action.MyAction">
    <result name="success">/{1}.jsp</result>
</action>
```

在上面的代码中，使用{1}来指定了结果的 JSP 页面名，当 MyAction 返回 success 时，就会根据第一个通配符匹配的字符串确定要转入的 JSP 的文件名，如用户请求为/abcAction.action，则要转入的 JSP 文件名为 abc.jsp。

在 Struts 2 中，除非必要，否则并不建议直接访问像 JSP 页面一样的 Web 资源，而要通过 Action 进行转发。那么这就会带来一个问题，如果这种 Web 资源很多的话，就需要为每一个 Web 资源都做一个 Action，这很明显是不可能的，而解决这个问题最简单的方法就是使用通配符来指定要转发的 Web 资源。

下面来做个实验，为了保证实验效果，在 WEB-INF 中建立两个 JSP 文件，web1.jsp 和 web2.jsp，这两个文件的内容并不重要，只是为了演示如何通过一个 Action 来访问这两个 JSP 页面。之所以将这两个 JSP 页面放到 WEB-INF 目录中，是因为客户端就算想直接访问这两个 JSP 页面也是不可能的，因为 WEB-INF 目录中的所有资源是不能直接由客户端访问的。

下面使用通配符来配置 Action 和结果，代码如下：

```
<struts>
    <package name="struts2" extends="struts-default">
        <!--配置其他的Action-->
        …
        <!--处理所有无效的Action-->
        <action name="*">
            <result name="success">/WEB-INF/{1}.jsp</result>
        </action>
    </package>
</struts>
```

现在读者可以在浏览器中输入如下两个 URL：

```
http://localhost:8080/samples/web1.action
http://localhost:8080/samples/web2.action
```

在访问上面两个 URL 后，可以在浏览器中正常输入 web1.jsp 和 web2.jsp 的内容，这是因为这两个 Action 都是无效的（在 struts.xml 中并没有和它们匹配的 Action），因此，这两个 Action 只能匹配最后一个 name 属性值为*的 Action，而且在这个 Action 中未指定 class 属性，如果不指定 class 属性，默认的 class 就是 ActionSupport 类，由于这个类的 execute 方法返回的是 success，因此，<result>标签的 name 属性值是 success。要转入的 Web 资源为/WEB-INF/{1}.jsp，这时{1}就会用与通配符相匹配的字符串代替，如请求为/web1.action，这个 Web 资源就会变为/WEB-INF/web1.jsp，因此，就会转入到 web1.jsp 页面。

9.2.4 用请求参数指定结果

由于 Action 的属性既可以获得请求参数值，也可以在要转入的 JSP 页面中获得（一般使用 EL 方式获得），因此，可以通过请求参数来指定结果的 URL。如 ForwardAction 类通过 forward 属性获得了 forward 请求参数，代码如下：

```
public class ForwardAction implements Action
{
    //获得请求参数的 forward 属性
    private String forward;
    //forward 属性的 getter 方法
    public String getForward()
    {
        return forward;
    }
    //forward 属性的 setter 方法
    public void setForward(String forward)
    {
        this.forward=forward;
    }
    //用于处理用户请求的 execute 方法
    public String execute()throws Exception
    {
        return SUCCESS;
    }
}
```

通过下面的配置代码，用户可以通过 URL 来访问 WEB-INF 目录中的资源：

```
<struts>
    <package name="struts2" extends="struts-default" namespace="/chapter9">
        <action name="forwardAction" class="chapter9.action.ForwardAction">
            <!--从请求参数中获得 JSP 文件名-->
            <result name="success">/WEB-INF/${forward}.jsp</result>
        </action>
    </package>
</struts>
```

在上面的代码中使用${forward}从 ForwardAction 类的 forward 属性中获得 forward 请求参数的值。在浏览器地址栏中输入如下的 URL：

```
http://localhost:8080/samples/chapter9/forwardAction.action?forward=web1
```

在访问上面的 URL 后，将会在浏览器中输出 web1.jsp 页面的内容，如图 9.3 所示。

当用户输入的 URL 中 forward 参数指定的 JSP 文件名错误时，系统就会抛出异常，如在浏览器输入如下的 URL：

```
http://localhost:8080/samples/chapter9/forwardAction.action?forward=web4
```

在浏览器中将会抛出图 9.4 所示的异常信息。

图 9.3　转入 web1.jsp

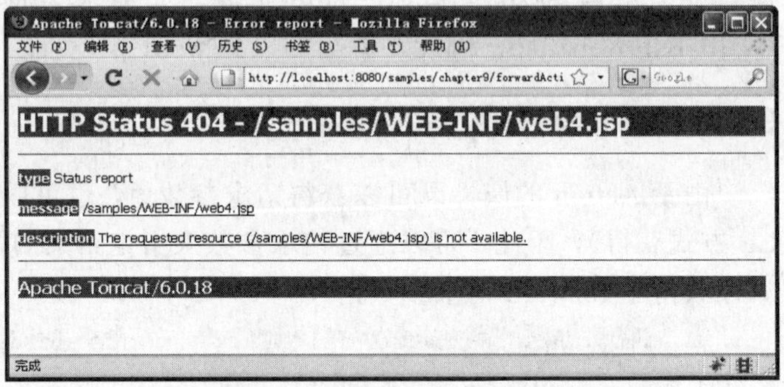

图 9.4　抛出未找到 Web 资源异常

9.3　模 型 驱 动

在 Struts 1 中使用 ActionForm 来专门封装用户请求。这种使用单独的 JavaBean 来处理用户请求的方法显得结构更清晰。在这种方式下，ActionForm 和 Action 分别用来处理用户请求信息和控制逻辑。而在 Struts 2 中取消了 ActionForm，将处理用户请求的任务交给了 Action。这样 Action 也负责处理控制逻辑，也负责处理用户请求，显得有些混乱。当然，在 Struts 2 中也可以使用另一种方法来达到和 Struts 1 类似的效果，这就是模型驱动，这种方法也可以将用户请求单独封装在一个 JavaBean 中。

9.3.1　ModelDriven 概述

在 Struts 2 的 Action 中封装了太多的东西，读者可以回忆前面的 Action，代码风格基本都是以下的形式：

```
//同时封装了用户请求和控制逻辑
public class MyAction implements Action
{
    //用于封装用户请求的属性
    private String name;
    private int age;
    …
    //name 属性的 setter 方法
    public void setName(String name)
    {
        this.name=name;
    }
```

```
    //name属性的getter方法
    public String getName()
    {
        return name;
    }
    public String execute()throws Exception
    {
        //处理用户请求的代码
        return SUCCESS;
    }
}
```

从上面的代码可以看出，Struts 2 的 Action 同时承担了封装用户请求和处理控制逻辑的工作。虽然这种模式省去了建立 ActionForm 的麻烦，但代码看起来不太清晰。为了使代码的结构更加清晰，就需要将封装用户请求的代码和处理控制逻辑的代码分离，也就是说，需要如下的代码将用户请求封装起来：

```
//只封装了用户请求
public class UserForm
{
    //用于封装用户请求的属性
    private String name;
    private int age;
    …
    //name属性的setter方法
    public void setName(String name)
    {
        this.name=name;
    }
    //name属性的getter方法
    public String getName()
    {
        return name;
    }
}
```

在 Action 类中还需要知道是哪个 JavaBean 封装了用户请求，这就需要 Action 类实现 com.opensymphony.xwork2.ModelDriven 接口，代码如下：

```
public class MyAction implements Action, ModelDriven<UserForm>
{
    private UserForm userForm = new UserForm();
    public String execute()
    {
        //处理用户请求的代码
        return SUCCESS;
    }
    //实现ModelDriver接口的getModel方法，用于获得UserForm对象
    public UserForm getModel()
```

```
    {
        return userForm
    }
}
```

从上面的代码可以看出，通过在 MyAction 类中的 getModel 方法可以获得用于封装用户请求的 UserForm 对象。在 MyAction 中只有一个 UserForm 对象实例，具体的用户请求都被封装在了 UserForm 类中。

综合上述，可以得出一个结论，模型驱动就是使用模型类的对象实例来封装用户请求和处理结果，并且这些模型贯穿整个 MVC 流程。而模型就是指封装用户请求和处理结果的 JavaBean。

9.3.2 使用模型驱动改进登录程序

本节的例子使用模型驱动的方法来重新编写登录程序。这个登录程序有两个请求参数：username 和 password，分别用来表示用户名和密码。并且将这两个请求参数封装在一个单独的 UserForm 类中。在这个类中还有一个处理结果属性 result，用来返回登录成功或失败的信息。UserForm 类的实现代码如下：

```
package chapter9.modeldriven;
public class UserLogin
{
    private String username;
    private String password;
    private String result;
    //username 属性的 getter 方法
    public String getUsername()
    {
        return username;
    }
    //username 属性的 setter 方法
    public void setUsername(String username)
    {
        this.username=username;
    }
    //password 属性的 getter 方法
    public String getPassword()
    {
        return password;
    }
    //password 属性的 setter 方法
    public void setPassword(String password)
    {
        this.password=password;
    }
    //result 属性的 getter 方法
    public String getResult()
```

```
        {
            return result;
        }
        //result 属性的 setter 方法
        public void setResult(String result)
        {
            this.result=result;
        }
    }
```

从上面的代码可以看出，在 UserForm 类中只有 3 个属性，并没有其他的任何东西。这个 UserForm 类也相当于 Struts 1 的 ActionForm。

下面来实现 LoginAction 类，这是一个 Action 类，在这个类中有一个用于处理控制逻辑的 execute 方法和一个获得模型类（UserForm 类）对象实例的 getModel 方法。LoginAction 类的代码如下：

```
package chapter9.modeldriven;
import com.opensymphony.xwork2.*;
public class LoginAction extends ActionSupport implements
        ModelDriven<UserLogin>
{
    private UserLogin model=new UserLogin();
    public UserLogin getModel()
    {
        return model;
    }
    @Override
    public String execute()throws Exception
    {
        if(getModel().getUsername().equals("john")
                && getModel().getPassword().equals("5678"))
        {
            getModel().setResult("登录成功，终于进来了！");
            return SUCCESS;
        }
        else
        {
            return ERROR;
        }
    }
}
```

从上面的代码可以看出，LoginAction 类中的代码非常整洁和清楚。达到这种效果的功臣就是模型驱动开发模式。当用户请求参数和处理结果多了的时候，Action 类也不会显得臃肿。

LoginAction 的配置代码如下：

```
<action name="model_login"class="chapter9.modeldriven.LoginAction">
    <result name="success">/WEB-INF/result.jsp</result>
```

```
        <result name="error">/WEB-INF/error.jsp</result>
    </action>
```

在 JSP 中可以使用 Struts 2 的<s:property>来取得处理结果的值，代码如下：

```
<s:property value="model.result"/>
```

除了上面的代码外，也可以使用如下的代码来获得处理结果的值：

```
<s:property value="result"/>
```

由于 Action 类中没有 result 属性，而且 Action 类采用了模型驱动模式进行开发，因此，Struts 2 会直接输出 model 属性中的 result 属性值。

实际上，Struts 2 的模型驱动也是基于拦截器实现的，读者可以打开 struts-default.xml 文件，在 struts-default 包中可以找到如下的代码：

```
<package name="struts-default" abstract="true">
    <interceptors>
        <!--定义了 modelDriven 拦截器-->
        <interceptor name="modelDriven"class="com.opensymphony.xwork2.interceptor.
        ModelDrivenInterceptor"/>
        …
        <interceptor-stack name="defaultStack">
            <interceptor-ref name="exception"/>
            <interceptor-ref name="alias"/>
            <interceptor-ref name="servletConfig"/>
            <interceptor-ref name="prepare"/>
            <interceptor-ref name="i18n"/>
            <interceptor-ref name="chain"/>
            <interceptor-ref name="debugging"/>
            <interceptor-ref name="profiling"/>
            <interceptor-ref name="scopedModelDriven"/>
            <!--引用了 modelDriven 拦截器-->
            <interceptor-ref name="modelDriven"/>
            …
        </interceptor-stack>
        …
    </interceptors>
    <!--引用了 defaultStack 拦截器栈-->
    <default-interceptor-ref name="defaultStack"/>
</package>
```

从上面的配置代码可以看出，在 struts-default 包中配置了一个拦截器类 ModelDriven Interceptor，并将这个拦截器加到默认的拦截器栈 defaultStack 中，在 struts-default 包的最后引用了这个拦截器栈。所以任何继承 struts-default 的包都支持模型驱动开发模式。

读者可以使用如下的 URL 来测试 LoginAction 类：

```
http://localhost:8080/samples/chapter9/model_login.action?username=john&password=5678
```

在访问上面的 URL 后，将会看到图 9.5 所示的页面。

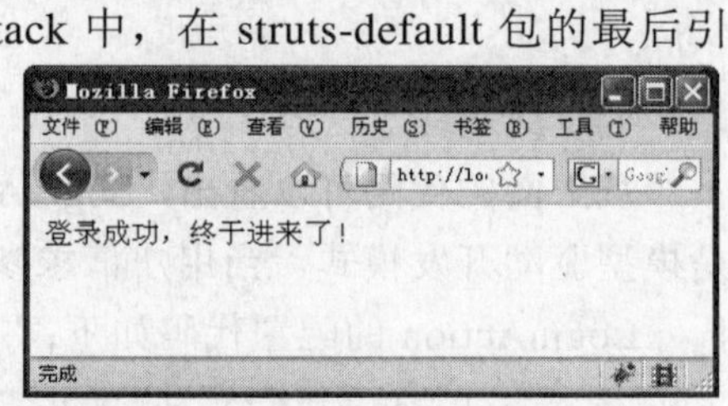

图 9.5 成功登录页面

9.4 异常处理

异常处理是任何成熟的 MVC 框架都必须有的功能之一。虽然在 Struts 2 中完全可以采用手工的方式在 Action 类的 execute 方法中通过 try...catch 来处理异常，但这么做最大的缺点就是异常处理和代码的耦合过于紧密，不利于维护。如果以后要改变异常的处理方式，就必须要修改源代码才可以。在 Struts 2 中提供了用于处理异常的拦截器，使 Struts 2 可以在 struts.xml 文件中配置异常，以更灵活的方式处理异常。

9.4.1 处理异常的原理

在 MVC 框架中，一般的异常处理流程是当异常出现时，根据不同的异常类型转入相应的异常处理页面。对于 Struts 2 来说，可以在 Action 类的 execute 方法中通过 catch 块将不同的异常转入到相应的异常处理页，代码如下：

```
public class Exception
{
    …
    public String execute()
    {
        try
        {
            …
        }
        catch(Exception1 e)
        {
            return 结果 1;
        }
        catch(Exception2 e)
        {
            return 结果 2;
        }
    }
}
```

在上面的代码中使用 try...catch 来捕捉异常，又在不同的 catch 块中返回不同的结果，以便可以转入不同的异常处理页面。这种方式属于存手工的方式处理异常，而且是将处理异常的代码写到了程序中，这样不利于以后对代码的维护。

如果使 execute 方法抛出异常，从而将 execute 方法中所抛出的异常完全交给 Struts 2 来处理（实际上是一个处理异常的拦截器），这样在 execute 方法中就不用有任何处理异常的代码了。

为了更进一步地了解 Struts 2 的异常处理机制，读者可以打开 struts-default.xml 文件，从中找到如下的代码段：

```
<package name="struts-default" abstract="true">
    <interceptors>
        …
```

```
            <!--定义处理异常的拦截器-->
            <interceptor name="exception"
                class="com.opensymphony.xwork2.interceptor.ExceptionMapping Inter
-ceptor "/>
            …
            <interceptor-stack name="defaultStack">
                <!--在拦截器栈中引用 exception 拦截器-->
                <interceptor-ref name="exception"/>
                …
            </interceptor-stack>
            …
        </interceptors>
        <!--引用默认拦截器-->
        <default-interceptor-ref name="defaultStack"/>
    </package>
```

从上面的配置代码可以看出，在 defaultStack 栈中引用了 exception 拦截器，这就意味着所有继承 struts-default 的包都可以在 struts.xml 中配置异常处理。

9.4.2　实例：登录系统的异常处理

本节给出一个简单的登录程序，并使用上一节讲的异常处理机制来处理 execute 方法抛出的异常。在 execute 方法中抛出两个异常。当 username 请求参数值为 user 时，抛出 UserException 异常；当 username 请求参数值为 sql 时，抛出 SQLException 异常，LoginAction 类的实现代码如下：

```
package chapter9.exception;
import com.opensymphony.xwork2.*;
public class LoginAction implements Action
{
    //封装请求参数的 username 属性
    private String username;
    //封装请求参数的 password 属性
    private String password;
    private String result;
    //result 属性的 getter 方法
    public String getResult()
    {
        return result;
    }
    //result 属性的 setter 方法
    public void setResult(String result)
    {
        this.result=result;
    }
    //username 属性的 getter 方法
    public String getUsername()
    {
        return username;
    }
```

```
    //username属性的setter方法
    public void setUsername(String username)
    {
        this.username=username;
    }

    //password属性的getter方法
    public String getPassword()
    {
        return password;
    }
    //password属性的setter方法
    public void setPassword(String password)
    {
        this.password=password;
    }
    public String execute()throws Exception
    {
        if(getUsername().equals("bill")&&getPassword().equals("1234"))
        {
            setResult("登录成功，进入主界面");
            return SUCCESS;
        }
        else if(getUsername().equals("user"))
        {
            throw new UserException("用户名不能为user，抛出用户异常");
        }
        else if(getUsername().equals("sql"))
        {
            throw new java.sql.SQLException("用户名不能sql，抛出SQL异常");
        }
        else
        {
            return ERROR;
        }
    }
}
```

在上面的代码中采用手工的方式抛出了两个异常（UserException 和 SQLException）来模拟 execute 抛出异常的情况。为了让 Struts 2 处理这两个抛出的异常，需要在 struts.xml 文件中加入下面的配置代码：

```
<struts>
    <package name="struts2" extends="struts-default">
        <action name="exception_login" class="chapter9.exception.LoginAction">
            <!--配置两个异常处理映射-->
            <exception-mapping result="exception" exception="chapter9.exception.
            UserException"/>
```

```
            <exception-mapping result="exception"exception="java.sql.SQL Exception
            "/>
            <!--配置异常处理结果-->
            <result name="exception">/WEB-INF/exception.jsp</result>
            <!--配置两个返回的处理结果-->
            <result name="success">/WEB-INF/result.jsp</result>
            <result name="error">/WEB-INF/error.jsp</result>
        </action>
    </package>
</struts>
```

在上面的代码中，通过<exception-mapping>标签配置了异常处理映射，其中 result 属性表示处理结果名字，在这里是 exception，exception 属性表示异常类型。如果要处理的异常会在多个 Action 中被抛出，可以使用<global-exception-mappings>标签来配置全局的异常映射，代码如下：

```
<struts>
    <package name="struts2" extends="struts-default">
        <global-results>
            <!--配置全局异常结果-->
            <result name="exception">/WEB-INF/exception.jsp</result>
        </global-results>
        <global-exception-mappings>
            <!--配置两个全局异常映射-->
            <exception-mapping result="exception" exception="chapter9.exception.
            UserException"/>
            <exception-mapping result="exception"exception="java.sql.SQL Exception
            "/>
        </global-exception-mappings>
        <action name="exception_login" class="chapter9.exception.LoginAction">
            <!--配置两个返回的处理结果-->
            <result name="success">/WEB-INF/result.jsp</result>
            <result name="error">/WEB-INF/error.jsp</result>
        </action>
    </package>
</struts>
```

在 JSP 中可以使用如下的两种方式来输出异常信息：

- <s:property value="exception.message" />：输出异常消息。
- <s:property value="exceptionStack" />：输出异常堆栈的信息。

如下面的 exception.jsp 页面将显示异常消息和异常堆栈的信息，代码如下：

```
<%@page language="java" pageEncoding="UTF-8"%>
<%@taglib prefix="s" uri="/struts-tags"%>
<html>
    <head>
        <title>异常处理页面</title>
    </head>
    <body>
        异常消息<p/>
        <font color="red"> <s:property value="exception.message"/></font><p/>
```

```
        异常栈信息<p/>
        <font color="red"><s:property value="exceptionStack"/></font>
    </body>
</html>
```

在浏览器地址栏中输入如下的 URL：

```
http://localhost:8080/samples/chapter9/exception_login.action?username=use
r&password=1234
```

访问上面的 URL 后，在浏览器中将显示图 9.6 所示的输出结果。

图 9.6　显示异常信息

9.5　本 章 小 结

Action 是 Struts 2 框架最重要的部分，它也是处理用户请求的中枢神经。本章详细讲解了和 Action 相关的技术，如在 Action 中访问 Servlet API、处理多个提交请求、Action 接口、ActionSupport 类等。与 Action 关系最紧密的是处理结果，通过 Action 类的 execute 方法返回相应的处理结果字符串，再通过 struts.xml 中的<result>标签来转入相应的处理页面。在 Struts 2 中支持很多处理结果类型，这些处理结果类型大多都定义在 struts-default.xml 文件中，还有一少部分定义在一些插件的配置文件中。

在 Struts 2 中的 Action 可以同时封装请求参数、处理结果和处理控制逻辑。但还有更好的处理方式，即模型驱动。通过模型驱动的开发模式，可以将封装请求参数和处理结果的代码从 Action 中提炼出来，从而使代码变得更加清晰，也更易于维护。

异常处理几乎是每一个成熟的系统都要涉及的技术。为了更好地处理异常，在 Struts 2 中提供了一个拦截器，通过这个拦截器，可以实现异常的可配置性，也就是在 sturts.xml 文件中配置异常（主要是配置抛出异常的类型和要转入的异常处理页面）。这样做的最大好处就是使异常处理和其他的代码相分离，有利于以后更容易地修改异常的处理方式。

第 10 章 Struts 2 的类型转换

在 Web 应用程序中的客户端从服务端获得的响应消息只要保留原来的字符串格式即可，并不需要进行类型转换，但从客户端提交给服务端的请求参数值需要转换成对应的 Java 类型才能在服务端程序中使用。在传统的 Web 应用程序中，这些工作需要由开发人员使用 Java 语言的类型转换功能来完成，但这样做会使开发人员的工作量大大增加，而且还容易出错。为了解决这个问题，Struts 2 提供了一套强大的类型转换机制，使用这种机制可以进行任何类型的转换，并且 Struts 2 可以自动处理由于类型转换而带来的异常问题。

10.1 类型转换简介

在 Web MVC 模式中，类型转换是必需的。这是因为网页所处理和提交的只是字符串数据，而实现服务端程序的 Java 语言必须要为提交的数据指定类型。在两种不同的环境中，就必须提供一种机制将两者联系在一起，这就是类型转换。通过类型转换机制，可以将 HTML 提交的数据映射成丰富的 Java 数据类型。

10.1.1 客户端和服务端之间的数据转换

对于 Web 系统而言，客户端的 Web 浏览器也被称之为表现层。表现层主要用于和用户交互，如收集用户的输入数据、显示服务端的响应信息等。因此，表现层的数据是双向的，一个方向是当表现层收集完用户输入的数据后，会提交给服务端，这个方向的数据是向服务端流动的；另一个方向正好相反，当服务端处理完用户请求后，会向客户端发送响应信息，然后表现层就会根据这些响应信息按着某些规则进行显示。因此，第二个方向的数据是向客户端流动的。

对于第二个方向的数据流，也就是数据从服务端向客户端流动的情况非常容易处理。由于在浏览器中显示的数据都是字符串，而且服务端向客户端转送的信息也是字符串，因此，在这种情况下，表现层并不需要做任何处理，而只要按着一定的格式（如在 CSS 中定义的样式）显示这些数据即可。

对于第一种情况，就显得有些麻烦了。由于客户端提交的都是字符串形式的数据，而在服务端必须将这些字符串形式的数据都转换成相应的 Java 数据类型，才能用 Java 语言正常处理这些请求数据。按着通常的做法，需要用手工的方式进行类型转换。客户端和服务端之间的数据流向和类型转换如图 10.1 所示。

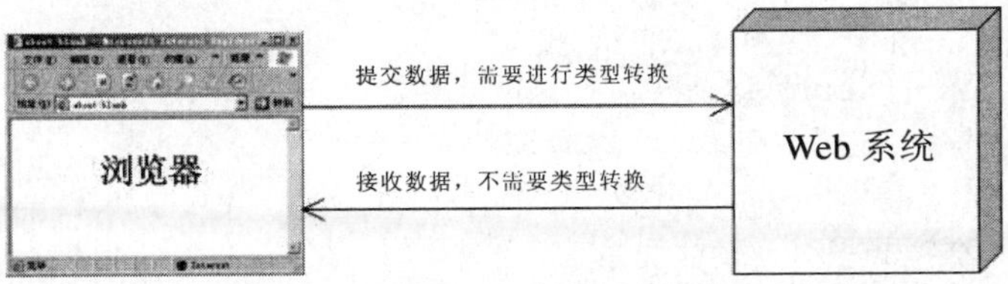

图 10.1　客户端和服务端之间的数据流向和类型转换

在表现层中，除了发送请求数据时，服务端需要类型转换外，还需要在客户端和服务端对用户输入的数据进行校验，这个工作也是数据处理过程中的一部分。

首先进行的是客户端输入校验。这种校验一般只校验用户在表现层是否输入了必需的信息，以及输入的信息格式是否合法等。这些验证都不需要访问服务端程序，更不需要访问数据库。当客户端验证完成后，如果验证通过，就会提交用户输入的信息，并进入服务端校验阶段。

服务端校验要复杂得多，有业务逻辑校验，也有和数据库相关的校验，如校验用户名是否存在，就需要访问数据库，这是一个典型的服务端校验。

至于在什么情况下使用客户端校验，什么情况下使用服务端校验，应根据具体情况而定，但基本的原则是如果能采用客户端校验，应尽量采用客户端校验，因为这样可以有效减轻服务端的负荷。

10.1.2　传统的类型转换

在传统的 Web 程序中，非字符串类型的信息需要手工将其转换成相应的 Java 数据类型。如图 10.2 所示的用户注册页面涉及如下 3 个 Java 数据类型：

- 字符串类型：用户名和密码。
- 整数类型：年龄。
- 日期类型：生日。

其中 User Name 和 Password 是字符串类型，因此，这两个值不需要进行类型转换。而 Age 是整数类型，Birthday 是日期类型，所以在服务端需要对这两个值进行类型转换才能使用。

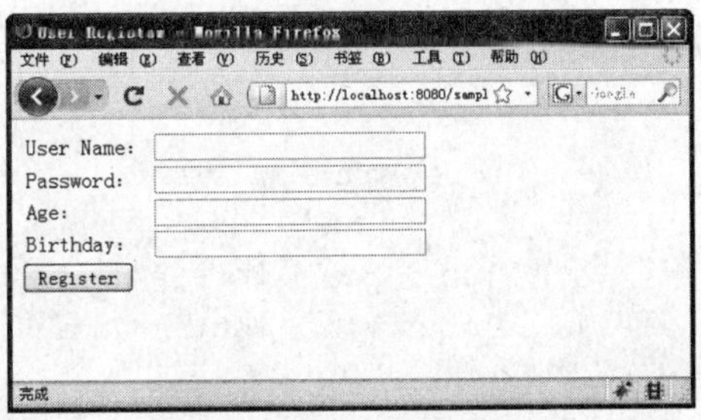

图 10.2　用户注册页面

假设在服务端将注册信息封装在 UserBean 类中。UserBean 类的代码如下：

```
package chapter10;
import java.util.*;
public class UserBean
{
    private String name;
    private String password;
    private int age;
    private Date birthday;
    //name 属性的 getter 方法
```

```
    public String getName()
    {
        return name;
    }
    //name 属性的 setter 方法
    public void setName(String name)
    {
        this.name=name;
    }
    //password 属性的 getter 方法
    public String getPassword()
    {
        return password;
    }
    //password 属性的 setter 方法
    public void setPassword(String password)
    {
        this.password=password;
    }
    //age 属性的 getter 方法
    public int getAge()
    {
        return age;
    }
    //age 属性的 setter 方法
    public void setAge(int age)
    {
        this.age=age;
    }
    //birthday 属性的 getter 方法
    public Date getBirthday()
    {
        return birthday;
    }
    //birthday 属性的 setter 方法
    public void setBirthday(Date birthday)
    {
        this.birthday=birthday;
    }

}
```

读者可以看出，UserBean 类有 4 个属性，分别对应于注册信息的 4 个请求参数值。其中 age 被定义成了 int 类型，而 birthday 被定义成了 Date 类型。因此，必须将 age 和 birthday 请求参数值进行类型转换，才能赋给这两个属性。处理注册信息是由 Register 类完成的，这是一个 Servlet 类，代码如下：

```
package chapter10.servlet;
import java.io.IOException;
```

```
import java.io.PrintWriter;
import javax.servlet.ServletException;
import javax.servlet.http.HttpServlet;
import javax.servlet.http.HttpServletRequest;
import javax.servlet.http.HttpServletResponse;
import chapter10.UserBean;
import java.util.*;
public class Register extends HttpServlet
{
    public void service(HttpServletRequest request, HttpServletResponse response)
    throws ServletException,IOException
    {
        //设置Content-Type字段值
        response.setContentType("text/html;charset=UTF-8");
        PrintWriter out=response.getWriter();
        try
        {
            //获得4个请求参数值
            String name=request.getParameter("name");
            String password=request.getParameter("password");
            String strAge=request.getParameter("age");
            String strBirthday=request.getParameter("birthday");
            //对age请求参数值进行类型转换
            int age=Integer.parseInt(strAge);
            //定义格式化日期的类
            java.text.SimpleDateFormat format = new java.text.SimpleDateFormat(
            "yyyy-MM-DD");
            //对birthday请求参数值进行类型转换
            Date birthday=format.parse(strBirthday);
            UserBean user=new UserBean();//建立UserBean对象实例
            //为UserBean对象实例的属性赋值
            user.setName(name);
            user.setPassword(password);
            user.setAge(age);
            user.setBirthday(birthday);
            //定义要输出到客户端的HTML代码
            String html="";
            html+="<h2>UserBean的属性值</h2>";
            html+="<b>";
            html+=user.getName()+"<p/>";
            html+=user.getPassword()+"<p/>";
            html+=user.getAge()+"<p/>";
            html+=user.getBirthday()+"<p/>";
            html+="<b/>";
            out.println(html);
        }
```

```
            catch(Exception e)
            {
                out.println(e.getMessage());
            }
        }
}
```

Register 类在 web.xml 文件中的配置代码如下：

```
<servlet>
    <servlet-name>chapter10_Register</servlet-name>
    <servlet-class>chapter10.servlet.Register</servlet-class>
</servlet>
<servlet-mapping>
    <servlet-name>chapter10_Register</servlet-name>
    <url-pattern>/chapter10/register</url-pattern>
</servlet-mapping>
```

最后来看一下 register.jsp 页面的代码：

```
<%@page language="java" import="java.util.*" pageEncoding="UTF-8"%>
<html>
<head>
<title>User Register</title>
<style type="text/css">
body {
    font-size: 14px;
}
.input {
    width: 200px;
    height: 20px
}
</style>
</head>
<body>
<form action="register" method="post">
<table>
    <tr>
        <td>User Name: </td>
        <td><input type="text" name="name" class="input"/></td>
    </tr>
    <tr>
        <td>Password: </td>
        <td><input type="password" name="password" class="input"/></td>
    </tr>
    <tr>
        <td>Age: </td>
        <td><input type="text" name="age" class="input"/></td>
    </tr>
    <tr>
```

```
        <td>Birthday: </td>
        <td><input type="text" name="birthday" class="input"/></td>
    </tr>
</table>
<input type="submit" value="Register"/></form>
</body>
</html>
```

在浏览器地址栏中输入如下的 URL，将会出现注册页面：

```
http://localhost:8080/samples/chapter10/register.jsp
```

在出现注册页面后，在文本框中输入图 10.3 所示的值并单击【Register】按钮，会看到图 10.4 所示的输出信息。

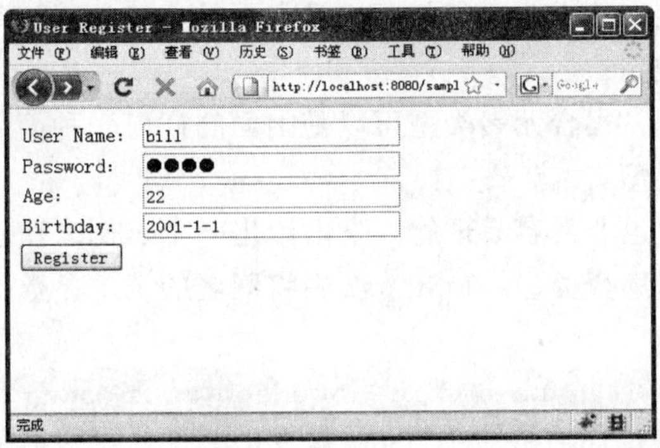

图 10.3　要输入的信息

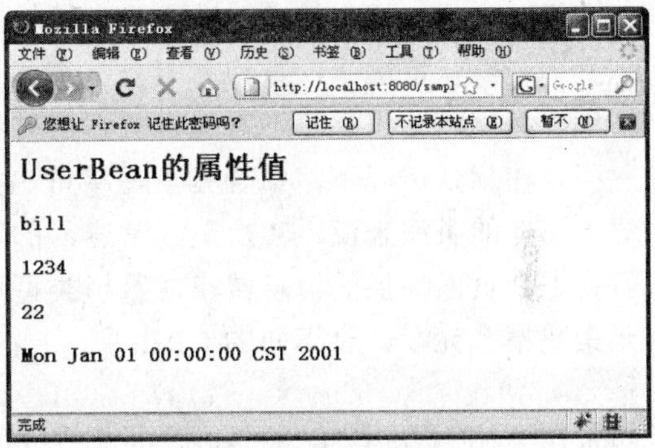

图 10.4　输出信息

在上面的程序中，虽然可以很好地完成类型转换和信息封装，但却需要手工编写大量的代码。如果在一个 Web 系统中需要进行类型转换的页面非常多，这种代码转换的工作量是非常大的。在基于 MVC 的框架中，这种类型转换的工作已经完全由 MVC 框架代劳了，而用户直接接触到的就是经过封装的 JavaBean（相当于本例中的 UserBean）。下面将介绍 Struts 2 框架是如何来进行类型转换的。

10.2　使用 Struts 2 类型转换器

对于 Web 应用而言，所有的请求参数都是字符串类型的，而在实际应用中，往往需要将字符串类型的参数转换成其他的 Java 数据类型。在传统的 Web 应用中，这些都必须通过手工编码的方式来解决。然而，在基于 MVC 模式的 Struts 2 中，这一切都变得非常简单了。在 Struts 2 框架中提供了强大的类型转换机制，开发人员可以利用 Struts2 的这个机制来进行任意复杂的类型转换。

10.2.1　内置类型转换器

对于 Java 的常用类型来说，开发人员根本无须为它们来建立自己的类型转换器。在 Struts 2 中可以自动完成这些数据类型的转换工作。这些常用的类型转换是通过 Struts2 内建的类型转换器来完成的，Struts 2 内建的类型转换器支持如下几种类型：

- boolean 和 Boolean：完成字符串类型与布尔类型之间的转换。
- char 和 Character：完成字符串类型与布尔类型之间的转换。
- int 和 Integer：完成字符串类型与整数类型之间的转换。
- float / Float：完成字符串类型与单精度浮点类型之间的转换。
- long / Long：完成字符串类型与长整数类型之间的转换。
- double / Double：完成字符串类型与双精度浮点类型之间的转换。
- Date：完成字符串类型与日期类型之间的转换。日期格式使用当前请求的 Locate 的 SHORT 格式。

上面的类型是 Struts 2 所支持的简单类型。在 Struts 2 内建的类型转换器中还支持如下两种复杂类型：

- 数组：完成一组字符串对数组类型的转换。数组元素类型可以是上面的任何一种简单类型。在默认情况下，数组元素是字符串类型。
- 集合：完成一组字符串对集合类型的转换。集合元素类型可以是上面的任何一种简单类型。在默认情况下，集合元素是字符串类型。

对于简单的类型来说，转换是非常容易的，也非常容易理解。下面给出一个示例来演示一下如何将 JSP 页面提供的信息转换成数组类型和集合类型。在 Struts2 中将同名的请求参数作为数组元素或集合元素，看下面的 URL：

```
http://localhost:8080/samples/chapter10/type.action?name=abc&name=xyz
```

如果在 Action 类中有一个名为 name 的属性，而恰巧这个 name 属性的类型是字符串类型的数组或集合，那么 Struts 2 的类型转换器就会将 abc 和 xyz 分别作为数组或集合属性的第一个和第二个元素赋给 name 属性。因此，只需要在<form>中提供相同的 name 属性值的<input>表单就可以为数组或集合类型赋值了，如下面的 JSP 代码所示：

```
<%@page language="java" pageEncoding="UTF-8"%>
<%@taglib prefix="s" uri="/struts-tags"%>
<html>
   <head>
      <title>Demo</title>
   </head>
   <body>
     <s:form action="type_conversion">
        <s:textfield label="Product1" name="products"/>
        <s:textfield label="Product2" name="products"/>
        <s:textfield label="Product3" name="products"/>
        <s:textfield label="Number1" name="numbers"/>
        <s:textfield label="Number2" name="numbers"/>
        <s:textfield label="Number3" name="numbers"/>
        <s:textfield label="Collection1" name="collections"/>
        <s:textfield label="Collection2" name="collections"/>
        <s:textfield label="Collection3" name="collections"/>
        <s:submit value="Submit"/>
     </s:form>
   </body>
</html>
```

上面的代码由一个<s:form>、9 个<s:textfield>以及 1 个<s:submit>组成，其中 9 个<s:textfield>被分成了 3 组，每一组的 name 属性值是相同的，也就是说，这 9 个<s:textfield>分别对应 Action 的 3 个数组或集合属性。

下面是 type.jsp 请求的 TypeConversionAction 类，该类是一个 Action 类，负责处理 type.jsp 的请求，在这个类中包含了 3 个属性：products、numbers 和 collections，这 3 个属性中前两个是数组类型，最后一个是集合类型。TypeConversionAction 类的实现代码如下：

```
package chapter10.action;
import com.opensymphony.xwork2.*;
import java.util.*;
public class TypeConversionAction implements Action
{
    private String[] products=new String[3];
    private int[] numbers=new int[3];
    private List<Integer> collections;
    //collections 属性的 getter 方法
    public List<Integer>getCollections()
    {
        return collections;
    }
    //collections 属性的 setter 方法
    public void setCollections(List<Integer> collections)
    {
        this.collections=collections;
    }
    //products 属性的 getter 方法
    public String[] getProducts()
    {
        return products;
    }
    //products 属性的 setter 方法
    public void setProducts(String[] products)
    {
        this.products=products;
    }

    //numbers 属性的 getter 方法
    public int[] getNumbers()
    {
        return numbers;
    }
    //numbers 属性的 setter 方法
    public void setNumbers(int[] numbers)
    {
        this.numbers=numbers;
    }
    public String execute()throws Exception
    {
```

```
        return SUCCESS;
    }
}
```

从上面的代码可以看出，products 属性的类型是 String[]，对于字符串类型的数组，类型转换器并不需要对数组元素进行转换，因为请求参数值也是字符串类型的，而 numbers 属性的类型是 int[]，类型转换器对于数组元素不是字符串类型的数组，会对每一个数组元素进行类型转换。collections 属性的类型是 List<Integer>，对于集合元素是非字符类型的集合，处理的方式和数组类似，类型转换器也会对每个集合元素进行类型转换。

对于数组类型的属性，Struts 2 的类型转换器并不会自动为数组进行初始化，因此，必须再为数组类型属性创建数组对象，否则系统会抛出异常。对于集合类型的属性则不需要创建集合对象，Struts2 的类型转换器会自动为集合类型属性创建 ArrayList 对象实例（实际上，创建的是 XWorkList 对象实例，但这个类是 ArrayList 类的子类），如果用户自己创建了其他的集合对象，类型转换器仍然会为集合属性创建 XWorkList 对象实例。也就是说，collections 属性的数据类型永远是 XWorkList 类型。下面是 TypeConversionAction 类的配置代码：

```
<package name="chapter10" extends="struts-default" namespace="/chapter10">
    <action name="type_conversion"class="chapter10.action.TypeConversion Action">
        <result name="success">/chapter10/conversion.jsp
        </result>
    </action>
</package>
```

其中 conversion.jsp 负责显示 TypeConversionAction 的属性值，代码如下：

```
<%@page language="java" pageEncoding="UTF-8"%>
<%@taglib prefix="s" uri="/struts-tags"%>
<html>
    <head>
        <title>Result</title>
    </head>
    <body >
     <b>Product</b><br>
     <s:property value="products[0]"/>
     <s:property value="products[1]"/>
     <s:property value="products[2]"/><p/>
     <b>Number</b><br>
     <s:property value="numbers[0]"/>
     <s:property value="numbers[1]"/>
     <s:property value="numbers[2]"/><p/>
     <b>Collection</b><br>
     <s:property value="collections[0]"/>
     <s:property value="collections[1]"/>
     <s:property value="collections[2]"/>
    </body>
</html>
```

上面的代码使用了 Struts 2 的<s:property>标签来输出 TypeConversionAction 对象的 3 个属性值。在浏览器地址栏中输入如下的 URL：

```
http://localhost:8080/samples/chapter10/type.jsp
```

在访问上面的 URL 后，将出现一个信息录入页面，并按图 10.5 所示输入信息。

在按图 10.6 所示的内容输入完信息后，单击【Submit】按钮，将显示图 10.7 所示的信息。

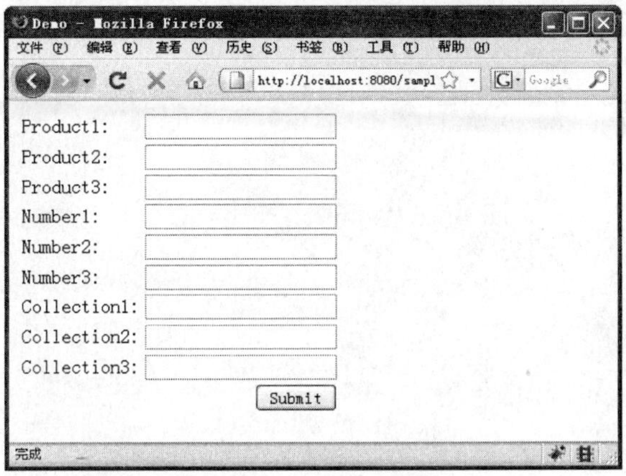

图 10.5　类型转换信息录入界面

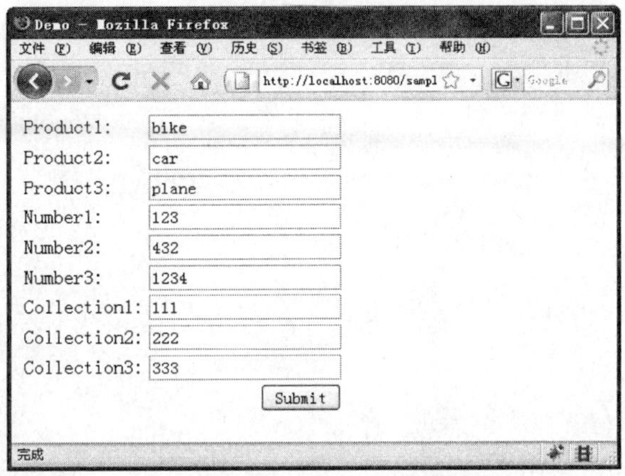

图 10.6　要输入的内容

10.2.2　OGNL 类型转换器

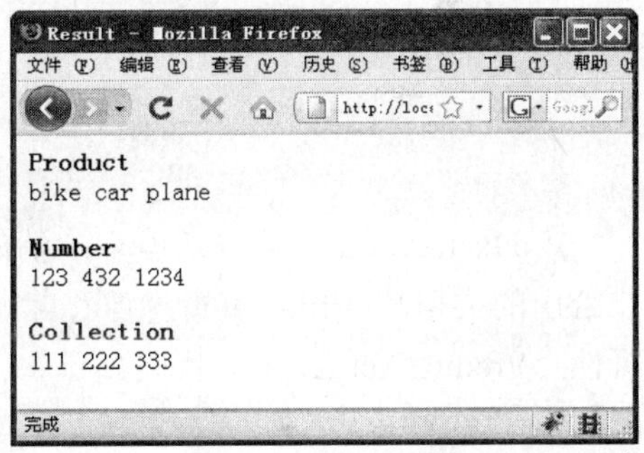

图 10.7　类型转换结果

虽然在 Struts2 中可以自动转换简单类型、数组和集合类型，但这在实际应用中并不够。假设有如下的类型转换需求：

有一个 Product 类，该类有 3 个属性：name、price 和 count，分别为 String、float 和 int 类型。现在的需求是在页面中将这 3 个属性值放到一起输入，中间使用逗号（,）分隔。如“自行车,1208.5,100”，而在服务端需要将中间用逗号分隔的请求参数值转换成 Product 对象。

当然，这通过传统的方式也很容易实现，但如果这种情况非常多的话，就需要编写大量的转换代码。这一节将提供一个示例来演示如何通过编写基于 OGNL 的类型转换器来完成这个工作。下面先给出 Product 类的代码：

```
package chapter10;
public class Product
{
    private String name;
    private float price;
    private int count;
    //name 属性的 getter 方法
    public String getName()
    {
        return name;
    }
    //name 属性的 setter 方法
    public void setName(String name)
    {
```

```
        this.name=name;
    }
    //price 属性的 getter 方法
    public float getPrice()
    {
        return price;
    }
    //price 属性的 setter 方法
    public void setPrice(float price)
    {
        this.price=price;
    }
    //count 属性的 getter 方法
    public int getCount()
    {
        return count;
    }
    //count 属性的 setter 方法
    public void setCount(int count)
    {
        this.count=count;
    }
}
```

ProductAction 类负责处理客户端的请求。这个类有一个 product 属性，类型是 Product，本节给出的类型转换器就负责将像"自行车,1000,100"的字符串转换成 Product 对象，并赋给 user 属性。ProductAction 类的代码如下：

```
package chapter10.action;
import com.opensymphony.xwork2.*;
import chapter10.Product;
public class ProductAction extends ActionSupport
{
    private Product product;
    //product 属性的 getter 方法
    public Product getProduct()
    {
        return product;
    }
    //product 属性的 setter 方法
    public void setProduct(Product product)
    {
        this.product=product;
    }
    public String execute()throws Exception
    {
        return SUCCESS;
    }
}
```

从上面的代码可以看出，ProductAction 类有一个 Product 类型的属性，很显然，在客户端页面不可能输入 Product 类型的信息，因此，必须通过类型转换来产生 Product 类型的数据。下面是配置 ProductAction 的代码：

```
<action name="product" class="chapter10.action.ProductAction">
    <result name="success">/chapter10/productview.jsp</result>
</action>
```

Struts2 的类型转换器实际上是基于 OGNL 实现的，在 OGNL 项目中有一个 ognl.Type Converter 接口，所有的类型转换器必须实现这个接口。TypeConverter 接口的代码如下：

```
public interface TypeConverter
{
    public Object convertValue(Map context, Object target, Member member, String
propertyName,Object value,Class toType);
}
```

由于 TypeConverter 接口的 convertValue 方法的参数过于复杂，因此，在 OGNL 项目中又提供了一个 TypeConverter 接口的默认实现类：DefaultTypeConverter，通过继承这个类，也可以实现类型转换器。DefaultTypeConverter 类的实现代码如下：

```
public class DefaultTypeConverter implements TypeConverter
{
    //默认构造方法
    public DefaultTypeConverter()
    {
        super();
    }
    //简化后的 convertValue 方法
    public Object convertValue(Map context,Object value,Class toType)
    {
        //调用了 OgnlOps 类的 convertValue 方法
        return OgnlOps.convertValue(value,toType);
    }
    public Object convertValue(Map context, Object target, Member member, String
propertyName,Object value,Class toType)
    {
        return convertValue(context,value,toType);
    }
}
```

从上面的代码可以看出，DefaultTypeConverter 中简化后的 convertValue 方法只有 3 个参数，一般在类型转换器类中只需要覆盖这个简化后的 convertValue 方法即可。下面是完成字符串到 Product 对象转换的类型转换器类的代码：

```
//从 DefaultTypeConverter 类继承的类型转换器类
package chapter10.converter;
import java.util.Map;
import chapter10.Product;
public class ProductConverter extends ognl.DefaultTypeConverter
{
    @Override
```

```
        public Object convertValue(Map context,Object value,Class toType)
        {
            if(toType==Product.class)
            {
                String[] params=(String[])value;
                Product product=new Product();
                String[] productValues=params[0].split(",");
                product.setName(productValues[0].trim());
                product.setPrice(Float.parseFloat(productValues[1].trim()));
                product.setCount(Integer.parseInt(productValues[2].trim()));
                return product;
            }
            else if(toType==String.class)
            {
                Product product=(Product)value;
                return  product.getName()+","+product.getPrice()+","+ product.get
-Count();
            }
            return null;
        }
    }
```

从上面的代码可以看出，convertValue 方法的转换是双向的，也就是从字符串到 Product 与从 Product 到字符串。当从字符串到 Product 转换时，toType 的类型是 Product，value 的值是请求参数值，也就是一个字符串；而从 Product 转换成字符串时，toType 的类型是 String，value 的值是 Product 对象。

当把字符串向 Product 转换时，如果客户端的请求参数只有一个 product，那么 value 所表示的请求参数数组也只有一个元素；如果在请求参数中有多个名为 product 的请求参数，那么 value 所表示的请求参数数组的元素个数就是 product 请求参数的个数，但为了通用，就算只有一个 product 请求参数，也会使用数组来表示。

在编写完类型转换器类之后，必须得安装这个类，类型转换器才能工作。本节只介绍局部类型转换器的安装，在后面的部分将介绍更高级的安装过程。

局部类型转换器的安装非常简单，只需要在 Action 类的相同目录下建立一个 ActionName-conversion.properties 文件即可，其中 ActionName 表示 Action 类的全名（包名+类名），然后加上后缀-conversion.properties。如在本例中这个文件名为 ProductAction-conversion. properties，而由于 ProductAction 类的包为 chapter10.action，因此，需要将 ProductAction- conversion.properties 文件放到 WEB-INF\classes\chapter10\action 目录中。

该文件的内容也非常简单，只需要一个 key-value 对即可，其中 key 表示要转换的属性名，本例为 product，value 表示类型转换器类，本例为 chapter10.converter.ProductConverter。因此，该属性文件的内容如下：

```
    product=chapter10.converter.ProductConverter
```

读者可通过如下的 JSP 代码来提交请求：

```
    <%@page language="java" pageEncoding="UTF-8"%>
    <%@taglib prefix="s" uri="/struts-tags"%>
```

```
<html>
    <head>
        <title>converter</title>
    </head>
    <body>
      字符串到 Product 的转换<p/>
      <s:form action="product">
          <s:textfield label="Product" name="product"/>
          <s:submit value="submit"/>
      </s:form>
    </body>
</html>
```

在上面的代码中，将在【Product】文本框中输入以逗号分隔的 Product 属性值。在类型转换完后，可以通过如下的 JSP 代码显示 Product 对象的属性值：

```
<%@ page language="java" pageEncoding="UTF-8"%>
<%@ taglib prefix="s" uri="/struts-tags"%>
<html>
    <head>
        <title>显示 Product 的属性值</title>
    </head>
    <body>
      <s:property value="product.name"/><p/>
      <s:property value="product.price"/><p/>
      <s:property value="product.count"/><p/>
    </body>
</html>
```

在浏览器地址栏中输入如下的 URL：

```
http://localhost:8080/webdemo/chapter10/product.jsp
```

出现信息录入页面后，在【Product】文本框中输入“自行车,1000,20”，如图 10.8 所示。单击【submit】按钮后，会显示图 10.9 所示的结果。

图 10.8　输入 Product 的属性值

图 10.9　输出 Product 的属性值

10.2.3　配置全局类型转换器

在前面介绍了如何配置局部类型转换器，但这种配置方式只适用于属性文件所对应的 Action 类，而如果要有多个 Action 类需要处理 Product 类型的属性，或是同一个 Action 类中有多个 Product 类型的属性需要处理，就得配置多个属性文件或在一个属性文件中配置多个 key-value 对。因此，在 Struts2 中提供了一种更方便的配置类型转换器的方法，即全局类型转换器。

既然叫全局类型转换器，当然是在 Web 应用中所有的 Product 类型的属性都可以进行转换，而只需要配置一个属性文件和一个 key-value 对。假设有如下的 JSP 文件来提交两个 Product 类型的请求参数，代码如下：

```
<!--products1.jsp-->
<%@ page language="java" pageEncoding="UTF-8"%>
<%@ taglib prefix="s" uri="/struts-tags"%>
<html>
    <head>
        <title>字符串到 Product 的转换</title>
    </head>

    <body>
      字符串到 Product 的转换<p/>
      <s:form action="products1">
          <s:textfield label="Product1" name="product1"/>
          <s:textfield label="Product2" name="product2"/>

          <s:submit value="Submit"/>
      </s:form>
    </body>
</html>
```

在上面的代码中，向 products 动作提交了请求，在浏览器地址栏中输入如下的地址可访问上面的 JSP 页面：

```
http://localhost:8080/samples/chapter10/products1.jsp
```

页面显示效果如图 10.10 所示。

图 10.10　产品信息录入页面

products 动作所对应的 Action 类的实现代码如下：

```
package chapter10.action;
import com.opensymphony.xwork2.*;
import chapter10.Product;
public class Products1Action extends ActionSupport
{
    private Product product1;
    private Product product2;
    //product1 属性的 getter 方法
    public Product getProduct1()
    {
        return product1;
    }
    //product1 属性的 setter 方法
```

```
    public void setProduct1(Product product1)
    {
        this.product1=product1;
    }
    //product2 属性的 getter 方法
    public Product getProduct2()
    {
        return product2;
    }
    // product2 属性的 setter 方法
    public void setProduct2(Product product2)
    {
        this.product2=product2;
    }
    public String execute()throws Exception
    {
        return SUCCESS;
    }
}
```

从上面的代码可以看出，有两个 Product 类型的属性：product1 和 product2。如果配置了全局的类型转换器，就可以自动将相应格式的字符串转换为 Product 对象，并赋给这两个属性。ProductsAction 类的配置代码如下：

```
<action name="products1" class="chapter10.action.Products1Action">
    <result name="success">/chapter10/productsview1.jsp
    </result>
</action>
```

其中 productsview.jsp 页面用于显示 product1 和 product2 的属性值，代码如下：

```
<%@page language="java" pageEncoding="UTF-8"%>
<%@taglib prefix="s" uri="/struts-tags"%>
<html>
    <head>
        <title>显示 Product 的属性值</title>
    </head>
    <body>
        <b>Product1</b>
        <p/>
            Name:
            <s:property value="product1.name"/>
            <br>
            Price:
            <s:property value="product1.price"/>
            <br>
            Count:
            <s:property value="product1.count"/>
        <p/>
            <b>Product2</b>
```

```
            <p/>
                Name:
                <s:property value="product2.name"/>
                <br>
                Price:
                <s:property value="product2.price"/>
                <br>
                Count:
                <s:property value="product2.count"/>
                <br>
            <p/>
        </body>
    </html>
```

注册全局类型转换器也非常简单，只需要提供一个 xwork-conversion.properties 文件，并且将这个文件放在 WEB-INF\classes 目录中。

xwork-conversion.properties 文件的格式和局部类型转换器类似，也是 key-value 对，只是 key 表示类型转换器要转换的类名，本例为 chapter10.Product。xwork-conversion.properties 文件的内容如下：

```
chapter10.Product=chapter10.converter.ProductConverter
```

当注册全局类型转换器后，在图 10.10 所示的【Product1】和【Product2】文本框分别输入“自行车,1000,123”和“皮球,120.5, 220”，单击【Submit】按钮，将会显示图 10.11 所示的输出结果。

从图 10.11 的输出结果中可以看出，Struts 2 已经成功将两个文本框中输入的字符串转换成了 Product 对象。

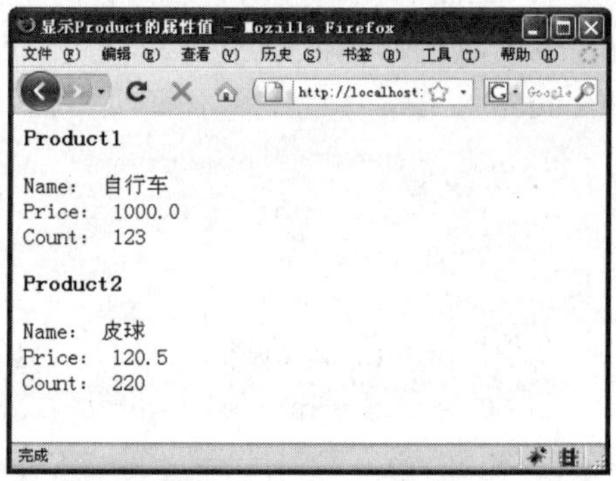

图 10.11　输出结果

10.2.4　Struts 类型转换器

在前面编写的类型转换器是基于 OGNL 的 Default Type Converter 类实现的。使用该类实现类型转换器类时，需要将从字符串转到目标类型和从目标类型转到字符串的代码都写在 convertValue 方法中，并且要通过 toType 参数来判断使用的是哪种方式，虽然这种方式对于完成类型转换功能没有任何问题，但是实现起来比较麻烦，也不利于维护。

为了解决上述问题，Struts 2 提供了一个 StrutsTypeConverter 类。该类是 DefaultTypeConverter 类的子类，并且通过在这个类中提供的 convertFromString 和 convertToString 方法将上述的两种转换类型的代码分开。StrutsTypeConverter 类的实现代码如下：

```
public abstract class StrutsTypeConverter extends DefaultTypeConverter
{
    //覆盖 DefaultTypeConverter 的 convertValue 方法
    public Object convertValue(Map context,Object o,Class toClass)
    {
        //需要将目标类型转换成字符串
        if(toClass.equals(String.class))
```

```
        {
            return convertToString(context,o);
        }
        //需要将字符串转换成目标类型
        else if(o instanceof String[])
        {
            return convertFromString(context,(String[]) o,toClass);
        }
        //需要将字符串转换成目标类型
        else if(o instanceof String)
        {
            return convertFromString(context, new String[] { (String) o }, toClass);
        }
        else
        {
            return performFallbackConversion(context,o,toClass);
        }
    }
    protected Object performFallbackConversion(Map context,Object o,Class toClass)
    {
        return super.convertValue(context,o,toClass);
    }
    //下面两个是抽象方法，在子类中必须实现
    public abstract Object convertFromString(Map context,String[]values, Class
    toClass);
    public abstract String convertToString(Map context,Object o);
}
```

从上面的代码可以看出，convertFromString 和 convertToString 方法是抽象方法，而且在 StrutsTypeConverter 类中调用了这两个方法。因此，在 StrutsTypeConverter 的子类中，只要实现了这两个方法，就可以完成类型转换工作了。

下面的 StrutsProductConverter 使用 StrutsTypeConverter 类重新改写了转换 Product 的类型转换器，代码如下：

```
package chapter10.converter;
import java.util.Map;
import chapter10.Product;
public class StrutsProductConverter extends org.apache.struts2.util.Struts
TypeConverter
{
    //从字符串转换到目标对象（Product）
    @Override
    public Object convertFromString(Map context, String[] values, Class toClass)
    {
        Product product=new Product();                      //创建 Product 对象
        String[] productValues=values[0].split(",");        //根据逗号分解请求参数值
        //设置 product 的 3 个属性值
        product.setName(productValues[0].trim());
```

```
        product.setPrice(Float.parseFloat(productValues[1].trim()));
        product.setCount(Integer.parseInt(productValues[2].trim()));
        return product;
    }
    //从目标对象（Product）转换到字符串
    @Override
    public String convertToString(Map context,Object o)
    {
        Product product=(Product)o;            //将参数 o 转换成 Product 对象
        //将 3 个属性值使用逗号连接起来
        return product.getName()+","+product.getPrice()+","+product. getCount();
    }
}
```

从上面的代码可以看出，StrutsProductConverter 要比 ProductConverter 类更容易理解和维护。在 xwork-conversion.properties 文件中将 key-value 对改为如下的内容就可以使用 StrutsProduct Converter 了：

```
chapter10.Product=chapter10.converter.StrutsProductConverter
```

10.2.5　数组类型转换器

在前面的示例中从字符串转换成目标对象的过程中，一直是处理字符串数组的一个元素，但有很多情况下，字符串数组不止是一个元素，这就需要在编写类型转换器时要考虑到数组的所有元素。

如果在请求参数中存在多个同名的请求参数，就会在字符串数组中出现多个元素，如下面的 JSP 代码所示：

```
<!--products2.jsp-->
<%@page language="java" pageEncoding="UTF-8"%>
<%@taglib prefix="s" uri="/struts-tags"%>
<html>
    <head>
        <title>字符串到 Product 的转换</title>
    </head>
    <body>
      字符串到 Product 的转换<p/>
      <s:form action="products2">
          <s:textfield label="Product Array[0]" name="products"/>
          <s:textfield label="Product Array[1]" name="products"/>
          <s:textfield label="Product Array[2]" name="products"/>
          <s:submit value="Submit"/>
      </s:form>
    </body>
</html>
```

从上面的代码可以看出，3 个<s:textfield>标签的 name 属性值都是 products，在提交时，HTTP 请求中就会有 3 个名为 products 请求参数，如果在 products 动作类中正好有一个名为 products，而且类型是 Product[]的属性，那么 convertFromString 方法的 values 参数表示的 String 数组就会有 3 个值，分别是上面 3 个文本框提交的信息。假设 ProductsAction 类中有一个 Product[]类型的 products 属性，代码如下：

```
package chapter10.action;
import com.opensymphony.xwork2.*;
import chapter10.Product;
public class Products2Action extends ActionSupport
{
    private Product[] products;
    //products 属性的 getter 方法
    public Product[] getProducts()
    {
        return products;
    }
    //products 属性的 setter 方法
    public void setProducts(Product[] products)
    {
        this.products=products;
    }
}
```

上面的代码使用了 Product[]数组来封装多个 products 请求参数。ProductsAction 类的配置代码如下：

```
<action name="products2" class="chapter10.action.Products2Action">
    <result name="success">/chapter10/productsview2.jsp
    </result>
</action>
```

下面来编写新的类型转换器，在这个类型转换器中，会根据 values 参数表示的数组元素的个数来决定是转换成 Product 对象，还是转换成 Product[]对象，该类型转换器的代码如下：

```
package chapter10.converter;
import java.util.Map;
import chapter10.Product;
public class StrutsProductsConverter extends org.apache.struts2.util.Struts
TypeConverter
{
    @Override
    public Object convertFromString(Map context, String[] values, Class toClass)
    {
        //当字符串数组长度大于 1 时，转换成 Product[]对象
        if(values.length>1)
        {
            //根据 values 数组元素的个数来创建 Product 数组
            Product[] products=new Product[values.length];
            //循环处理 values 数组中的元素
            for(int i=0;i<values.length;i++)
            {
                Product product=new Product();          //创建 Product 对象
```

```
                                                    //使用逗号分隔符拆分字符串
            String[] productValues=values[i].split(",");
            //下面的代码开始为当前 Product 对象属性赋值
            product.setName(productValues[0].trim());
            product.setPrice(Float.parseFloat(productValues[1].trim()));
            product.setCount(Integer.parseInt(productValues[2].trim()));
            products[i]=product;
        }
        return products;                            //返回 products 对象
    }
    //如果 values 数组长度为 1，则转换成 Product 对象
    else
    {
        Product product=new Product();              //创建 Product 对象
                                                    //使用逗号分隔符拆分字符串
        String[] productValues=values[0].split(",");
        //下面的代码开始为当前 Product 对象属性赋值
        product.setName(productValues[0].trim());
        product.setPrice(Float.parseFloat(productValues[1].trim()));
        product.setCount(Integer.parseInt(productValues[2].trim()));
        return product;                             //返回 product 对象
    }
}
@Override
public String convertToString(Map context, Object o)
{
    //当 o 是 Product 对象时，将其转换成字符串
    if(o instanceof Product)
    {
        Product product=(Product) o;           //将参数 o 转换成 Product 对象
        //将 3 个属性值使用逗号分隔符连接起来
        return product.getName()+","+product.getPrice()+","+product.
        getCount();
    }
    //当 o 是 Product 数组对象时，将数组中每一个 Product 对象转换成字符串，使用[…]
    //将字符串括起来
    else if(o instanceof Product[])
    {
        String result="";
        Product[] products=(Product[]) o;      //将参数 o 转换成 Product 数组对象
        for(Product product:products)
        {
            result+="[" + product.getName()+","+product .getPrice()+
            ","+product.getCount()+"]";
        }
        return result;
```

```
        }
        else
            return "";
    }
}
```

在编写完上面的类型转换器代码后，需要将 xwork-conversion.properties 文件中的配置改成如下的内容：

```
chapter10.Product=chapter10.converter.StrutsProductsConverter
```

对于数组属性，可以使用 Struts 2 的<s:iterator>标签来显示，代码如下：

```
<%@page language="java" pageEncoding="UTF-8"%>
<%@taglib prefix="s" uri="/struts-tags"%>
<html>
    <head>
        <title>显示 Product 的属性值</title>
    </head>
    <body>
            <s:iterator id="product" status="i" value="products">
        Product Array[${i.index}]<p/>
                 Name:${product.name}  Price:${product.price}
                   
                 Count:${product.count}
             <p/>
            </s:iterator>
    </body>
</html>
```

在浏览器地址栏中输入如下的 URL：

```
http://localhost:8080/webdemo/chapter10/products.jsp
```

在出现的 3 个文本框中输入图 10.12 所示的信息。单击【Submit】按钮后，将显示图 10.13 所示的信息。

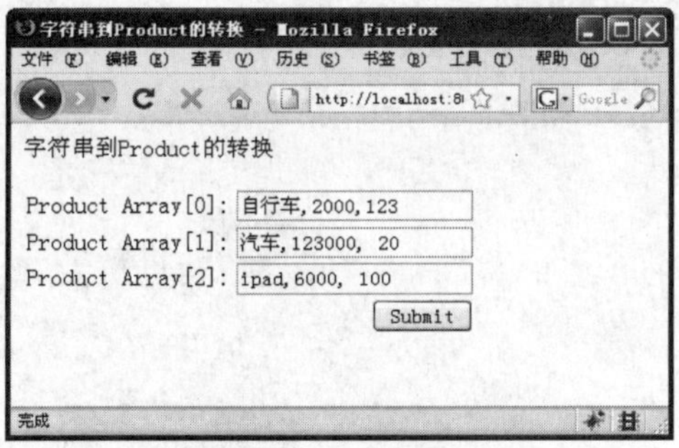

图 10.12　Product 数组信息输入界面

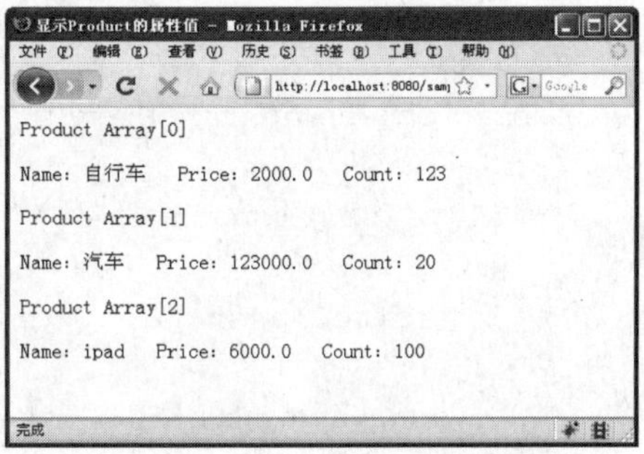

图 10.13 输出 Product 数组的属性

10.2.6　集合类型转换器

除了可以使用数组来封装多个同名的请求参数外，还可以使用 List 对象来封装多个同名的请求参数。如在 ProductsAction 类中加入了一个 List<Product>类型的 productList 属性，代码如下：

```
package chapter10.action;
```

```
import com.opensymphony.xwork2.*;
import chapter10.Product;
import java.util.*;
public class Products3Action extends ActionSupport
{
    private List<Product>productList;
    public String execute()throws Exception
    {
        return SUCCESS;
    }
    //productList 属性的 getter 方法
    public List<Product>getProductList()
    {
        return productList;
    }
    //productList 属性的 setter 方法
    public void setProductList(List<Product>productList)
    {
        this.productList=productList;
    }
}
```

对于 List<Product>类型的转换，需要进一步地修改 StrutsProductsConverter 类的代码，为了判断目标对象是 Product[]还是 List<Product>，需要使用 convertFromString 方法的第三个参数 toClass，这个参数表示目标对象的 Class。StrutsProductsConverter 类最新版本的代码如下：

```
package chapter10.converter;
import java.util.Map;
import chapter10.Product;
public class StrutsProductsConverter extends
        org.apache.struts2.util.StrutsTypeConverter
{
    @Override
    public Object convertFromString(Map context, String[] values, Class toClass)
    {
        if(values.length>1)
        {
            if(toClass==java.util.List.class)
            {
             java.util.List<Product>products=new java.util.ArrayList< Product>();
               for(int i=0;i<values.length;i++)
               {
                   Product product=new Product();
                   String[]productValues=values[i].split(",");
                   product.setName(productValues[0].trim());
                   product.setPrice(Float.parseFloat(productValues[1].trim()));
                   product.setCount(Integer.parseInt(productValues[2].trim()));
                   products.add(product);
```

```
                }
                return products;
            }
            else
            {
                Product[]products=new Product[values.length];
                for(int i=0;i<values.length;i++)
                {
                    Product product=new Product();
                    String[]productValues=values[i].split(",");
                    product.setName(productValues[0].trim());
                    product.setPrice(Float.parseFloat(productValues[1].trim()));
                    product.setCount(Integer.parseInt(productValues[2].trim()));
                    products[i]=product;
                }
                return products;
            }
        }
        else
        {
            Product product=new Product();
            String[]productValues=values[0].split(",");
            product.setName(productValues[0].trim());
            product.setPrice(Float.parseFloat(productValues[1].trim()));
            product.setCount(Integer.parseInt(productValues[2].trim()));
            return product;
        }
    }
    @Override
    public String convertToString(Map context,Object o)
    {
        if(o instanceof Product)
        {
            Product product=(Product) o;
            return product.getName()+","+product.getPrice()+","+product.getCount();
        }
        else if(o instanceof Product[])
        {
            String result="";
            Product[] products=(Product[]) o;
            for(Product product:products)
            {
                result+="["+product.getName()+","+product.getPrice()
                +","+product.getCount()+"]";
```

```
            }
            return result;
        }
        else if(o instanceof java.util.List)
        {
            String result="";
            java.util.List<Product>products=(java.util.List<Product>)o;
            for(Product product:products)
            {
                result+="["+product.getName()+","+product.getPrice()
                + "," +product.getCount()+"]";

            }
            return result;
        }
        else
            return "";
    }
}
```

从上面的代码可以看出，在 convertFromString 中使用了 toClass 来判断要转换的目标对象的类型是 Product[]，还是 List<Product>。

现在该类型转换器已经可以处理 Product、Product[]和 List<Product>类型的属性了，products3.jsp 页面向 products3 进行提交，代码如下：

```
<%@page language="java" pageEncoding="UTF-8"%>
<%@taglib prefix="s" uri="/struts-tags"%>
<html>
    <head>
        <title>字符串到 Product 的转换</title>
    </head>
    <body>
      字符串到 Product 的转换<p/>
        <s:form action="products3">
            <s:textfield label="Product List[0]" name="productList"/>
            <s:textfield label="Product List[1]" name="productList"/>
            <s:submit value="submit"/>
        </s:form>
    </body>
</html>
```

productsview3.jsp 页面的代码如下：

```
<%@page language="java" pageEncoding="UTF-8"%>
<%@taglib prefix="s" uri="/struts-tags"%>
<html>
    <head>
        <title>显示 Product 的属性值</title>
```

```
    </head>
    <body>
          <s:iterator id="product"status="i" value="productList">
        产品列表[${i.index}]<p/>
              名称: ${product.name}  价格: ${product.price}   
              数量:${product.count}
             <p/>
          </s:iterator>

    </body>
</html>
```

在浏览器地址栏中输入如下的 URL 可以测试本节的例子：

```
http://localhost:8080/samples/chapter10/products3.jsp
```

10.3 处理 Collection 和 Map 映射

在前面的部分已经介绍过如何对 Collection 和 Map 类型进行类型转换了，但这些 Collection 和 Map 类型都使用了泛型，如 List<Product>、Map<String,Product>等。Struts 2 也正是通过泛型知道了 Collection 对象和 Map 对象中元素 key 的类型，但如果在 Collection 对象和 Map 对象中不使用泛型，如只使用 List、Map 来定义属性，那么 Struts 2 就无法得知元素的类型了。为了解决这个问题，在 Struts 2 中提供了另外一种指定元素类型的方法。

10.3.1 指定集合元素的类型

假设在 ProductsAction 类中有两个属性：myProductList 和 myProductMap，它们的类型分别是 List 和 Map，代码如下：

```
package chapter10.action;
import com.opensymphony.xwork2.*;
import java.util.*;
public class Products4Action extends ActionSupport
{
    private List myProductList;
    private Map myProductMap;
    //myProductList 属性的 setter 方法
    public void setMyProductList(List myProductList)
    {
        this.myProductList=myProductList;
    }
    //myProductMap 属性的 getter 方法
    public Map getMyProductMap()
    {
        return myProductMap;
    }
```

```
    //myProductMap属性的setter方法
    public void setMyProductMap(Map myProductMap)
    {
        this.myProductMap=myProductMap;
    }
    public String execute()throws Exception
    {
        return SUCCESS;
    }
}
```

Struts 2 单纯通过上面的代码是无法得到 List 对象和 Map 对象中元素的类型的，因此，也就无法使用类型转换器或 OGNL 表达式来进行类型转换了。为了让 Struts 2 知道 List 和 Map 中元素的类型，可以采取在属性文件中设置数据类型的方法。

在 Products4Action.class 文件所在的目录中建立一个 Products4Action-conversion.properties 文件（这个文件也是配置局部类型转换器的文件）。如果要配置 Collection 类型，则需要加入如下的配置代码：

```
Element_xxx=对象类型
```

如果要配置的是 Map，则需要加入如下的配置代码：

```
Key_xxx=对象类型
Element_xxx=对象类型
```

其中 xxx 表示 Action 类的相应属性名。对于 Products4Action 类中的 myProductList 和 myProductMap 属性，可配置如下的代码：

```
#配置List
Element_myProductList=chapter10.Product
#配置Map
Key_myProductMap=java.lang.String
Element_myProductMap=chapter10.Product
```

在配置完 List 和 Map 对象后，<form>中提交相应信息的代码和使用泛型的 List 和 Map 所对应提交的代码完全相同。显示 myProductList 和 myProductMap 属性值的 JSP 代码如下：

```
<%@page language="java" pageEncoding="UTF-8"%>
<%@taglib prefix="s" uri="/struts-tags"%>
<html>
    <head>
        <title>字符串到Product的转换</title>
    </head>
    <body>
      字符串到Product的转换<p/>
      <s:form action="products">
          <s:textfield label="产品列表（非泛型）[0]" name="myProductList"/>
          <s:textfield label="产品列表（非泛型）[1]" name="myProductList"/>
          <s:textfield label="产品映射（非泛型）[bike].name"name="myProductMap
['bike'].name"/>
```

```
            <s:textfield label="产品映射（非泛型）[bike].price"name="myProductMap
['bike'].price"/>
            <s:textfield label="产品映射（非泛型）[bike].count"name="myProductMap
['bike'].count"/>
            <s:textfield label="产品 Set1（非泛型）"name="myProductSet"/>
            <s:textfield label="产品 Set2（非泛型）"name="myProductSet"/>
            <s:submit value="提交"/>
        </s:form>
    </body>
</html>
```

在浏览器地址栏中输入如下的 URL 可看到图 10.14 所示的显示效果，读者可按前面介绍的内容输入信息来测试这个页面。

```
http://localhost:8080/samples/chapter10/products4.jsp
```

10.3.2　Set 和索引属性

对于 List 和 Map 类型的属性都可以使用索引或 key 来定义其中某一个元素，但对于 Set 类型的属性，就无法通过索引或 key 来找到其中某一个元素了，因为 Set 是无序的。

图 10.14　输入 List 和 Map 的测试信息

为了更好地处理 Set 类型的属性，Struts 2 允许为 Set 指定一个索引属性。所谓索引属性，就是指将 Set 中元素类型对象中的某一个属性作为 key，如 Set 元素类型是 Product，可以将 Product 类的 name 属性指定为索引属性。这时，就可以像使用 Map 类型的属性的方法来使用 Set 了。在 ProductsAction 类中有一个 Set 类型的属性：myProductSet，代码如下：

```
package chapter10.action;
import com.opensymphony.xwork2.*;
import java.util.*;
public class Products5Action extends ActionSupport
{
    private Set myProductSet;
    //myProductSet 属性的 getter 方法
    public Set getMyProductSet()
    {
        return myProductSet;
    }
    //myProductSet 属性的 setter 方法
    public void setMyProductSet(Set myProductSet)
    {
        this.myProductSet=myProductSet;
    }
}
```

下面的 JSP 代码将请求参数提交给 ProductsAction：

```
<!--products5.jsp-->
<%@page language="java" pageEncoding="UTF-8"%>
<%@taglib prefix="s" uri="/struts-tags"%>
<html>
    <head>
        <title>字符串到 Product 的转换</title>
    </head>
    <body>
      字符串到 Product 的转换<p/>
      <s:form action="products">
          <s:textfield label="产品 Set1（非泛型）" name="myProductSet"/>
          <s:textfield label="产品 Set2（非泛型）" name="myProductSet"/>
          <s:submit value="提交"/>
      </s:form>
    </body>
</html>
```

索引属性也需要在 Products5Action-conversion.properties 文件中配置，配置代码如下：

```
KeyProperty_xxx=属性名
```

其中 xxx 表示 Action 类的相应属性名。对于 Products5Action 类来说，配置索引属性的代码如下：

```
#配置 Set 元素的类型
Element_myProductSet=chapter10.Product
#配置索引属性
KeyProperty_myProductSet=name
```

访问 products5.jsp 页面后，按图 10.15 所示输入相应信息。

要通过索引属性输出 Set 类型的属性值，可以使用<s:property>标签，代码如下：

```
<%@page language="java" pageEncoding="UTF-8"%>
<%@taglib prefix="s" uri="/struts-tags"%>
<html>
    <head>
        <title>显示 Product 的属性值</title>
    </head>
    <body>
          产品 1<p/>
          名称: <s:property value="myProductSet('bike').name"/><br/>
          价格: <s:property value="myProductSet('bike').price"/><br/>
          数量: <s:property value="myProductSet('bike').count"/><p/>
          产品 2<p/>
          名称: <s:property value="myProductSet('car').name"/><br/>
          价格: <s:property value="myProductSet('car').price"/><br/>
          数量: <s:property value="myProductSet('car').count"/><br/>
    </body>
</html>
```

单击【提交】按钮后，将显示图 10.16 所示的信息。

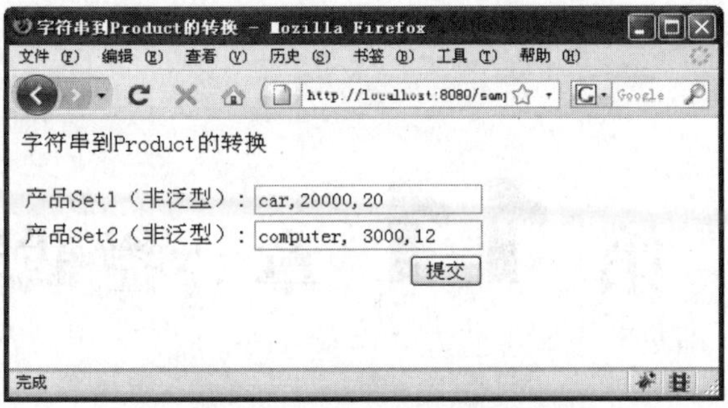

图 10.15　信息输入界面

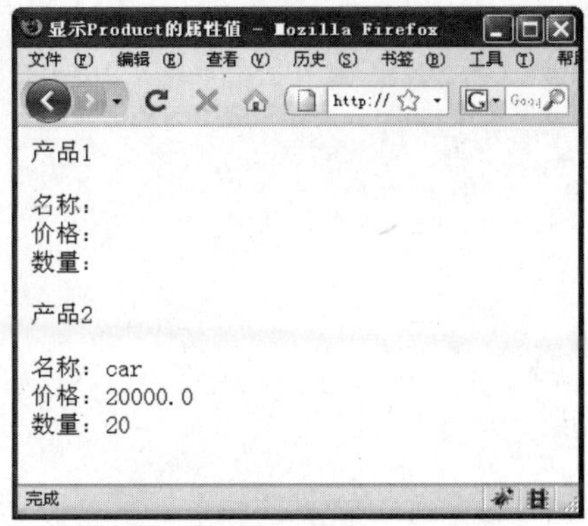

图 10.16　输出 Set 类型属性的值

10.4　本 章 小 结

本章主要介绍了 Struts 2 的类型转换机制。由于表现层所提交的请求参数只有字符串类型，而 Java 语言有着丰富的数据类型，因此，要想充分利用 Java 的数据类型特性，就必须将表现层所提交的请求参数转换成相应的 Java 类型。

按传统的做法，需要手工对每一个请求参数进行类型转换，但在 Struts 2 中提供了很多内建的类型转换器，通过这些类型转换器，可以用透明的方式将请求参数转换成相应类型的 Action 属性。对于更复杂的类型转换，Struts 2 还允许建立自定义的类型转换器。通过这种类型转换器，开发人员可以进行任意复杂的类型转换工作。

虽然自定义类型转换器很灵活，也很强大，但却很麻烦。为了使类型转换工作更简单，在 Struts 2 中还允许使用 OGNL 表达式进行类型转换。通过 OGNL 表达式，无须建立类型转换器类，也无须配置，就可以直接将字符串转换成相应的对象类型。

泛型是 Java SE5 提供的新特性。有的开发人员可能不喜欢使用泛型，或是使用的 JDK 版本较低，并不支持泛型。在这种情况下，就无法通过泛型来指定 List、Map、Set 对象的元素类型，那么 Struts 2 也就不会从程序得知集合元素的类型了，这样就无法进行类型的转换。为了在这种情况下，Struts 2 的类型转换器仍能正常工作，Struts 2 提供了一种通过属性文件来指定元素类型的方式解决这个问题，并且还可以通过属性文件来为 Set 类型的对象指定索引属性，通过索引属性，就可以像使用 Map 一样来使用 Set 了。

第 11 章 拦截器

在 JSP/Servlet 技术中可以使用过滤器对请求和响应消息进行拦截，并根据具体的业务逻辑进行处理。在 Struts 2 中无法使用 JSP/Servlet 技术中的过滤器来拦截 Action。但 Struts 2 提供了另外一种类似过滤器的技术，这就是本章要介绍的拦截器，通过拦截器可以截获 Action 以及相关的信息，并做出进一步的处理。

11.1 拦截器基础

Struts 2 允许以一种插件的方式来管理系统要完成的通用功能，这些功能都是由 Struts 2 的拦截器完成的。在 Struts 2 的发行包中有一个 struts-default.xml 文件，该文件定义了 Struts 2 中内置的拦截器。Struts 2 也允许开发人员实现自定义的拦截器，这些自定义的拦截器可以在 struts.xml 文件中定义和使用。

11.1.1 拦截器简介

Struts 2 拦截器和 Servlet 过滤器非常类似。Servlet 过滤器的核心方法是 doFilter，该方法有一个 FilterChain 类型的参数。实际上，这个参数相当于一个过滤器调用链，而通过调用 FilterChain 类的 doFilter 方法可以不断调用调用链中的过滤器。因此，要想被拦截的 Web 资源（JSP、Servlet 等）能正常被调用，必须在每一个过滤器类的 doFilter 方法中显式地调用 FilterChain 类的 doFilter 方法。

Struts 2 的拦截器也使用了类似的方法来调用拦截器链中的拦截器，最后会调用 Action 类的 execute 方法。与过滤器一样，拦截器也有一个核心方法：intercept。该方法有一个 ActionInvocation 类型的参数。要想调用下一个拦截器的 intercept 方法或 Action 类的 execute 方法，就要调用 ActionInvocation 接口的 invoke 方法，该方法相当于过滤器的 doFilter 方法。开发人员通过 ActionInvocation 对象可以对 Action 及相关内容进行操作，如设置 Action 属性值。

11.1.2 配置拦截器

在使用拦截器之前需要配置拦截器。对于自定义的拦截器来说，一般在 struts.xml 文件中进行配置。配置拦截器的代码如下：

```
<interceptors>
<interceptor name="拦截器名 1" class="拦截器实现类 1"/>
<interceptor name="拦截器名 2" class="拦截器实现类 2"/>
…省略多行代码…
</interceptors>
```

如下面的配置代码对 Struts 2 的内置拦截器 alias 进行了配置：

```
<interceptor name="alias"
class="com.opensymphony.xwork2.interceptor.AliasInterceptor"/>
```

有些拦截器会有初始化参数，可以通过<param>标签为这些初始化参数赋值，代码如下：

```
<interceptor name="拦截器名" class="拦截器实现类">
<param name="参数名 1">参数值 1</param>
<param name="参数名 2">参数值 2</param>
…省略多行代码…
</interceptor>
```

在<interceptor>标签中可以有任意多个<param>子标签，开发人员可根据拦截器实际参数的数目来确定<param>标签的个数。

11.1.3 使用拦截器

某个 Action 要想被指定的拦截器拦截，需要在<action>标签中通过<interceptor-ref>子标签来引用该拦截器，代码如下：

```
<interceptor-ref name="拦截器名"/>
```

其中“拦截器名”可以是使用<interceptor>标签定义的拦截器，也可以是使用<interceptor-stack>标签定义的“拦截器栈”，拦截器栈与拦截器都需要在<interceptors>标签中配置，代码如下：

```
<interceptors>
<interceptor name="拦截器名 1" class="拦截器实现类 1" />
<interceptor name="拦截器名 2" class="拦截器实现类 2" />
…省略多行代码…
<!--配置拦截器栈-->
<interceptor-stack name="拦截器栈名 1">
<interceptor-ref name="拦截器名 1"/>
<interceptor-ref name="拦截器名 2"/>
…省略多行代码…
</interceptor-stack>
<interceptor-stack name="拦截器栈名 2">
<interceptor-ref name="拦截器栈名 1"/>
…省略多行代码…
</interceptor-stack>
…省略多行代码…
</interceptors>
```

从上面的配置代码可以看出，<interceptor-stack>标签中需要使用<interceptor-ref>子标签引用拦截器或拦截器栈。Struts 2 支持拦截器栈的目的是为了将一些常在一起使用的拦截器放在一起，这样，在<action>标签中就可以直接引用拦截器栈了。如果不使用拦截器栈，就需要在每一个被拦截的 action 所对应的<action>标签中引用大量的拦截器。下面的两个 action 引用了上面定义的拦截器栈：

```
<action name="survey" class="chapter13.action.SurveyAction">
   …省略多行代码…
   <interceptor-ref name="拦截器栈 1"/>
</action>
<action name="surveyModel"
      class="chapter13.action.SurveyModelAction">
   …省略多行代码…
   <interceptor-ref name="拦截器栈 2"/>
</action>
```

在上面的配置代码中，survey 引用了“拦截器栈 1”，surveyModel 引用了“拦截器栈 2”，由于“拦截器栈 2”引用了“拦截器栈 1”，因此，survey 和 surveyModel 都会被“拦截器 1”和“拦截器 2”拦截。

11.1.4 设置拦截器参数

在 11.1.2 节曾介绍过，可以使用<param>标签设置拦截器的初始参数值。除了使用这种方式指定拦截器的参数值外，还可以在引用拦截器时指定拦截器的参数值，代码如下：

```
<interceptor-ref name="拦截器名">
<!--为该拦截器动态指定参数 -->
<param name="参数名 1">参数值 1</param>
<param name="参数名 2">参数值 2</param>
…省略多行代码…
</interceptor-ref>
```

如果<interceptor-ref>元素引用的是拦截器栈，可以使用“.”来为拦截器栈中某个拦截器的参数赋值，代码如下：

```
<interceptor-ref name="拦截器栈名">
<!--为该拦截器动态指定参数-->
<param name="拦截器 1.参数名 1">参数值 1</param>
<param name="拦截器 2.参数名 2">参数值 2</param>
…省略多行代码…
</interceptor-ref>
```

上面的配置代码分别为拦截器栈中的“拦截器 1”和“拦截器 2”的“参数名 1”和“参数名 2”指定参数值。如果在引用拦截器或拦截器栈时指定了某个参数的值，那么这个参数值将覆盖定义拦截器时所指定的参数初始值。

11.1.5 默认拦截器

在配置一个包时，可以为该包指定一个默认的拦截器（栈），一但某个 action 未显式地引用任何拦截器（栈），那么这个 action 就会自动引用当前包或父包中定义的默认拦截器（栈）。定义默认拦截器（栈）的代码如下：

```
<package name="myPackage" namespace="/" extends="struts-default">
<!--定义默认拦截器栈-->
```

```
<default-interceptor-ref name="拦截器栈名 1"/>
…省略多行代码，详见光盘源代码…
<action name="survey" class="chapter13.action.SurveyAction">
        …省略多行代码，详见光盘源代码…
</action>
<action name="surveyModel"
        class="chapter13.action.SurveyModelAction">
        …省略多行代码，详见光盘源代码…
   <interceptor-ref name="拦截器栈 2"/>
</action>
   …省略多行代码，详见光盘源代码…
</package>
```

在上面的配置代码中，survey 未引用任何拦截器（栈），而 surveyModel 引用了一个拦截器栈，因此，survey 将自动引用“拦截器栈名 1”，而 surveyModel 并不会引用“拦截器栈名 1”。

默认拦截器（栈）也可以像引用拦截器（栈）一样为参数赋值，代码如下：

```
<package name="myPackage " namespace="/" extends="struts-default">
<!--定义默认拦截器栈，并设置拦截器 1 的两个参数值-->
<default-interceptor-ref name="拦截器栈名 1"/>
   <param name="拦截器 1.参数名 1">参数值 1</param>
   <param name="拦截器 1.参数名 2">参数值 2</param>
   …省略多行代码，详见光盘源代码…
</default-interceptor-ref>
…省略多行代码，详见光盘源代码…
</package>
```

如果其他的包继承了定义默认拦截器（栈）的包，那么默认拦截器（栈）也会被继承，如下面的代码所示：

```
<package name="myPackage1" namespace="/" extends="myPackage">
<action name="survey" class="chapter13.action.SurveyAction">
    …省略多行代码，详见光盘源代码…
</action>
…
</package>
```

在上面的代码中，myPackage1 是 myPackage 的子包，由于在 myPackage 包中定义了一个默认的拦截器栈，因此，myPackage1 包中的 survey 将自动引用这个默认的拦截器栈。

11.2　Struts 2 的内置拦截器

在 Struts2 中定义了很多内置的拦截器，这些拦截器用于完成 Struts 2 中常用的功能，如处理请求参数、国际化和模型驱动等。这些内置的拦截器都是在 struts-default.xml 文件中进行定义的。

11.2.1　内置拦截器简介

Struts 2.1.6 在 struts.-default.xml 文件中定义了 33 个内置拦截器，下面的配置代码是部分内置拦截器的定义：

```
    <interceptors>
        <interceptorname="alias"class="com.opensymphony.xwork2.interceptor.
AliasInterceptor"/>
        <interceptorname="autowiring"class="com.opensymphony.xwork2.spring.
interceptor.ActionAutowiringInterceptor"/>
        <interceptorname="chain"class="com.opensymphony.xwork2.interceptor.
ChainingInterceptor"/>
        <interceptorname="conversionError"class="org.apache.struts2.interceptor.
StrutsConversionErrorInterceptor"/>
        <interceptorname="clearSession"class="org.apache.struts2.interceptor.
ClearSessionInterceptor"/>
    …
    </interceptors>
```

前面的内容定义了很多包，这些包都继承于 struts-default，这是 Struts 2 提供的一个默认包，在该包中引用了很多常用的拦截器，在 struts-default.xml 文件中可以找到该包的定义。在该包中定义了一个默认的拦截器栈（defaultStack），该拦截器栈和默认拦截器栈的代码如下：

```
    <interceptor-stack name="defaultStack">
        <interceptor-ref name="exception"/>
        <interceptor-ref name="alias"/>
        <interceptor-ref name="servletConfig"/>
        <interceptor-ref name="i18n"/>
        <interceptor-ref name="prepare"/>
        <interceptor-ref name="chain"/>
        <interceptor-ref name="debugging"/>
        <interceptor-ref name="profiling"/>
        <interceptor-ref name="scopedModelDriven"/>
        <interceptor-ref name="modelDriven"/>
        <interceptor-ref name="fileUpload"/>
        <interceptor-ref name="checkbox"/>
        <interceptor-ref name="staticParams"/>
        <interceptor-ref name="actionMappingParams"/>
        <interceptor-ref name="params">
          <param name="excludeParams">dojo\..*,^struts\..*</param>
        </interceptor-ref>
        <interceptor-ref name="conversionError"/>
        <interceptor-ref name="validation">
            <param name="excludeMethods">input,back,cancel,browse</param>
        </interceptor-ref>
        <interceptor-ref name="workflow">
            <param name="excludeMethods">input,back,cancel,browse</param>
        </interceptor-ref>
    </interceptor-stack>
    …
    <default-interceptor-ref name="defaultStack"/>
```

如果在 action 中引用了其他的拦截器（栈），那么该 action 就无法使用 defaultStack 中引用的拦截器了，为了仍然可以使用 defaultStack 中的拦截器，需要在 action 中同时引用 defaultStack 和其他的拦截器（栈），代码如下：

```
<package name="myPackage" namespace="/" extends="struts-default">
<action name="survey" class="chapter13.action.SurveyAction">
<!--需要显式地引用 defaultStack-->
<interceptor-ref name="defaultStack">
<interceptor-ref name="myInterceptor">
    …
</action>
    …
</package>
```

由于上面代码中的 survey 引用了 myInterceptor，因此，只有显式地引用 defaultStack，该拦截器栈中的拦截器才能拦截 survey。拦截器的调用顺序与在 action 中定义的顺序相同，如果想让 myInterceptor 最先被调用，需要颠倒上面两个<interceptor-ref>标签的顺序。

11.2.2　alias 拦截器

在前面的例子中，只有在请求参数与 Action 类属性同名的情况下，Struts 2 才会将该请求参数值赋给相应的 Action 类的属性。但在某些情况下，需要将请求参数值赋给不同名的 Action 类的属性，这时就需要 alias 拦截器来完成这个任务了。在本例中的 Action 类中有两个属性 cn 和 es。而客户端指定的请求参数为 companyName 和 employeeSalary，这两个请求参数分别与 cn 和 es 对应。目的是通过 alias 拦截器将 companyName 和 employeeSalary 的值分别赋给 cn 和 es。

如果将不同名的请求参数与 Action 类的属性相应，就需要对其进行映射。alias 拦截器使用了一个 Map 对象进行映射。该 Map 对象要定义在 Action 类中，并为 Map 对象提供 getter 方法（不需要 setter 方法）。除此之外，还需要在<action>标签中通过<param>子标签来指定这个 Map 对象。

AliasAction 类的代码如下：

```
package chapter11.action;
import java.util.*;
public class AliasAction
{
    private Map<String,Object>aliasMap=new HashMap<String,Object>();
    private String cn;
    private Integer es;
    public AliasAction()
    {
        //key 表示请求参数名，value 表示当前 Action 的属性名
        aliasMap.put("companyName", "cn");
        aliasMap.put("employeeSalary", "es");
    }
    public java.util.Map<String,Object>getAliasMap()
    {
        return aliasMap;
    }
    public String getCn()
```

```
        {
            return cn;
        }
        public void setCn(String cn)
        {
            this.cn=cn;
        }
        public Integer getEs()
        {
            return es;
        }
        public void setEs(Integer es)
        {
            this.es=es;
        }
        public String execute()
        {
            System.out.println("cn:"+cn);
            System.out.println("es:"+es);
            return "success";
        }
    }
```

从上面的代码可以看出，Map 对象的 key 表示请求参数名，value 表示 Action 的属性名，当 action 被 alias 拦截时，Struts 2 会根据该 Map 对象中的映射关系使相关的请求参数与 Action 类的属性相对应。

配置 AliasAction 类时，需要使用<param>标签指定 Action 类中的 Map 对象，代码如下：

```
<package name="struts2_chapter15" namespace="/chapter15"
    extends="struts-default">
    <action name="alias" class="chapter15.action.AliasAction">
        <!--指定 Map 对象-->
        <param name="aliases">aliasMap</param>
    </action>
</package>
```

在浏览器地址栏中输入如下的 URL 进行测试：

```
http://localhost:8080/samples/chapter11/alias.action?companyName=ibm&employeeSalary=4321
```

在访问上面的 URL 后，Eclipse 的 Console 视图中会输出如下的信息：

```
cn:ibm
es:4321
```

11.2.3　exception 拦截器

在通常情况下，当 Struts 2 调用 Action 对象的过程中抛出异常时，会直接在浏览器中显示异常信息，但这种方式并不友好。如果想在抛出异常时显示一个比较友好的页面，就需要使用 exception 拦截器。在本例中，Action 类的 execute 方法会抛出一个 FileNotFoundException 异常，在抛出异常后，浏览器将显示 test.html 页面。

ExceptionAction 类非常简单，只有一个 execute 方法，在该方法中抛出了一个 FileNot –Found Exception 异常。ExceptionAction 类的代码如下：

```
package chapter11.action;
public class ExceptionAction
{
    public String execute()throws Exception
    {
        throw new java.io.FileNotFoundException("抛出文件未找到异常!");
    }
}
```

在配置 ExceptionAction 类时应使用<exception-mapping>标签指定结果和异常的关系，代码如下：

```
<action name="exception" class="chapter11.action.ExceptionAction">
    <result name="error">/test.html</result>
    <!--抛出 FileNotFoundException 异常后，将转入 error 所指向的页面-->
    <exception-mapping result="error"
        exception="java.io.FileNotFoundException"/>
</action>
```

在浏览器地址栏中输入如下的 URL 来测试程序：

```
http://localhost:8080/samples/chapter11/exception.action
```

11.3　自定义拦截器

在 Struts 2 框架中提供了很多内建的拦截器，这些拦截器实现了 Struts 2 的大部分功能，因此，对于大多数 Web 应用的通用功能都可以利用这些内建的拦截器来完成。除此之外，还有一些与系统逻辑或功能相关的功能必须通过自定义拦截器来实现。在 Struts 2 中实现自定义拦截器和使用拦截器同样简单。

11.3.1　编写拦截器类

一个拦截器类必须实现 com.opensymphony.xwork2.interceptor.Interceptor 接口，这个接口的定义如下：

```
//拦截器类必须实现这个接口
public interface Interceptor extends Serializable
{
    //销毁拦截器之前调用的方法
    void destroy();
    //初始化拦截器时调用的方法
    void init();
    //实现拦截器逻辑的方法
    String intercept(ActionInvocation invocation)throws Exception;
}
```

从上面的代码可以看出，在 Interceptor 接口中包含 3 个方法：

- init 方法：在该拦截器类的对象实例建立后，系统会先调用这个方法对该拦截器进行初始化。该方法只在拦截器的生命周期内执行一次。因此，该方法用来打开一些在拦截器的生命周期内都要使用的资源，如数据库资源等。
- destroy 方法：该方法在拦截器类的对象实例被销毁之前由系统调用。destroy 方法和 init 方法类似，在拦截器的生命周期内也执行一次，一般用于释放在 init 方法中打开的资源。
- intercept 方法：用于实现拦截器逻辑。该方法类似于 Action 的 execute 方法，intercept 方法也会返回一个字符串，这个字符串控制着要转入哪一个逻辑视图。在 intercept 方法中可以通过调用 ActionInvocation 的 invoke 方法将控制权交给下一个拦截器。如果在 Action 的每一个拦截器方法（intercept 方法）中都通过 invoke 方法返回字符串，那么拦截器最终返回的字符串就是 Action 的 execute 方法返回的字符串。

由于 Interceptor 接口的 init 和 destroy 方法并不是在每一个拦截器类中都用得到，因此，每一个拦截器类都要实现 init 和 destroy 方法就显得非常麻烦。所以在 Struts 2 中还提供了一个抽象类 AbstractInterceptor，该类实现了 Interceptor 接口，并提供了 init 和 destroy 方法的空实现，但 intercept 方法仍然是抽象方法。也就是说，如果拦截器类继承 AbstractInterceptor 类，只需要实现 intercept 方法，而对于 init 和 destroy 方法，只有需要时再覆盖这两个方法即可。AbstractInterceptor 类的实现代码如下：

```
public abstract class AbstractInterceptor implements Interceptor
{
    //init 方法的空实现
    public void init()
    {
    }
    //destroy 方法的空实现
    public void destroy()
    {
    }
    //intercept 方法必须由拦截器类实现
    public abstract String intercept(ActionInvocation invocation)throws Exception;
}
```

下面的例子实现了一个简单的自定义拦截器类，该拦截器的功能是计算 Action 的 execute 方法的执行时间（单位是毫秒），并将计算结果输出到控制台。计算的方法是在 execute 方法执行前，将当前时间的毫秒数赋给一个变量（start），在 execute 方法执行后，再将当前时间的毫秒数赋给另一个变量（end），然后取两个变量的差（end – start）。拦截器类的实现代码如下：

```
package chapter11.intercepter;
import com.opensymphony.xwork2.ActionInvocation;
import com.opensymphony.xwork2.interceptor.*;
public class ExecuteTimeInterceptor extends MethodFilterInterceptor
{
    private String name;
    //name 属性的 getter 方法
    public String getName()
```

```
    {
        return name;
    }
    //name 属性的 setter 方法
    public void setName(String name)
    {
        this.name=name;
    }
    @Override
    public String doIntercept(ActionInvocation invocation) throws Exception
    {
        invocation.addPreResultListener(new MyPreResultListener());
        System.out.println(getName()+" 开始执行");
        long start=System.currentTimeMillis();
        invocation.getStack().set("start", start);
        String result=invocation.invoke();
        long end=System.currentTimeMillis();
        System.out.println(getName()+" 执行 Action 方法的时间: "+(end-start) + "毫秒");
        System.out.println(getName()+" 执行结束");
        return result;
    }
}
```

在上面的拦截器类中有一个 name 属性，实际上，这个属性就是该拦截器的一个参数，需要使用<param>标签进行定义。也就是说，要想读取拦截器参数，需要在拦截器类中定义同名的属性才可以。上面代码中的 MyPreResultListener 是一个监听类，代码如下：

```
package chapter11.intercepter;
import com.opensymphony.xwork2.ActionInvocation;
import com.opensymphony.xwork2.interceptor.*;
public class MyPreResultListener  implements PreResultListener
{
    public void beforeResult(ActionInvocation invocation,String resultCode)
    {
        System.out.println("execute 方法的返回值:"+resultCode);
        long start=(Long)invocation.getStack().findValue("start");
        long end=System.currentTimeMillis();
        System.out.println("执行 Action 方法的时间:"+(end - start)+"毫秒");
        System.out.println("执行结束");
    }
}
```

11.3.2 配置自定义拦截器

配置上节编写的拦截器类需要如下 3 个步骤：

（1）通过<interceptor>标签定义拦截器。

（2）通过<interceptor-stack>标签定义一个拦截器栈，这个拦截器栈包括对 defaultStack 的引用。

（3）通过<interceptor-ref>标签引用第二步定义的拦截器栈。

下面是 ExecuteTimeInterceptor 类的配置代码：

```
<?xml version="1.0" encoding="UTF-8" ?>
<!--指定 Struts 2 配置文件的 DTD 信息-->
<!DOCTYPE struts PUBLIC
     "-//Apache Software Foundation//DTD Struts Configuration 2.0//EN"
     "http://struts.apache.org/dtds/struts-2.0.dtd">
<struts>
    <package name="struts2" extends="struts-default">
        <!--配置拦截器和拦截器栈-->
        <interceptors>
            <!--定义 executeTime 拦截器-->
           <interceptor name="executeTime"class="chapter11.ExecuteTime Interceptor">
                <!--为该拦截器定义默认参数值-->
                <param name="name">执行时间</param>
            </interceptor>
            <!--定义一个拦截器栈-->
            <interceptor-stack name="customStack">
                <!--引用 defaultStack 拦截器栈-->
                <interceptor-ref name="defaultStack"/>
                <!--引用拦截器 executeTime-->
                <interceptor-ref name="executeTime"/>
            </interceptor-stack>
        </interceptors>
         <action name="alias" class="chapter11.action.AliasAction">
              <!--指定 Map 对象-->
              <param name="aliases">aliasMap</param>
              <interceptor-ref name="customStack">
               <!--覆盖 executeTime 拦截器的默认参数值-->
               <param name="executeTime.name">计算执行时间的拦截器</param>
              </interceptor-ref>
         </action>
    </package>
</struts>
```

从上面的配置代码中可以看出，将 ExecuteTimeInterceptor 拦截器定义成名为 executeTime 的拦截器，并在名为 alias 的 Action 中使用了该拦截器。但要注意以下两点：

- 由于在 Action 中显式地使用了拦截器，因此，必须显式地使用 defaultStack 拦截器栈，否则，该 Action 将不具有 defaultStack 拦截器栈中拦截器所实现的功能，如处理 HTTP 请求参数。在本例中通过一个拦截器栈引用 defaultStack 和 executeTime 的方式来使用 default Stack。读者也可以直接在<action>标签中通过<interceptor-ref>标签来使用 defaultStack。
- 由于该拦截器的功能是计算 execute 方法的执行时间，因此，需要将该拦截器的引用放在最后。这是因为 invoke 方法不一定是调用 execute 方法，有可能是调用下一个拦截器的 intercept 方法，但如果将该拦截器在最后一个引用，那么 invoke 方法调用的就一定是 execute 方法了。

为了有更好的效果，读者可以在 chapter11.action.AliasAction 类的 execute 方法的开始处加上如下的代码：

```
Thread.sleep(5000);     //延迟5秒
```

在浏览器地址栏中输入如下的 URL：

```
http://localhost:8080/samples/chapter11/alias.action?companyName=ibm&emplo
yeeSalary=4321
```

在访问上面的 URL 后，在 Tomcat 控制台中就会输出如下的信息：

```
计算执行时间的拦截器 开始执行
执行 Action 方法的时间：5062 毫秒
计算执行时间的拦截器 执行结束
```

11.4　拦截器的高级技术

在前面的部分已经讲了 Struts 2 拦截器的基本配置和技术，但拦截器的功能还不止这些，而且在使用拦截器时还有很多应该注意的地方。本节将介绍关于 Struts 2 拦截器的一些高级技术，如对指定方法的过滤、结果监听器等。

11.4.1　过滤指定的方法

在默认情况下，Struts 2 拦截器会拦截 Action 类中的所有方法。但在有些情况下，并不需要拦截所有的方法，或者系统的逻辑就要求只拦截指定的方法，在这种情况下，就需要使用 Struts 2 拦截器的方法过滤特性来解决这个问题了。

实际上，在拦截器类中过滤某些 Action 的方法是非常容易的。开发人员只需要在拦截器类中知道 Action 当前要执行的方法即可（一个 Action 同时只能执行一个 Action 方法，或者是 execute 方法，或者是其他的方法，因此，拦截器同时也只能拦截一个 Action 的某一个方法）。在拦截器方法中可以通过 ActionInvocation 的 getProxy 方法获得 ActionProxy 对象，再通过 ActionProxy 的 getMethod 方法获得当前被拦截的 Action 方法名，代码如下：

```
public String intercept(ActionInvocation invocation) throws Exception
{
                                                //获得当前被拦截的Action方法名
    String method=invocation.getProxy().getMethod();
    //如果当前被拦截的Action方法是execute，则执行拦截方法的处理逻辑
    if(method.equals("execute") )
    {
        return doIntercept(invocation); //执行拦截方法中的处理逻辑
    }
    //如果当前拦截的Action方法不是execute，则直接调用invoke方法来调用下一个拦截器方法
    return innvocation.invoke();
}
```

在上面的代码中只对 execute 方法进行拦截，如果当前被拦截的是其他的方法，则通过直接

调用 invoke 方法的方式调用下一个拦截器方法，也就是忽略当前拦截器的处理逻辑。如果当前被拦截的方法正好是 execute，则调用 doIntercept 方法。该方法可以设计成一个抽象的方法，开发人员在这个方法中编写拦截器的处理逻辑。该方法与 intercept 方法在参数和返回值上是完全一样的。

虽然上面的代码可以很好地解决方法过滤的问题，但这种解决方案会带来如下两个问题：

- 直接将要过滤的方法硬编码在程序中，不利于维护和扩展。
- 如果需要方法过滤功能的拦截器很多，就会在每个拦截器类中都有类似的代码，将会造成大量的代码重复。

第一个问题可以通过拦截器的参数解决，也就是说，要拦截的方法可以作为拦截器参数传入拦截器类。在 Struts 2 中提供了一个 MethodFilterInterceptor 类，解决了第二个问题。MethodFilterInterceptor 类是一个抽象类，并从 AbstractInterceptor 类继承。该类实现了 intercept 方法，其实现逻辑和上面代码的实现逻辑类似，在 MethodFilterInterceptor 类中包含了一个抽象方法 doIntercept，该方法只有在当前的 Action 方法可被拦截的情况下，才被调用。开发人员可以在该方法中编写拦截器处理逻辑。

在 MethodFilterInterceptor 方法中还包含了两个属性：excludeMethods 和 includeMethods，并带有相应的 getter 和 setter 方法。这两个属性实际上与拦截器的两个同名的参数相对应。其中在 excludeMethods 参数中指定的方法都不会被拦截器拦截，而在 includeMethods 参数中指定的方法都会被拦截器拦截。如果不定义这两个参数，那么 Action 类中所有的方法都会被拦截器拦截。

如果想编写一个可以过滤方法的拦截器类，该拦截器类只需从 MethodFilterInterceptor 类继承即可，代码如下：

```
//拥有方法过滤功能的拦截器
public class ExecuteTimeInterceptor extends MethodFilterInterceptor
{
    private String name;
    //name 属性的 getter 方法
    public String getName()
    {
        return name;
    }
    //name 属性的 setter 方法
    public void setName(String name)
    {
        this.name=name;
    }
    @Override
    public String doIntercept(ActionInvocation invocation) throws Exception
    {
        System.out.println(getName()+"开始执行"); //输出 name 参数值
        long start=System.currentTimeMillis();  //获得当前时间的毫秒数
        //调用 invoke 方法来调用下一个拦截器的 intercept 方法或 Action 的 execute 方法
        String result=invocation.invoke();
        long end=System.currentTimeMillis();    //获得当前时间的毫秒数
```

```
        //输出 execute 方法执行的时间
        System.out.println(getName()+" 执行Action 方法的时间: "+(end-start) + "毫秒");
        System.out.println(getName()+" 执行结束");
        return result;
    }
}
```

从上面的代码可以看出，拥有方法过滤功能的 ExecuteTimeInterceptor 类和在 11.3.1 节给出的 ExecuteTimeInterceptor 类的实现代码基本相同，但有如下两个地方存在差异：

- 本节的 ExecuteTimeInterceptor 类从 MethodFilterInterceptor 类继承，而 11.3.1 节中的 ExecuteTimeInterceptor 类是从 AbstractInterceptor 类继承的。
- 拦截器处理逻辑写在了 doIntercept 方法中，而 11.3.1 节中的相应处理逻辑写在了 intercept 方法中。

虽然 ExecuteTimeInterceptor 类继承了 MethodFilterInterceptor 类，已经拥有了方法过滤的功能，但必须在 struts.xml 文件中指定相应的方法名，方法过滤才能生效，如下面的配置代码所示：

```
<package name="struts2" extends="struts-default">
    <!--配置拦截器和拦截器栈-->
    <interceptors>
        <!--定义 executeTime 拦截器-->
        <interceptor name="executeTime" class="chapter11.ExecuteTime Interceptor">
            <!--为该拦截器定义默认参数值-->
            <param name="name">执行时间</param>
        </interceptor>
        <!--定义一个拦截器栈-->
        <interceptor-stack name="customStack">
            <!--引用 defaultStack 拦截器栈-->
            <interceptor-ref name="defaultStack"/>
            <!--引用拦截器 executeTime-->
            <interceptor-ref name="executeTime"/>
        </interceptor-stack>
    </interceptors>
    <action name="alias"class="chapter11.action.Alias Action">
        <!--下面定义两个结果-->
        <result name="success">/WEB-INF/result.jsp</result>
        <result name="error">/WEB-INF/error.jsp</result>
        <!--使用 customStack-->
        <interceptor-ref name="customStack">
            <!--指定 executeTime 的 name 参数值-->
            <param name="executeTime.name">计算执行时间的拦截器</param>
            <!--指定 executeTime 的 excludeMethods 参数值-->
            <param name="executeTime.excludeMethods">execute</param>
        </interceptor-ref>
    </action>
</package>
```

在上面的配置代码中，通过 excludeMethods 参数指定的 execute 方法不会被拦截，在浏览器中访问 model_login 可以看出，在控制台中并未输出 execute 方法的执行时间。如果要指定多个方法，中间使用逗号（,）分隔，代码如下：

```
<interceptor-ref name="customStack">
    <!--指定 executeTime 的 name 参数值-->
    <param name="executeTime.name">计算执行时间的拦截器</param>
    <!--指定了 execute 和 process 方法不需要被拦截-->
    <param name="executeTime.excludeMethods">execute, process</param>
</interceptor-ref>
```

从上面的配置代码中可以看到，execute 和 process 方法都不会被 executeTime 拦截器拦截。如果 excludeMethods 和 includeMethods 参数同时指定一个方法名，那么 includeMethods 参数的优先级较高，如下面的配置代码所示：

```
<interceptor-ref name="customStack">
    <!--指定 executeTime 的 name 参数值-->
    <param name="executeTime.name">计算执行时间的拦截器</param>
    <!--指定了 execute 方法不需要被拦截-->
    <param name="executeTime.excludeMethods">execute </param>
    <!--指定了 execute 方法需要被拦截-->
    <param name="executeTime.includeMethods">execute </param>
</interceptor-ref>
```

在上面的配置代码中，excludeMethods 和 includeMethods 参数都指定了 execute 方法，由于 includeMethods 参数的优先级高，因此，execute 方法仍然会被拦截。

Struts 2 中提供了方法过滤功能的拦截器有如下几个：

- ExecuteAndWaitInterceptor。
- ParametersInterceptor。
- PrepareInterceptor。
- TokenInterceptor。
- TokenSessionStoreInterceptor。
- AnnotationValidationInterceptor。
- DefaultWorkflowInterceptor。

11.4.2　拦截器执行顺序

一般认为，拦截器的执行顺序就是其使用时的顺序，也就是说，哪个拦截器先使用，系统就会先调用哪个拦截器的 intercept 方法，如下面的代码所示：

```
<package name="struts2" extends="struts-default">
    <action name="login" class="actionLoginAction">
        <!--下面定义两个结果-->
        <result name="success">/WEB-INF/result.jsp</result>
        <result name="error">/WEB-INF/error.jsp</result>
        <!--引用拦截器 1-->
        <interceptor-ref name="interceptor1"/>
        <!--引用拦截器 2-->
        <interceptor-ref name="interceptor2"/>
```

```
        <!--引用拦截器 3-->
        <interceptor-ref name="interceptor3"/>
    </action>
</package>
```

在上面的代码中使用了 3 个拦截器，其中 interceptor1 是在最前面引用的，因此，该拦截器的 intercept 方法会被首先调用，而 interceptor3 是在最后引用的，因此，该拦截器的 intercept 方法会在最后调用。由于 Struts 2 拦截器的调用方式是嵌套调用，而不是顺序调用，所以在 execute 方法执行前后的拦截逻辑代码的执行顺序是有差异的，看如下的配置代码：

```
<package name="struts2" extends="struts-default">
    <!--配置拦截器和拦截器栈-->
    <interceptors>
        <!--定义 executeTime 拦截器-->
        <interceptor name="executeTime" class="chapter11.ExecuteTimeInterceptor">
            <!--为该拦截器定义默认参数值-->
            <param name="name">执行时间</param>
        </interceptor>
    </interceptors>
    <action name="alias"class="chapter11.action.AliasAction">
        <!--下面定义两个结果-->
        <result name="success">/WEB-INF/result.jsp</result>
        <result name="error">/WEB-INF/error.jsp</result>
        <!--配置默认拦截器栈-->
        <interceptor-ref name="defaultStack"/>
        <!--下面引用了两次 executeTime-->
        <interceptor-ref name="executeTime">
            <param name="name">第一次引用</param>
        </interceptor-ref>
        <interceptor-ref name="executeTime">
            <param name="name">第二次引用</param>
        </interceptor-ref>
    </action>
</package>
```

在调用 execute 方法之前的处理逻辑是按着在 struts.xml 中拦截器引用的顺序输出的，但 execute 方法调用之后的处理逻辑正好相反（后引用的先输出）。这也和嵌套表达式类似，看下面的表达式：

```
( 12*(6/(7-21)))
```

上面的表达式在处理完最右边的左括号时，遇到的就是在和最后一个出现的左括号对应的右括号。所以拦截器的调用也是一样，在最后一个引用的拦截器的 execute 方法调用之前的逻辑执行完毕后，就会调用 execute 方法，然后一定会执行和最后一个拦截器相对应的 execute 方法调用之后的逻辑代码。

11.4.3　拦截器结果监听器

由于在 execute 方法执行之前和之后的代码都写在 intercept 方法中，但这种方式看起来不够清晰，虽然可以将一些代码放到其他的方法中，但 Struts2 提供了更好的解决方案，这就是结果监听器。

结果监听器是指在 execute 方法执行完后，系统就会调用结果监听器，将 execute 方法的返回值传入结果监听器。实际上，结果监听器也是一个类，该类需要实现 PreResultListener 接口，如下面是一个结果监听器类的代码：

```
public class MyPreResultListener implements PreResultListener
{
    //实现 PreResultListener 接口中的 beforeResult 方法
    public void beforeResult(ActionInvocation invocation,String resultCode)
    {
        //输出 execute 方法返回的字符串（结果）
        System.out.println("execute 方法的返回值:"+resultCode);
    }
}
```

从上面的代码可以看出，PreResultListener 接口有一个 beforeResult 方法。该方法有两个参数：invocation 和 resultCode，其中 invocation 就是 intercept 方法中的 invocation，但该参数在 before Result 方法中没多大作用，因此，在调用 beforeResult 方法之前，execute 方法已经执行完毕了，而 invocation 对 Action 的控制力已经没那么大了。resultCode 表示 execute 方法返回的字符串。

要想使用结果监听器必须使用 ActionInvocation 的 addPreResultListener 方法进行注册，代码如下：

```
public class ExecuteTimeInterceptor extends AbstractInterceptor
{
    public String intercept(ActionInvocation invocation) throws Exception
    {
                                                //注册结果监听器
        invocation.addPreResultListener(new MyPreResultListener());
        System.out.println("开始执行");
        String result=invocation.invoke();  //开始调用 invoke 方法
        System.out.println("执行结束");
        return result;
    }
}
```

在上面的代码中，手动注册了一个结果监听器。在访问执行 executeTime 拦截器后，将在控制台中输出如下的信息：

```
开始执行
execute 方法的返回值: success
执行结束
```

如果想在结果监听器中使用 intercept 方法产生的数据，如在 executeTime 监听器的 intercept 方法中调用 invoke 方法之前有一个 start 变量，这是记录调用 invoke 方法的开始时间的，但如果将调用 invoke 方法后面的处理逻辑放到结果监听器中，就需要将 start 的值传入结果监听器类。

最简单的方法可以使用 ActionInvocation 类的 getStack 方法获得一个 ValueStack 对象，再将 start 保存在该对象中。ValueStack 是一个接口，在 Struts 2 框架中有默认的实现。ValueStack 一直贯穿 Action 生命周期的始终，因此，可以通过 ValueStack 对象在不同的拦截器或监听器中传递数据，代码如下：

```
public class ExecuteTimeInterceptor extends MethodFilterInterceptor
{
    private String name;
    //name 属性的 getter 方法
    public String getName()
    {
        return name;
    }
    //name 属性的 setter 方法
    public void setName(String name)
    {
        this.name=name;
    }
    @Override
    public String doIntercept(ActionInvocation invocation) throws Exception
    {
        invocation.addPreResultListener(new MyPreResultListener());//注册监听器
        System.out.println(getName()+" 开始执行");
        long start=System.currentTimeMillis();//获得 execute 方法执行的开始时间
        //将 start 变量的值保存在 ValueStack 对象中
        invocation.getStack().set("start",start);
        String result=invocation.invoke();  //调用 invoke 方法
        return result;
    }
}
```

从上面的代码可以看出，在调用 invoke 方法后，并没有其他的处理代码（除了返回 result 外）。实际上，在系统调用完 invoke 方法后，会立刻调用结果监听器的 beforeResult 方法。结果监听器的实现代码如下：

```
public class MyPreResultListener implements PreResultListener
{
    public void beforeResult(ActionInvocation invocation, String resultCode)
    {
        System.out.println("execute 方法的返回值:"+resultCode);
        //从 ValueStack 对象中获得 start 变量的值
        long start=(Long)invocation.getStack().findValue("start");
        long end=System.currentTimeMillis();//获得执行 execute 方法后的当前毫秒数
        //输出执行时间
        System.out.println("执行 Action 方法的时间:"+(end-start)+"毫秒");
        System.out.println("执行结束");
    }
}
```

在使用上面的拦截器和监听器后，会在控制台输出如下的结果：

```
计算执行时间的拦截器 开始执行
```

```
execute 方法的返回值: success
执行 Action 方法的时间: 31 毫秒
执行结束
计算执行时间的拦截器 执行 Action 方法的时间: 47 毫秒
计算执行时间的拦截器 执行结束
```

除了使用 ValueStack 对象向监听器类传值外，也可以通过拦截器类的构造方法、属性或方法来传值，代码如下：

```
public class MyPreResultListener implements PreResultListener
{
    private long start;
    //通过构造方法将 start 传入监听器
    public MyPreResultListener(long start)
    {
        this.start=start;
}
//实现监听器方法
    public void beforeResult(ActionInvocation invocation,String resultCode)
    {
        System.out.println("开始时间:"+start);;
        …
    }
}
```

在注册监听器时可以使用如下的代码来传值：

```
public class ExecuteTimeInterceptor extends MethodFilterInterceptor
{
    public String doIntercept(ActionInvocation invocation) throws Exception
    {
        System.out.println(getName()+"开始执行");
        //获得 execute 方法执行的开始时间
        long start=System.currentTimeMillis();
                                                  // 注册监听器
        invocation.addPreResultListener(new MyPreResultListener(start));
        //将 start 变量的值保存在 ValueStack 对象中
        invocation.getStack().set("start", start);
        String result=invocation.invoke();  //调用 invoke 方法
        return result;
    }
}
```

11.5　本 章 小 结

本章详细介绍了 Struts 2 拦截器的实现原理，并通过一个例子来演示了 Struts 2 实现拦截器的基本过程。本章还详细介绍了 Struts 2 拦截器的配置和使用，同时还介绍了默认拦截器。除此之外，本章还介绍了 Struts 2 的内建拦截器的含义，并给出了在 struts-default.xml 中内建拦截器的定义。本章最后还讨论了拦截器的一些高级技术，如过滤指定的方法、拦截器监听器等。

第12章 输入校验

输入校验是所有 Web 应用程序必须拥有的功能。在实际的环境中，无法保证用户输入的数据一定是正确的，也有可能是某些用户故意输入错误的数据。那么在这种情况下，就需要对用户输入的数据进行校验，然后再做进一步处理。

数据校验分为客户端校验和服务端校验。客户端校验主要是使用 JavaScript 在客户端对用户输入的数据进行校验。而服务端校验是服务端在接收到客户端提交的数据后对其进行校验的。在传统的 Web 应用程序中，这些校验需要开发人员编写大量的代码才能完成，而 Struts 2 提供了一些校验机制，可以通过配置的方式完成大多数的校验工作。本章将介绍关于 Struts 2 输入校验的相关技术。

12.1 使用 validate 方法进行数据校验

虽然可以在 Servlet 中进行服务端的输入校验，但这种校验非常烦琐。在传统的输入校验中，只完成对 4 个请求参数的校验，就需要几十行代码。而且这些代码中还有一些是类型转换代码，这将使开发效率大大降低。在 Struts 2 中，这种情况得到了很大的改观。由于 Struts 2 有内建的类型转换器，因此，至少不需要编写与类型转换相关的代码，而且 Struts 2 的 Action 类或 Model 类的属性可以自动封装请求参数，这将大大简化读取请求参数值的代码。

12.1.1 validate 方法校验数据的原理

在 Struts 2 中提供了两个与校验相关的接口，即 Validateable 和 ValidationAware，其中 Validateable 接口只有一个 validate 方法，代码如下：

```
package com.opensymphony.xwork2;
public interface Validateable
{
   void validate();                    //用于校验的方法
}
```

在 Struts 2 调用 Action 的 execute 之前会调用 Validateable 接口的 validate 方法，因此，可以将校验代码写在该方法中。但 validate 方法并没有返回值，这就意味着无法通过 validate 方法的返回值来通知 Struts 2 校验是否通过。

为了使 Struts 2 得知是否校验成功，就需要使用另外一个校验感知接口 ValidationAware。该接口提供了一系列的 addXxx 方法，可以将在校验过程中发生的错误信息添加到系统中（实际上是添加到一个 Map 对象中）。ValidationAware 接口的代码如下：

```
package com.opensymphony.xwork2;
import java.util.Collection;
import java.util.Map;
public interface ValidationAware
{
    Collection getActionErrors();          //获得保存 Action 错误的 Collection 对象
    Collection getActionMessages();        //获得保存 Action 消息的 Collection 对象
    void setFieldErrors(Map errorMap);  //设置保存字段错误的 Map 对象
    Map getFieldErrors();                  //获得保存字段错误的 Map 对象
    void addActionError(String anErrorMessage);      //添加 Action 错误消息
    void addActionMessage(String aMessage);          //添加 Action 消息
                                           //添加字段错误字和消息
    void addFieldError(String fieldName,String errorMessage);
    boolean hasActionErrors();                         //是否有 Action 错误
    boolean hasActionMessages();                       //是否有 Action 消息
    boolean hasErrors();                               //是否有错误
    boolean hasFieldErrors();                          //是否有字段错误
}
```

从上面的代码可以看出，有 3 个 addXxx 方法。这 3 个 addXxx 方法被用来向系统添加不同的消息，其中 addFieldError 方法最常用，该方法是用来向系统添加对每一个字段（请求参数）的校验错误，如果某个字段校验成功，则该字段没有错误信息。

由于 Struts 2 在校验过程中将使用在这两个接口中定义的方法，因此，只要 Action 类实现这两个接口的方法即可。但这样做是非常麻烦的，因此，Struts 2 提供的 ActionSupport 类也同时实现了这两个接口，如 addFieldError 的实现代码如下：

```
public void addFieldError(String fieldName,String errorMessage)
{
    validationAware.addFieldError(fieldName,errorMessage);
}
```

在 addFieldError 方法中使用了一个 validationAware 变量，实际上，该变量是 ValidationAwareSupport 类的对象实例。ValidationAwareSupport 类也实现了 ValidationAware 接口，并且最终实现了 addFieldError 方法，代码如下：

```
//得到保存字段错误消息的 Map 对象
private Map internalGetFieldErrors()
{
    if (fieldErrors==null)
    {
        fieldErrors=new LinkedHashMap(); //创建一个 LinkedHashMap 对象
    }
    return fieldErrors;
```

```
    }
    public synchronized void addFieldError(String fieldName, String errorMessage)
    {
        final Map errors=internalGetFieldErrors();  //得到保存字段错误消息的Map对象
        List thisFieldErrors=(List)errors.get(fieldName);//得到指定字段的错误列表
        //指定字段的错误列表不存在
        if(thisFieldErrors==null)
        {
            //创建一个ArrayList对象来保存字段错误消息列表
            thisFieldErrors=new ArrayList()
            errors.put(fieldName,thisFieldErrors);
        }
        thisFieldErrors.add(errorMessage);            //添加字段错误消息
    }
```

从上面的代码可以看出，使用addFieldError方法添加字段错误消息，实际上是将这个错误消息以字段名作为key，添加到一个Map对象中，并且一个字段可以添加多个错误消息（因为每个字段的错误消息是使用ArrayList对象保存的）。

Struts 2在执行完validate方法后，会判断该Map对象中是否有字段错误消息，也就是判断该Map对象中是否有key-value对，如果有key-value对，就不会执行execute方法，而直接返回input。如果没有key-value对，就会继续执行execute方法。

12.1.2 用validate方法进行输入校验

在本节的例子中将通过validate方法来校验survey.jsp页面中输入的数据的正确性。当survey.jsp页面向Action提交数据时，Struts 2会先进行类型转换。如果类型转换失败，则Struts 2会自动添加相应的字段错误信息。这时survey.jsp页面有可能同时显示类型转换失败和validate方法校验失败的错误信息。

User是一个模型类，封装了survey.jsp页面提交的信息，该类的代码如下：

```
    package chapter12;
    public class User
    {
        private String username;
        private int age;
        private int salary;
        private String address;
        private String postCode;
        public String getUsername()
        {
            return username;
        }
        public void setUsername(String username)
        {
            this.username=username;
        }
```

```
    public int getAge()
    {
       return age;
    }
    public void setAge(int age)
    {
       this.age=age;
    }
    public int getSalary()
    {
       return salary;
    }
    public void setSalary(int salary)
    {
       this.salary=salary;
    }
    public String getAddress()
    {
       return address;
    }
    public void setAddress(String address)
    {
       this.address=ddress;
    }
    public String getPostCode()
    {
       return postCode;
    }
    public void setPostCode(String postCode)
    {
       this.postCode=postCode;
    }
}
```

SurveyAction 是一个 Action 类，该类通过 validate 方法对 survey.jsp 页面提交的信息进行校验，代码如下：

```
package chapter12;
import com.opensymphony.xwork2.ActionSupport;
import com.opensymphony.xwork2.ModelDriven;
public class SurveyAction extends ActionSupport implements ModelDriven<User>
{
   private User user=new User();
   public User getModel()
   {
      return user;
   }
   @Override
```

```
    public void validate()
    {
        if(user.getUsername()==null||"".equals(user.getUsername()))
            this.addFieldError("username","用户名不能为空.");
        if(user.getAge()<18||user.getAge()>100)
            this.addFieldError("age","年龄必须在 18 至 100 之间.");
        if(user.getPostCode()==null||"".equals(user.getPostCode()))
        {
            this.addFieldError("postCode","邮政编码不能为空.");

        }
        else if(user.getPostCode().length()!=6)
        {
            this.addFieldError("postCode","邮政编码的长度必须是 6 位.");
        }
        if(user.getAddress()==null||"".equals(user.getAddress()))
        {
            this.addFieldError("address","地址不能为空.");
        }
    }
    public String execute()
    {
        return SUCCESS;
    }
}
```

SurveyAction 类的配置代码如下：

```
<package name="chapter12" namespace="/chapter12" extends="struts-default">
    <action name="survey" class="chapter12.SurveyAction">
        <result name="success">/chapter12/survey.jsp
        </result>
        <result name="input">/chapter12/survey.jsp
        </result>
    </action>
</package>
```

要注意的是，<action>标签中必须要有一个 name 属性值为 input 的<result>标签，这是由于使用 addFieldError 方法添加字段错误信息后，Struts 2 会自动返回 input。

survey.jsp 页面负责向 Action 提交信息，该页面的信息采集部分使用 Struts 2 标签编写，代码如下：

```
<%@page language="java" contentType="text/html; charset=GB18030"
    pageEncoding="GB18030"%>
<%@taglib prefix="s" uri="/struts-tags"%>
<!DOCTYPE html PUBLIC "-//W3C//DTD HTML 4.01 Transitional//EN" "http://www.
w3.org/TR/html4/loose.dtd">
<html>
<head>
```

```
<meta http-equiv="Content-Type" content="text/html; charset=GB18030">
<title>用户调查</title>
</head>
<body>
<s:form action="survey">
    <s:textfield name="username" label="用户名"/>
    <s:textfield name="age" label="年龄"/>
    <s:textfield name="salary" label="薪水">
    <s:textfield name="postCode" label="邮编"/>
    <s:textfield name="address" label="住址"/>
    <s:submit value="提交(execute)"/>
<s:submit value="提交(process)" method="process"/>
</s:form>
</body>
</html>
```

在浏览器地址栏中输入如下的 URL：

```
http://localhost:8080/samples/chapter12/survey.jsp
```

在图 12.1 所示的页面中输入一些错误信息，有的字段可以不输入任何值，然后单击【提交(execute)】按钮，会显示图 12.2 所示的错误信息。图所示内容是在 validate 方法中通过 addField Error 方法添加的错误信息。

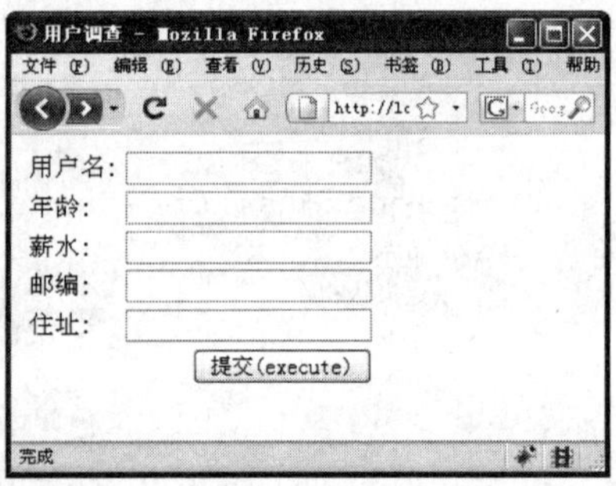

图 12.1　survery.jsp 页面

图 12.2　使用 validate 方法进行输入校验

12.1.3　使用 validateXxx 方法进行输入校验

在很多应用中，Action 类不仅仅只有一个 Action 方法。例如，UserAction 类中可能有两个 Action 方法：login 和 register，分别用来处理用户登录和注册的业务逻辑，它们的校验规则也有所差异。如果将不同的校验代码都写在 validate 方法中，会使这个方法中的代码非常多，从而加大了维护的难度。为此，Struts 2 允许每一个 Action 方法单独拥有一个校验方法，校验方法名的格式为 validateXxx，其中 Xxx 表示 Action 方法名。例如，如果 Action 方法名为 login，则校验方法名就是 validateLogin。如果在 Action 类中同时拥有 validate 和 validateXxx 方法，Struts 2 会先调用 validateXxx 方法，然后再调用 validate 方法。

为了测试 validateXxx 方法的调用情况，需要在 SurveyAction 类中添加如下的代码：

```
//在调用 process 方法之前，validateProcess 方法会先被调用，然后再调用 validate 方法
public void validateProcess()
{
    if(user.getUsername()==null || "".equals(user.getUsername()))
        this.addFieldError("username", "用户名不能为空（validateProcess）.");
}
//Action 方法
public String process()
{
    return SUCCESS;
}
```

在 survey.jsp 页面中的<s:form>标签内再加入一个【提交】按钮，以便客户端可以提交调用 process 方法的请求，代码如下：

```
<s:submit value="提交(process)" method="process"/>
```

在浏览器地址栏中输入如下的 URL：

```
http://localhost:8080/samples/chapter12/survey.jsp
```

当【用户名】文本框中未输入任何值时，单击【提交（process）】按钮，会显示图 12.3 所示的错误信息。

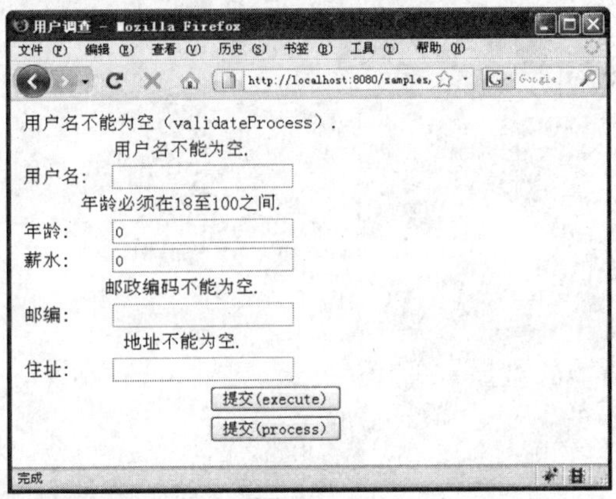

图 12.3　使用 validateXxx 方法进行输入校验

12.1.4　Struts 2 的输入校验流程

根据上面几节的描述，很容易发现 Struts 2 的输入校验流程有如下几步：

（1）在客户端提交数据后，Struts 2 会进行类型转换。

（2）如果类型转换成功，会继续调用 validateXxx 方法。如果类型转换失败，则会将类型转换错误保存在 ActionContext 中，并转换成字段错误（fieldError）。

（3）在调用 validateXxx 方法后，会继续调用 validate 方法。

（4）当 validateXxx 方法和 validate 方法都调用完后，Struts 2 会检查是否有字段错误，如果没有字段错误，则继续调用 Action 的处理方法，如果有字段错误，则直接返回 input 结果，并转入 input 结果所指的 Web 资源。

（5）当调用 Action 的处理方法后，会返回一个结果，然后也会转入相应的 Web 资源。

12.2　使用 Validation 框架进行数据校验

上面介绍了如何通过 validate 方法和 validateXxx 方法进行输入校验，虽然使用这种校验方法可以减少一些工作量，但仍然需要编写大量的代码，而且代码复用率不高。为此，Struts 2 提供了另一种解决方案：Validation 校验框架。通过该框架，只需要在配置文件中配置要校验的字段和校验规则，就可以对相应的字段进行校验了。

12.2.1　使用 Validation 框架进行服务端校验

这一节我们使用 RegisterAction 类进行校验。为了使用 Validation 框架进行输入校验，RegisterAction 类的代码如下：

```
package chapter12;
import com.opensymphony.xwork2.*;
import java.util.*;
public class RegisterAction extends ActionSupport
{
    private String username;
    private String password;
    private int age;
    private Date birthday;
    private String result;
    //result 属性的 getter 方法
    public String getResult()
    {
        return result;
    }
    //result 属性的 setter 方法
    public void setResult(String result)
    {
        this.result=result;
    }
    //username 属性的 getter 方法
    public String getUsername()
    {
        return username;
    }
    //username 属性的 setter 方法
    public void setUsername(String username)
    {
        this.username=username;
    }
    //password 属性的 getter 方法
    public String getPassword()
    {
        return password;
    }
    //password 属性的 setter 方法
    public void setPassword(String password)
    {
        this.password=password;
    }
    //age 属性的 getter 方法
    public int getAge()
```

```
    {
        return age;
    }
    //age 属性的 setter 方法
    public void setAge(int age)
    {
        this.age=age;
    }
    //birthday 属性的 getter 方法
    public Date getBirthday()
    {
        return birthday;
    }
    //birthday 属性的 setter 方法
    public void setBirthday(Date birthday)
    {
        this.birthday=birthday;
    }
    public String execute()throws Exception
    {
        setResult("注册成功!");
        return SUCCESS;
    }
    public String register()throws Exception
    {
        setResult("注册成功（由 register 方法处理）!");
        return SUCCESS;
    }
}
```

RegisterAction 类的配置代码如下：

```
<action name="register" class="chapter12.RegisterAction">
    <!--配置 SUCCESS 结果-->
    <result name="success">/chapter12/success.jsp
    </result>
    <!--配置 INPUT 结果-->
    <result name="input">/chapter12/input.jsp
    </result>
</action>
```

Validation 校验框架需要一个配置校验规则的 XML 文件，一般将这个文件放到和 Action 类的.class 文件相同的目录中，RegisterAction.class 在 WEB-INF\classes\chapter12\action 目录中，因此，这个 XML 文件也应放到这个目录中。校验规则文件的命名规则如下：

```
<ActionClassName>-validation.xml
```

其中<ActionClassName>表示 Action 类名，本例为 RegisterAction。也就是说，应该将这个校验规则文件命名为 RegisterAction-validation.xml，并放到 RegisterAction.class 所在的目录中。RegisterAction-validation.xml 文件的内容如下：

```
<?xml version="1.0" encoding="UTF-8"?>
<!DOCTYPE validators PUBLIC "-//OpenSymphony Group//XWork Validator 1.0.2//EN"
"http://www.opensymphony.com/xwork/xwork-validator-1.0.2.dtd">
<validators>
    <!--校验 username 字段-->
    <field name="username">
        <!--用户名必须输入-->
        <field-validator type="requiredstring">
            <message>用户名必须输入</message>
        </field-validator>
        <!--指定用户名长度在 4 和 20 之间-->
        <field-validator type="stringlength">
            <param name="minLength">4</param>
            <param name="maxLength">20</param>
            <param name="trim">true</param>
            <message>用户名长度必须介于 4 和 20 之间!</message>
        </field-validator>
        <!--通过正则表达式来限定用户名只能输入字母和数字-->
        <field-validator type="regex">
            <param name="expression"><![CDATA[(^\w*$)]]></param>
            <param name="trim">true</param>
            <message>用户名必须是字母和数字!</message>
        </field-validator>
    </field>
    <!--校验密码-->
    <field name="password">
        <!--密码必须输入-->
        <field-validator type="requiredstring">
            <message>密码必须输入</message>
        </field-validator>
        <!--指定密码长度必须在 8 和 30 之间-->
        <field-validator type="stringlength">
            <param name="minLength">8</param>
            <param name="maxLength">30</param>
            <param name="trim">true</param>
            <message>密码的长度必须介于 8 和 30 之间!!</message>
        </field-validator>
    </field>
    <!--校验年龄-->
    <field name="age">
        <!--指定年龄的范围-->
        <field-validator type="int">
            <param name="min">1</param>
            <param name="max">200</param>
            <message>您必须输入一个有效的年龄!</message>
        </field-validator>
```

```
        </field>
        <!--校验日期-->
        <field name="birthday">
            <!--出生日期必须输入-->
            <field-validator type="requiredstring">
                <message>出生日期必须输入</message>
            </field-validator>
            <!--指定出生日期的范围-->
            <field-validator type="date">
                <param name="min">1900-1-1</param>
                <param name="max">2020-1-1</param>
                <message>出生日期必须在 ${min}和${max}之间!</message>
            </field-validator>
        </field>
    </validators>
```

在上面的配置代码中，<field-validator>标签的 type 属性表示校验器类型，这将在后面的部分详细介绍。下面来编写 JSP 页面，代码如下：

```
    <%@page language="java" pageEncoding="UTF-8"%>
    <%@taglib prefix="s" uri="/struts-tags"%>
      <html>
        <head>
          <title>用户注册</title>
          <style type="text/css">
            input{width: 200px}
          </style>
        </head>
        <body>
          <s:form action="register " namespace="/chapter12">
               <s:textfield label="用户名" name="username"/>
               <s:password label="密码" name="password"/>
               <s:password  label="重新输入密码" name="repassword"/>
               <s:textfield label="年龄" name="age"/>
               <s:textfield label="生日" name="birthday"/>
               <s:submit value="注册" cssStyle="width:50px"/>
            </s:form>
        </body>
      </html>
```

在浏览器地址栏中输入如下的 URL：

```
    http://localhost:8080/samples/chapter12/register_struts2.jsp
```

当浏览器显示出注册页面后，在【用户名】文本框中输入 ab，然后单击【注册】按钮，将会显示图 12.4 所示的错误信息。

从图 12.4 所示的输出结果可以看出，使用 Validation 框架校验产生的字段错误和手工通过 addFieldError 方法添加的字段错误完全相同。因此，使用 Validation 框架完全可以代替手工的方式进行输入校验。

12.2.2　字段和非字段校验器

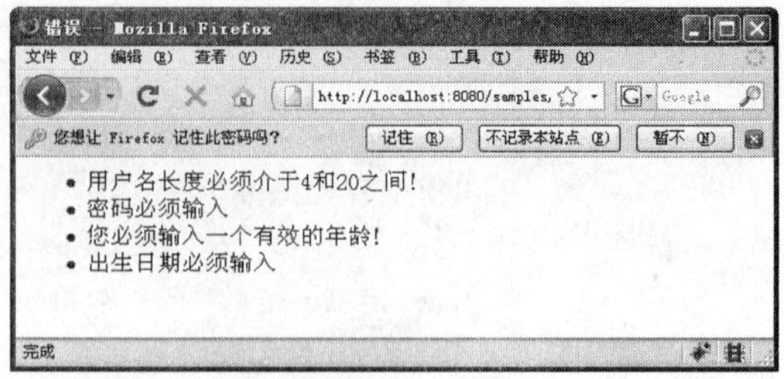

图 12.4　Validation 框架的校验结果

在前面已经给出了一个校验规则文件 RegisterAction-validation.xml，在该文件中将每个字段的校验规则封装在了<field>标签中，然后通过<field-validator>子标签的 type 属性指定校验器类型。也就是说，一个<field-validator>标签就是一种校验类型，而且只校验父标签<field>所指定的字段。这种配置校验规则的方式被称为以字段为中心的校验器，简称字段校验器。

Struts 2 还提供了另外一种配置校验规则的方法，这种方法是以校验规则为中心，使用<validator>标签的 type 属性指定校验器类型，并通过<param>子标签来指定该校验器的参数。通过这种方法配置出来的校验器也可称为非字段校验器，如下面的代码所示：

```
<validators>
    <validator type="requiredstring">
        <param name="fieldName">username</param>
        <message>用户名必须输入</message>
    </validator>
</validators>
```

如果使用非字段校验器来配置校验规则，RegisterAction-validation.xml 文件可以改成如下的形式：

```
<?xml version="1.0" encoding="UTF-8"?>
<!DOCTYPE validators PUBLIC "-//OpenSymphony Group//XWork Validator 1.0.2//EN"
"http://www.opensymphony.com/xwork/xwork-validator-1.0.2.dtd">
<validators>
    <!--配置用于校验 username 字段的 requiredstring 校验规则-->
    <validator type="requiredstring">
        <param name="fieldName">username</param>
        <message>用户名必须输入</message>
    </validator>
    <!--配置用于校验 password 字段的 requiredstring 校验规则-->
    <validator type="requiredstring">
        <param name="fieldName">password</param>
        <message>密码必须输入</message>
    </validator>
    <!--配置用于校验 birthday 字段的 requiredstring 校验规则-->
    <validator type="requiredstring">
        <param name="fieldName">birthday</param>
        <message>出生日期必须输入</message>
    </validator>
    <!--配置用于校验 username 字段的 stringlength 校验规则-->
    <validator type="stringlength">
        <param name="fieldName">username</param>
        <param name="minLength">4</param>
        <param name="maxLength">20</param>
```

```
            <param name="trim">true</param>
            <message>用户名长度必须介于 4 和 20 之间!</message>
        </validator>
        <!--配置用于校验 password 字段的 stringlength 校验规则-->
        <validator type="stringlength">
            <param name="fieldName">password</param>
            <param name="minLength">8</param>
            <param name="maxLength">30</param>
            <param name="trim">true</param>
            <message>密码的长度必须介于 8 和 30 之间!</message>
        </validator>
        <!--配置用于校验 username 字段的 regex 校验规则-->
        <validator type="regex">
            <param name="fieldName">username</param>
            <param name="expression"><![CDATA[(^\w*$)]]></param>
            <param name="trim">true</param>
            <message>用户名必须是字母和数字!</message>
        </validator>
        <!--配置用于校验 age 字段的 int 校验规则-->
        <validator type="int">
            <param name="fieldName">age</param>
            <param name="min">1</param>
            <param name="max">200</param>
            <message>您必须输入一个有效的年龄!</message>
        </validator>
        <!--配置用于校验 birthday 字段的 date 校验规则-->
        <validator type="date">
            <param name="fieldName">birthday</param>
            <param name="min">1900-1-1</param>
            <param name="max">2020-1-1</param>
            <message>出生日期必须在${min}和${max}之间!</message>
        </validator>
    </validators>
```

从上面的配置代码可以看出，每一个<validator>标签代表一个校验器，并且在这些校验器中使用 fieldName 参数指定了要校验的字段名。

如果使用上面的校验规则文件在 register_ struts2.jsp 页面中的【用户名】文本框输入 ab，然后单击【注册】按钮，会输出图 12.5 所示的错误信息。

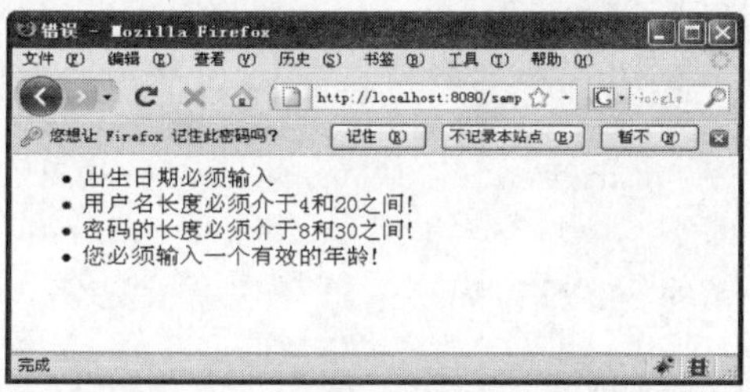

图 12.5　使用非字段校验器的效果

图 12.4 所示的输出结果和图 12.5 所示的输出结果相同，只是输出错误信息的顺序不同，这是由于 Struts 2 根据在校验规则文件中规则配置顺序来依次进行校验的。由于在本节中的校验规则文件中将 requiredstring 规则放到了最前面，将 stringlength 规则放在了 3 个 requiredstring 规则的后面，因此，校验字符串长度的字段错误信息会在校验字段是否输入的字段错误信息之后输出。

12.2.3　国际化错误提示信息

在上面的校验文件中的错误提示信息都是硬编码在配置文件中的，这样做显然不利于国际化，由于这些信息和规则都混在了一起，也不利于以后的维护和管理。因此，本节将介绍如何将这些错误信息提炼出来，并将其放到单独的属性文件中。

局部属性文件只针对相应的 Action 类。如对于 RegisterAction 类来说，属于该类的属性文件需要命名为 RegisterAction.properties，并将该文件放到 RegisterAction.class 文件所在的目录中，该文件的内容如下：

```
#定义必填字段规则的错误信息
username.required=用户名必须输入!
password.required=密码必须输入!
birthday.required=出生日期必须输入!
#定义字段长度规则的错误信息
username.stringlength=用户名长度必须介于${minLength}和${maxLength}之间!
password.stringlength=密码的长度必须介于${minLength}和${maxLength}之间!
#定义正则表达式规则的错误信息
username.regex=用户名必须是字母和数字!
#定义整型范围规则的错误信息
age.int=年龄必须在${min}和${max}之间!
```

由于 Eclipse 的属性文件只支持 ISO-8859-1 编码格式，因此，当属性文件中包含中文信息时，该属性文件需要保存成 UTF-8 或 GBK，而且还必须使用 native2ascii.exe 命令将包含中文信息的属性文件转换成\uxxxx 格式的 Unicode 2 编码格式，其中 xxxx 表示 2 字节的 Unicode 2 编码的十六进制数。native2ascii.exe 命令可以在<JDK 安装目录>\bin 目录中找到。如上面的 RegisterAction.properties 文件可以按如下的两步进行转换：

（1）将 RegisterAction.properties 改名为 RegisterAction1.properties。

（2）使用如下的命令对 RegisterAction1.properties 文件进行编码转换：

```
native2ascii.exe RegisterAction1.properties>RegisterAction.properties
```

经过转换后的 RegisterAction.properties 文件的内容如下：

```
#\u5b9a\u4e49\u5fc5\u586b\u5b57\u6bb5\u89c4\u5219\u7684\u9519\u8bef\ u4fe1\u606f
username.required=\u7528\u6237\u540d\u5fc5\u987b\u8f93\u5165!
password.required=\u5bc6\u7801\u5fc5\u987b\u8f93\u5165!
birthday.required=\u51fa\u751f\u65e5\u671f\u5fc5\u987b\u8f93\u5165!
#\u5b9a\u4e49\u5b57\u6bb5\u957f\u5ea6\u89c4\u5219\u7684\u9519\u8bef\u4fe1\u606f
username.stringlength=\u7528\u6237\u540d\u957f\u5ea6\u5fc5\u987b\u4ecb\u4e
8e${minLength}\u548c${maxLength}\u4e4b\u95f4!
password.stringlength=\u5bc6\u7801\u7684\u957f\u5ea6\u5fc5\u987b\u4ecb\u4e
8e${minLength}\u548c${maxLength}\u4e4b\u95f4!
#\u5b9a\u4e49\u6b63\u5219\u8868\u8fbe\u5f0f\u89c4\u5219\u7684\u9519\ u8bef
\u4fe1\u606f
username.regex=\u7528\u6237\u540d\u5fc5\u987b\u662f\u5b57\u6bcd\u548c\u657
0\u5b57!
#\u5b9a\u4e49\u6574\u578b\u8303\u56f4\u89c4\u5219\u7684\u9519\u8bef\ u4fe1\
u606f
```

```
age.int=\u5e74\u9f84\u5fc5\u987b\u5728${min}\u548c${max}\u4e4b\u95f4!
```

从上面的代码可以看到，所在的中文字符都被转换成了\uxxxx 格式（也包括注释部分）。虽然使用 native2ascii.exe 命令可以很好地完成编码转换工作，但这种转换编码的方式显得有些笨拙，不仅得修改文件名，而且还得启动控制台。

现在用于国际化的属性文件已经编写完了，然后可以使用下面的格式引用这些在属性文件中定义的错误信息：

```
<message key="在属性文件中定义的错误信息的 key 值"/>
```

按着上面的格式，可以将 RegisterAction-validation.xml 文件的内容按着如下形式修改：

```
<?xml version="1.0" encoding="UTF-8"?>
<!DOCTYPE validators PUBLIC "-//OpenSymphony Group//XWork Validator 1.0.2//EN"
"http://www.opensymphony.com/xwork/xwork-validator-1.0.2.dtd">
<validators>
    <!--配置用于校验 username 字段的 requiredstring 校验规则-->
    <validator type="requiredstring">
        <param name="fieldName">username</param>
        <message key="username.required"/>
    </validator>
    <!--配置用于校验 password 字段的 requiredstring 校验规则-->
    <validator type="requiredstring">
        <param name="fieldName">password</param>
        <message key="password.required"/>
    </validator>
    <!--配置用于校验 birthday 字段的 requiredstring 校验规则-->
    <validator type="requiredstring">
        <param name="fieldName">birthday</param>
        <message key="birthday.required"/>
    </validator>
    <!--配置用于校验 username 字段的 stringlength 校验规则-->
    <validator type="stringlength">
        <param name="fieldName">username</param>
        <param name="minLength">4</param>
        <param name="maxLength">20</param>
        <param name="trim">true</param>
        <message key="username.stringlength"/>
    </validator>
    <!--  配置用于校验 password 字段的 stringlength 校验规则-->
    <validator type="stringlength">
        <param name="fieldName">password</param>
        <param name="minLength">8</param>
        <param name="maxLength">30</param>
        <param name="trim">true</param>
        <message key="password.stringlength"/>
    </validator>
    <!--配置用于校验 username 字段的 regex 校验规则-->
    <validator type="regex">
```

```
        <param name="fieldName">username</param>
        <param name="expression"><![CDATA[(^\w*$)]]></param>
        <param name="trim">true</param>
        <message key="username.regex"/>
    </validator>
    <!--配置用于校验 age 字段的 int 校验规则-->
    <validator type="int">
        <param name="fieldName">age</param>
        <param name="min">1</param>
        <param name="max">200</param>
        <message key="age.int" />
    </validator>
    <!--配置用于校验 birthday 字段的 date 校验规则-->
    <validator type="date">
        <param name="fieldName">birthday</param>
        <param name="min">1900-1-1</param>
        <param name="max">2020-1-1</param>
        <message key="birthday.date" />
    </validator>
</validators>
```

从上面的配置代码可以看出，所有的<message>标签都使用 key 属性引用了在属性文件中定义的错误信息。在访问 register_struts2.jsp 之后，单击【注册】按钮，仍然会显示图 12.5 所示的错误信息。

12.2.4　校验文件的命名规则

Struts 2 的 Action 中可能有多个处理逻辑，也就是说，Action 类中可能包含多个类似 execute 的方法，每一个这样的方法都是一个处理逻辑。如果要求每一个处理逻辑都有各自的校验规则，只使用 ActionName-validation.xml 文件，系统将无法确定每一个处理逻辑要使用哪个校验规则。

在 struts.xml 文件中为 Action 配置多个处理逻辑时，可以使用<action>标签的 method 属性。为此，Struts 2 校验框架提供了另外一个校验文件的命名规则，该命名规则如下：

```
<ActionName>-<ActionAliasName>-validation.xml
```

其中<ActionAliasName>就是<action>标签的 name 属性值。下面是配置两个 Action 的代码片段：

```
<action name="register" class="chapter11.action.RegisterAction">
    <result name="success">/chapter11/success.jsp</result>
    <result name="input">/chapter11/input.jsp</result>
</action>
<action  name="register_method"class="chapter11.action.RegisterAction"  method
="register">
    <result name="success">/chapter11/success.jsp</result>
    <result name="input">/chapter11/input.jsp</result>
</action>
```

为了使上面代码中配置的两个 Action 拥有不同的校验逻辑，就需要按上面的命名规则来建立校验文件，如对于 register_method 来说，校验文件的名称如下：

```
RegisterAction-register_method-validation.xml
```

当然，该文件也必须放在 RegisterAction.class 文件所在的目录中。在该文件中添加一个新的校验规则，该校验规则不允许用户名为 system，在这里使用 fieldexpression 规则来完成这个校验，代码如下：

```
<?xml version="1.0" encoding="UTF-8"?>
<!DOCTYPE validators PUBLIC "-//OpenSymphony Group//XWork Validator 1.0.2//EN"
"http://www.opensymphony.com/xwork/xwork-validator-1.0.2.dtd">
<validators>
    <!--配置用于校验 username 字段的 fieldexpression 校验规则-->
    <field name="username">
        <field-validator type="fieldexpression">
            <!--不允许用户名为 system-->
            <param name="expression"><![CDATA[username!="system"]]></param>
            <message>
                用户名不能是 system
            </message>
        </field-validator>
    </field>
</validators>
```

虽然建立了 RegisterAction-register_method-validation.xml 校验文件，但 RegisterAction-validation.xml 文件仍然起作用，也就是说，对 register_method 的校验结果是这两个校验文件共同作用的结果。

在用户注册页面的【用户名】文本框中输入 system，并单击【注册】按钮，将会显示图 12.6 所示的字段错误信息（使用服务端校验）。

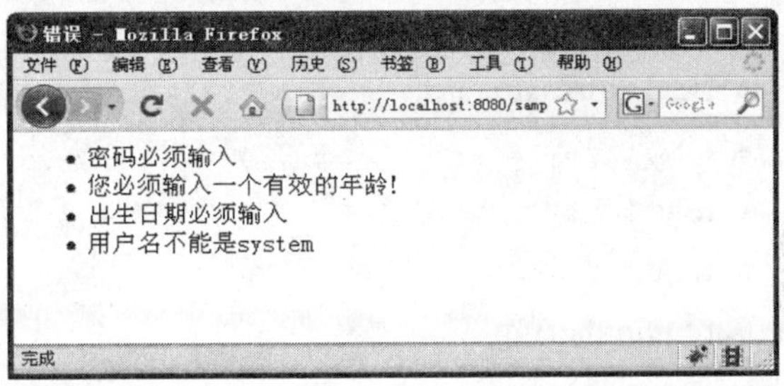

图 12.6　两个校验文件共同作用后输出的字段错误信息

从图 12.6 可以看出，RegisterAction-register_method-validation.xml 文件中定义的校验规则的错误信息出现在了最后，因此可以断定，Struts 2 校验框架会先使用 RegisterAction-validation.xml 中的校验器进行校验，然后才会使用 RegisterAction-register_method-validation.xml 中的校验器进行校验。

除此之外，如果 Action 类之间有继承关系，则 Struts 2 校验框架会先使用父 Action 的校验文件，然后再使用子 Action 的校验文件。如有两个 Action 类：ParentAction 和 ChildAction，其中 ParentAction 是 ChildAction 的父类。Struts 2 校验框架会按如下的顺序来搜索校验文件：

- ParentAction-validation.xml。
- ParentAction-<ActionAliasName>-validation.xml。
- ChildAction-validation.xml。
- ChildAction-<ActionAliasName>-validation.xml。

其中<ActionAliasName>表示当前访问的 Action 的名字，也就是<action>标签的 name 属性值。假设有如下的配置代码：

```
<action name="child" class="action.ChildAction" method="myExecute">
…
</action>
```

在访问上面配置的 child 动作时，在该 Action 上使用的校验器应该是如下 4 个校验文件中定义的校验器之和：

- ParentAction-validation.xml。
- ParentAction-child-validation.xml。
- ChildAction-validation.xml。
- ChildAction-child-validation.xml。

如果上述 4 个校验文件中的某个文件不存在，则忽略该校验文件。

12.3　validation 框架的内置校验器

在 validation 框架中内置了很多校验器，通过这些校验器可以不用编写一行代码就可以完成很多常用的数据校验。这些内置的校验器如下：

- conversion。
- date。
- double。
- email。
- expression。
- fieldexpression。
- int。
- regex。
- required。
- requiredstring。
- stringlength。
- url。

12.3.1　conversion 校验器

conversion 校验器的功能是校验字段在类型转换过程中是否出错误。该校验器只有一个 fieldName 参数（所有的内置转换器都有一个 fieldName 参数），用于指定要校验的字段名。如果使用的是字段校验器，则不需要指定任何参数。

12.3.2　date 校验器

date 校验器用于校验日期的范围。max 和 min 参数用于指定日期的最大值和最小值。这两个参数是可选的，如果未指定 max 或 min，那么 date 校验器不检查日期最大值或最小值。使用 date 字段校验器的代码如下：

```
<validators>
    <field name="birthday">
```

```
        <field-validator type="date">
            <param name="min">1920-1-1</param>
            <param name="max">1999-12-31</param>
            <message>出生日期必须在${min}和${max}之间.</message>
        </field-validator>
    </field>
…
</validators>
```

在上面的代码中使用了${min}和${max}，这是两个占位符，用于获得 min 和 max 参数的值，如果输出错误信息，则该信息为“出生日期必须在 1920-1-1 至 1999-12-31 之间.”。

12.3.3　double 校验器

double 校验器用于校验双精度浮点数的范围，该校验器使用如下 4 个参数指定双精度浮点数的范围：

- minInclusive：该参数指定了浮点数的最小值（包括该值）。
- maxInclusive：该参数指定了浮点数的最大值（包括该值）。
- minExclusive：该参数指定了浮点数的最小值（不包括该值）。
- maxExclusive：该参数指定了浮点数的最大值（不包括该值）。

使用 double 非字段校验器的代码如下：

```
<validators>
    <validator type="double">
        <param name="fieldName">price</param>
        <param name="minInclusive">300.25</param>
        <param name="maxInclusive">1234.5</param>
        <message>价格应在${minInclusive}和${maxInclusive}之间.</message>
    </validator>
…
</validators>
```

12.3.4　email 校验器

email 校验器用于校验电子邮件地址是否合法。该校验器除了一个 fieldName 参数外没有其他的参数。email 非字段校验器的代码如下：

```
<validators>
    <validator type="email">
        <param name="fieldName">email</param>
        <message>电子邮件地址无效.</message>
    </validator>
…
</validators>
```

12.3.5　expression 校验器

expression 校验器可以使用 OGNL 表达式对字段进行校验。该校验器是非字段校验器，因此，不能在字段校验形式的配置文件中使用 expression 校验器。使用 expression 的非字段校验器代码如下：

```
<validators>
     <validator type="expression">
        <param name="expression"> … </param>
        <message>OGNL 表达式校验失败. </message>
     </validator>
     …
</validators>
```

12.3.6　fieldexpression 校验器

fieldexpression 校验器可以使用一个表达式对字段进行校验。该表达式通过 expression 参数指定。使用 fieldexpression 字段校验器的代码如下：

```
<validators>
    <field name="username">
        <field-validator type="fieldexpression">
<param name="expression"><![CDATA[username!="sys"]]></param>
            <message>用户名不能是 sys </message>
        </field-validator>
    </field>
    …
</validators>
```

12.3.7　int 校验器

int 校验器用于校验整数的范围。该校验器通过如下两个参数指定整数范围的最大值和最小值：

- max：指定整数范围的最大值，该参数可选，如果未指定该参数，则不检查最大值。
- min：指定整数范围的最小值，该参数可选，如果未指定该参数，则不检查最小值。

使用 int 字段校验器的代码如下：

```
<validators>
    <field name="age">
        <field-validator type="int">
            <param name="min">18</param>
            <param name="max">100</param>
            <message>年龄必须在${min}和${max}之间.</message>
        </field-validator>
    </field>
    …
</validators>
```

12.3.8　regex 校验器

regex 校验器用于校验一个字段值是否满足指定的正则表达式。该校验器不仅可指定正则表达式，还可以忽略大小写，以及截取字段值前后的空格。完成这些功能的参数如下：

- expression：该参数指定了正则表达式。该参数是必需的。
- caseSensitive：该参数指明在匹配字段值时，是否区分大小写。该参数是可选的，默认值是 true。
- trim：该参数指定在匹配字段值之前，是否应该截取字段值前后的空格。该参数是可选的，默认值是 true。

使用 regex 非字段校验器的代码如下：

```
<validators>
    <validator type="regex">
        <param name="fieldName">postCode</param>
        <param name="expression"><![CDATA[([aAbBcCdD][123][eEfFgG][456])]]
<>/param>
      <message>邮政编码无效.</message>
    </validator>
</validators>
```

12.3.9 required 校验器

required 校验器用于校验字段值是否为空。该校验器也可以将 trim 参数的值设为 true 来截取字段值前后的空格。使用 required 字段校验器的代码如下：

```
<validators>
    <field name="username">
        <field-validator type="required">
           <param name="expression"></param>
      <message>用户名不能为空.</message>
        </field-validator>
    </field>
</validators>
```

12.3.10 requiredstring 校验器

requiredstring 校验器用于校验字段值是否为空串，也就是说，字段值的长度必须大于 0。使用 requiredstring 字段校验器的代码如下：

```
<validators>
    <field name="username">
        <field-validator type="requiredstring">
           <param name="expression"></param>
      <message>用户名不能为空串.</message>
        </field-validator>
    </field>
</validators>
```

12.3.11 stringlength 校验器

stringlength 校验器用于校验字符串的长度。通过 maxLength 和 minLength 参数来指定字符串的最大值和最小值。除此之外，该校验器也支持 trim 参数。使用 stringlength 字段校验器的代码如下：

```
<validators>
    <field name="username">
        <field-validator type="stringlength">
            <param name="minLength">6</param>
            <param name="maxLength">20</param>
            <param name="trim">true</param>
     <message>用户名长度必须在${minLength}和${maxLength}之间.</message>
        </field-validator>
    </field>
</validators>
```

12.3.12　url 校验器

url 校验器用于校验网址格式是否合法。使用 url 字段校验器的代码如下：

```
<validators>
    <field name="blog">
        <field-validator type="url">
     <message>Blog 地址不合法.</message>
        </field-validator>
    </field>
</validators>
```

12.4　本 章 小 结

本章介绍了 Struts 2 支持的几种输入校验的方法。如果 Action 类从 ActionSupport 类继承，那么可以使用 validate 和 validateXxx 方法进行服务端校验。如果某个字段值校验失败，则使用 addFieldError 方法添加与该字段对应的字段错误信息。除此之外，在 Struts 2 中还可以使用 validation 框架进行校验，使用 validation 框架可以通过字段校验器或非字段校验器进行校验，这些校验器都可以在文件中进行配置。在本章的最后介绍了 validation 框架支持的内置校验器。

第 13 章 Strtus 2 的常用标签

Struts 2 和 Struts 1 一样，也提供了大量的标签。但 Struts 2 标签库整合了 DOJO 技术，可以生成更多的页面效果。除此之外，Struts 2 还提供了很多在 Struts 1 中没有的标签和功能，如日期选择器、树形结构、主题和模板等。

13.1 控制标签

Struts 2 的非 UI 标签包括控制标签和数据标签。其中控制标签主要完成条件逻辑、循环逻辑的控制，以及对集合的合并、排序等操作。本节将主要介绍如下几个控制标签：

- if：用于控制条件逻辑的标签，可以和 elseif、else 配合使用，也可以单独使用。
- elseif：与 if 结合使用，用于控制条件逻辑的标签。
- else：与 if 结合使用，用于控制条件逻辑的标签。
- iterator：用于处理循环逻辑。一般用于处理集合对象。
- append：用于将多个集合拼接成一个新的集合。

13.1.1 if/elseif/else 标签

if/elseif/else 这 3 个标签都可用于控制条件逻辑，其中 if、elseif 标签通过 test 属性返回一个 Boolean 值，并根据该值是否为 true 来决定是否执行标签体，当 if、elseif 标签的 test 属性值都为 false 时，执行 else 标签的标签体。

这 3 个标签中的<s:if.../>标签可以单独使用，也可以与<s:else.../>和<s:elseif.../>标签组合使用，但<s:else.../>和<s:elseif.../>标签不能单独使用，这两个标签必须和<s:if.../>标签组合使用。if/elseif/else 标签组合使用的语法格式如下：

```
<s:if test="表达式">
    标签体
</s:if>
<s:elseif test="表达式">
    标签体
</s:elseif>
```

```
<!--此处可以出现多个 elseif 标签-->
…
<s:else>
    标签体
</s:else>
```

实际上，这 3 个标签的使用方法和 Java 语言中相应的条件控制语句的用法相似，如在下面的 JSP 代码中使用这 3 个标签来判断请求参数 grade 的值，并输出相应的等级信息：

```
<!--condition.jsp-->
<%@page language="java" pageEncoding="UTF-8"%>
<%@taglib prefix="s" uri="/struts-tags"%>
<html>
    <head>
        <title>if/elseif/else 标签</title>
    </head>
    <body>
        <s:if test="${param.grade>=90&&param.grade<=100}">
            优秀
        </s:if>
        <s:elseif test="${param.grade>=80&&param.grade<90}">
            良好
        </s:elseif>
        <s:elseif test="${param.grade>=70&&param.grade<80}">
            中等
        </s:elseif>
        <s:elseif test="${param.grade>=60&&param.grade<70}">
            及格
        </s:elseif>
        <s:else>
            不及格
        </s:else>
    </body>
</html>
```

在浏览器地址栏中输入如下的 URL：

```
http://localhost:8080/samples/chapter13/condition.jsp?grade=90
```

按正常的逻辑，上面的代码应该在浏览器中输出“优秀”，但并未输出这条信息，而是抛出了图 13.1 所示的异常。

也许有的读者会感到奇怪，condition.jsp 页面在 Struts 2.x 的版本中可正确输出信息，但是却在本书所使用的 Struts 2.0.11.2 版本中抛出异常。

实际上，原因也非常简单，读者可以选择一个 Struts 2 的老版本，如 Struts 2.0.6，并打开 jar 包中位于 META-INF 目录中的 struts-tags.tld 文件，可查找到如下所示的 if 和 elseif 标签的配置代码：

```
<!--配置 if 标签-->
<tag>
    <name>if</name>
    <tag-class>org.apache.struts2.views.jsp.IfTag</tag-class>
```

```
…
        <attribute>
            <name>test</name>
            <required>true</required>
            <!--rtexprvalue 属性值为 true，可以使用 EL 表达式-->
            <rtexprvalue>true</rtexprvalue>
            <description><![CDATA[Expression to determine if body of tag is to be
            displayed]]></description>
        </attribute>
    </tag>
    <!--配置 elseif 标签-->
    <tag>
        <name>elseif</name>
        <tag-class>org.apache.struts2.views.jsp.ElseIfTag</tag-class>
        …
        <attribute>
            <name>test</name>
            <required>true</required>
            <!--rtexprvalue 属性值为 true，可以使用 EL 表达式-->
            <rtexprvalue>true</rtexprvalue>
            <description><![CDATA[Expression to determine if body of tag is to be
displayed]]></description>
        </attribute>
    </tag>
```

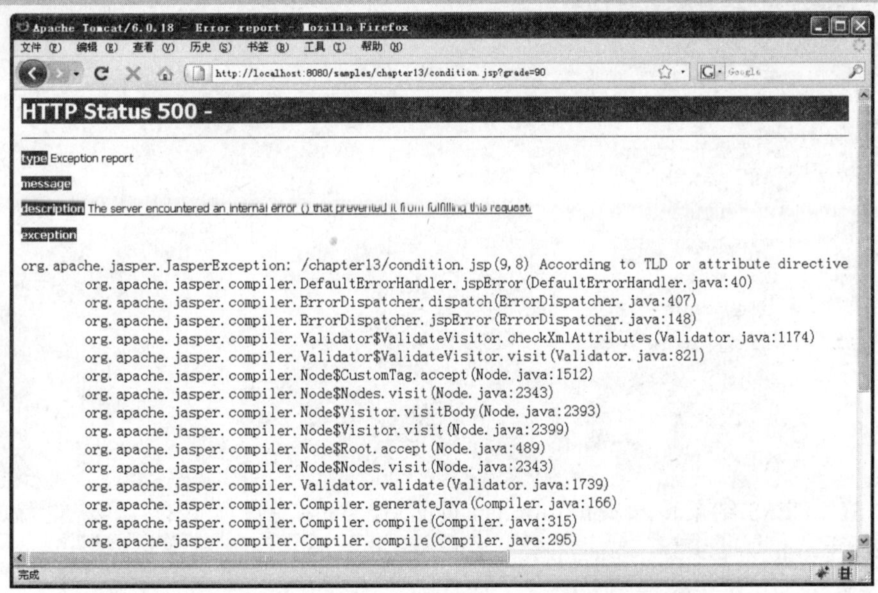

图 13.1　访问 condition.jsp 页面抛出的异常

从上面的配置代码可以看出，if 和 elseif 标签的 test 属性的<rtexprvalue>标签值都是 true，说明在 Struts 2.0.6 中 if 和 elseif 标签的 test 属性可以使用 EL 表达式。

读者可以按同样的方式打开本书所采用的 Struts 2.0.11.2 的 struts-tags.tld 文件，会发现 if 和 elseif 标签的 test 属性的<rtexprvalue>标签值都是 false，也就是说，在 Struts 2.0.11.2 中默认情

况下 if 和 elseif 标签的 test 属性都不支持 EL 表达式。事实上，从 Struts 2.0.10 开始，<rtexprvalue>标签的值就已经是 false 了，据 Apache 官方解释，由于 EL 存在着潜在的安全风险，因此，在默认情况下，将 EL 表达式关闭了。

如果读者想在 Struts 2.0.10 及以后的版本中的 if 和 elseif 标签中使用 EL 表达式，可以先将 struts-tags.tld 文件解压，并将 if 及 elseif 的<rtexprvalue>标签值改为 true 后，将 struts-tags.tld 文件重新加入到 struts 2.0.11.2 的 jar 包中，并覆盖原来的 struts-tags.tld 文件即可。打开其他标签的 EL 表达式支持，也可采用同样的方法。

按上述方法修改了 if 和 elseif 的<rtexprvalue>标签值后，再次访问下面的 URL：

```
http://localhost:8080/samples/chapter13/condition.jsp?grade=90
```

这时浏览器将输出“优秀”。如果读者不想修改 struts-tags.tld 文件，也不想使用 EL 表达式，可以在 test 属性中使用 OGNL 表达式。但要注意，如果判断请求参数，不能写成如下的形式：

```
<s:if test="#parameters.grade>=90&&#parameters.grade<=100}">
    优秀
</s:if>
```

在 Struts 2 中，要取得请求参数的值，然后进行逻辑运算，应先在 Action 类中定义属性来封装请求参数，并通过结果转入 condition.jsp 页面，再使用 OGNL 表达式进行逻辑运算。如下面 Action 类的代码所示：

```
public class Condition extends ActionSupport
{
private int grade;
    public int getGrade()
    {
        return grade;
}
//grade 属性的 setter 方法
    public void setGrade(int grade)
    {
        this.grade=grade;
}
//处理控制逻辑的 execute 方法
    public String execute()
    {
        return SUCCESS;
    }
}
```

在通过 SUCCESS 结果转入 condition.jsp 页面后，可以通过如下的代码来进行逻辑运算：

```
    <s:if test="grade>=90&&grade<=100}">
        优秀
    </s:if>
```

13.1.2　iterator 标签

iterator 标签主要用于对集合进行扫描，这里的集合包括数组、List、Set 以及 Map 对象。使用<s:iterator.../>标签对集合进行迭代时可以使用如下 3 个属性：

- value：该属性指定被迭代的集合。被迭代的集合通常使用 OGNL 表达式指定。如果未指定 name 属性值，则使用 ValueStack 栈顶的集合。
- id：该属性表示集合里的当前元素。
- status：该属性指定集合的 IteratorStatus 对象，在迭代集合的每一个元素时，都会有一个描述当前状态的 IteratorStatus 对象被放到 ValueStack 栈顶。通过 IteratorStatus 对象，可以获得集合当前的各种状态信息，如当前集合元素的索引等。

下面的代码使用<s:iterator.../>标签输出一个集合中的所有元素：

```
<table border="1" width= "150" style="text-align: center">
<s:iterator id="sentense" value="{'白日依山尽','黄河入海流', '欲穷千里目', '更上一层楼'}">
<tr>
<td><s:property value="sentense"/></td>
</tr>
</s:iterator>
</table>
```

在浏览器地址栏中输入如下的 URL：

```
http://localhost:8080/samples/chapter13/iterator.jsp
```

浏览器显示的信息如图 13.2 所示。

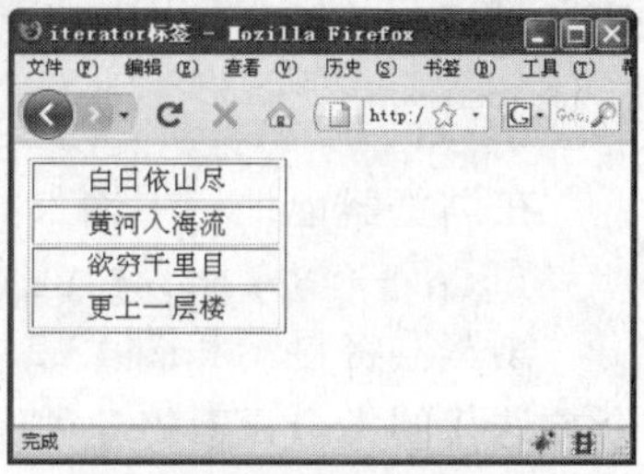

图 13.2　使用 iterator 标签迭代输出集合中的所有元素

value 属性除了可以使用 OGNL 表达式定义集合，也可以扫描 Action 类的集合属性，如下面的 Action 类所示：

```
package chapter13;
import com.opensymphony.xwork2.*;
import java.util.*;
public class IteratorAction extends ActionSupport
{
    private List<String>poetry=new ArrayList<String>();
    public List<String>getPoetry()
    {
        return poetry;
    }
    public void setPoetry(List<String>poetry)
    {
        this.poetry = poetry;
    }
    public String execute()throws Exception
    {
        poetry.add("白日依山尽");
        poetry.add("黄河入海流");
        poetry.add("欲穷千里目");
        poetry.add("更上一层楼");
        return SUCCESS;
    }
}
```

IteratorAction 类的配置代码如下：

```
<package name="chapter13" namespace="/chapter13" extends="struts-default">
    <!--配置 IteratorAction 类-->
    <action name="iterator" class="chapter13.IteratorAction">
        <!--配置 success 结果-->
        <result name="success">/chapter13/iterator.jsp
        </result>
    </action>
</package>
```

使用<s:iterator.../>标签输出 poetry 属性的代码如下：

```
<table border="1" width= "150" style="text-align: center">
    <!--扫描 value 指定的集合-->
<s:iterator id="sentense" value="poetry" >
<tr>
    <!--输出集合中每一个元素-->
<td><s:property value="sentense"/></td>
</tr>
</s:iterator>
</table>
```

在浏览器地址栏中输入如下的 URL：

```
http://localhost:8080/samples/chapter13/iterator.action
```

浏览器将显示和图 13.2 相同的信息。通过<s:iterator.../>标签的 status 属性，可以获得每一个被迭代的集合元素的各种信息，status 属性指定了描述当前集合状态信息的 IteratorStatus 对象，IteratorStatus 类包括如下几个方法：

- getCount：该方法返回一个 int 类型的值，表示当前已经迭代的集合元素个数。
- getIndex：该方法返回一个 int 类型的值，表示当前集合元素的索引（从 0 开始）。
- isEven：该方法返回一个 boolean 类型的值，表示当前迭代的元素索引是否为偶数。
- isFirst：该方法返回一个 boolean 类型的值，表示当前迭代的元素是否为集合的第一个元素。
- isLast：该方法返回一个 boolean 类型的值，表示当前迭代的元素是否为集合的最后一个元素。
- isOdd：该方法返回一个 boolean 类型的值，表示当前迭代的元素索引是否为奇数。

下面的代码利用 IteratorStatus 类的 odd 属性实现偶数行改变背景色，并在第一列显示 index 属性值：

```
<table border="1" width="200" style="text-align:center">
<s:iterator id="sentense" value="poetry" status="status">
    <!--利用 odd 属性实现偶数行改变背景色-->
        <tr <s:if test="#status.odd">style="background-color:#CCCCCC"</s:if>>
            <td width="15%">
                <!--显示当前元素的索引-->
                <s:property value="#status.index"/>
            </td>
            <td>
                <!--显示当前元素值-->
```

```
                <s:property value="sentense"/>
            </td>
        </tr>
    </s:iterator>
</table>
```

在浏览器地址栏中输入如下的 URL：

```
http://localhost:8080/samples/chapter13/iterator.action
```

浏览器显示的信息如图 13.3 所示。

除此之外，<s:iterator.../>标签还可以扫描 Map 类型的对象。在扫描 Map 类型的对象时，将每一个 key-value 对象看做一个元素，也就是有几个 key-value 对，<s:iterator.../>标签就会循环几次。在扫描的过程中，可以分别输出当前元素的 key 和 value，这两个值可以通过当前元素的 Map.Entry 类的 key 和 value 属性输出，如下面的代码所示：

```
<table border="1" width="200" style="text-align:center">
    <tr>
        <th>软件</th>
        <th>类型</th>
</tr>
<!--对 Map 对象进行扫描-->
    <s:iterator id="software" status="status"
        value="#{'Windows':'操作系统','Office':'办公软件','Visual Studio':'开发
        工具','Java':'编程语言'}">
        <tr <s:if test="#status.odd">style="background-color:#CCCCCC"</s:if>>
            <td>
                <!--输出当前元素的 key-->
                <s:property value="key"/>
            </td>
            <td>
                <!--输出当前元素的 value 值-->
                <s:property value="value"/>
            </td>
        </tr>
    </s:iterator>
</table>
```

在浏览器地址栏中输入如下的 URL：

```
http://localhost:8080/samples/chapter13/iterator.action
```

浏览器显示的信息如图 13.4 所示。

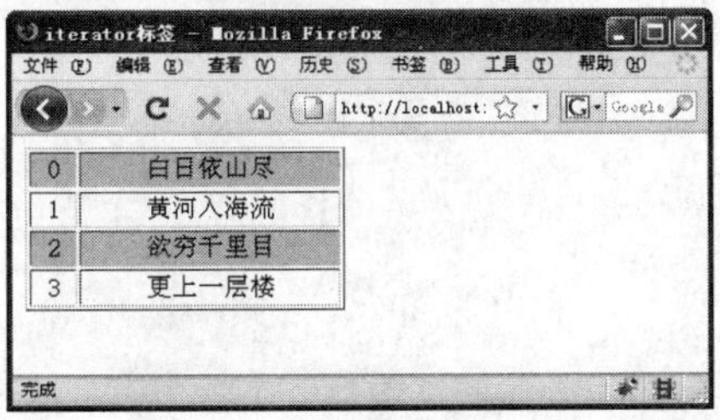

图 13.3　根据 odd 属性改变偶数行背景色

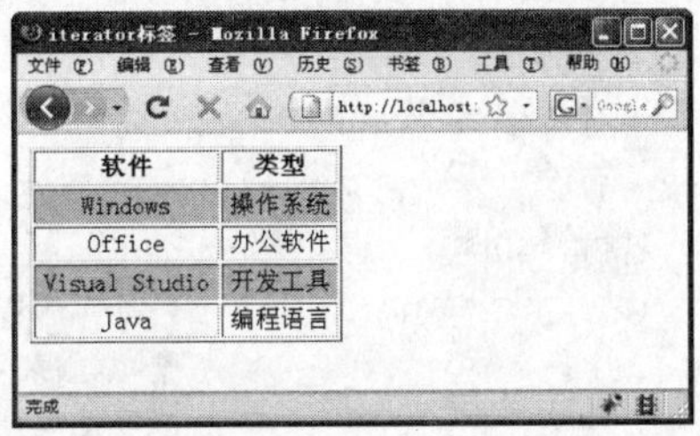

图 13.4　使用 iterator 扫描 Map 对象

13.1.3　append 标签

append 标签用于将多个集合合并成一个新集合，以便通过<s:iterator.../>标签可以对这个新集合进行扫描，并处理该集合中的每一个元素。

使用<s:append.../>标签时需要指定一个 id 属性，该属性指定一个新集合的名字。在<s:append.../>标签中可以指定多个<s:param.../>子标签，每一个<s:param.../>子标签指定一个集合。下面的代码将两个集合合并成一个集合，并使用<s:iterator.../>标签输出合并集合中的每一个元素：

```
<!--append.jsp-->
<!--使用 append 标签合并两个集合-->
<s:append id="newList" >
    <s:param value="{'日照香炉生紫烟','遥看瀑布挂前川','飞流直下三千尺','疑是银河落九
    天'}"/>
    <s:param value="{'天生我才必有用','千金散尽还复来'}"/>
</s:append>
<table border="1" width="150" style="text-align: center">
    <!--扫描新集合，并输出集合中的每一个元素-->
    <s:iterator id="sentense" status="status" value="#newList">
        <tr <s:if test="#status.odd">style="background-color:#CCCCCC"</s:if>>
            <td>
                <s:property value="sentense"/>
            </td>
        </tr>
    </s:iterator>
</table>
```

在浏览器地址栏中输入如下的 URL：

```
http://localhost:8080/samples/chapter13/app
end.jsp
```

浏览器显示的信息如图 13.5 所示。

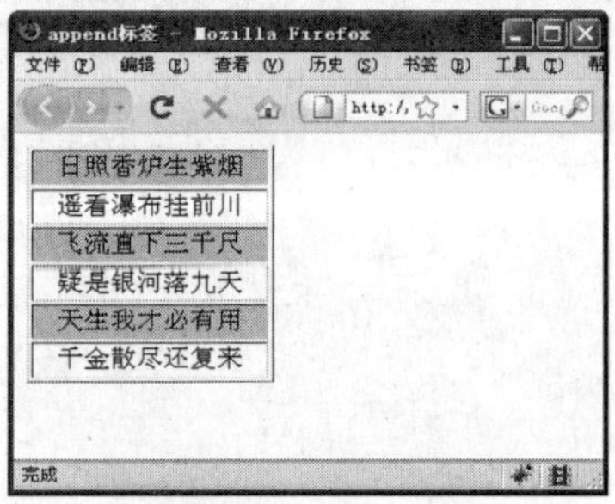

图 13.5　使用 append 标签合并两个集合

<s:append.../>标签除了可以合并多个集合外，还可以合并 Map 类型的对象，甚至可以将 Map 类型的对象和 List 对象进行合并，如下面的代码所示：

```
<!--将一个 Map 对象和一个 List 对象进行合并，产生一个
新的 Map 对象-->
<s:append id="newMap">
    <s:param value="#{'日照香炉生紫烟','遥看瀑布挂前川','飞流直下三千尺','疑是银河
    落九天'}"/>
    <s:param value="#{'Windows':'操作系统','Office':'办公软件','Visual Studio':
    '开发工具','Java':'编程语言'}"/>
</s:append>
<table border="1" width="200" style="text-align: center">
    <!--扫描 newMap 对象中的元素，并输出这些元素-->
<s:iterator id="element"status="status"value="#newMap">
    <!--如果是奇数行，设置背景颜色-->
```

```
        <tr <s:if test="#status.odd">style="background-color:#CCCCCC"</s:if>>
            <td>
                <s:property value="key"/>
            </td>
            <td>
                <s:property value="value"/>
            </td>
        </tr>
    </s:iterator>
</table>
```

如果将 List 对象和 Map 对象合并，将生成一个新的 Map 对象，而且 List 对象的元素都将作为新 Map 对象的 key，而 value 为空。在浏览器地址栏中输入如下的 URL：

```
http://localhost:8080/samples/chapter13/append.jsp
```

浏览器显示的信息如图 13.6 所示。

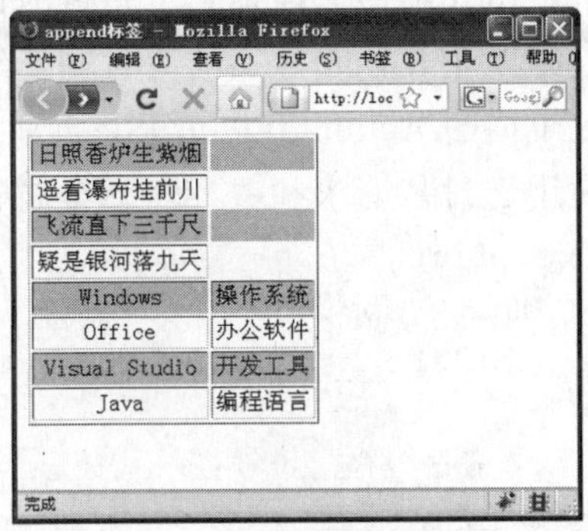

图 13.6　使用 append 标签合并 List 和 Map

13.2　数据标签

数据标签主要用于提供各种与数据访问相关的功能，如创建一个类的对象实例、输出国际化信息和包含其他的 Web 资源等。本节将介绍如下几个数据标签：

- action：该标签用于在 JSP 页面中直接使用一个 Action，可以将 executeResult 属性设为 true，还可以将该 Action 的处理结果直接包含到本页面中。
- bean：该标签用于创建一个 JavaBean 对象实例。如果指定 id 属性，可以将创建的 JavaBean 对象实例放入 Stack Context 中。
- include：该标签用于在 JSP 页面中包含其他的 Web 资源（如 JSP、Servlet 等）。
- param：该标签用于设置一个参数，通常作为 bean、append 等标签的子标签。
- set：该标签用于定义一个新变量，并将该变量保存在指定的范围内。
- property：该标签用于输出某个值，包括输出 ValueStack、Stack Context 和 Action Context 中的值。

13.2.1　action 标签

action 标签允许在 JSP 页面中访问调用 Action。在访问 Action 时，Action 的名字是必不可少的。当然，如果 Action 所在的包指定了 namespace 属性，还必须在调用 Action 时指定 namespace。除了调用 Action 外，action 标签还可以通过 executeResult 属性选择是否将处理结果（视图资源）包含在当前页面中。action 标签有如下几个属性：

- name：该属性指定了要调用的 Action 的名字。
- id：该属性指定了要访问的 Action 的对象实例名，在 JSP 页面中可以通过该名字来访问 Action 的对象实例。

- namespace：该属性指定了 Action 的命名空间名。
- executeResult：该属性指定了是否将处理结果页面包含在当前页面中。该属性的默认值为 true，即包含处理结果页面。executeResult 属性的默认值为 false，即不包含。
- ignoreContextParams：该属性指定是否将当前页面的请求参数传给 action 标签访问的 Action。该属性的默认值为 false，即将当前页面的请求参数传入被访问的 Action。
- flush：该属性指定了是否应该在 action 标签结束时刷新缓存。该属性的默认值为 true，即在 action 标签结束时刷新缓存。

下面的 Action 类将在 JSP 页面中被调用。这个 Action 类非常简单，有一个 value 属性（该属性用于封装请求参数）和一个逻辑处理方法 execute。该 Action 类的实现代码如下：

```
package chapter13;
import com.opensymphony.xwork2.*;
public class MyAction extends ActionSupport
{
    private String value;
    public String getValue()
    {
        return value;
    }
    public void setValue(String value)
    {
        this.value=value;
    }
    @Override
    public String execute()throws Exception
    {
        return SUCCESS;
    }
}
```

MyAction 类的配置代码如下：

```
<package name="chapter13" namespace="/chapter13"  extends="struts-default">
    <action name="my" class="chapter13.MyAction">
        <!--定义 success 结果-->
        <result name="success">/chapter13/succ.jsp</result>
    </action>
</package>
```

其中 succ.jsp 是 success 结果转入的页面，代码如下：

```
<%@page language="java" pageEncoding="UTF-8"%>
<%@taglib prefix="s" uri="/struts-tags"%>
<html>
    <head>
        <title>调用成功</title>
    </head>
    <body>
        调用成功，value=
```

```
        <s:property value="value"/>
        <s:debug/>
        <s:form action="my">
            <s:textfield name="value"/>
        </s:form>
    </body>
</html>
```

下面的 JSP 代码通过<s:action.../>标签来访问 MyAction：

```
<%@page language="java" pageEncoding="UTF-8"%>
<%@taglib prefix="s" uri="/struts-tags"%>
<html>
    <head>
        <title>action 标签</title>
    </head>
    <body>
        调用 Action，将结果包含到本页面中，并将请求参数传入 Action<p/>
        <s:action id="myAction"name="my"namespace="/chapter13"execute Result
        ="true"/>
        <br>
        直接访问 Action 的属性: MyAction.value: <s:property value="#myAction.value"/>
        <br>
        --------------------------------------------------
         <br>
        调用 Action，将结果包含到本页面中，未将请求参数传入 Action<p/>
        <s:action name="my" namespace="/chapter13" executeResult="true" ignore
        ContextParams="true"/>
        <br>
        --------------------------------------------------
         <br>
        调用 Action，未将结果包含到本页面中，将请求参数传入 Action<p/>
        <s:action id ="myAction" name="my" namespace="/chapter13"/>
        直接获得请求参数，value=<s:property value="#parameters.value"/><br>
        直接访问 Action 的属性: MyAction.value: <s:property value="#myAction.value"/>
    </body>
</html>
```

在上面的 JSP 代码中，通过 executeResult 属性来控制是否将 Action 的处理结果包含在当前页面中。并在第一次调用 MyAction 时将<s:action.../>标签的 id 属性设为 myAction，然后通过如下的代码直接输出 value 属性的值：

```
<s:property value="#myAction.value"/>
```

在浏览器地址栏中输入如下的 URL：

```
http://localhost:8080/samples/chapter13/action.jsp?value=xyz
```

浏览器显示的信息如图 13.7 所示。

从图 13.7 显示的内容可以看出，在访问 action.jsp 页面时包含了一个名为 value 的请求参数，而在第一次访问 MyAction 时，将请求参数传给了 MyAction，因此，在页面中输出了请求参数的值。而在第二次访问 MyAction 时，并未将请求参数传入 MyAction，因此，在 succ.jsp 中输出的 value 属性值为空串。而在第三次调用 MyAction 时，虽然<s:action.../>标签未包含处理结果页面，但仍然将请求参数传入 MyAction，因此，通过 MyAction 对象实例的 value 属性仍然可以输出请求参数值。

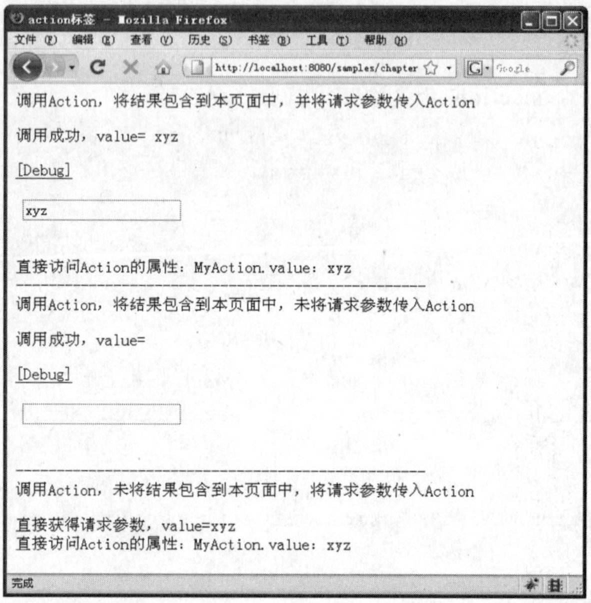

图 13.7　使用 action 标签调用 Action

13.2.2　bean 标签

bean 标签用于创建一个 JavaBean 的对象实例。如果在创建 JavaBean 对象时，需要设置 JavaBean 的属性，可以在 bean 标签体内使用<s:param.../>标签。从技术层面看，bean 标签和 action 标签都可以调用 Action 类，但 action 标签的调用相当于通过 Action 的 Web 路径访问该 Action，而 bean 标签只是简单地创建 Action 类的对象实例，相当于 Java 中的 new 关键字。在使用 bean 和 action 标签时应注意它们的区别。bean 标签有如下几个属性：

- name：该属性指定要创建对象实例的 JavaBean 的实现类。
- id：该属性指定了 JavaBean 对象的实例名。如果指定该属性，则 JavaBean 的对象实例会被放入 Stack Context（不是 ValueStack）中，并允许通过 id 属性所指的对象实例名来访问该 JavaBean 的对象实例。

由于 bean 标签在创建 JavaBean 对象时，将该对象放在了 ValueStack 的栈顶，因此，在 bean 标签体内可以直接使用 JavaBean 的属性。一旦 bean 标签结束，JavaBean 对象会从 ValueStack 的栈顶删除，这时要想访问该 JavaBean 对象，必须在 bean 标签中使用 id 属性指定 JavaBean 对象实例名。

下面是一个简单的 JavaBean，这个 JavaBean 将在 JSP 页面中被<s:bean.../>标签引用。该 JavaBean 有两个属性：name 和 grade，这两个属性在<s:bean.../>标签中被赋值，并在当前页面中输出这两个属性值。

```
package chapter13;
public class Student
{
    private String name;
    private int grade;
    //name 属性的 getter 方法
    public String getName()
    {
        return name;
    }
    //name 属性的 setter 方法
    public void setName(String name)
    {
        this.name=name;
    }
    //grade 属性的 getter 方法
    public int getGrade()
    {
        return grade;
    }
    //grade 属性的 setter 方法
    public void setGrade(int grade)
    {
        this.grade=grade;
    }
}
```

下面的 JSP 代码通过<s:bean.../>标签创建了 Student 的对象实例，并在<s:bean.../>标签体内为该对象的两个属性赋值，并输出这两个属性的值：

```
<s:bean name="chapter13.Student">
    <s:param name="name" value="'bill'"/>
    <s:param name="grade" value="95"/>
  Student 的属性值: <br>
  name: <s:property value="name"/>
    <br>
  grade: <s:property value="grade"/>
</s:bean>
```

在浏览器地址栏中输入如下的 URL：

```
http://localhost:8080/samples/chapter13/bean.jsp
```

浏览器显示的信息如图 13.8 所示。

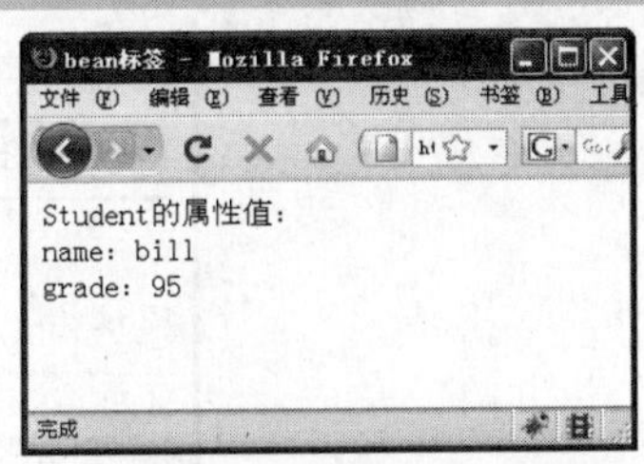

图 13.8　使用 bean 标签创建 JavaBean 的对象实例

如果想在<s:bean.../>标签外使用该标签创建的 JavaBean 对象实例，可以在<s:bean.../>标签中指定 id 属性，如下面的 JSP 代码所示：

```
<s:bean id = "student" name="chapter13.Student">
    <!--为 Student 的两个属性赋值-->]
    <s:param name="name" value="'bill'"/>
    <s:param name="grade" value="95"/>
```

```
</s:bean>
 <br>
 Student 的属性值: <br>
<!--根据 id 属性值引用 Student 对象实例，并输出该对象的两个属性-->
 name: <s:property value="#student.name"/><br>
 grade: <s:property value="#student.grade"/>
```

在访问上面的 JSP 页面后，将会得到和图 13.8 完全相同的输出信息。

13.2.3　include 标签

include 标签用于在当前页面包含另外一个 Web 资源，如 Html、JSP、Servlet 等。该标签有如下几个属性：

- value：该属性指定被包含的 Web 资源的 URL，如 included.jsp、/chapter3/css.html 等。
- id：该属性指定 include 标签的 ID 引用。

include 标签还可以通过<s:param.../>标签给被包含的 Web 资源传递请求参数。在下面的 JSP 代码中，通过 include 标签包含了一个 css.html 页面和一个 included.jsp 页面：

```
<%@page language="java" pageEncoding="UTF-8"%>
<%@taglib prefix="s" uri="/struts-tags"%>
<html>
    <head>
        <title>include 标签</title>
    </head>
    <body>
    <font style="font-style: italic">
        css.html 页面的内容
    </font><br><br>
    <s:include value="css.html"/><hr>
    </body>
</html>
```

在浏览器地址栏中输入如下的 URL：

```
http://localhost:8080/samples/chapter13/included.jsp
```

浏览器显示的信息如图 13.9 所示。

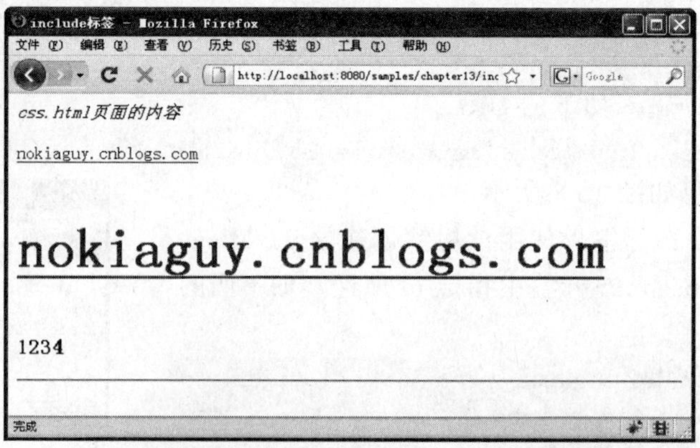

图 13.9　使用 include 标签包含其他的页面

13.2.4 param 标签

param 标签主要用于为其他的标签提供参数，如 include、append 等标签。param 标签有如下几个参数：

- name：该属性指定要设置的参数名。
- value：该属性指定要设置的参数值。
- id：该属性指定引用该元素的 ID。

param 标签除了可以通过 value 指定参数值外，还可以在 param 标签体中指定参数值，下面是 param 标签的两种用法，通过 value 属性指定参数值：

```
<s:param name="name" value="'bill'"/>
```

在 param 标签体中指定参数值：

```
<s:param name="name">bill</s:param>
```

上面两条语句为 name 属性设置了一个字符串值（bill）。在使用<s:param.../>标签时有如下 3 点需要注意：

- 在为属性设置字符串值时，如果使用 value 属性设置该值，需要加单引号（'），如果使用 param 标签体设置该值时，不需要加单引号（'）。
- 如果使用 value 属性指定参数值时未加单引号，则表示该值是一个对象，如果该对象不存在，则为属性赋 null 值。
- 如果在 param 标签中指定 name 属性，则外层标签指定的对象必须有该属性相对应的 setter 方法，如果外层标签指定的对象没有相应的 setter 方法，则外层标签必须实现 Unnamed Parametric 接口。

13.2.5 property 标签

property 标签的作用就是输出指定的值。该标签输出的值用 value 属性指定，如果未指定该属性，则输出 ValueStack 栈顶的值。property 标签有如下几个属性：

- value：该属性指定需要输出的值，如果未指定该属性的值，则默认输出 ValueStack 栈顶的值。
- default：如果需要输出的值为 null，则输出 default 属性指定的值。
- escape：该属性指定是否忽略输出值中的 HTML 代码，该属性的默认值是 true，即忽略输出值中的 HTML 代码。
- id：该属性指定引用 property 标签的 ID 值。

下面的代码演示了<s:property.../>标签的主要功能，读者也可以参考前面章节中的<s:property.../>标签的使用方法。

```
<%@page language="java" pageEncoding="UTF-8"%>
<%@taglib prefix="s" uri="/struts-tags"%>
<html>
    <head>
        <title>property 标签</title>
    </head>
    <body>
```

```
        <s:property value="'name'"/><br>
        <s:property value="'<h2>name</h2>'" escape="true"/><br>
        <s:property value="'<h2>name</h2>'" escape="false"/>
        <s:property value="#parameters.name"/><br>
        <s:property value="name"default="default_name"/>
        </body>
    </html>
```

在浏览器地址栏中输入如下的 URL：

```
http://localhost:8080/samples/chapter13/property.jsp?name=bill
```

浏览器显示的信息如图 13.10 所示。

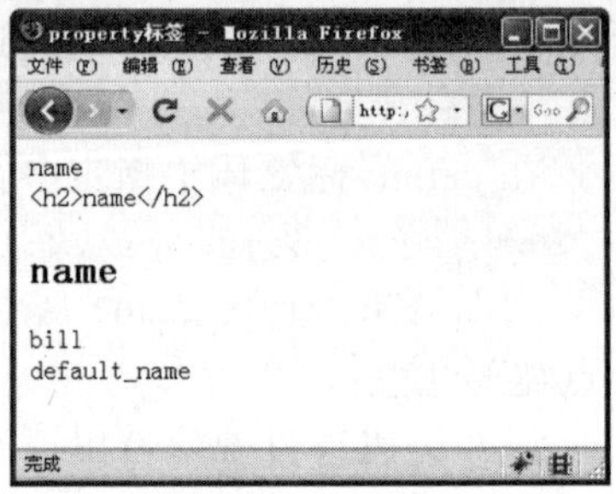

图 13.10　使用 property 输出信息

13.2.6　set 标签

set 标签用于将某一个值保存在指定的范围内，例如 application 范围、request 范围等。如果某个值需要很深的访问层次的话，例如 my.value.name.firstname，在每次访问该值时不仅会降低性能，而且会使程序变得不易维护，为了避免这个问题，可以使用 set 标签将该值保存在指定的范围内，当再次访问该值时，只需要从某个范围取得该值即可。set 标签有如下几个属性：

- name：该属性指定一个新的变量名。
- value：该属性指定赋给新变量的值，如果未指定该属性，则将 ValueStack 栈顶的值赋给新变量。
- scope：该属性指定保存变量的范围，该属性可以是 application、session、request、page 和 action 5 个范围。如果未指定该属性，则默认将变量保存在 Stack Context 中。
- id：该属性指定引用该标签的 ID 值。

下面的代码将 student 对象及其属性值分别保存在了 application、session、request、page 和默认的 Stack Context 中，而且将变量保存在 Stack Context 时由于未指定 set 标签的 value 属性，因此，set 标签会取 ValueStack 栈顶的值赋给新变量。而页面当前 ValueStack 栈顶的值是通过 push 标签放入的。

```
<%@page language="java" pageEncoding="UTF-8"%>
<%@taglib prefix="s" uri="/struts-tags"%>
<html>
    <head>
        <title>set 标签</title>
    </head>
    <body>
        <s:bean id="student" name="chapter14.Student">
            <s:param name="name" value="'bill'"/>
            <s:param name="grade" value="95"/>
        </s:bean>
        将 student.name 保存在 application 中
        <br>
        <s:set value="#student.name" name="name" scope="application"/>
```

```
        <s:property value="#application.name"/>
        <br>
        将 student.grade 保存在 session 中
        <br>
        <s:set value="#student.grade" name="grade" scope="session"/>
        <s:property value="#session.grade"/>
        <br>
        将 student.grade 保存在 request 中
        <br>
        <s:set value="#student.grade" name="grade" scope="request"/>
        <s:property value="#request.grade"/>
        <br>
        将 Student 对象保存在 page 中
        <br>
        <s:set value="#student" name="stu" scope="page"/>
        <s:property value="#attr.stu.name"/>
        <br>
        <s:property value="#attr.stu.grade"/>
        <br>
         将 student 对象放到 ValueStack 的栈顶，并保存在 Stack Context 中<br>
        <s:push value="#student">

            <s:set name="stu"/>
            <s:property value="#stu.name"/>
            <s:property value="#stu.grade"/>
            <s:debug />
        </s:push>
    </body>
</html>
```

在浏览器地址栏中输入如下的 URL：

```
http://localhost:8080/samples/chapter13//set.jsp
```

浏览器显示的信息如图 13.11 所示。

单击【[Debug]】链接，可以看到不同范围中的 student 对象及其属性的值，如图 13.12 所示。

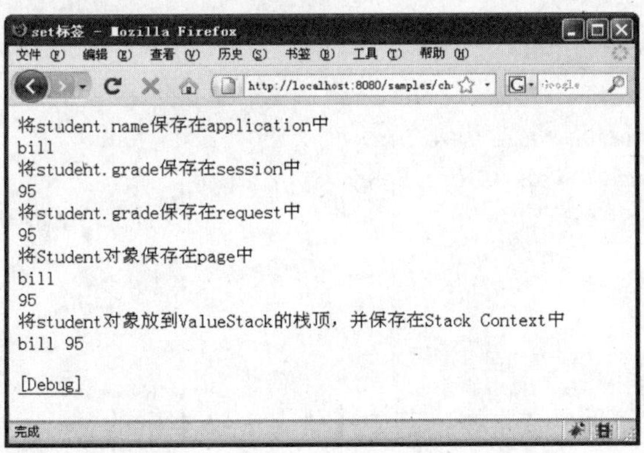

图 13.11　使用 set 标签将某个值保存在指定的范围内

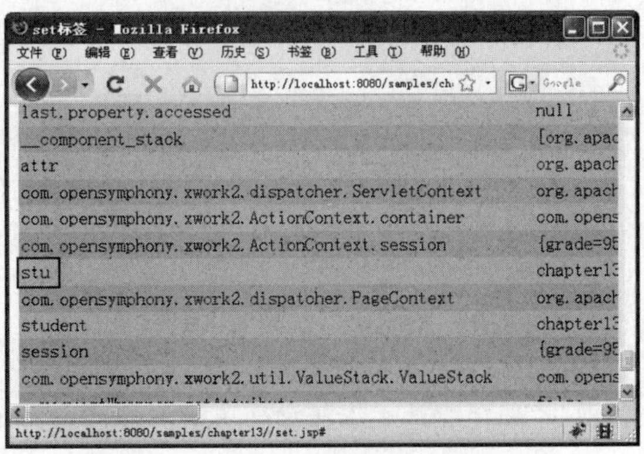

图 13.12　使用 debug 标签显示保存在不同范围内的变量值

13.3 表单标签

Struts 2 的表单标签通常用于向服务端提交用户输入的信息。大多数表单标签都有与其对应的 HTML 标签，例如，<s:textfield.../>标签对应于 HTML 中的<input type="text".../>标签。在 Struts 2 的表单标签中有很多属性，这些属性中的大多数都和相应的 HTML 标签相对应。

13.3.1 form、submit 和 reset 标签

form、submit 和 reset 标签分别和 HTML 表单的 form、submit 以及 reset 相对应。其中 form 标签是其他表单标签的上一层标签。可以通过 form 标签的 action 属性指定 Action 名字，Struts 2 中的 form 标签的 action 属性不能是其他的 Web 资源，因为表单在提交时会在 action 属性值后面加上.action。

如果 action 属性指定的 Action 需要指定命名空间，则需要指定<s:form.../>标签的 namespace 属性，代码如下：

```
<s:form action="register" namespace="/action">
    …
<s:form>
```

上面的代码提交时会产生如下的 URL：

```
http://localhost:8080/samples/action/register.action
```

其中/samples 是上下文路径，/action 是命名空间。

submit 标签用于提交表单，reset 标签用于将当前表单中所有的表单元素都恢复到默认值，也就是在加载页面时，表单元素的 value 属性的初始值，如下面的代码如示：

```
<%@page contentType="text/html; charset=UTF-8" pageEncoding="UTF-8"%>
<%@taglib prefix="s" uri="/struts-tags"%>
<html>
    <head>
        <title>form、reset、submit 标签</title>
        <s:head />
    </head>
    <body>
        <s:form action="register">
            <s:textfield  label="姓名" name="name" value="王英"/>
            <s:textfield  label="年龄" name="age" value=""/>
            <s:checkbox label="学生" name="isStudent"/>
            <s:submit value="注册"/>
            <s:reset value="重置"/>
        </s:form>
    </body>
</html>
```

上面的代码是一个典型的表单，在该表单中有两个文本框，其中【姓名】文本框的 value 属性有一个默认值，而【年龄】文本框的默认值为空串，【学生】复选框的默认值为未选中。

在浏览器地址栏中输入如下的 URL 会显示图 13.13 所示的页面。

http://localhost:8080/samples/chapter 13/registor.jsp

单击【注册】按钮会向 register 动作提交，单击【重置】按钮，会将表单中相应的表单元素恢复到默认值，也就是 value 属性的值。

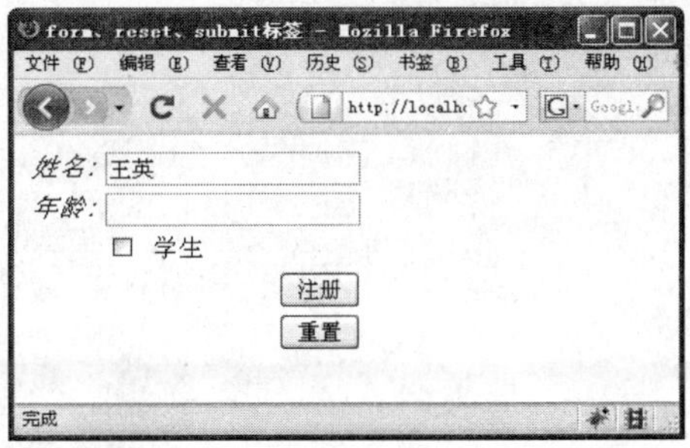

图 13.13　form.jsp 页面的显示效果

13.3.2　checkboxlist 标签

checkboxlist 标签可以一次性地创建多个复选框，也就是说，可以一次性地生成多个<input type= "checkbox" .../>标签。checkboxlist 标签有如下几个常用属性：

- list：该属性指定要生成的复选框的数据。该属性值可以是数组、List、Map 和对象数组等类型。如 list="{'checkbox1', 'checkbox2'}"。
- listKey：如果 list 属性值是对象数组，则该属性表示对象中作为 key 的属性，如 product.id。
- listValue：如果 list 属性值是对象数组，则该属性表示对象中作为 value 的属性，如 product.name。

下面的代码使用 3 个 checkboxlist 标签生成了 3 个调查项，这 3 个 checkboxlist 的 list 属性值分别是 List 对象、Map 对象和对象数组。

```
<%@page contentType="text/html; charset=UTF-8" pageEncoding="UTF-8"%>
<%@taglib prefix="s" uri="/struts-tags"%>
<html>
    <head>
        <title>checkboxlist 标签</title>
        <s:head />
    </head>
    <body>
        <s:bean name="chapter13.Cities">
            <s:form action="investigate" namespace="/chapter13">
                <s:checkboxlist name="hobbies"label="请选择您的兴趣爱好"
                labelposition="top"
                 list="{'计算机', '摄影','睡觉'}"/>
                <s:checkboxlist name="j2eeServers" label="请选择您擅长的 J2EE 服务器"
                labelposition="top"
                    list="#{'weblogic':'Weblogic','websphere':'WebSphere',
                    'jboss':'JBoss'}" />
                <s:checkboxlist name="cities" label="请选择您最想去的城市"
                labelposition="top"
                    list="cities" listKey="abbreviation" listValue="name"/>
                <s:submit value="确定" align="left"/>
            </s:form>
        </s:bean>

    </body>
</html>
```

上面代码中的第 3 个 checkboxlist 标签使用了 Cities 类的 cities 属性返回了一个对象数组，该对象是 City 类的实例。City 类的实现代码如下：

```
package chapter13;
public class City
{
    private String abbreviation;
    private String name;
    public City(String abbreviation, String name)
    {
        this.abbreviation=abbreviation;
        this.name=name;
    }
    public String getAbbreviation()
    {
        return abbreviation;
    }
    public void setAbbreviation(String abbreviation)
    {
        this.abbreviation=abbreviation;
    }
    public String getName()
    {
        return name;
    }
    public void setName(String name)
    {
        this.name=name;
    }
}
```

Cities 类的实现代码如下：

```
package chapter13;
public class Cities
{
    public City[] getCities()
    {
        City[] cities=new City[4];
        cities[0]=new City("bj", "北京");
        cities[1]=new City("sh", "上海");
        cities[2]=new City("gz", "广州");
        cities[3]=new City("others", "其他");
        return cities;
    }
}
```

在 checkboxlist.jsp 页面中还涉及一个 investigate 动作，该动作对应的 Action 类是 InvestigateAction，在该类中定义了 3 个属性，分别对应 3 个 checkboxlist 表单提交的值，InvestigateAction 类的实现代码如下：

```
package chapter13;
import com.opensymphony.xwork2.*;
public class InvestigateAction extends ActionSupport
{
```

```
    private String[] hobbies;
    private java.util.List<String>j2eeServers;
    private java.util.List<String>cities;
    public java.util.List<String>getCities()
    {
        return cities;
    }
    public void setCities(java.util.List<String>cities)
    {
        this.cities=cities;
    }
    public java.util.List<String>getJ2eeServers()
    {
        return j2eeServers;
    }
    public void setJ2eeServers(java.util.List<String> servers)
    {
        j2eeServers=servers;
    }
    public String[] getHobbies()
    {
        return hobbies;
    }
    public void setHobbies(String[] hobbies)
    {
        this.hobbies=hobbies;
    }
    @Override
    public String execute()throws Exception
    {
        return SUCCESS;
    }
}
```

InvestigateAction 类的配置代码如下：

```
<package name="chapter14" namespace="/chapter14"extends="struts-default">
    <action name="investigate" class="chapter13.InvestigateAction">
        <result name="success">/chapter13/investigate.jsp
        </result>
    </action>
</package>
```

用于显示用户调查结果的 investigate.jsp 页面的代码如下：

```
<%@page language="java" pageEncoding="UTF-8"%>
<%@taglib prefix="s" uri="/struts-tags"%>
<html>
    <head>
        <title>调查结果</title>
    </head>
    <body>
```

```
    <s:property value="hobbies"/><br>
    <s:property value="j2eeServers"/><br>
    <s:property value="cities"/>
    </body>
</html>
```

在浏览器中输入如下的 URL：

```
http://localhost:8080/samples/chapter13/checkboxlist.jsp
```

浏览器显示注册页面后，按图 13.14 所示选择复选框，单击【确定】按钮提交调查结果，浏览器显示的信息如图 13.15 所示。

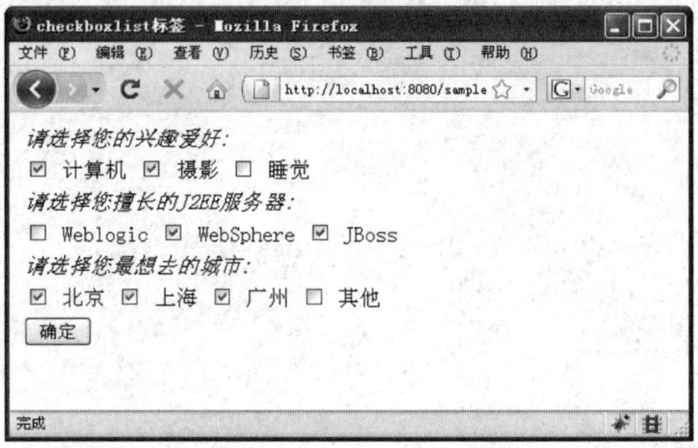

图 13.14　使用 checkboxlist 一次性生成多个复选框

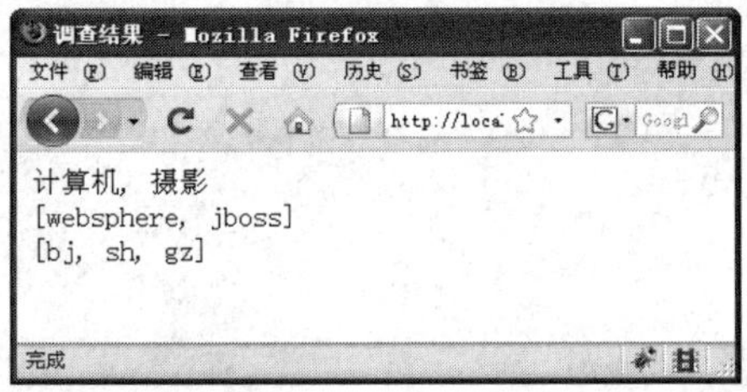

图 13.15　显示调查结果

13.3.3　combobox 标签

combobox 标签用于生成一个单行文本框和下拉列表框的组合，但这两个元素对应于一个请求参数，只有单行文本框中的值才是请求参数真正的值，而下拉列表框只是起到了辅助输入的作用。在使用该标签时，需要通过一个 list 属性来指定 combobox 标签中列表项的数据源，该数据源可以是数组、List、Map 和对象数组。下面的代码中的 combobox 标签的 list 属性是一个 List 对象：

```
<s:form>
    <s:combobox  name="book" label="请选择您感兴趣的图书" labelposition="top"
        list="{'EJB3 从入门到精通','Spring2 精解','ASP.NET 实例开发手册'}">
        </s:combobox>
    <s:submit value="提交"/>
</s:form>
```

如果 list 属性是一个数组或 List 对象，则选择下拉列表框后，被选中的项的相应信息就会被赋给单行文本框。在浏览器地址栏中输入如下的 URL：

```
http://localhost:8080/samples/chapter13/combobox.jsp
```

在下拉列表框中选择其中任意一项，会出现图 13.16 所示的效果。

从图 13.16 可以看出，被选中的“Android/OPhone 开发完全讲义”列表项被赋给了上面的单行文本框。如果 list 属性值是 Map 对象或对象数组，则选中列表项后，被赋给单行文本框的值是 Map 或对象数组中相应元素的 key，如下面的代码如下：

```
<s:form>
    <s:combobox name="book" label="请选择您感兴趣的图书" labelposition="top"
```

```
    list="#{'android':'Android/Ophone开发完全讲义', 'spring2':'Spring2详解',
    'asp.net':'ASP.NET实例开发手册'}"></s:combobox>
    <s:submit value="提交"/>
</s:form>
<s:bean id="cities"name="chapter13.Cities"/>
<s:form>
    <s:combobox name="city"label="请选择您感兴趣的城市"labelposition="top"
    list="#cities.cities"listKey="abbreviation" listValue="name"/>
    <s:submit value="提交"/>
</s:form>
```

在上面的代码中，第一个 combobox 标签使用了一个 Map 对象作为 list 属性的值，而第二个 combobox 标签使用了 Cities 对象数组作为 list 属性的值，在这两个 combobox 标签中选择列表项时，都会将各自的 key 赋给单行文本框。在浏览器地址栏中输入如下的 URL：

```
http://localhost:8080/samples/chapter13/combobox.jsp
```

分别在两个下拉列表框中选择其中任意一项，则会出现图 13.17 所示的效果。

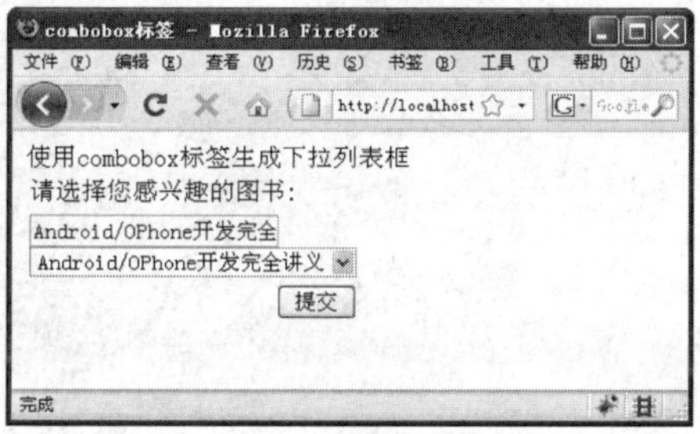

图 13.16　使用 combobox 标签和 List 对象生成的页面效果

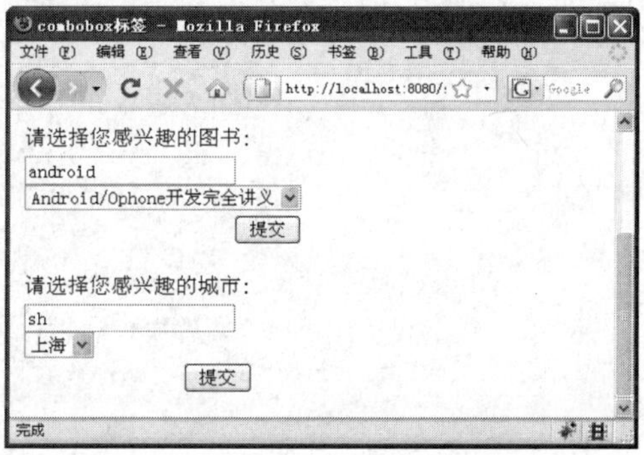

图 13.17　使用 combobox 标签和 Map 对象与对象数组生成的页面效果

如果提交图 13.17 所示的表单，则得到的 book 和 city 请求参数值分别是 android 和 sh。从 combobox 标签生成的 HTML 代码也可以看出这一点。combobox 标签和 Map 对象生成的 HTML 代码如下：

```
<input type="text" name="book" value="" id="combobox_book"/><br/>
<select onChange="autoPopulate_combobox_book(this);">
    <option value="android">Android/Ophone开发完全讲义</option>
    <option value="spring2">Spring2精解</option>
    <option value="asp.net">ASP.NET实例开发手册</option>
</select>
```

从上面的代码可以看出，文本框的 name 属性值是 book。因此，在提交表单时，实际上提交的是文本框的值，所以用户也可以在文本框中直接输入相应的信息。

13.3.4　select 标签

select 标签用于生成一个列表框，该标签有如下几个常用的属性：

- list：该属性指定列表框的集合。
- listKey：该属性指定集合元素中作为列表框选项的 key 的属性。

- listValue：该属性指定集合元素中作为列表框选项显示内容的属性。
- multiple：该属性指定列表框是否允许多选。

下面的代码演示了 select 标签的用法：

```
<%@page language="java" pageEncoding="UTF-8"%>
<%@taglib prefix="s" uri="/struts-tags"%>
<html>
    <head>
        <title>select 标签</title>
    </head>
    <body>
        <s:form>
            <s:select name="books" label="请选择您喜欢的图书" labelposition="top"
            multiple="true"
                list="{'Android/OPhone 开发完全讲义',
                   'Struts、Hibernate、Spring 整合实例精解',
                   'Thinking in C++(2nd)',
                   'Jdbc 3.0 Java Database Connectivity'}"/>
            <s:select name="books1" label="请选择您喜欢的图书" labelposition="top"
            multiple="true"
                list="#{'android':'Android/OPhone 开发完全讲义',
                   'ssh':'Struts、Hibernate、Spring 整合实例精解',
                   'tcpp':'Thinking in C++(2nd)'}"/>
            <s:bean name="chapter13.Cities" id="cities"/>
                <s:select name="cities" label="请选择您喜欢的城市" labelposition="top"
            multiple="true" list="#cities.cities" listKey="abbreviation"
            listValue="name"/>
        </s:form>
    </body>
</html>
```

在浏览器地址栏中输入如下的 URL：

```
    http://localhost:8080/samples/chapter13/
select.jsp
```

浏览器显示的效果如图 13.18 所示。

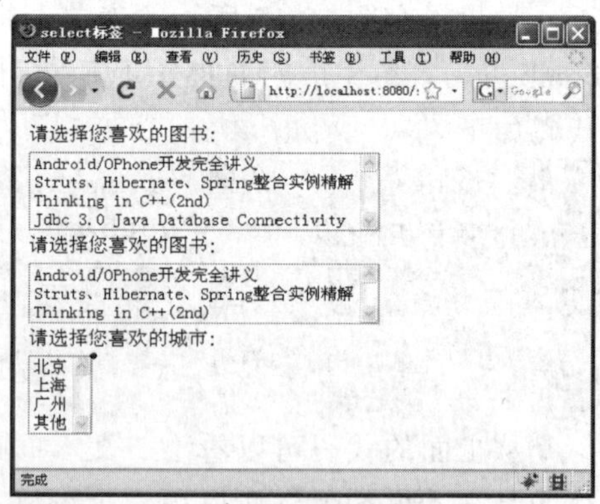

图 13.18　使用 select 标签生成的列表框

13.3.5　radio 标签

radio 标签和 checkboxlist 标签的用法非常相似，也就是说，这两个标签的相关属性，如 label、list、listKey 和 listValue 等的用法完全相同。但这两个标签唯一的不同就是 checkboxlist 标签生成的是复选框，而 radio 标签生成的是单选按钮。下面的代码演示了 radio 标签的用法：

```
<%@ page language="java" pageEncoding="UTF-8"%>
<%@ taglib prefix="s" uri="/struts-tags"%>
<html>
    <head>
```

```
        <title>radio 标签</title>
    </head>
    <body>
    使用 radio 标签生成多个单选按钮
    <s:bean name="chapter13.Cities">
            <s:form action="investigate" namespace="/chapter13">
                <s:radio name="hobbies" label="请选择您的兴趣爱好" labelposition="top"
                 list="{'计算机', '旅游','音乐'}"/>
                <s:radio name="j2eeServers" label="请选择您擅长的 J2EE 服务器"
                labelposition="top"list="#{'weblogic':'Weblogic',
                'websphere':'WebSphere','jboss':'JBoss'}"/>
                <s:radio name="cities" label="请选择您最想去的城市" labelposition="top"
                list="cities" listKey="abbreviation" listValue="name"/>
                <s:submit value="确定" align="left"/>
            </s:form>
        </s:bean>
    </body>
</html>
```

在浏览器地址栏中输入如下的 URL：

```
http://localhost:8080/samples/chapter13/radio.jsp
```

浏览器显示的效果如图 13.19 所示。单击【确定】按钮，将会得到类似图 13.20 所示的显示信息。

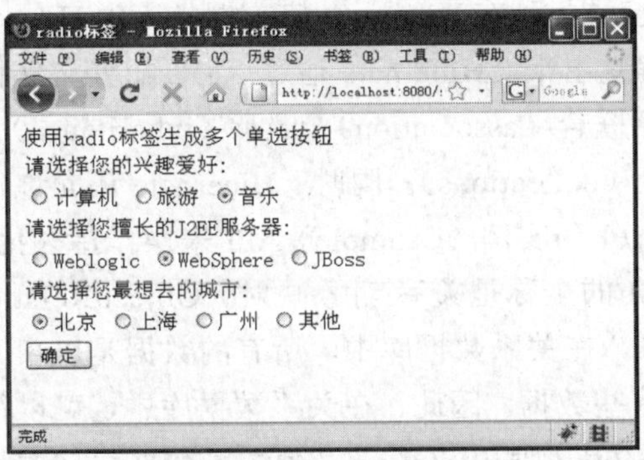

图 13.19　使用 radio 标签生成多个单选按钮

图 13.20　显示调查结果

13.4　本 章 小 结

本章介绍了 Struts 2 的常用标签，这些标签包括控制标签、数据标签和表单标签。虽然在本章按不同的类别介绍这些标签，但实际上 Struts 2 并未对这些标签进行分类，所有的 Struts 2 标签都被放在了一个 Struts 标签库中。Struts 2 标签比 Struts 1.x 中的标签支持更多的表达式，如 EL、OGNL 和 Lamdba 表达式等。对于 OGNL 和 Lamdba 表达式可以直接在 Struts 2 标签中使用，但 EL 表达式自从 Struts 2.0.10 版本开始，默认情况就将其关闭了，要想在 Struts 2 标签中使用 EL 表达式，就需要在 struts-tags.tld 文件中单独打开某个标签的 EL 支持，也就是将该 EL 的<rtexprvalue>标签值设为 true。

第 14 章 Hibernate 入门

Hibernate 是一个持久化的框架，主要用于进行 O/R 映射。本章将给出一个简单的例子来学习如何将 Hibernate 框架整合在应用程序中，使用 Struts 2 和 Hibernate 框架整合的方式来开发这个例子。如果读者对 Hibernate 框架已经有了初步的了解，可以跳过本章，继续下一章的学习。

14.1 Hibernate 概述

Hibernate 是一个强大的、高性能的对象/关系映射框架。在 Hibernate 官方网站上说 Hibernate 的目标是使开发人员从 95%的数据持久化工作中解脱出来。Hibernate 通过 XML 配置文件将数据库和普通的 Java 类进行映射，这些映射关系包括联合（association）、继承（inheritance）、多态（polymorphism）、组合（composition）以及集合（collections）。同时，Hibernate 还允许使用一种在语法上类似 SQL 的 HQL、标准（Criteria）API 和实例（Example）API 来操作持久化类。

Hibernate 与 ORM 有着非常紧密的关系。ORM 的全称是关系/对象映射（Object/Relational Mapping）。用于将关系数据库中的数据映射成对象。在关系数据库中，所有的数据是以表、视图的形式来展现的二维表，并且使用 SQL 来操作这些数据。因此，在关系数据库中，可以很容易地将这些表、视图以横向关系连接起来，但遗憾的是，使用 SQL 及其他关系数据库技术很难将这些表、视图以纵向（层次）的关系进行描述。

为了将关系数据库中的数据保存在面向对象编程语言的对象中，就必须有一种机制可以将关系逻辑转换为层次逻辑。而 Hibernate 正是这样一种框架，它可以无缝地将关系数据库映射成 Java 类。

14.2 编写第一个 Hibernate 程序

在应用程序中使用 Hibernate 框架非常简单，只要在 CLASSPATH 环境变量中指定 Hibernate 框架的 jar 包，就可以在程序中像使用其他的 jar 包一样使用 Hibernate。但要想使用 Hibernate 框架，需要进行一些配置。如果系统比较大的话，将会产生非常大的工作量。因此，要想更好地使用 Hibernate，就需要一个支持 Hibernate 的 IDE。

使用 Eclipse 编写 Hibernate 应用程序首先应在 Eclipse 中建立一个 Web 工程，然后将 hibernate3.jar 以及其他相关的 JAR 文件复制到 WebContent\WEB-INF\lib 目录中。

14.2.1 开发 Hibernate 程序的步骤

开发一个基于 Hibernate 的应用程序的基本步骤如下：

（1）配置 Hibernate：由于 Hibernate 的主要目的是操作数据库，所以在使用 Hibernate 之前必须要为 Hibernate 指定连接数据库的信息（连接字符串、用户名、密码等）。在 Hibernate 中可以使用 JDBC 或 JNDI DataSource 来连接数据库。同时，至少还要为 Hibernate 指定一个映射文件。一般 Hibernate 配置文件名是 hibernate.cfg.xml。当然，也可以使用其他的文件名。

（2）建立映射文件：虽然在第一步 Hibernate 已经可以成功连接数据库了，但是 Hibernate 并不知道某个数据表要对应哪一个实体 Bean，也不知道哪一个字段要对应实体 Bean 中的哪一个属性。因此，就需要在文件中定义这些映射关系。映射文件就是来完成这项工作的。

（3）建立实体 Bean：实体 Bean 也称为映射类，一般一个实体 Bean 对应于一个表。数据表中的每一个字段对应于类中一个属性（这个映射关系需要在映射文件中定义）。

（4）建立会话工厂（SessionFactory）类：虽然这步不是必需的，但是建立一个会话工厂类来获得 Hibernate Session 对象是一个好习惯，因为在程序中要经常获得 Session 对象。

（5）使用 Hibernate 来操作数据库：这一步是编写基于 Hibernate 的应用程序的核心步骤，也是程序的业务逻辑部分。

14.2.2 建立数据表

在这一节将在 samples 数据库中建立一个数据表（t_message）。在后面的程序中将会经常使用这个数据表。建立 t_message 表的 SQL 语句如下所示：

```
#建立表 t_message
CREATE TABLE IF NOT EXISTS t_message(
  id int(11)NOT NULL,
  name varchar(20) NOT NULL,
  PRIMARY KEY(id)
) ENGINE=InnoDB DEFAULT CHARSET=UTF8;
```

14.2.3 建立 Hibernate 配置文件

在前面介绍过需要建立了一个 Hibernate 配置文件：hibernate.cfg.xml，该文件位于 WEB-INF\classes 目录中。当然，该文件可以位于任何的目录中，但必须在会话工厂类中指定该文件的准确位置。

要想使 Hibernate 框架能正常工作，必须在 hibernate.cfg.xml 文件中添加映射文件才可以使 Hibernate 正常操作数据库。如果读者想调试 Hibernate，可以在 hibernate.cfg.xml 文件中将 show_sql 属性设为 true，以使 Hibernate 在工作时将生成的 SQL 语句显示在控制台上，以方便调试。本例所使用的 hibernate.cfg.xml 文件的完整配置代码如下：

```
<?xml version='1.0' encoding='UTF-8'?>
<!DOCTYPE hibernate-configuration PUBLIC
```

```
        "-//Hibernate/Hibernate Configuration DTD 3.0//EN"
        "http://hibernate.sourceforge.net/hibernate-configuration-3.0.dtd">
<!--Generated by MyEclipse Hibernate Tools.-->
<hibernate-configuration>
    <session-factory>
        <!--由 MyEclipse 自动生成的部分-->
        <!--配置用户-->
        <property name="connection.username">root</property>
        <!--配置 JDBC 连接数据库的 URL-->
        <property name="connection.url">
            jdbc:mysql://localhost/samples?characterEncoding=UTF8
        </property>
        <!--配置 Hibernate 数据库方言-->
        <property name="dialect">
            org.hibernate.dialect.MySQLDialect
        </property>
        <!--配置用户密码-->
        <property name="connection.password">1234</property>
        <!--配置 JDBC 驱动类-->
        <property name="connection.driver_class">
            com.mysql.jdbc.Driver
        </property>
        <!--将 show_sql 属性设为 true-->
        <property name="show_sql">true</property>
        <!--指定映射文件-->
        <mapping resource="mapping.xml"/>
    </session-factory>
</hibernate-configuration>
```

14.2.4　编写会话工厂类

在使用 Hibernate 来操作数据库之前，需要得到一个 Hibernate Session 对象。通常 Session 对象可以通过 org.hibernate.SessionFactory 类的 openSession 方法来创建，但由于 Web 服务端可以并发来处理多个用户请求，如果在处理多个用户请求时共享同一个 Hibernate Session 对象可能会造成冲突。例如，在一个线程中正在使用 Session 对象操作数据库，而另外一个线程关闭了该 Session 对象，这样就可能会抛出异常。

解决这个问题的最简单的方法就是使每一个线程拥有完全独立的 Session 对象。通过 ThreadLocal 类可以很容易达到这个目的。ThreadLocal 并不是线程类，该类实际上只是封装了一个 Map 对象，Map 对象中每个元素的 key 就是线程的 id。因此，可以将不同线程的 Session 对象保存在 ThreadLocal 对象中。由于在每个线程中建立的 Session 对象都使用了当前线程的 id 作为 key 保存在 ThreadLocal 对象中，因此，这就达到了每一个线程只拥有一个 Session 对象实例的目的。

下面的代码演示了利用 ThreadLocal 对象保存当前线程的 Session 对象的基本过程：

```
private ThreadLocal<Session> threadLocal = new ThreadLocal<Session>();
```

```
public Session openSession()
{
    //从 ThreadLocal 对象中获得当前线程的 Session 对象
    Session session=(Session)threadLocal.get();
    //如果 ThreadLocal 对象中没有当前线程的 Session 对象，或 Session 对象未打开，则新建
      一个 Session 对象
    if(session==null||!session.isOpen())
    {
        //新建一个 Session 对象
        session=sessionFactory.openSession();
        //将新建的 Session 对象重新保存在 ThreadLocal 对象中
        threadLocal.set(session);
    }
}
```

下面我们来编写一个完整的工场类，代码如下：

```
package hibernate;
import org.hibernate.HibernateException;
import org.hibernate.Session;
import org.hibernate.cfg.Configuration;
public class HibernateSessionFactory
{
    //指定 Hibernate 的配置文件名
    private static String CONFIG_FILE_LOCATION="/hibernate.cfg.xml";
    //定义 ThreadLocal 对象
    private static final ThreadLocal<Session>threadLocal=new ThreadLocal
    <Session>();
    //定义 Configuration 对象，用于读取 Hibernate 配置文件
    private static Configuration configuration=new Configuration();
    //定义 SessionFactory 对象，用于建立 Session 对象
    private static org.hibernate.SessionFactory sessionFactory;
    private static String configFile=CONFIG_FILE_LOCATION;
    static
    {
        try
        {
            //开始读取 Hibernate 配置文件（hibernate.cfg.xml）
            configuration.configure(configFile);
            //建立一个 SessionFactory 对象实例
            sessionFactory=configuration.buildSessionFactory();
        }
        catch (Exception e)
        {
            System.err.println("%%%% Error Creating SessionFactory %%%%");
            e.printStackTrace();
        }
    }
```

```
    private HibernateSessionFactory()
    {
    }
    //获得一个Session对象
    public static Session getSession()throws HibernateException
    {
        //从ThreadLocal对象中获得Session对象
        Session session=(Session)threadLocal.get();
        //如果ThreadLocal对象中没有当前线程的Session对象，或Session对象未打开，则
          新建一个Session对象
        if(session==null||!session.isOpen())
        {
            //如果未建立SessionFactory对象，则重新建立一个SessionFactory对象
            if(sessionFactory==null)
            {
                rebuildSessionFactory();
            }
            //如果成功建立了SessionFactory对象，则通过openSession方法建立一个
            //Session对象
            session=(sessionFactory!= null)? sessionFactory.openSession(): null;
            //将新建立的Session对象保存在ThreadLocal对象中
            threadLocal.set(session);
        }
        return session;
    }
    //重新建立一个SessionFactory对象
    public static void rebuildSessionFactory()
    {
        try
        {
            configuration.configure(configFile); //装载Hibernate配置文件
            sessionFactory = configuration.buildSessionFactory();
                                                  //创建SessionFactory对象
        }
        catch (Exception e)
        {
            System.err.println("%%%%Error Creating SessionFactory%%%%");
            e.printStackTrace();
        }
    }
    //关闭Session对象
    public static void closeSession()throws HibernateException
{
//从ThreadLocal对象中获得当前线程的Session对象
        Session session=(Session) threadLocal.get();
        //删除ThreadLocal对象中当前线程的Session对象
        threadLocal.set(null);
        if(session!=null)
```

```
        {
            session.close();
        }
    }
    //获得 SessionFactory 对象
    public static org.hibernate.SessionFactory getSessionFactory()
    {
        return sessionFactory;
    }
    //设置新的 Hibernate 配置文件
    public static void setConfigFile(String configFile)
    {
        HibernateSessionFactory.configFile=configFile;
        sessionFactory=null;
    }
    //获得 Configuration 对象
    public static Configuration getConfiguration()
    {
        return configuration;
    }
}
```

使用上面这个 HibernateSessionFactory 类，可以满足大多数的需求。如果读者使用其他的 IDE 来开发基于 Hibernate 的应用，也可以使用 HibernateSessionFactory 类来创建 Session 对象。

14.2.5 编写实体 Bean

实体 Bean 用来映射数据库中的表。一般一个实体 Bean 对应于一个数据表。表中的每个字段也可以对应于实体 Bean 中的某个属性（字段不一定都有相对应的属性）。如果在应用程序中采用了 Struts 2，Hibernate 的实体 Bean 正好与 Struts 2 的模型类相吻合。

Struts 2 中的模型类封装了客户端提交的请求参数，而对于很多应用来说，这些请求参数就是要保存在数据表中的字段值，或是需要查询数据表中记录的所需要的条件（如注册页面提交的请求参数，基本都在数据表中有相对应的字段），而 Hibernate 的实体 Bean 也拥有同样的功能。也就是说，数据表中的字段将封装请求参数的模型类和映射数据表的实体 Bean 联系了起来，也可以认为模型类和实体 Bean 就是同一个类。

综上所述，只需要建立一个封装请求参数的模型类即可。在 Hibernate 需要实体 Bean 时，也可以将模型类当成实体 Bean 来处理。由于在本例中客户端提交的请求参数只有 id 和 name，因此，模型类（实体 Bean）的实现代码如下：

```
package chapter14;
public class MyMessage
{
    private int id;
    private String name;
    //id 属性的 getter 方法
    public int getId()
```

```
    {
        return id;
    }
    //id 属性的 setter 方法
    public void setId(int id)
    {
        this.id=id;
    }
    //name 属性的 getter 方法
    public String getName()
    {
        return name;
    }
    //name 属性的 setter 方法
    public void setName(String name)
    {
        this.name=name;
    }
}
```

14.2.6　建立映射文件

封装请求参数的模型类不需要进行任何设置，但是 Hibernate 并不知道在上一节建立的 MyMessage 类和 t_message 表的关系，因此，需要使用映射文件来指定实体 Bean 和数据表的关系。

本例使用的映射文件的文件名为 mapping.xml，位于 WEB-INF\classes 目录中，该文件的内容如下：

```
<?xml version="1.0"?>
<!DOCTYPE hibernate-mapping PUBLIC
  "-//Hibernate/Hibernate Mapping DTD//EN"
  "http://hibernate.sourceforge.net/hibernate-mapping-3.0.dtd">
<hibernate-mapping>
    <!--将 MyMessage 类和 t_message 表关联起来-->
    <class name="chapter14.MyMessage" table="t_message">
        <!--将 id 属性和 id 字段关联起来-->
        <id name="id" column="id" type="int"/>
        <!--将 name 属性和 name 字段关联起来-->
        <property name="name" column="name"/>
    </class>
</hibernate-mapping>
```

14.2.7　编写 Action 类

在本例中使用 Action 类来调用 Hibernate 框架向 t_message 表添加记录。使用 Hibernate 框架向数据表中添加记录的基本步骤如下：

（1）使用 HibernateSessionFactory 类的 openSession 方法获得一个 Session 对象。

（2）使用 Session 接口的 openTransaction 方法开始一个新事务。

（3）使用 Session 接口的 save 方法保存和 t_message 表对应的实体 Bean（模型类）的对象实例。

（4）如果插入记录成功，则使用 Transaction 接口的 commit 方法提交事务，否则使用 Transaction 接口的 rollback 方法回滚事务。

（5）关闭 Session 对象。

FirstHibernateAction 是向 t_message 表中添加记录的 Action 类，该类的实现代码如下：

```
package chapter14;
import hibernate.HibernateSessionFactory;
import com.opensymphony.xwork2.*;
import org.hibernate.Session;
import org.hibernate.Transaction;
public class FirstHibernateAction extends ActionSupport implements
        ModelDriven<MyMessage>
{
    private MyMessage myMessage = new MyMessage(); //定义模型类，并实例化该模型类
    private String result;                          //封装处理结果的属性
    //result 属性的 getter 方法
    public String getResult()
    {
        return result;
    }
    //result 属性的 setter 方法
    public void setResult(String result)
    {
        this.result=result;
    }
    //获得模型类对象
    public MyMessage getModel()
    {
        return myMessage;
    }
    //处理客户端请求的 execute 方法
    public String execute()throws Exception
    {
        //使用 HibernateSessionFactory 类的 getSession 方法获得 Session 对象
        Session session=HibernateSessionFactory.getSession();
        Transaction tx=null;
        try
        {
            tx=session.beginTransaction(); //开始事务
            session.save(myMessage); //保存数据
            tx.commit(); //提交事务
            setResult("成功添加记录!");
        }
        catch(Exception e)
        {
            setResult(e.getMessage()); //设置处理结果
```

```
            tx.rollback();    //回滚事务
        } finally
        {
            session.close(); //关闭 Session 对象
        }
        return SUCCESS;
    }
}
```

要注意的是，在 Session 中修改表中的数据时，必须在一个事务中进行操作，而且在操作完后，必须提交当前事务，数据表中的数据才能永久改变。

FirstHibernateAction 类的配置代码如下：

```
<package name="chapter14" namespace="/chapter14" extends="struts-default">
    <action name="firsthibernate" class="chapter14.FirstHibernateAction">
        <result name="success">/chapter14/firsthibernate.jsp
        </result>
        <result name="input">/chapter14/firsthibernate.jsp
        </result>
    </action>
</package>
```

其中 firsthibernate.jsp 是处理结果的 JSP 页面，该页面的代码如下：

```
<%@page language="java" pageEncoding="UTF-8"%>
<%@taglib prefix="s"uri="/struts-tags"%>
{"result":"
<s:property value="result"/>
"}
```

14.2.8　编写 JSP 页面

在本例中负责采集用户的录入信息的是一个 JSP 页面。该 JSP 页面使用了 Struts 2 标签来编写用于录入信息的表单域。JSP 页面的实现代码如下：

```
<!--addrecord.jsp-->
<%@page language="java" contentType="text/html; charset=UTF-8"%>
<%@taglib prefix="s" uri="/struts-tags"%>
<link type="text/css" rel="stylesheet" href="…/css/style.css"/>
<html>
    <head>
        <title>第一个 Struts 2 和 Hibernate 整合的程序</title>
    </head>
    <body>
        <center>
            <s:label>向 t_message 表添加记录</s:label>
            <s:form action= "firsthibernate">
                <s:textfield label="id" name="id"/>
                <s:textfield label="name" name="name"/>
                 <s:submit value="提交" align="center"/>
            </s:form>
```

```
        </center>
    </body>
</html>
```

在浏览器地址栏中输入如下的 URL：

```
http://localhost:8080/samples/chapter14/addrecord.jsp
```

浏览器显示的页面如图 14.1 所示。在【id】文本框中输入“4321”，在【name】文本框中输入“星际之门”。单击【提交】按钮，如果 t_message 表中没有 id 为“4321”的记录，则会显示图 14.2 所示的提示信息。

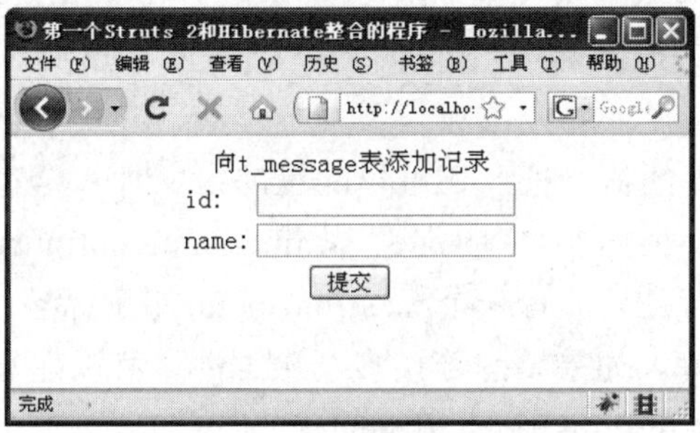

图 14.1　录入信息的页面

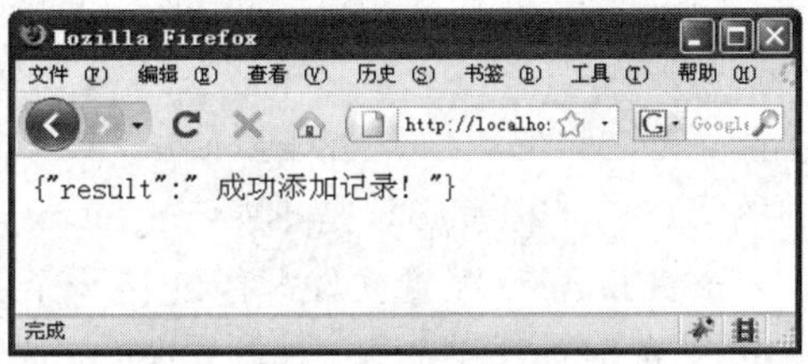

图 14.2　添加记录成功

图 14.3 是由封装请求参数的模型类（实体 Bean）添加的记录。

当再次单击【提交】按钮，由于 id 值为“4321”的记录在 t_message 中已经存在，因此，将显示图 14.4 所示的错误提示信息。

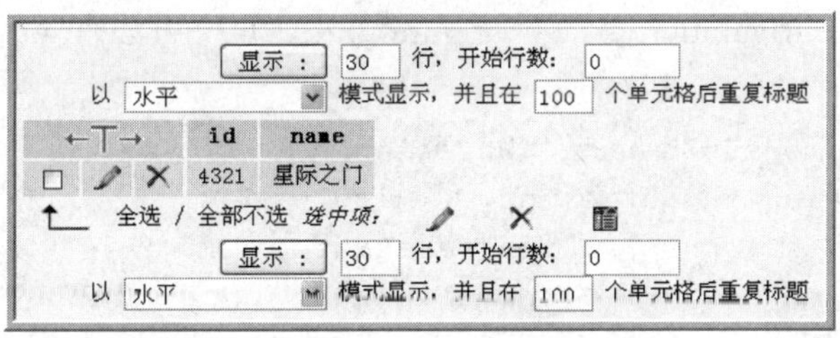

图 14.3　添加的记录

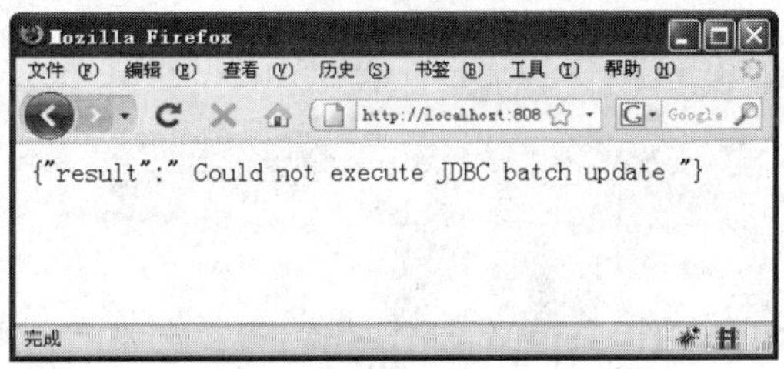

图 14.4　添加记录失败

14.3　配置 Hibernate

在 Hibernate 3 之前的 Hibernate 版本中，配置 Hibernate 主要以 XML 格式的配置文件为主，当然，也可以使用属性文件来配置 Hibernate 框架。实际上，Hibernate 框架经常使用的配置文件只有两种：Hibernate 配置文件和映射文件。其中 Hibernate 配置文件主要用来配置与数据库相关的信息和映射文件的位置，除此之外，还可以对 Hibernate 的一些表现行为进行设置，如在使用 Hibernate 框架操作数据库的过程中是否在控制台显示 SQL 语句。

14.3.1　用 XML 文件配置 Hibernate

使用 XML 文件对 Hibernate 框架进行配置是最常用的方式，也是官方建议的配置方式。默认的 XML 配置文件是 hibernate.cfg.xml，但也可以使用其他任何文件名（甚至扩展名也可以不是.xml）。

在 XML 配置文件的开始部分是一个 DTD 定义。并且使用<hibernate-configuration>标签作为根结点，如下面的配置代码所示：

```
<?xml version='1.0' encoding='UTF-8'?>
<!DOCTYPE hibernate-configuration PUBLIC
        "-//Hibernate/Hibernate Configuration DTD 3.0//EN"
        "http://hibernate.sourceforge.net/hibernate-configuration-3.0.dtd">
<hibernate-configuration>
  …
</hibernate-configuration>
```

读者并不需要记忆上面的 DTD 定义部分，在 Hibernate 自带的官方文档中可以找到该 DTD 定义的代码，只要将其复制过来即可。

在 XML 配置文件中除了可以配置连接数据库的信息外，还可以配置映射文件、缓存和监听器等信息（这些配置信息将在后面的部分介绍）。根据 DTD 的定义，<hibernate-configuration>标签中的第一个子标签必须是<session-factory>，而且只能有一个<session-factory>子标签。也就是说，一个 Hibernate 配置文件只能连接一个数据库，如果要想连接多个数据库，可以建立多个 Hibernate 配置文件。下面是 DTD 定义<hibernate-configuration>标签的代码：

```
<!ELEMENT hibernate-configuration(session-factory,security?)>
```

读者可以在 Hibernate 框架提供的源代码中找到 hibernate-configuration-3.0.dtd 文件。

Hibernate 配置文件一般被放到 CLASSPATH 环境变量指定的路径的根目录下，但并非局限于此。实际上，Hibernate 配置文件可以被放到任何路径下。为了找到并装载 Hibernate 配置文件，需要使用 org.hibernate.cfg.Configuration.Configuration 类的 configure 方法。这个方法有 4 种重载形式，它们的定义如下：

```
public Configuration configure()throws HibernateException;
public Configuration configure(String resource)throws HibernateException;
public Configuration configure(URL url)throws HibernateException;
public Configuration configure(File configFile)throws HibernateException;
```

当使用没有参数的 configure 方法时，要使用默认的配置文件 hibernate.cfg.xml。另外 3 个 configure 方法的参数含义如下：

- resource：表示 Hibernate 配置文件的相对路径（相对于 CLASSPATH 变量中指定的路径）。如配置文件在 hibernate 目录中，那么 resource 参数的值为 hibernate/hibernate.cfg.xml。要注意的是，resource 不能是绝对路径。
- url：表示封装 Hibernate 配置文件 url 的 URL 对象。如 http://localhost:8080/hibernate.cfg.xml 就是一个指向 Hibernate 配置文件的 URL。
- configFile：表示封装 Hibernate 配置文件绝对路径的 File 对象。如 C:\config\hibernate.cfg.xml 是一个 Hibernate 配置文件的绝对路径。

这 3 个带参数的 configure 方法几乎可以覆盖 Hibernate 配置文件位置的所有情况，但最常用的是前两个 configure 方法的重载形式，如前面编写的 hibernate.cfg.xml 文件就使用了 configure 方法的第二种重载形式，代码如下：

```
public class HibernateSessionFactory
{
```

```
    …
        //创建 Configuration 对象
    private  static Configuration configuration=new Configuration();
        //指定 Hibernate 配置文件
  private static String CONFIG_FILE_LOCATION="/hibernate.cfg.xml";
    private static String configFile=CONFIG_FILE_LOCATION;
    static
    {
        try
        {
            //使用 Hibernate 配置文件的相对路径进行定位
            configuration.configure(configFile);
            //创建 SessionFactory 对象
            sessionFactory=configuration.buildSessionFactory();
        }
        catch(Exception e)
        {
            …
        }
    }
    …
}
```

Hibernate 配置文件的主要功能之一就是配置连接数据库的信息，下面是一段标准的配置代码，在该配置代码中使用了 JDBC 方式连接 MySQL 数据库。

```
<hibernate-configuration>
    <session-factory>
        <!--设置登录数据库的用户名-->
        <property name="connection.username">root</property>
        <!--设置登录密码-->
        <property name="connection.password">1234</property>
        <!--设置 JDBC 连接字符串-->
        <property name="connection.url">
            jdbc:mysql://localhost/webdb?characterEncoding=UTF8
        </property>
        <!--设置数据库方言-->
        <property name="dialect">
            org.hibernate.dialect.MySQLDialect
        </property>
        <!--设置 MySQL 的 JDBC 驱动类-->
        <property name="connection.driver_class">
            com.mysql.jdbc.Driver
        </property>
    </session-factory>
</hibernate-configuration>
```

在上面的配置代码中，大多数配置信息都很好理解。只有一个数据库方言（Dialect）是在其他操作数据库的方式中没有遇到过的。这个数据库方言实际上就是 Hibernate 提供的一系列的

Java 类。由于在 Hibernate 框架中操作数据库是透明的，因此，就需要在 Hibernate 框架内部使用这些 Java 类来解决不同数据库之间的差异性。如 Hibernate 在查询数据时可以对其分页显示，对于查询记录的分页显示，不同的数据库的处理方式不同，因此，就需要为每种数据库单独来处理。Dialect 类也就是为了这个目的而产生的。这些类似于 Java 的跨平台特性，由于不同的操作系统平台差异很大，因此，就必须为每一种操作系统平台实现 JRE，而这些 JRE 处理 Java 代码的方式是相同的，因此，Java 才拥有了平台独立的特性，从而实现了平台的透明性。

14.3.2　用属性文件配置 Hibernate

除了使用 XML 格式的 Hibernate 配置文件外，还可以使用属性文件来配置 Hibernate。属性文件的格式是 key-value 对。配置 Hibernate 框架的属性文件名为 hibernate.properties，应将该文件放在 CLASSPATH 变量指定路径的根目录下。下面的代码在 hibernate.properties 文件中配置了数据库连接信息：

```
hibernate.connection.username=root
hibernate.connection.password=1234
hibernate.connection.url=jdbc:mysql://localhost/samples?characterEncoding =UTF8
hibernate.dialect=org.hibernate.dialect.MySQLDialect
hibernate.connection.driver_class=com.mysql.jdbc.Driver
```

属性文件可以配置 XML 文件的大多数内容，但不能指定映射文件。表 14.1 描述了上面配置代码中每个属性的含义。

表 14.1　与数据库相关的属性的含义

属　性　名	描　述
hibernate.connection.username	用户名
hibernate.connection.password	密码
hibernate.connection.url	JDBC 连接字符串
hibernate.dialect	Hibernate 方言类
hibernate.connection.driver_class	JDBC 驱动类

从表 14.1 可以看出，在 Hibernate 配置文件中的属性和属性文件中的相应属性的含义相同。不同的是，属性文件中的属性名比 Hibernate 配置文件中的属性名多了个 hibernate 前缀。

14.3.3　用编程的方式配置 Hibernate

除了使用文件来配置 Hibernate 框架外，还可以通过编程的方式来配置 Hibernate。如下面的代码通过编程的方式设置了数据库连接信息：

```
Configuration configuration=new Configuration();
configuration.addResource("mapping.xml")
.setProperty("connection.username", "root")
.setProperty("connection.password","1234")
.setProperty("dialect", "org.hibernate.dialect.MySQLDialect")
.setProperty("connection.url", "jdbc:mysql://localhost/samples?character
Encoding=UTF8")
.setProperty("connection.driver_class", "com.mysql.jdbc.Driver");
```

上面的代码通过 addResource 方法指定了一个映射文件（mapping.xml），除了使用 addResource 方法来直接指定映射文件外，还可以通过指定实体 Bean 的方式让 Hibernate 自己去搜索相应的映射文件，如下面的代码所示：

```
Configuration configuration=new Configuration();
configuration.addClass(chapter17.entity.MyMessage.class)
.setProperty("connection.username", "root")
.setProperty("connection.password","1234")
.setProperty("dialect", "org.hibernate.dialect.MySQLDialect")
.setProperty("connection.url", "jdbc:mysql://localhost/samples?character
Encoding=UTF8")
.setProperty("connection.driver_class", "com.mysql.jdbc.Driver");
```

14.3.4 Hibernate 框架的配置属性

除了上面所讲的 Hibernate 属性名外，在 Hibernate 框架中还可以使用更多的属性对 Hibernate 进行更灵活地控制，这些属性主要分为如下几种：

- Hibernate JDBC 属性。
- Hibernate Datasource 属性。
- Hibernate 配置属性。
- Hibernate JDBC 和连接属性。
- Hibernate 缓存属性。
- Hibernate 事务属性。
- 其他的 Hibernate 属性。

表 14.2～表 14.8 分别对这 7 类属性进行了详细描述。

表 14.2 Hibernate JDBC 属性

属 性 名	描 述
hibernate.connection.driver_class	JDBC 驱动类
hibernate.connection.url	JDBC 连接字符串
hibernate.connection.username	数据库用户名
hibernate.connection.password	数据库用户密码
hibernate.connection.pool_size	数据库连接池的最大连接数

Hibernate 框架本身虽然有一个数据库连接池，但 Hibernate 数据库连接池的最大连接数需要通过 hibernate.connection.pool_size 属性设置。但 Hibenate 框架本身带的连接池在性能上并不高，因此，笔者建议使用第三方的数据库连接池。

在 Hibernate 的发行包中带了一个第三方的开源数据库连接池 C3P0，如果 Hibernate 框架使用了第三方的数据库连接池，将关闭 Hibernate 框架本身的数据库连接池。如果读者想在 hibernate.properties 文件中配置 C3P0，可以使用如下的配置代码：

```
hibernate.connection.driver_class=com.mysql.jdbc.Driver
hibernate.connection.url=jdbc:mysql://localhost/samples?characterEncoding=UTF8
hibernate.connection.username=root
hibernate.connection.password=1234
hibernate.c3p0.min_size=10
```

```
hibernate.c3p0.max_size=30
hibernate.c3p0.timeout=1800
hibernate.c3p0.max_statements=50
hibernate.dialect = org.hibernate.dialect.MySQLDialect
```

如果在 Web 服务器中使用 Hibernate，也可以使用以 JNDI 方式注册的数据源来配置 Hibernate。

表 14.3　Hibernate Datasource 属性

属　性　名	描　述
hibernate.connection.datasource	数据源的 JNDI 名称
hibernate.jndi.url	JDNI 连接字符串（可选）
hibernate.jndi.class	实现 JNDI 接口 InitialContextFactory 的类名（可选）
hibernate.connection.username	数据库用户名（可选）
hibernate.connection.password	数据库用户密码（可选）

除此之外，还有很多属性可以控制 Hibernate 在运行时的行为。这些属性都是可选的，并且有相应的默认值。但要注意，在这些属性中有一些是系统级的属性。系统级属性只能通过 java-Dproperty=value 或 hibernate.properties 文件才能设置。

表 14.4　Hibernate 配置属性

属　性　名	描　述
hibernate.dialect	Hibernate 方言类名。通过该属性配置的 Dialect 类可以允许 Hibernate 为某种数据库进行单独优化
hibernate.show_sql	设置当使用 Hibernate 框架操作数据库时是否在控制台显示在操作过程中生成的 SQL 语句，如果为了调试方便，可以先将该属性设为 true，以打开显示 SQL 的功能。该属性可设置的值是 true 和 false
hibernate.format_sql	该属性和 hibernate.show_sql 属性类似。只是如果设置该属性，将以可读的格式在控制台或日志文件中输出 SQL 语句。该属性可设置的值是 true 或 false
hibernate.default_schema	指定默认的数据库 schema
hibernate.default_catalog	指定默认的数据库
hibernate.session_factory_name	指定 SessionFactory。一旦 SessionFactory 对象被建立，就会立即与以 JNDI 方式注册的名字进行绑定
hibernate.max_fetch_depth	设置外连接的深度。一般用在 one-to-one、many-to-one 连接方式上。如果将该属性设为 0，则表示禁止外连接。官方推荐将该属性设为 0 ~ 3 中的一个值
hibernate.default_batch_fetch_size	设置 Hibernate 在加载相关联的实体 Bean 时的默认实体 Bean 个数。建议将该值设为 2 的倍数，一般设为 4、8 或 16
hibernate.default_entity_mode	为由当前 SessionFactory 打开的所有 Session 指定默认的实体表现模式。该属性可设置的值有 dynamic-map、dom4j、pojo
hibernate.order_updates	强制 Hibernate 按照被更新记录的主键，为 SQL 更新排序。这样将减少在高并发系统中事务的死锁。该属性可设置的值是 true 和 false
hibernate.generate_statistics	如果将该属性设为 true，Hibernate 将收集有助于性能调节的统计数据。该属性可设置的值是 true 和 false
hibernate.use_identifer_rollback	如果将该属性设 true，在对象被删除时生成的标识属性将被重设为默认值。该属性可设置的值是 true 和 false

续表

属 性 名	描 述
hibernate.use_sql_comments	如果将该属性设为 true，Hibernate 将在输出的 SQL 中生成有助于调试的注释信息，默认值为 false。该属性的取值是 true 和 false

表 14.5 Hibernate JDBC 和连接属性

属 性 名	描 述
hibernate.jdbc.fetch_size	非零值，指定 JDBC 抓取数据量的大小 （通过调用 Statement.setFetchSize 方法来设置该属性值）
hibernate.jdbc.batch_size	非零值，允许 Hibernate 使用 JDBC2 的批量更新。建议该属性的取值在 5 ~ 30 之间
hibernate.jdbc.batch_versioned_data	如果你想让你的 JDBC 驱动在调用 executeBatch 方法时返回正确的行数，那么应将该属性设为 true（开启这个选项通常是安全的）。同时，Hibernate 将为自动版本化的数据使用批量 DML。该属性的默认值是 false
hibernate.jdbc.factory_class	选择一个自定义的 Batcher，多数应用程序不需要这个配置属性。例如，classname.of.Batcher
hibernate.jdbc.use_scrollable_resultset	允许 Hibernate 使用 JDBC2 的可滚动结果集。只有在使用用户提供的 JDBC 连接时，该属性才是必需的，否则 Hibernate 会使用连接元数据。该属性的取值是 true 和 false
hibernate.jdbc.use_streams_for_binary	设置在 JDBC 读写 binary（二进制）或 serializable（可序列化）类型时是否使用流（stream）（系统级属性）。该属性的取值是 true 和 false
hibernate.jdbc.use_get_generated_keys	设置在向表中插入记录后，是否允许使用 JDBC3 PreparedStatement.getGenerated Keys 方法来获取数据库生成的 key（键）。需要 JDBC3+驱动和 JRE1.4+，如果你的数据库驱动在使用 Hibernate 的标识生成器时遇到问题，请将该属性的值设为 false。默认情况下将使用连接的元数据来判定驱动的能力。该属性的取值是 true 和 false
hibernate.connection.provider_class	设置自定义 ConnectionProvider 的类名，此类用来向 Hibernate 提供 JDBC 连接
hibernate.connection.isolation	设置 JDBC 事务隔离级别。可以查看 java.sql.Connection 来了解各个隔离级别的具体含义，但要注意的是，大多数数据库都不支持所有的隔离级别，该属性的取值是 1, 2, 4, 8
hibernate.connection.autocommit	允许 JDBC 连接池中的连接开启自动提交（autocommit）功能，并不建议将该属性设为 true。该属性的取值是 true 和 false
hibernate.connection.release_mode	指定 Hibernate 什么时候释放 JDBC 连接。在默认情况下，JDBC 连接直到 Session 对象被显式关闭或被断开连接时才会被释放。对于应用程序服务器的 JTA 数据源，你应当使用 after_statement，这样在每次 JDBC 调用后，都会主动释放连接。对于非 JTA 的连接，可以使用 after_transaction 使在每个事务结束时释放连接。auto 将为 JTA 和 CMT 事务策略选择 after_statement，为 JDBC 事务策略选择 after_transaction。该属性的取值是 on_close、after_transaction、after_statement、auto
hibernate.connection.*<propertyName>*	将名为 propertyName 的 JDBC 属性传递到 DriverManager.getConnection 方法中去
hibernate.jndi.*<propertyName>*	将名为 propertyName 的 JNDI 属性传递到 JNDI InitialContextFactory 中去

表 14.6 Hibernate 缓存属性

属 性 名	描 述
hibernate.cache.provider_class	自定义的 CacheProvider 的类名。取值 classname.of.CacheProvider
hibernate.cache.use_minimal_puts	优化二级缓存来最小化写操作，但该操作会使读操作更频繁，在 Hibernate3 中，这个设置对集群缓存非常有用，对集群缓存的实现而言，默认是开启的。该属性的取值是 true 和 false
hibernate.cache.use_query_cache	允许查询缓存，个别查询仍然需要被设置为可缓存的。该属性的取值是 true 和 false

续表

属　性　名	描　　　述
hibernate.cache.use_second_level_cache	该属性可以完全禁止使用二级缓存，对那些指定<cache>映射的类，会默认开启二级缓存。该属性的取值是 true 和 false
hibernate.cache.query_cache_factory	自定义实现 QueryCache 接口的类名，默认为内建的 StandardQueryCache 类。该属性的取值是 classname.of.QueryCache
hibernate.cache.region_prefix	二级缓存区域名的前缀。该属性的取值是 prefix
hibernate.cache.use_structured_entries	强制 Hibernate 以更人性化的格式将数据存入二级缓存。该属性的取值是 true 和 false

表 14.7　Hibernate 事务属性

属　性　名	描　　　述
hibernate.transaction.factory_class	一个实现 TransactionFactory 接口的类名，用于 Hibernate Transaction API（默认为 JDBCTransactionFactory）。该属性的取值是 classname.of.TransactionFactory
jta.UserTransaction	一个 JNDI 名字，被 JTATransactionFactory 用来从应用服务器获取 JTA UserTransaction。该属性的取值是 jndi、composite、name
hibernate.transaction.manager_lookup_class	一个实现 TransactionManagerLookup 接口的类名，当使用 JVM 级缓存，或在 JTA 环境中使用 hilo 生成器的时候需要该类。该属性的取值是 classname.of.TransactionManagerLookup
hibernate.transaction.flush_before_completion	如果开启，session 在事务完成后将被自动清空（flush）。现在更好的方法是使用自动 session 上下文管理。该属性的取值是 true 和 false
hibernate.transaction.auto_close_session	如果开启，session 在事务完成后将被自动关闭。现在更好的方法是使用自动 session 上下文管理。该属性的取值是 true 和 false

表 14.8　其他的 Hibernate 属性

属　性　名	描　　　述
hibernate.current_session_context_class	为当前 Session 指定一个（自定义的）策略。该属性的取值是 jta、thread、custom.Class
hibernate.query.factory_class	选择 HQL 解析器的实现。该属性的取值是 org.hibernate.hql.ast.ASTQueryTranslatorFactory 或 org.hibernate.hql.classic.ClassicQueryTranslatorFactory
hibernate.query.substitutions	eg.hqlLiteral=SQL_LITERAL, hqlFunction=SQLFUNC 将 Hibernate 查询中的符号映射到 SQL 查询中的符号（符号可能是函数名或常量名字）。该属性的取值是 hqlLiteral=SQL_LITERAL, hqlFunction=SQLFUNC
hibernate.hbm2ddl.auto	在 SessionFactory 创建时，自动检查数据库结构，或者将数据库 schema 的 DDL 导出到数据库。使用 create-drop 时，在显式关闭 SessionFactory 时，将删除数据库 schema。该属性的取值是 validate、update、create、create-drop
hibernate.cglib.use_reflection_optimizer	开启 CGLIB 来替代运行时反射机制（系统级属性）。反射机制有时在除错时比较有用。注意即使关闭这个优化，Hibernate 还是需要 CGLIB。你不能在 hibernate.cfg.xml 中设置此属性。该属性的取值是 true | false

14.3.5　SQL 方言

SQL 方言实际上是一系列类，这些类分别为不同的数据库进行优化。在 hibernate.properties 文件中可以通过 hibernate.dialect 属性设置 SQL Dialect，在 hibernate.cfg.xml 文件中则通过 dialect 属性设置 SQL Dialect。Hibernate 3 支持的 SQL Dialect 如表 14.9 所示。

表 14.9 Hibernate 3 支持的 SQL Dialect

数据库	SQL Dialect 类	数据库	SQL Dialect 类
DB2	org.hibernate.dialect.DB2Dialect	Microsoft SQL Server	org.hibernate.dialect.SQLServerDialect
DB2 AS/400	org.hibernate.dialect.DB2400Dialect	SAP DB	org.hibernate.dialect.SAPDBDialect
DB2 OS390	org.hibernate.dialect.DB2390Dialect	Informix	org.hibernate.dialect.InformixDialect
PostgreSQL	org.hibernate.dialect.PostgreSQLDialect	HypersonicSQL	org.hibernate.dialect.HSQLDialect
MySQL	org.hibernate.dialect.MySQLDialect	Ingres	org.hibernate.dialect.IngresDialect
MySQL with InnoDB	org.hibernate.dialect.MySQLInnoDBDialect	Progress	org.hibernate.dialect.ProgressDialect
MySQL with MyISAM	org.hibernate.dialect.MySQLMyISAMDialect	Mckoi SQL	org.hibernate.dialect.MckoiDialect
Oracle (any version)	org.hibernate.dialect.OracleDialect	Interbase	org.hibernate.dialect.InterbaseDialect
Oracle 9i/10g	org.hibernate.dialect.Oracle9Dialect	Pointbase	org.hibernate.dialect.PointbaseDialect
Sybase	org.hibernate.dialect.SybaseDialect	FrontBase	org.hibernate.dialect.FrontbaseDialect
Sybase Anywhere	org.hibernate.dialect.SybaseAnywhereDialect	Firebird	org.hibernate.dialect.FirebirdDialect

14.3.6 使用 JNDI 数据源

Hibernate 可以使用两种方式连接数据库，一种是直接使用 JDBC 进行连接，另一种就是使用 JNDI 数据源来连接数据库。配置 JNDI 数据源的方法很简单。在<Tomcat 安装目录>\conf\Catalina\ localhost 中建立一个 webdemo.xml 文件，然后输入如下内容：

```
<!--定义局部数据源连接池-->
<Context path="/samples" docBase="samples" debug="0">
     <Resource name="jdbc/webdb" auth="Container"
            type="javax.sql.DataSource"
            driverClassName="com.mysql.jdbc.Driver"
            url="jdbc:mysql://localhost:3306/samples?characterEncoding=UTF-8"
            username="root"
            password="1234"
            maxActive="200"
            maxIdle="50"
            maxWait="3000"/>
</Context>
```

在 hibernate.cfg.xml 文件中配置 JNDI 数据源时只需要使用 connection.datasource 属性指定 JNDI 名称即可，配置代码如下：

```
<?xml version='1.0' encoding='UTF-8'?>
<!DOCTYPE hibernate-configuration PUBLIC
        "-//Hibernate/Hibernate Configuration DTD 3.0//EN"
        "http://hibernate.sourceforge.net/hibernate-configuration-3.0.dtd">
<hibernate-configuration>
   <session-factory>
      <property name="connection.datasource">
         java:/comp/env/jdbc/samples
      </property>
   </session-factory>
</hibernate-configuration>
```

从上面的配置代码可以看出，在 hibernate.cfg.xml 文件中配置 JNDI 数据源非常方便，只需要指定一个 connection.datasource 属性即可。如果在 hibernate.properties 文件中配置 JNDI 数据源，需要指定 hibernate.connection.datasource 属性。如果 Web 应用正处于开发阶段，则可以使用 JDBC 来连接数据库，但在系统发布时，建议使用 JNDI 数据源来连接数据库，这样有助于提升系统的性能。

14.3.7　配置映射文件

在建立映射文件后，需要让 Hibernate 知道这些映射文件被放到了什么位置。一般可以使用 Hibernate XML 配置文件的<mapping>标签来指定映射文件的位置。在<mapping>标签中有 3 个属性可以用于指定映射文件的位置，这 3 个属性如下：

- resource：该属性表示映射文件的相对路径（相对于 CLASSPATH 变量指定的路径，包括 jar 包）。例如，在 CLASSPATH 变量中指定了一个 map.jar 包，在 jar 包中的 hibernate 目录中有一个 mapping.xml 文件，则可以使用<mapping resource="hibernate/mapping.xml"/>来指定这个 mapping.xml 文件。
- file：该属性表示映射文件的绝对路径，如 file="C:\hibernate\mapping.xml"。
- jar：该属性表示映射文件所有的 jar 包。Hibernate 将搜索 jar 包中所有以.hbm.xml 结尾的映射文件（包括子目录中的.hbm.xml 文件）。如指定 jar="C:\jars\mapping.jar"后，该包中的所有以.hbm.xml 结尾的文件都会成为 Hibernate 的映射文件。

除了使用 XML 配置文件来指定映射文件，还可以使用编程的方式来指定映射文件。在 Configuration 类中有 6 个方法可以使用不同的方式来指定映射文件，这 6 个方法的定义及功能如下：

```
//相当于<mapping>标签的 resource 属性
public Configuration addResource(String resourceName)throws MappingException;
//相当于<mapping>标签的 file 属性
public Configuration addFile(String xmlFile) throws MappingException;
//相当于<mapping>标签的 file 属性，需要一个 File 对象来封装映射文件的路径
public Configuration addFile(File xmlFile) throws MappingException;
//通过指定一个实体 Bean 来指定映射文件（Hibernate 将实体 Bean 所在的 package 中的所
//有以.hbm.xml 结尾的文件都作为映射文件）
public Configuration addClass(Class persistentClass)throws MappingException;
//相当于<mapping>标签的 jar 属性
public Configuration addJar(File jar)throws MappingException;
//通过一个 File 对象来指定一个目录，Hibernate 将指定目录中的所有以.hbm.xml 结尾的
//文件作为映射文件
public Configuration addDirectory(File dir) throws MappingException;
```

14.4　本 章 小 结

Hibernate 框架是目录最流行的 ORM 框架之一。Hibernate 和 EJB 相比最大的优势就是轻量。开发人员可以在任何 Java 应用程序中使用 Hibernate，而无须借助其他容器的支持。Hibernate 的核心之一就是实体 Bean 和映射文件，通过映射文件，可以将数据表和实体 Bean 联系起来。而实体 Bean 又和 Struts 2 的模型类非常相似，因此，可以将实体 Bean 和 Struts 2 的模型类合二为一。在本章的最后给出了一个整合 Struts 2 和 Hibernate 的例子。在这个例子中，实体 Bean 和模型类共享了 MyMessage 类。在客户端通过 Struts 2 标签向服务端发送请求来添加信息。

第 15 章　Hibernate 会话与关系对象映射

会话是 Hibernate 的核心。要想使用 Hibernate 框架操作数据库，必须先获得一个 Session 对象。然后可以在当前的 Session 对象中对数据库进行增、删、改等操作。由于数据表之间可能存在不同的关系，如一对一关系、一对多关系等。因此，Hibernate 框架也提供了映射数据表之间的关系的功能。

15.1　会话基础

使用 Hibernate 读、写数据库中的数据时，必须依赖会话（Session）。在前面的章节给出的例子中不止一次使用 HibernateSessionFactory 类的 getSession 方法获得一个 Session 对象，然后通过 Session 对象的不同方法保存、装载实体 Bean 对象实例。为了进一步了解 Session 对象，在这一节将介绍 Session 的一些基本的应用。

15.1.1　对象持久化

创建一个实体 Bean 的对象实例，并使用 XML 配置文件对实体 Bean 进行映射后，并不能将实体 Bean 对象中的数据保存在数据库中。要想将实体 Bean 对象中的数据保存到数据库中，就必须使用 Session 接口的 save 方法。save 方法有如下两种重载形式：

```
    public Serializable save(Object object)throws HibernateException;
    public Serializable save(String entityName,Object object)throws Hibernate
Exception;
```

其中 object 参数表示实体 Bean 的对象实例，entityName 表示实体 Bean 的类名。如果指定了 entityName 参数，在调用 save 方法引发的 onSaveOrUpdate 事件中，可以通过事件方法参数 event 调用 getEntityName 方法来获得这个实体名。但通常只使用 save 方法的第一种重载形式。下面的代码演示了如何通过 save 方法来持久化实体 Bean 对象：

```
    User user = new User();
    user.setName("李宁");
    //通过 HibernateSessionFactory 类的 getSession 方法获得 Session 对象
    Session session = HibernateSessionFactory.getSession();
```

```
Transaction tx=null;
tx=session.beginTransaction();
session.save(user);
tx.commit();
```

虽然 save 方法可以将对象持久化，但如果当前要保存的对象已经被持久化，再调用 save 方法就会抛出异常。如果很难判断当前要保存的对象是否已经持久化，最好的方法是使用 Session 接口的 saveOrUpdate 方法，这个方法有如下两种重载形式：

```
public void saveOrUpdate(Object object)throws HibernateException;
public void saveOrUpdate(String entityName,Object object)throws Hibernate
Exception;
```

saveOrUpdate 和 save 方法的参数含义完全相同。只是当前要持久化的对象如果已经被持久化，那么 saveOrUpdate 方法会将对象中的数据更新到数据库。

15.1.2　持久化对象的关系

对于一个实体 Bean 的对象实例来说，代表着两层含义。一层是在 JVM 中的普通的对象实例；另一层是数据表中的一行记录。

当从同一个 Session 中获得同一个持久化对象时，也就相当于获得同一条记录。因此，可以使用“==”来判断获得的是否为同一个持久化对象。如果从不同的 Session 中获得同一个持久化对象，那么 Hibernate 将为每个 Session 产生不同的对象实例，这时使用“==”来判断它们是否相等，则会返回 false。

如果要判断从不同的 Session 中获得持久化对象是否相等，需要在实体 Bean 中覆盖 equals 方法，如下面代码所示：

```
org.hibernate.SessionFactory sessionFactory;
sessionFactory = configuration.buildSessionFactory();
//使用 openSession 方法获得两个 Session 对象
Session session1=sessionFactory.openSession();
Session session2=sessionFactory.openSession();
//从不同的 Session 对象中装载 3 个 User 对象实例
User user1=(User)session1.get(User.class,id);
User user2=(User)session1.get(User.class,id);
User user3=(User)session2.get(User.class,id);
//条件为 true
if(user1==user2)
{
    …
}
//条件为 false，要判断 user1 和 user3，需要在 User 类中覆盖 equals 方法
if(user1==user3)
{
    …
}
//需要覆盖 User 类的 equals 方法，否则使用 hashcode 进行比较，仍然不相等
if(user1.equals(user3))
```

```
{
    …
}
```

15.1.3　装载持久化对象

在 Session 接口中提供了一个 load 方法，该方法可以根据主键从数据库中装载数据，并以持久化对象形式返回。load 方法有如下 5 种重载形式：

```
public Object load(Class theClass, Serializable id) throws HibernateException;
public Object load(String entityName,Serializable id)throws Hibernate Exception;
public void load(Object object,Serializable id)throws HibernateException;
public Object load(String entityName,Serializable id,LockMode lockMode) throws
HibernateException;
public Object load(Class theClass, Serializable id, LockMode lockMode)throws
HibernateException;
```

其中 id 表示主键值，该主键值所对应的类必须实现 Serializable 接口，theClass 表示要查找的持久化对象的 Class，entityName 表示持久化对象的类名，object 表示要装载的持久化对象。前两个 load 方法都返回了一个 Object 对象，这个返回值就是已经装载的持久化对象。而第三个 load 方法并没有返回值，而是通过 object 参数先指定主键值，如果成功装载持久化对象，则 Hibernate 就会装载该对象的其他属性值。最后两个重载形式的 lockMode 参数表示装载持久化过程中的锁类型，下面是 3 种常用的锁类型：

- LockMode.NONE：在这种锁模式下，如果持久化对象在 Cache 中已存在，就从 Cache 中获得这个持久化对象。这是 Hibernate 的默认锁模式。
- LockMode.READ：防止在当前事务中其他的 SELECT 来读取数据。
- LockMode.UPGRADE：upgrade 锁。在这种锁模式下，在当前事务中使用 SELECT 为 UPDATE 语句来锁定数据，直到事务结束。

Session 接口还提供了另外一个装载持久化对象的 get 方法。get 方法有如下 4 个重载形式：

```
public Object get(Class clazz,Serializable id)throws HibernateException;
public Object get(String entityName,Serializable id)throws Hibernate Exception;
public Object get(String entityName, Serializable id, LockMode lockMode) throws
HibernateException;
public Object get(Class clazz,Serializable id,LockMode lockMode)throws
HibernateException;
```

get 方法和 load 方法的功能基本相同，只是在装载持久化对象时，如果要装载的持久化对象不存在，load 方法仍然会返回一个持久化对象，只是这个持久化对象除了主键属性外，访问其他的属性或方法，都会抛出一个异常。而当持久化对象不存在时 get 方法会返回一个 null。因此，在不能确定要装载的持久化对象是否存在时，最好使用 get 方法。

下面的代码演示了如何使用 get 方法和 load 方法装载持久化对象，以及抛出异常的情况：

```
<%@page pageEncoding="UTF-8"%>
<%@page import="hibernate.*,chapter14.*,org.hibernate.*"%>
<html>
<head>
```

```
<title>Test</title>
</head>
<body>
<%
    Session mySession=HibernateSessionFactory.getSession();
    Transaction tx=mySession.beginTransaction();
    MyMessage myMessage=new MyMessage();
    myMessage.setId(12345);
    myMessage.setName("飞碟");
    mySession.saveOrUpdate(myMessage);
    Object obj=mySession.get(MyMessage.class,12345);
    if(obj!=null)
    {
        myMessage=(MyMessage) obj;
        out.println("id:"+myMessage.getId()+"  name:"+myMessage.
        getName());
    }
    else
    {
        out.println("未找到 id 为 12345 的记录!");
    }
    out.println("<br>");
    obj=mySession.get(MyMessage.class, 12345678);
    if(obj==null)
    {
        out.println("未找到 id 为 12345678 的记录!<br>");
    }
    try
    {
        obj=mySession.load(MyMessage.class,12345678);
        myMessage=(MyMessage) obj;
        myMessage.getName();
    }
    catch(Exception e)
    {
        out.println(e.getMessage());
    }
    tx.commit();
    mySession.close();
%>
</body>
</html>
```

在浏览器地址栏中输入如下的 URL：

```
http://localhost:8080/samples/chapter15/loadentitybean.jsp
```

浏览器显示的信息如图 15.1 所示。

15.1.4　更新持久化对象

图 15.1　使用 get 方法和 load 方法装载持久化对象

如果持久化对象的属性值变化了，那么 Hibernate 在默认情况下会自动将这些已经改变了的属性值持久化。从开发人员的角度来说，并不需要做任何工作来显式地保存数据。但却可以通过 setFlushMode 方法来修改 Hibernate 默认的更新模式，也可以使用 getFlushMode 方法来获得当前的更新模式。这两个方法的定义如下：

```
public void setFlushMode(FlushMode flushMode);
public FlushMode getFlushMode();
```

其中 flushMode 参数表示更新模式，该参数可设置的值如下：

- FlushMode.MANUAL：手动更新。除非调用了 Session 接口的 flush 方法，否则 Hibernate 不自动更新持久化对象。
- FlushMode.COMMIT：当提交事务时更新持久化对象。
- FlushMode.AUTO：由 Hibernate 来管理持久化对象的更新，以保证被返回的数据是最新的。这是 Hibernate 的默认更新模式。
- FlushMode.ALWAYS：在每一条查询语句执行之前 Session 都会被更新。

除此之外，还可以通过 Session 接口的 isDirty 方法来判断持久化对象中的属性值是否和数据表中相应的字段的值一致。如果一致，则返回 false，否则返回 true。isDirty 方法的定义如下：

```
public boolean isDirty()throws HibernateException;
```

下面的代码演示了 isDirty 方法返回 true 和 false 的情况：

```
//获得 Session 对象
Session mySession=HibernateSessionFactory.getSession();
MyMessage myMessage=new MyMessage();
Object obj=mySession.get(MyMessage.class,200);
if(obj!=null)
{
    myMessage=(MyMessage)obj;
    System.out.println(mySession.isDirty());
    myMessage.setName("abcd");
    System.out.println(mySession.isDirty());
}
mySession.close();
%>
```

从上面的代码可以看出，当成功装载持久化对象后，isDirty 方法返回 false，表示属性值和相应的字段值完全一样，当修改持久化对象的属性值后，isDirty 方法返回 true，表示属性值和相应的字段值不一致。

15.1.5　删除持久化对象

使用 Hibernate 删除持久化对象（也就是数据表中的记录）的最简单的方法就是使用 Session

接口的 delete 方法，delete 方法有如下两个重载形式：

```
public void delete(Object object)throws HibernateException;
public void delete(String entityName,Object object) throws HibernateException;
```

其中 object 参数表示要删除的持久化对象，entityName 表示实体 Bean 的类名（package.classname）。在 Hibernate 中，除了使用 delete 方法来删除持久化对象外，还可以使用 HQL、SQL 等其他方式删除。

15.2　建立关系对象映射

关系对象（O/R）映射是 Hibernate 框架的核心功能之一。通过 O/R 映射，可以将二维的数据表和实体 Bean 进行关联。这些关联包括数据表中的主键及属性的映射，以及数据表之间的关系，如一对一、多对一等。除此之外，还可以进行更高级的映射，如复合主键、组件映射等。

15.2.1　映射主键

每一个实体 Bean 必须有一个主键（可以是一个属性，也可以是多个属性的组合）。这个主键在基于 XML 的映射文件中使用<id>标签来定义。<id>标签的所有属性都是可选的。也就是说，可以只使用<id/>来将实体 Bean 中的 id 属性映射为主键。<id>标签的常用属性如下：

- name：实体 Bean 的属性名。默认值是 id。
- column：数据表中的主键字段名。默认值是 name 属性的值。
- type：字段类型。默认值是 name 属性指定的实体 Bean 属性的类型。

在<id>标签中有一个可选的<generator>子标签。用来指定产生主键值的策略。<generator>标签只有一个 class 属性，用来指定主键值生成策略类或别名，如 increment、identity、assigned 等。如果不指定<generator>标签，class 属性的默认值是 assigned，表示这个主键值应该和普通属性一样由程序为其赋值。下面的代码演示了一个标准的<id>标签的使用方法：

```
<id name="id" column="customer_id" type="int">
    <generator class="increment"/>
</id>
```

15.2.2　映射普通属性

实体 Bean 的普通属性需要使用<property>标签来映射。<property>标签的常用属性如下：

- name：该属性表示实体 Bean 的属性名。这个属性是必需的。
- column：该属性表示数据表的字段名。默认值是 name 属性指定的值。
- type：该属性表示字段类型。默认值是 name 属性指定的实体 Bean 属性的类型。
- not-null：该属性表示 name 属性指定的实体 Bean 属性可否为 null。如果默认值是 true，则表示不能为 null。

在某些情况下，<property>标签中会有一个或多个<column>标签。可以使用<column>标签来进行更复杂的映射。例如，<column>标签有更多的属性，一个属性可以映射到多个列上等。下面是一个标准的普通属性映射：

```
<property name="name">
```

```
    <column name="name" not-null="false"/>
</property>
```

15.2.3　组件映射

如果实体 Bean 中的某些属性属于同一个类别。或者在很多实体 Bean 中都有这些属性。那么就需要将这些属性组合起来，放到一个单独的 Java Bean 中。如姓名可分为姓和名，或是 first Name 和 lastName。这两个属性可以放到 Name 类中，代码如下：

```
public class Name
{
    private String first;
    private String last;
    //此处省略了 first 和 last 属性的 getter 和 setter 方法
    …
}
```

假设有两个类：Teacher 和 Student 类，这两个类中都有 firstName 和 lastName 属性，这样就可以使用 Name 类来封装这两个属性了，代码如下：

Teacher 类的实现代码：

```
public class Teacher
{
    private Name name;
    private int courseId;
    //此处省略了 name 属性和 courseId 属性的 getter 和 setter 方法
    …
}
```

Student 类的实现代码：

```
public class Student
{
    private Name name;
    private int age;
    //此处省略了 name 属性和 age 属性的 getter 和 setter 方法
    …
}
```

Teacher 和 Student 类中的 name 属性被称为“组件属性”，Name 类被称为“组件类”。

如果要在映射文件中映射 Teacher 和 Student 类，显然不能直接使用 Name 作为类型。要想映射这两个类，就需要使用<component>标签，代码如下：

```
<component name="name" class="chapter19.entity.Name" >
    <!--映射 first 属性-->
    <property name="first"column="first"/>
    <!--映射 last 属性-->
    <property name="last"column="last"/>
</component>
```

15.2.4　多对一单向关联关系

多对一关系是数据库中最常用的关联关系。以客户（t_customers）和定单（t_orders）的关系为例。一个定单只能属于一个客户，而一个客户可以有多个定单。因此，t_orders 相对于 t_customers 来说就是多对一的关系，而 t_customers 相对于 t_orders 来说就是一对多的关系。这两个表的字段及关系如图 15.2 所示。

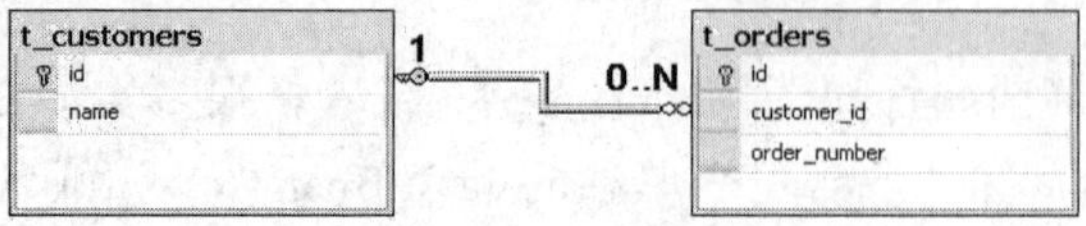

图 15.2　t_customers 和 t_orders 的关联关系

从图 15.2 可以看出，t_customers 和 t_orders 中的 id 都是主键。t_orders 中的 customer_id 是外键，并和 t_customers 中的 id 字段形成多对一的关系。

要想在映射文件中映射多对一的关系，需要使用<many-to-one>标签。假设 t_customers 和 t_orders 表对应的实体 Bean 分别是 Customer 和 Order，则映射代码如下：

```
<many-to-one name="customer" column="customer_id"
   class="Customer" not-null="true" cascade="save-update">
</many-to-one>
```

<many-to-one>标签建立了 t_orders 表的外键 customer_id 和 Customer 类的主键 id 之间的关系。它包括以下常用属性：

- name：表示实体 Bean 的属性名。
- column：表示数据表中的外键名。默认值是 name 属性的值。
- class：表示关联类的名称。默认值是当前属性的类型。
- not-null：如果该属性为 true，则表示当前属性不能为 null。默认值是 true。
- cascade：该属性指定哪些操作是级联操作。在上面的配置代码中将该属性指定为 save-update，表示在插入（save）或更新（update）时进行级联操作。该属性可设置的值主要有 persist、merge、delete、save-update、evict、replicate、lock、refresh。如果设置了多个值，中间用逗号（,）分隔。默认值是没有级联操作。

15.2.5　一对多的双向关联关系

t_customers 对 t_orders 的就是一对多的关系，也就是说，一个客户（Customer）可以有多个定单（Order）。但在数据库中无法表示 t_customers 到 t_orders 的一对多的关系，也就是说，获得一条 t_customers 记录后，就可以知道和这条记录相关联的 t_orders 中的记录，而在实体 Bean 中这种关系就很容易表示。如果要表示 Customer 到 Order 的一对多的关系，只需要在 Customer 类中加一个集合（Set）类型的属性。将每一个 Customer 对象相关联的 Order 对象都保存在这个 Customer 对象的集合属性中即可。

在映射文件中需要使用<set>标签来映射 Customer 类中的集合属性，配置代码如下：

```
<set name="orders"cascade="save-update">
<key column="customer_id"/>
<one-to-many class="Order"/>
</set>
```

在上面的配置代码中，<set>标签使用了如下的属性：

- name：表示集合属性名。

- cascade：表示参与级联的操作类型。如果将该属性设为 save-update，表示在 save 和 update 时进行级联操作。

在<set>标签中包含了如下两个子标签：

- <key>：集合属性中的元素（Order 对象）中的外键（customerId）。
- <one-to-many>：指定属性中的元素所对应的实体 Bean（chapter19.entity.Order）。

15.2.6 基于外键的一对一的关系映射

在两个数据表之间的一对一关系可以有两种实现，其中一种就是在一个表上设一个外键（外键值是唯一的），并通过这个外键和另一个表的主键相连。如有两个表：t_employees（雇员）和 t_addresses（地址）。每一个雇员有唯一的地址，每一个地址对应于唯一的雇员。这两个表就是基于外键的一对一关系。

一对一关系映射需要使用<many-to-one>和<one-to-one>标签来映射。其中<many-to-one>标签用来映射 Employee 对象中的外键（addresses），如下面的代码所示：

```
<many-to-one name="address"
   class="Address"column="address_id"
   cascade="all"unique="true"/>
```

在使用<many-to-one>映射一对一关系时，需要使用 unique="true"，表示外键（addressId）的值是唯一的。

<one-to-one>标签并不用来映射实际的字段，而是用来指明 Address 对象和 Employee 对象是一对一关系。如下面的代码所示：

```
<one-to-one name="employee" class="Employee" property-ref="address"/>
```

其中 property-ref 属性用来指定 Address 对象中的主键和 Employee 对象的哪个外键属性（address）相连。

15.2.7 基于主键的一对一的关系映射

基于主键的一对一关系也可以使用两个表的主键相互关联。假设有两个表：t_products（产品）和 t_product_details（产品详细信息）。这两个表通过各自的主键相连形成一对一的关系。如果要建立基于主键的一对一关系映射，两个实体 Bean 的映射文件都需要使用<one-to-one>标签进行映射。

下面给出一个示例来演示如何映射并使用基于主键的一对一关系。在这个例子中涉及了两个表：t_products 和 t_product_details。其中 t_products 表的 id 字段和 t_product_details 表的 id 字段进行关联，形成一对一的关系。与这两个表对应的实体 Bean 是 Product 和 ProductDetail。完成本例需要如下几步：

（1）建立 t_products 和 t_product_details 表。建立 t_products 表的 SQL 语句如下：

```
CREATE TABLE IF NOT EXISTS t_products(
  id int(11) NOT NULL,
  name varchar(30)NOT NULL,
  PRIMARY KEY(id)
) ENGINE=InnoDB DEFAULT CHARSET=utf8 COLLATE=utf8_unicode_ci;
```

建立 t_product_details 表的 SQL 语句如下：

```
CREATE TABLE IF NOT EXISTS t_product_details(
  id int(11) NOT NULL,
  detail varchar(200) NOT NULL,
  PRIMARY KEY(id)
) ENGINE=InnoDB DEFAULT CHARSET=utf8 COLLATE=utf8_unicode_ci;
```

（2）编写 Product 类。Product 类对应于 t_products 表，该类的实现代码如下：

```
package chapter15;
public class Product
{
    //封装 id 和 name 字段的属性
    private int id;
    private String name;
    //productDetail 属性引用了 ProductDetail 实体对象
    private ProductDetail productDetail;
    //带 name 参数的构造方法
    public Product(String name)
    {
        this.name=name;
    }
    //无参数的构造方法
    public Product()
    {
    }
    //id 属性的 getter 方法
    public int getId()
    {
        return id;
    }
    //id 属性的 setter 方法
    public void setId(int id)
    {
        this.id=id;
    }
    //name 属性的 getter 方法
    public String getName()
    {
        return name;
    }
    //name 属性的 setter 方法
    public void setName(String name)
    {
        this.name=name;
    }
    //productDetail 属性的 getter 方法
    public ProductDetail getProductDetail()
```

```
    {
        return productDetail;
    }
    //productDetail 属性的 setter 方法
    public void setProductDetail(ProductDetail productDetail)
    {
        this.productDetail=productDetail;
    }
}
```

（3）编写 ProductDetails 类。ProductDetails 类对应于 t_product_details 表，该类的实现代码如下：

```
package chapter15;
public class ProductDetail
{
    //封装 id 和 detail 字段的属性
    private int id;
    private String detail;
    //product 属性引用了 Product 实体对象
    private Product product;

    //使用构造方法传递 detail 属性
    public ProductDetail(String detail)
    {
        this.detail=detail;
    }

    //id 属性的 getter 方法
    public int getId()
    {
        return id;
    }

    //id 属性的 setter 方法
    public void setId(int id)
    {
        this.id=id;
    }

    //detail 属性的 getter 方法
    public String getDetail()
    {
        return detail;
    }

    //detail 属性的 setter 方法
    public void setDetail(String detail)
    {
```

```
        this.detail=detail;
    }

    //product属性的getter方法
    public Product getProduct()
    {
        return product;
    }

    //product属性的setter方法
    public void setProduct(Product product)
    {
        this.product=product;
    }
}
```

（4）映射 Product 和 ProductDetails 类。在 WEB-INF\classes\chapter15 目录中建立两个映射文件：Product.hbm.xml 和 ProductDetail.hbm.xml，这两个映射文件分别用来映射 Product 和 ProductDetail 类。Product.hbm.xml 文件的内容如下：

```
<?xml version="1.0"?>
<!DOCTYPE hibernate-mapping PUBLIC
"-//Hibernate/Hibernate Mapping DTD//EN"
"http://hibernate.sourceforge.net/hibernate-mapping-3.0.dtd">
<hibernate-mapping>
<class name="chapter15.Product" table="t_products">
    <!--映射id属性-->
        <id name="id" column="id" type="int">
            <generator class="increment"/>
        </id>
        <!--映射name属性-->
        <property name="name" column="name" type="string"/>
        <!--映射productDetail属性-->
        <one-to-one name="productDetail"
            class="chapter15.ProductDetail" cascade="all"/>
    </class>
</hibernate-mapping>
```

ProductDetail.hbm.xml 文件的内容如下：

```
<?xml version="1.0"?>
<!DOCTYPE hibernate-mapping PUBLIC
"-//Hibernate/Hibernate Mapping DTD//EN"
"http://hibernate.sourceforge.net/hibernate-mapping-3.0.dtd">
<hibernate-mapping>
<class name="chapter15.ProductDetail" table="t_product_details">
    <!--映射id属性，id属性也是Product实体对象的主键-->
        <id name="id" column="id" type="int">
            <generator class="foreign">
                <param name="property">product</param>
```

```
            </generator>
        </id>
        <!--映射 detail 属性-->
        <property name="detail" column="detail"/>
        <!--映射 product 属性，和 Product 实体对象是一对一关系-->
        <one-to-one name="product"class="chapter15.Product"
            constrained="true" />
    </class>
</hibernate-mapping>
```

（5）编写使用基于主键的一对一关系的控制台程序。OneToOneKey 类是一个控制台程序。负责使用基于外键的一对一关系持久化 Product 和 ProductDetail 对象，并装载这两个对象。OneToOneKey 类的实现代码如下：

```
package chapter15;
import hibernate.HibernateSessionFactory;
import org.hibernate.Session;
import org.hibernate.Transaction;
public class OneToOneKey
{
    public static void main(String[] args)
    {
        Session session=HibernateSessionFactory.getSession();//获得 Hibernate
        Transaction tx=session.beginTransaction();   //开始一个新事务
        //创建 Product 和 ProductDetail 类的对象实例
        ProductDetail productDetail=new ProductDetail("product detail");
        Product product=new Product("Car");           //创建 Product 对象实例
        productDetail.setProduct(product);            //初始化 product 属性
        product.setProductDetail(productDetail);      //初始化 productDetail 属性
        session.save(product);                        //持久化 product 对象
        tx.commit();                                  //提交事务
        int id=product.getId();
        Object obj=session.get(Product.class,id);
        //根据指定的 id 值装载 Product 对象
        //成功装载 Product 对象
        if(obj!=null)
        {
            product=(Product)obj;
            //输出 Product 对象的相应属性值
            System.out.println("Product.id="+product.getId());
            System.out.println("Product.name="+product.getName());
            System.out.println("ProductDetail.id="+product.getProductDetail
            ().getId());
            System.out.println("ProductDetail.detail="+product.getProduct
            Detail().getDetail());
        }
        session.close();
    }
```

```
}
```

执行 OneToOneKey 程序，在控制台将输出如下的信息：

```
Hibernate: select max(id) from t_products
Hibernate: insert into t_products(name,id)values(?,?)
Hibernate: insert into t_product_details(detail,id) values(?,?)
Product.id=1
Product.name=Car
ProductDetail.id=1
ProductDetail.detail=product detail
```

15.3 本章小结

本章介绍了 Hibernate 的两个核心技术：会话和 O/R 映射。Hibernate 框架的所有操作都是在会话中完成的，因此，在进行数据库操作之前，需要使用会话工厂类（HibernateSessionFactory）创建一个 Session 对象。Session 接口中封装了很多操作数据库的方法，如 load、get、refresh 等。通过这些方法，可以完成很多常用的数据库操作。

O/R 映射是 Hibernate 以及其他 ORM 框架必须拥有的功能。通过 O/R 映射可以将数据表的记录映射成实体 Bean 的对象实例（一条记录对应于一个对象实例）。数据表的字段在实体 Bean 中都有对应的属性。除了映射单表外，Hibernate 还可以映射多个数据表之间的关系，常用的关系有多对一、一对多以及一对一。通过这些表和关系的映射，可以像操作对象一样操作数据表，从而使访问和存储数据库更容易。

第 16 章 Hibernate 的高级技术

Hibernate 框架虽然可以使用 Session 接口的 get 方法或 load 方法装载持久化对象，但这只是根据主键来检索数据，局限性非常大。为此，Hibernate 框架提供了很多强大的查询技术，这些查询技术包括标准查询 API 和 HQL。除此之外，Hibernate 还支持直接使用 SQL，这将使 Hibernate 在操作数据库方面更加灵活。

16.1 标 准 查 询

在 Hibernate 框架中提供了 3 种获得数据的方法：标准查询、HQL 和 SQL。其中标准查询可以建立基于 Java 嵌套的、结构化的查询表达式。而这在使用 HQL 和 SQL 中是无法办到的。在 Hibernate 3 中，标准查询 API 还提供了投影（projection）、聚合（aggregation）和分组（group）的方法。

16.1.1 约束条件

在标准查询 API 中可以非常容易地使用 Criteria 接口的 add 方法为查询增加约束条件。每一个查询条件是一个 SimpleExpression 对象。由 org.hibernate.criterion.Restrictions 类的静态方法获得相应的 SimpleExpression 对象。如查询 id 属性等于 2 的 MyMessage 对象的代码如下：

```
Criteria crit = session.createCriteria(MyMessage.class);
//eq方法表示“等于”
crit.add(Restrictions.eq("id",3));
List<MyMessage> messages=crit.list();
```

除了 eq 方法外，还可以使用如下的方法来表示其他的逻辑关系：

```
public static SimpleExpression ne(String propertyName,Object value);//!=
public static SimpleExpression lt(String propertyName,Object value);//<
public static SimpleExpression gt(String propertyName,Object value);//>
public static SimpleExpression le(String propertyName,Object value);//<=
public static SimpleExpression ge(String propertyName,Object value);//>=
```

标准查询 API 不仅能搜索精确的结果，还能搜索模糊的结果。在 SQL 语句中使用 like 来查询模糊的结果，而在标准查询 API 中可以使用 like 或 ilike 方法来查询模糊的结果。like 方法不区分大小写，而 ilike 方法区分大小写。在进行模糊的查询时可以使用以下两种方法：

1. 使用通配符

这种方式和 SQL 语句的 like 子句的语法类似。使用%作为通配符，如下面的代码查询所有 name 属性包含 msg 的 MyMessage 对象：

```
Criteria crit=session.createCriteria(MyMessage.class);
crit.add(Restrictions.like("name","%msg%"))
List<MyMessage> messages=crit.list();
```

2. 使用 MatchMode

这种方式通过 MatchMode 类的静态常量指定了 4 个不同的匹配策略。这 4 个匹配策略如下：

- MatchMode.ANYWHERE：相当于%msg%。
- MatchMode.START：相当于 msg%。
- MatchMode.END：相当于%msg。
- MatchMode.EXACT：精确匹配，相当于 msg。

如下面的代码也可以查询所有 name 属性包含 msg 的 MyMessage 对象：

```
Criteria crit=session.createCriteria(MyMessage.class);
crit.add(Restrictions.like("name","msg",MatchMode.ANYWHERE))
List<MyMessage>messages=crit.list();
```

如果对于一个 Criteria 对象，多次使用 add 方法加入约束条件，那么这些约束条件之间的关系的默认值是 and。也可以使用 LogicalExpression 将它们的关系改为 or，如下面的代码所示：

```
Criteria crit=session.createCriteria(MyMessage.class);
SimpleExpression id=Restrictions.eq("id", 2);
SimpleExpression name = Restrictions.like("name","msg", MatchMode.ANYWHERE);
//将id和name的关系改为or
LogicalExpression orExp=Restrictions.or(id,name);
crit.add(orExp);
List results=crit.list();
```

Hibernate 将根据上面的代码生成如下的 SQL 语句：

```
select this_.id as id0_0_, this_.name as name0_0_ from t_message this_ where
(this_.id=? or this_.name like?)
```

16.1.2　分页显示数据

分页是 Web 应用程序中经常要用到的技术。如在一个论坛程序中，可能会有成千上万的帖子，这些帖子肯定不能在一个页面中显示出来，这就要将这些记录显示在若干个页面上。达到这种效果的一般实现是单击某一页的链接后，服务端再重新查询整个记录集，然后通过某些特殊的手段将要在当前页面显示的记录取出，并显示在客户端浏览器中。

实际上，只获得查询结果的部分内容对于不同的数据库来说难易程度也不同。如在 SQL Server 2000 中的实现就比较复杂，在 SQL Server 2005 或以上版本中由于提供了新的功能，所以实现分页要比 SQL Server 2000 容易一些。而在 MySQL 中，笔者认为它的分页功能是最容易实现的。只需要简单地使用 limit 关键字指定开始记录的位置和要获取的记录数即可，如下面的代码只取查询结果中从第二条记录开始的两条记录：

```
select*from t_message limit 6,20
```

从上面的描述可以看出，对于不同的数据库来说，各种数据库的分页方法是不相同的，有的效率高，有的效率低。为了能统一大多数常用数据库的分页方法，并尽可能地提高效率，Hibernate 提供了一种非常简便的方式来实现这个目标。在 Criteria 接口中有两个方法：setFirstResult 方法和 setMaxResults 方法。其中 setFirstResult 设置了记录的开始位置，setMaxResults 设置了返回的记录数。如下面的代码从 t_message 表中获得了从第二条记录开始的两条记录：

```
Criteria crit=session.createCriteria(MyMessage.class);
crit.setFirstResult(1);          //返回结果的开始位置，第一行记录的位置是 0
crit.setMaxResults(2);           //返回的记录（持久化对象）数
List<MyMessage>messages=crit.list();
```

如果不使用 setFirstResult 方法设置记录的开始位置，则默认值是 0。

Hibernate 会根据不同的数据库采用不同的分页策略，由于本书使用的数据库是 MySQL，因此，Hibernate 会使用 limit 进行分页处理。其实，setFirstResult 和 setMaxResults 方法设置的值就是 limit 关键字的第一个和第二个参数值。Hibernate 根据上面的代码生成的 SQL 语句如下：

```
select this_.id as id0_0_, this_.name as name0_0_ from t_message this_ limit ?, ?
```

下面是查询 t_message 表中的第二条和第三条记录的完整实现代码：

```
package chapter16;
import hibernate.HibernateSessionFactory;
import java.util.List;
import org.hibernate.Criteria;
import org.hibernate.Session;
import chapter14.MyMessage;
public class Pagination
{
    public static void main(String[] args)
    {
        Session session=HibernateSessionFactory.getSession();
        //根据 MyMessage 创建 Criteria 对象实例
        Criteria crit=session.createCriteria(MyMessage.class);
        //设置取出记录的位置
        crit.setFirstResult(1);
        //设置要返回的 MyMessage 对象数
        crit.setMaxResults(2);
        //返回指定数量的 MyMessage 对象
        List<MyMessage>messages=crit.list();
        //输出返回的 MyMessage 对象的 id 和 name 属性值
        for(MyMessage message:messages)
        {
            System.out.print(message.getId()+" "+message.getName());
            System.out.println();
        }
        session.close();
    }
}
```

16.1.3　获得一个持久化对象

在某些情况下，只需要获得一条记录或一个持久化对象。如在统计记录数时，则会返回一条只包含一个字段的记录，或是只返回查询结果集的第一条记录。在这种情况下，可以使用 Criteria 接口的 uniqueResult 方法。这个方法返回了一个 Object 对象，而不是一个 List 对象。如果未查到记录，则 uniqueResult 方法返回 null。如果无法保证返回的结果集只有一条记录，可以使用 setMaxResults 方法将返回的结果集的记录数设为 1，如下面的代码所示：

```
package chapter16;
import hibernate.HibernateSessionFactory;
import org.hibernate.Criteria;
import org.hibernate.Session;
import org.hibernate.criterion.Restrictions;
import chapter14.MyMessage;
public class UniqueResult
{
    public static void main(String[] args)
    {
        Session session=HibernateSessionFactory.getSession();
        Criteria crit=session.createCriteria(MyMessage.class);
        crit.setMaxResults(1);
        //添加一个 id 属性等于 1 的条件
        crit.add(Restrictions.eq("id", 1));
        //装载第一个持久化对象
        MyMessage message=(MyMessage) crit.uniqueResult();
        if(message!=null)
            System.out.println(message.getName());
        session.close();
    }
}
```

要注意的是，在调用 uniqueResult 方法时必须保证查询结果集只有一条记录，否则 unique Result 方法将抛出一个 org.hibernate.NonUniqueResultException 异常。

16.1.4　使用 Order 类对数据进行排序

在标准查询 API 中可以使用 org.hibernate.criterion.Order 类对查询结果进行排序。Order 类有两个静态方法：asc 和 desc，这两个方法都返回 Order 对象。使用这两个方法可以指定要排序的持久化对象的属性。下面的代码演示了如何使用 Order 对结果集进行排序：

```
package chapter16;
import hibernate.HibernateSessionFactory;
import java.util.List;
import org.hibernate.Criteria;
import org.hibernate.Session;
import chapter14.MyMessage;
public class SortResult
{
```

```
    public static void main(String[] args)
    {
        Session session=HibernateSessionFactory.getSession();
        Criteria crit=session.createCriteria(MyMessage.class);
        //对查询结果进行排序
        crit.addOrder(org.hibernate.criterion.Order.desc("id"));
        //返回相应的MyMessage对象
        List<MyMessage>messages=crit.list();
        for(MyMessage message:messages)
        {
            //输出当前Message对象的id和name属性值
            System.out.print(message.getId()+" "+message.getName());
            System.out.println();
        }
        session.close();
    }
}
```

16.1.5 关联多个实体 Bean

在标准查询 API 中也可以处理多个实体 Bean 关联的情况。如像 Order 和 Customer 对象这样的多对一关系。要想描述这种关系，需要使用 Criteria 接口的 createCriteria 方法创建另一个 Criteria 对象。这个 createCriteria 方法的参数是一个属性名，对于建立 Order 和 Customer 对象的多对一关系，要先使用 Session 接口的 createCriteria 方法为 Order 建立一个 Criteria 对象，然后再使用这个 Criteria 对象的 createCriteria 方法为 Order 类的 customer 属性创建一个 Criteria 对象，代码如下：

```
package chapter16;
import hibernate.HibernateSessionFactory;
import java.util.List;
import org.hibernate.Criteria;
import org.hibernate.Session;
import org.hibernate.criterion.Restrictions;
public class Associations
{
    public static void main(String[]args)
    {
        Session session=HibernateSessionFactory.getSession();
        //建立Order和Customer对象的多对一关系
        Criteria crit1=session.createCriteria(Order.class);
        Criteria crit2=crit1.createCriteria("customer");
        //添加约束条件
        crit1.add(Restrictions.ne("number","2010041202"));
        crit2.add(Restrictions.eq("name","Google"));
        crit2.addOrder(org.hibernate.criterion.Order.desc("name"));
        List<Order>orders=crit1.list();
        for(Order order:orders)
        {
```

```
            //输出当前 Order 对象的 number 和 name 属性值
          System.out.print(order.getNumber()+" "+order.getCustomer(). getName());
            System.out.println();
        }
        session.close();
    }
}
```

在上面的代码中除了建立了 Order 和 Customer 的多对一的关系外，还设置了查询条件。

16.1.6　聚合与分组

在标准查询 API 中可以使用 org.hibernate.criterion.AggregateProjection 类进行聚合操作，并且使用 org.hibernate.criterion.Projections 类相应的静态方法来建立 AggregateProjection 对象，最后使用 Criteria 接口的 setProjection 方法设置相应的 AggregateProjection 对象。如获得表的记录数的代码如下：

```
Criteria crit=session.createCriteria(MyMessage.class);
//通过 Projections 类的 rowCount 方法获得记录数
crit.setProjection(Projections.rowCount());
Integer value=(Integer)crit.uniqueResult();
System.out.println(value);
```

要注意的是，setProjection 方法只在最后一次有效。也就是说，对一个 Criteria 对象多次使用 setProjection 方法后，后一次将覆盖前一次的聚合操作。如果要为 Criteria 对象设置多个聚合操作的话，可以使用 org.hibernate.criterion.ProjectionList 类。下面的代码是使用聚合方法的一个完整示例：

```
package chapter16;
import hibernate.HibernateSessionFactory;
import java.util.List;
import org.hibernate.Criteria;
import org.hibernate.Session;
import org.hibernate.criterion.ProjectionList;
import org.hibernate.criterion.Projections;
import chapter14.MyMessage;
public class MyProjections
{
    public static void main(String[]args)
    {
        Session session=HibernateSessionFactory.getSession();
        Criteria crit=session.createCriteria(MyMessage.class);
        //统计记录数
        crit.setProjection(Projections.rowCount());
        Integer value=(Integer)crit.uniqueResult();
        System.out.println(value);
        //求 id 属性的最大值
        crit.setProjection(Projections.max("id"));
        value=(Integer)crit.uniqueResult();
```

```
        System.out.println(value);
        //求 id 属性之和
        crit.setProjection(Projections.sum("id"));
        value=(Integer)crit.uniqueResult();
        System.out.println(value);
        ProjectionList projList=Projections.projectionList();
        //同时使用 3 个聚合方法
        projList.add(Projections.rowCount());
        projList.add(Projections.max("id"));
        projList.add(Projections.sum("id"));
        crit.setProjection(projList);
        List results=crit.list();
        Object[]array=(Object[]) results.get(0);
        for(int i=0;i<array.length;i++)
        {
           System.out.println(array[i]);
        }
        session.close();
    }
}
```

如果 Criteria 对象有多个聚合操作，Hibernate 仍返回一条记录，但这条记录并不是持久化对象，而是一个包含了每一个聚合值的 Object 数组（一个数组元素表示一个聚合值）。执行上面的代码后将生成如下的 4 条 SQL 语句：

```
    select count(*)as y0_ from t_message this_
    select max(this_.id)as y0_ from t_message this_
    select sum(this_.id)as y0_ from t_message this_
    select count(*) as y0_, max(this_.id) as y1_, sum(this_.id) as y2_ from t_message
this_
```

由于上面的 SQL 语句只有 3 个字段，因此，Hibernate 生成了一个长度为 3 的 Object 数组。

聚合与分组也可混合使用。下面的代码是一个同时使用聚合与分组方法的完整示例：

```
package chapter16;
import hibernate.HibernateSessionFactory;
import java.util.List;
import org.hibernate.Criteria;
import org.hibernate.Session;
import org.hibernate.criterion.ProjectionList;
import org.hibernate.criterion.Projections;
import chapter14.MyMessage;
public class ProjectionsGroup
{
    public static void main(String[]args)
    {
        Session session=HibernateSessionFactory.getSession();
        Criteria crit=session.createCriteria(MyMessage.class);
        ProjectionList projList=Projections.projectionList();
```

```
        //使用聚合方法
        projList.add(Projections.rowCount());
        //使用分组方法
        projList.add(Projections.groupProperty("name"));
        crit.setProjection(projList);
        List list=crit.list();
        Object[]array=null;
        for(int i=0;i<list.size();i++)
        {
            array=(Object[])list.get(i);
            for(int j=0;j<array.length;j++)
                System.out.print(array[j]+" ");
            System.out.println();
        }
        session.close();
    }
}
```

在执行上面的代码后，Hibernate 将生成如下的 SQL 语句：

```
select count(*)as y0_,this_.name as y1_ from t_message this_ group by this_.name
```

16.1.7 使用 QBE

除了使用标准查询 API 后，还可以用 QBE 来实现查询功能。QBE 可以直接根据对象实例来指定查询条件。从前面的内容可以知道，在标准查询 API 中要使用 Criterion 对象来指定查询条件，而 org.hibernate.criterion.Example 类实现了 Criterion 接口，并且 Example 类可以使用 create 方法根据一个实体 Bean 对象来建立 Criterion 对象（实际上，QBE 的意思就是使用 Example 类来生成 Criterion 对象，并进行查询）。下面的代码是一个使用 Example 查询数据的简单的例子：

```
Criteria crit=session.createCriteria(MyMessage.class);
MyMessage message=new MyMessage();
message.setName("我的信息");
crit.add(Example.create(message));
List<MyMessage>result=crit.list();
```

在执行上面的代码后，Hibernate 将生成如下的 SQL 语句：

```
select this_.id as id0_0_, this_.name as name0_0_ from t_message this_ where
(this_.name=?)
```

从上面的 SQL 语句可以看出，Hibernate 根据实体 Bean 对象生成了用于查询的 SQL 语句。但大家要注意一下，在默认情况下，Example 会将实体 Bean 中的所有属性（不包括主键属性）作为查询条件放到 where 子句中，但会忽略值为 null 的属性。也就是说，在生成 SQL 语句时，值为 null 的属性不会出现在 where 子句中。但有的属性类型是 Java 简单类型（如 int），而不是复杂类型（如 Integer）。对于 Java 简单类型来说，在未赋值时的默认值是 0，而 Example 并不会过滤值为 0 的属性。因此，这就需要使用 Example 类的 excludeZeroes 方法或 excludeNone 方法来忽略值为 0 的属性。也可以使用 excludeProperty 方法指定不参与查询的属性，代码如下：

```
Criteria crit=session.createCriteria(Person.class);
Person person=new Person();
```

```
    java.util.Calendar cal = java.util.Calendar.getInstance();
    cal.set(2010,4,10);
    person.setBirthday(cal.getTime());
    Name name=new Name();
    name.setFirst("Gannon");
    name.setLast("gates");
    person.setName(name);
    Example example=Example.create(person);
    example.excludeZeroes();
    example.excludeProperty("birthday");
    crit.add(example);
    List<Person>result=crit.list();
```

在执行上面的代码后，Hibernate 将生成如下的 SQL 语句：

```
    select this_.id as id1_0_,this_.birthday as birthday1_0_, this_.first as
first1_0_, this_.last as last1_0_ from t_persons this_ where (this_.first=? and
this_.last=?)
```

使用 Example 类的 enableLike 方法可以将所有 String 类型的属性都使用 like，而不是用“=”进行查询，如下面的代码所示：

```
    Criteria crit=session.createCriteria(Person.class);
    Person person=new Person();
    java.util.Calendar cal=java.util.Calendar.getInstance();
    cal.set(2010,4,10);
    person.setBirthday(cal.getTime());
    Name name=new Name();
    name.setFirst("Gannon");
    name.setLast("gates");
    person.setName(name);
    Example example=Example.create(person);
    example.enableLike();
    crit.add(example);
    List<Person>result=crit.list();
```

在执行上面的代码后，Hibernate 将生成如下的 SQL 语句：

```
    select this_.id as id1_0_, this_.birthday as birthday1_0_,this_.first as
first1_0_, this_.last as last1_0_ from
    t_persons this_ where (this_.birthday=? and this_.first like ? and this_.last
like ?)
```

在使用 Example 类生成查询条件时要注意，实体 Bean 中参与查询的属性之间的关系都是 and。

16.2 HQL 详解

HQL（Hibernate Query Language）是 Hibernate 框架提供的另一种操作数据的方式。HQL 在语法上非常接近 SQL。但它们不同的是，HQL 是面向对象的，也就是说，HQL 所操作的都是持久化对象，而不是表。使用 HQL 操作数据可以直接返回相应的持久化对象。另外，Hibenate 也可以将 SQL 查询出来的数据转换为持久化对象。

16.2.1　HQL 入门

最简单的 HQL 查询是根据指定的实体 Bean 返回所有满足条件的持久化对象。在这个查询中只含有一个 from 关键字，from 后面直接跟着实体 Bean 的类名。如下面的代码所示：

```
from MyMessage
```

通过编程方式执行 HQL 语句首先要使用 Session 接口的 createQuery 方法建立一个 Query 对象。然后使用 Query 类的 list 方法获得满足条件的持久化对象。createQuery 方法的定义如下：

```
public Query createQuery(String queryString)throws HibernateException;
```

下面的代码是一个执行 HQL 语句的例子，在这个例子中返回了 MyMessage 类的所有持久化对象：

```
package chapter16;
import hibernate.HibernateSessionFactory;
import java.util.List;
import org.hibernate.Query;
import org.hibernate.Session;
import chapter14.MyMessage;
public class FirstHQL
{
    public static void main(String[] args)
    {
        Session session=HibernateSessionFactory.getSession();
        //定义 HQL 语句
        String hql="from MyMessage";
        //通过指定的 SQL 语句创建 Query 对象
        Query query=session.createQuery(hql);
        //执行 HQL，并返回相应的 MyMessage 对象
        List<MyMessage>messages=query.list();
        for(MyMessage message:messages)
        {
            System.out.print(message.getId()+" "+message.getName());
        }
        session.close();
    }
}
```

与标准查询 API 一样，Hibernate 也会根据 HQL 语句来生成相应的 SQL 语句。执行上面的代码后，Hibernate 会根据上面的 HQL 语句生成如下的 SQL 语句：

```
select mymessage0_.id as id0_, mymessage0_.name as name0_ from t_message mymessage0_
```

16.2.2　from 子句

在上一节已经接触过 from 子句了。from 后面可直接跟实体 Bean 的类名，但有时实体 Bean 的类名较长，使用不方便，因此，需要为较长的类名起一个别名，代码如下：

```
from MyMessage as m
```

其中 as 关键字是可选的，因此，也可以使用如下的 HQL 语句为实体 Bean 起别名：

```
from MyMessage m
```

如果类名和当前类引用名中的类型冲突，也可以使用 package.classname 的方式，代码如下：

```
from chapter14.MyMessage m
```

如果 from 后面有多个类名，中间用逗号（,）分隔，代码如下：

```
from EntityBean1 as b1,EntityBean2 as b2
```

from 后面不但可以跟实体 Bean，也可以跟实体 Bean 的父类，如下面的 HQL 语句所示：

```
from java.lang.Object
```

由于 Object 类是所有 Java 类的父类，因此，上面的 HQL 将返回所有在 Hibernate 映射文件中定义的实体 Bean。Hibernate 会根据上面的 HQL 语句生成如下的 SQL 语句：

```
select product0_.id as id7_, product0_.name as name7_ from t_products product0_
select productdet0_.id as id8_0_, productdet0_.detail as detail8_0_ from
t_product_details productdet0_ where productdet0_.id=?
select address0_.id as id6_, address0_.address as address6_ from t_addresses
address0_
select productdet0_.id as id8_, productdet0_.detail as detail8_ from t_product_
details productdet0_
select person0_.id as id2_, person0_.birthday as birthday2_, person0_.first
as first2_, person0_.last as last2_ from t_persons person0_
select order0_.id as id4_, order0_.order_number as order2_4_, order0_.
customer_id as customer3_4_ from t_orders order0_
select mymessage0_.id as id0_, mymessage0_.name as name0_ from t_message
mymessage0_
select keys0_.key1 as key1_1_, keys0_.key2 as key2_1_, keys0_.data as data1_
from t_keys keys0_
select customer0_.id as id3_, customer0_.name as name3_ from t_customers
customer0_
select employee0_.id as id5_, employee0_.name as name5_, employee0_.address_id
as address3_5_ from t_employees employee0_
```

如果想让 Hibernate 生成与查询相关的实体 Bean 对象的 SQL 语句，可以建立一个父类，让这些实体 Bean 都继承这个父类。如有一个 Father 类，MyMessage 和 Employee 都继承于 Father 类，代码如下：

```
public class Father
{
    …
}
public class MyMessage extends Father
{
    …
}
public class Employee extends Father
{
    …
}
```

可以使用如下的 HQL 生成查询 MyMessage 和 Employee 对象的 SQL 语句：

```
from entity.Father
```

根据上面的 HQL 语句生成的 SQL 语句如下：

```
select mymessage0_.id as id0_, mymessage0_.name as name0_ from t_message
mymessage0_
select employee0_.id as id5_, employee0_.name as name5_, employee0_.address_id
as address3_5_ from t_employees employee0_
```

16.2.3　select 子句

select 子句比 from 子句提供了更多的控制。通过 select 语句，可以选择返回的属性。如下面的 HQL 语句只返回 MyMessage 对象的 name 属性：

```
select name from MyMessage
```

如果使用 select 语句，Hibenate 就不会返回相应的持久化对象，而是根据情况返回不同类型的 List 对象。如果上面的 HQL 语句只返回了 name 属性，那么 Hibernate 就会返回 List<Object>类型的 List 对象。

如果 select 语句包含了多个属性，Hibernate 就会返回 List<Object[]>类型的 List 对象（每一个 Object 数组元素表示一个属性值）。

下面的代码是一个演示 select 子句用法的完整示例：

```
package chapter16;
import hibernate.HibernateSessionFactory;
import java.util.List;
import org.hibernate.Query;
import org.hibernate.Session;
public class Select
{
    public static void main(String[] args)
    {
        Session session = HibernateSessionFactory.getSession();
        //select 子句只有一个属性的情况
        String hql="select name from MyMessage";
        Query query=session.createQuery(hql);
        List<String>messages=query.list();
        for(String name: messages)
        {
            //输出查询到的实体 Bean 对象的 name 属性值
            System.out.println(name);
        }
        hql="select id,name from MyMessage";
        query=session.createQuery(hql);
        //List 对象元素是 Object 数组
        messages=query.list();
        for(Object obj: messages)
        {
            Object[] properties=(Object[])obj;
            System.out.println(properties[0]+" "+properties[1]);
```

```
        }
        session.close();
    }
}
```

在运行 HQLSelect 程序后，Hibernate 将输出如下两条 SQL 语句：

```
select mymessage0_.name as col_0_0_ from t_message mymessage0_
select mymessage0_.id as col_0_0_, mymessage0_.name as col_1_0_ from t_message mymessage0_
```

16.2.4 where 子句

在 HQL 语句中可以使用 where 子句进一步限制要查询的持久化对象。HQL 的 where 子句和 SQL 的 where 子句的用法类似，如下面的 HQL 语句所示：

```
select name from MyMessage where id>123
```

如果 where 子句包含多个条件，则中间需要使用 or 或 and 指定这些条件之间的关系。

下面的代码是一个演示 where 子句用法的完整示例：

```
package chapter16;
import hibernate.HibernateSessionFactory;
import java.util.List;
import org.hibernate.Query;
import org.hibernate.Session;
public class Where
{
    public static void main(String[]args)
    {
        Session session = HibernateSessionFactory.getSession();
        //包含一个查询条件的 where 子句
        String hql="select name from MyMessage where id > 12";
        Query query=session.createQuery(hql);
        List<String>messages=query.list();
        for(Object obj:messages)
        {
            System.out.println(obj);
        }
        //包含两个查询条件的 where 子句
        hql="select id, name from MyMessage where id > 1 and not (name like '%x%')";
        query=session.createQuery(hql);
        messages=query.list();
        for(Object obj:messages)
        {
            Object[]properties=(Object[])obj;
            System.out.print(properties[0]);
            System.out.println(properties[1]);
        }
        session.close();
```

```
    }
}
```

在运行 HQLWhere 程序后，Hibernate 将输出如下两条 SQL 语句：

```
select mymessage0_.name as col_0_0_from t_message mymessage0_where mymessage0_.id>1
select mymessage0_.id as col_0_0_, mymessage0_.name as col_1_0_ from t_message
mymessage0_ where mymessage0_.id>1 and(mymessage0_.name not like '%c%')
```

16.2.5　命名参数

HQL 和 JDBC 一样，也支持查询参数。但它们不同的是，JDBC 的查询参数只支持按位置赋值（按“?”出现的位置），而 HQL 的查询参数同时支持按位置和参数名赋值。HQL 查询参数不使用“?”表示，而是使用名称表示（称为命名参数）。HQL 命名参数使用冒号开头，如下面的代码所示：

```
from MyMessage where id>:id
```

在为命名参数赋值时，需要使用 Query 接口的 setXxx 方法，其中 Xxx 表示为相应数据类型的命名参数赋值，如下面的代码为整型数据赋值：

```
String hql="from MyMessage where id>:id";
Query query=session.createQuery(hql);
query.setInteger("id",100);
```

HQL 的查询参数不仅可以使用 Java 简单类型作为参数类型，也可以使用实体 Bean 作为参数类型，代码如下：

```
String hql="from Employee e where e.address=:address";
Query query=session.createQuery(hql);
query.setEntity("address",address);
```

下面的代码是一个演示命名参数的完整示例：

```
package chapter16;
import hibernate.HibernateSessionFactory;
import java.util.List;
import org.hibernate.Query;
import org.hibernate.Session;
import chapter14.MyMessage;
public class NamedParameters
{
    public static void main(String[]args)
    {
        Session session=HibernateSessionFactory.getSession();
        String hql="from MyMessage where id<:id";
        Query query=session.createQuery(hql);
        //为 Integer 类型的命名参数赋值
        query.setInteger("id",20);
        List<MyMessage>messages=query.list();
        for (MyMessage message:messages)
        {
            System.out.print(message.getId()+" "+message.getName());
```

```
            System.out.println();
        }
        Address address=new Address();
        address.setId(123);
        //定义带 Address 类型命名参数的 HQL 语句
        hql="from Employee e where e.address=:address";
        query=session.createQuery(hql);
        //为 Address 类型的命名参数赋值
        query.setEntity("address",address);
        Object obj=query.uniqueResult();
        if(obj!=null)
        {
            Employee employee=(Employee)obj;
            System.out.println(employee.getName());
        }
        session.close();
    }
}
```

在运行 HQLNamedParameters 程序后，Hibernate 将输出如下两条 SQL 语句：

```
    select mymessage0_.id as id0_, mymessage0_.name as name0_ from t_message mymessage0_ where mymessage0_.id>?
    select employee0_.id as id5_, employee0_.name as name5_, employee0_.address_id as address3_5_ from t_employees employee0_ where employee0_.address_id=?
```

16.2.6　分页显示数据

Query 接口和 Criteria 接口一样，也可以使用 setFirstResult 和 setMaxResults 方法进行分页，如下面代码所示：

```
String hql="from MyMessage ";
Query query=session.createQuery(hql);
query.setFirstResult(10);   //从第 11 条记录开始
query.setMaxResults(10);    //最多返回 10 条查询结果
List<MyMessage> messages = query.list();
```

Query 接口和 Criteria 接口的 setFirstResult、setMaxResults 的使用方法完全一样。

16.2.7　排序和分组

在 HQL 中可以使用 order by 子句对查询结果进行排序。与 SQL 中的 order by 子句一样，使用 asc 表示升序，使用 desc 表示降序。如果按多个字段进行排序，中间使用逗号分隔，如下面的 HQL 语句所示：

```
select name from MyMessage order by id, name desc
```

也可以使用 group by 子句对查询结果进行分组，如下面的 HQL 语句按 MyMessage 类的 name 属性进行分组，并统计每组的记录数：

```
select count(*) from MyMessage group by name
```

order by 和 group by 子句也可以同时使用，如下面的 HQL 语句所示：

```
select count(*),name from MyMessage group by name order by name
```

下面的代码是一个演示排序和分组的完整示例：

```
package chapter16;
import hibernate.HibernateSessionFactory;
import java.util.List;
import org.hibernate.Query;
import org.hibernate.Session;
public class OrderGroup
{
    public static void main(String[] args)
    {
        Session session=HibernateSessionFactory.getSession();
        //使用 order by 子句对 id 和 name 属性进行排序
        String hql="select name from MyMessage order by id desc, name asc";
        Query query=session.createQuery(hql);
        List<String>messages=query.list();
        for(String name:messages)
        {
            System.out.println(name);
        }
        //使用 order by 和 group by 子句分别对 id 和 name 属性进行排序和分组
        hql="select count(*), name from MyMessage group by name order by id";
        query=session.createQuery(hql);
        List result=query.list();
        for(Object obj: result)
        {
            Object[]properties=(Object[])obj;
            System.out.print(properties[0]);
            System.out.println(properties[1]);
        }
        session.close();
    }
}
```

在运行 HQLOrderGroup 程序后，Hibernate 将输出如下两条 SQL 语句：

```
select mymessage0_.name as col_0_0_ from t_message mymessage0_ order by
mymessage0_.id desc, mymessage0_.name asc
select count(*) as col_0_0_, mymessage0_.name as col_1_0_ from t_message
mymessage0_ group by mymessage0_.name order by mymessage0_.id
```

16.2.8　关联查询

HQL 允许进行关联查询，也就是说在查询中可以使用多个实体 Bean。在 HQL 中支持如下 4 种连接类型：

- inner join：内连接。
- left outer join：左外连接。

- right outer join：右外连接。
- full join：完全连接（笛卡儿积）。

这 4 种连接类型和 SQL 的连接类型非常类似。只是在 HQL 中要使用实体 Bean 进行连接，而在 SQL 中使用的是表连接。如下面的 HQL 语句从 Customer 和 Order 中查询 id、name 和 number 属性值：

```
select c.id, c.name, o.number from Customer c inner join c.orders as o
```

上面的 HQL 语句用的是 inner join，由于使用了 select 子句，因此，Hibernate 会返回一个 List<Object[]>对象。上面的 HQL 语句也可以使用 left outer join 和 right outer join。但要注意的是，这两个连接中的 outer 可以省略，如这两个连接可以写成 left join 和 right join。

如果不使用 select 子句，Hibernate 将以 Object 数组形式同时返回 Customer 和 Order 对象，代码如下：

```
String hql="from Customer c inner join c.orders as o";
Query query=session.createQuery(hql);
List<Object[]>result=query.list();
for(Object[] obj:result)
{
   Customer customer=(Customer)obj[0];
   Order order=(Order)obj[1];
   System.out.print(customer.getId()+"  "+customer.getName()+"  "+ order.
  getNumber());
   System.out.println();
}
```

从上面的代码可以看出，不使用 select 子句，Hibernate 仍然会返回一个 List<Object[]>对象，但 Object 数组中只有两个元素，分别是 Customer 和 Order 对象。

如果想优化查询性能，可以使用 fetch 关键字。如果使用 fetch 关键字，Hibenate 在查询时只返回 Customer 对象，如果 Customer 类的 orders 是 lazy 属性，只有当访问当前 Customer 对象的 orders 属性时，系统才会装载相应的 Order 对象。

下面的代码是一个演示关联查询的完整示例：

```
package chapter16;
import hibernate.HibernateSessionFactory;
import java.util.List;
import org.hibernate.Query;
import org.hibernate.Session;
public class Associations
{
   public static void main(String[] args)
   {
      Session session = HibernateSessionFactory.getSession();
      //使用内连接关联Customer和Order对象
      String hql="select c.id, c.name,o.number from Customer c inner join
c.orders as o";
      Query query=session.createQuery(hql);
      List<Object[]>result=query.list();
```

```
        for(Object[] row:result)
        {
            for (int i=0;i<row.length;i++)
            {
                System.out.print(row[i]+" ");
            }
            System.out.println();
        }
        //不使用 select 子句，将返回一个 List<Object[]>类型的对象
        hql="from Customer c inner join c.orders as o";
        query=session.createQuery(hql);
        result=query.list();
        for(Object[] obj:result)
        {
            Customer customer=(Customer)obj[0];
            Order order=(Order)obj[1];
            System.out.print(customer.getId()+" "+customer.getName()+" " +
            order.getNumber());
        }
        //使用 fetch 关键字，只返回 List<Customer>对象
        hql="from Customer c inner join fetch c.orders as o";
        query = session.createQuery(hql);
        List<Customer>customers=query.list();
        for(Customer customer:customers)
        {
            System.out.println(customer.getId()+" "+customer.getName());
            for(Order order: customer.getOrders())
                System.out.println(order.getNumber());
        }
        session.close();
    }
}
```

16.2.9　聚合函数

在 HQL 中也支持类似 SQL 中的聚合函数。HQL 支持的聚合函数如下：

- avg(...)：求属性的平均值。
- sum(...)：求属性值之和。
- min(...)：求属性的最小值。
- max(...)：求属性的最大值。
- count(... 或 * 或 distinct...)：获得持久化对象数。

下面的 HQL 语句可获得订单总数：

```
select count(*)from Order
```

distinct 关键字可以使重复值的属性不参与统计。如有 100 个 Order 对象，其中有 10 个 Order 对象和另一个 Order 对象有同一个客户编号，那么使用下面的 HQL 语句获得的 Order 对象数为

90。如下面的 HQL 语句所示：

```
select count(distinct customer)from Order
```

与上面的 HQL 语句对应的 SQL 语句如下：

```
select count(distinct order0_.customer_id) as col_0_0_ from t_orders order0_,
t_customers customer1_ where order0_.customer_id=customer1_.id
```

16.2.10 update 和 delete 语句

在 Query 接口中提供了一个 executeUpdate 方法用于执行 HQL 的 update 和 delete 语句。executeUpdate 方法的定义如下：

```
public int executeUpdate()throws HibernateException;
```

executeUpdate 方法返回一个 int 值，表示更新或删除的持久化对象数。update 和 delete 的使用方法和 SQL 中的 update 和 delete 类似。下面的 HQL 语句将 Customer 中值为 apple 的 name 属性更新成 google：

```
update Customer set name='google' where name='apple'
```

下面的 HQL 语句删除所有 name 属性值为 sun 的 Customer：

```
delete from Customer where name='apple'
```

下面的代码是一个更新和删除持久化对象的完整示例：

```
package chapter16;
import hibernate.HibernateSessionFactory;
import org.hibernate.Query;
import org.hibernate.Session;
import org.hibernate.Transaction;
public class UpdateDelete
{
    public static void main(String[] args)
    {
        Session session=HibernateSessionFactory.getSession();
        Transaction tx=session.beginTransaction();
        //定义更新 Customer 对象的 HQL 语句
        String hql="update Customer set name='google'where name='apple'";
        Query query=session.createQuery(hql);
        int count=query.executeUpdate();
        tx.commit();
        System.out.println(count);
        //定义删除 Customer 对象的 HQL 语句
        hql="delete from Customer where name='apple'";
        tx=session.beginTransaction();
        query=session.createQuery(hql);
        count=query.executeUpdate();
        tx.commit();
        System.out.println(count);
        session.close();
    }
}
```

16.2.11　insert 语句

HQL 也支持 insert 语句。在 HQL 中的 insert 语句的语法如下：

```
INSERT INTO EntityName properties_list select_statement
```

从上面的 insert 语句的语法可以看出，在 HQL 中的 insert 语句并不支持 values，要想指定插入的值，必须使用 select 语句。

下面的代码是一个演示 insert 语句用法的完整示例：

```
package chapter16;
import hibernate.HibernateSessionFactory;
import org.hibernate.Query;
import org.hibernate.Session;
import org.hibernate.Transaction;
public class Insert
{
    public static void main(String[]args)
    {
        Session session=HibernateSessionFactory.getSession();
        Transaction tx=session.beginTransaction();
        String hqlDelete="delete MyMessage where id=20";
        //删除 id=20 的 MyMessage 对象
        Query query=session.createQuery(hqlDelete);
        query.executeUpdate();
        String hql="insert into MyMessage(id,name)select 123,name from
        MyMessage where id=20";
        //向 t_message 表中插入一条记录
        query=session.createQuery(hql);
        int count = query.executeUpdate();
        tx.commit();
        System.out.println(count);
        session.close();
    }
}
```

16.2.12　命名查询

HQL 的一个重要的特性就是命名查询。在 HQL 中允许将 HQL 和 SQL 语句保存在映射文件中，并在程序中执行映射文件中的 HQL 或 SQL 语句，这样做至少有如下 3 点好处：

- 可以共享映射文件中的 HQL 和 SQL 语句。
- 开发人员在获得命名查询时并不需要知道是 HQL 还是 SQL，这将更有利于将基于 SQL 的应用程序移植到 Hibenate 上。
- 保存在映射文件中的 HQL 和 SQL 要比在硬编码到 Java 中的 HQL 和 SQL 更容易维护。

在 WEB-INF\classes 目录中建立一个 query.xml 映射文件，该文件用来保存 HQL 语句。query.xml 文件的代码如下：

```
<?xml version="1.0"?>
<!DOCTYPE hibernate-mapping PUBLIC "-//Hibernate/Hibernate Mapping DTD//EN"
```

```
    "http://hibernate.sourceforge.net/hibernate-mapping-3.0.dtd">
<hibernate-mapping>
    <! --定义 HQL 语句-->
    <query name="myhql">
        <![CDATA[select name from MyMessage where name = :name]]>
    </query>
</hibernate-mapping>
```

要想使用 query.xml 文件，必须在 hibernate.cfg.xml 指定该文件的位置，代码如下：

```
<mapping resource="query.xml"/>
```

通过 Session 接口的 getNamedQuery 方法可以获得命名查询，该方法的定义如下：

```
public Query getNamedQuery(String queryName)throws HibernateException;
```

queryName 属性表示查询名，也就是<query>和<sql-query>标签的 name 属性值。使用命名查询的代码如下：

```
package chapter16;
import hibernate.HibernateSessionFactory;
import java.util.List;
import org.hibernate.Query;
import org.hibernate.Session;
public class NamedQuery
{
    public static void main(String[]args)
    {
        Session session=HibernateSessionFactory.getSession();
        //通过命名参数 myhql 创建 Query 对象
        Query query=session.getNamedQuery("myhql");
        query.setString("name","电脑");
        List<String>messages=query.list();
        for(String name:messages)
        {
            System.out.println(name);
        }
        session.close();
    }
}
```

16.3　本 章 小 结

本章介绍了 Hibernate 框架支持的查询和更新技术。在 Hibernate 框架中可以使用标准查询 API、HQL 和 SQL 来查询数据。其中标准查询 API 是一套符合 Java 语法的查询 API，而 HQL 和 SQL 在语法上非常类似，但 HQL 查询的是持久化对象，而 SQL 查询的是表。

如果想更新数据库中的记录，可以使用 HQL 和 SQL 的 insert、delete 和 update 语句对数据表的记录进行增、删、改操作。除此之外，HQL 还支持很多高级特性，如排序和分组、关联查询、聚合函数等。

第 17 章 整合 Struts 2、Spring 和 Hibernate

Struts 2、Hibernate 和 Spring 是目前 3 个非常流行的框架。尽管通过使用这些框架可以有效地开发程序，但将它们分开使用并不能发挥最大的效用。因此，本章将介绍如何将这 3 个框架整合到一起来开发项目。

17.1 整合 Struts 2 与 Hibernate

在通常情况下，整合就意味着在一起使用。Struts 2 是客户端表现层的框架，而 Hibernate 用于对数据库的操作，可以将 Hibernate 看做是数据层的框架。而实体 Bean 和数据记录进行映射，可以将实体 Bean 看做是数据持久层的组件。从这种划分上看，可以使用 Hibernate 来实现 DAO 层组件，而使用 Struts 2 来实现表现层的组件。除此之外，Struts 2 的模型类和 Hibernate 的实体 Bean 十分相似。例如，在客户端录入了图书的信息，并将这些信息封装在模型类的对象实例中，而在服务端可以使用 Hibernate 的 Session 接口的 save 或 saveOrUpdate 方法直接将模型类的对象实例作为实体 Bean 的对象实例进行持久化。

本节将给出一个例子来演示如何整合 Struts 2 和 Hibernate。本示例使用一个 JSP 页面提交一条图书信息，在服务端的 Action 类中使用 Session 接口的 save 方法将封装图书信息的模型类对象实例进行持久化（在 t_book 表中插入一条记录）。

AddBookAction 是一个 Action 类，负责持久化封装图书信息的模型类对象实例。AddBookAction 类的代码如下：

```
package chapter17;
import hibernate.HibernateSessionFactory;
import org.hibernate.Session;
import org.hibernate.Transaction;
import com.opensymphony.xwork2.ActionSupport;
import com.opensymphony.xwork2.ModelDriven;
public class AddBookAction  extends ActionSupport implements ModelDriven <Book>
```

```
{
    private Book book=new Book();
    private String result;
    public Book getModel()
    {
        return book;
    }
    public String getResult()
    {
        return result;
    }
    public String execute()
    {
        Session session=HibernateSessionFactory.getSession();
        Transaction tx=session.beginTransaction();
        session.save(book);
        tx.commit();
        session.close();
        result="成功添加记录";
        return SUCCESS;
    }
}
```

配置 AddBookAction 的代码如下：

```
<package name="chapter17" namespace="/chapter17" extends="struts-default">
    <action name="addBook" class="chapter17.AddBookAction">
        <result name="success">/chapter17/add_book.jsp</result>
        <result name="input">/chapter17/add_book.jsp</result>
    </action>
</package>
```

在 AddBookAction 类中涉及了一个 Book 类，该类是与 t_books 表对话的实体类，代码如下：

```
package chapter17;
public class Book
{
    private int id;
    private String name;
    private String isbn;
    private String author;
    private int price;
    public int getId()
    {
        return id;
    }
    public void setId(int id)
    {
        this.id=id;
    }
```

```
    public String getName()
    {
        return name;
    }
    public void setName(String name)
    {
        this.name=name;
    }
    public String getIsbn()
    {
        return isbn;
    }
    public void setIsbn(String isbn)
    {
        this.isbn=isbn;
    }
    public String getAuthor()
    {
        return author;
    }
    public void setAuthor(String author)
    {
        this.author=author;
    }
    public int getPrice()
    {
        return price;
    }
    public void setPrice(int price)
    {
        this.price=price;
    }
}
```

Book 类的映射文件的内容如下：

```
<?xml version="1.0"?>
<!DOCTYPE hibernate-mapping PUBLIC
"-//Hibernate/Hibernate Mapping DTD//EN"
"http://hibernate.sourceforge.net/hibernate-mapping-3.0.dtd">
<hibernate-mapping>
    <class name="chapter17.Book" table="t_books">
        <id name="id" column="id" type="int">
            <generator class="increment"/>
        </id>
        <property name="name" column="name"/>
        <property name="isbn" column="isbn"/>
        <property name="author" column="author"/>
```

```
        <property name="price" column="price"/>
    </class>
</hibernate-mapping>
```

add_book.jsp 页面用于显示图书信息录入页面，并将用户录入的信息提交给 addBook。add_book.jsp 页面的代码如下：

```
<%@page language="java" contentType="text/html; charset=UTF-8"
    pageEncoding="UTF-8"%>
<%@taglib prefix="s" uri="/struts-tags"%>
<html>
<head>
<title>Add Book Record</title>
</head>
<body>
<s:actionerror/> ${result}
<s:form action="addBook">
    <s:textfield label="Name" name="name"/>
    <s:textfield label="Author" name="author"/>
    <s:textfield label="ISBN" name="isbn"/>
    <s:textfield label="Price" name="price"/>
    <s:submit value="Save"/>
</s:form>
</body>
</html>
```

在浏览器地址栏中输入如下的 URL：

```
http://localhost:8080/samples/chapter17/add_book.jsp
```

在输入一条图 17.1 所示的信息后，单击【Save】按钮，浏览器显示的效果如图 17.2 所示。

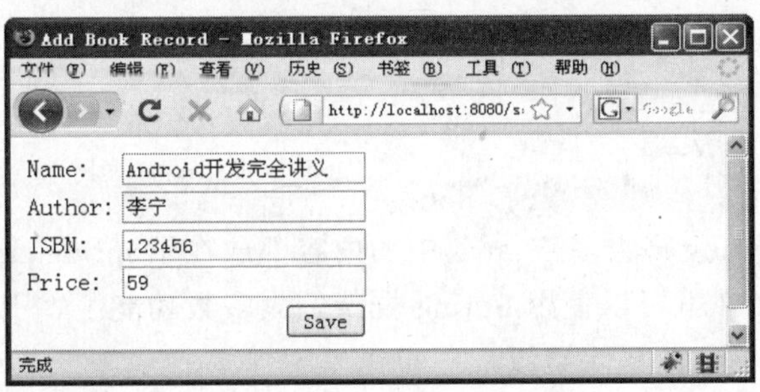

图 17.1　录入图书信息

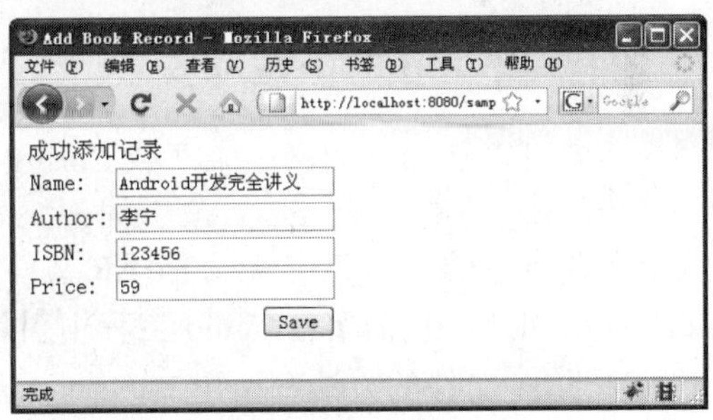

图 17.2　成功添加记录

17.2　Spring 概述

Spring 是一个开源的 IoC 框架，该框架由 Rod Johnson 创建。Spring 的主要目的是简化企业级开发。虽然 EJB 是当之无愧的企业级应用的王者，但 EJB 过于复杂，而有很多企业级的应用并不需要如此复杂的技术。最理想的应用模式是技术的复杂度和企业级应用的复杂度成正比，也就是说，越复杂的企业应用，实现起来也越复杂，越简单的企业应用，实现起来也应该越简单，而 Spring 框架正好可以满足这个要求。

Spring 的主要特性如下：

- Spring 是一个非侵入（non-invasive）式的框架。Spring 框架可以尽可能地减小程序代码对框架的依赖。Spring 不仅可以对新系统进行配置，而且还可以对很多旧系统未使用的 Spring 的 Java 类进行配置。
- 提高代码的重用性。Spring 框架的核心是装配 JavaBean，而所有的装配规则都放在了 XML 格式的配置文件中，这样不仅可以尽量避免在程序中硬编码，而且还可以在其他程序中重用配置文件中的装配信息。
- 提供了一致的编程接口。Spring 框架可以在任何运行环境（如 Web 容器、桌面程序）下使用，但在这些运行环境中使用 Spring 的方式基本相同。也就是说，Spring 提供了统一的编程接口来隔离应用程序代码和运行环境，从而使代码对运行环境的依赖最小化。
- 不同的框架之间切换更容易。Spring 为相同类型的框架提供了统一的接口，例如，在 Spring 中可以使用不同的 ORM 框架，包括 Hibernate、EJB 等，但访问这些框架的接口是相同的，这样可以使开发人员自由地选择这些框架，而不需要修改程序代码。
- Spring 不重造轮子。虽然 Spring 框架可以完成很多工作，如操作数据库、事务管理等，但 Spring 并没有自己实现这些应用，而是封装了第三方的实现。这么做的好处是尽可能地保护用户的投资，也就是说，开发人员仍然可以在 Spring 中使用旧的框架来实现自己应用程序。

17.3　Spring 开发入门

在本节介绍一下如何下载和安装 Spring，以及 Spring 的基础知识，如 Spring IoC 容器、装配 JavaBean 等，并且会给出一些例子以供读者更进一步熟悉 Spring 的使用方法。

17.3.1　Spring 的下载和安装

读者可以从如下的网址来下载 Spring 的最新版本：

```
http://www.springsource.org/download
```

在 Spring 的发行包中有很多 JAR 文件，但 Spring 将大多数 jar 包中的内容都放在了 spring.jar 文件中，因此，只需要在 demo 工程中引用该文件就可以使用 Spring 框架的大多数功能了。引用 spring.jar 文件的方法和引用 Hibernate 框架的 JAR 文件类似。

17.3.2　IoC 模式概述

在面向对象语言中，通常由两个或多个类进行配合来完成不同的工作。按着传统的做法，由一个类负责创建其他类的对象实例，并在该类中调用这些类的相应方法。如有两个类：Class1 和 Class2，在 Class1 内部创建了 Class2 的对象实例，并在 Class1 类的 method1 方法中调用了 Class2 类的 method2 方法，代码如下：

```
public class Class2
{
    public String method2()
```

```
        {
            String email=null;
            return email;
        }
    }
    public class Class1
    {
        private Class2 class2;
        public Class1()
        {
            class2=new Class2();
        }
        public String method1()
        {
            //此处省略了 method1 方法中的其他代码
            …
            return class2.method2(); //调用 Class2 类的 method2 方法
        }
    }
```

上面代码中的 Class1 和 Class2 以很普通的组合方式进行耦合。这种耦合方式通常没有什么问题，但如果遇到以下两种情况时，将会带来一些麻烦：

当测试 Class1 类的 method1 方法时，暂时不想测试 method1 方法调用 Class2 类的 method2 方法的情况，也就是说，只想测试调用 method2 方法的语句前面的代码部分。但由于某种原因，无法修改 Class1 类的代码。这时也许我们会修改 Class2 类的代码，或是干脆就不采取任何措施。

如果 Class2 类的 method2 方法中的处理逻辑需要修改，或是需要换另外一套解决方案，这时，可能只有底修改 Class1 类的 method1 方法中调用 method2 方法的代码才能做到。

发生上面尴尬事情的根本原因就是 Class1 和 Class2 的耦合度过高。也就是说，Class1 类完全拥有了对 Class2 的控制权。而下面的代码使用接口来重新描述了 Class1 和 Class2 的调用关系，这样就可以解除这种依赖关系：

```
    public interface MyInterface
    {
        public String method2();
    }
    public class Class2 implements MyInterface
    {
            public String method2()
        {
            String email=null;
            return email;
        }
    }
    public class Class1
    {
        private MyInterface myInterface;
```

```
    public Class1(MyInterface myInterface)
    {
        this.myInterface=myInterface;
    }
    public String method1()
    {
        //此处省略了 method1 方法中的其他代码
        …
        return myInterface.method2();
    }
}
```

在上面的代码中 Class2 类实现了 MyInterface 接口，而在 Class1 类中只涉及了 MyInterface 接口，并且在 method1 方法中调用了 MyInterface 接口中的 method2 方法。

对于上面的实现，就可以非常容易地解决上述两个问题。如果只想测试调用 method2 语句前面的代码，可以在创建 Class1 类的对象实例时传入一个 MyInterface 接口的空实现，也就是说，该实现类的 method2 方法中除了一条 return 语句外，没有任何代码，这样在不修改 Class1 和 Class2 的代码的前提下就可以暂时将 method2 方法的功能关闭。关于第二个问题也可以采用类似的方法，如果 method2 方法中的处理逻辑改变，可以另外编写一个实现 MyInterface 接口的类，并在该类中的 method2 方法中实现相应的处理逻辑，然后在创建 Class1 类的对象实例时，将该类的对象实例传入 Class1 类的对象实例即可。

上面两种解决方案的一个根本区别就是创建Class2类的对象实例的任务是在Class1类的内部完成，还是在 Class1 类的外部完成。在第二种解决方案中通过接口的方式使得在 Class1 类的外部创建了 Class2 类的对象实例，并将该对象实例通过 Class1 类的构造方法传入 Class1 类的对象实例。这种编程模式称为 IoC（Inversion of Control，反向控制）模式，IoC 模式的核心思想就是利用接口解耦合。IoC 模式也是 Spring 框架的主要应用模式。

17.3.3　关于 Spring 的一个简单的例子

本节将编写一个简单的基于 Spring 的程序，该程序使用 Spring 框架装配一个 Helloworld 类，并调用了该类的 getGreeting 方法。

读者可按如下的步骤开发一个基于 Spring 框架的程序：

（1）编写被装配的 JavaBean。

（2）使用 Spring 装配文件来配置这些 JavaBean。主要指定要装配的 JavaBean 的名称以及装配 JavaBean 时 JavaBean 属性的初始值。

（3）使用 org.springframework.context.ApplicationContext 对象装载 Spring 装配文件。

（4）使用 ApplicationContext 接口的 getBean 方法获得指定的 JavaBean 的对象实例。

Helloworld 类是一个被装配的 JavaBean，该类的代码如下：

```
package chapter17;
public class Helloworld
{
    private String greeting;
```

```
        public String getGreeting()
        {
            return greeting;
        }

        public void setGreeting(String greeting)
        {
            this.greeting=greeting;
        }
    }
```

Spring 框架的装配文件通常为 applicationContext.xml，当然，也可以使用其他的文件名。该文件可以放在任何路径下，在本例中将 applicationContext.xml 文件放在工程目录的 src 目录下。装配文件的代码如下：

```
    <?xml version="1.0" encoding="UTF-8"?>
    <beans xmlns="http://www.springframework.org/schema/beans"
            xmlns:xsi="http://www.w3.org/2001/XMLSchema-instance"
            xmlns:aop="http://www.springframework.org/schema/aop"
            xmlns:tx="http://www.springframework.org/schema/tx"
            xsi:schemaLocation="http://www.springframework.org/schema/beans
               http://www.springframework.org/schema/beans/spring-beans-2.5.xsd
               http://www.springframework.org/schema/aop http://www.springframe
work.org/schema/aop/spring-aop-2.5.xsd
                http://www.springframework.org/schema/tx http://www.springframe
work .org/schema/tx/spring-tx-2.5.xsd">
        <!--指定 Helloworld 类的装配信息-->
        <bean id="helloworld" class="chapter17.Helloworld">
            <property name="greeting" value="lining"/>
        </bean>
    </beans>
```

在上面的配置代码中使用<bean>元素指定了 Helloworld 类的装配信息，其中 id 属性表示 Helloworld 类被装配时的引用名，也就是 ApplicationContext 接口的 getBean 方法的参数值；class 属性表示 JavaBean 的名称。在<bean>元素中使用<property>元素设置了 greeting 属性的值。applicationContext.xml 文件的<beans>元素是根元素，该元素的属性比较复杂，读者并不需要记忆这些内容，只需要将 Spring 框架发行包中带的例子的相应内容复制过来即可，如本例中<beans>元素的内容实际上就是 jpetstore 程序中 applicationContext.xml 文件的相应内容。

FirstSpring 类创建了 ApplicationContext 对象，并调用了 ApplicationContext 接口的 getBean 方法获得了 Helloworld 类的对象实例。FirstSpring 类的代码如下：

```
    package chapter17;
    import org.springframework.context.ApplicationContext;
    import org.springframework.context.support.FileSystemXmlApplicationContext;
    public class FirstSpring
    {
        public static void main(String[] args)
        {
```

```
        // 创建 ApplicationContext 对象，并装载 applicationContext.xml 文件
        ApplicationContext context=newFileSystemXmlApplicationContext(
"src//applicationContext.xml");
        Helloworld helloworld=(Helloworld)context.getBean("helloworld");
        System.out.println(helloworld.getGreeting());
    }
}
```

创建 ApplicationContext 对象有多种方式，如果需要指定本地的 Spring 装配文件，就需要使用 FileSystemXmlApplicationContext 类来创建 ApplicationContext 对象。运行 FirstSpring 程序后，将在控制台输出 lining。

17.4　整合 Struts 2、Spring 和 Hibernate

在 17.1 节介绍了如何整合 Struts 2 和 Hibernate 框架。实际上，这两个框架已经足以完成应用程序的各种任务了。但可能读者会发现，在上面的代码中有很多是重复的，如频繁地建立类的对象实例、开始和提交 Hibernate 事务等。这些代码和数据及业务没有太大的关系，它们只是为了保证程序能正常运转而存在的。为了尽可能地避免这些重复代码的存在，并使系统尽可能地灵活，可以在这个整合体系中再加入一个框架，这就是 Spring 框架。

17.4.1　装配数据访问层

如果将 Spring 和 Struts 2、Hibernate 进行整合，首先应改进数据访问层组件。从这一层的组件类可以看出，每一个方法都有一个 Session 类型的参数。从这一点可以看出，在数据访问层直接访问了 Hibernate 的 Session 对象。而整合 Spring 框架后，可以使用 HibernateTemplate 对象来代替 Session 对象。并且该对象可以在组件类的构造方法中传入相应的组件类，该类的代码如下：

UserDAO 接口的实现代码如下：

```
public interface UserDAO
{
    public void save(User user);
    public void delete(User user);
    public void update(User user);
}
```

UserDAOImpl 类的实现代码如下：

```
public class UserDAOImpl implements UserDAO
{
    private HibernateTemplate template;
    public UserDAOImpl(HibernateTemplate template)
    {
        this.template=template;
    }
    public void save(User user)
    {
```

```
        template.save(user);
    }
    public void delete(User user)
    {
        template.delete(user);
    }
    public void update(User user)
    {
        template.update(user);
    }
}
```

在 UserDAOImp l 类中通过构造方法传入了 HibernateTemplate 对象。如果按传统的方法在 UserService 类中调用 UserDAOImpl 类，就必须在 UserService 中建立 HibernateTemplate 对象，并传入 UserDAOImpl 类的构造方法。如果使用 Spring 框架，则可以通过装配 Bean 的方法自动创建 UserDAOImpl 对象实例，并传入 HibernateTemplate 对象。完成这些工作的配置代码如下：

```
<bean id="sessionFactory" class="org.springframework.orm.hibernate3.Local
SessionFactoryBean">
    <property name="configLocation"
        value="classpath:hibernate.cfg.xml">
    </property>
</bean>
<!--装配 HibernateTemplate 对象-->
<bean id="hibernateTemplate"  class="org.springframework.orm.hibernate3.
HibernateTemplate">
    <property name="sessionFactory" ref="sessionFactory"/>
</bean>
<!--装配 UserDAOImpl 对象-->
<bean id="userDAO" class="dao.UserDAOImpl">
    <constructor-arg>
        <ref bean="hibernateTemplate"/>
    </constructor-arg>
</bean>
```

从上面的配置代码可以看出，首先装配了 LocalSessionFactoryBean 和 HibernateTemplate 对象，然后将装配好的 HibernateTemplate 对象传入 UserDAOImpl 对象实例。

17.4.2　装配业务逻辑层

业务逻辑层组件的改进方法和数据访问层组件的改进方法类似。可以通过业务逻辑层组件类的构造方法将 DAO 对象传入 Service 对象实例，代码如下：

```
public class UserServiceImpl implements UserService
{
private UserDAO userDAO;
//通过构造方法将 UserDAO 对象传入 UserServiceImpl 对象
    public UserServiceImpl(UserDAO userDAO)
    {
```

```
        this.userDAO=userDAO;
    }
    //验证登录用户
    public boolean verifyUser(User user)
    {
        if(userDAO.verifyUser(user))
            return true;
        else
            return false;
    }
    //此处省略了其他的处理方法
    …
}
```

也可以在 Spring 中装配 UserServiceImpl 对象，配置代码如下：

```
<bean id="userService" class="service.UserServiceImpl">
    <constructor-arg>
        <ref bean="userDAO"/>
    </constructor-arg>
</bean>
```

17.4.3　使用 Struts 2 的 Spring 插件

虽然 DAO 和 Service 对象都使用 Spring 进行装配了。但在 Action 中要想使用这些装配的对象，需要选使用 ApplicationContext 对象指定 applicationContext.xml 文件的位置，再通过 getBean 方法获得相应的对象实例。在每一个 Action 类中都要包含这样的代码，这些代码显然是重复的。为了避免写这样的代码，可以使用 Struts 2 提供的 Spring 插件来自动完成这个工作。

该插件是 struts2-spring-plugin-xxxx.jar，可以在 Struts 2 的发行包中找到。Spring 插件的目的是通过装配名的方式来自动装配 Action 中的属性。为了方便，建立一个管理 Service 对象实例的类 ServiceManager，代码如下：

```
public class ServiceManager
{
    private UserService userService;
    private CustomerService customerService;
    private OrderService orderService;
    //省略了属性的getter和setter方法
    …
}
```

ServiceManager 对象的属性都由 Spring 自动装配，装配代码如下：

```
<bean id="serviceManager" class="service.ServiceManager">
    <property name="userService">
        <ref bean="userService"/>
    </property>
    <property name="customerService">
        <ref bean="customerService"/>
    </property>
```

```
        <property name="orderService">
            <ref bean="orderService"/>
        </property>
    </bean>
```

在 Action 类中需要定义一个 ServiceManager 类型的属性，并不需要对其进行实例化，Spring 插件会自动完成这个工作。Action 类的代码如下：

```
public class LoginAction extends ActionSupport
{
    private ServiceManager serviceManager;
public void setServiceManager(ServiceManager serviceManager)
{
        this.serviceManager=serviceManager;
}
public String execute()
{
    UserService userService=serviceManager.getUserService();
    …
    return SUCCESS;
}
…
}
```

当上面的 Action 被访问时，Spring 插件就会自动实例化 ServiceManager 对象，然后就可以通过 ServiceManager 类的相关方法获得 Service 对象实例了。

17.5 本 章 小 结

本章简要介绍了 Spring 的基本概念，并给出了一个小例子来学习 Spring。本章的核心是介绍 Struts 2、Spring 和 Hibernate 的整合技术。其中首先介绍了 Struts 2 和 Hibernate 的整合，最后详细地介绍了整合 Struts2、Spring 和 Hibernate 的过程。

第 3 篇　ExtJS 框架篇

本篇主要介绍了 ExtJS 框架。ExtJS 技术是目前非常流行的基于 AJAX 的 Web 客户端框架。通过使用 ExtJS 框架，可以很容易实现非常“酷”的 Web 应用，甚至完全可以与 Windows 桌面匹敌。本章详细介绍了 ExtJS 的使用方法。在 ExtJS 中提供了很多组件，我们可以象在 Windows 中一样使用这些组件来编写程序。ExtJS 还为我们提供了更复杂的 Web 组件，例如，树型组件、表格组件，这些组件在使用上都异常灵活。通过这们可以非常快速地实现非常完美的 Web 应用程序。

本篇包含：

第 18 章 ExtJS 入门

ExtJS 是一套优秀的 Web 客户端组件。主要用于设计基于 JavaScript 的 Web 界面。从本章开始，将逐步介绍 ExtJS 的相关的知识，并提供大量的例子来帮助读者学习和掌握 ExtJS 技术。

18.1 ExtJS 基础

本节将介绍如何下载和安装 ExtJS 框架。除此之外，还介绍了如何查看 ExtJS API，以及如何查看本地的 ExtJS 官方文档和例子程序。

18.1.1 下载和安装 ExtJS

读者可以从下面的地址下载 ExtJS 的最新安装包：

```
http://www.extjs.com/products/extjs/download.php
```

在解开压缩包后，会看到如图 18.1 所示的目录结构。

在实际开发过程中并不需要图 18.1 中的所有文件和目录。所需要的文件和目录如下：

- ext-all.js。
- adapter。
- pkgs。
- resources。

如果读者使用 Eclipse 作为 IDE，需要将上面的文件和目录复制到 WebContent 目录或其子目录中。在图 18.2 中显示了 ExtJS 框架的相关文件和目录在本章所使用的 samples 工程中的位置（黑框中的内容）。

18.1.2 编写第一个 ExtJS 程序

在使用 ExtJS 之前，需要在页面中引用相应的样式和 JS 文件，一般需要引用如下 3 个文件：

- ext-all.css。
- ext-all.js。
- ext-base.js。

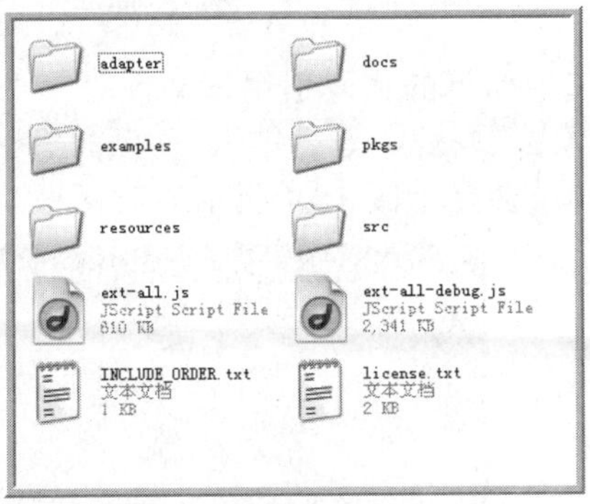

图 18.1 ExtJS 的目录结构

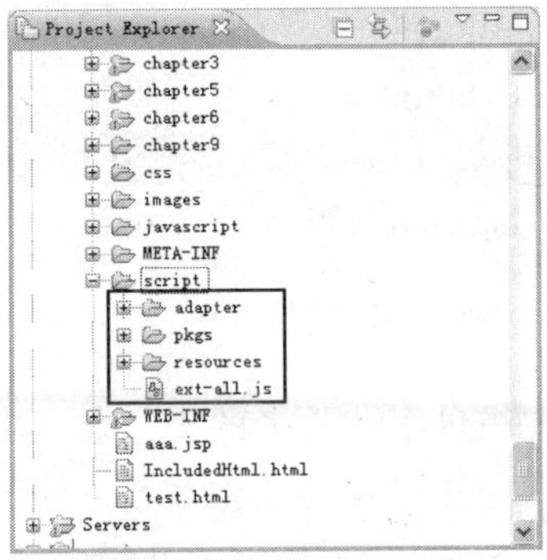

图 18.2　ExtJS 框架的相关文件和目录在 samples 工程中的位置

在 samples 工程的 WebContent\chapter18 目录下建立一个 firstextjs.html 文件，并输入如下的代码：

```
<link rel="stylesheet" type="text/css"href="…/script/resources/css/ext-all.css"/>
<script type="text/javascript"src="…/script/adapter/ext/ext-base.js"></script>
<script type="text/javascript"src="…/script/ext-all.js"></script>
<script type="text/javascript">
//onReady 方法在页面完毕（onload 方法被调用之前以及图像被装载之前）调用初始化函数，也
//就是 onReady 方法的第 1 个参数指定的函数
Ext.onReady(function(){
    var d=new Date();
    var time=d.getHours()+":"+d.getMinutes()+":"+d.getSeconds();
    Ext.MessageBox.alert('Time','Now is'+time);
});
</script>
```

在浏览器地址栏中输入如下的 URL：

```
http://localhost:8080/samples/chapter18/firstextjs.html
```

显示的效果如图 18.3 所示。

从图 18.3 所示的效果可以看出，这个对话框并未调用浏览器本身提供的对话框，而是 ExtJS 自已模拟了一个对话框。这种显示效果有些类似 Windows 的显示风格，是不是很酷呢？先好好感受一下 ExtJS 的风格，然后继续我们的学习。

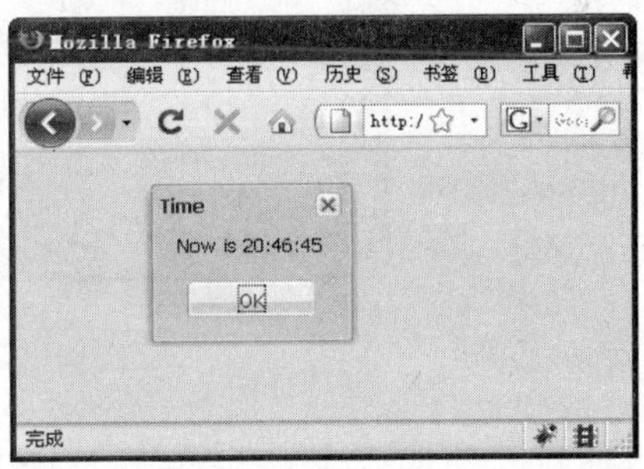

图 18.3　报时对话框

18.1.3　ExtJS 的国际化

ExtJS 风格的页面文字在默认情况下是英文的，如果想让页面显示其他语言的文字，就需要对页面进行国际化。

在 ExtJS 中对页面文字进行国际化很容易，只需要在页面中引用 ext-lang-zh_CN.js 文件即可。ext-lang-zh_CN.js 可以在<ExtJS 解压目录>\src\locale 目录中找到。读者只要将 ext-lang-zh_CN.js 文件复制到相应的目录即可。一般需要将 ext-lang-zh_CN.js 文件复制到 Eclipse 工程的

WebContent\script\locale 目录中。

在复制完 ext-lang-zh_CN.js 文件后，需要在页面中使用如下的代码引用该文件：

```
<script type="text/javascript" src="…/script/locale/ext-lang-zh_CN.js"></script>
```

在引用 ext-lang-zh_CN.js 后，再次访问 firstextjs.html，会显示图 18.4 所示的对话框。

图 18.4　中文版的报时对话框

18.1.4　查看 ExtJS API

在 ExtJS 中提供了非常多的类，而且每一个类中提供了大量的属性、方法以及初始化参数。这些内容要想都记住，几乎是不可能的。因此，ExtJS 为我们提供了非常详细的 ExtJS API 文档。该文档包含了当前 ExtJS 版本中所有的类、属性、方法以及初始化参数的详细信息。

读者可以访问下面的地址来查看 ExtJS API：

```
http://www.extjs.com/deploy/dev/docs/
```

如果想查看指定的类的详细信息，可以在左上角的文本框中输入相应的类名，例如，图 18.5 显示了 Ext.Button 类的详细信息。

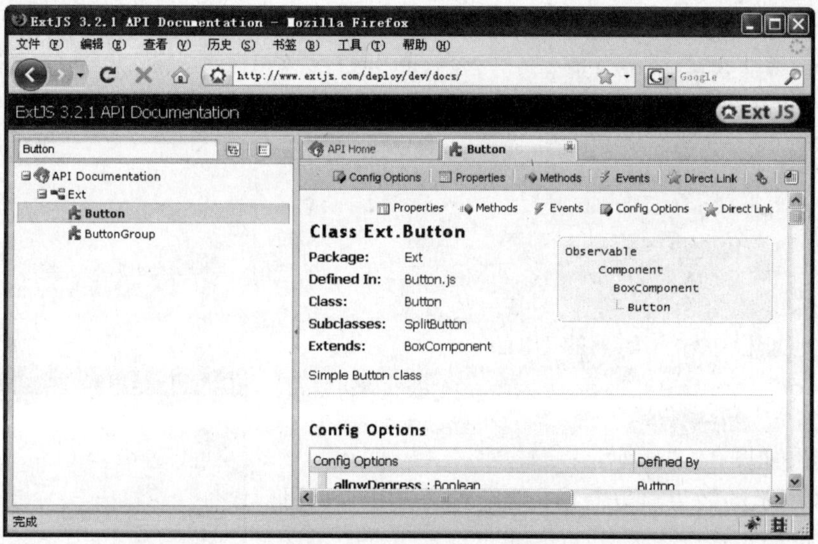

图 18.5　查询 ExtJS API

18.2　ExtJS 的事件

事件模型在 ExtJS 应用中起着举足轻重的作用，也是一个完整的 ExtJS 应用中必不可少的部分。ExtJS 对事件进行了重新的封装。在 ExtJS 中可以注册传统的浏览器事件，也可以自定义事件。

18.2.1　注册和删除事件

浏览器事件也就是传统的 onclick、onmousemove 等事件，这些事件是由浏览器根据用户的动作触发的。但浏览器对这些事件的处理比较简单。例如，某一个 HTML 元素的相应事件只能有一个事件处理函数。当指定一个新的事件处理函数时，就会覆盖以前指定的事件处理函数。为了弥补浏览器处理这类事件的不足，也为了使 ExtJS 更好地控制 Web 应用中的事件，ExtJS 对这些事件再次进行了封装。

下面的代码定义了两个按钮，并使用传统的方式为这两个按钮指定了 onclick 和 onmousemove 事件：

```
<script type="text/javascript">
function buttonOnclick()
{
    Ext.MessageBox.alert('您好','单击事件被触发');
}
function buttonOnmousemove(obj)
{
    Ext.MessageBox.alert('您好','鼠标在{'+obj.value+'}上移动');
}
</script>
<input type="button"value="单击我"onclick="buttonOnclick()"/>
<input type="button"value="在我上面移动"onmousemove="buttonOnmousemove (this)"/>
```

接下来让我们使用 ExtJS 来为这两个按钮注册事件。在 ExtJS 中注册事件的方法有很多，比较常用的是使用 on 方法。该方法需要指定事件名和事件处理函数。如果想删除某种事件的某个事件处理函数，可以使用 un 方法，该方法也需要指定要删除的事件名及事件处理函数。注册和删除事件的代码如下：

```
function buttonOnclick(){alert('用 ExtJS 注册的第一个单击事件被触发')}
function buttonOnclick2(){alert('用 ExtJS 注册的第二个单击事件被触发')}
function init()
{
    var button1=Ext.get('button1');
    var button2=Ext.get('button2');
    //下面两行代码为 click 事件指定了两个事件处理函数
    button1.on('click',buttonOnclick);
    button1.on('click',buttonOnclick2);
    //注册 mousemove 事件，并在 mousemove 事件处理函数中删除第二个 click 事件处理函数
    button2.on('mousemove',function(obj){alert(button2.getValue());button1.
    un('click',buttonOnclick2)});
}
Ext.onReady(init);
```

在上面的代码中为 click 事件注册了两个处理函数。但要注意的是，处理函数的调用顺序和注册顺序相反，也就是说，ExtJS 会先调用 buttonOnclick2 函数，然后才调用 buttonOnclick 函数。在 button2 的 mousemove 事件处理函数中显示一个对话框后，利用 un 方法删除 button1 按钮的 click 事件中的 buttonOnclick2 函数。因此，当鼠标在 button2 按钮上移动后，再单击 button1 按钮，由于 buttonOnclick2 函数已经从 button1 按钮的事件处理列表中删除，所以 ExtJS 就只调用了 buttonOnclick 函数。

18.2.2 Observable 类

Ext.util.Observable 是 ExtJS 中处理事件的核心类，该类位于 ExtJS 组件关系树的顶端。在 ExtJS 中所有支持事件的类都是 Ext.util.Observable 的子类。在该类中包含了很多处理事件的方法。

前面已经讲过 on 方法的基本用法。不过，on 方法除了两个必选的参数外，还有两个可选的参数，即 scope 和 options，这两个参数类型都是 Object。其中 scope 表示事件处理函数中 this 的作用域，options 表示一些控制事件的属性。下面是 on 方法的完整定义：

```
on(String eventName,Function handler,[Object scope],[Object options]): void
```

下面来解释什么叫 scope。实际上，scope 就是 this 所指的对象，先来看个例子：

```
var value='window';
function buttonOnclick()
{
    //this 指向 window
    alert(this.value);
}
//创建 myObject1 对象
//this 指向 myObject1}};
var myObject1={value:'myObject1',buttonOnclick:function(){alert(this. value);
//创建 myObject2 对象
var myObject2=new Object();
myObject2.value='myObject2';
myObject2.buttonOnclick=function(){alert(this.value)}; //this 指向 myObject2
//调用 myObject1.buttonOnclick 方法，this 表示 myObject1
myObject1.buttonOnclick();
//调用 window.buttonOnclick 方法，this 表示 myObject2
buttonOnclick.call(myObject2);
//调用 myObject2.buttonOnclick 方法，this 表示 window
myObject2.buttonOnclick.call(this);
```

在上面的代码中使用两种方法分别创建了 myObject1 和 myObject2 对象。在这两个对象中都有一个 value 属性和一个 buttonOnclick 方法。在代码的开始部分也定义了一个 value 变量和 buttonOnclick 函数。实际上，这个 value 变量和 buttonOnclick 函数是属于 window 对象的属性和方法，也就是说，可以使用 window.value 和 window.buttonOnclick 来引用 value 和 buttonOnclick。只不过 JavaScript 允许隐式地引用 window 对象中的成员，因此，在使用 value 和 buttonOnclick 时，可以不使用 window。在这里，window 就是 value 和 buttonOnclick 的域，在第一个 buttonOnclick 方法中的 this 指向 window 对象。而 myObject1 和 myObject2 对象中的 this 分别指向了 myObject1 和 myObject2。因此，在调用这 3 个 buttonOnclick 方法时将分别弹出显示 window、myObject1 和 myObject2 的对话框。

上面所述的都是 this 的默认域。这些域可以通过 call 方法来改变。如上面代码中的后两行代码分别使用了 call 方法改变了相应 this 的默认作用域。例如，myObject2.buttonOnclick.call(this) 虽然调用了 myObject2 的 buttonOnclick 方法，但该方法中的 this 指向的是 window 对象（这里的 this 表示 window）。因此，value 属性的值实际上是 window.value，而不是 myObject2.value。在执行上面的代码后，将会分别弹出显示 myObject1、myObject2 和 window 的对话框。

现在来说说 on 方法的第 3 个参数 scope。scope 参数的值实际上就是 call 方法的参数值。

下面的代码使用 on 方法指定了两个不同的作用域：

```
// 作用域是 window
Ext.get('button1').on('click',buttonOnclick,this);
// 作用域是 myObject2
Ext.get('button1').on('click',buttonOnclick,myObject2);
```

在上面的代码中，虽然都调用了 window.buttonOnclick 方法，但在第 1 个 on 方法中指定了 this 为作用域，因此，该方法中的 this 指向了 window，而在第 2 个 on 方法中指定了 myObject2 为作用域，因此，在 buttonOnclick 方法中的 this 实际上指向了 myObject2。

on 方法的第 4 个参数用于设置与事件处理函数相关的一些属性值，可设置的属性如下：

- scope：与第 3 个参数类似，指定了 this 的作用域。
- delay：指定事件被触发后事件处理函数被调用的延迟时间，单位是毫秒。也就是说，如果指定该属性值为 3000，当事件被触发后，需要等 3 秒后事件处理函数才会被调用。
- single：该属性值为 boolean 型，如果为 true，则表示当事件处理函数被调用后，立刻会被删除。也就是说，事件处理函数只会被调用一次。
- buffer：与 delay 属性类似，是使用该属性指定延迟时间。如果在延迟时间内事件再次触发，则系统会调用新的事件处理函数覆盖以前的事件处理函数。也就是说，不会发生重复调用的事情。

下面是一些设置这 4 个属性的例子代码：

```
//延迟 5 秒触发 click 事件
Ext.get('button2').on('click',buttonOnclick,this,{delay:5000});
//延迟 3 秒触发 click 事件，然后删除 click 事件
Ext.get('button3').on('click',buttonOnclick,this,{delay:3000,single:
true});
//延迟 6 秒触发 click 事件（在 6 秒内再次单击按钮不会重复触发 click 事件）
Ext.get('button4').on('click',buttonOnclick,this,{buffer: 6000});
```

如果为 on 方法指定了第 3 个参数，那么第 4 个参数中的 scope 属性值就不会起作用了。如果想使用属性来设置 scope，可以使用下面的代码：

```
//为按钮添加多个事件处理函数
Ext.get('button5').on({
    'click':{
    fn:buttonOnclick,
    scope:myObject1
    },
    'mousemove':{
    fn:buttonOnclick,
    scope:this,
    buffer:5000
    }
});
```

在上面的代码中为 button5 添加了两个事件（click 和 mousemove），其中 mousemove 事件的处理函数在被触发后 5 秒钟才会被调用。在这两个事件中通过 scope 属性设置了 this 的作用域。

通过属性还可以向事件处理函数传递参数，如下面的代码所示：

```
function buttonOnclick1(e1,e2,args)
{
    alert(args.name);   //弹出显示"李宁"的对话框
}
//为按钮添加多个事件处理函数
Ext.get('button6').on({
      'click':{
      fn: buttonOnclick1,
      scope:myObject1,
      name:'李宁'
  } });
```

在上面的代码中，将 name 属性值传递到了 buttonOnclick1 函数中。

双击 observable.html 文件或在浏览器地址栏中输入如下的地址可运行本节的例子，显示效果如图 18.6 所示。

```
http://localhost:8080/samples/chapter18/observable.html
```

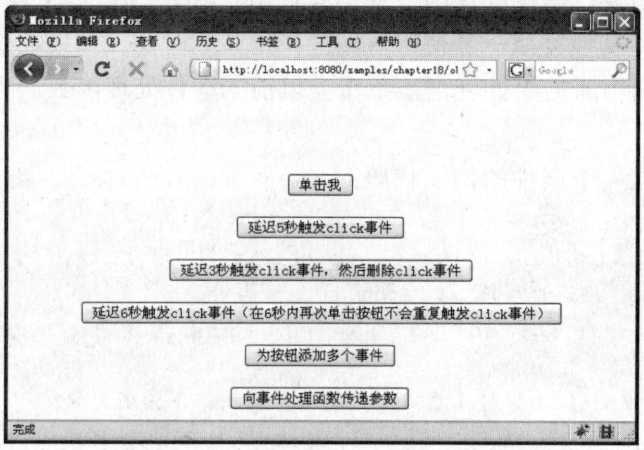

图 18.6　Observable 类演示

18.3　ExtJS 中的核心组件

在 ExtJS 中有一些常用的以及非常重要的组件，这些组件几乎在每一个 ExtJS 应用中都会用到。这些组件包括 Ext.Component、Ext.BoxComponent、Ext.Container、Ext.Button、Ext.Panel 以及 Ext.Window，本节将介绍这些组件的基本用法。

18.3.1　Ext.Component 组件

Ext.Component 是所有可视化组件的基类。它的所有子类都自动享用标准 Ext 组件的生命周期，其中包括创建、渲染和销毁。从 Ext.Component 继承的可视化组件可以通过 items 配置选项在容器创建时被添加到容器中，或通过 add 方法动态添加到容器中。

在 Ext.Component 类中已经添加了可视化组件常用的功能，例如，隐藏和显示、启用和禁用等。另外，所有的组件都在 Ext.ComponentMgr 类中通过构造方法的配置选项进行注册，以便可以通过 Ext.getCmp 方法获得这些组件。

Ext.Component 类有一个 xtype 属性，通过该属性，可以将 Ext.Component 指定成具体的组件。xtype 属性指定的组件主要有如下 4 种：

- 基本组件（表 18.1）。
- 工具栏组件（表 18.2）。
- 菜单组件（表 18.3）。
- 表单组件（表 18.4）。

表 18.1　基本组件

xtype	对应的类	描　　述
box	Ext.BoxComponent	具有边框属性的组件
button	Ext.Button	按钮
buttongroup	Ext.ButtonGroup	按钮组
colorpalette	Ext.ColorPalette	调色板
component	Ext.Component	组件
container	Ext.Container	容器
cycle	Ext.CycleButton	循环按钮
dataview	Ext.DataView	数据显示视图
datepicker	Ext.DatePicker	日期选择面板
editor	Ext.Editor	编辑器
editorgrid	Ext.grid.EditorGridPanel	可编辑的网格
flash	Ext.FlashComponent	显示 Flash 的组件
grid	Ext.grid.GridPanel	网格
listview	Ext.ListView	列表视图
panel	Ext.Panel	可进行布局的面板
progress	Ext.ProgressBar	进度条
propertygrid	Ext.grid.PropertyGrid	属性网格
slider	Ext.Slider	滑动条
spacer	Ext.Spacer	改变组件间距离的组件
splitbutton	Ext.SplitButton	可下拉的按钮
tabpanel	Ext.TabPanel	选项面板
treepanel	Ext.tree.TreePanel	树
viewport	Ext.ViewPort	视图
window	Ext.window	窗口

表 18.2　工具栏组件

xtype	对应的类	描　　述
paging	Ext.PagingToolbar	分页工具栏
toolbar	Ext.Toolbar	工具栏
Tbbutton	Ext.Toolbar.Button	按钮

续表

xtype	对 应 的 类	描 述
Tbfill	Ext.Toolbar.Fill	右对齐填充
tbitem	Ext.Toolbar.Item	工具条项目
tbseparator	Ext.Toolbar.Separator	工具条分隔符
tbspacer	Ext.Toolbar.Spacer	工具栏空白
tbsplit	Ext.Toolbar.SplitButton	工具栏分隔按钮
tbtext	Ext.Toolbar.TextItem	工具栏文本框

表 18.3 菜单组件

xtype	对 应 的 类	描 述
menu	Ext.menu.Menu	菜单
colormenu	Ext.menu.ColorMenu	颜色菜单
datemenu	Ext.menu.DateMenu	日期菜单
menubaseitem	Ext.menu.BaseItem	菜单基项
menucheckitem	Ext.menu.CheckItem	菜单复选项
menuitem	Ext.menu.Item	菜单项
menuseparator	Ext.menu.Separator	菜单分隔符
menutextitem	Ext.menu.TextItem	菜单文件项

表 18.4 表单组件

xtype	对 应 的 类	描 述
form	Ext.FormPanel	Form 面板
checkbox	Ext.form.Checkbox	复选框
checkboxgroup	Ext.form.CheckboxGroup	复选框组
combo	Ext.form.ComboBox	下拉列表框
datefield	Ext.form.DateField	日期输入框
displayfield	Ext.form.DisplayField	显示项
field	Ext.form.Field	输入框
fieldset	Ext.form.FieldSet	字段集
hidden	Ext.form.Hidden	表单隐藏域
htmleditor	Ext.form.HtmlEditor	HTML 编辑器
label	Ext.form.Label	标签
numberfield	Ext.form.NumberField	数字输入框
radio	Ext.form.Radio	单选按钮
radiogroup	Ext.form.RadioGroup	单选按钮组
textarea	Ext.form.TextArea	区域文本框
textfield	Ext.form.TextField	表单文本框
timefield	Ext.form.TimeField	时间输入框
trigger	Ext.form.TriggerField	触发下拉列表框

18.3.2 Ext.BoxComponent 组件

Ext.BoxComponent 类也是 ExtJS 的核心组件之一，Ext.BoxComponent 是 Ext.Component 类的子类。在 Ext.BoxComponent 类中提供了可以设置组件大小和位置的功能。例如，可以通过 pageX、pageY、width、height 来指定组件的位置和大小。下面的代码建立了一个 Ext.BoxComponent 组件，并将其显示在页面中。

```
var box=new Ext.BoxComponent({
            el:'boxComponent',
            style:'background-color:red;position:absolute;',
            pageX:0,
            pageY:0,
            width:200,
            height:200
        });
box.render();
```

在上面的代码中，使用了 render 方法将 Ext.BoxComponent 对象生成的 HTML 代码传给某个 HTML 元素，因此，在当前页面中，需要有一个 id 值为 boxComponent 的 HTML 元素，如下面的代码所示：

```
<label id="boxComponent"/>
```

在浏览器地址栏中输入如下的 URL 可以运行本节的例子：

```
http://localhost:8080/samples/chapter18/
boxcomponent.html
```

显示的效果如图 18.7 所示。

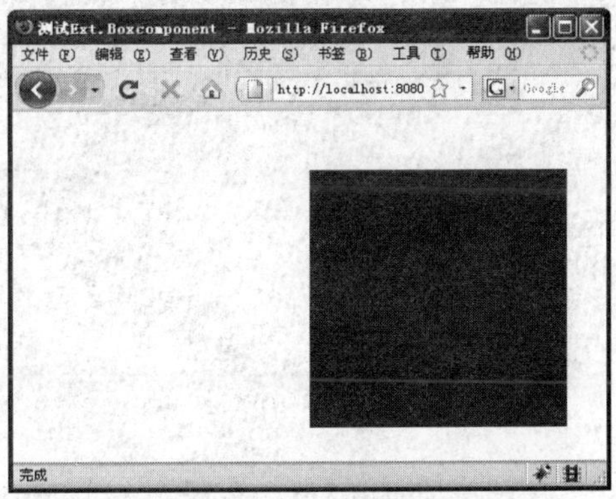

图 18.7　Ext.BoxComponent 组件演示

18.3.3 Ext.Container 组件

Ext.Container 继承自 Ext.BoxComponent。在该组件中可以进行布局，并且可以利用 items 参数添加其他的子组件。下面的代码向 Ext.Container 组件中添加了一个按钮：

```
var container=new Ext.Container({
        el:'container',
        style:'background-color:red;position:absolute;',
        pageX:0,
        pageY:0,
        width:200,
        height:200,
        layout:'form',
        items:[{xtype:'button',style:'margin-top:20px',width:50,height:50,
        text:'按钮'}]
    });
container.render();
```

在浏览器地址栏中输入如下的 URL 可以运行本节的例子：

```
http://localhost:8080/samples/chapter18/container.html
```

显示的效果如图 18.8 所示。

图 18.8　Ext.Container 组件演示

18.3.4　Ext.Button 组件

几乎每一个页面中都包含了按钮组件。创建按钮需要创建 Ext.Button 类的对象实例，使用 Ext.Button 类生成的按钮具备按钮的一般特性。例如，隐藏/显示、启用/禁用、开关按钮等。下面的代码实现了这些功能：

```
//实现了一个 Ext.Button 的子类，用于设置重复的属性
MyButton=Ext.extend(Ext.Button,{
     el:'button',
     width:100,
     height:30
});
var button1=new MyButton({
     text:'按钮 1'
});
var button2=new MyButton({
    text:'开关按钮',
    enableToggle:true
});
var button3=new MyButton({
    text:'启用',
    handler:function(){this.disable()}
});
var button4=new MyButton({
    text:'隐藏',
    handler:function(){this.hide()}
});
```

在上面的代码中，实现了一个 MyButton 类，该类继承了 Ext.Button 类，并在 MyButton 类中设置了一些重复的属性。在 button3 和 button4 中设置了 handler 配置选项，并且该配置选项设置了一个事件处理函数，相当于按钮的 click 事件。

Ext.Button 类除了可以实现普通的按钮外，还可以实现带有图像的按钮。下面的代码实现了图像、文字左右和上下排列的按钮：

```
var button5=new MyButton({
    iconCls:'button',
    text:'图像按钮 1',
    scale: 'medium'
});
var button6=new MyButton({
    iconCls:'button',
    text:'图像按钮 2',
    scale:'medium',
```

```
    iconAlign:'top'
});
```

在浏览器中输入如下的 URL 可以运行本节的例子：

```
http://localhost:8080/samples/chapter18/buttons.html
```

图像按钮的显示效果如图 18.9 所示。

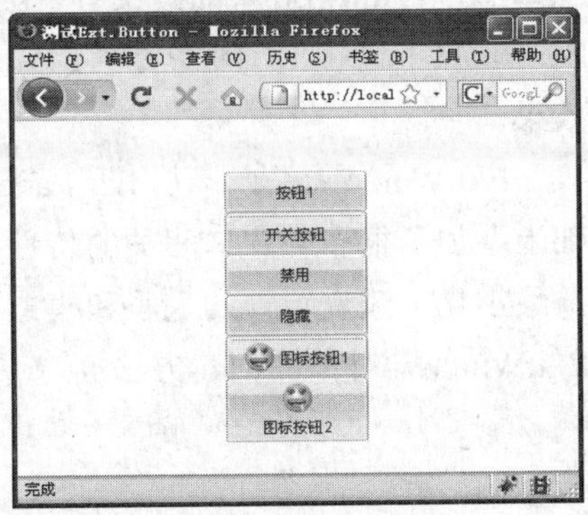

图 18.9　图像按钮

18.3.5　Ext.Panel 组件

Ext.Panel 是常用到的一个组件。Ext.Panel 类直接继承于 Ext.Container。Ext.Panel 在 Ext.Container 的基础上增加了很多特性。例如，设置标题、为标题栏添加图像、折叠、拖动、更丰富的渲染效果、在指定位置放置按钮和显示 HTML 内容等。

下面的代码建立了一个 Ext.Panel 对象，并增加了上述的所有特性。

```
var button1=new Ext.Button({
     text:'确定'
    });
var button2=new Ext.Button({
    text:'取消'
    });
var button3=new Ext.Button({
    text:'点击我'
    });
var panel=new Ext.Panel({
    el:'panel',
    title: '标题',
    pageX: 50,
    pageY:50,
    width:200,
    height:200,
    border:true,
    buttonAlign:'left',
    collapsible:true,
    draggable:true,
    floating:true,
    frame:true,
    html:'<br><br><label style="font-size:20px">显示 HTML 页面</label>',
    iconCls:'panel',
    buttons:[button1,button2],
    items:[button3,{xtype:'field', style:'margin-top:10px'}]
});
```

在浏览器地址栏中输入如下的 URL 可以运行本节的例子：

```
http://localhost:8080/samples/chapter18/panel.html
```

显示的效果如图 18.10 所示。

图 18.10　Ext.Panel 效果演示

18.3.6　Ext.Window 组件

Ext.Window 对象的效果有些类似 C/S 程序中的 Window 或 Form。只不过在 ExtJS 中是使用 div 等 HTML 元素模拟的这种效果。

Ext.Window 类直接从 Ext.Panel 类继承，在 Ext.Panel 的基础上增加了很多与窗口相关的特性。例如，允许关闭窗口、窗口最小化、改变窗口的大小和模式窗口等。下面的代码演示了 Ext.Window 对象的创建方法：

```
var button1=new Ext.Button({
    text:'确定',
    handler:function(){window.close()} //关闭当前窗口
   });
var button2=new Ext.Button({
   text:'取消'
   });
var window=new Ext.Window({
   title:'Window',
   pageX:50,
   pageY:50,
   width:400,
   height:200,
   collapsible:true,
   draggable:true,
   floating:true,
   closable:true,
   closeAction:'hide',
   modal:true,
   minimizable:true,
   resizable:true,
   frame:true,
   minHeight:300,
   minWidth:300,
   buttons:[button1,button2],
   items:[{xtype:'field',style:'margin-top:10px;margin-left:10px'}]
});
window.show();
```

在浏览器地址栏中输入如下的 URL 可以运行本节的例子：

```
http://localhost:8080/samples/chapter18/window.html
```

窗口的显示效果如图 18.11 所示。

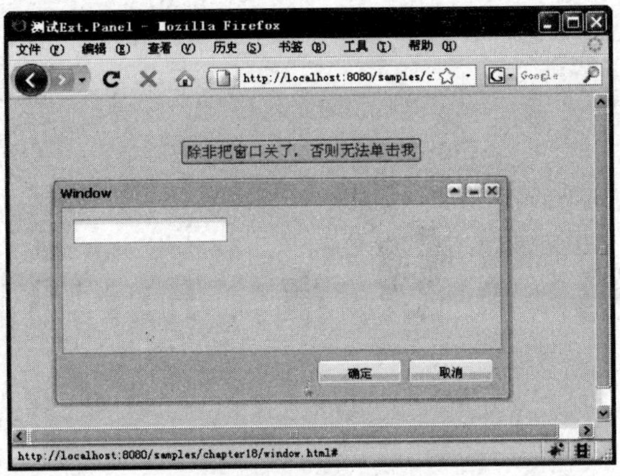

图 18.11　窗口的显示效果

18.4　本 章 小 结

本章介绍了 ExtJS 的基础知识，其中包括 ExtJS 的事件及其核心组件。其中这些核心组件包括 Ext.Component、Ext.BoxComponent、Ext.Container、Ext.Button、Ext.Panel、Ext.Window。下一章将继续介绍 ExtJS 中的常用组件。

第 19 章 ExtJS 的常用组件

本章将介绍 ExtJS 中常用的组件，包括各种对话框组件、表单组件以及布局组件。这些组件在 ExtJS 中起到了非常重要的作用，也可以说是 ExtJS 的用户体验核心。通过这些组件可以编写出非常完美的 Web 应用程序。

19.1 对话框组件

对话框是 Web 应用程序中重要的组成部分。在传统的 Web 应用程序中一般通过 window 对象的 alert、prompt、confirm 方法显示相应的对话框。然而这些对话框虽然可以达到基本的要求，但显示形式和功能单一，并不能满足程序的美学要求。在 ExtJS 中为了使应用程序的风格统一，提供了大量用于显示对话框的方法，通过这些方法，可以显示出非常完美统一的对话框。

19.1.1 提醒对话框

提醒对话框是最常用的标准对话框之一。在传统的 Web 应用中使用 window.alert 方法弹出提醒对话框。在 ExtJS 中使用 Ext.MessageBox.alert 方法弹出提醒对话框，代码如下：

```
Ext.MessageBox.alert('提醒','醒醒，该起床了？');
```

提醒对话框的显示效果如图 19.1 所示。

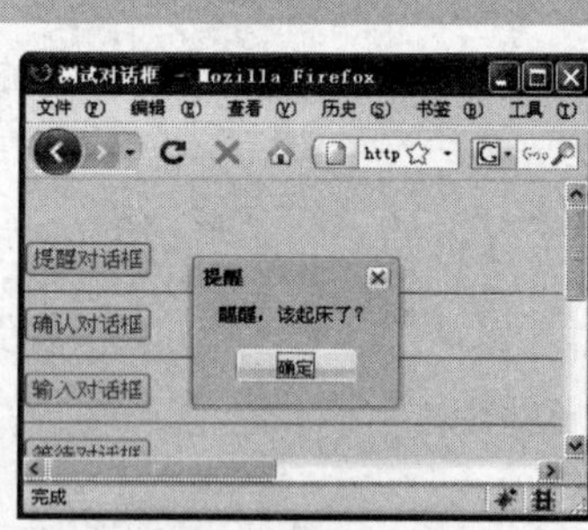

图 19.1 提醒对话框

alert 方法的第 3 个参数可以传递一个回调函数，当提醒对话框关闭后，系统就会调用这个回调函数。对于提醒对话框，回调函数可以有一个参数，该参数的类型是 string，表示用户单击的按钮。由于提醒对话框只有一个 ok 按钮，因此，该参数的值只能是 ok。下面的代码向 alert 方法传递了一个回调函数，并在回调函数中使用传统的方法弹出了另一个提醒对话框：

```
function showResult(btn)
{
    alert('你单击了'+btn+'按钮','单击按钮');
}
```

```
Ext.MessageBox.alert('提醒', '醒醒，该起床了？', showResult);
```

在关闭提醒对话框后，在传统提醒对话框中会显示“点击的按钮是 ok”信息。

19.1.2 确认对话框

ExtJS 使用 Ext.MessageBox.confirm 方法显示确认对话框。确认对话框有两个按钮：是（yes）和否（no）。为了判断用户单击了哪个按钮，在显示确认对话框时必须使用回调函数，代码如下：

```
Ext.MessageBox.confirm('请问', '是否退出程序吗？', showResult);
```

确认对话框显示的效果如图 19.2 所示。

19.1.3 输入对话框

输入对话框可以在输入一个字符串后，单击【确定】按钮，返回这个输入的字符串。使用 Ext.MessageBox.prompt 方法可以显示输入对话框，代码如下：

```
function showResultText(btn,text)
{
    alert('你单击了'+btn+'按钮，输入的文本是"'+text+'"', '单击按钮');
}
Ext.MessageBox.prompt('输入', '请输入您居住的城市：',showResultText);
```

输入对话框显示的效果如图 19.3 所示。

图 19.2 确认对话框

图 19.3 输入对话框

19.1.4 等待对话框

在系统处理一些比较耗时的工作时，为了告诉用户系统仍然在工作，通常的做法是显示一个进度不断变化的对话框。当然，如果无法准确预测工作的完成时间，可以循环显示进度的变化，这就是等待对话框。在 ExtJS 中使用 Ext.MessageBox.wait 方法显示等待对话框。为了模拟任务完成，并结束等待，在本节的例子中使用 setTimeout 方法设置 6 秒后结束任务，并隐藏等待对话框，代码如下：

```
function waitOnclick()
{
    Ext.MessageBox.wait('任务正在处理中，请稍后…','等待',{interval:100});
    setTimeout(function(){
        Ext.MessageBox.hide();
        alert('任务已经完成！','结束');
    }, 6000);
}
```

wait 方法的第 3 个参数表示配置选项，在本例中设置了 interval 选项为 100，表示每 100 毫秒进度条向前移动一次。等待对话框的显示效果如图 19.4 所示。

19.1.5 进度对话框

进度对话框与等待对话框类似，但等待对话框并不能控制进度，而进度对话框可以根据任何完成情况设置不同的进度。

ExtJS 使用 Ext.MessageBox.progress 方法来显示进度对话框。如果想更新进度，则需要使用 Ext.MessageBox.updateProgress 方法，代码如下：

```
Ext.MessageBox.progress('进度','正在处理任务…','0%已完成');
var f=function(v){
    return function(){
        if(v==22){
            Ext.MessageBox.hide();
            alert('任务已经完成!','结束');
        }else{
            var i=v/21;
            Ext.MessageBox.updateProgress(i,Math.round(100*i)+'%已完成');
        }
    };
};
//更新进度
for(var i=1;i<23;i++){
    setTimeout(f(i),i*500);
}
```

进度对话框的显示效果如图 19.5 所示。

图 19.4 等待对话框

图 19.5 进度对话框

19.1.6 带图像的对话框

我们还可以通过 ExtJS 添加 3 种对话框的内置图像，这 3 种图像是 Ext.MessageBox.INFO、Ext.MessageBox.WARNING 和 Ext.MessageBox.ERROR。下面的代码使用 show 方法显示了一个错误提示对话框：

```
Ext.MessageBox.show({
    title:'错误',
    msg:'您输入的内容有误!',
```

```
    buttons: Ext.MessageBox.OK,
    fn: showResult,
    icon: Ext.MessageBox.ERROR
});
```

错误提示对话框的显示效果如图 19.6 所示。

除此之外，还可以通过自定义样式来显示自己的图像，如下面的代码为等待对话框添加了一个 gif 动画图像：

```
Ext.MessageBox.show({
    title:'等待…',
    msg: '正在保存数据，请等待…',
    progressText: '保存…',
    width:300,
    wait:true,
    waitConfig:{interval:200},
    icon:'icon-download'
    });
setTimeout(function(){
     Ext.MessageBox.hide();
     alert('数据保存成功！','信息');
}, 5000);
```

带图像的等待对话框的显示效果如图 19.7 所示。

图 19.6 错误提示对话框

图 19.7 带图像的等待对话框

19.2 表 单 组 件

本节将介绍 ExtJS 中与表单相关的组件。这些组件包括 FormPanel、TextField、TextArea、DateField、TimeField、ComboBox 和 TriggerField 等。

19.2.1 Ext.form.FormPanel 组件

在 HTML 表单中，所有的表单元素必须放在<form>元素中。因此，<form>元素也称为表单的载体。在 ExtJS 表单中也有与<form>元素对应的组件，这就是 Ext.form.FormPanel 类。该类是 Ext.Panel 的子类，因此，也具有 Ext.Panel 类的一切特性。当然，FormPanel 类还需要一些其他的特性，例如，向服务端提交表单信息。

FormPanel 类在 Panel 类的基础上增加了很多配置选项。表 19.1 是一些常用的配置选项。

表 19.1　FormPanel 类的配置选项

配置选项	数据类型	描　述
buttons	Array	表示一个 Ext.Button 类的对象数组。所有在 buttons 配置选项指定的按钮对象都会显示在表单的下方
formId	String	指定 FormPanel 的 id，如果不指定该配置选项，则由 ExtJS 自动产生
labelAlign	String	指定表单文本标签中文字的对齐方式。可取的值是 left、right 和 top，默认值是 left
labelWidth	Number	指定文本标签的长度
layout	String	指定 FormPanel 的布局方式，默认是 form
minButtonWidth	Number	指定表单中所有按钮的最小宽度（单位：像素点）

下面的代码演示了 FormPanel 类的基本使用方法。在这个 FormPanel 对象中显示了两个文本输入组件和一个按钮组件：

```
<html>
<head>
<meta http-equiv="Content-Type"content="text/html; charset=utf-8">
<title>测试 Ext.form.FormPanel</title>

<link rel="stylesheet"type="text/css"
   href="…/script/resources/css/ext-all.css"/>
<link rel="stylesheet"type="text/css"href="css/panel.css"/>
<script type="text/javascript" src="…/script/adapter/ext/ext-base.js"></script>
<script type="text/javascript"src="…/script/ext-all.js"></script>
<script type="text/javascript" src="…/script/locale/ext-lang-zh_CN.js"></script>
<script type="text/javascript">
 function init()
 {
     var formPanel=new Ext.form.FormPanel(
        {
            labelAlign:'right',
            labelWidth:60,
            width:220,
            height:130,
            title:'登录对话框',
            url:'test.jsp',
            frame:true,
            items:
            [
            {
                defaultType:'textfield',
                layout:'form',
                items:
                [ {fieldLabel:'用户名'}, {fieldLabel:'密码'}]
            } ],
            buttons:[{text:'提交'}]
        });
      formPanel.render("form");
 }
 Ext.onReady(init);
```

```
</script>
</head>
<body>
<br>
<br>
<center>
<div id="form"></div>
</center>
</body>
</html>
```

在浏览器地址栏中输入如下的 URL 可运行本节的例子：

```
http://localhost:8080/samples/chapter19/formpanel.html
```

FormPanel 组件的显示效果如图 19.8 所示。

19.2.2　Ext.form.TextField 组件

文本输入框是很常用的 ExtJS 组件，该组件与按钮组件在基于 ExtJS 的系统中使用的比率非常高。在注册登录对话框中的 E-mail、密码、校验码和工作单位等字段都使用了文本输入组件。建立一个文本输入组件需要创建一个 Ext.form.TextField 类的对象实例。TextField 类是 Ext.form.Field 的子类，事实上，所有的表单组件都是 Field 的子类，在 Field 类中定义了很多表单组件都需要的配置选项。例如，控制页面显示样式的配置选项（包括 clearCls、cls、fieldClass、labelStyle 等）、进行数据校验的配置选项（例如，invalidText、msgFx、validateDelay 等）等。

TextField 在 Field 类的基础上又增加了一些与文本输入相关的配置选项，例如，校验文本输入组件是否为空的 allowBlank、在未输入内容时显示文本的 emptyText 等。

下面的代码演示了如何使用 Ext.form.TextField 类来建立一个文本输入组件：

```
var textField=new Ext.form.TextField({
    fieldLabel:'姓名',
    emptyText:'空',
    allowBlank:false,
    maxLength:30,
    minLength:10
});
```

在地址栏中输入如下的 URL 可运行本节的例子：

```
http://localhost:8080/samples/chapter19/textfield.html
```

TextField 组件的显示效果如图 19.9 所示。

图 19.8　FormPanel 组件的显示效果

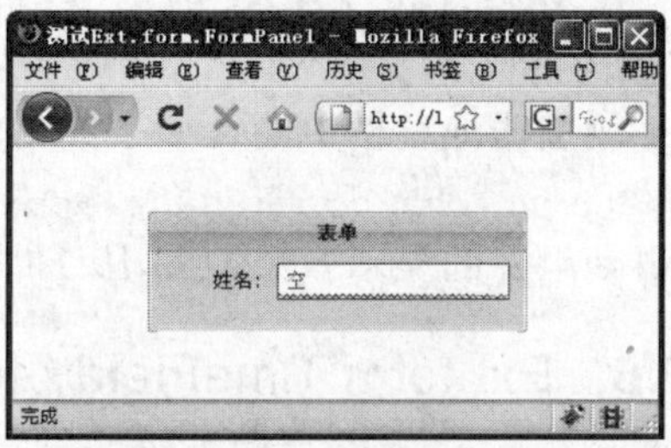

图 19.9　TextField 组件的显示效果

19.2.3　Ext.form.TextArea 组件

虽然 Ext.form.TextArea 类在用户注册登录系统中并未用到，但该类在开心网的其他功能中会经常使用。因此，本节将对该组件进行简单的介绍。Ext.form.TextArea 是 Ext.form.TextField 类的子类。TextArea 类除了可以输入多行文本外，使用方法与 TextField 类相同。如果将 TextArea 对象的 grow 配置选项设为 true，则 TextArea 组件会根据用户输入内容的多少自动增加文本框的高度，并通过 preventScrollbars 配置选项控制是否显示滚动条。要注意的是，preventScrollbars 配置选项只有在 grow 配置选项为 true 时才起作用。

下面的代码演示了如何使用 Ext.form.TextArea 类来创建一个多行文本输入组件：

```
var textareaField=new Ext.form.TextArea({
    fieldLabel:'嗜好',
    maxLength:100,
    minLength:10,
    width:130,
    height:200,
    grow:true,
    preventScrollbars:true
    });
```

在浏览器地址栏中输入如下的 URL 可运行本节的例子：

```
http://localhost:8080/samples/chapter19/textarea.html
```

多行文本输入框组件的显示效果如图 19.10 所示。

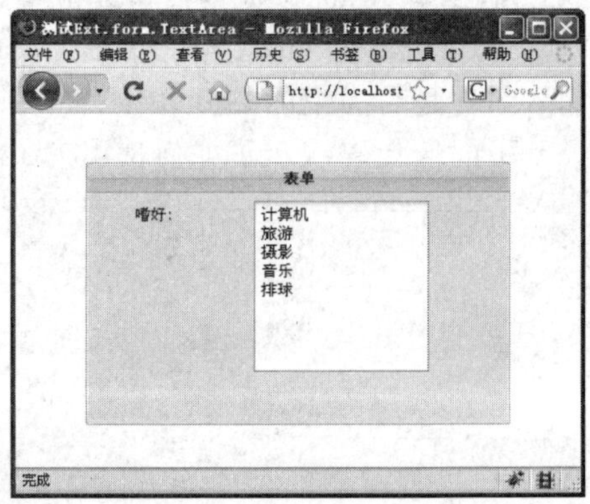

图 19.10　多行文本输入框

19.2.4　Ext.form.DateField 组件

该组件可以设置显示日期的格式，以及不允许选择的区域，如下面的代码所示：

```
var birthdayField=new Ext.form.DateField(
{
    name:'birthday',
    fieldLabel:'出生日期',
    //设置显示日期的格式
    format:'Y-m-d',
    anchor:'85%',
    //设置第 2 列和第 7 列不可选（星期一和星期六），该设置选项的取值范围是 0～6
    disabledDays:[1,6],
    //设置每个月的 2 和 21 号以及 2009 年的 8 月 23 号不可选
    disabledDates:['02','21','2009-08-23']
);
```

在浏览器地址栏中输入如下的 URL 可运行本节的例子：

```
http://localhost:8080/samples/chapter19/datefield.html
```

日期组件的显示效果如图 19.11 所示。

19.2.5　Ext.form.TimeField 组件

Ext.form.TimeField 直接继承于 Ext.form.Combobox。TimeField 类是按一定时间间隔来显示小

时和分钟的（该组件不能显示秒）。在 Ext.form.TimeField 类中使用 minValue 和 maxValue 配置选项设置显示的开始时间和结束时间，使用 increment 配置选项设置显示的时间增量，单位是分钟。

下面的代码创建了一个显示 10:00～15:00 的 TimeField 组件：

```
var timeField=new Ext.form.TimeField({
    fieldLabel:'请选择时间',
    minValue:'10:00',
    //也可以写成 3:00PM
    maxValue:'15:00',
    //显示的时间间隔为 10 分钟
    increment:10
});
```

在浏览器地址栏中输入如下的 URL 可运行本节的例子：

```
http://localhost:8080/samples/chapter19/timefield.html
```

时间组件显示的效果如图 19.12 所示。

图 19.11　日期组件

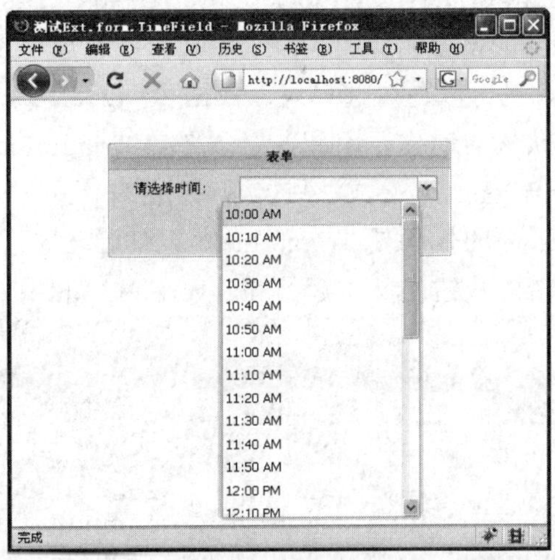

图 19.12　时间组件

19.2.6　Ext.form.ComboBox 组件

Ext.form.ComboBox 组件用于以列表方式显示待选择的信息。ComboBox 组件支持远程和本地装载数据的方式。本节将介绍通过本地方式向 ComboBox 组件装载数据的方法。下面的代码通过 Ext.data.ArrayStore 对象创建一个记录集，并将该记录集的数据赋给 ComboBox 组件。

```
var sexComboBox=new Ext.form.ComboBox({
        fieldLabel:'性别',
        mode:'local',
        store:new Ext.data.ArrayStore({
            id:0,
            fields:[
                'myId',
                'displayText'
            ],
```

```
        data: [[1,'帅哥'],[2,'美女']]
    }),
    valueField:'myId',
    displayField:'displayText'
);
```

其中 valueField 配置选项指定了要提交到服务端的值所对应的记录集字段，在这里是 myId，也就是说，当提交表单时，myId 字段的值将提交给服务端。displayField 配置选项指定了在页面显示的值所对应的记录集字段，在这里是 displayText。

在浏览器地址栏中输入如下的 URL 可运行本节的例子：

```
http://localhost:8080/samples/chapter19/combobox.html
```

下拉列表框组件的显示效果如图 19.13 所示。

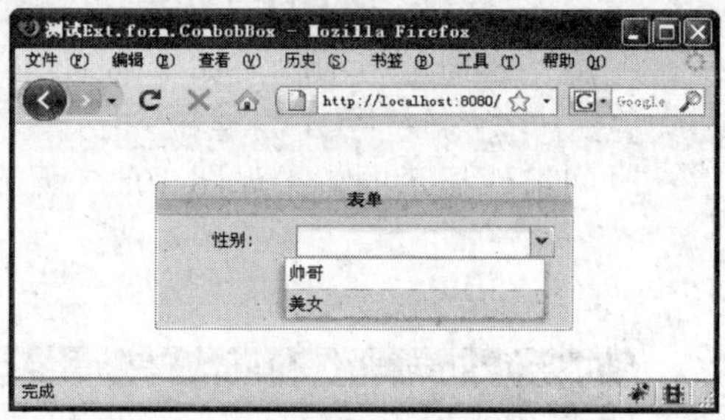

图 19.13　下拉列表框

19.2.7　Ext.form.TriggerField 组件

Ext.form.TriggerField 是 DateField、TimeField 和 ComboBox 的父类。该组件既可以通过手工录入数据，也可以通过选择录入数据。TriggerField 组件没有默认的动作，因此，必须覆盖 TriggerField 类的 onTriggerClick 方法以实现弹出窗口。

下面的代码使 TriggerField 组件弹出了显示两个按钮的菜单，当单击这两个按钮时，会将被单击的按钮的文本赋给 TriggerField 组件：

```
var selectMenu;
//两个按钮的单击事件
function buttonClick(button)
{
    //隐藏弹出菜单
    selectMenu.hide();
    //将按钮的文本信息赋给 TriggerField 组件
    buttonsTriggerField.setValue(button.text);
}
var buttonsTriggerField=new Ext.form.TriggerField({
    fieldLabel:'请选择按钮',
    name:'buttonValue',
    //覆盖 onTriggerClick 方法
    onTriggerClick:function()
    {
        if(selectMenu==undefined)
        {
            //创建一个菜单
            selectMenu=new Ext.menu.Menu({});
            //向菜单添加两个按钮
            selectMenu.add(new Ext.Button(
            {
                text:'按钮 1',
```

```
                handler:buttonClick
            }));
            selectMenu.add(new Ext.Button(
            {
                text:'按钮 2',
                handler:buttonClick
            }));
        }
        //显示菜单
        selectMenu.show(this.el);
    }
});
```

在浏览器地址栏中输入如下的 URL 可运行本节的例子：

```
http://localhost:8080/samples/chapter19/triggerfield.html
```

TriggerField 组件的显示效果如图 19.14 所示。

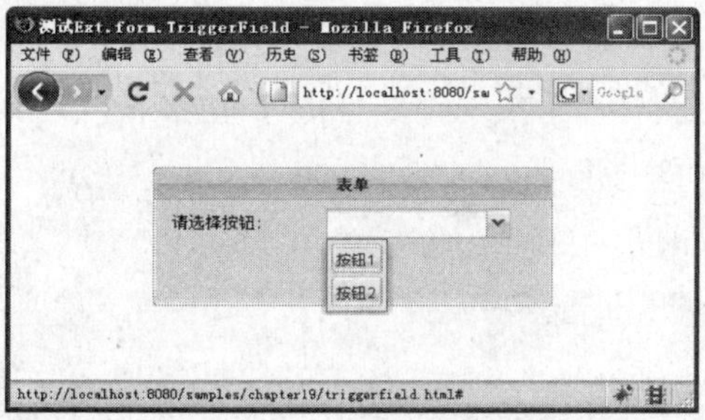

图 19.14　TriggerField 组件的显示效果

19.3　布 局 组 件

布局是 Web 系统经常使用到的技术。在 Web 页面中常常会涉及若干个组件，这些组件涉及相互之间的相对位置，以及相对页面的位置。在传统的 C/S 程序中，通常会使用绝对定位的方式在窗体上放置组件。这样做虽然很直观，也容易操作，但随着平台的多样化（这里的平台既指操作系统平台，也指 Web 应用中的浏览器平台），通过绝对定位的方式放置组件可能会在不同的平台中显示出不一样的效果。因此，为了适应不同的平台，在 ExtJS 中采用了更为先进的布局（Layout）来安排组件的位置。

19.3.1　FormLayout 组件

表单布局是最常用的布局之一，也是默认的布局方式。使用表单布局可以将组件以垂直的方式进行排列。下面的代码在 FormPanel 组件中使用表单布局垂直排列了 4 个文本输入组件：

```
function init()
{
    var form=new Ext.form.FormPanel({
        title:'FormLayout',
        bodyStyle:'padding:15px',
```

```
        frame:true,
        layout:'form',
        width:350,
        defaultType:'textfield',
        defaults:{
           width:230
        },
        items:[{
              fieldLabel:'姓名',
              name:'name',
              allowBlank:false
           },{
              fieldLabel:'年龄',
              name:'age'
           },{
              fieldLabel:'Email',
              name:'email',
              vtype:'email'
           }, {
              xtype:'textarea',
              fieldLabel:'住址',
              name:'address'
           }
        ],
        buttons:[
           {text:'保存'},
           {text:'取消'}
        ],
        labelAlign:'right',
        labelWidth:65,
        labelPad:13
     });
     form.render("form");
  }
  Ext.onReady(init);
```

在浏览器地址栏中输入如下的 URL 可运行本节的例子：

```
http://localhost:8080/samples/chapter19/formlayout.html
```

表单布局的效果如图 19.15 所示。

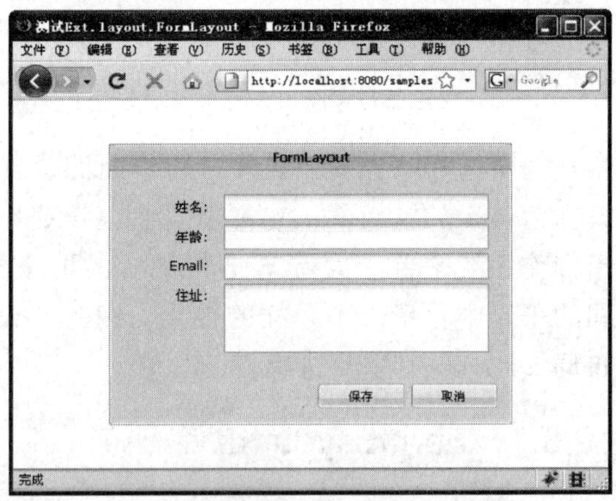

图 19.15　表单布局

19.3.2　ColumnLayout 组件

ColumnLayout 布局可用于水平分布 ExtJS 组件。如果将 layout 配置选项设为 column，则 ExtJS 会采用 ColumnLayout 布局。在实际的项目中，通常会将 FormLayout 和 ColumnLayout 布局放在一起使用。如下面的代码对 3 个 FormLayout 布局使用了 ColumnLayout 布局：

```
var form=new Ext.form.FormPanel({
    title:'Form',
    labelAligh:'right',
    labelWidth:50,
     frame:true,
    width:600,
    url:'test.jsp',
    //采用了 ColumnLayout 布局
    items: [{layout:'column',
        items:[{
       //采用了 FormLayout 布局
        layout:'form',
        columnWidth:.33,
        items:[{xtype:'textfield',fieldLabel:'姓名'}]
    },{
        layout:'form',
        columnWidth:.33,
        items:[{xtype:'textfield',fieldLabel:'居住地 1'},
              {xtype:'textfield',fieldLabel:'居住地 2'}]
    },{
        layout:'form',
        columnWidth:.33,
        items:[{xtype:'textfield',fieldLabel:'爱好 1'},
              {xtype:'textfield',fieldLabel:'爱好 2'},
              {xtype:'textfield',fieldLabel:'爱好 3'}]
    }]}],
    buttons:[{
        text:'提交',
        handler:function(){ form.getForm().submit();}
        }]
});
```

在浏览器地址栏中输入如下的 URL 可运行本节的例子：

```
http://localhost:8080/samples/chapter19/columnlayout.html
```

ColumnLayout 布局的效果如图 19.16 所示。

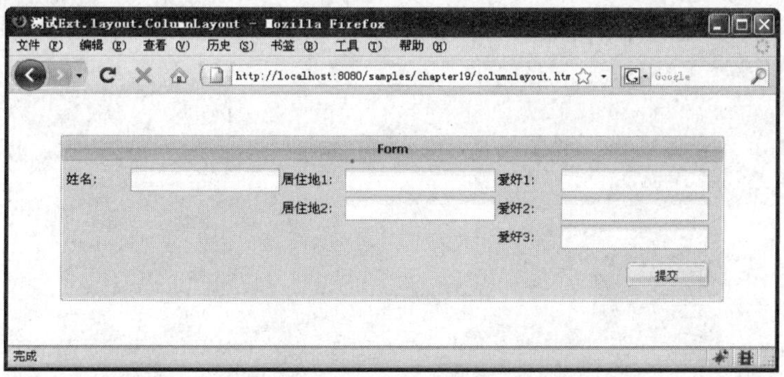

图 19.16　ColumnLayout 布局

19.3.3　Ext.form.FieldSet 组件

虽然通过各种布局来放置组件已经可以使页面变得非常漂亮了，但还可以使用 FieldSet 组件使页面变得更加美观。FieldSet 组件的作用有些类似于 C/S 程序中的 Group 组件，也就是将同类组件进行分组，然后使用 border 将同类组件框起来。除此之外，FieldSet 组件还有一些更高级的特性，例如，可以通过 collapsible 配置选项使 FieldSet 组件变成可伸缩的样式。下面的代码建立了两个 FieldSet 组件，其中一个 FieldSet 组件是可伸缩的：

```
var form=new Ext.FormPanel({
    title:'Form',
    labelWidth:50,
    url:'test.jsp',
    frame:true,
    width:480,
    layout:'column',
    defaults:{
        layout:'form',
        bodyStyle:'padding:4px'
    },
    items:[{
        //第 1 个 FieldSet 组件
        xtype:'fieldset',
        columnWidth: 0.48,
        width:60,
        title:'FieldSet1',
        //将该 FieldSet 组件设为可伸缩样式
        collapsible:true,
        defaultType:'textfield',
        style:'padding-left:15px;margin-left:8px;margin-top:10px;margin-
        bottom:10px',
        items:[{
            fieldLabel:'Field 1'
            }, {
                fieldLabel:'Field 2'
            }, {
                fieldLabel:'Field 3'
            }]
    },{
        //第 2 个 FieldSet 组件
        xtype:'fieldset',
        title:'FieldSet2',
        columnWidth: 0.48,
        layout:'form',
        style:'padding-left:15px;margin-left:10px;margin-top:10px;margin-
        bottom:10px',
        defaultType:'textfield',
```

```
        items:[{
            fieldLabel:'Field 1'
        }, {
            fieldLabel:'Field 2'
        }, {
            fieldLabel:'Field 3'
        }]
    }]
});
```

在浏览器地址栏中输入如下的 URL 可运行本节的例子：

```
http://localhost:8080/samples/chapter19/fieldset.html
```

FieldSet 组件的显示效果如图 19.17 所示。

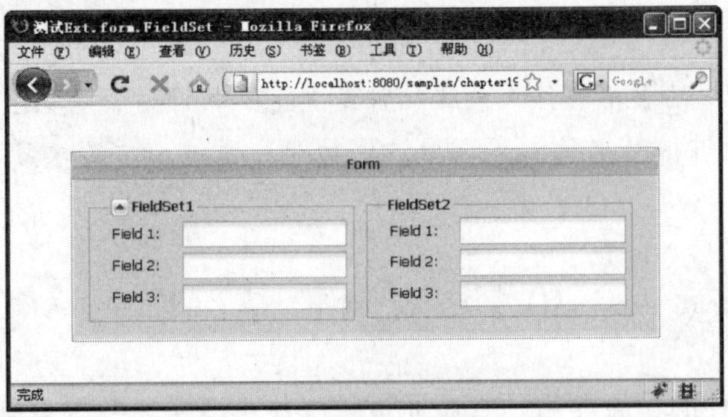

图 19.17　FieldSet 组件

19.4　本 章 小 结

本章着重介绍了 ExtJS 中的常用组件。这些组件包括对话框、表单和布局，尤其是表单组件，包括 FormPanel、TextField、TextArea、TimeField 等。这些组件在编写与服务端交互的程序中使用的非常广泛，读者一定要好好掌握。

第 20 章　表格组件

本章将介绍 ExtJS 中的表格组件。表格组件是 ExtJS 中的一个重要组件，表格组件提供了丰富的功能，并且可以通过很简单的方式调用这些功能。通过本章的学习，读者可以充分掌握表格组件的使用方法。

20.1　表格基础

ExtJS 中的表格组件的功能非常强大。通过该组件可以实现各种复杂的功能，例如，排序、拖动、隐藏某一列、自动显示行号和复选框、分组和装载 XML 数据等功能。本节将介绍表格组件的基本方法。

20.1.1　编写第一个表格程序

我们在很多地方都会看到表格，由于表格是二维的，因此，就需要设置表格的行数和列数，然后设置每一个单元格的数据。

在 ExtJS 中的表格由 Ext.grid.ColumnModel 类来描述列属性。列的属性由列名和列索引组成。下面先来建立一个 ColumnModel 对象，并设置 3 个列的属性值：

```
var cm=new Ext.grid.ColumnModel([
    {header:'书名',dataIndex:'book_name'},
    {header:'作者',dataIndex:'author'},
    {header:'类别',dataIndex:'category'}
]);
```

从上面的代码可知，ColumnModel 类的构造方法需要一个数组来描述列信息。每一个元素是一个对象，该对象有 header 和 dataIndex 两个属性，分别表示列名称和列索引。该索引非常重要，在后面建立的 Store 对象要利用这个索引将数据与相应的列进行对应。

现在表格的结构已经确定了，下面我们需要定义表格中的数据。当然，为了方便起见，在本例中直接使用 JavaScript 数组来描述表格中的数据。在后面我们可以看出表格还可以装载 JSON 和 XML 格式的数据，并且可以从网络上获得这些数据。定义表格数据的 JavaScript 代码如下：

```
var data=[
    ['Java Web开发速学宝典','李宁','Web'],
    ['Android/OPhone开发完全讲义','李宁','移动'],
    ['Thinking in Java','Bruce Eckel','Java'],
    ['Thinking in C++','Bruce Eckel','C++'],
];
```

在上面的代码中使用了二维数组来定义表格中的数据。从这个数组可以看出，第一维的每个元素正好有 3 个值，这 3 个值会与前面定义的表格的 3 个列相对应。下面要做的是创建一个 Ext.data.Store 对象，将 data 数组中的数据装载到 Store 对象中，形式像记录集的格式一样。创建 Store 对象的代码如下：

```
var store=new Ext.data.Store({
    proxy:new Ext.data.MemoryProxy(data),
    reader:new Ext.data.ArrayReader({},[
        {name:'book_name'},
        {name:'author'},
        {name:'category'}
    ])
});
store.load();
```

其中 proxy 属性表示一个代理类对象，在这里是 MemoryProxy 对象，该对象可以封装一个静态的数组。Ext.data.ArrayReader 专门用来解析数组，并且将数组中的数据组织成记录集的形式。记录集的字段名为 book_name、author 和 category。在 ArrayReader 对象中指定的字段顺序也可以与 ColumnModel 对象中定义的顺序不一致，但要使用 mapping 属性进行映射，代码如下：

```
var store=new Ext.data.Store({
    proxy:new Ext.data.MemoryProxy(data),
    reader:new Ext.data.ArrayReader({},[
        {name:'book_name', mapping:2},
        {name:'author', mapping:1},
        {name:'category', mapping:0}
    ])
});
store.load();
```

其中 mapping 属性表示当前的 name 属性值对应于 ColumnModel 中定义的哪一列的值。

运行上面的代码，结果如图 20.1 所示。

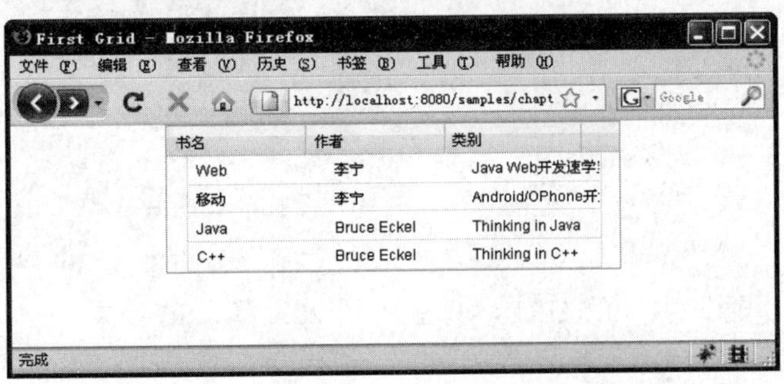

图 20.1 使用 mapping 属性改变对应关系

最后，需要创建一个 Ext.grid.GridPanel 对象，代码如下：

```
var gridPanel=new Ext.grid.GridPanel({
    autoHeight:true,
    renderTo:'grid',
    store:store,
    cm:cm
});
```

在上面的代码中，通过 cm 和 store 属性分别指定了表格中的列信息和数据。renderTo 属性指定将 ExtJS 表格渲染到哪个 HTML 元素中。在本例中使用了<div>标签，该元素的 id 为 grid。

现在创建表格的所有代码都已经完成了，下面看一下代码的整体效果。这些代码可以在 WebContent\chapter20\firstgrid.html 文件中找到。

```
Ext.onReady(function(){
    var cm=new Ext.grid.ColumnModel([
        {header:'书名',dataIndex:'book_name'},
        {header:'作者',dataIndex:'author'},
        {header:'类别',dataIndex:'category'}
    ]);
    var data=[
        ['Java Web 开发速学宝典','李宁','Web'],
        ['Android/OPhone 开发完全讲义','李宁','移动'],
        ['Thinking in Java','Bruce Eckel','Java'],
        ['Thinking in C++','Bruce Eckel','C++'],
    ];
    var store=new Ext.data.Store({
        proxy:new Ext.data.MemoryProxy(data),
        reader:new Ext.data.ArrayReader({},[
            {name:'book_name'},
            {name:'author'},
            {name:'category'}
        ])
    });
    store.load();
    var gridPanel=new Ext.grid.GridPanel({
        autoHeight:true,
        renderTo:'grid',
        store:store,
        cm:cm
    });
});
```

在浏览器地址栏中输入如下的 URL，将显示图 20.2 所示的效果。

```
http://localhost:8080/samples/chapter20/firstgrid.html
```

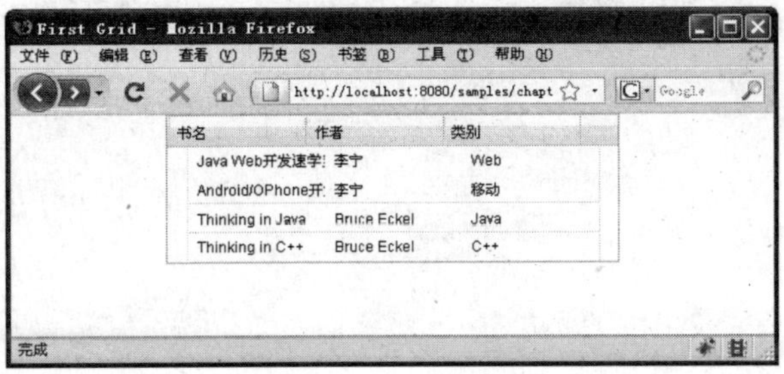

图 20.2　第一个表格

20.1.2　设置表格的列宽度

Grid 除了可以动态调整列宽度外，还可以在代码中设置列的初始宽度。在向 ColumnModel 对象中添加每一列时，可以增加一个 width 属性，代码如下：

```
var cm = new Ext.grid.ColumnModel([
    {header:'书名',dataIndex:'book_name',width:150},
    {header:'作者',dataIndex:'author',width:90},
    {header:'类别',dataIndex:'category',width:80}
]);
```

在浏览器地址栏中输入如下的 URL 可访问本节的例子，显示的效果如图 20.3 所示。

```
http://localhost:8080/samples/chapter20/columnwidth.html
```

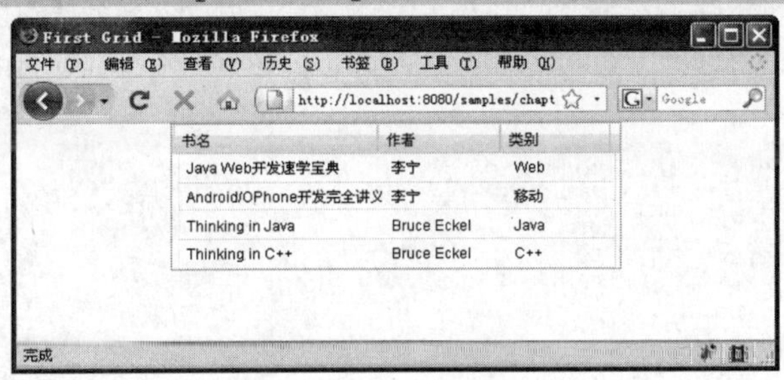

图 20.3　设置表格列宽

20.1.3　表格排序

Grid 默认情况下并不支持按列排序，但可以将每一列的 sortable 属性设为 true 来打开列排序功能，代码如下：

```
var cm=new Ext.grid.ColumnModel([
    {header:'书名',dataIndex:'book_name'},
    {header:'作者',dataIndex:'author',sortable:true},
    {header:'类别',dataIndex:'category'}
]);
```

如果将 sortable 属性设为 true，则该列菜单中的前两个按升序和降序进行排列的菜单项会变为可选状态，如图 20.4 所示。单击这两个菜单项，可对当前列进行升序和降序排列。

在浏览器地址栏中输入如下的 URL 可访问本节的例子：

```
http://localhost:8080/samples/chapter20/sortgrid.html
```

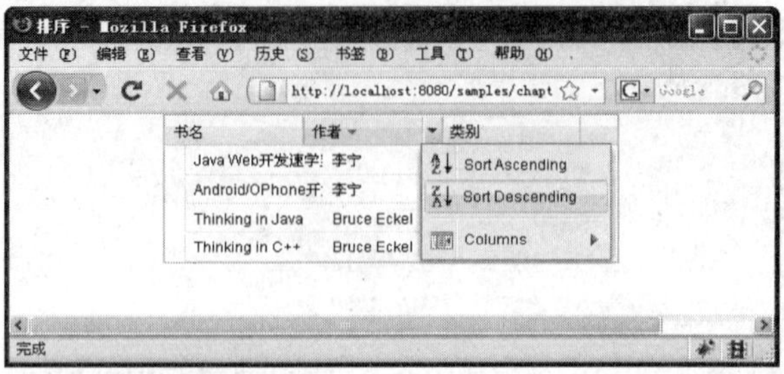

图 20.4　按列进行排序

20.1.4　在表格中显示复选框

在 ExtJS 的 Grid 中可以在每一行前面显示一个复选框。我们首先需要创建一个 Ext.grid.CheckboxSelectionModel 对象。然后在创建 Ext.grid.ColumnModel 对象时指定 CheckboxSelectionModel 对象，代码如下：

```
sm=new Ext.grid.CheckboxSelectionModel();
cm=new Ext.grid.ColumnModel([
    sm,
    {header:'书名',dataIndex:'book_name'},
    {header:'作者',dataIndex:'author'},
    {header:'类别',dataIndex:'category'}
]);
```

除此之外，还要在创建 GridPanel 对象的同时指定 Store 和 CheckboxSelectionModel 对象，代码如下：

```
gridPanel=new Ext.grid.GridPanel({
    autoHeight:true,
    renderTo:'grid',
    store:store,
    cm:cm,
    sm:sm
});
```

在浏览器地址栏中如下的 URL 来运行本节的例子，显示的效果如图 20.5 所示。

```
http://localhost:8080/samples/chapter20/checkboxgrid.html
```

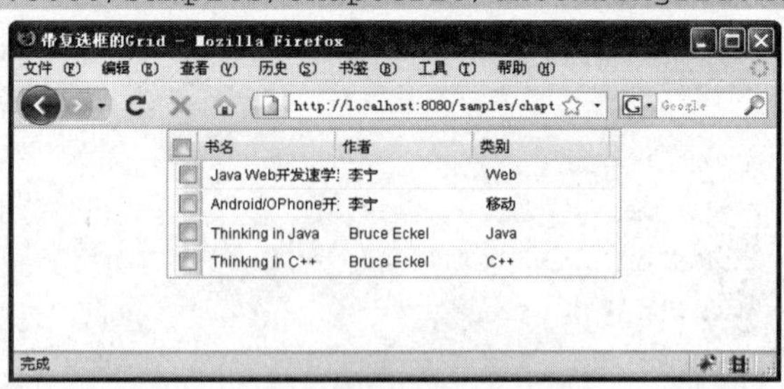

图 20.5　带复选框的 Grid

20.1.5　显示行号

在很多应用中需要在表格的第 1 列显示行号。当然，这个行号可以使用程序来生成，但 ExtJS

提供了一种非常方便的方法，在创建 ColumnModel 对象时指定一个 Ext.grid.Row Numberer 对象，代码如下：

```
var cm=new Ext.grid.ColumnModel([
    new Ext.grid.RowNumberer(),
    {header:'书名',dataIndex:'book_name'},
    {header:'作者',dataIndex:'author'},
    {header:'类别',dataIndex:'category'}
]);
```

如果使用上面的代码创建 ColumnModel 对象后，会显示图 20.6 所示的行号。

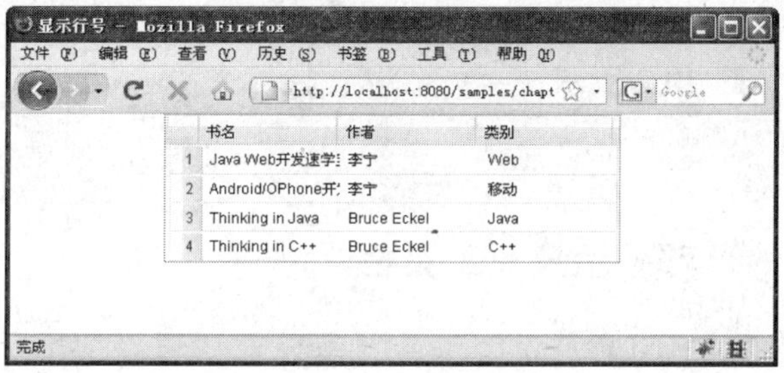

图 20.6　显示行号

20.2　表 格 分 页

如果在浏览数据时有成千上万条记录显示在 Grid 中，然后通过拖动查看数据，显然会给用户带来不便，在效率上也会大打折扣。为了解决这个问题，ExtJS 为表格组件提供了分页显示的功能。通过分页显示，表格组件可以只显示指定数目的记录，然后通过翻页按钮向前或向后查看其他未显示的记录。

20.2.1　为表格组件添加分页工具栏

分页工具栏需要创建 Ext.PagingToolbar 类的对象实例，然后在 GridPanel 类的 bbar 属性中指定 PagingToolbar 对象，代码如下：

```
var gridPanel=new Ext.grid.GridPanel({
    renderTo:'grid',
    autoHeight:true,
    store:store,
    cm:cm,
    bbar:new Ext.PagingToolbar({
        pageSize:20,
        store:store,
        displayInfo:true,
        displayMsg:'显示记录{0}-{1}of{2}',
        emptyMsg:"没有记录"
    })
});
```

其中 PagingToolbar 类的属性描述如下：

- pageSize：每页显示的记录数。
- displayInfo：是否显示记录信息。
- displayMsg：只有当 displayInfo 属性值为 true 时，该属性才有效。该属性使用{0}、{1}和{2}表示不同的值。{0}表示当前显示的记录起始数（1 为记录数的第 1 条记录），{1}表示当前显示的记录数的结尾数。{2}表示 store 属性指定的记录集共有多少条。
- emptyMsg：当没有记录时显示该属性指定的文本信息。

在浏览器地址栏中输入如下的 URL 会显示带分页工具栏的表格，如图 20.7 所示。

```
http://localhost:8080/samples/chapter20/gridpagination.html
```

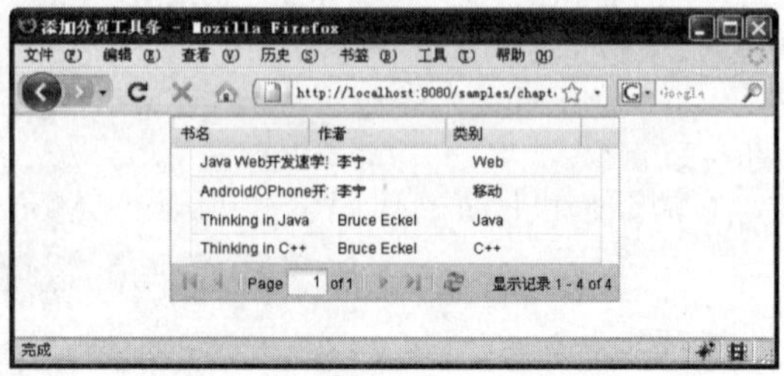

图 20.7　带分页工具栏的表格

20.2.2　在表格组件的顶部显示分页工具栏

除了使用 bbar 属性指定 Ext.PagingToolbar 对象外，还可以使用 tbar 属性指定 Ext.Paging Toolbar 对象。如果使用了 tbar 属性，则分页工具栏将显示在网格组件的顶部，代码如下：

```
var gridPanel=new Ext.grid.GridPanel({
    autoHeight:true,
    renderTo:'grid',
    store:store,
    cm:cm,
    tbar:new Ext.PagingToolbar({
        pageSize:10,
        store:store,
        displayInfo:true,
        displayMsg:'显示记录{0}-{1}of{2}',
        emptyMsg:"没有记录"
    })
});
```

在浏览器地址栏中输入如下的 URL 将看到图 20.8 所示的效果。

```
http://localhost:8080/samples/chapter20/toppagingtoolbar.html
```

如果同时使用 bbar 和 tbar 组件，那么在表格的顶部和底部都会显示分页工具栏，如图 20.9 所示。

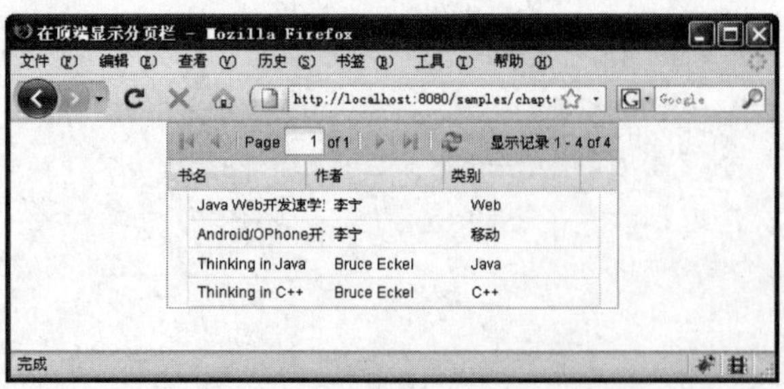

图 20.8　显示在表格顶部的分页工具栏

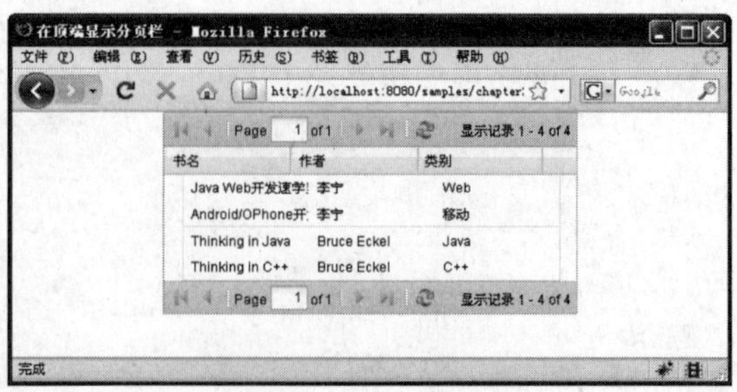

图 20.9　在表格的顶部和底部显示分页工具栏

20.2.3 滑动风格分页工具栏

ExtJS 3.x 还提供了新的分页工具栏。本节将介绍一种滑动风格的分页工具栏。所谓滑动，就是指用滑动条代替翻页按钮。要在分页工具栏上添加分页滑动条，需要完成如下两步工作：

（1）引用 JavaScript 脚本。分页滑动条需要 4 个.js 文件：SlidingPager.js、SliderTip.js、PanelResizer.js 和 PagingMemoryProxy.js。这 4 个文件需要在 HTML 页面中引用。

（2）在创建 Ext.PagingToolbar 对象时通过 plugin 属性指定 Ext.ux.SlidingPager 对象。

在本例中可以使用如下的代码引用上述 4 个.js 文件。

```
<script type="text/javascript"src="…/script/ux/SlidingPager.js"></script>
<script type="text/javascript"src="…/script/ux/SliderTip.js"></script>
<script type="text/javascript"src="…/script/ux/PanelResizer.js"></script>
<script type="text/javascript"src="…/script/ux/PagingMemoryProxy.js"></script>
```

创建 GridPanel 对象的代码如下：

```
var gridPanel=new Ext.grid.GridPanel({
    autoHeight:true,
    renderTo:'grid',
    store:store,
    cm:cm,
    bbar:new Ext.PagingToolbar({
        pageSize:10,
        store:store,
        displayInfo:true,
        displayMsg:'显示记录{0}-{1}of{2}',
        emptyMsg:"没有记录",
        plugins:new Ext.ux.SlidingPager()
    })
});
```

在浏览器地址栏中输入如下的 URL 可以看到图 20.10 所示的效果。

```
http://localhost:8080/samples/chapter20/slidingpager.html
```

图 20.10 滑动风格的分页工具栏

20.2.4 带进度条的分页工具栏

除了可以在分页工具栏上添加滑动条外，还可以添加进度条。例如，将当前页显示的记录数占总记录数的比例显示成一个进度条会带来更好的用户体验。

添加进度条与添加滑动条的方法类似。首先要做的是使用如下的代码引用 3 个必需的.js 文件。

```
<script type="text/javascript"src="…/script/ux/ProgressBarPager.js"></script>
<script type="text/javascript"src="…/script/ux/PanelResizer.js"></script>
<script type="text/javascript"src="…/script/ux/PagingMemoryProxy.js"></script>
```

然后使用下面的代码创建 GridPanel 对象：

```
var gridPanel=new Ext.grid.GridPanel({
    autoHeight:true,
    renderTo:'grid',
    store:store,
    cm:cm,
    bbar:new Ext.PagingToolbar({
        pageSize:10,
        store:store,
        displayInfo:true,
        displayMsg:'显示记录{0}-{1}of{2}',
        emptyMsg:"没有记录",
        plugins:new Ext.ux.ProgressBarPager()
    })
});
```

从上面的代码可以看出，在向分页工具栏上添加进度条时需要用到 ProgressBarPager 对象。在浏览器地址栏中输入如下的 URL 可以看到图 20.11 所示的效果。

```
http://localhost:8080/samples/chapter20/progressbarpager.html
```

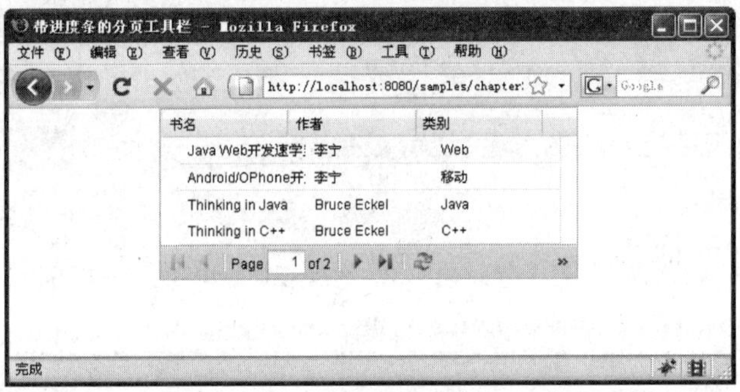

图 20.11　带进度条的分页工具栏

20.3　编辑表格中的数据

如果大家使用过微软 Excel，相信大家会对这个可自由编辑、添加行和列的电子表格印象非常深刻。实际上，ExtJS 也为我们提供了一个类似电子表格的组件：EditorGridPanel。通过该组件，可以使表格的任何一列可编辑，并具有增加行的功能。

20.3.1　第一个可编辑的表格

可编辑的表格实际上就是在单元格上添加一个 TextField 组件。为了添加这个组件，需要使用 Ext.grid.GridEditor 类进行封装，代码如下：

```
var cm=new Ext.grid.ColumnModel([
  {header:'书名',dataIndex:'book_name'},
  {header:'作者',dataIndex:'author',editor:new Ext.grid.GridEditor(new Ext.
form.TextField({
    allowBlank: false
}))},
  {header:'类别',dataIndex:'category',editor:new Ext.grid.GridEditor(new Ext.
form.TextField({
    allowBlank: false
}))}
]);
```

上面的代码中在第 2 列和第 3 列使用 editor 属性指定了一个 GridEditor 对象，因此，这两个都是可编辑的。下面需要建立一个 Ext.grid.EditorGridPanel 对象来替代 Ext.grid.GridPanel 对象，代码如下：

```
var gridPanel=new Ext.grid.EditorGridPanel({
    autoHeight:true,
    renderTo:'grid',
    store:store,
    cm:cm
});
```

在浏览器地址栏中输入如下的 URL 来访问本节的例子。如果双击第 3 列或第 3 列的单元格，会在该单元格中显示一个文本框，如图 20.12 所示。

```
http://localhost:8080/samples/chapter20/firsteditorgrid.html
```

20.3.2　向表格添加新行

图 20.12　可编辑的表格组件

对一个表格进行增、删、改是表格最基本的功能。在本例中将在表格组件中添加新行以及删除选中的行。

添加新行的基本原理是使用 Store 类的 insert 方法插入一个新的 Ext.data.Record 对象，这时表格组件就会增加一行空记录，用户可以在这行的单元格中输入数据。删除记录可以使用 Store 对象的 remove 方法。

为了使新增记录的所有单元格都可编辑，需要在所有的列上指定 Ext.grid.GridEditor 对象，代码如下：

```
var cm=new Ext.grid.ColumnModel([
   {header:'书名',dataIndex:'book_name',editor:new Ext.grid.GridEditor(new
   Ext.form.TextField({
   allowBlank: false
  }))},
  {header:'作者',dataIndex:'author',editor:new Ext.grid.GridEditor(new
  Ext.form.TextField({
  allowBlank: false
```

```
    }))},
    {header:'类别',dataIndex:'category',editor:new Ext.grid.GridEditor(new
    Ext.form.TextField({
     allowBlank: false
    }))}
]);
```

本例在表格组件的上方添加了两个按钮来增加和删除表格中的记录，代码如下：

```
var gridPanel=new Ext.grid.EditorGridPanel({
    autoHeight:true,
    renderTo:'grid',
    store:store,
    cm:cm,
    tbar:new Ext.Toolbar(['-',{
        text:'添加一行',
        handler:function(){
            var record=new Ext.data.Record({
                book_name:'',
                author:'',
                category:''
            });
            gridPanel.stopEditing();
            store.insert(store.getCount(),record);
            gridPanel.startEditing(store.getCount()-1,0);
        }
    },'-', {
        text:'删除一行',
        handler:function(){
            Ext.Msg.confirm('信息','是否删除当前记录？',function(btn){
                if(btn=='yes') {
                    var sm=gridPanel.getSelectionModel();
                    var cell=sm.getSelectedCell();

                    var record=store.getAt(cell[0]);
                    store.remove(record);
                }
            });
        }
    },'-'])
});
```

从上面的代码可以看出，无论增加还是删除记录，都是直接操作 Store 对象，而不是操作表格组件。还要注意的是在工具栏中添加“-”符号表示在工具栏中添加一条竖线。

在浏览器地址栏中输入如下的 URL，并单击【添加一行】按钮，会在表格的最后添加一行新记录，如图 20.13 所示。

```
http://localhost:8080/samples/chapter20/addrow.html
```

当单击【删除一行】按钮时，会弹出一个对话框询问是否删除该行，如图 20.14 所示。如果单击【Yes】按钮，则会将该行删除。

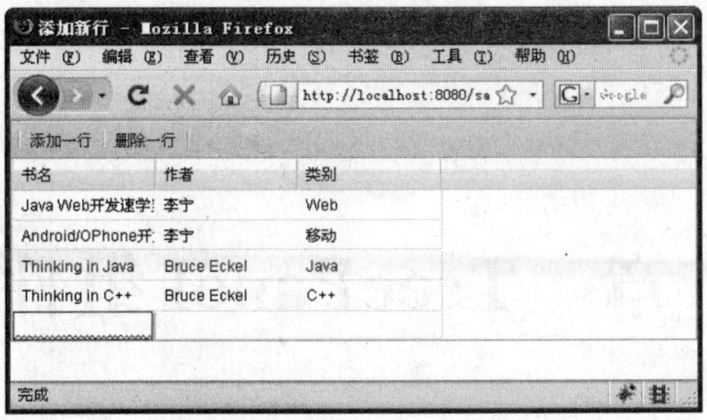

图 20.13　增加一行

图 20.14　删除一行

20.3.3　保存数据

添加或编辑表格中的数据后，一般需要将修改结果提交到服务端。在 ExtJS 中提供了一个 Slice 类，通过该类，可以获得添加或编辑后的记录，代码如下：

```
{
    text:'保存',
    handler:function(){
        //获得所有添加或编辑后的记录
        var m=store.modified.slice(0);
        var data=[];
        Ext.each(m,function(item) {
            data.push(item.data);
        });
        alert(Ext.encode(data));
        Ext.lib.Ajax.request(
            'POST',
            'SaveData',
            {success:function(response){
                Ext.Msg.alert('信息',response.responseText,function(){
                    store.reload();
                });
            }},
            'row='+encodeURIComponent(Ext.encode(data))
        );
    }
}
```

在上面的代码中使用 Ext.encode 方法将数组转换成 JSON 格式的数据。

20.4　本 章 小 结

本章介绍了一个 ExtJS 中的重要组件 Grid。通过表格组件可以有效地组织二维数据，并可以在每一行中显示行号。除此之外，还可以对表格进行分页、排序以及编辑表格、添加新行等操作。

第 21 章　TreePanel 组件

树形结构一直是 Web 应用程序中比较重要，也是较难使用的功能。通过树形结构，可以将相应的信息以层次方式显示在页面中。这样会使用户获得更好的体验，却给开发人员带来了实现上的难度和复杂度。不过这种情况在 ExtJS 中却不存在。通过 ExtJS 中的 TreePanel 组件，可以在几分钟内从 0 开始构建一棵非常复杂的树形结构。本章将为读者讲解 TreePanel 的使用方法。

21.1　TreePanel 组件基础

本节将介绍一些关于 TreePanel 组件的基础知识，包括创建一棵树的基本方法、添加子结点、读取服务端的数据以及从 Servlet 中获得 JSON 数据、树的事件等。

21.1.1　我们的第一棵树

树形组件的核心类是 Ext.tree.TreePanel。TreePanel 是 Panel 的子类。在 ExtJS 中使用 TreePanel 创建一棵树并不复杂，例如，我们可以使用如下的代码来创建一棵空树。

```
var tree=new Ext.tree.TreePanel({
   el:'div-tree'
});
```

其中 div-tree 是<div>元素的 id 值，代码如下：

```
<div id="div-tree"></div>
```

在实际应用中，光建立一棵空树并不够，还需要在树中添加结点。一棵树首先要有一个根结点，然后将所有的子结点都添加到这个根结点的下面，这样才能形成一棵完整的树。下面的代码在空树上添加了一个根结点，并使用<div>元素显示这个只有一个根结点的树：

```
var root=new Ext.tree.TreeNode({text:'根结点'});
tree.setRootNode(root);              //将 root 设置为根结点
tree.render();
```

上面的代码的第 1 行创建了一个 TreeNode 对象，该对象表示树中每一个结点。第 2 行使用了 TreePanel 类的 setRootNode 方法将 TreeNode 对象设置成了根结点。最后使用 render 方法使这棵树显示在<div>元素中。当然，本节的例子只建立了一棵只有一个根结点的树。在浏览器地址栏中输入如下的 URL 可以运行本节的例子：

```
http://localhost:8080/samples/chapter21/simpletree.html
```

显示的效果如图 21.1 所示。

图 21.1　只有一个根结点的树

21.1.2　添加子结点

上一节创建了一棵只有一个根结点的树。然而，在实际应用中会在树中添加很多子结点，这样看上去会更像一棵树。例如，省、市的关系就可以形成一棵树，代码如下：

```
var tree=new Ext.tree.TreePanel({
   el:'div-tree'
});
var root = new Ext.tree.TreeNode({text:'全国的省份'});
var provinceNode1=new Ext.tree.TreeNode({text:'辽宁省'});
var provinceNode2=new Ext.tree.TreeNode({text:'吉林省'});
var provinceNode3=new Ext.tree.TreeNode({text:'香港'});
var cityNode11=new Ext.tree.TreeNode({text:'沈阳市'});
var cityNode12=new Ext.tree.TreeNode({text:'大连市'});
var cityNode13=new Ext.tree.TreeNode({text:'抚顺市'});
var cityNode21=new Ext.tree.TreeNode({text:'长春市'});
var cityNode22=new Ext.tree.TreeNode({text:'吉林市'});
provinceNode1.appendChild(cityNode11);
provinceNode1.appendChild(cityNode12);
provinceNode1.appendChild(cityNode13);
provinceNode2.appendChild(cityNode21);
provinceNode2.appendChild(cityNode22);

root.appendChild(provinceNode1);
root.appendChild(provinceNode2);
root.appendChild(provinceNode3);

tree.setRootNode(root);
tree.render();
```

上面的代码在根结点下创建了 3 个子结点，分别表示 3 个省份：辽宁省、吉林省和香港，并在辽宁省和吉林省下面添加了几个市结点。如果想将某个结点（TreeNode 对象）添加到另一个结点的下面，作为这个结点的子结点，可以使用 TreeNode 类的 appendChild 方法，该方法的参数值就是要添加的子结点的 TreeNode 对象。在浏览器地址栏中输入如下的 URL 可以运行本节的例子：

```
http://localhost:8080/samples/chapter21/node.html
```

执行上面的代码后，会看到图 21.2 所示的页面，这棵树的结点在默认情况下是折叠的，通过单击结点前面的加号可以展开当前结点。

如果想在树装载时自动展开结点，可以使用如下的代码：

```
root.expand(true,true);
```

其中 expand 方法的第 1 个参数表示是否递归展开当前结点，如果为 false，则表示只展开当前结点；如果为 true，则表示展开当前结点下的所有子结点。第 2 个参数表示是否要显示动画效果，如果该参数值为 true，则在展开结点时会显示动画效果（逐渐展开的效果）。再次访问 node.html 页面，会看到图 21.3 所示的页面。

图 21.2　折叠的树

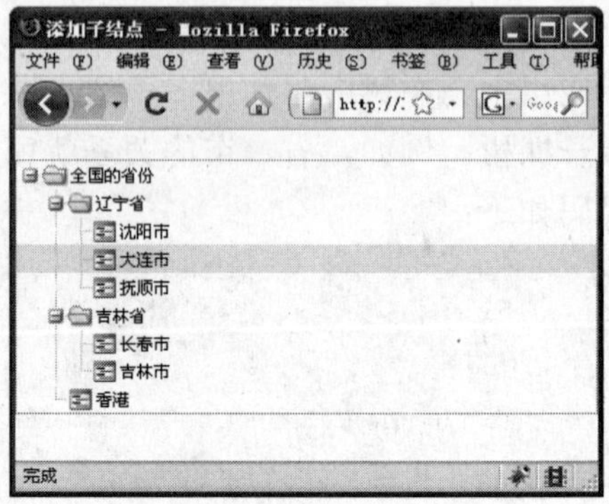

图 21.3　展开的树

21.1.3　读取服务端的 JSON 数据

TreePanel 不仅可以从静态数据中装载树，也可以从服务端装载树。通过 Ext.tree.TreeLoader 可以利用从服务端获得的数据生成一棵树。为了达到这个目的，我们只需要为 TreeLoader 提供一个获得数据的 URL 即可。

在本节的例子中需要使用到 JSON 和 AJAX，在前面的章节已经多次使用过这两种技术了。一旦涉及 AJAX，就必须要涉及服务端，这是因为 AJAX 需要通过 HTTP 从服务端获得数据，或向服务端提交数据。

让 TreePanel 从服务端获得数据的第 1 步就是通过 load 选项参数指定 TreeLoader 对象，代码如下：

```
var tree=new Ext.tree.TreePanel({
     el:'div-tree',
     loader:new Ext.tree.TreeLoader({dataUrl:'data1.txt'})
});
```

在这里只为 TreeLoader 指定了一个选项参数，即 dataUrl，该参数的值是 data1.txt。为了演示方便，在这里只使用了文本文件（data1.txt）作为服务端的数据源，在实际应用中，可以使用服务端程序（Servlet、JSP 等）来返回数据。data1.txt 文件中的数据是 JSON 格式的，内容如下：

```
[
    {text:'非叶子结点'},
    {text:'叶子结点',leaf:true}
]
```

这是一个包含两个元素的数组，这两个元素代表两个树结点。而 leaf:true 表示该结点是叶子结点。

如果使用下面的代码来创建根结点，在访问页面时，依然只能看到根结点。

```
var root=new Ext.tree.TreeNode({text:'根结点'});
```

这是由于 TreeNode 对象并不支持 AJAX，因此，将该对象作为树的根并不会从服务端获得 data1.txt 文件的内容。想要从服务端获得数据需要使用 AsyncTreeNode 来代替 TreeNode，代码如下：

```
var root=new Ext.tree.AsyncTreeNode({text:'根结点'});
```

然后使用如下的代码将 root 设为根结点，并展开树的结点。

```
tree.setRootNode(root);
tree.render();
root.expand(true,true);
```

这时在浏览器地址栏中输入如下的 URL：

```
http://localhost:8080/samples/chapter21/remotetree1.html
```

在访问上面的 URL 时会发现，树的结点会无限展开，如图 21.4 所示。

这个结果和我们的预料差得很远，那么问题出在哪呢？实际上，问题就出在 expand 方法上。如果将 root.expand(true,true)改成 root.expand()，那么结点就不会自动地无限展开了，如图 21.5 所示。但手动去展开根结点的第 1 个子结点时，仍然会无限展开。

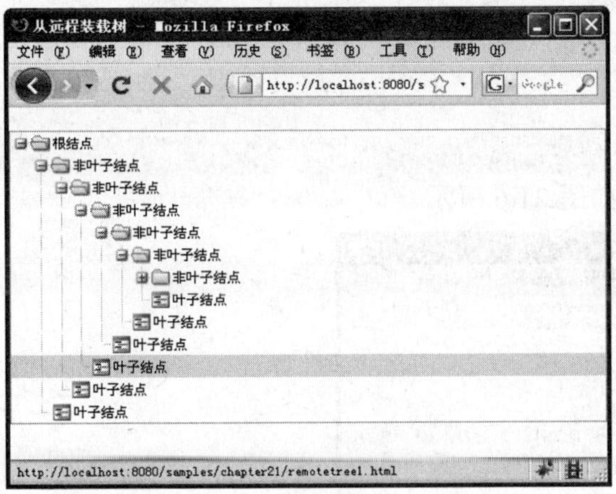

图 21.4　结点无限展开的树

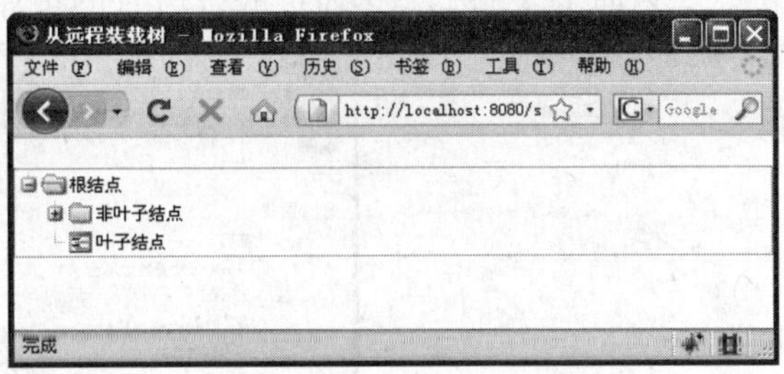

图 21.5　正常显示的树

发生这种情况的原因就在于 AsyncTreeNode。当使用 AsyncTreeNode 创建某一个结点时，这个结点的所有子结点，只要不是叶子结点，都会变成 AsyncTreeNode 结点。因此，当展开某一个 AsyncTreeNode 结点时，系统会自动调用 loader 选项参数指定的 TreeLoader 对象，并重新获得 dataUrl 指定的服务端资源。这样有一个好处，就是可以按层次将成千上万个结点装载到树形结构中。也就是说，当树的结点层次和结点很多时，可以采用先装载第 1 层，然后当展开第 1 层的非叶子结点时，系统会重新获得下一层的数据，再显示第 2 层的结点，依次类推。

为了不使结点无限展开，就需要使 JSON 数据的底层结点都是叶子结点。现在来看一下另一个服务端数据文件 data2.txt，内容如下：

```
[
    {text:'计算机',children:[
        {text:'Java Web 开发速学宝典',leaf:true},
        {text:'C++',children:[
            {text:'Thinking in C++',leaf:true},
```

```
                {text:'高效 C++',leaf:true}
            ]},
            {text:'编译原理',leaf:true}
        ]},
        {text:'英语',children:[
            {text:'大学英语六级词汇',leaf:true},
            {text:'托福词汇',leaf:true}
            ]}
]
```

我们可以看到，data2.txt 文件的所有最后一层结点都是叶子结点。通过 data2.txt 文件装载树的代码如下：

```
var tree=new Ext.tree.TreePanel({
    el:'div-tree',
    loader:new Ext.tree.TreeLoader({dataUrl:'data2.txt'})
});
var root=new Ext.tree.AsyncTreeNode({text:'图书'});
tree.setRootNode(root);
tree.render();
root.expand();
```

在浏览器地址栏中输入如下的 URL：

```
http://localhost:8080/samples/chapter21/remotetree2.html
```

在页面中会显示一棵树，展开所有的结点，如图 21.6 所示。

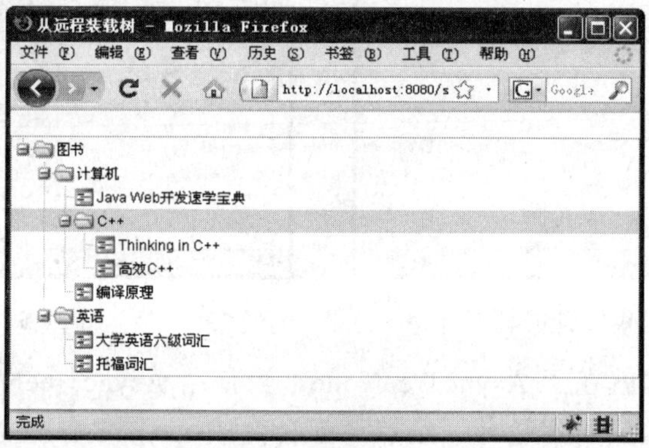

图 21.6　展开所有的非叶子结点

21.1.4　事件

与 C/S 程序中的树形组件一样，ExtJS 中的树形组件也支持事件模型。例如，当结点展开、折叠、单击或双击时，会调用事件方法。开发人员可以在事件方法中处理相应的业务逻辑。这些事件如下：

- expandnode：展开结点事件。
- collapsenode：折叠结点事件。
- click：单击结点事件。
- dblclick：双击结点事件。

我们可以采用下面的代码来为 TreePanel 对象指定事件方法：

```
var tree=new Ext.tree.TreePanel({
    el:'div-tree',
    loader:new Ext.tree.TreeLoader({dataUrl:'data2.txt'})
});
var root=new Ext.tree.AsyncTreeNode({
    id:'0',
    text:'根结点'
});
tree.setRootNode(root);
tree.render();
root.expand();
//指定展开结点事件
tree.on("expandnode",function(node){
    alert("["+node.text+"]展开了");
});
//指定折叠结点事件
tree.on("collapsenode",function(node){
   alert("["+node.text+"]折叠了");
});
//指定单击结点事件
tree.on("click",function(node){
    alert("你单击了["+node.text+"]");
});
//指定双击结点事件
tree.on("dblclick", function(node){
    alert("你双击了["+node.text+"]");
});
```

在浏览器地址栏中输入如下的 URL。

```
http://localhost:8080/samples/chapter21/eventtree.html
```

当根结点展开时，会显示图 21.7 所示的对话框。

当折叠某个结点时，会显示图 21.8 所示的对话框。

图 21.7 展开根结点

图 21.8 折叠 C++结点

由于使用 alert 无法触发双击事件，为了测试双击事件，可以将单击事件中的 alert(...)注释掉。这样双击某个结点，就会显示图 21.9 所示的对话框。

21.1.5　右键菜单

TreePanel 组件还支持右键菜单。在图 21.10 所示的右键菜单中有两个菜单项，分别可显示当前选中结点的 ID 和 Text。

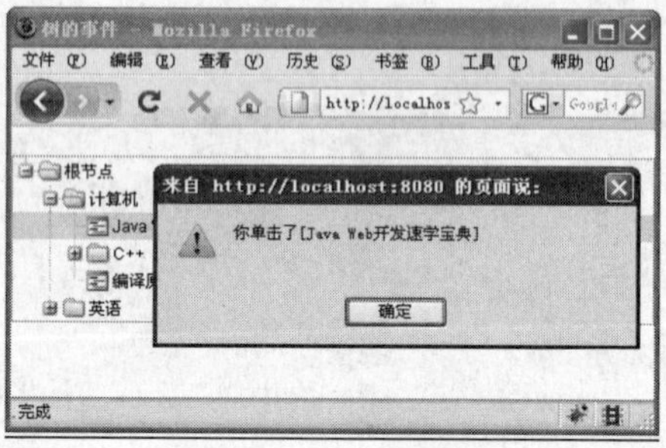

图 21.9　双击结点

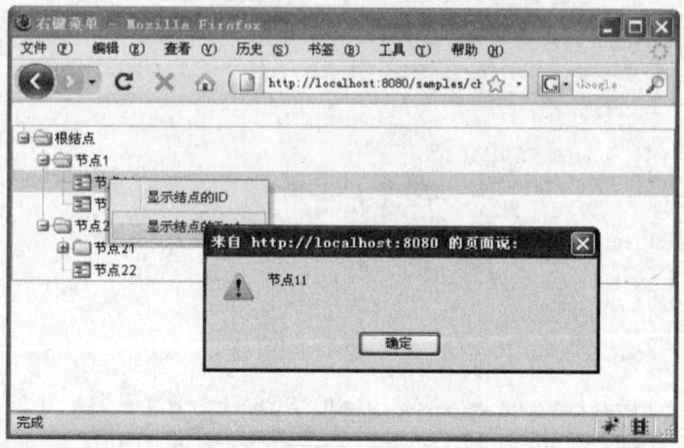

图 21.10　右键菜单

实现右键菜单比较简单。右键菜单的核心是 Ext.menu.Menu 对象和 TreePanel 对象的 contextmenu 事件。读者可按如下的步骤实现右键菜单：

（1）创建 Menu 对象，并定义菜单项。

```
var contextmenu=new Ext.menu.Menu({
    items: [{
        text:'显示结点的 ID',
        handler: function(){
            alert(currentNode.id);
        }},{
            text:'显示结点的 Text',
            handler: function(){
                alert(currentNode.text);
            }}
    ]
});
```

其中 currentNode 是全局变量，用于保存当前被选中的结点。

（2）绑定 contextmenu 事件。

```
var currentNode;
tree.on("contextmenu",function(node, e){
    e.preventDefault();
    node.select();
    currentNode=node;
    contextmenu.showAt(e.getXY());
});
```

在 contextmenu 事件监听函数中会传递两个参数：node 和 e。node 表示当前选中的结点，e 表示事件对象。

在监听函数中的第 1 行调用了 e.preventDefault()方法。这个方法的作用是阻止浏览器弹出默认的菜单，否则一定会弹出两个菜单，即系统的菜单和我们自定义的菜单，这样会显得有些乱。

然后调用了 node.select()方法选中当前结点。这时虽然在当前结点弹出了右键菜单，但当前结点还没有被选中，因此要选中当前的结点。在下一行将当前选中的结点保存在 currentNode 变量中，以备菜单项单击事件使用。

e.getXY()方法可以通过参数 e 获得当前鼠标的坐标。右键菜单应该显示在坐标的下方，看上去就像是从结点上弹出来的一样。最后再用 showAt 方法显示这个菜单。

在浏览器地址栏中输入如下的 URL 可以访问本节的例子：

```
http://localhost:8080/samples/chapter21/rightkeymenu.html#
```

21.1.6 显示结点文本

通过结点的单击事件，可以弹出对话框来显示各种相关信息，例如，结点的文本信息。除此之外，还可以使用 animEl 选项参数以动画效果弹出对话框，代码如下：

```
tree.on("click", function(node){
    Ext.Msg.show({title:'哈哈',
        msg:'你单击了[' + node.text + ']',
        animEl:node.ui.textNode});
    });
```

单击树形结构的某个结点后，对话框就好像从结点飞出来似的，如图 21.11 所示。

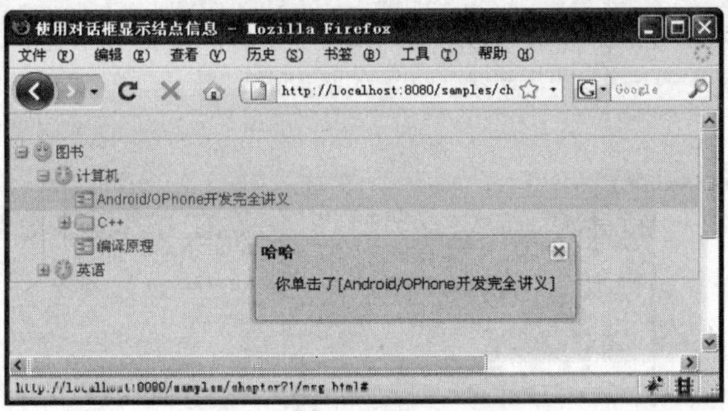

图 21.11 显示结点的文本

在浏览器地址栏中输入如下的 URL 可访问本节的例子：

```
http://localhost:8080/samples/chapter21/msg.html
```

21.1.7 将结点设置成超链接

虽然可以使用结点的单击事件来弹出页面，但我们可以采用更方便的方法来完成这个功能。在 TreeNode 类中有一个 href 选项参数，通过这个选项参数，可以设置一个 URL。当单击设置了 href 参数的结点时，就会进入 URL 指向的页面。如果只设置了 URL，浏览器就会在当前页面显示 URL 指定的网页。为了使浏览器在新的页面显示网页，还需要设置 hrefTarget 选项参数的值_blank。下面的代码将【图书】和【Java Web 开发速学宝典】两个结点设置成超链接：

```
    var root = new Ext.tree.AsyncTreeNode({text:'图书',href:'tip.html',hrefTarget:
'_blank',
        children:[
                {text:'计算机',qtip:'与计算机相关的书籍',children:[
```

```
                    {text:'Java Web开发速学宝典',qtip:'作者: 李宁',
                    leaf:true,
href:'http://www.china-pub.com/48015&ref=ps',hrefTarget:'_blank'},
                    {text:'C++',children:[
                        {text:'Thinking in C++',leaf:true},
                        {text:'高效C++',leaf:true}
                    ]},
                    {text:'编译原理',leaf:true}
                ]},
                {text:'英语',qtip:'与英语相关的书籍',children:[
                    {text:'大学英语六级词汇',leaf:true},
                    {text:'托福词汇',leaf:true}
                    ]}

                    ]});
```

在浏览器地址栏中输入如下的 URL 来测试本节的例子：

```
http://localhost:8080/samples/chapter21/href.html
```

显示 href.html 页面后，分别单击【图书】和【Java Web 开发速学宝典】结点，会弹出图 21.12 所示的新页面。

图 21.12　弹出新页面

21.1.8　修改结点的文本

传统的修改树结点文本的方式需要先选中要修改的结点，然后单击【修改】按钮，会弹出一个修改页面，再输入新的结点文本，然后单击修改页面上的【确定】按钮。关闭修改页面后，结点文本就会被改变。

实际上，完全可以采用一种更方便的方式来修改结点文本。这种方式是直接在结点上修改。要实现这个功能，我们需要一个 Ext.tree.TreeEditor 对象，代码如下：

```
var treeEditor=new Ext.tree.TreeEditor(tree,
```

```
        {allowBlank:false
    });
```

其中 tree 就是前面建立的 TreePanel 对象，而 allowBlank 是数据校验部分，如果该参数为 false，则表示结点名称不允许为空。

在浏览器地址栏中输入如下的 URL：

```
http://localhost:8080/samples/chapter21/editnode.html
```

显示 editnode.html 页面后，单击要编辑的结点，该结点名称就会处于可编辑状态，如图 21.13 所示。

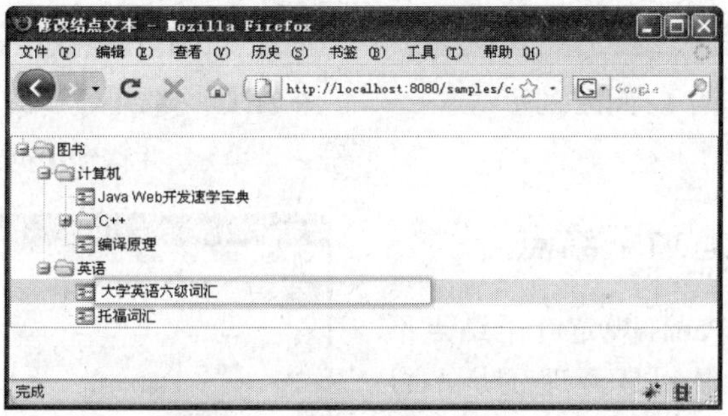

图 21.13　处于编辑状态的结点

21.2　拖放树结点

本节将介绍一个 TreePanel 组件非常有意思的功能：结点拖放。要使 TreePanel 组件的结点可以拖放非常简单，只需要将 TreePanel 类的 enableDD 选项参数设为 true 即可。当然，要想实现更复杂的功能，还需要配合其他的参数和事件。

21.2.1　结点拖放的位置

拖放结点包含了两个动作，即拖（drag）和放（drop）。拖很好理解，就是将结点拖起来，拖哪一个结点的效果都是一样的，不过放结点就比较复杂了。放结点可分为如下两种情况：

- 追加（append）结点：如果将拖动的结点正好放在非叶子结点的上面，TreePanel 组件会将这个结点移动到非叶子结点下面作为该结点的子结点。由于 TreePanel 的限制，叶子结点不能 append。
- 在同一层做上下移动（above 和 below）：如果将拖动的结点放在叶子结点上，或放在非叶子结点的侧面，则会将拖动结点作为兄弟结点来放置。

下面的设置将 TreePanel 组件设为结点可拖动状态：

```
var tree=new Ext.tree.TreePanel({
    el:'div-tree',
    enableDD:true,
    loader:new Ext.tree.TreeLoader()
});
```

在浏览器地址栏中输入如下的 URL：

```
http://localhost:8080/samples/chapter21/drapdrop.html
```

当显示出树形结点时，按上面的拖动方法来拖动结点，会出现图 21.14、图 21.15 和图 21.16

所示的拖动效果。

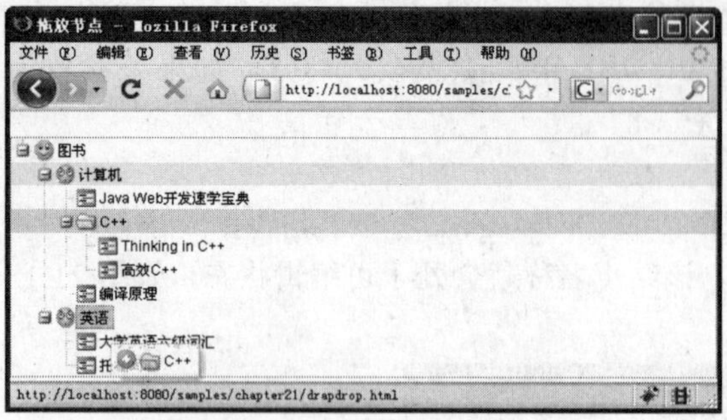

图 21.14　【C++】结点将作为【英语】的子结点

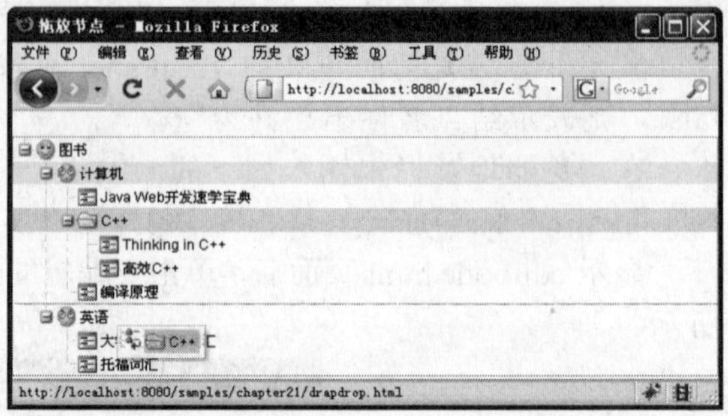

图 21.15　【C++】结点将作为【英语】的兄弟结点，并移到【英语】结点的前面

21.2.2　向叶子结点追加子结点

在默认情况下，TreePanel 规定叶子结点不允许 append。不管这个限制是合理还是不合理，为了保持 ExtJS 版本的兼容性，读者应尽量不要修改 ExtJS 的源代码。不过有时需要在叶子结点上 append。那么在这种情况下，我们可以通过 TreePanel 的 nodedragover 事件来解决。

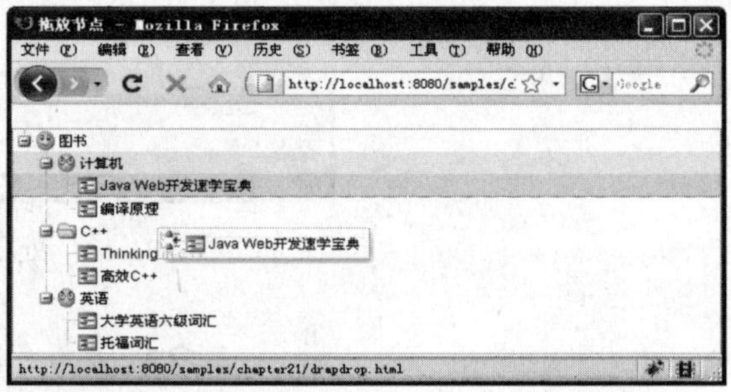

图 21.16　两个叶子结点交互位置

TreePanel 会在内部判断，如果结点的 leaf 参数为 true，则会允许该结点 append。了解了 TreePanel 禁止结点 append 的原理，就很容易通过 nodedragover 事件来解决这个问题。

在 nodedragover 事件方法中有一个参数，通过该参数值的 target 属性可以获得拖动结点放置的目标结点。并在 nodedragover 方法中将该结点的 leaf 属性值设为 false，代码如下：

```
tree.on("nodedragover",function(e){
    var node=e.target;
    if(node.leaf)
        node.leaf=false;
    return true;
});
```

在浏览器地址栏中输入如下的 URL：

```
http://localhost:8080/samples/chapter21/leafappend.html
```

显示树形结构后，将某个结点拖动到叶子结点处，然后放下，就会在叶子结点下生成一个子结点，而且叶子结点的图标会变成非叶子结点的图标，如图 21.17 所示。

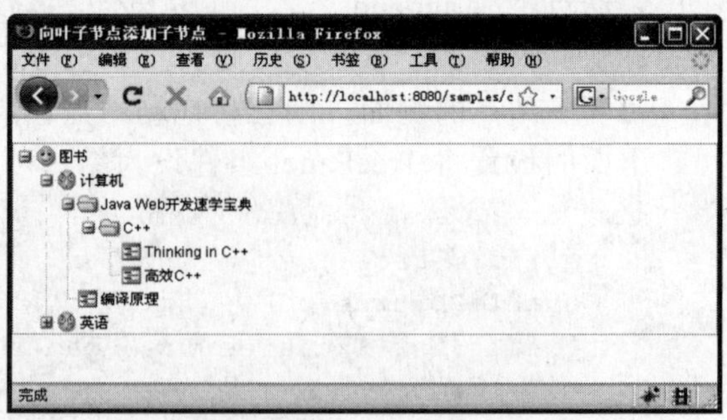

图 21.17　向叶子结点添加子结点

21.2.3　在树之间拖放结点

我们不仅可以在同一棵树的内部进行结点的拖放，还可以在不同树之间进行结点的拖放。如果在同一棵树的内部进行结点拖放，则需要将

TreePanel 组件的 enableDD 参数设为 true。但如果在不同树之间进行拖放，就不需要设置 enableDD 参数了，而需要设置 enableDrag 和 enableDrop 参数。如果要将 A 树中的结点拖动到 B 树中，则 A 树需要将 enableDrag 参数值设为 true，而 B 树需要将 enableDrop 参数设为 true，代码如下：

```
var tree1=new Ext.tree.TreePanel({
    el:'div-tree1',
    enableDrag:true,
    loader: new Ext.tree.TreeLoader({dataUrl: 'data1.txt'})
});
var tree2=new Ext.tree.TreePanel({
    el:'div-tree2',
    enableDrop:true,
    loader:new Ext.tree.TreeLoader({dataUrl:'data2.txt'})
});
var root1=new Ext.tree.AsyncTreeNode({text:'根结点'});
var root2=new Ext.tree.AsyncTreeNode({text:'图书'});
tree1.setRootNode(root1);
tree2.setRootNode(root2);
tree1.render();
tree2.render();
```

上面的代码可以将 tree1 中的结点拖放到 tree2 中。在浏览器地址栏中输入如下的 URL：

```
http://localhost:8080/samples/chapter21/treedrop.html
```

在浏览器中显示出两棵树后，将第 1 棵树的某个结点拖动到第 2 棵树中，如图 21.18 所示，拖动后的结果如图 21.19 所示。

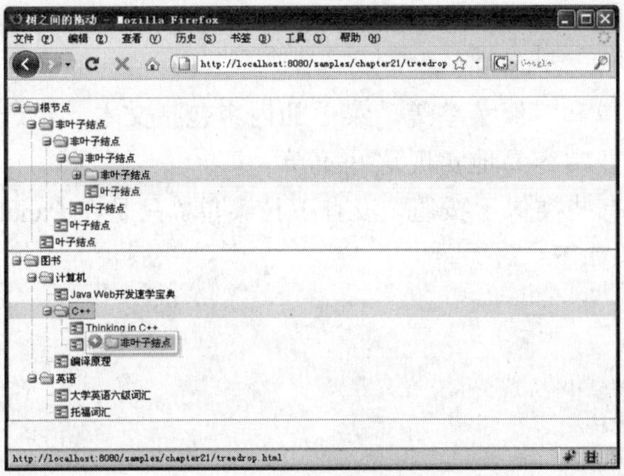

图 21.18　将第 1 棵树的结点拖动到第 2 棵树中

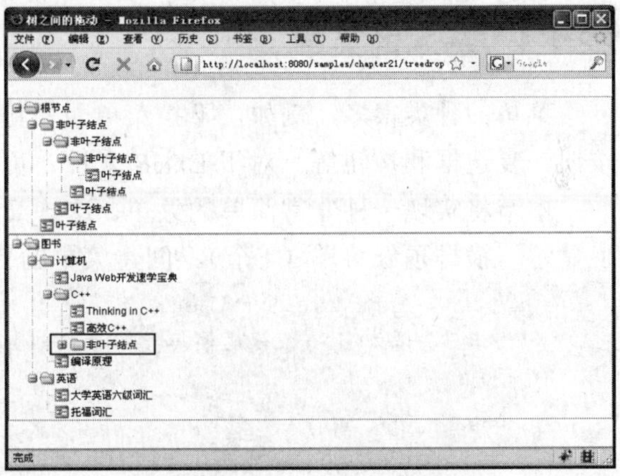

图 21.19　拖动后的结果

21.3　本 章 小 结

本章主要介绍了 TreePanel 组件的使用方法。TreePanel 组件的功能是在页面上绘制一棵树。除了绘制基本的树形功能外，还支持在树结点上弹出右键菜单、设置结点超链接、修改结点的文本和拖放结点等。通过这些功能，可以实现相当丰富的 Web 应用程序。

第 22 章 ExtJS 中的其他组件

本章将介绍 ExtJS 中的菜单和工具栏组件。通过这些组件以及前面介绍的 TreePanel 组件等联合使用，会很容易地实现非常“酷”的 Web 应用。现在就让我们领略一下 ExtJS 中最绚丽的宝石吧。

22.1 菜 单 组 件

本节将介绍 ExtJS 中比较复杂，也是比较常用的工具条组件和菜单组件的使用方法。这两种组件的实现效果与 C/S 程序类似。默认的样式有些类似于 Office 2007。

22.1.1 基本的菜单

菜单的种类很多，例如，下拉菜单、右键菜单和多级菜单等。菜单的内容包括文本、单选按钮、复选框和按钮等。对于 ExtJS 来说，可以非常容易地实现这些菜单。

本节将实现一种非常简单的菜单。这些菜单有些类似于按钮，没有下拉菜单。只是在 Panel 上显示一横排顶级菜单（4 个）。创建菜单的代码如下：

```
var tb = new Ext.Toolbar();
//为工具条添加 4 个顶级菜单（类似于按钮）
b.add({
  text:'新建',
  handler: function() {
      Ext.Msg.alert('信息','新建');
  }
,{
  text:'删除',
  handler: function() {
      Ext.Msg.alert('信息','删除');
  }
,{
  text:'保存',
```

```
        handler: function() {
            Ext.Msg.alert('信息','保存');
        }
    ,{
        text:'关闭',
        handler: function() {
            Ext.Msg.alert('信息','关闭');
        }
    );
    //创建一个 Panel 对象，并将菜单放在 Panel 的顶端
    var panel=new Ext.Panel({
        width:300,
        height:100,
        frame:true,
        items:[tb]
    );
    //在 div 中显示 Panel 组件
    panel.render('panel');
```

上面的代码在 Panel 的顶端显示了 4 个菜单，单击这些菜单可以弹出 ExtJS 风格的对话框。在浏览器地址栏中输入如下的 URL：

```
http://localhost:8080/samples/chapter22/simpletoolbar.html
```

访问 simpletoolbar.html 页面后，会显示图 22.1 所示的页面。单击某个菜单后，会显示图 22.2 所示的对话框。

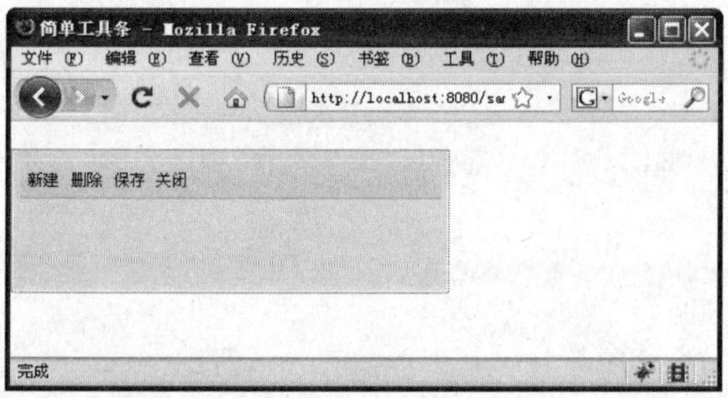

图 22.1　简单菜单

图 22.2　单击菜单后弹出的 ExtJS 风格对话框

22.1.2　下拉菜单

正常的菜单一般至少有一级下拉菜单。为顶级菜单创建下拉菜单可以使用 Ext.menu.Menu 类。指定菜单项要使用 Menu 类的 items 选项参数。该参数指定了每一个菜单项的文本及其他属性，代码如下：

```
var menu=new Ext.menu.Menu({
    items:[
        {text:'菜单项 1',},
        {text:'菜单项 2'},
        {text:'菜单项 3'}
    ]
});
```

在本节的例子中将为 22.1.1 节建立的 4 个顶级菜单项分别添加 4 个下拉菜单，代码如下：

```
var tb=new Ext.Toolbar();
var menu1=new Ext.menu.Menu({
    items:[
        {text:'新建 1',handler:function(){Ext.Msg.alert('信息','新建 1');}},
        {text:'新建 2'},
        {text:'新建 3'}
    ]
});
var menu2=new Ext.menu.Menu({
    items:[
        {text:'删除 1'},
        {text:'删除 2'},
        {text:'删除 3'}
    ]
});
var menu3=new Ext.menu.Menu({
    items:[
        {text:'保存 1'},
        {text:'保存 2'},
        {text:'保存 3'}
    ]
});
var menu4=new Ext.menu.Menu({
    items:[
        {text:'关闭 1'},
        {text:'关闭 2'},
        {text:'关闭 3'}
    ]
});
//为工具条添加 4 个按钮
tb.add({
    text:'新建',
    menu:menu1
},{
    text:'删除',
    menu:menu2
},{
    text:'保存',
    menu:menu3
},{
    text:'关闭',
    menu:menu4
});
```

在上面的代码中，通过 menu 参数指定了 4 个顶级菜单项的下拉菜单对象。在浏览器地址栏中输入如下的 URL：

```
http://localhost:8080/samples/chapter22/menu.html
```

访问 menu.html 页面后，显示的页面效果如图 22.3 所示。

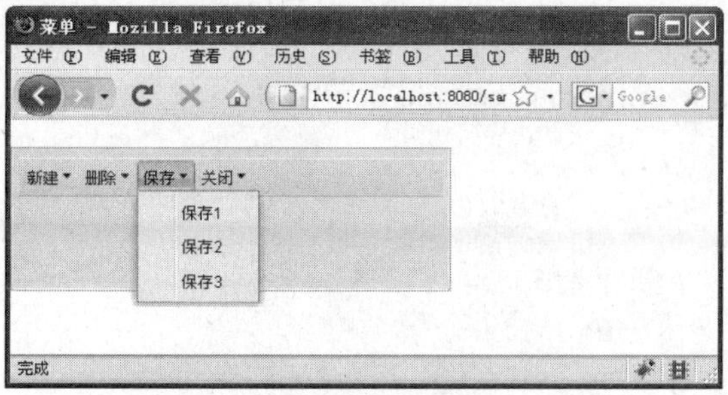

图 22.3　添加下拉菜单

22.1.3　多级菜单

如果想添加多级菜单也很容易，只需要指定 Menu 类的 menu 参数即可，代码如下：

```
var tb=new Ext.Toolbar();
//二级子菜单
var languageMenu=new Ext.menu.Menu({
    items:[
        {text:'设置语言'},
        {text:'翻译'},
        {text:'同义词库'},
        {text:'断字'}
    ]
});
//一级子菜单
var toolMenu=new Ext.menu.Menu({
    items:[
        {text:'拼写和语法'},
        {text:'信息检索'},
        {text:'语言',menu:languageMenu},
        {text:'字数统计'},

        {text: '语音'}
    ]
});
//二级子菜单
var insertMenu=new Ext.menu.Menu({
    items:[
        {text:'表格'},
        {text:'单元格'},
        {text:'列'},
        {text:'行'}
    ]
});
```

```
//一级子菜单
var gridMenu=new Ext.menu.Menu({
    items:[
        {text:'绘制表格'},
        {text:'插入',menu:insertMenu},
        {text:'公式'}
    ]
});

//为工具条添加 2 个顶级菜单项
tb.add({
    text:'工具',
    menu: toolMenu
},{
    text:'表格',
    menu: gridMenu
});
```

在上面的代码中，通过 menu 参数指定了两个一级子菜单：toolMenu 和 gridMenu，而在 toolMenu 和 gridMenu 中又使用 menu 参数指定了两个二级子菜单：languageMenu 和 insertMenu。在浏览器地址栏中输入如下的 URL：

```
http://localhost:8080/samples/chapter22/multilevelmenu.html
```

在访问 multilevelmenu.html 页面后，显示的效果如图 22.4 所示。

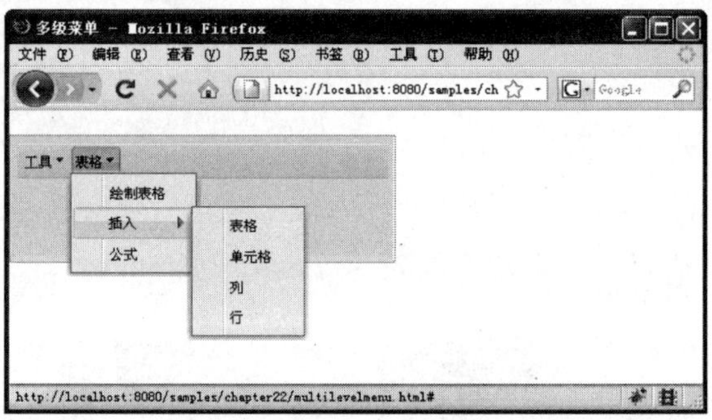

图 22.4　多级菜单

22.1.4　向菜单中添加分隔线

向菜单中添加分隔线可以使用如下 3 种方法：

- 使用连字符作为参数取代{text: ...}。
- 使用'separator 作为参数取代{text: ...}。
- 使用 new Ext.menu.Separator()作为参数取代{text: ...}。

下面的代码使用这 3 种方法在菜单中添加 3 个分隔线：

```
var tb=new Ext.Toolbar();
var languageMenu=new Ext.menu.Menu({
    items:[
        {text:'设置语言'},
```

```
        {text:'翻译'},
        '-',
        {text:'同义词库'},
        {text:'断字'}
    ]
});
var toolMenu=new Ext.menu.Menu({
    items:[
        {text:'拼写和语法'},
        {text:'信息检索'},
        'separator',
        {text:'语言',menu:languageMenu},
        {text:'字数统计'},
        {text:'语音'}
    ]
});
var insertMenu=new Ext.menu.Menu({
    items:[
        {text:'表格'},
        {text:'单元格'},
        {text:'列'},
        {text:'行'}
    ]
});
var gridMenu=new Ext.menu.Menu({
    items:[
        {text:'绘制表格'},
        new Ext.menu.Separator(),
        {text:'插入',menu:insertMenu},
        {text:'公式'}
    ]
});
//为工具条添加 2 个按钮
tb.add({
    text:'工具',
    menu: toolMenu
},{
    text:'表格',
    menu: gridMenu
})
```

在浏览器地址栏中输入如下的 URL：

```
http://localhost:8080/samples/chapter22/separator.html
```

打开【工具】菜单项，会看到图 22.5 所示的分隔线。

22.1.5　多选和单选菜单

ExtJS 菜单还可以实现单选和多选效果。单选菜单会在菜单项前显示一个单选标志，有些类似 Radio 组件。而多选菜单会在菜单项前显示复选框，类似于 Checkbox 组件。单选菜单效果如图 22.6 所示。

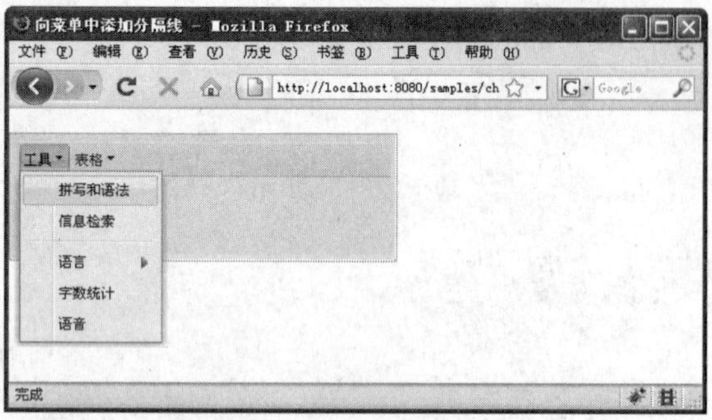

图 22.5　菜单分隔条

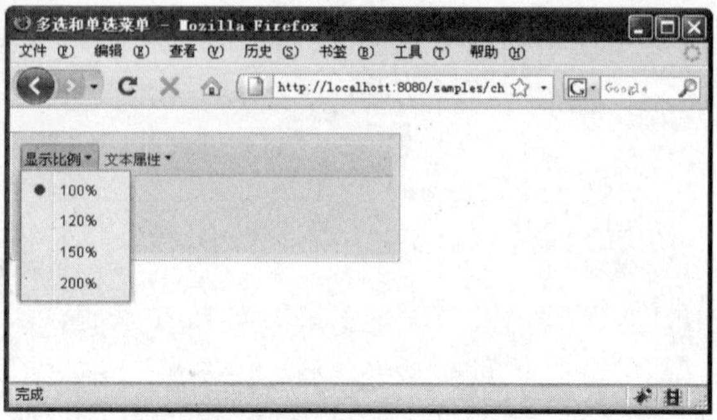

图 22.6　单选菜单

实现单选菜单效果的代码如下：

```
var menuRadio=new Ext.menu.Menu({
    items:[
        new Ext.menu.CheckItem({
            text:'100%',
            group:'scale',
            checked:true,
            checkHandler:function(item,checked) {
                Ext.Msg.alert('单选','选中 100%');
            }
        }),
        new Ext.menu.CheckItem({
            text:'120%',
            group:'scale',
            checkHandler:function(item,checked) {
                Ext.Msg.alert('单选','选中 120%');
            }
        }),
        new Ext.menu.CheckItem({
            text: '150%',
            group: 'scale',
            checkHandler: function(item,checked) {
                Ext.Msg.alert('单选','选中 150%');
            }
        }),
        new Ext.menu.CheckItem({
            text:'200%',
            group:'scale',
            checkHandler:function(item, checked) {
                Ext.Msg.alert('单选','选中 200%');
            }
        })
    ]
});
```

在实现单选菜单的过程中使用了 Ext.menu.CheckItem 类。text 选项参数表示菜单上显示的文字；checked 选项参数表示当前菜单项是否被选中；group 选项参数可以管理多个单选菜单项，如果多个单选菜单项的 group 参数值都相同，那么这些菜单项前的 radio 同时只能有一个被选中；checkHandler 选项参数指定选项菜单项时执行的处理函数，与普通菜单是不同的，处理函数多了一个 checked 参数，通过这个参数，我们可以获得当前菜单项的选中状态，即是选中操作还是取消操作。

下面我们来看看多选菜单的效果，如图 22.7 所示。

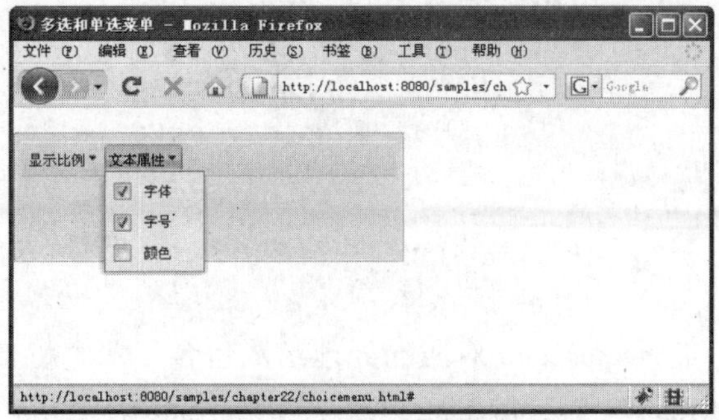

图 22.7　多选菜单

实现多选菜单的代码如下：

```
var menuCheckbox=new Ext.menu.Menu({
    items:[
        new Ext.menu.CheckItem({
            text:'字体',
            checked:true,
            checkHandler:function(item, checked) {
                Ext.Msg.alert('多选',(checked?'选中':'取消')+'字体');
            }
        }),
        new Ext.menu.CheckItem({
            text:'字号',
            checkHandler: function(item,checked) {
                Ext.Msg.alert('多选',(checked?'选中':'取消')+'字号');
            }
        }),
        new Ext.menu.CheckItem({
            text:'颜色',
            checkHandler: function(item, checked) {
                Ext.Msg.alert('多选',(checked?'选中':'取消')+'颜色');
            }
        })
    ]
});
```

多选菜单和单选菜单的区别就是单选菜单使用了 group 选项参数，而多选菜单不需要使用 group 选项参数。

在浏览器地址栏中输入如下的 URL 可以访问本节的例子：

```
http://localhost:8080/samples/chapter22/choicemenu.html
```

22.1.6　日期和颜色菜单

ExtJS 为我们提供了可选择日期和颜色的菜单类：Ext.menu.DateMenu 和 Ext.menu. ColorMenu。

日期菜单的效果如图 22.8 所示。

实现日期菜单的代码如下：

```
tb.add({
    text:'日期',
    menu:new Ext.menu.DateMenu({
        handler:function(dp,date){
            Ext.Msg.alert('选择日期', '选择的日期:'+date.format('Y年m月d日'));
        }
    })
});
```

DateMenu 对应的处理函数包含了两个参数：DatePicker 和 date。其中 DatePicker 表示 DateMenu 中对应的 DatePicker 对象。date 表示用户选中的日期，这是一个日期对象。如果把这个参数值显示在页面上，则还需要将默认的日期格式转换成我们需要的格式。默认的日期格式是 UTC 标准格式，而我们需要的是 YYYY 年 MM 月 DD 日，因此，需要使用 format 函数进行转换。

颜色菜单的效果如图 22.9 所示。

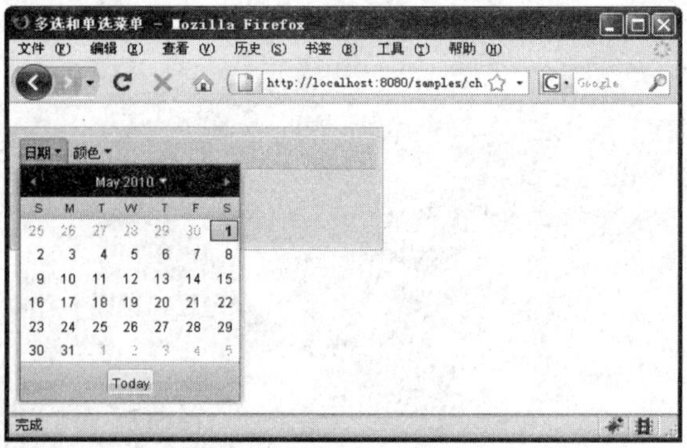

图 22.8　日期菜单

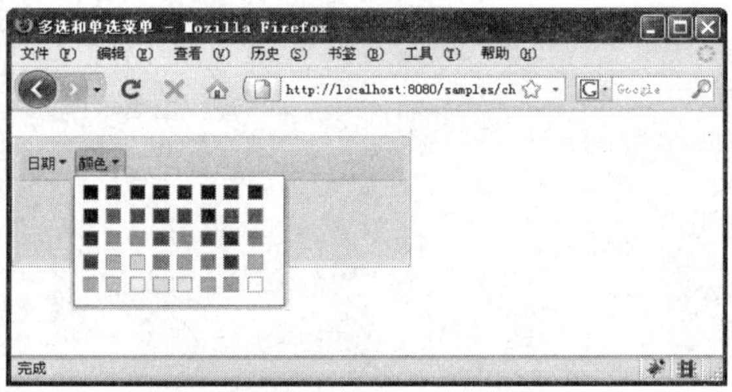

图 22.9　颜色菜单

实现颜色菜单的代码如下：

```
tb.add({
    text:'颜色',
    menu:new Ext.menu.ColorMenu({
        handler:function(cm, color){
                Ext.Msg.alert('选择颜色','选择的颜色:'+color);
        }
    })
});
```

在浏览器地址栏中输入如下的 URL 可访问本节的例子：

```
http://localhost:8080/samples/chapter22/datecolormenu.html
```

22.2　工具栏组件

本节将介绍与 ExtJS 工具栏相关的组件。ExtJS 中与工具栏相关的组件包括 Ext.Toolbar.Button、Ext.Toolbar.TextMenu、Ext.Toolbar.Spacer、Ext.Toolbar.Separator 和 Ext.Toolbar.Fill 等。

22.2.1　Ext.Toolbar.Button 组件

向菜单中添加按钮可使用如下 3 种方法：

- 直接使用 text 选项参数，代码如下：

```
tb.add({
    text:'按钮'
});
```

- 使用 Ext.Button 对象，代码如下：

```
tb.add(new Ext.Button({
    text:'按钮'
}));
```

- 使用 Ext.Toolbar.Button 对象，代码如下：

```
tb.add(new Ext.Toolbar.Button({
    text:'按钮'
}));
```

这 3 种方法都可以添加菜单按钮，第 1 种方法最简单。在后面的例子中都会使用这种方法添加菜单按钮。

22.2.2　Ext.Toolbar.TextMenu 组件

可以使用如下 3 种方法向菜单中添加文本元素：

- 直接使用文本字符串作为参数，代码如下：

```
tb.add('文本');
```

- 将 xtype 选项参数值设为'tbtext'，代码如下：

```
tb.add({
    text:'文本',
    xtype:'tbtext'
});
```

- 使用 Ext.Toolbar.TextItem 对象作为参数，代码如下：

```
tb.add(new Ext.Toolbar.TextItem({
    text:'文本'
}));
```

如果只想在工具条中显示静态的文字信息，建议使用第 1 种方式。只有在设置文本的其他属性时才会使用第 2 种和第 3 种方式。

22.2.3　Ext.Toolbar.Spacer 组件

向菜单中添加空白元素的方式有如下 3 种：

- 使用空格字符作为参数，代码如下：

```
tb.add(' ');
```

- 将 xtype 选项参数值设为'tbspacer'，代码如下：

```
tb.add({
    xtype:'tbspacer'
});
```

- 使用 Ext.Toolbar.Spacer 对象作为参数，代码如下：

```
tb.add(new Ext.Toolbar.Spacer());
```

Ext.Toolbar.Spacer 组件的一个宽度是 2px 的空白，该组件只是为了分隔工具栏中的组件，并没有其他复杂的用法。

22.2.4 Ext.Toolbar.Separator 组件

向菜单中添加分隔符可以使用如下 4 种方式。

- 使用连字符作为参数，代码如下：

```
tb.add('-');
```

- 使用'separator'作为参数，代码如下：

```
tb.add('separator');
```

- 将 xtype 选项参数值设为'tbseparator'，代码如下：

```
tb.add({
    xtype:'tbseparator'
});
```

- 使用 Ext.Toolbar.Separator 对象作为参数，代码如下：

```
tb.add(new Ext.Toolbar.Separator());
```

22.2.5 Ext.SplitButton 组件

一般情况下，当按下菜单本身或按钮旁边的小三角形按钮时，都会弹出对应的子菜单。为了使系统更为人性化，我们可以采用一种更为方便的方法，让菜单自动记忆我们上次选择的菜单项。下次再使用这个菜单时，并不会弹出下拉菜单让用户选择，而是直接执行与上次选择的子菜单相对应的操作。

上述的功能可以使用 Ext.Toolbar.SpliteButton 组件来实现，代码如下：

```
function font(){
    menuSplitButton.handler=font;
    menuSplitButton.setText('字体');
    Ext.Msg.alert('格式','字体');
}
function paragraph(){
    menuSplitButton.handler=paragraph;
    menuSplitButton.setText('段落');
    Ext.Msg.alert('格式', '段落');
}
function theme(){
    menuSplitButton.handler=theme;
    menuSplitButton.setText('主题');
    Ext.Msg.alert('格式','主题');
}
var menuSplitButton=new Ext.SplitButton({
    text: '格式',
    handler:function() {
        if(menuSplitButton.menu&&!menuSplitButton.menu.isVisible()){
            menuSplitButton.menu.show(this.el, menuSplitButton.menuAlign);
```

```
        }
    },
    menu:{
        items:[
            {text:'字体',handler:font},
            {text:'段落',handler:paragraph},
            {text:'主题',handler:theme}
        ]
    }
});
```

在编写上面代码时应注意如下两点：

- 单击 Ext.SplitButton 组件按钮会执行 handler 函数，单击右边的小三角按钮会弹出子菜单。
- 在 handler 函数中判断了 SplitButton.menu 属性是否被其子菜单设置了函数句柄（font、paragraph 和 theme）。如果设置了 handler，则执行相应的 handler，否则弹出子菜单。在子菜单函数中会弹出相应的对话框，并将 SplitButton 组件的文本设置成相应子菜单的文本。

22.2.6　在工具栏上添加输入组件

ExtJS 还支持在工具栏上添加输入组件，例如，Ext.form.TextField（文本输入组件）、Ext.form.DateField（日期输入组件）、Ext.form.TimeField（时间输入组件）等，下面的代码在工具栏上添加了多个输入组件：

```
var tb=new Ext.Toolbar();
tb.add('输入文本:');
 tb.add(new Ext.form.TextField({
    name:'text'
 }));
 tb.add('输入时间:');
 tb.add(new Ext.form.TimeField({
    name:'time',
    width:100
 }));
 tb.add('输入日期:');
 tb.add(new Ext.form.DateField({
    name:'date'
 }));
```

22.3　本 章 小 结

本章介绍了 ExtJS 中比较高级的两类组件：菜单和工具栏。这两类组件的实现稍微复杂些，但仍然比不使用 ExtJS 实现它们要简单得多。本章所介绍的菜单功能是较为高级的功能，如下拉菜单、多级菜单、日期和颜色菜单等。

第 4 篇　综合实例篇

本篇中提供了五个大的综合案例。其中网络硬盘系统是一个非常实用的基于 Java Web 技术的应用程序。读者只要稍加改造，就可以应用在实际的场合。本篇还给出了基于 SSH 技术的综合案例，例如，博客系统就是一个非常深的基于 SSH 的 Web 应用程序。除此之外，还提供了另外几个比较有意思和实用的应用程序，例如，第 24 章 数字魔法之读心术、电子相册等。读者通过本篇的例子，可以更进一步地消化本书所讲解的知识和技术。

本篇包含：

第 23 章　网络硬盘

网络硬盘系统可以让用户将自己的文件保存在远程的服务器上，这样用户在其他的计算机上也可以获得这些文件。虽然通过 E-mail 方式也可以实现这个功能，但网络硬盘可以对用户上传的文件进行更有效的管理，如可以将相关的文件放到同一个文件夹中、对多个文件和文件夹打包下载等。

本章将使用 JSP、Servlet、JDBC、AJAX 等技术实现一个简单的网络硬盘系统，这个系统具备了网络硬盘的基本功能。读者从中可以了解到开发网络硬盘的基本思想和步骤。

23.1　系统功能描述

本系统的主要功能如下：

- 用户注册。
- 用户登录。
- 建立目录。
- 上传文件。
- 浏览文件和目录列表。
- 下载单个文件。
- 打包成批下载文件和目录。
- 删除文件和目录。
- 获得已使用的磁盘空间大小。

当读者注册一个用户，并使用该用户登录系统后，就会进入网络硬盘的主界面，如图 23.1 所示。

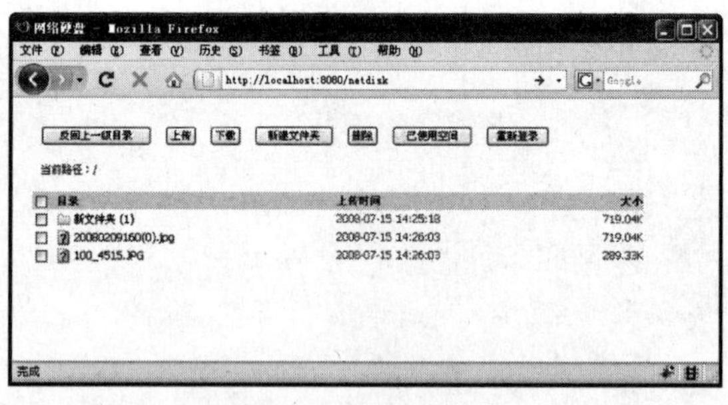

图 23.1　网络硬盘主界面

本章的后面部分将逐步介绍网络硬盘系统的各个功能的设计和实现细节。

23.2　数据库设计

在本系统中需要 3 张表：t_users、t_files 和 t_directories，分别用来保存用户、文件和目录信息。这 3 张表的结构分别如表 23.1、表 23.2 和表 23.3 所示。

表 23.1 t_users 的结构

字段名	字段类型	长 度	字段含义
id	int	11	主键
user	varchar	20	用户名
password	varchar	50	被 MD5 加密后的密码
xm	varchar	10	用户的真实姓名
email	varchar	20	用户的 E-mail 地址
phone	varchar	20	用户的联系电话
qq	varchar	12	用户的 QQ 号

建立 t_users 的 SQL 语句如下：

```
CREATE TABLE IF NOT EXISTS t_users(
   id int(11)NOT NULL auto_increment,
   user varchar(20)NOT NULL,
   password varchar(50)NOT NULL,
   xm varchar(10)NOT NULL,
   email varchar(20)NOT NULL,
   phone varchar(20)NOT NULL,
   qq varchar(12)NOT NULL,
   PRIMARY KEY(id),
   UNIQUE KEY user(user)
) ENGINE=InnoDB DEFAULT CHARSET=gbk;
```

表 23.2 t_files 的结构

字 段 名	字段类型	字段含义
Id	int	主键
User	varchar	用户名
File	varchar	文件名
Path	varchar	路径名
Size	bigint	文件大小
upload_time	datetime	文件上传时间

建立 t_files 的 SQL 语句如下：

```
CREATE TABLE IF NOT EXISTS t_files(
  id int(11)NOT NULL auto_increment,
  user varchar(20)NOT NULL,
  file varchar(255)NOT NULL,
  path varchar(255)NOT NULL,
  size bigint(11)NOT NULL,
  upload_time datetime NOT NULL,
  PRIMARY KEY(id),
  UNIQUE KEY file(file,path)
) ENGINE=InnoDB DEFAULT CHARSET=gbk ;
```

表 23.3　t_directories 的结构

字　段　名	字 段 类 型	字 段 含 义
id	int	主键
user	varchar	用户名
path	varchar	当前路径
parent_path	varchar	当前目录的父路径
dir	varchar	目录名
create_time	date	目录的建立时间

建立 t_directories 的 SQL 语句如下：

```
CREATE TABLE IF NOT EXISTS t_directories(
  id int(11)NOT NULL auto_increment,
  user varchar(20)NOT NULL,
  path varchar(255)NOT NULL,
  parent_path varchar(255)NOT NULL,
  dir varchar(20)NOT NULL,
  create_time datetime NOT NULL,
  PRIMARY KEY(id),
  UNIQUE KEY user(user, path)
) ENGINE=InnoDB DEFAULT CHARSET=gbk;
```

23.3　数据库访问

对数据的增、删、改、查是一个数据库系统的核心功能。本节将实现几个贯穿于整个系统的处理数据的类。

23.3.1　配置数据源

本系统使用了数据源来建立 Connection。在<Tomcat 安装目录>\conf\Catalina\localhost 目录中建立一个 netdisk.xml 文件，内容如下：

```
<Context path="/netdisk"docBase="samples"debug="0">
  <Resource name="jdbc/netdisk" auth="Container"
            type="javax.sql.DataSource"
            driverClassName="com.mysql.jdbc.Driver"
            url="jdbc:mysql://localhost:3306/netdisk?characterEncoding=GBK"
            username="root"
            password="1234"
            maxActive="200"
            maxIdle="50"
            maxWait="3000"/>
</Context>
```

23.3.2　对数据进行增、删、改、查

在本系统中有一个操作数据库的核心类 Database，在这个类中打开了 Connection，并提供

了对数据库基本的增、删、改、查操作。Database 类的代码如下：

```
package common;
import java.sql.*;
public class Database
{
    protected Connection conn;
    public Database()throws Exception
    {
        javax.naming.Context ctx=new javax.naming.InitialContext();
        // 获取数据源
        javax.sql.DataSource ds=(javax.sql.DataSource)ctx.lookup("java:/comp/
        env/jdbc/netdisk");
        conn=ds.getConnection(); //获得 Connection
    }
    //向指定表中插入数据
    protected int insert(String table,String[] columns,Object[]values)throws
    Exception
    {
        String sql="insert into"+table+"(";
        for(String column:columns)
        {
            sql=sql+column+",";
        }
        sql=sql.substring(0,sql.length()- 1); //删除最后一个逗号(,)
        sql+=") values(";
        for(int i=0;i<values.length;i++)
            sql+="?,";
        sql=sql.substring(0,sql.length()-1); //删除最后一个逗号(,)
        sql+=")";

        PreparedStatement pstmt=conn.prepareStatement(sql);
        for(int i=1;i<=values.length; i++)
            pstmt.setObject(i,values[i-1]);
        int result=pstmt.executeUpdate();  //执行 insert 语句
        pstmt.close();
        return result;
    }
    //获得指定表中的某行某列的值
    protected String getValue(String table, String keyColumn, String selectColumn,
    Object value) throws Exception
    {
        String sql="select"+selectColumn+"from"+table+"where"+keyColumn+"=?
        limit 0,1";
        PreparedStatement pstmt=conn.prepareStatement(sql);
        pstmt.setObject(1,value);  //设置参数值
        ResultSet rs=pstmt.executeQuery();
```

```
        String result=null;
        while (rs.next())
        {
            return rs.getString(1);
        }
        return result;
    }
    //执行带参数的查询语句，并返回 ResultSet
    protected java.sql.ResultSet getRows(String sql,Object[]values)throws
    Exception
    {
        PreparedStatement pstmt=conn.prepareStatement(sql);
        for(int i=0;i<values.length;i++)
            pstmt.setObject(i+1,values[i]);
        return pstmt.executeQuery();
    }
    //执行带参数的删除语句，并返回被删除记录数
    protected int deleteRows(String sql,Object[]values)throws Exception
    {
        PreparedStatement pstmt=conn.prepareStatement(sql);
        for(int i=0;i<values.length;i++)
            pstmt.setObject(i+1,values[i]);
        return pstmt.executeUpdate();
    }
    //执行带参数的存储过程，并且这个存储过程需要返回一个记录集
    protected java.sql.ResultSet callForRows(String name,Object[]values)
    throws Exception
    {
        String params="";
        for(int i=0;i<values.length;i++)
            params+="?,";
        params=params.substring(0,params.length()-1);
        CallableStatement cstmt=conn.prepareCall("call"+name+"(" +params+")");
        for(int i=0;i<values.length;i++)
            cstmt.setObject(i+1,values[i]);
        return cstmt.executeQuery();
    }
    //返回指定表的某一列的和，可通过 where 设置查询条件
    protected long getSum(String tableName,String column,String where)throws
    Exception
    {
        String sql ="";
        if(where.equals(""))
            sql="select sum("+column+")from"+tableName;
        else
            sql="select sum("+column+")from"+tableName+"where"+where;
        PreparedStatement pstmt=conn.prepareStatement(sql);
        java.sql.ResultSet rs=pstmt.executeQuery();
```

```
            while(rs.next())
            {
                return rs.getLong(1);
            }
            return 0;
        }
        //关闭 Connection
        public void close()throws Exception
        {
            conn.close();
        }
    }
```

后面有很多操作数据库的类都继承于 Database 类，大家在编写代码时要注意这一点。

23.3.3 处理用户数据

UserManagement 类负责用户表的数据。它的主要功能是向 t_users 表中添加一个用户（在注册时使用），以及验证用户密码是否正确（在登录时使用）。UserManagement 类的代码如下：

```
package common;
public class UserManagement extends Database  //继承 Database 类
{
    public UserManagement() throws Exception
    {
        super(); //用父类的构造方法获得 Connection
    }
    //验证用户登录密码是否正确
    public boolean verifyPW(String user,String pw)throws Exception
    {
        String password=this.getValue("t_users","user","password",user);
        if(password==null)
            return false;
        //将用户登录时输入的密码使用 MD5 算法进行加密后，和数据库中的密码进行比较
        return password.equals(Encrypter.md5Encrypt(pw));
    }
    //向 t_users 表中插入一条记录
    public void addUser(String[]columns,Object[]values)throws Exception
    {
        insert("t_users",columns,values);
    }
}
```

23.3.4 处理文件和目录

在网络硬盘系统中最重要的就是操作文件和目录。其中有两类操作，一类是在硬盘上建立、删除文件和目录，另一类就是分别向 t_files 和 t_directories 表中添加、删除相应的文件和目录信息。而 DiskData 就是负责向这两个表添加、删除文件和目录信息的类。DiskData 类的代码如下：

```
package common;
//将目录和文件信息分别保存在 t_directories 和 t_files 表中
public class DiskData extends Database
{
    public DiskData()throws Exception
    {
        super();
    }
    //向 t_directories 表中添加一条目录信息
    public void addDir(String user,String path,String parentPath, String dir,
    java.util.Date createTime)throws Exception
    {
        String[]columns=new String[]{"user","path","parent_path","dir",
        "create_time"};
        insert("t_directories",columns,new Object[]{ user, path, parentPath,
        dir,createTime});
    }

    //向 t_files 表中添加一条文件信息
    public void addFile(String user,String file,String path,long size,
            java.util.Date uploadTime)throws Exception
    {
        String[]columns=new String[]{"user","file","path","size","upload_time"};
        insert("t_files",columns,new Object[]{user,file,path,size, uploadTime});
    }

    // 通过调用 p_dir_info，来获得一个目录的相关信息，包括目录中的文件总数和文件总大小
    public  java.util.List<String[]>getDirectories(String  user,StringparentPath)
    throws Exception
    {
        java.util.List<String[]>rows=new java.util.LinkedList<String[]>();
        java.sql.ResultSet rs=callForRows("p_dir_info", new Object[]{user,
        parentPath});

        String[]row=null;
        java.text.SimpleDateFormat format = new java.text.SimpleDateFormat(
        "yyyy-MM-dd HH:mm:ss");  //定义日期格式

        //将查询到的数据放到 String 数组中，并在最后返回结果
        while(rs.next())
        {
            row=new String[5];
            row[0]=rs.getString("dir");
            row[1]=rs.getString("path");
            row[2]=format.format(rs.getTimestamp("create_time"));
            row[3]=rs.getString("size");
```

```
        row[4]=rs.getString("count");

        rows.add(row);
    }
    return rows;
}
//获得指定目录的文件信息（不包括其子目录）
public java.util.List<String[]>getFiles(String user,String path)throws
Exception
{
    java.util.List<String[]>rows=new java.util.LinkedList<String[]>();
    java.sql.ResultSet rs=getRows("select * from t_files where user=?and
    path=?order by upload_time",new Object[]{ user, path });
    String[] row=null;
    java.text.SimpleDateFormat format=new java.text.SimpleDateFormat(
    "yyyy-MM-dd HH:mm:ss");
    while(rs.next())
    {
        row=new String[4];
        row[0]=rs.getString("file");
        row[1]=rs.getString("path");
        row[2]=format.format(rs.getTimestamp("upload_time"));
        row[3]=rs.getString("size");
        rows.add(row);
    }
    return rows;
}

//删除一条文件信息
public void deleteFile(String user, String pathAndFile) throws Exception
{
    deleteRows("delete from t_files where user = ? and concat(path, file) = ?",
    new Object[]{ user, pathAndFile });
}
//删除一条目录信息，要注意的是，除了要从 t_directories 目录中删除当前目录信息外，
//还要从 t_directories 目录中删除当前目录的子目录信息，以及从 t_files 目录中删除
//当前目录中的文件信息（包括子目录中的文件）
public void deleteDirectory(String user,String path)throws Exception
{
    //删除当前目录信息
    deleteRows("delete from t_directories where user=? and path=?",new
    Object[]{user,path});
    //删除当前目录中的子目录的信息
    deleteRows("delete from t_directories where user=?and parent_path like?",
          new Object[]{user,path+"%"});
    //删除当前目录中的文件信息
```

```
        deleteRows("delete from t_files where user=?and path like?",new Object[]
        {user,path+"%"});
    }
    //获得指定用户所使用的网络硬盘空间大小
    public long getAllFileSize(String user)throws Exception
    {
        return getSum("t_files","size","user='"+user+"'");
    }
}
```

23.4　主页面的实现

本节将介绍网络硬盘的主页面的实现。主要包括主页面元素的位置（JSP 页面）以及验证 JSP 页面的访问权限。

23.4.1　建立主页面

在主页面中含有如下两个区域：

1．控制区

在控制区中是一系列按钮，通过单击这些按钮，可以对网络硬盘进行操作，如上传文件、新建文件夹等。

2．文件和目录列表区

用于显示已经上传的文件和建立的目录，通过点击文件，可以下载这些文件，或通过点击目录，可以进入到子目录中再进行同样的操作。

这个主界面文件是 main.jsp，代码如下：

```
<%@page pageEncoding="GBK"%>
<%@taglib uri="http://java.sun.com/jsp/jstl/core" prefix="c"%>
<!DOCTYPE HTML PUBLIC "-//W3C//DTD HTML 4.01 Transitional//EN">
<html>
    <head>
        <title>网络硬盘</title>
        <jsp:include page="common.jsp"/> <!--包含了验证访问权限，以及对 CSS、
        JavaScript 的引用-->
    </head>
    <body>
        <!--用于上传文件时提交，将在 JavaScript 中使用-->
        <form action="upload.jsp"method="post"name="uploadForm">
            <input type="hidden"value="" name="path"/>  <!--当前路径-->
        </form>
        <!--用于下载文件时提交，将在 JavaScript 中使用-->
        <iframe src="" id="downloadFrame" style="visibility: hidden;height:
        0px;width:0px"></iframe>
        <table width="100%">
```

```
<tr>
    <td>
        <div style="height: 30px; margin-top: 10px; margin-left: 10px;">
            <c:choose>
                <!--保存当前路径-->
                <c:when test="${param.current_path == null}">
                    <input type="hidden" value="/" name="txt_path"/>
                </c:when>
                <c:otherwise>
                  <input type="hidden" value="${param.current_path}"
                 name="txt_path"/>
                </c:otherwise>
            </c:choose>
            <input id="btn_previous" value="返回上一级目录" type="button"
            onClick="previous()"/>
              
            <input id="btn_upload"value="上传"type="button"
            onclick="goUpload()"/>
              
            <input id="btn_download"value="下载" type="button"
            onclick="downloadMoreFile()"/>
              
            <input id="btn_create_dir"value="新建文件夹" type="button"
            onClick="createDir()"/>
              
            <input id="btn_delete" value="删除"type="button"
            onClick="deletePath()"/>
              
            <input id="btn_delete"value="已使用空间"type="button"
            onClick="getUsedSize()"/>
              
            <input id="btn_relogin"value="重新登录"type="button"
            onClick="relogin()"/>
        </div>
    </td>
</tr>
<tr>
    <td> <!--显示当前路径，将在Javascript中使用-->
        <div id="div_current_path" style="height: 30px; margin-top:
       10px; margin-left:10px;">
        </div>
    </td>
</tr>
<tr>
    <td>
        <table id="tbl_list" width="700" order="0" cellspacing="0"
        cellpadding="0">
```

```
                        <!--文件和目录列表头-->
                        <tr bgcolor="#DDDDDD" style="font: bold">
                            <td width="50%">
                                <input type="checkbox" id="checkbox_head"
                                onclick="checkAll(this);"/> 目录
                            </td>
                            <td width="30%">
                                上传时间
                            </td>
                            <td style="text-align:right">
                                大小
                            </td>
                        </tr>
                    </table>
                </td>
            </tr>
        </table>
<script type="text/javascript">
    //装载文件和目录信息
        sendMsg("get_dir","parent_path="+encode(getPath()),loadList);
showCurrentPath();   //在<div>中显示当前路径
      </script>
   </body>
  </html>
```

在 main.jsp 中有如下 3 个地方需要注意：

- **common.jsp**。在 main.jsp 的开头包括了 common.jsp，这个 JSP 文件包含了在大多数 JSP 中都要使用的功能。
- **动态提交**。在<body>标签开头使用了一个<form>标签和一个<iframe>标签，它们分别用于在上传和下载文件时由 JavaScript 动态提交。
- **获得文件和目录信息**。在<body>标签的最后通过 sendMsg 方法调用了 get_dir（一个 Servlet）来获得文件和目录信息。其中 sendMsg、get_dir 将在后面的部分详细讲解。

23.4.2　验证 JSP 页面的访问权限

当用户未登录时，访问任何 JSP 页（除了 register.jsp 外）都将转到 login.jsp 页面让用户登录，这个功能将由 common.jsp 来完成。判断当前访问系统的用户是否登录是根据用户在登录时写到客户端的用户名以及 JSessionID 来查询在服务端是否有这个 SessionID，如果服务端存在这个 SessionID，就说明这个客户端曾经在 2 小时内成功登录过系统，否则用户的状态是未登录。

在 common.jsp 中还引用了 style.css 和 common.js 文件，所有的 JavaScript 代码都保存在这个文件中。common.jsp 的代码如下：

```
<%@ page pageEncoding="GBK"%>
<%@ taglib uri="http://java.sun.com/jsp/jstl/core" prefix="c"%>

<%--验证 JSP 页面的访问权限--%>
```

```
    <c:if test="${sessionScope[cookie.user.value]==null}"><%--从 Cookie 中获得用户
名--%>
        <%--当 Cookie 中没有 user 时，从请求参数中获得 user--%>
        <c:if test="${sessionScope[param.user]==null}"><%--从请求参数中获得用户名--%>
            <jsp:forward page="login.jsp"/>    <%--跳转到 login.jsp--%>
        </c:if>
    </c:if>
    <link href="css/style.css"rel="stylesheet"type="text/css">
    <script type="text/javascript"src="javascript/common.js"></script>
```

要注意的是，在上面的代码中当 Cookie 中没有用户信息时，会从请求参数中获得，这主要是为了在刚登录成功后，系统还无法获得 Cookie 值，因此，需要使用请求参数来传递用户名。读者可以将从请求参数获得用户名的语句注释掉，看看会产生什么结果。

23.4.3　建立验证 Servlet 访问权限的 Servlet

在本系统中，除了 JSP 页面外，还有很多 Servlet，因此，就需要对这些 Servlet 进行访问权限验证，如果用户已经登录，就会执行正常的代码，否则，在访问经过验证的 Servlet 时，就会转到 login.jsp 上。这个验证的工作将由 ValidationServlet 来完成。ValidationServlet 的代码如下：

```
    package servlet;
    import java.io.*;
    import javax.servlet.*;
    import javax.servlet.http.*;
    public abstract class ValidationServlet extends HttpServlet
    {
        protected class UserInfo
        {
            /**
             * 用户登录名
             */
            public String user;

            /**
             * 网盘的根目录（如果用户上传的文件都保存在这个目录中）
             */
            public String diskRoot;

            /**
             * 每一个用户用于保存文件的目录
             */
            public String userRoot;

        }
        //如果验证成功，调用这个方法
        public abstract void process(HttpServletRequest request,HttpServletResponse
response, UserInfo ui) throws ServletException,IOException;

        //forward 到 login.jsp 页面
```

```
private void forwardLogin(HttpServletRequest request,HttpServletResponse
response) throws ServletException, IOException
{
  RequestDispatcher dispatcher=request.getRequestDispatcher("/login.jsp");
   dispatcher.forward(request, response);
}

public void service(HttpServletRequest request, HttpServletResponse response)
throws ServletException,IOException
{
    String user=null;
    Cookie[]cookies=request.getCookies();
    if(cookies!=null)
    {
        for(Cookie cookie:cookies) //获得 user cookie
        {
            if(cookie.getName().equals("user"))
            {
                user=cookie.getValue();
                break;
            }
        }
    }
    if(user==null)  //如果用户为 null，则从请求参数中获得用户
    {
        user=request.getParameter("user");
    }
    if(user!=null)
    {
        //获得一个 Session（若参数为 false，在用户不存在时不创建新的 Session）
        HttpSession session = request.getSession(false);
        if(session!=null)
        {
            if(session.getAttribute(user)!=null)
            {
                //从 web.xml 中读取网络硬盘的根目录
                String diskRoot=getServletContext().getInitParameter(
                "disk_root");
                //创建用于保存用户信息的 UserInfo 对象
                UserInfo ui=new UserInfo();
                ui.user=user;
                ui.diskRoot=diskRoot;
                ui.userRoot=diskRoot+user;

                //调用处理请求的方法
                process(request,response,ui);
```

```
                    return;
                }
            }
        }
        forwardLogin(request,response);  //forward到 login.jsp
    }
}
```

23.5 新建文件夹

本节将介绍如何实现网络硬盘建立新文件夹的功能。建立新文件夹分为客户端的页面和服务端的 Servlet 两部分。其中显示文件夹中的内容需要使用 Web 的模式窗口。

23.5.1 建立新建文件夹页面

为了将相关的文件或目录放到一起，需要为它们建立一个目录。create_dir.jsp 页面负责显示建立目录的对话框。create_dir.jsp 的代码如下：

```
<%@page pageEncoding="GBK"%>
<html>
    <head>
        <title>建立目录</title>
        <jsp:include page="common.jsp"/>
        <script type="text/javascript">
          function closeAndReturn()  //关闭建立文件夹对话框
          {
              window.returnValue = txt_dir.value;  //返回要建立的文件夹名
              window.close();
          }
        </script>
    </head>
    <body>
        <div style="left:10px; top:10px; position:absolute">
            请输入文件夹名称:
            <input type="text"name="txt_dir"/><p/>
            当前路径: <label id="lbl_path"></label><p/>
            <input type="button"value="确定"onclick="closeAndReturn()"/>
        </div>
      <script type="text/javascript">
          var path=window.dialogArguments;  //从主页面获得当前路径
          var lbl_path=document.getElementById("lbl_path");  //显示当前路径
          lbl_path.innerHTML=path;  //显示当前路径
      </script>
    </body>
</html>
```

23.5.2　显示模式窗口

在 main.jsp 中调用了 createDir 函数来显示“新建目录”页面。在系统中这个页面将显示成模式窗口。这个功能由 show_modal_dialog 函数实现，这个函数的实现代码如下：

```
function show_modal_dialog(url,params,width,height)
{
    return window.showModalDialog(url,params,"dialogWidth:"+width+ ";
    dialogHeight:"+height);
}
```

createDir 的实现代码如下：

```
function createDir()
{
    //显示新建目录对话框
    var dir = show_modal_dialog("create_dir.jsp",getPath(),20,11);
    if(dir!=undefined) {  //成功获得了目录名
        path=getPath()+dir;
        var msg="path="+encode(path)+"/&dir="+encode(dir)+"&parent_path="+
        encode(getPath());
        sendMsg("create_dir",msg,refreshDirList);  //建立目录
    }
}
```

在 createDir 函数中调用了 sendMsg 方法通过 create_dir 来建立目录，create_dir 是一个建立目录的 Servlet。

23.5.3　建立创建目录的 Servlet

CreateDir 是一个 Servlet，负责在服务端建立目录，并将目录信息添加到数据库中。CreateDir 类的代码如下：

```
package servlet;
import java.io.*;
import javax.servlet.*;
import javax.servlet.http.*;
import common.*;
public class CreateDir extends ValidationServlet
{
    @Override
    public void process(HttpServletRequest request,HttpServletResponse response,
UserInfo ui) throws ServletException,IOException
    {
        try
        {
            String path=java.net.URLDecoder.decode(request.getParameter("path"),
            "UTF-8");
            String dir=java.net.URLDecoder.decode(request.getParameter("dir"),
            "UTF-8");
```

```
        String parentPath=java.net.URLDecoder.decode(request.getParameter
        ("parent_path"),"UTF-8");
        String currentPath=ui.userRoot+(File.separator.equals("\\")? path.
        replaceAll("/","\\\\"):path);

        File userPath=new File(currentPath);
        String error="''";
        java.util.Date createTime=new java.util.Date();
        if(!userPath.exists())
        {
            userPath.mkdir();  //建立一个目录
            DiskData rm=new DiskData();
            //向数据库中添加目录信息
            rm.addDir(ui.user,path,parentPath,dir,createTime);
        }
        else
        {
            error="'目录已经存在!'";
        }
        java.text.SimpleDateFormat format = new java.text.SimpleDateFormat(
        "yyyy-MM-dd HH:mm:ss");
        PrintWriter out=response.getWriter();
        //向客户端发送新建目录的信息
        out.write("result=new Object();");
        out.write("result.name='"+dir+"';");
        out.write("result.path='"+path+"';");
        out.write("result.time='"+format.format(createTime)+"';");
        out.write("result.size=0;");
        out.write("result.count=0;");
        out.write("result.error="+error+";");          }
    catch(Exception e)
    {
    }
  }
}
```

23.6　上 传 文 件

本节将介绍如何编写网络硬盘的上传文件部分。上传文件分为客户端的 Web 页面以及服务端的 Servlet。通过 Web 页面可以选择客户端的一个文件，并上传到服务端的指定目录中。

23.6.1　建立上传文件页面

通过上传页面可以选择任意多个文件，并将文件的内容发送到服务端。上传文件的 JSP 文件是 upload.jsp，代码如下：

```
<%@page pageEncoding="GBK"%>
<html>
    <head>
        <title>上传文件</title>
        <jsp:include page="common.jsp"/>
    </head>
    <body>
        <form name="uploadForm" method="post">  <!--保存当前上传文件的路径-->
            <input type="hidden" value="${param.path}" name="current_path"/>
        </form>
        <input type="button" value="返回" onclick="goMain()" /> <!--返回主页面-->
          
        <input type="button"onclick="addInputFile()" value="添加文件"/>
        <p />
            当前路径: ${param.path}  <!--显示当前上传文件的路径-->
        <p />
        <!--用于动态显示上传组件的 form-->
        <form action="upload_file"method="post"enctype="multipart/form-data">
            <input type="hidden"value="${param.path}"name="path"/>
            <span id="files"> </span>  <!--上传组件将被 JavaScript 动态加入到
            <span>标签中-->
            <input type="submit"value="上传"/>
        </form>
    </body>
</html>
```

其中 goMain 函数可以返回到主页面，这个函数的实现代码如下：

```
function goMain()
{
    //回到主页
    uploadForm.action=".";
    uploadForm.submit();
}
```

从上面的代码可以看出，goMain 函数通过 uploadForm（在 upload.jsp 中的一个<form>）提交的方式回到主页，并且在主页中通过读取 uploadForm 中的 current_path 参数的值，仍然可以恢复到当前上传文件的位置（详见 main.jsp）。

addInputFile 函数负责向<span>中加入一个上传文件组件，实现代码如下：

```
function addInputFile()
{
var uploadHTML=document.createElement("<input type='file' id='inputfile'
name='upload'/>");
    document.getElementById("files").appendChild(uploadHTML);
    uploadHTML=document.createElement("<p/>");
    document.getElementById("files").appendChild(uploadHTML);//添加上传文件组件
}
```

上传文件的主页面如图 23.2 所示。

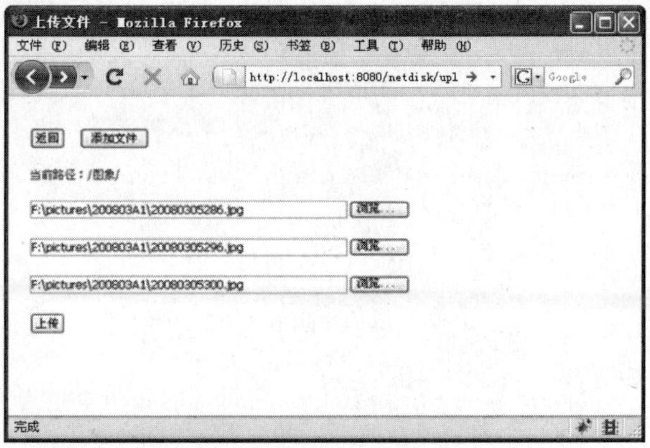

图 23.2　上传文件的主页面

23.6.2　建立上传文件 Servlet

UploadFile 负责将客户端上传的文件保存在服务端硬盘上，同时将上传文件信息添加到数据库中。UploadFile 类的实现代码如下：

```
package servlet;
import java.io.*;
import java.util.*;
import javax.servlet.*;
import javax.servlet.http.*;
import org.apache.commons.fileupload.servlet.*;
import org.apache.commons.fileupload.*;
import org.apache.commons.fileupload.disk.*;
import common.DiskData;
public class UploadFile extends ValidationServlet
{
    //将上传文件保存在硬盘上
    private String saveFile(FileItem item,String fn)throws Exception
    {
        File file=new File(fn);
        int index=0;
        String filename=file.getName();
        while (file.exists())  //如果文件存在，则在文件名后加(0)、(1)…(n)
        {
            int extIndex=filename.lastIndexOf(".");
            if(extIndex>0)  //包含扩展名的文件
                fn=filename.substring(0,extIndex)+"("+ String.valueOf (index) +")"
                +filename.substring(extIndex);
            else  //不包含扩展名的文件 s
                fn=filename + "("+ String.valueOf(index) + ")";
            //fn 为保存在硬盘上的最终文件名
            fn=file.getPath().substring(0,file.getPath().lastIndexOf(file.
            getName()))+fn;
```

```
            file=new File(fn);
            index++;
        }
        //开始将上传缓冲区中的文件保存在 fn 所指的文件中
        FileOutputStream fos=new FileOutputStream(fn);
        InputStream is=item.getInputStream();
        byte[] buffer=new byte[8192];  //每次读 8K 字节
        int count=0;
        while((count=is.read(buffer))>0)
        {
            fos.write(buffer,0,count);
        }
        fos.close();
        is.close();
        return file.getName();  //返回最终文件名
    }
    @Override
    public void process(HttpServletRequest request,HttpServletResponse response,
    UserInfo ui) throws ServletException, IOException
    {
        try
        {
            //使用 apache 文件上传组件
            FileItemFactory factory=new DiskFileItemFactory();
            ServletFileUpload upload=new ServletFileUpload(factory);
            //从请求中获得上传文件项
            List<FileItem>items=upload.parseRequest(request);
            String currentPath="";
            String path="";
            DiskData diskData=new DiskData();
            for(FileItem item:items)  //循环处理上传文件
            {
                if(item.getFieldName()==null)//上传字段名为空，忽略这个上传字段
                    continue;
                if (item.getFieldName().equals("path"))//处理上传文件的当前路径
                {
                    path=item.getString();
                    //将上传文件的当前路径转成 GBK 格式
                    path = new String(path.getBytes("iso-8859-1"),"GBK");
                    //得到当前路径
                    currentPath=ui.userRoot + (File.separator.equals("\\")?
                    path.replaceAll("/","\\\\"):path);
                }
                else  //开始处理上传文件
                {
                    if(!item.getName().equals(""))//处理文件名不为空的上传文件
                    {
```

```
                    //获得上传文件名
                    String fn=item.getName().substring(item.getName().last
                    IndexOf("\\")+1);
                    //保存文件
                    fn=saveFile(item,currentPath+fn);
                    java.util.Date uploadTime=new java.util.Date();
                    //将文件信息加到数据库中
                    diskData.addFile(ui.user,fn,path,item.getSize(),up load
                    Time);
                }
            }
        }
        diskData.close();
        //转到上传成功页面
        RequestDispatcher dispatcher=request.getRequestDispatcher("/upload_
        success.jsp?path="+path);
        dispatcher.forward(request,response);
    }
    catch(Exception e)
    {
        System.out.println(e.getMessage());
    }
  }
}
```

在编写 UploadFile 类的代码时要注意，当上传文件和服务器上的原有文件重名时，将在这个文件名后加(0)、(1)...(n)，如在服务器上的目录下已经有一个文件 abc.jpg 了，那么再传两个同名的文件，将起名为 abc(0).jpg、abc(1).jpg。

在保存完文件后，调用了 DiskData 的 addFile 方法将上传文件信息保存在数据库中。如果上传成功，则转到 upload_success.jsp 页面，这个页面的代码如下：

```
<%@page pageEncoding="GBK"%>
<html>
    <head>
        <title>上传成功</title>
        <jsp:include page="common.jsp"/>
    </head>
    <body>
        <form action="."method="post"name="mainForm">
            <input type="hidden" value="${param.path}" name="current_path"/>
        </form>
        <script type="text/javascript">
            alert("上传成功!");
            mainForm.submit();
        </script>
    </body>
</html>
```

23.7　下载文件和目录

本节将介绍如何编写下载文件和目录部分。如果下载多个文件和目录，则在服务端会先生成一个压缩文件，然后再下载到客户端。

23.7.1　下载单个文件

下载单个文件非常简单，在客户端发送下载请求后，服务端就会设置相应的 HTTP 响应头，并将服务端的待下载文件的字节流作为响应正文发送到客户端。这个功能将由 DownloadFile 来完成，代码如下：

```
package servlet;
import java.io.*;
import javax.servlet.*;
import javax.servlet.http.*;
public class DownloadFile extends ValidationServlet
{
    @Override
    public void process(HttpServletRequest request,HttpServletResponse response,
    UserInfo ui) throws ServletException, IOException
    {
        try
        {
            String path=request.getParameter("path");
            String name=request.getParameter("name");
            if(path!=null&&name!=null)
            {
                String filename=ui.userRoot+(File.separator.equals("\\")?
                path .replaceAll("/","\\\\"):path)+name;
                filename=java.net.URLDecoder.decode(filename,"UTF-8");
                File file=new File(filename);
                if(file.exists())
                {
                    //将下载文件设置成二进制格式
                    response.setContentType("application/octet-stream");
                    //在 HTTP 响应头中指定下载文件为附件，并指定了文件名
                    response.addHeader("Content-Disposition","attachment; filename="
                    +name);
                    //指定了下载文件的大小
                    response.addHeader("Content-Length",String.valueOf(file.
                    length()));
                    InputStream is=new FileInputStream(filename);
                    OutputStream os=response.getOutputStream();
                    byte[] buffer=new byte[8192];
                    int count=0;
                    //开始下载文件
```

```
                    while((count=is.read(buffer))>0)
                    {
                        os.write(buffer,0,count);
                    }
                    os.close();
                    is.close();
                }
            }
        }
        catch(Exception e)
        {
        }
    }
}
```

23.7.2 打包下载多个文件和目录

在网络硬盘中下载多个文件和目录，一般是将其打成一个压缩包，然后再下载到客户端。这个压缩功能由 Zip 类完成。下载多个文件的 Servlet 的代码如下：

```
package servlet;
import java.io.*;
import javax.servlet.*;
import javax.servlet.http.*;
import common.Zip;
public class DownloadMoreFile extends ValidationServlet
{
    @Override
    public void process(HttpServletRequest request,
            HttpServletResponse response, UserInfo ui) throws ServletException,
            IOException
    {
        try
        {
            String path=request.getParameter("path");  //path 表示父路径
//names 表示要下载的文件和目录，中间用“;”分隔
            String s=request.getParameter("names");
String[]names=null;

            if(s!=null)names=s.split(";");
            if(path!=null&&names!=null)
            {
                response.setContentType("application/octet-stream");
                if(path.equals("/"))
                {
                    //如果下载根目录，则文件名为“网络硬盘根目录.zip”
```

```
                response.addHeader("Content-Disposition", "attachment;
                filename="+java.net.URLEncoder.encode("网络硬盘根目录.zip",
                "utf-8"));
            }
            else if(path.length()>0)
            {
                String[]array=path.split("/");

                if(array.length>1) //数组长度至少是2
                {
                    //如果下载的不是根目录，则文件名为"下载目录名.zip"
                    String zipName=array[array.length - 1] + ".zip";
                    response.addHeader("Content-Disposition",
                    "attachment;filename="+zipName);
                }
                else
                    return;
            }
            else
                return;
            //开始对要下载的文件进行循环，将其加到ZIP文件中
            for(inti=0;i<names.length;i++)
            {
                String name=names[i];
                //获得绝对路径名
                String filename=ui.userRoot+(File.separator.equals("\\")?
                path.replaceAll("/", "\\\\"):path)+name;
                filename=java.net.URLDecoder.decode(filename, "UTF-8");
                names[i]=filename;

            }
            //开始压缩文件，并将压缩后的zip流发送到客户端
            long length = Zip.compress(response.getOutputStream(), names);
        }
    }
    catch(Exception e)
    {
    }
  }
}
```

23.7.3　通过 AJAX 技术发送下载请求

如果下载单个文件，可以通过点击列表中的文件来下载，也可以选中要下载的文件，然后单击【下载】按钮进行下载。fileOnClick 函数负责发送这个下载请求，代码如下：

```
function fileOnClick(obj){
    var frame=document.getElementById("downloadFrame");
```

```
    var url=encode("download_file?path="+getPath()+"&name="+obj.id);
    frame.src=url;  //将 url 发送到 iframe 中，然后 frame 会自动提交这个请求
}
```

如果选中的是多个文件和目录，单击【下载】按钮后，系统会将这些文件和目录（包括其子目录）打成一个 zip 包，然后下载。这个功能由 downloadMoreFile 函数完成，代码如下：

```
function downloadMoreFile(){
    var checkboxList=document.getElementsByName("checkbox");
    var frame=document.getElementById("downloadFrame");
    var count=0;
    var index=0;

    if(frame){
        var s="";
        //在列表中扫描所有的文件和目录，选出被选中的项
        for(var i=0;i<checkboxList.length;i++){
            if(checkboxList[i].checked){
                s+=checkboxList[i].entity + ";";
//记录当前 checkbox 索引，当只有一个 checkbox 被选中时，如果是目录，则打包下载
                index=i;
                count++;
            }
        }
        var url="";
        try {
            if(count==0) {
                alert("请选中要下载的文件和目录!");
                return;
            } else {
                //下载单个文件
                if(count==1&&checkboxList[index].flag=="file") {
                    var url=encode("download_file?path="+getPath()+"&name="
                    +s.substr(0,s.length-1));
                } else {
                    //下载单个目录
                    if(count==1&&checkboxList[index].flag=="dir") {
                        var url=encode("download_more_file?path=" + getPath()
                        +s.substr(0,s.length-1)+"/&names=");
                    } else {  //下载多个文件和目录
                        var url=encode("download_more_file?path=" + getPath()
                        +"&names="+s);
                    }
                }
            }
        }
        catch(e){
            alert(e);
```

```
            }
            frame.src=url;
        }
    }
```

23.8　删除文件和目录

网络硬盘的另一个基本功能是删除被选中的文件和目录。如果删除的是目录，还需要同时删除目录中的子目录和文件，最后再将这些文件和目录信息从数据库中删除。这个功能由 DeletePath 来完成，代码如下：

```
package servlet;
import java.io.*;
import javax.servlet.*;
import javax.servlet.http.*;
import common.*;
public class DeletePath extends ValidationServlet
{
    @Override
    public void process(HttpServletRequest request,HttpServletResponse response,
    UserInfo ui) throws ServletException, IOException
    {
        try
        {
            //获得要删除的路径（以“;”分隔）
            String ss=request.getParameter("paths");
            if(ss!=null)
            {
                if(ss.trim().equals(""))return;
                String[]paths=ss.split(";");
                for(String path:paths)  //循环删除路径（包括文件和目录）
                {
                    if(path!=null)
                    {
                        String s=java.net.URLDecoder.decode(path, "UTF-8");
                        String pathname=ui.userRoot+(File.separator.equals("\\")?s.
                        replaceAll("/", "\\\\"):s);
                        DiskData rm=new DiskData();
                        MyFile.deleteAny(pathname);
                        //删除目录
                        if(s.charAt(s.length()-1)=='/')
                            rm.deleteDirectory(ui.user,s);
                        else  //删除文件
                            rm.deleteFile(ui.user,s);

                    }
```

```
                }
            }
        }
        catch (Exception e)
        {
            System.out.println(e.getMessage());
        }
    }
}
```

删除文件需要通过 deletePath 函数向服务端发送删除文件和目录的请求，并通过回调函数 doDeletePath 删除列表中被删除的文件和目录。这两个函数的代码如下：

```
function doDeletePath() {
    var checkboxList=document.getElementsByName("checkbox");
    if(checkboxList){
        //删除被成功删除的文件和目录项
        for(var i=checkboxList.length-1;i>=0;i--) {
            if(checkboxList[i].checked) {
                deleteRowFromTable("tbl_list",i+1);
            }
        }
        alert("文件或目录已成功删除");
    }
}
function deletePath(){
    var checkboxList=document.getElementsByName("checkbox");
    if(checkboxList){
        var currentPath=getPath();
        var paths="";
        //循环扫描被选中的文件和目录项
        for(var i=0;i<checkboxList.length;i++) {
            if(checkboxList[i].checked) {
                if(checkboxList[i].flag=="dir") {
                    paths+=currentPath+checkboxList[i].entity+"/;";
                } else {
                    paths+=currentPath+checkboxList[i].entity+";";
                }
            }
        }
        if(paths.length==0)
        {
            alert("请选择要删除的文件或目录！");
            return;
        }
        else
        {
            if(window.confirm("是否真的要删除被选中的文件或目录？"))
```

```
                //发送删除请求
                sendMsg("delete_path", "paths=" + encode(paths), doDeletePath);
            }
        }
    }
```

23.9　本 章 小 结

本章以一个实例演示了使用 JSP+JDBC+AJAX 开发 Web 程序的过程，读者可以通过这个程序了解开发 Web 程序的完整步骤和基本知识。后面的几章将给出使用 SSH 开发 Web 程序的例子，读者可以从中体会到使用 JSP 和使用 MVC 开发程序有什么不同。

第 24 章　数字魔法之读心术

数字之间的关系奥妙无穷。本章就给出一个例子让读者体会一下数字之间的魔法。通过在一定范围内选择一个数字，计算机就会知道我们选的是哪个数字。现在就让我们开始魔幻之旅吧。

24.1　奇妙的数字游戏

实际上，这个世界上并没有魔法，有的只是科学。那么本章所介绍的数字游戏就是一个数字之间有趣的关系。让我们先看图 24.1～图 24.6 所示的 6 组数字。

1	3	5	7	9	11	13	15
17	19	21	23	25	27	29	31
33	35	37	39	41	43	45	47
49	51	53	55	57	59	61	63

图 24.1　第 1 组数字

2	3	6	7	10	11	14	15
18	19	22	23	26	27	30	31
34	35	38	39	42	43	46	47
50	51	54	55	58	59	62	63

图 24.2　第 2 组数字

4	5	6	7	12	13	14	15
20	21	22	23	28	29	30	31
36	37	38	39	44	45	46	47
52	53	54	55	60	61	62	63

图 24.3　第 3 组数字

8	9	10	11	12	13	14	15
24	25	26	27	28	29	30	31
40	41	42	43	44	45	46	47
56	57	58	59	60	61	62	63

图 24.4　第 4 组数字

16	17	18	19	20	21	22	23
24	25	26	27	28	29	30	31
48	49	50	51	52	53	54	55
56	57	58	59	60	61	62	63

图 24.5　第 5 组数字

32	33	34	35	36	37	38	39
40	41	42	43	44	45	46	47
48	49	50	51	52	53	54	55
56	57	58	59	60	61	62	63

图 24.6　第 6 组数字

上面 6 组数字每组包含了 32 个数字。这个数字的范围都在 1～64 之间。现在让我们在 1～64 之间随意选择一个数字。例如，选择 25。然后在这 6 组数字中找包含 25 的组号。在这里是第 1、4、5 组包含了 25，而这 3 组的左上角的数字相加正好是 25（1 + 8 + 16）。因此，只要知道了所选数字在哪些组中，就可以知道选择的是哪一个数字。后面的内容将使用 Struts 2 实现一个 Web 的数字魔法程序。通过这个算法，只要告诉计算机你所选的数字在哪些组中，计算机就会“猜”出你选的是哪一个数字。

24.2 预定义数字块

要想在 Web 页中显示这些数字，首先需要在服务端定义它们。每一组数字使用一个 int 数组定义。然后将这些数字都放到 int[][]类型的变量中，代码如下：

```
package util;
public class Figures
{
    public final static int[]figures1=
    {1,3,5,7,9,11,13,15,17,19,21,23,25,27,29,31,33,35,37,
          39,41,43,45,47,49,51,53,55,57,59,61,63};
    public final static int[]figures2=
    {2,3,6,7,10,11,14,15,18,19,22,23,26,27,30,31,34,35,38,
          39,42,43,46,47,50,51,54,55,58,59,62,63};
    public final static int[]figures3=
    {4,5,6,7,12,13,14,15,20,21,22,23,28,29,30,31,36,37,38,
          39,44,45,46,47,52,53,54,55,60,61,62,63 };
    public final static int[]figures4=
    {8,9,10,11,12,13,14,15,24,25,26,27,28,29,30,31,40,41,42,
          43,44,45,46,47,56,57,58,59,60,61,62,63};
    public final static int[]figures5=
    {16,17,18,19,20,21,22,23,24,25,26,27,28,29,30,31,48,49,
          50,51,52,53,54,55,56,57,58,59,60,61,62,63};
    public final static int[] figures6 =
    {32,33,34,35,36,37,38,39,40,41,42,43,44,45,46,47,48,49,
          50,51,52,53,54,55,56,57,58,59,60,61,62,63};
    public static int[][]figures=new int[6][];
    static
    {
        figures[0]=figures1;
        figures[1]=figures2;
        figures[2]=figures3;
        figures[3]=figures4;
        figures[4]=figures5;
        figures[5]=figures6;
    }
}
```

24.3 随机显示数字块中的数字

本节要将这些数字显示在页面中，先看看显示效果，如图 24.7 所示。

图 24.7 所示的页面显示了 8 个数字块，但最后两个数字块是没有作用的。也就是说，不管用户是否选择这两个数字块，它们都不参与计算。加这两个数字块只是为了进行混淆而已。

图 24.7　显示数字块

显示这个页面的 JSP 页面是 grid.jsp，代码如下：

```
<%@page language="java"contentType="text/html;charset=UTF-8"
    pageEncoding="UTF-8"%>
<%@taglib prefix="t"tagdir="/WEB-INF/tags"%>
<%@taglib prefix="s"uri="/struts-tags"%>
<html>
<head>
<meta http-equiv="Content-Type"content="text/html;charset=UTF-8">
<title>数字魔法之读心术</title>
</head>
<body>
<center>
<h2>请从 1 至 63 中选择一个整数</h2>
<h4>在下面 8 个数字表格中寻找包含被选中数字的表格，并选中表格中的复选框</h4>
<form action="myFigure.action">
<table style="width:1100px;height:500px">
    <tr>
        <td><s:set var="index"value="figureGrid1"/><t:table/><label>请选择:
        </label>
        <input type="checkbox"name="grid1" value="true"/></td>
        <td><s:set var="index"value="figureGrid2" /><t:table />
        <label>请选择:</label><input type="checkbox" name="grid2" value="true"/>
        </td>
        <td><s:set var="index"value="figureGrid3"/><t:table/>
        <label>请选择:</label><input type="checkbox"name="grid3"value= "true"/>
        </td>
        <td><s:set var="index"value="figureGrid4"/><t:table/>
```

```
        <label>请选择:</label><input type="checkbox" name="grid4" value= "true"/>
        </td>
    </tr>
    <tr>
        <td><s:set var="index" value="figureGrid5"/><t:table/>
        <label>请选择:</label><input type="checkbox" name="grid5" value="true"/>
        </td>
        <td><s:set var="index"value="figureGrid6"/><t:table/>
        <label>请选择:</label><input type="checkbox" name="grid6" value="true"/>
        </td>
        <td><s:set var="index"value="figureGrid7"/><t:table/>
        <label>请选择:</label><input type="checkbox" name="grid7" value="true"/>
        </td>
        <td><s:set var="index"value="figureGrid8"/> <t:table/>
        <label>请选择:</label> <input type="checkbox" name="grid8" value="true"/>
        </td>
    </tr>
</table>
<input type="submit" value="我选的数字是..."/>
</form>
</center>
</body>
</html>
```

grid.jsp 页面需要通过 figureGrid.action 来获得要显示的数据。figureGrid.action 对应一个 FigureGridAction 类，在该类中生成了 grid.jsp 页面需要的数字，并以 String 数组形式返回。FigureGridAction 类的代码如下：

```
package actions;
import java.util.LinkedList;
import java.util.List;
import java.util.;
import util.Figures;
import com.opensymphony.xwork2.ActionSupport;
public class FigureGridAction extends ActionSupport
{
    private String[][]figureGrid1=new String[4][8];
    private String[][]figureGrid2=new String[4][8];
    private String[][]figureGrid3=new String[4][8];
    private String[][]figureGrid4=new String[4][8];
    private String[][]figureGrid5=new String[4][8];
    private String[][]figureGrid6=new String[4][8];
    private String[][]figureGrid7=new String[4][8];
    private String[][]figureGrid8=new String[4][8];
    public String[][]getFigureGrid1()
    {
        return figureGrid1;
    }
```

```
    public String[][]getFigureGrid2()
    {
        return figureGrid2;
    }
    public String[][]getFigureGrid3()
    {
        return figureGrid3;
    }
    public String[][]getFigureGrid4()
    {
        return figureGrid4;
    }
    public String[][]getFigureGrid5()
    {
        return figureGrid5;
    }
    public String[][]getFigureGrid6()
    {
        return figureGrid6;
    }
    public String[][]getFigureGrid7()
    {
        return figureGrid7;
    }
    public String[][]getFigureGrid8()
    {
        return figureGrid8;
    }
    private List<String>getFigures(int index)
    {
        int[] figures=Figures.figures[index];
        List<String> figureList=new LinkedList<String>();
        for(int'i=0;i<figures.length;i++)
        {
            figureList.add(String.valueOf(figures[i]));
        }
        return figureList;
    }
    private void generateFigureGrid(int index,String[][]figureGrid)
    {
        List<String> figureList=getFigures(index);
        int n=0;
        for(int i=0;i<4;i++)
        {
            for(int j=0;j<8;j++)
            {
```

```
                figureGrid[i][j]=figureList.get(8*i+j);
            }
        }
    }
    public String execute()
    {
        generateFigureGrid(0,figureGrid1);
        generateFigureGrid(1,figureGrid2);
        generateFigureGrid(2,figureGrid3);
        generateFigureGrid(3,figureGrid4);
        generateFigureGrid(4,figureGrid5);
        generateFigureGrid(5,figureGrid6);
        generateFigureGrid(3,figureGrid7);
        generateFigureGrid(5,figureGrid8);
        return SUCCESS;
    }
}
```

FigureGridAction 类的配置代码如下：

```
<action name="figureGrid"class="actions.FigureGridAction">
    <result name="success">/WEB-INF/jsp/grid.jsp
    </result>
</action>
```

图 24.7 显示的数字都是按定义顺序显示的，我们也可以按随机方式显示数字。这样需要加一个随机生成数字的方法，代码如下：

```
private void generateRandomFigureGrid(int index,String[][]figureGrid)
{
    List<String>figureList=getFigures(index);
    int n=0;
    for(int i=0;i<4;i++)
    {
        for(int j=0;j<8;j++)
        {
            int randIndex=new Random().nextInt(figureList.size());
            figureGrid[i][j]=figureList.get(randIndex);
            figureList.remove(randIndex);
        }
    }
}
```

在 execute 方法中需要使用如下的代码来生成 grid.jsp 页面所需要的数据：

```
generateRandomFigureGrid(0,figureGrid1);
generateRandomFigureGrid(1,figureGrid2);
generateRandomFigureGrid(2,figureGrid3);
generateRandomFigureGrid(3,figureGrid4);
generateRandomFigureGrid(4,figureGrid5);
generateRandomFigureGrid(5,figureGrid6);
```

```
    generateRandomFigureGrid(3,figureGrid7);
    generateRandomFigureGrid(5,figureGrid8);
```

随机显示数字块的效果如图 24.8 所示。

图 24.8　随机显示数字块

24.4　猜猜，选的是哪个数字

当用户选中某些包含所选数字的数字块后，就可以通过 myFigure.action 来获得自己选的是哪个数字。myFigure.action 对应于 MyFigureAction 类，在该类中会通过属性接收用户选中的哪个数字块，并将这些数字块的第一个数字（按定义顺序）相加，并返回最终结果，代码如下：

```
package actions;
import util.Figures;
import com.opensymphony.xwork2.ActionSupport;
public class MyFigureAction extends ActionSupport
{
    private boolean grid1=false;
    private boolean grid2=false;
    private boolean grid3=false;
    private boolean grid4=false;
    private boolean grid5=false;
    private boolean grid6=false;
    private int myFigure;
    public void setGrid1(boolean grid1)
    {
        this.grid1=grid1;
    }
```

```
    public void setGrid2(boolean grid2)
    {
        this.grid2=grid2;
    }
    public void setGrid3(boolean grid3)
    {
        this.grid3=grid3;
    }
    public void setGrid4(boolean grid4)
    {
        this.grid4=grid4;
    }
    public void setGrid5(boolean grid5)
    {
        this.grid5=grid5;
    }
    public void setGrid6(boolean grid6)
    {
        this.grid6=grid6;
    }
    public int getMyFigure()
    {
        return myFigure;
    }
    public String execute()
    {
        myFigure=0;
        if(grid1)
            myFigure+=Figures.figures1[0];
        if(grid2)
            myFigure+=Figures.figures2[0];
        if(grid3)
            myFigure+=Figures.figures3[0];
        if(grid4)
            myFigure+=Figures.figures4[0];
        if(grid5)
            myFigure+=Figures.figures5[0];
        if(grid6)
            myFigure+=Figures.figures6[0];

        return SUCCESS;
    }
}
```

MyFigureAction 类的定义代码如下：

```
<action name="myFigure"class="actions.MyFigureAction">
    <result name="success">/WEB-INF/jsp/my_figure.jsp
```

```
    </result>
</action>
```

如果选中某些数字块，并提交，会显示图 24.9 所示的输出内容。

图 24.9　猜中所选的数字

24.5　本 章 小 结

本章实现了一个使用 Struts 2 开发实际应用的例子。虽然这个例子并未使用数据库等常用技术，但却是一个非常有趣的程序。读者从中可以学习到开发基于 Struts 2 程序的基本方法。在下面的内容中将介绍更复杂的 Web 应用程序的实现。

第 25 章 注册与登录系统

本章给出了一个简单而实用的示例，该示例实现了用户登录和注册的功能。本章主要使用 Struts 2、Hibernate、Spring 技术来开发这个系统。读者通过对本系统的学习可以了解使用 SSH 整合开发 Web 应用程序的方法和步骤。

25.1 系统概述

本系统分为用户登录和注册两个功能。用户登录功能允许用户输入已经注册的用户名和密码，并且需要输入验证码。如果这 3 个值都输入正确，系统会提示登录成功，并进入主页面。其中验证码中的字符集合被保存在了一个文本文件中，如该文件中可以输入中文和英文，在本例中主要使用了中文验证码。

用户登录功能和用户注册功能类似，只是输入的内容多了一些，在输入完相应的用户注册信息后，如果注册成功，在用户登录页面就可以使用刚注册的用户进行登录了。

本系统采用了典型的三层结构来实现，如下所示：

- Web 表现层：该层主要由 JSP 页面和 Servlet 组成。
- 业务逻辑层：该层由一些 Service 类组成。在这些类中直接访问数据层来获得相应的数据，并根据这些数据处理业务逻辑。
- 数据访问层：该层由 DAO 类组成。在这些类中使用 Hibernate 访问数据库，并提供对数据库的通用功能，如查询数据、修改数据等。只有业务逻辑层直接和数据访问层打交道，而 Web 表现层则通过业务逻辑层来访问数据访问层。

25.2 数据库设计

在本系统中只涉及一个 t_users 表，该表包含了 id、name、password_md5、xm 和 email 字段，这些字段的详细描述如图 25.1 所示。

	字段	类型	整理	属性	Null	默认	额外
☐	id	int(10)		UNSIGNED	否		auto_increment
☐	name	varchar(20)	utf8_unicode_ci		否		
☐	password_md5	varchar(50)	utf8_unicode_ci		否		
☐	xm	varchar(10)	utf8_unicode_ci		是	NULL	
☐	email	varchar(20)	utf8_unicode_ci		是	NULL	

图 25.1　t_users 表的结构

25.3　实现数据持久化和业务逻辑层

在本系统中涉及的数据持久化层实际上就是一些 JavaBean。系统可以将请求参数封装在这些 JavaBean 的对象实例中。在数据访问层也可以从这些 JavaBean 的对象实例中获得数据，并将其保存在数据库中。

25.3.1　编写 User 类

User 类的对象实例用于封装登录页面和注册页面提交的请求参数，同时数据访问层也需要 User 类的对象实例来获得用户登录和注册的信息。User 类中的属性和 t_users 表中的属性一一对应（除了 t_users 表中的 id 字段外，其他的字段都在 User 类中有相应的属性）。User 类的实现代码如下：

```
public class User
{
    //与数据表字段和请求参数对应的属性
    private String name;
    private String password;
    private String xm;
    private String email;
    private String validationCode;
    public String getPassword_md5()
    {
        return Encrypter.md5(password);
    }
    public String getName()
    {
        return name;
    }
    public void setName(String name)
    {
        this.name=name;
    }
    public String getPassword()
    {
        return password;
    }
    public void setPassword(String password)
```

```
        {
            this.password=password;
        }
        public String getXm()
        {
            return xm;
        }
        public void setXm(String xm)
        {
            this.xm=xm;
        }
        public String getEmail()
        {
            return email;
        }
        public void setEmail(String email)
        {
            this.email=email;
        }
        public String getValidationCode()
        {
            return validationCode;
        }
        public void setValidationCode(String validationCode)
        {
            this.validationCode=validationCode;
        }
    }
```

其中，util.Encrypter 类的 md5 方法可以利用 MD5 算法对字符串进行加密。在 User 类中虽然从请求参数接收的是明文的密码，但在 password 属性的 getter 方法中将使用 md5 方法对明文密码进行加密，而数据访问层将通过 password 属性的 getter 方法获得用户提交的密码。因此，保存在 t_users 表中的密码是经过 MD5 加密后的密码字符串。

25.3.2 编写 DAOSupport 类

DAOSupport 类是所有的 DAO 类的父类，由于所有的 DAO 对象都需要 HibernateTemplate 对象，因此，在 DAOSupport 类中通过构造方法将 HibernateTemplate 对象传入了 DAO 对象中。DAOSupport 类的代码如下：

```
public class DAOSupport
{
    protected HibernateTemplate template;
    public DAOSupport(HibernateTemplate template)
    {
        this.template=template;
    }
}
```

25.3.3　编写操作用户信息的 DAO 组件

操作用户信息的 DAO 组件由 UserDAO 接口和 UserDAOImpl 类组成。虽然 UserDAO 接口并不是必需的，但为了使系统有更好的扩展性，笔者建议使用接口来降低系统中各个类之间的耦合度。

UserDAO 接口定义了操作用户信息的方法，该接口的代码如下：

```
public interface UserDAO
{
    public void save(User user) throws Exception; //保存用户信息
    //根据用户名装载用户信息（User 对象）
    public User findByName(String name) throws Exception;
}
```

UserDAOImpl 类是 UserDAO 接口的实现类，该类的代码如下：

```
public class UserDAOImpl extends DAOSupport implements UserDAO
{
    public UserDAOImpl(HibernateTemplate template)
    {
        super(template);
    }
    //如果没有指定的用户名，则返回 null
    @Override
    public User findByName(String name)throws Exception
    {
        //使用 HibernateTemplate 类的 find 方法执行 HQL 语句
        List<User> users=template.find("from User where name=?", name);
        if(users.size()>0)
            return users.get(0);
        return null;
    }
    @Override
    public void save(User user)throws Exception
    {
        template.saveOrUpdate(user);
    }
}
```

25.3.4　编写与用户相关的 Service 组件

为了尽可能地降低系统之间的类的耦合度，业务逻辑层组件也由接口和相应的实现代码组成。UserService 接口和 UserServiceImpl 类用于处理与用户相关的数据及业务逻辑。UserService 接口的代码如下：

```
public interface UserService
{
    public void addUser(User user,String root)throws Exception; //添加用户信息
    public User getUser(String username) throws Exception; //获得指定的用户信息
```

```
//验证登录用户的信息是否有效
   public boolean verifyUser(User user) throws Exception;
//更新用户的标题和子标题
public void editTitle(User user,HttpSession session)throws Exception;
}
```

UserServiceImpl 类是 UserService 接口的实现类，该类的代码如下：

```
public class UserServiceImpl implements UserService
{
   private UserDAO userDAO;
   private Config config;
   public UserServiceImpl(UserDAO userDAO,Config config)
   {
      this.userDAO=userDAO;
      this.config=config;
   }
   @Override
   public void addUser(User user,String root)throws Exception
   {
      userDAO.save(user); //向 t_users 表中添加一条用户记录
      //下面是业务逻辑代码
      //为当前建立的用户创建一个保存该用户发布的 blog 及回复的目录
      String userPath=root+config.getRoot()+File.separator+user.getName().
      hashCode()+File.separator;
      File dir=new File(userPath);
      if(!dir.exists())
         dir.mkdirs();
   }
   @Override
   public boolean verifyUser(User user)throws Exception
   {
      User dbUser=userDAO.findByName(user.getName());
      if(dbUser==null)
         return false;
      //验证登录用户的用户名和密码是否正确
      if(user.getName().equals(dbUser.getName())
            &&user.getPasswordMd5().equals(dbUser.getPasswordMd5()))
      {
         return true;
      }
      return false;
   }
   @Override
   public User getUser(String username)throws Exception
   {
      return userDAO.findByName(username);
   }
```

```
    @Override
    public void editTitle(User user,HttpSession session)throws Exception
    {
        User dbUser=userDAO.findByName(user.getName());
        //根据用户名获得一个 User 对象
        String username=(String)session.getAttribute("user");
        //从 Session 中获得用户名，如果为 null，则该用户未登录，不更新标题和子标题
        if(username==null)return;
        if(dbUser==null)return;
        if(!username.equals(dbUser.getName()))return;
        dbUser.setTitle(user.getTitle());
        dbUser.setSubTitle(user.getSubTitle());
        userDAO.save(dbUser); //更新 t_users 表中的 title 和 sub_title 字段值
    }
}
```

要注意的是，由于在 Service 对象中需要用到一个或多个 DAO 对象，因此，这些 DAO 对象通常作为 Service 类构造方法的参数传入 Service 对象，当然，也可以作为 Service 类的属性传入 Service 对象，读者可以根据具体情况选择相应的方法向 Service 对象传入 DAO 对象。

25.4　实现 Action 类与 Web 表现层组件

与用户交互的页面通常由一系列 JSP 页面和 Action 组成。JSP 页面用来显示用户接口，而 Action 类通常被用来从业务逻辑层获得数据或提交由 JSP 页面发送的数据。

25.4.1　编写 ModelAction 类

ModelAction 类是所有 Action 类的父类，在该类中实现了所有 Action 类都要用到的功能，如实现 ModelDriven 接口、获得 HttpSession 对象等。ModelAction 类的代码如下：

```
    //在 ModelAction 类中使用泛型来指定 Model 类
    public class ModelAction<Model>extends ActionSupport implements  ModelDriven
<Model>,ServletRequestAware,ServletContextAware
    {
        protected Model model;
        protected ServiceManager serviceManager;
        protected String result;
        protected HttpServletRequest request;
        protected HttpSession session;
        protected ServletContext context;
        @Override
        public void setServletContext(ServletContext context)
        {
            this.context=context;
        }
        @Override
        public Model getModel()
```

```
    {
        return model;
    }
    public void setServiceManager(ServiceManager serviceManager)
    {
        this.serviceManager=serviceManager;
    }
    @Override
    public void setServletRequest(HttpServletRequest request)
    {
        this.request=request;
        this.session=request.getSession();
    }
    //该方法用于检查验证码是否正确，用于登录和注册页面
    @Override
    public void validate()
    {
        if(model==null)
            return;
        try
        {
            Method method=model.getClass().getMethod("getValidationCode");
            String validationCode=(String)method.invoke(model);
            if(validationCode.equals(""))return;
            Object obj=ActionContext.getContext().getSession().get("vCode");
            String vCode=(obj!=null)?obj.toString():"";
            if(!vCode.equals(validationCode))
            {
                this.addFieldError("validationCode", "验证码错误");
            }
        }
        catch(Exception e)
        {
        }
    }
    public String getResult()
    {
        return result;
    }
}
```

在 ModelAction 类中实现了 ModelDriven 接口，因此，所有从 ModelAction 继承的类都必须指定一个 Model 类。Model 类只需要在 ModelAction 的子类的构造方法中指定即可。

25.4.2　用户注册

在本例中通过 RegisterAction 类处理用户注册请求。RegisterAction 是一个 Action 类，代码如下：

```
public class RegisterAction extends ModelAction<User>
{
    public RegisterAction()
    {
        //创建模型类的对象实例
        model=new User();
    }
    public String execute()
    {
        UserService userService=serviceManager.getUserService();
        try
        {
            String root=context.getRealPath("/");
            userService.addUser(model, root);
            result="用户注册成功";
            return SUCCESS;
        }
        catch(Exception e)
        {
            result=e.getMessage();
            e.printStackTrace();
        }
        return INPUT;
    }
}
```

RegisterAction 类的配置代码如下：

```
<action name="register"class="action.RegisterAction">
    <result name="success">/WEB-INF/jsp/register.jsp</result>
    <result name="input">/WEB-INF/jsp/register.jsp</result>
</action>
```

其中 register.jsp 显示了用户注册页面。该页面使用了<s:form>及其他的 Struts 2 标签来生成若干用于录入用户注册信息的表单域，代码如下：

```
<s:form id="registerForm"action="register">
    <s:textfield name="name"label="用户名"required="true"cssClass="input_ list"/>
    <s:password name="password"required="true"cssClass="input_list" label="密码"/>
    <s:textfield name="xm"cssClass="input_list" label="姓名"/>
    <s:textfield name="email"cssClass="input_list" label="电子邮件"/>
    <s:textfield name="validationCode"required="true" cssClass="input_list"
label="验证码"/>
    <s:submit value="注册"/>
</s:form>
```

25.4.3 用户登录

Blog 系统使用 LoginAction 类处理用户登录请求，该类的代码如下：

```
public class LoginAction extends ModelAction<User>
```

```
{
    public LoginAction()
    {
        model=new User();
    }
    public String execute()
    {
        try
        {
            UserService userService=serviceManager.getUserService();
            //验证登录用户的信息是否合法
            if(userService.verifyUser(model))
            {
                result="用户登录成功";
                session.setAttribute("user", model.getName());
                //session 的有效时间为 24 小时
                session.setMaxInactiveInterval(24 * 2600);
                return SUCCESS;
            }
        }
        catch(Exception e)
        {
            e.printStackTrace();
        }
        result="用户登录失败";
        return INPUT;
    }
}
```

LoginAction 类的配置代码如下：

```
<action name="login"class="action.LoginAction">
    <result name="success" type="redirectAction">main</result>
    <result name="input">/WEB-INF/jsp/login.jsp</result>
</action>
```

25.5　本 章 小 结

本章利用 Struts 2、Hibernate 和 Spring 技术实现了一个注册登录系统。这个系统可以独立使用，也可以嵌入到其他的系统中。例如，下一章将利用这个注册登录系统实现一个博客系统。

第 26 章　博客系统

本章给出了一个使用 SSH 整合方式实现的博客系统。在本系统中，使用 Struts 2 的 Action 代替了传统 Web 应用程序中的 Servlet，在操作数据库方法中使用了目前非常流行的 ORM 框架 Hibernate，而 Spring 框架通过自身的优势将 Struts 2 和 Hibernate 有机地结合在一起，以使 Struts 2、Spring 和 Hibernate 形成三位一体的三层结构体系。读者通过对本章提供的博客系统的学习可以掌握使用 Struts 2 + Spring + Hibernate 整合的方式开发三层结构的 Web 应用程序的步骤和方法。

26.1　系 统 概 述

本系统实现了 Blog 系统的基本功能，这些功能主要包括：

- 发布 Blog。
- 浏览当前登录用户录入的 Blog 列表。
- 编辑以前录入的 Blog。
- 删除以前录入的 Blog。
- 对 Blog 进行评论。
- 统计 Blog 的阅读人数和评论人数。
- 设置并显示标题和子标题。

除此之外，在博客系统中还使用了 JSP 版的 FCKEditor 组件在浏览器页面中显示录入和编辑 Blog 的编辑器，FCKEditor 组件生成的 Web 版的编辑器可以编辑非常复杂的文档。下面让我们先睹为快，看看本章实现的博客系统最终的效果是什么。图 26.1 所示为博客系统的主页面。

26.2　数据库设计

本章实现的博客系统使用了两个表：t_blogs 和 t_replies。其中，t_blogs 表保存了与用户录入的 Blog 相关的信息，t_replies 表保存了 Blog 的回复信息。这两个表的结构分别如表 26.1 和表 26.2 所示。

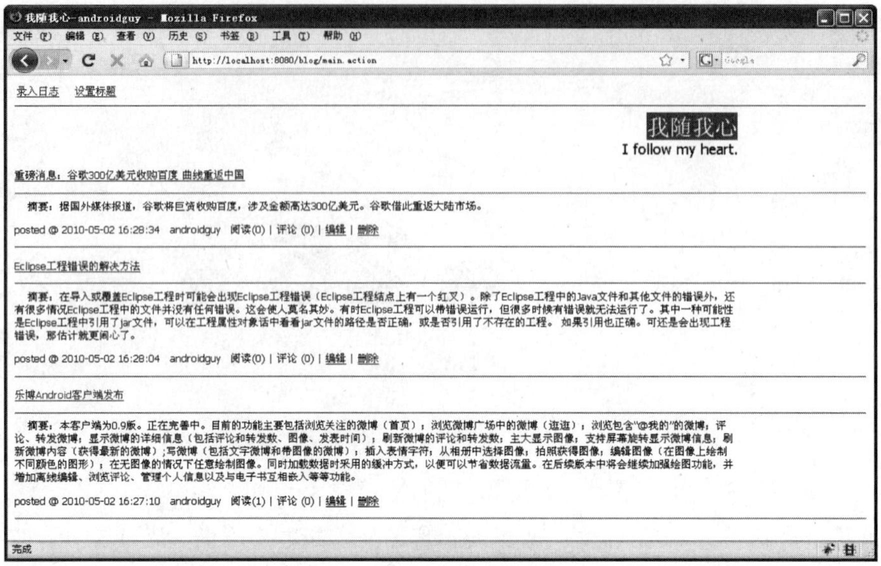

图 26.1 博客系统的主页面

表 26.1 t_blogs 表的结构

字段名	字段类型	描述	是否允许为 NULL	其他
id	int	t_blogs 表的主键	否	自增型字段，增量为 1
user_id	int	发布当前 Blog 的用户 ID	否	
title	varchar(50)	Blog 的标题	否	
path	varchar(30)	Blog 正文保存在本地的文件路径（只包含文件名部分）	否	
abstract	varchar(1000)	Blog 的摘要	是	
reply_count	int	Blog 的回复数	否	
view_count	int	Blog 的评论数	否	
post_date	datetime	发布 Blog 的日期和时间	否	

表 26.2 t_replies 表的结构

字段名	字段类型	描述	是否允许为 NULL	其他
id	int	t_replies 表的主键	否	自增型字段，增量为 1
blog_id	int	回复所有的 Blog 的 ID	否	
reply_user_name	varchar(30)	回复的用户名	否	
reply_date	datetime	回复的日期和时间	否	
reply_filename	varchar(30)	回复内容保存在本地的文件名	否	

26.3 数据持久层组件

在 SSH 整合模式下的数据持久层组件实际上就是 Hibernate 框架使用的实体 Bean，通常每一个实体 Bean 与一个数据表相对应，实体 Bean 的属性与数据表中的相应字段对应。由于在 Blog

系统中涉及了两个表，因此，也需要两个实体 Bean 来对应这两个表。这两个实体 Bean 分别为 Blog 和 Reply。

26.3.1 编写 Blog 类

Blog 类与 t_blogs 表对应，Blog 类的大多数属性与 t_blogs 表中的字段对应，该类的代码如下：

```
public class Blog
{
    private int id;
    private User user;
    private String title;
    private String content;
    private String blogAbstract;
    private String path;
    private String fullPath; //封装了用于访问 Blog 内容的完整 Web 路径
    private int replyCount;
    private int viewCount;
    private java.util.Date postDate;
    public int getId()
    {
        return id;
    }
    public void setId(int id)
    {
        this.id=id;
    }
    public User getUser()
    {
        return user;
    }
    public void setUser(User user)
    {
        this.user=user;
    }
    public String getTitle()
    {
        return title;
    }
    public void setTitle(String title)
    {
        this.title=title;
    }
    public String getContent()
    {
        return content;
    }
```

```
    public void setContent(String content)
    {
        this.content=content;
    }
    public String getBlogAbstract()
    {
        return blogAbstract;
    }
    public void setBlogAbstract(String blogAbstract)
    {
        this.blogAbstract=blogAbstract;
    }
    public String getPath()
    {
        return path;
    }
    public void setPath(String path)
    {
        this.path=path;
    }
    public String getFullPath()
    {
        return fullPath;
    }
    public void setFullPath(String fullPath)
    {
        this.fullPath=fullPath;
    }
    public int getReplyCount()
    {
        return replyCount;
    }
    public void setReplyCount(int replyCount)
    {
        this.replyCount=replyCount;
    }
    public int getViewCount()
    {
        return viewCount;
    }
    public void setViewCount(int viewCount)
    {
        this.viewCount=viewCount;
    }
    public java.util.Date getPostDate()
    {
```

```
        return postDate;
    }
    public void setPostDate(java.util.Date postDate)
    {
        this.postDate=postDate;
    }

}
```

在 WEB-INF\classes\entity 目录中建立一个 Blog.hbm.xml 文件，该文件配置了 Blog 类与 t_blogs 表的映射关系，代码如下：

```
<hibernate-mapping>
    <class name="entity.Blog" table="t_blogs">
        <id name="id" column="id" type="int">
            <generator class="native"/>
        </id>
       <many-to-one name="user" column="user_id" class="entity.User"cascade="all"
       lazy="false"/>
        <property name="title" column="title"/>
        <property name="blogAbstract" column="abstract"/>
        <property name="path" column="path"/>
        <property name="replyCount" column="reply_count"/>
        <property name="viewCount" column="view_count"/>
        <property name="postDate" column="post_date"/>
    </class>
</hibernate-mapping>
```

在上面的代码中使用了<many-to-one>标签来配置 Blog 对象与 User 对象的多对一关系，如果 lazy 属性值为 false，则表示当 Hibernate 创建 Blog 对象时，会自动装载与该 Blog 对象相关的 User 对象，并将该对象实例赋给 Blog 类的 user 属性。

26.3.2　编写 Reply 类

Reply 类与 t_replies 表对应，Reply 类的大多数属性与 t_replies 表中的字段对应，该类的代码如下：

```
public class Reply
{
    private int id;
    private int blogId;
    private String replyUsername;
    private java.util.Date replyDate;
    private String replyFilename;
    private String replyFullPath; //封装了用于访问回复内容的完整Web路径
    private String replyContent;
    public int getId()
    {
        return id;
```

```
    }
    public void setId(int id)
    {
        this.id=id;
    }
    public int getBlogId()
    {
        return blogId;
    }
    public void setBlogId(int blogId)
    {
        this.blogId=blogId;
    }
    public String getReplyUsername()
    {
        return replyUsername;
    }
    public void setReplyUsername(String replyUsername)
    {
        this.replyUsername=replyUsername;
    }
    public java.util.Date getReplyDate()
    {
        return replyDate;
    }
    public void setReplyDate(java.util.Date replyDate)
    {
        this.replyDate=replyDate;
    }
    public String getReplyFilename()
    {
        return replyFilename;
    }
    public void setReplyFilename(String replyFilename)
    {
        this.replyFilename=replyFilename;
    }
    public String getReplyFullPath()
    {
        return replyFullPath;
    }
    public void setReplyFullPath(String replyFullPath)
    {
        this.replyFullPath=replyFullPath;
    }
    public String getReplyContent()
```

```
    {
        return replyContent;
    }
    public void setReplyContent(String replyContent)
    {
        this.replyContent=replyContent;
    }
}
```

在 WEB-INF\classes\entity 目录中建立一个 Reply.hbm.xml 文件，该文件配置了 Reply 类与 t_replies 表的映射关系，代码如下：

```
<hibernate-mapping>
    <class name="entity.Reply" table="t_replies">
        <id name="id" column="id" type="int">
            <generator class="native" />
        </id>
        <property name="blogId" column="blog_id" />
        <property name="replyUsername" column="reply_user_name" />
        <property name="replyDate" column="reply_date" />
        <property name="replyFilename" column="reply_filename" />
    </class>
</hibernate-mapping>
```

26.4　数据访问层组件

数据访问层组件主要用于操作数据库中的数据，数据访问层组件都是以 DAO 结尾的 Java 类。在博客系统中使用了两个 DAO 组件：操作 Blog 信息的 DAO 组件和操作回复信息的 DAO 组件。这两个 Java 类都是从 DAOSupport 类继承的，DAOSupport 类已经在第 25 章实现了，本节将实现其余的组件。

26.4.1　编写操作 Blog 信息的 DAO 组件

操作 Blog 信息的 DAO 组件由 BlogDAO 接口和 BlogDAOImpl 类组成。在 BlogDAO 接口中定义了保存、删除 Blog 记录的方法，除此之外，还定义了一些更新和查询的方法。BlogDAO 接口的代码如下：

```
public interface BlogDAO
{
    public void save(Blog blog) throws Exception;
    public Blog findById(final int id) throws Exception;
    public List<Blog>getBlogs(final User user,final int start,final int count);
    public void incViewCount(final int id)throws Exception;
    public void incReplyCount(final int id)throws Exception;
    public void delete(final Blog blog)throws Exception;
    public long getBlogCount(User user)throws Exception;
}
```

BlogDAOImpl 类是 BlogDAO 接口的实现类，该类的代码如下：

```
public class BlogDAOImpl extends DAOSupport implements BlogDAO
{
    public BlogDAOImpl(HibernateTemplate template)
    {
        super(template);
    }
    @Override
    public Blog findById(final int id)throws Exception
    {
        return(Blog)template.execute(new HibernateCallback()
        {
          public Object doInHibernate(Session session)throws HibernateException,
          SQLException
            {
                Blog blog=(Blog)session.get(Blog.class, id);
                return blog;
            }
        });
    }
    @Override
    public void save(Blog blog)throws Exception
    {
        template.saveOrUpdate(blog);
    }
    @Override
    public List<Blog> getBlogs(final User user, final int start, final int count)
    {
        return(List<Blog>)template.execute(new HibernateCallback()
        {
          public Object doInHibernate(Session session)throws HibernateException,
          SQLException
            {
                Query query=session.createQuery("from Blog where user=?order by
                postDate DESC");
                query.setEntity(0,user);
                query.setFirstResult(start);
                query.setMaxResults(count);
                return query.list();
            }
        });
    }
    @Override
    public void incViewCount(int id)throws Exception
    {
        template.bulkUpdate("update Blog set viewCount=viewCount+1 where id
        =?",id);
```

```
    }
    @Override
    public void incReplyCount(int id)throws Exception
    {
     template.bulkUpdate("update Blog set replyCount=replyCount+1 where id=?",id);
    }
    @Override
    public void delete(final Blog blog) throws Exception
    {
        template.execute(new HibernateCallback()
        {
          public Object doInHibernate(Session session)throws HibernateException,
          SQLException
           {
            Query query = session.createQuery("delete from Reply where blogId = ?");
           query.setInteger(0,blog.getId());
           query.executeUpdate();
           session.delete(blog);
           return null;
            }
        });
    }
    @Override
    public long getBlogCount(User user)throws Exception
    {
        List count=template.find("select count(*) from Blog where user=?", user);
        return ((Long)count.get(0)).longValue();
    }
}
```

26.4.2　编写操作回复信息的 DAO 类

操作回复信息的 DAO 组件由 ReplyDAO 接口和 ReplyDAOImpl 类组成。在 ReplyDAO 接口中定义了保存和获得指定 Blog 的所有回复信息的方法，ReplyDAO 接口的代码如下：

```
public interface ReplyDAO
{
    public void save(Reply reply)throws Exception; //保存回复信息
    //获得指定 Blog 的所有回复信息
    public List<Reply>getReplies(int blogId)throws Exception;
}
```

ReplyDAOImpl 类是 ReplyDAO 接口的实现类，该类的代码如下：

```
public class ReplyDAOImpl extends DAOSupport implements ReplyDAO
{
    public ReplyDAOImpl(HibernateTemplate template)
    {
        super(template);
```

```
    }
    @Override
    public List<Reply>getReplies(int blogId)throws Exception
    {
        return(List<Reply>)template.find(from Reply where blogId=?order by
        replyDate ASC",blogId);
    }
    @Override
    public void save(Reply reply)throws Exception
    {
        template.save(reply);
    }
}
```

26.5　业务逻辑层组件

业务逻辑层的组件主要负责调用数据访问层组件来操作数据库中的数据，并完成相应的业务逻辑操作。博客系统涉及了两个业务逻辑层组件，分别与数据访问层的两个组件相对应。

26.5.1　编写与 Blog 相关的 Service 组件

与 Blog 相关的 Service 组件由 BlogService 接口和 BlogServiceImpl 类组成。BlogService 接口的代码如下：

```
public interface BlogService
{
    public void addBlog(Blog blog, HttpSession session,
            ServletContext servletContext) throws Exception; //添加一个 Blog
    //修改 Blog 的内容，如标题、正文、摘要等
    public void editBlog(Blog blog,HttpSession session,
            ServletContext servletContext) throws Exception;
    public List<Blog> getBlogs(String username, int pageIndex, int pageCount)
            throws Exception; //pageIndex 表示当前显示页的索引，从 1 开始 pageCount
                                  //表示当前页显示的最大 Blog 数
    //获得指定 id 的 Blog 信息,如果 incViewCount 属性为 true,则 t_blogs 表的 view_count
      字段值增 1
    public Blog getBlog(int id, boolean incViewCount) throws Exception;
    public void deleteBlog(Blog blog,HttpSession session,ServletContext servlet
    Context)throws Exception; //删除指定的 Blog
    //获得当前用户发布的 Blog 的总数
    public long getBlogCount(String username) throws Exception;
}
```

BlogServiceImpl 类是 BlogService 接口的实现类，该类的代码如下：

```
public class BlogServiceImpl implements BlogService
{
    private BlogDAO blogDAO;
```

```
    private UserDAO userDAO;
    private Config config;
    //BlogServiceImpl 对象需要使用 BlogDAO 和 UserDAO 对象，因此，通过构造方法将这两
    //个对象传入 BlogServiceImpl 对象
    public BlogServiceImpl(BlogDAO blogDAO,UserDAO userDAO,Config config)
    {
        this.blogDAO=blogDAO;
        this.userDAO=userDAO;
        this.config=config;
    }
    @Override
   public void addBlog(Blog blog,HttpSession session,ServletContext servletContext)
   throws Exception
    {
        String username=(String) session.getAttribute("user");
        if(username==null)
            return;
        User user=userDAO.findByName(username);
        if(user==null)
            return;
        java.util.Random rand=new java.util.Random();
        java.util.Date now=new java.util.Date();
        String path=String.valueOf(now.getTime())+String.valueOf
                (rand.nextInt(1000000));
        blog.setTitle(Html.filter(blog.getTitle()));//转换标题中的特殊符号
        blog.setUser(user);
        blog.setPath(path);
        blog.setBlogAbstract(Html.filter(blog.getBlogAbstract()));
        blog.setPostDate(now);
        blogDAO.save(blog); //向 t_blogs 表中添加一条 Blog 记录
        String blogPath=servletContext.getRealPath("/")+config.getRoot()
        +File.separator + username.hashCode()+File.separator+path+File.separator;
        //获得Blog 正文内容保存在本地的文件路径，并向该文件写入 Blog 正文
        File dir=new File(blogPath);
        if(!dir.exists())
            dir.mkdirs();
        java.io.FileOutputStream fos=new java.io.FileOutputStream(blogPath
        +"content.txt");
        java.io.OutputStreamWriter osw=new java.io.OutputStreamWriter(fos,
        "UTF-8");
        osw.write(blog.getContent());
        osw.close();
        fos.close();
    }
    @Override
  public void editBlog(Blog blog,HttpSession session,ServletContext servletContext)
  throws Exception
```

```
{
    Blog myBlog=blogDAO.findById(blog.getId());
    String username=(String)session.getAttribute("user");
    if(username==null)return;
    if(myBlog==null)return;
    if(!username.equals(myBlog.getUser().getName()))return;
    myBlog.setTitle(blog.getTitle());
    myBlog.setBlogAbstract(blog.getBlogAbstract());
    blogDAO.save(myBlog);
    String blogPath=servletContext.getRealPath("/")+config.getRoot()
    +File.separator+myBlog.getUser().getName().hashCode()+File.Separator
    +myBlog.getPath()+File.separator;
    File dir=new File(blogPath);
    if(!dir.exists())
        dir.mkdirs();
    java.io.FileOutputStream fos=new java.io.FileOutputStream(blogPath
    + "content.txt");
    java.io.OutputStreamWriter osw=new java.io.OutputStreamWriter(fos,
    "UTF-8");
    osw.write(blog.getContent());
    osw.close();
    fos.close();
}
@Override
public List<Blog> getBlogs(String username,int pageIndex,int pageCount)
throws Exception
{
    User user=userDAO.findByName(username);
    if(user==null)return null;
    return blogDAO.getBlogs(user,(pageIndex-1)*pageCount,pageCount);
}
@Override
public Blog getBlog(int id,boolean incViewCount)throws Exception
{
    Blog blog=blogDAO.findById(id);
    String fullPath=config.getRoot()+"/"+blog.getUser().getName().
    hash Code()+"/"+blog.getPath()+"/content.txt";
    blog.setFullPath(fullPath);
    if(incViewCount)
        blogDAO.incViewCount(id);
    return blog;
}
@Override
public void deleteBlog(Blog blog,HttpSession session,ServletContext
servletContext)throws Exception
{
```

```
        Blog myBlog=blogDAO.findById(blog.getId());
        String username=(String)session.getAttribute("user");
        if(username==null)return;
        if(myBlog==null)return;
        if(!username.equals(myBlog.getUser().getName()))return;
        String blogPath=servletContext.getRealPath("/")+config.getRoot()
        +File.separator+myBlog.getUser().getName().hashCode()+File.
        separator+myBlog.getPath()+File.separator;
        File dir=new File(blogPath);
        if(dir.exists())
        {
            File[] files=dir.listFiles();
            for(File file:files)
                file.delete();
            dir.delete();
        }
        blogDAO.delete(blog);
    }
    @Override
    public long getBlogCount(String username)throws Exception
    {
        User user=userDAO.findByName(username);
        if(user==null)return 0;
        return blogDAO.getBlogCount(user);
    }
}
```

26.5.2　编写与回复相关的 Service 组件

与回复相关的 Service 组件由 ReplyService 接口和 ReplyServiceImpl 类组成。ReplyService 接口的代码如下：

```
public interface ReplyService
{
    //添加回复信息
    public void addReply(Reply reply, HttpSession session,ServletContext
    servletContext) throws Exception;
    //获得指定Blog ID的全部回复信息
    public List<Reply>getReplies(int blogId)throws Exception;
}
```

ReplyServiceImpl 类是 ReplyService 接口的实现类，该类的代码如下：

```
public class ReplyServiceImpl implements ReplyService
{
    private BlogDAO blogDAO;
    private ReplyDAO replyDAO;
    private Config config;
    public ReplyServiceImpl(BlogDAO blogDAO, ReplyDAO replyDAO, Config config)
```

```
    {
        this.blogDAO=blogDAO;
        this.replyDAO=replyDAO;
        this.config=config;
    }
    @Override
    public void addReply(Reply reply, HttpSession session,ServletContext
    servletContext)throws Exception
    {
        Blog blog=blogDAO.findById(reply.getBlogId());
        if(blog==null)return;
        String replyPath=servletContext.getRealPath("/")+config.getRoot()
        + File.separator + blog.getUser().getName().hashCode() + File.separator
        + blog.getPath()+File.separator;
        File dir=new File(replyPath);
        if(!dir.exists())
            dir.mkdirs();
        java.util.Random rand=new java.util.Random();
        java.util.Date now=new java.util.Date();
        String replyFilename=String.valueOf(now.getTime())+String.valueOf
        (rand.nextInt(1000000))+".txt";
        reply.setReplyDate(now);
        reply.setReplyFilename(replyFilename);
        reply.setReplyContent(util.Html.filter(reply.getReplyContent()));
        replyDAO.save(reply); //向 t_replies 表中添加一条回复记录
        java.io.FileOutputStream fos=new java.io.FileOutputStream(replyPath+
        replyFilename);
        java.io.OutputStreamWriter osw=new java.io.OutputStreamWriter(fos,
        "UTF-8");
        osw.write(reply.getReplyContent());//向本地文件写入回复的内容
        osw.close();
        fos.close();
        blogDAO.incReplyCount(blog.getId());//将 t_blogs 表中的 reply_count 字段
                                            //值增 1
    }
    @Override
    public List<Reply> getReplies(int blogId)throws Exception
    {
        Blog blog=blogDAO.findById(blogId);
        if(blog==null)return null;
        List<Reply>replies=replyDAO.getReplies(blogId);
        String replyPath=config.getRoot()+"/"+blog.getUser().getName().hash
        Code()+"/"+blog.getPath()+"/";
        for(Reply reply:replies)
        {
            reply.setReplyFullPath(replyPath+reply.getReplyFilename());
```

```
        }
        return replies;
    }
}
```

26.5.3　编写 ServiceManager 类

ServiceManager 类负责前面编写的 3 个 Service 类的对象实例，该类也需要在 Spring 的配置文件中装配。ServiceManager 类的代码如下：

```
public class ServiceManager
{
    private UserService userService;
    private BlogService blogService;
    private ReplyService replyService;
    public UserService getUserService()
    {
        return userService;
    }
    public void setUserService(UserService userService)
    {
        this.userService=userService;
    }
    public BlogService getBlogService()
    {
        return blogService;
    }
    public void setBlogService(BlogService blogService)
    {
        this.blogService=blogService;
    }
    public ReplyService getReplyService()
    {
        return replyService;
    }
    public void setReplyService(ReplyService replyService)
    {
        this.replyService=replyService;
    }
}
```

26.6　配置 Spring

在编写完数据访问层组件和业务逻辑层组件后，需要在 Spring 配置文件中配置这些组件。在 WEB-INF 目录中建立一个 applicationContext.xml 文件，并输入如下的内容：

```
<?xml version="1.0" encoding="UTF-8"?>
```

```
<beans …
    <bean id="sessionFactory"class="org.springframework.orm.hibernate3.Lo
    calSessionFactoryBean">
        <property name="configLocation" value="classpath:hibernat e.cfg.xm l">
        </property>
    </bean>
    <bean id="hibernateTemplate" class="org.springframework.orm.hiberna te3.
    HibernateTemplate">
        <property name="sessionFactory" ref="sessionFactory"/>
    </bean>
    <bean id="transactionManager"
        class="org.springframework.orm.hibernate3.HibernateTransactionManager">
        <property name="sessionFactory">
            <ref bean="sessionFactory"/>
        </property>
    </bean>
    <bean id="transactionInterceptor" class="org.springframework.transact ion.
    interceptor.TransactionInterceptor">
        <property name="transactionManager">
            <ref bean="transactionManager"/>
        </property>
        <property name="transactionAttributes">
            <props>
                <prop key="get*">PROPAGATION_REQUIRED,readOnly</prop>
                <prop key="*">PROPAGATION_REQUIRED</prop>
            </props>
        </property>
    </bean>
    <bean class="org.springframework.aop.framework.autoproxy.BeanNameAuto Proxy
    Creator">
        <property name="beanNames">
            <list>
                <value>userDAO</value>
                <value>blogDAO</value>
                <value>replyDAO</value>
            </list>
        </property>
        <property name="interceptorNames">
            <list>
                <value>transactionInterceptor</value>
            </list>
        </property>
    </bean>
    <bean id="userDAO" class="dao.UserDAOImpl">
        <constructor-arg>
            <ref bean="hibernateTemplate"/>
```

```
    </constructor-arg>
</bean>
<bean id="blogDAO" class="dao.BlogDAOImpl">
    <constructor-arg>
        <ref bean="hibernateTemplate"/>
    </constructor-arg>
</bean>
<bean id="replyDAO" class="dao.ReplyDAOImpl">
    <constructor-arg>
        <ref bean="hibernateTemplate"/>
    </constructor-arg>
</bean>
<bean id="userService"class="service.UserServiceImpl">
    <constructor-arg>
        <ref bean="userDAO"/>
    </constructor-arg>
    <constructor-arg>
        <ref bean="config"/>
    </constructor-arg>
</bean>
<bean id="blogService" class="service.BlogServiceImpl">
    <constructor-arg>
        <ref bean="blogDAO"/>
    </constructor-arg>
    <constructor-arg>
        <ref bean="userDAO"/>
    </constructor-arg>
    <constructor-arg>
        <ref bean="config"/>
    </constructor-arg>
</bean>
<bean id="replyService"class="service.ReplyServiceImpl">
    <constructor-arg>
        <ref bean="blogDAO"/>
    </constructor-arg>
    <constructor-arg>
        <ref bean="replyDAO"/>
    </constructor-arg>
    <constructor-arg>
        <ref bean="config"/>
    </constructor-arg>
</bean>
<bean class="org.springframework.beans.factory.config.PropertyPlaceho lder
Configurer">
    <property name="location">
        <value>WEB-INF\blog.properties</value>
```

```
        </property>
    </bean>
    <bean id="config" class="util.Config">
        <property name="root" value="${root}"/>
    </bean>
    <bean id="serviceManager" class="service.ServiceManager">
        <property name="userService">
            <ref bean="userService"/>
        </property>
        <property name="blogService">
            <ref bean="blogService"/>
        </property>
        <property name="replyService">
            <ref bean="replyService"/>
        </property>
    </bean>
</beans>
```

26.7　Web 表现层组件

与用户交互的页面通常由一系列 JSP 页面和 Action 组成。JSP 页面用来显示用户接口，而 Action 类通常被用来从业务逻辑层获得数据或提交由 JSP 页面发送的数据。

26.7.1　实现博客系统的主页面

由于博客系统的主页面需要显示当前用户发布的所有的 Blog，因此，需要在运行主页面的过程中从服务端获得这些 Blog 信息。在本例中首先使用 GetBlogsAction 类来获得 Blog 信息以及其他相关的信息，然后在 main.jsp 页面中获得并输出这些信息。GetBlogsAction 类的代码如下：

```
public class GetBlogsAction extends ModelAction<Blogs>
{
    private User user;
    public GetBlogsAction()
    {
        model=new Blogs();
    }
    public User getUser()
    {
        return user;
    }
    public String execute()
    {
        try
        {
            BlogService blogService=serviceManager.getBlogService();
            UserService userService=serviceManager.getUserService();
```

```
            String username=(String)session.getAttribute("user");
            if(model.getUsername()!=null
                    &&!model.getUsername().trim().equals(""))
                username=model.getUsername();
            model.setCount(blogService.getBlogCount(username));
            int div=(int)model.getCount()/model.getEveryPageCount();
            model.setPageCount((model.getCount()%model.getEveryPageCount()
            ==0)?div:div+1); //获得 Blog 可显示的页面（每页显示 10 个 Blog，包括 Blog
                                摘要）
            model.setBlogs(blogService.getBlogs(username,model.getPage Index(),
            model.getEveryPageCount()));
            user=userService.getUser(username);
            return SUCCESS;
        }
        catch (Exception e)
        {
            e.printStackTrace();
        }
        return INPUT;
    }
}
```

其中 Blogs 是一个模型类，封装了当前用户发布的 Blog 信息以及其他相关的信息，该类的代码如下：

```
public class Blogs
{
    private String username;
    private int pageIndex=1; //当前页的索引（从 1 开始）
    private int everyPageCount=10; //每页的记录数
    private long count; //Blog 记录数
    private int pageCount; //返回的 Blog 可分成多少页显示
    private List<Blog> blogs; //封装用户发布的 Blog 信息
    //此处省略了属性的 getter 和 setter 方法
    …
}
```

GetBlogsAction 类的配置代码如下：

```
<action name="main"class="action.GetBlogsAction">
    <result name="success">/WEB-INF/jsp/main.jsp</result>
    <result name="input">/WEB-INF/jsp/main.jsp</result>
</action>
```

其中，main.jsp 为博客系统的主页面。该页面使用了<s:iterator>标签迭代 GetBlogsAction 类返回的 Blog 信息，并显示 Blog 标题、Blog 摘要和发布时间等信息，以及进行分页处理。核心代码如下：

```
<!--显示 Blog 标签、Blog 摘要及其他信息-->
<s:iterator id="blog" value="blogs">
    <a href="viewBlog.action?id=${blog.id}"> ${blog.title}</a><hr>
```

```
        <div style="width:800px;font-size:12px">
            摘要:${blog.blogAbstract}</div>
        <p/>posted@<fmt:formatDate value="${blog.postDate}"
            pattern="yyyy-MM-dd HH:mm:ss"/>  
        ${blog.user.name}   阅读(${blog.viewCount}) |评论(${blog.replyCount})
      <c:if test="${(sessionScope.user!= null)&&(param.username==session Scope.user||
      param.username==null)}">
        | <a href="editBlog.action?id=${blog.id}">编辑</a> |
            <a href="javascript:deleteBlog(${blog.id})">删除</a>
        </c:if><hr><p/>
    </s:iterator>
    <!--显示页码-->
    <div style="width:800px;text-align:center">
        <c:if test="${model.pageCount>1}">
            <c:forEach  begin="1"end="${model.pageCount}"varStatus="status">
                <c:set var="userparam" value="&username=${param.username}"/>
                <a href="main.action?pageIndex=${status.count}${(param.username
                ==null||param.username=='')?'':userparam }">${status.count}</a>
            </c:forEach>
        </c:if>
    </div>
```

26.7.2　发布与编辑 Blog 信息

发布与编辑 Blog 信息分别由 AddBlogAction 和 EditBlogAction 类来处理。AddBlogAction 类调用了 BlogService 接口的 addBlog 方法来发布 Blog 信息，EditBlogAction 类调用了 BlogService 接口的 editBlog 方法来发布 Blog 信息。关于这两个类的实现细节，请读者参阅本书提供的相应源代码。

addblog.jsp 是发布 Blog 信息的页面，该页面实际上通过一个表单来提交用户录入的 Blog 信息。在该页面中使用如下的代码来生成 Blog 内容编辑器：

```
    <%
        util.WebEditor.createFCKEditor(request,"800","400");
    %>
```

上面的代码实际上调用了 FCKEditor 组件的相关类来生成编辑器的客户端代码。该类的实现代码如下：

```
    public class WebEditor
    {
        public static void createFCKEditor(HttpServletRequest request, String width,
        String height)
        {
            createFCKEditor(request,width,height,"");
        }
      public static void createFCKEditor(HttpServletRequest request,String width,String
      height,String value)
        {
```

```
        String path=request.getContextPath();
        FCKeditor oFCKeditor;
        oFCKeditor=new FCKeditor(request,"content");
        //定义一个属性使 Action 通过 request 来获得 FCKeditor 编辑器中的值

        FCKeditorConfigurations con=new FCKeditorConfigurations();
        oFCKeditor.setConfig(con);
        oFCKeditor.setBasePath(path+"/FCKeditor/");
        oFCKeditor.setWidth(width);
        oFCKeditor.setHeight(height);
        oFCKeditor.setInstanceName("content");
        oFCKeditor.setValue(value); //设置 FCKeditor 编辑器打开时的默认值
        request.setAttribute("editor",oFCKeditor.create());
    }
}
```

从上面的代码可以看出，createFCKEditor 方法有两个重载形式，在 addblog.jsp 页面中使用了第一种重载形式，而第二种重载形式需要指定一个编辑器显示默认的值。在 editblog.jsp 页面中需要使用第二种重载形式将 Blog 原来的正文作为默认值显示在编辑器中，代码如下：

```
<%
    util.WebEditor.createFCKEditor(request,"800","400", (String) pageContext.
      getAttribute("content"));
%>
```

发布和编辑 Blog 页面的显示效果类似，图 26.2 所示为录入 Blog 的页面。

图 26.2　录入 Blog 的页面

26.7.3　添加与显示回复信息

添加回复信息由 AddReplyAction 来完成。该类调用了 ReplyService 接口的 addReply 方法

向 t_replies 表中添加回复记录，并将回复的内容保存在本地相应的文件中。

当用户单击图 26.1 所示的页面中的某个 Blog 标题时，就会显示该 Blog 的内容。每一个 Blog 标题都会链接到 viewBlog.action 上，这个 Action 对应于 GetBlogAction 类。在该类中同时获得了当前 Blog 的信息以及所有的回复信息。GetBlogAction 类的代码如下：

```
public class GetBlogAction extends ModelAction<Blog>
{
    private Blog blog;
    private List<Reply>replies;
    private boolean incViewCount=false;
    public GetBlogAction()
    {
        model=new Blog();
    }
    public Blog getBlog()
    {
        return blog;
    }
    public List<Reply>getReplies()
    {
        return replies;
    }
    public void setIncViewCount(boolean incViewCount)
    {
        this.incViewCount=incViewCount;
    }
    public String execute()
    {
        try
        {
            BlogService blogService=serviceManager.getBlogService();
            ReplyService replyService=serviceManager.getReplyService();
            blog=blogService.getBlog(model.getId(), incViewCount);
            //获得 Blog 的内容
            replies=replyService.getReplies(blog.getId());
            //获得 Blog 的所有回复信息
            return SUCCESS;
        }
        catch(Exception e)
        {
            e.printStackTrace();
        }
        return INPUT;
    }
}
```

GetBlogAction 类的配置代码如下：

```
<action name="viewBlog"class="action.GetBlogAction">
    <result name="success">/WEB-INF/jsp/viewblog.jsp</result>
    <result name="input">/WEB-INF/jsp/viewblog.jsp</result>
    <param name="incViewCount">true</param>
</action>
```

viewblog.jsp 页面使用<c:forEach>标签迭代了当前 Blog 的回复信息，代码如下：

```
<c:forEach var="reply" items="${replies}" varStatus="status">
    <label style="font-size:12px">#${status.count} 楼 
        <fmt:formatDate value="${reply.replyDate}"pattern="yyyy-MM-dd HH:
            mm:ss"/> 
        ${reply.replyUsername}<br>
        <c:import url="…/…/${reply.replyFullPath}" charEncoding="UTF-8"/>
    </label><p/>
</c:forEach>
```

26.8　本 章 小 结

本章给出了一个基于 SSH 的博客系统，该系统使用三层架构实现。在基于 SSH 整合的开发模式中，这些基础的工作（如装配 JavaBean，自动为 Action 类的属性赋值）都由 Spring 以及相关的组件代劳了。因此，使用 SSH 来实现三层构架的 Web 应用程序是非常容易的，而且层次清晰。

第 27 章　电子相册

本章给出一个完整的 Web 应用程序：电子相册系统。该系统主要使用 JSP/Servlet 技术实现。读者可以通过对电子相册系统的学习更进一步地了解使用 JSP/Servlet 技术开发相对完整的 Web 应用程序的方法和步骤。由于电子相册系统的代码比较多，为了节省篇幅，本章只给出了核心的实现代码，关于本系统详细的实现代码，读者可以查看随书光盘的 album 目录中的相关源代码文件。

27.1　系统概述

本系统实现了电子相册的基本功能，主要包括如下几个功能：

- 用户登录。
- 用户注册。
- 创建相册。
- 删除相册。
- 显示当前用户的所有相册。
- 修改指定相册的属性。
- 将照片上传到指定的相册中。
- 删除照片。

本系统采用了三层架构来实现。也就是说，系统分为数据持久层、数据访问层、业务逻辑层和 Web 表现层，其中数据持久层和数据访问层可以看做是数据层。

电子相册系统的主页面如图 27.1 所示。

在图 27.1 所示的页面上方显示了当前登录的用户。在该页面中显示了当前用户建立的 4 个相册，其中最后一个相册中并没有照片，因此显示了系统提供的默认图像。当光标移到相册附近时，会在下方显示【修改属性】和【删除】链接，分别用于修改相册的属性和删除当前相册。

图 27.1 相册系统的主页面

27.2 数据库设计

电子相册系统使用了 album 数据库，在该数据库中包含了如下 3 个表：

- t_users：保存注册用户信息。
- t_albums：保存相册信息。
- t_photos：保存上传照片信息。

t_users 表的结构如图 27.2 所示。

字段	类型	整理	属性	Null	默认	额外
id	int(10)		UNSIGNED	否		auto_increment
name	varchar(20)	utf8_unicode_ci		否		
password_md5	varchar(50)	utf8_unicode_ci		否		
xm	varchar(10)	utf8_unicode_ci		是	NULL	
email	varchar(20)	utf8_unicode_ci		是	NULL	

图 27.2 t_users 表的结构

t_albums 表的结构如图 27.3 所示。

字段	类型	整理	属性	Null	默认	额外
id	int(11)			否		auto_increment
name	varchar(12)	utf8_general_ci		否		
path	varchar(30)	utf8_general_ci		否		
description	varchar(100)	utf8_general_ci		是	NULL	
type	smallint(6)			否		
user_name	varchar(20)	utf8_general_ci		否		

图 27.3 t_albums 表的结构

t_photos 表的结构如图 27.4 所示。

字段	类型	整理	属性	Null	默认	额外
id	int(11)			否		auto_increment
user_name	varchar(20)	utf8_general_ci		否		
album_id	mediumint(9)			否		
name	varchar(30)	utf8_general_ci		否		
content_type	varchar(20)	utf8_general_ci		否		
upload_date	date			否		

图 27.4 t_photos 表的结构

27.3　数据持久层与访问层组件

在本例中的数据持久层的组件实际上就是一些 JavaBean，这些 JavaBean 负责封装客户端的请求，并为数据访问层提供数据，也就是说，数据持久层组件就是数据的载体。数据访问层负责操作数据库中的数据。该层的组件是以 DAO 结尾的 Java 类，在电子相册系统中涉及 3 个 DAO 类：UserDAO 类、AlbumDAO 类和 PhotoDAO 类。

27.3.1　数据持久层组件：User 类

数据持久层组件主要包括 4 个类：Common 类、User 类、Album 类和 Photo 类。User 类封装了与用户相关的信息（也就是 t_users 表中的字段值），该类的代码如下：

```
package model;
import util.Encrypter;
public class User
{
    private String name;
    private String password;
    private String xm;
    private String email;
    private String validationCode;
    public String getName()
    {
        return name;
    }
    public void setName(String name)
    {
        this.name=name;
    }
    public String getPassword()
    {
        return password;
    }
    public void setPassword(String password)
    {
        this.password=password;
    }
    public String getPassword_md5()
    {
        return Encrypter.md5(password);
    }
    public String getXm()
    {
        return xm;
    }
```

```
    public void setXm(String xm)
    {
        this.xm=xm;
    }
    public String getEmail()
    {
        return email;
    }
    public void setEmail(String email)
    {
        this.email=email;
    }
    public String getValidationCode()
    {
        return validationCode;
    }
    public void setValidationCode(String validationCode)
    {
        this.validationCode=validationCode;
    }
}
```

27.3.2 数据持久层组件：Album 类

Album 类封装了与相册相关的信息（包括 t_albums 表中的字段值），该类的实现代码如下：

```
package model;
public class Album
{
    private int id;
    private String name;
    private String path;
    private String description;
    private int type;
    private int photoId;
    public int getId()
    {
        return id;
    }
    public void setId(int id)
    {
        this.id=id;
    }
    public String getName()
    {
        return name;
    }
    public void setName(String name)
```

```
    {
        this.name=name;
    }
    public String getPath()
    {
        return path;
    }
    public void setPath(String path)
    {
        this.path=path;
    }
    public String getDescription()
    {
        return description;
    }
    public void setDescription(String description)
    {
        this.description=description;
    }
    public int getType()
    {
        return type;
    }
    public void setType(int type)
    {
        this.type=type;
    }
    public int getPhotoId()
    {
        return photoId;
    }
    public void setPhotoId(int photoId)
    {
        this.photoId=photoId;
    }
}
```

27.3.3　数据持久层组件：Photo 类

Photo 类封装了与照片相关的信息（包括 t_photos 表中的字段值），该类的实现代码如下：

```
package model;
import java.util.List;
import util.FileExt;
public class Photo
{
    private List<FileExt>upload;
    private int Id;
```

```
    private String userName;
    private int albumId;
    private String name;
    private String contentType;
    private java.util.Date uploadDate;
    public int getId()
    {
       return Id;
    }
    public void setId(int id)
    {
       Id=id;
    }
    public List<FileExt>getUpload()
    {
       return upload;
    }
    public void setUpload(List<FileExt>upload)
    {
       this.upload=upload;
    }
    public String getUserName()
    {
       return userName;
    }
    public void setUserName(String userName)
    {
       this.userName=userName;
    }
    public int getAlbumId()
    {
       return albumId;
    }
    public void setAlbumId(int albumId)
    {
       this.albumId=albumId;
    }
    public String getName()
    {
       return name;
    }
    public void setName(String name)
    {
       this.name=name;
    }
    public String getContentType()
```

```
    {
        return contentType;
    }
    public void setContentType(String contentType)
    {
        this.contentType=contentType;
    }
    public java.util.Date getUploadDate()
    {
        return uploadDate;
    }
    public void setUploadDate(java.util.Date uploadDate)
    {
        this.uploadDate=uploadDate;
    }
}
```

27.3.4　数据访问层组件：UserDAO 类

UserDAO 类主要用于操作 t_users 表中的数据，该类主要完成如下几个功能：

- 向 t_users 表中增加记录。
- 获得用户的密码。

UserDAO 类的代码如下：

```
package dao;
import java.sql.Connection;
import java.sql.PreparedStatement;
import java.sql.ResultSet;
import model.User;
public class UserDAO extends DAOSupport
{
    private User user;
    public UserDAO(Connection connection,User user)
    {
        super(connection);
        this.user=user;
    }
    public User getUser()
    {
        return user;
    }
    //向t_users表中添加记录(用户注册信息)
    public void Save()throws Exception
    {
        String sql="insert into t_users(name,password_md5,xm,email)values
        (?,?,?,?)";
        PreparedStatement pstmt=connection.prepareStatement(sql);
```

```
        pstmt.setString(1,user.getName());
        pstmt.setString(2,user.getPassword_md5());
        pstmt.setString(3,user.getXm());
        pstmt.setString(4,user.getEmail());
        pstmt.executeUpdate();
    }
    //获得用户的密码
    public String getPasswordMD5()throws Exception
    {
        String sql="select password_md5 from t_users where name=?";
        PreparedStatement pstmt=connection.prepareStatement(sql);
        pstmt.setString(1,user.getName());
        ResultSet rs=pstmt.executeQuery();
        while(rs.next())
        {
            return rs.getString("password_md5");
        }
        return null;
    }
}
```

27.3.5　数据访问层组件：AlbumDAO 类

AlbumDAO 类主要用于操作 t_albums 表中的数据，该类主要完成如下几个功能：

- 向 t_albums 表中增加记录。
- 删除 t_albums 表中指定的记录。
- 修改 t_albums 表中指定记录的字段值。
- 获得指定相册的显示照片 ID。
- 获得指定相册中的部分照片的信息。
- 获得指定相册中全部照片的信息。
- 根据相册的 ID 装载其他相册信息。

AlbumDAO 类的代码如下：

```
package dao;
import java.sql.Connection;
import java.sql.PreparedStatement;
import java.sql.ResultSet;
import java.util.List;
import java.util.LinkedList;
import model.Album;
import model.Photo;
public class AlbumDAO extends DAOSupport
{
    private Album album;
    public AlbumDAO(Connection connection,Album album)
    {
```

```
        super(connection);
        this.album=album;
    }
    public Album getAlbum()
    {
        return album;
    }
    //向 t_ablums 表中插入一条记录
    public void save(String username)throws Exception
    {
        String sql="insert into t_albums(name,path,description,type,user_
        name)values(?,?,?,?,?)";
        PreparedStatement pstmt=connection.prepareStatement(sql);
        pstmt.setString(1,album.getName());
        pstmt.setString(2,album.getPath());
        pstmt.setString(3,album.getDescription());
        pstmt.setInt(4,album.getType());
        pstmt.setString(5,username);
        pstmt.executeUpdate();
    }
    //更新 t_albums 表中的指定记录
    public void update()throws Exception
    {
        String sql="update t_albums set name=?,description=?,type=? where id=?";
        PreparedStatement pstmt=connection.prepareStatement(sql);
        pstmt.setString(1,album.getName());
        pstmt.setString(2,album.getDescription());
        pstmt.setInt(3,album.getType());
        pstmt.setInt(4,album.getId());
        pstmt.executeUpdate();
    }
    //删除 t_albums 表中的指定记录，同时删除 t_photos 表中属于被删除相册的照片记录
    public void delete(String username)throws Exception
    {
        String sql="delete from t_photos where album_id=?";
        PreparedStatement pstmt=connection.prepareStatement(sql);
        pstmt.setInt(1,album.getId());
        pstmt.executeUpdate();
        sql="delete from t_albums where id=?";
        pstmt=connection.prepareStatement(sql);
        pstmt.setInt(1,album.getId());
        pstmt.executeUpdate();
    }
    //获得指定用户建立的所有相册的信息
    public List<Album>getAlbums(String username)throws Exception
    {
```

```
    String sql="select*from t_albums where user_name=?";
    PreparedStatement pstmt=connection.prepareStatement(sql);
    pstmt.setString(1,username);
    ResultSet rs=pstmt.executeQuery();
    List<Album>albums=new LinkedList<Album>();
    while(rs.next())
    {
        Album album=new Album();
        album.setId(rs.getInt("id"));
        album.setName(rs.getString("name"));
        album.setPath(rs.getString("path"));
        album.setDescription(rs.getString("description"));
        album.setType(rs.getInt("type"));
        album.setPhotoId(getPhotoId(album.getId()));
        albums.add(album);
    }
    return albums;
}
//返回指定相册的显示照片 ID
public int getPhotoId(int albumId)throws Exception
{
    String sql="select id from t_photos where album_id=?order by upload_ date
    DESC limit 0,1";
    PreparedStatement pstmt=connection.prepareStatement(sql);
    pstmt.setInt(1,albumId);
    ResultSet rs=pstmt.executeQuery();
    if(rs.next())
    {
        return rs.getInt("id");
    }
    return -1;
}
//根据相册的 ID 装载 t_albums 表中其他字段值
public void LoadAlbum()throws Exception
{
    if(album!=null)
    {
        int id=album.getId();
        String sql="select*from t_albums where id=?";
        PreparedStatement pstmt=connection.prepareStatement(sql);
        pstmt.setInt(1,id);
        ResultSet rs=pstmt.executeQuery();
        while(rs.next())
        {
            album.setName(rs.getString("name"));
            album.setPath(rs.getString("path"));
```

```
                album.setDescription(rs.getString("description"));
                album.setType(rs.getInt("type"));
                return;
            }
        }
    }
    //获得指定相册中所有照片的信息，startRow 参数表示开始的行，从 0 开始，count 参数
    //表示返回的记录数。这两个参数实际上就是 MySQL 中的 limit 子句的两个参数
    public List<Photo>getPhotos(int startRow,int count)throws Exception
    {
        String limit="";
        if(startRow>0||count>=0)
        {
            limit="limit"+startRow+","+count;
        }
        String sql = "select * from t_photos where album_id=? order by upload_date
        DESC"+limit;
        PreparedStatement pstmt=connection.prepareStatement(sql);
        pstmt.setInt(1,album.getId());
        ResultSet rs=pstmt.executeQuery();
        List<Photo> photos=new LinkedList<Photo>();
        while(rs.next())
        {
            Photo photo=new Photo();
            photo.setId(rs.getInt("id"));
            photo.setAlbumId(rs.getInt("album_id"));
            photo.setName(rs.getString("name"));
            photo.setContentType(rs.getString("content_type"));
            photo.setUserName(rs.getString("user_name"));
            photo.setUploadDate(rs.getDate("upload_date"));
            photos.add(photo);
        }
        return photos;
    }
    //返回当前相册全部的相片
    public List<Photo>getPhotos()throws Exception
    {
        return getPhotos(0,-1);
    }
}
```

27.3.6　数据访问层组件：PhotoDAO 类

PhotoDAO 类主要用于操作 t_photos 表中的记录，该类主要完成如下几个功能：

- 向 t_photos 表中插入记录。
- 删除 t_photos 表中指定的记录。

- 根据指定的照片 ID 装载其他的照片信息。
- 获得当前照片所在相册的类型（t_albums 表中的 type 字段值）。
- 获得当前照片所在相册的保存路径（t_albums 表中的 path 字段值）。

PhotoDAO 类的代码如下：

```
package dao;

import java.sql.Connection;
import java.sql.PreparedStatement;
import java.sql.ResultSet;
import java.util.List;
import model.Photo;
import util.FileExt;
public class PhotoDAO extends DAOSupport
{
    private Photo photo;
    public PhotoDAO(Connection connection,Photo photo)
    {
        super(connection);
        this.photo=photo;
    }
    public Photo getPhoto()
    {
        return photo;
    }
    //根据用户上传照片的数量，会向 t_photos 表中插入 0 至 N 条记录
    public void save() throws Exception
    {
        List<FileExt>files=photo.getUpload();
        String sql="insert into t_photos(user_name, album_id, name,content_
        type,upload_date)values(?,?,?,?,?)";
        PreparedStatement pstmt=connection.prepareStatement(sql);
        //处理用户上传的照片，每张上传照片的信息作为一条记录被插入到 t_photos 表中
        for(FileExt file:files)
        {
            pstmt.setString(1,photo.getUserName());
            pstmt.setInt(2,photo.getAlbumId());
            pstmt.setString(3,file.getNewFilename());
            pstmt.setString(4,file.getContentType());
            pstmt.setDate(5,new java.sql.Date((new java.util.Date()).get Time()));
            pstmt.executeUpdate();
        }
    }
    //删除指定的照片记录
    public void deletePhoto()throws Exception
    {
```

```
        loadPhoto();
        String sql="delete from t_photos where id=?";
        PreparedStatement pstmt=connection.prepareStatement(sql);
        pstmt.setInt(1,photo.getId());
        pstmt.executeUpdate();
    }
    //获得指定相册的类型，该方法在浏览照片时使用
    public int getAlbumType(int albumId)throws Exception
    {
        String sql="select type from t_albums where id=?";
        PreparedStatement pstmt=connection.prepareStatement(sql);
        pstmt.setInt(1,albumId);
        ResultSet rs=pstmt.executeQuery();
        while(rs.next())
        {
            return rs.getInt("type");
        }
        throw new Exception("不存在 id 为"+albumId+"的相册");
    }
    //获得指定相册的保存路径（t_albums 表中的 path 字段的值）
    public String getAlbumPath(int albumId)throws Exception
    {
        String sql="select path from t_albums where id=?";
        PreparedStatement pstmt=connection.prepareStatement(sql);
        pstmt.setInt(1,albumId);
        ResultSet rs=pstmt.executeQuery();
        while(rs.next())
        {
            return rs.getString("path");
        }
        throw new Exception("不存在 id 为"+albumId+"的相册");
    }
    //根据指定的照片的 ID 装载其他的照片信息
    public void loadPhoto()throws Exception
    {
        String sql="select*from t_photos where id=?";
        PreparedStatement pstmt=connection.prepareStatement(sql);
        pstmt.setInt(1,photo.getId());
        ResultSet rs=pstmt.executeQuery();
        if(rs.next())
        {
            photo.setName(rs.getString("name"));
            photo.setAlbumId(rs.getInt("album_id"));
            photo.setUserName(rs.getString("user_name"));
            photo.setContentType(rs.getString("content_type"));
            photo.setUploadDate(rs.getDate("upload_date"));
```

```
        }
        rs.close();
    }
}
```

27.4　实现业务逻辑层

业务逻辑层的组件主要完成如下的两个任务：

- 调用数据访问层组件操作数据库中的记录。
- 实现业务逻辑操作。

业务逻辑层的组件是以 Service 结尾的 Java 类。在电子相册系统中涉及 3 个 Service 类：UserService 类、AlbumService 类和 PhotoService 类。

27.4.1　业务逻辑层组件：UserService 类

UserService 类主要用于处理和用户相关的业务逻辑，包括建立和验证用户。除此之外，还封装了 UserDAO 类中的相应方法。UserService 类的代码如下：

```
package service;
import java.io.File;
import dao.UserDAO;
public class UserService
{
    private UserDAO userDAO;
    public UserService(UserDAO userDAO)
    {
        this.userDAO=userDAO;
    }
    public UserDAO getUserDAO()
    {
        return userDAO;
    }
    public void addUser()throws Exception
    {
        userDAO.Save();
        File dir=new File(AlbumService.albumRoot+File.separator+userDAO.
       getUser().getName().hashCode());
        dir.mkdirs();
    }
    public void verifyUser()throws Exception
    {
        String passwordMD5=userDAO.getPasswordMD5();
        if(passwordMD5==null)
            throw new Exception("<"+userDAO.getUser().getName()+">不存在!");

        if(!passwordMD5.equals(userDAO.getUser().getPassword_md5()))
```

```
            throw new Exception("密码不正确！");
        }
    }
```

27.4.2　业务逻辑层组件：AlbumService 类

AlbumService 类主要用于处理和相册相关的业务逻辑，包括建立和删除相册（同时删除 t_albums 表和 t_photos 表中相关记录以及本地硬盘上的相关目录和文件）。除此之外，还封装了 AlbumDAO 类中的相应方法。AlbumService 类的代码如下：

```
package service;
import dao.AlbumDAO;
import java.util.List;
import java.io.File;
import model.Album;
import model.Photo;
public class AlbumService
{
    //相册在本地的根目录
    public static final String albumRoot="albums";
    private AlbumDAO albumDAO;
    public AlbumService(AlbumDAO albumDAO)throws Exception
    {
        this.albumDAO=albumDAO;
    }
    public AlbumDAO getAlbumDAO()
    {
        return albumDAO;
    }
    public String getAlbumDir(String username)
    {
        String albumName=albumDAO.getAlbum().getName();
        return AlbumService.albumRoot+File.separator+username.hashCode()
        +File.separator+albumDAO.getAlbum().getPath();
    }
    //建立一个相册
    public void addAlbum(String username)throws Exception
    {
        java.util.Random rand=new java.util.Random();
        java.util.Date now=new java.util.Date();
        String path=String.valueOf(now.getTime())
              +String.valueOf(rand.nextInt(1000000));//生成相册保存在本地的目录名
        albumDAO.getAlbum().setPath(path);
        albumDAO.save(username); //向 t_albums 表中插入记录
        File dir=new File(getAlbumDir(username));
        dir.mkdirs();//在本地建立相册目录
    }
```

```
    //删除指定的相册，同时删除本地的相册目录
    public void deleteAlbum(String username)throws Exception
    {
        albumDAO.LoadAlbum();
        File dir=new File(getAlbumDir(username));
        if(dir.exists())
        {
            File[]files=dir.listFiles();
            for(File file:files)
            {
                file.delete();
            }
            dir.delete();
        }
        albumDAO.delete(username);
    }
    public List<Album>getAlbums(String username)throws Exception
    {
        return albumDAO.getAlbums(username);
    }
    public int getAlbumType()throws Exception
    {
        albumDAO.LoadAlbum();
        return albumDAO.getAlbum().getType();
    }
    public List<Photo>getPhotos()throws Exception
    {
        return albumDAO.getPhotos();
    }
    public List<Photo> getPhotos(int pageIndex, int pageCount) throws Exception
    {
        return albumDAO.getPhotos((pageIndex-1)*pageCount,pageCount);
    }
    public void updateAlbum()throws Exception
    {
        albumDAO.update();
    }
}
```

27.4.3　业务逻辑层组件：PhotoService 类

PhotoService 类主要用于处理和照片相关的业务逻辑，包括添加和删除照片（同时删除 t_photos 表中记录以及本地硬盘上的相应照片文件）。除此之外，还封装了 PhotoDAO 类中的相应方法。PhotoService 类的代码如下：

```
import dao.PhotoDAO;
import java.io.File;
```

```
import java.io.FileOutputStream;
import java.io.InputStream;
import java.util.List;
import util.FileExt;
public class PhotoService
{
    private PhotoDAO photoDAO;
    public PhotoService(PhotoDAO photoDAO)throws Exception
    {
        this.photoDAO=photoDAO;
        photoDAO.loadPhoto();          //装载照片的相关信息
    }
    public PhotoDAO getPhotoDAO()
    {
        return photoDAO;
    }
    //获得保存在本地的照片文件路径
    public String getPhotoDir()throws Exception
    {
        String photoDir=AlbumService.albumRoot+File.separator+ photoDAO.get
        Photo().getUserName().hashCode()+File.separator+photoDAO.getAlbumPath
        (photo DAO.getPhoto().getAlbumId())+File.separator;
        return photoDir;
    }
    //增加照片文件（0 个或多个），并将上传的照片文件保存在本地的相册目录中
        public void addPhotos()throws Exception
    {
        List<FileExt>files=photoDAO.getPhoto().getUpload();
        String photoDir=getPhotoDir();
        File dir=new File(photoDir);
        if(!dir.exists())
        {
            dir.mkdirs();
        }
        for(FileExt file:files)
        {
            FileOutputStream fos=new FileOutputStream(photoDir+file.getNew
            -Filename());
            InputStream is=file.getFileStream();
            byte[]buffer=new byte[8192];
            int count=0;
            //开始在本地保存上传文件，每次写入 8K 字节
            while((count=is.read(buffer))>0)
            {
                fos.write(buffer,0,count);
            }
```

```
            is.close();
            fos.close();
        }
        photoDAO.save();//向 t_photos 表中插入相应的记录
    }
    //删除指定的照片
    public void deletePhoto()throws Exception
    {
        String path = getPhotoDir()+photoDAO.getPhoto()getName();

        File file=new File(path);
        if(file.exists())
            file.delete();
        photoDAO.deletePhoto();
    }
    public int getAlbumType()throws Exception
    {
        return photoDAO.getAlbumType(photoDAO.getPhoto().getAlbumId());
    }
    public String getContentType()throws Exception
    {
        return photoDAO.getPhoto().getContentType();
    }
}
```

27.5　处理用户请求的 Servlet

在电子相册系统中使用了一些 Servlet 来处理用户的请求。由于在 Servlet 类中是通过调用业务逻辑层的组件来完成处理工作的，因此，这些 Servlet 类的实现并不复杂。

27.5.1　CommonServlet 类

CommonServlet 类主要提供一些通用的功能，例如，向客户端发送信息，获得数据库连接等，该类的代码如下：

```
package servlet;
import java.io.*;
import javax.servlet.*;
import javax.servlet.http.*;
import java.lang.reflect.Constructor;
import java.sql.Connection;
import java.sql.DriverManager;
public abstract class CommonServlet extends HttpServlet
{
```

```
    //CommonServlet 类的子类只需要在 execute 方法中编写代码即可，obj 表示 Service 对象
    //或模型类对象
    protected abstract String execute(HttpServletRequest request,HttpServletResponse
response, String username, Object obj);

    //将一个属性名转换成 setter 方法名，如 name 属性对应的 setter 方法名是 setName
    private String getSetter(String property)
    {
        String methodName="set"+property.substring(0,1).toUpperCase()
        + property.substring(1);
        return methodName;
    }
    //获得连接数据库的 Connection 对象
    private Connection getConnection()throws Exception
    {
        Class.forName("com.mysql.jdbc.Driver");
        //获得 Connection 对象
        Connection conn=DriverManager.getConnection("jdbc:mysql://localhost/
        album?characterEncoding=UTF8", "root","1234");
        return conn;
    }
    //创建 Service 对象或模型类对象，并返回创建的对象，model 参数表示封装用户请求参数的
    //模型类对象
    private Object LoadObject(HttpServletRequest request, Object model)throws
    Exception
    {
        if(model==null)
            return null;
        try
        {
            //获得 DAO 类名（package.classname)
            String daoClassName="dao."+model.getClass().getSimpleName()+ "DAO";
            //获得 Service 类名（package.classname）
            String serviceClassName="service."+ model.getClass() .getSimpleName()
            + "Service";
            Connection connection=getConnection();
            //装载 DAO 类
            Class daoClass=Class.forName(daoClassName);
            //获得 DAO 类带参数的构造方法对象（Constructor 对象）
            Constructor constructor=daoClass.getConstructor(Connection.class,
            model.getClass());

            //使用 DAO 类带参数的构造方法创建一个 DAO 对象
            Object dao=constructor.newInstance(connection, model);
            //装载 Service 类
            Class serviceClass=Class.forName(serviceClassName);
```

```
            //获得 Service 类带参数的构造方法对象（Constructor 对象）
            constructor=serviceClass.getConstructor(dao.getClass());

            //使用 Service 类带参数的构造方法创建一个 Service 对象
            Object service=constructor.newInstance(dao);

            return service;
        }
        catch(Exception e)
        {
            return model;
        }
    }
    //对字符串进行解码
    protected String decode(HttpServletRequest request,String s)throws
    UnsupportedEncodingException
    {
        String encoding=request.getCharacterEncoding();
        if(encoding==null)
            encoding="ISO-8859-1";
        s=new String(s.getBytes(encoding),"UTF-8");
        return s;
    }
    //核对验证码是否正确
    private void checkValidationCode(HttpServletRequest request, Object model)
    throws Exception
    {
        //如果模型类是 model.User，则校验验证码
        if(model instanceof model.User)
        {
            model.User user=(model.User) model;
            //获得用户提交的验证码
            String validationCode=user.getValidationCode();
            if (validationCode!= null)
            {
                //对验证码进行编码
                //从 HttpSession 对象中获得服务端生成的验证码
                String vCode=(String)request.getSession().getAttribute("vCode");
                //如果 HttpSession 对象中没有验证码，则抛出“Session 失效”异常
                if (vCode==null)
                {
                    throw new Exception("Session 过期，验证码失效!");
                }
                //如果验证码不一致，则抛出“验证码错误”异常
                if(!validationCode.equals(vCode))
                {
```

```
                throw new Exception("验证码错误！");
            }
        }
    }
}
//核对用户是否已经登录，如果当前用户已经登录，则返回 true
protected boolean checkLogin(HttpServletRequest request,Object obj)
{
    //从 web.xml 文件中获得不进行核对的 Servlet
    String ignoreServlets=this.getServletContext().getInitParameter(
            "ignoreServlets");
    if(ignoreServlets!=null)
    {
        String[]servlets=ignoreServlets.split(",");
        String servlet=this.getServletName();
        for(String s:servlets)
        {
            //如果当前 Servlet 被忽略，则直接返回 true
            if(s.trim().equals(servlet))
            {
                return true;
            }
        }
    }
    boolean isOK=false;
    HttpSession session=request.getSession(false);
    if(session!=null)
    {
        String user=(String)session.getAttribute("user");
        if(user!=null)
        {
            isOK=true;
        }
    }
    return isOK;
}
protected void out(HttpServletResponse response, String text)
{
    try
    {
        PrintWriter out=response.getWriter();
        out.println(text);
    }
    catch(Exception e)
    {
```

```
        }
    }

    @Override
    protected void service(HttpServletRequest request,HttpServletResponse
response) throws ServletException, IOException
    {
        response.setContentType("text/html;charset=UTF-8");

        //从 request 域中获得封装用户请求参数的模型类
        Object model=request.getAttribute("#form");
        try
        {
            Object obj=LoadObject(request,model);
            checkValidationCode(request,model);
            if(checkLogin(request,obj)==false)
            {
                //如果当前用户未登录，重新定向到 login.jsp
                response.sendRedirect("login.jsp");
                return;
            }

            String result=null;
            String username=(String)request.getSession().getAttribute("user");
            //调用当前 Servlet 的 execute 方法来处理客户端请求
            result=execute(request,response,username,obj);
            if(result!=null)
            {
                out(response,result);
            }
        }
        catch(Exception e)
        {
            out(response,"{'message':\""+e.getMessage()+"\"}");
        }
    }
}
```

27.5.2 创建相册：CreateAlbumServlet 类

CreateAlbumServlet 一个 Servlet 类，负责处理建立相册的请求，该类的代码如下：

```
package servlet;
import javax.servlet.http.*;
import service.AlbumService;
public class CreateAlbumServlet extends CommonServlet
{
    @Override
```

```
    protected String execute(HttpServletRequest request,
            HttpServletResponse response,String username,Object obj)
    {
        AlbumService albumService=(AlbumService)obj;
        try
        {
            albumService.addAlbum(username);//建立相册
            String json="{'message':'成功建立相册','target':'main.jsp'}";
            return json;
        }
        catch(Exception e)
        {
            return"{'message':\""+e.getMessage()+"\"}";
        }
    }
}
```

27.5.3　删除相册：DeleteAlbumServlet 类

DeleteAlbumServlet 是一个 Servlet 类，负责处理删除相册的请求，该类的代码如下：

```
package servlet;
import javax.servlet.http.*;
import service.AlbumService;
public class DeleteAlbumServlet extends CommonServlet
{
    @Override
    protected String execute(HttpServletRequest request,HttpServletResponse
    response,String username,Object obj)
    {
        AlbumService albumService=(AlbumService)obj;
        String json="";
        try
        {
            albumService.deleteAlbum(username);  //删除相册
            json="{'message':'成功删除相册'}";
        }
        catch(Exception e)
        {
            json="{'message':'删除照片失败！'}";
            e.printStackTrace();
        }
        return json;
    }
}
```

27.5.4　获得所有相册的信息：GetAlbumsServlet 类

GetAlbumsServlet 类可以获得当前用户创建的所有相册的信息，并将这些信息以 albums 属性名保存在 request 域中。GetAlbumsServlet 类的代码如下：

```
package servlet;
import javax.servlet.http.*;
import service.AlbumService;
public class GetAlbumsServlet extends CommonServlet
{
    @Override
    protected String execute(HttpServletRequest request,HttpServletResponse
    response,String username,Object obj)
    {
        AlbumService albumService=(AlbumService) obj;
        try
        {
            request.setAttribute("albums",albumService.getAlbums(username));
        }
        catch(Exception e)
        {
            return"{'message':\""+e.getMessage()+"\"}";
        }
        return null;
    }
}
```

27.5.5　获得指定相册的内容：GetAlbumServlet 类

GetAlbumServlet 类可以获得指定相册的信息（Album 对象），并将这些信息以 album 属性名保存在 request 域中。GetAlbumServlet 类的代码如下：

```
package servlet;
import javax.servlet.http.*;
import service.AlbumService;
public class GetAlbumServlet extends CommonServlet
{
    @Override
    protected String execute(HttpServletRequest request,HttpServletResponse
    response,String username,Object obj)
    {
        AlbumService albumService=(AlbumService)obj;
        try
        {
            request.setAttribute("album",albumService.getAlbumDAO().getAlbum());
        }
        catch(Exception e)
        {
            return"{'message':\""+e.getMessage()+"\"}";
        }
        return null;
```

```
    }
}
```

27.5.6　上传照片：UploadPhotoServlet 类

UploadPhotoServlet 类负责处理用户上传的照片信息。在上传完照片后，会重新定向到当前相册的页面。UploadPhotoServlet 类的代码如下：

```
package servlet;
import javax.servlet.http.HttpServletRequest;
import javax.servlet.http.HttpServletResponse;
import service.PhotoService;
public class UploadPhotoServlet extends CommonServlet
{
    @Override
    protected String execute(HttpServletRequest request,HttpServletResponse
    response,String username,Object obj)
    {
        PhotoService photoService=(PhotoService)obj;
        try
        {
            photoService.addPhotos();
            response.sendRedirect("viewAlbum?id="+photoService.getPhotoDAO
            ().getPhoto().getAlbumId()+"&username="+username);
        }
        catch(Exception e)
        {
            return e.getMessage();
        }
        return null;
    }
}
```

27.5.7　删除照片：DeletePhotoServlet 类

DeletePhotoServlet 类负责删除指定的照片，包括 t_photos 表中的相应记录和保存在相册目录中的照片文件，该类的代码如下：

```
package servlet;
import javax.servlet.http.*;
import service.PhotoService;
public class DeletePhotoServlet extends CommonServlet
{
    @Override
    protected String execute(HttpServletRequest request,HttpServletResponse
    response,String username,Object obj)
    {
        String json="";
        try
```

```
        {
            PhotoService photoService=(PhotoService)obj;
            photoService.deletePhoto();
            json="{'message':'成功删除照片!'}";
        }
        catch (Exception e)
        {
            json="{'message':'删除照片失败!'}";
            e.printStackTrace();
        }
        return json;
    }
}
```

27.5.8　浏览指定的照片：ViewPhotoServlet 类

ViewPhotoServlet 类负责读取本地的指定照片文件，并将照片文件以字节流形式发送到客户端。如果用户将当前照片所有的相册设为“公开”类型，则非登录用户也可以使用 ViewPhoto Servlet 类来查询照片的内容，因此，需要在 ViewPhotoServlet 类中覆盖 CommonServlet 类的 check Login 方法，当照片所在的相册的类型为“公开”时，checkLogin 方法就会永远返回 true，表示通过核对，这样任何访问者就都可以查看“公开”类型相册中的照片了。由于输出照片需要使用 response.getOutputStream，因此，需要覆盖 CommonServlet 类中的 out 方法，否则系统会由于同时调用了 getOutputStream 和 getWriter 方法而抛出异常。覆盖后的 out 方法为空即可。

ViewPhotoServlet 类的代码如下：

```
package servlet;
import javax.servlet.http.*;
import java.io.OutputStream;
import java.io.InputStream;
import java.io.FileInputStream;
import service.PhotoService;
import model.Photo;
public class ViewPhotoServlet extends CommonServlet
{
    //阻止调用 response.getWriter 方法
    @Override
    protected void out(HttpServletResponse response,String text)
    {
    }
    @Override
    protected boolean checkLogin(HttpServletRequest request,Object obj)
    {
        PhotoService photoService=(PhotoService) obj;
        if(photoService!=null)
        {
            try
            {
```

```
                int albumType=photoService.getAlbumType();
                //属性为“公开”的相册返回 true
                if(albumType==1)
                {
                    return true;
                }
            }
            catch(Exception e)
            {
            }
        }
        return super.checkLogin(request,obj);
    }
    @Override
    protected String execute(HttpServletRequest request,HttpServletResponse
    response,String username,Object obj)
    {
        PhotoService photoService=(PhotoService)obj;
        try
        {
            Photo photo=photoService.getPhotoDAO().getPhoto();
            String path=photoService.getPhotoDir()+photo.getName();
            response.setContentType(photoService.getContentType());
            OutputStream out=response.getOutputStream();
            InputStream is=new FileInputStream(path);
            byte[]buffer=new byte[1024*64];
            int count=0;
            //开始在本地保存上传文件
            while((count=is.read(buffer))>0)
            {
                out.write(buffer,0,count);
            }
            is.close();
        }
        catch(Exception e)
        {
        }
        return null;
    }
}
```

27.6　Web 表现层

电子相册系统的 Web 表现层由若干 JSP 页面组成。其中主要的 JSP 页面包括 login.jsp（登录页面）、register.jsp（注册页面）、main.jsp（主页面）、create_albums.jsp（建立相册的页面）、

update_albums.jsp（更新相册属性的页面）、update_photo.jsp（上传照片的页面）和 view_album.jsp（浏览相册中的照片的页面）。

27.6.1 用户登录页面：login.jsp

login.jsp 页面是电子相册的登录页面，在该页面中通过 JavaScript 来控制用户的登录操作。下面看一下 login.jsp 页面的代码：

```
<%@page language="java" pageEncoding="UTF-8"%>
<html>
<head>
<script src="./javascript/prototype.js"type="text/javascript">
</script>
<link type="text/css"rel="stylesheet"href="./css/style.css"/>
<title>用户登录</title>
<script type="text/javascript">
   function refresh(){
      var img=document.getElementById("img_validation_code")
      img.src="validationCode?"+Math.random();
   }
   function check() {
      var name=document.getElementById("name");

      //用户名必须输入
      if(name.value==""){
         alert("必须输入用户名!");
         name.focus();
         return;
      }
      var password=document.getElementById("password");
      //密码必须输入
      if(password.value=="") {
         alert("必须输入密码!");
         password.focus();
         return;
      }
      var validation_code=document.getElementById("validation_code");

      if(validation_code.value=="") {
         alert("验证码必须输入!");
         validation_code.focus();
         return;
      }
      login();
   }
```

```
        function login()
        {
            //定义要请求的 Servlet
            var url='login';
            //将 form1 表单域的值转换成请求参数
            var params=Form.serialize('login_form');
            //创建一个 Ajax.Request 对象来发送请求
            var myAjax=new Ajax.Request(
            url,
            {
                //指定请求方法为 POST
                method:'post',
                //指定请求参数
                parameters:params,
                //指定回调函数
                onComplete:processResponse,
                //指定通过异步方式发出请求和接收响应信息
                asynchronous:true
            });
        }
        //该方法为异步处理响应信息的函数
        function processResponse(request)
        {


            var obj=request.responseText.evalJSON();
            alert(obj.message);

           if(obj.target!=undefined)
             window.navigate(obj.target);
        }

</script>
</head>
<body>
<center>
<form name="login_form"action="login" method="post">
<table>
    <tr style="height:60px">
        <td></td>
        <td style="text-align:left"><label style="font-size:15px">请输入用户
        名和密码</label>  
单击此处<a href="register.jsp">注册</a>
        </td>
    </tr>
    <tr>
```

```
        <td><label>用户名:</label></td>
        <td>
        <div class="input_list1 font_space float_left"><input
           type="text"id="name"
           class="input_list"name="name"size="30" maxLength="30"/></div>
        </td>
    </tr>
    <tr>
        <td><label>密码:</label></td>
        <td>
        <div class="input_list1 font_space float_left"><inputtype="password"
        id="password" class="input_list"name="password" />  
        </td>
    </tr>

    <tr>
        <td><label>验证码:</label></td>
        <td>
        <div class="input_list1 font_space float_left"><inputtype="text" id="
        validation_code" class="input_list"name="validationCode" /></div>
        </td>
    </tr>
    <tr>
        <td></td>
        <td style="text-align:center">
        <input type="button" value="登录" name="login" onclick="check()" /> 
          

        </td>
    </tr>
</table>
<table>
    <tr style="height:80px">
        <td width="55%"><img id="img_validation_code"
           src="validationCode"/></td>
        <td style="text-align:left"><input type="button" value="刷新"onclick
        ="refresh()"/>  <fontcolor="#FF0000">${requestScope.codeError}
        </font>
        </td>
    </tr>
</table>
</form>
</center>
</body>
</html>
```

在浏览器中显示的登录页面的效果如图 27.5 所示。

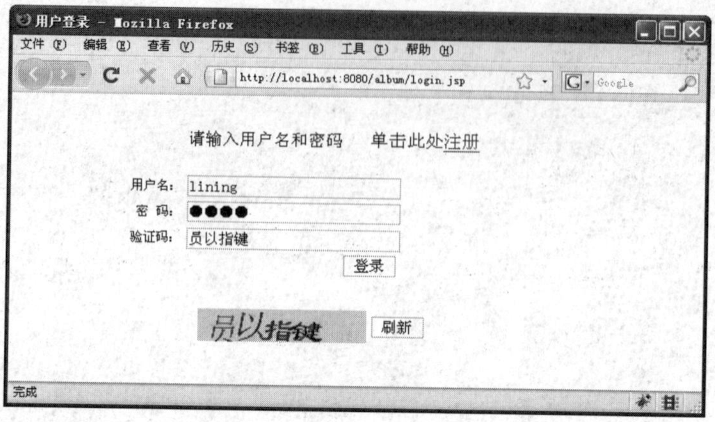

图 27.5　用户登录页面

27.6.2　用户注册页面：register.jsp

register.jsp 页面是用户注册页面，通过该页面可以注册新用户。register.jsp 页面同样也是使用 JavaScript 来提交用户注册信息的。register.jsp 页面的代码如下：

```
<%@page language="java"pageEncoding="UTF-8"%>
<html>
<head>
<script src="./javascript/prototype.js" type="text/javascript">
</script>
<link type="text/css"rel="stylesheet"href="./css/style.css"/>
<title>用户注册</title>
<script type="text/javascript">
    function refresh(){
        var img=document.getElementById("img_validation_code")
        img.src="validationCode?"+Math.random();
    }
    function check(){
        var name=document.getElementById("name");

        //必须输入用户名
        if(name.value=="") {
            alert("必须输入用户名!");
            name.focus();
            return;
        }
        var password=document.getElementById("password");
        //必须输入密码
        if(password.value=="") {
            alert("必须输入密码!");
            password.focus();
            return;
        }
```

```
        var validationCode=document.getElementById("validationCode");

        if(validationCode.value=="") {
            alert("验证码必须输入!");
            validationCode.focus();
            return;
        }
        register();
    }
    function register()
    {
        //定义要请求的 Servlet
        var url='register';
        //将 form1 表单域的值转换成请求参数
        var params=Form.serialize('register_form');
        //创建一个 Ajax.Request 对象来发送请求
        var myAjax=new Ajax.Request(
        url,
        {
            //指定请求方法为 POST
            method:'post',
            //指定请求参数
            parameters:params,
            //指定回调函数
            onComplete:processResponse,
            //指定通过异步方式发出请求和接收响应信息
            asynchronous:true
        });
    }
    //该方法为异步处理响应信息的函数
    function processResponse(request)
    {
        //将返回的 JSON 格式信息显示在页面上
        var obj=request.responseText.evalJSON();
        alert(obj.message);
       if(obj.target!=undefined)
          window.navigate(obj.target);
    }
</script>
</head>
<body>
<center>
<form name="register_form"action="register"method="post">
<table>
    <tr style="height:60px">
```

```
        <td></td>
        <td style="text-align:left"><label style="font-size:15px">请输入注册信
        息</label>  
 单击此处<a href="login.jsp">登录</a>
        </td>
    </tr>
    <tr>
        <td ><label style="color:red">*</label><label>用户名:</label></td>
        <td>
        <div class="input_list1 font_space float_left"><input type="text" id="name"
        class="input_list" name="name"/>
        </div>
        </td>
    </tr>
    <tr>
        <td><label style="color:red">*</label><label>密 码:</label></td>
        <td>
        <div class="input_list1 font_space float_left"><inputtype="password"
        id="password" class="input_list" name="password" />
    </div>
        </td>
    </tr>
    <tr>
        <td><label>姓名:</label></td>
        <td>
        <div class="input_list1 font_space float_left"><inputtype="text" id=
        "xm"class="input_list" name="xm"/>

        </td>
    </tr>
    <tr>
        <td><label>电子邮件: </label></td>
        <td>
        <div class="input_list1 font_space float_left"><inputtype="text" id=
        "email"class="input_list" name="email"/>  

        </td>
    </tr>

    <tr>
        <td><label style="color:red">*</label><label>验证码:</label></td>
        <td>
        <div class="input_list1 font_space float_left">
<input type="text" id="validationCode" class="input_list" name="validationCode"
/></div>
        </td>
```

```
    </tr>
    <tr >
        <td></td>
        <td style="text-align:center">

        <input type="button" value="注册"onclick="check()"/>

        </td>
    </tr>
</table>
<table>
    <tr style="height:80px">
        <td width="55%"><img id="img_validation_code"
            src="validationCode"/></td>
        <td style="text-align:left"><input type="button"value="刷新"onclick
      ="refresh()"/>  <font color="#FF0000">${request Scope.codeError}
      </font>
        </td>
    </tr>
</table>
</form>
</center>
</body>
</html>
```

在浏览器中显示的用户注册页面如图 27.6 所示。

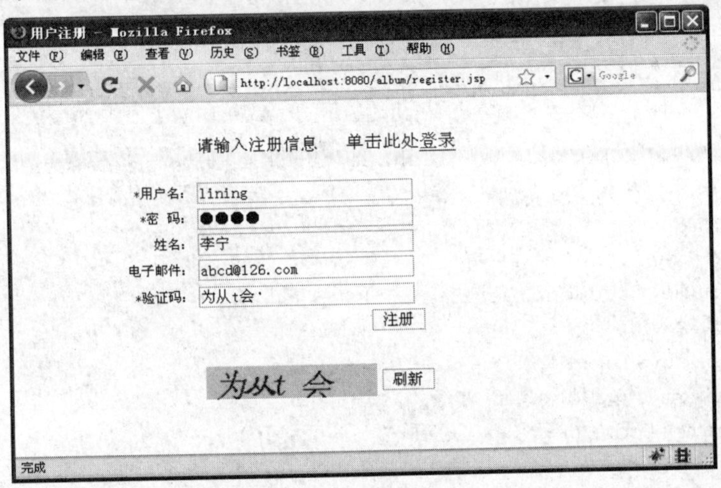

图 27.6　用户注册页面

27.6.3　电子相册的主页面：main.jsp

main.jsp 是电子相册的主页面。在 main.jsp 页面中使用<c:import>标签导入了 getAlbums，代码如下：

```
<c:import url="getAlbums"/>
```

getAlbums 将当前登录用户建立的所有相册的信息保存在 request 域中（属性名为 albums），因此，可以在 main.jsp 页面中导入 getAlbums 的语句后面的代码中从 request 域中获得相册的信息，并使用<c:forEach>标签迭代处理所有的相册，核心代码如下：

```
<c:forEach var="album"items="${albums}"varStatus="status">
    …
    <a href="viewAlbum?username=${user}&id=${album.id}">
        <c:url value="viewPhoto?userName=${user}&albumId=${album.id}&id=$
        {album.photoId}"var="viewAlbum"/>
        <img id="img${status.index}"onload="imgLoad(this,${status.index})"
        style="margin-top:5px;"src="${(album.photoId==-1)?'images/null.jpg':
        viewAlbum}"/>
    </a>
    …
</c:forEach>
```

读者也可以使用 album 显示其他的相册信息，如${album.name}显示相册的名称。

在浏览器地址栏中输入如下的 URL：

```
http://localhost:8080/album/login.jsp
```

当使用正确的用户名和密码登录后，就会显示类似图 27.1 所示的主页面。

27.6.4　建立相册的 JSP 页面：create_albums.jsp

create_albums.jsp 页面负责建立相册。在该页面中使用 AJAX 技术向 createAlbum 提交建立相册的信息，代码如下：

```
<%@page language="java" pageEncoding="UTF-8"%>
<html>
<head>
<script src="./javascript/prototype.js"type="text/javascript">
</script>
<link type="text/css"rel="stylesheet"href="./css/style.css"/>
<title>建立相册</title>
<script type="text/javascript">
    function check(){
        var name=document.getElementById("name");
        //必须输入用户名
        if(name.value=="") {
            alert("必须输入相册名!");
            name.focus();
            return;
        }
        createAlbum();
    }
    function createAlbum()
    {
        //定义要请求的 Servlet
        var url='createAlbum';
```

```
        //将 form1 表单域的值转换成请求参数
        var params=Form.serialize('album_form');
        //创建一个 Ajax.Request 对象来发送请求
        var myAjax=new Ajax.Request(
        url,
        {
            //指定请求方法为 POST
            method:'post',
            //指定请求参数
            parameters:params,
            //指定回调函数
            onComplete:processResponse,
            //指定通过异步方式发出请求和接收响应信息
            asynchronous:true
        });
    }
    //该方法为异步处理响应信息的函数
    function processResponse(request)
    {
        //将返回的 JSON 格式信息显示在页面上
        var obj=request.responseText.evalJSON();
        alert(obj.message);
        if(obj.target!=undefined)
            window.navigate(obj.target);
    }
</script>
</head>
<body>
<center>
<form name="album_form">
<table>
    <tr>
        <td ><label style="color:red">*</label><label>相册名称:</label></td>
        <td>
        <div class="input_list1 font_space float_left"><input type="text"
        id="name"class="input_list"name="name"/>
        </div>
        </td>
    </tr>
    <tr>
        <td style="vertical-align:top"><label>相册描述:</label></td>
        <td>
        <div class="input_list1 font_space float_left">
            <textarea name="description"class="textarea"></textarea>
        </div>
        </td>
```

```
        </tr>
        <tr>
            <td></td>
            <td style="text-align:left">
            <input type="radio" name="type" checked="checked"value="1" >公开</input>
            <input type="radio"name="type"value="2">私有</input>
            </td>
        </tr>
        <tr >
            <td></td>
            <td style="text-align:center">
            <input type="button" value="创建"onclick="check()"/>
            </td>
        </tr>
    </table>
    </form>
    </center>
    </body>
    </html>
```

建立相册的 JSP 页面如图 27.7 所示。

27.6.5　更新相册属性的 JSP 页面：upload_albums.jsp

upload_albums.jsp 页面负责更新指定相册的属性信息。在 upload_albums.jsp 页面中使用<c:import>标签导入了 getAlbum 来获得指定相册的信息，并显示在页面中。在 upload_albums.jsp 页面中使用 AJAX 技术向 updateAlbum 提交修改后的相册信息。修改相册属性信息的页面如图 27.8 所示。

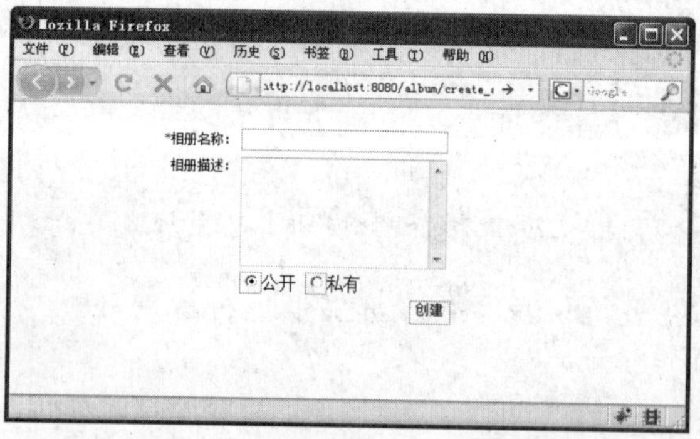

图 27.7　建立相册的 JSP 页面

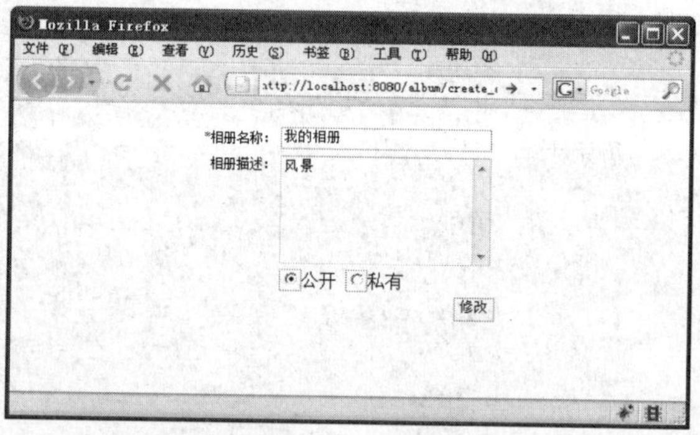

图 27.8　修改相册属性信息的页面

27.6.6　显示相册中照片的 JSP 页面：view_album.jsp

view_album.jsp 页面负责显示指定相册中的所有照片。在该页面中使用<c:import>标签导入了 getPhotos 来获得指定相册中所有的照片信息，并通过<c:forEach>标签来显示这些照片信息，代码如下：

```
    <%@page language="java"pageEncoding="UTF-8"%>
```

```
<%@taglib uri="http://java.sun.com/jsp/jstl/core"prefix="c"%>
<html>
<head>
<script src="./javascript/prototype.js"type="text/javascript">
</script>
<title>${album.name}</title>
</head>
<body onload="table.style.visibility='visible'">
<c:import url="/getPhotos"/>
<c:if test="${user==param.username}">
    <form name="uploadForm" action="upload_photo.jsp" method="post">
    <input type="hidden"name="albumId" value="${param.id}" /></form>
    <form name="mainForm" action="<c:url value='/main.jsp'/>" method="post">
    </form>
    <c:url value='/main.jsp' var="main"/>
    <input type="button" value="返回主页"onclick="window.location='${main}'"
    />  
 <input type="button" value="上传相片"onclick="uploadForm.submit()"/>
    <hr>
 </c:if>
 <table id="table"style="visibility:hidden">
    <c:forEach var="photo"items="${photos}"varStatus="status">
        <c:if test="${status.index%5==0}">
            <tr>
                <c:set var="index" value="${status.index}"/>
        </c:if>
        <td valign="top"align="center"
            style="padding-left:10px; padding-right:10px">
        <div onmouseout="div${status.index}.style.visibility='hidden'"
            onmouseover="div${status.index}.style.visibility='visible'">
        <table height="210"width="180"style="border:double">
            <tr align="center">
                <td><label style="font-size:12px">上传日期:</label><labelstyle
                ="font-size:12px;color:red">${photo.uploadDate}</label></td>
            </tr>
            <tr align="center">
                <td><ahref="<c:url value='/view_photo.jsp?userName=${param.
                username}&albumId=${param.id}&id=${photo.id}'/>">
                <img id="img${status.index}"style="margin-top:5px"onload="imgLoad
                (this,${status.index})"src="<c:url value='/viewPhoto?userName=
                ${param.username}&albumId=${param.id}&id=${photo.id}'/>" />
                </a></td>
            </tr>
            <tr align="center" height="20">
                <td><c:if test="${user==param.username}">
                    <div id="div${status.index}" style="visibility: hidden"><label
```

```
                style="font-size: 12px"><ahref="javascript:deletePhoto ('$
                {photo.id}')">删除</a></label><labelstyle="font-size: 12px"
                ><ahref="<c:url value ='/view_photo.jsp?userName=${param.
                username}&albumId=${param.id}&id=${photo.id}'/>">原图</a>
                </label>
              </c:if>
              </div>
              </td>
          </tr>
        </table>
        </div>
        </td>
        <c:if test="${(index-5)>0&&(index-5)%4==0}">
            </tr>
        </c:if>
    </c:forEach>
</table>
<script type="text/javascript">
function imgLoad(img,index)
{
    if(img.clientWidth/img.clientHeight>4/3)
    {
        img.height=img.clientHeight*160/img.clientWidth;
        img.width=160;
    }
    else
    {
        img.width=img.clientWidth*120/img.clientHeight;
        img.height=120;
    }
}
function deletePhoto(id)
{

    if(confirm("是否真的要删除这张照片？")==false)
     return;
    //定义要请求的 Servlet
    var url="<c:url value='/deletePhoto'/>";
    //创建一个 Ajax.Request 对象来发送请求
    var myAjax=new Ajax.Request(
    url,
    {
        //指定请求方法为 POST
        method:'post',
        //指定请求参数
        parameters:'id='+id,
```

```
        //指定回调函数
        onComplete:processResponse,
        //指定通过异步方式发出请求和接收响应信息
        asynchronous:true
    });
}
//该方法为异步处理响应信息的函数
function processResponse(request)
{
    var obj=request.responseText.evalJSON();
    alert(obj.message);
    location.reload();
}
</script>
</body>
</html>
```

显示指定相册的照片的页面如图 27.9 所示。

图 27.9 显示相册中的所有的照片

当光标移到照片四周时，在相应照片的下方将显示【删除】和【原图】链接，分别用来删除当前照片和按着原始尺寸显示照片。

27.6.7 上传照片的 JSP 页面：upload_photo.jsp

upload_photo.jsp 页面可以上传任意多个照片文件。该页面使用 JavaScript 和 DOM 技术动态生成文件域，并将要上传的照片信息提交给 uploadPhoto。upload_photo.jsp 页面的代码如下：

```
<%@ page language="java"pageEncoding="UTF-8"%>
<html>
<head>
<title>上传照片</title>
  <script language="javascript">
function addPhoto()
{
```

```
        var uploadHTML=document.createElement("<input type='file'name= 'upload'
        />");
        document.getElementById("files").appendChild(uploadHTML);
        uploadHTML=document.createElement("<p/>");
        document.getElementById("files").appendChild(uploadHTML);
}
</script>
</head>
<body>
<input type="button"onclick="addPhoto();"value="添加照片"/>
   <form action="uploadPhoto" method="post" enctype="multipart/form-data">
       <input type="hidden"value="${user}"name="userName"/>
       <input type="hidden"value="${param.albumId}"name="albumId"/>
        <span id="files"><input type='file'name='upload'/>
            <p/>
        </span>
        <input type="submit"value="上传"/>
   </form>
</body>
</html>
```

上传照片文件的页面如图 27.10 所示。

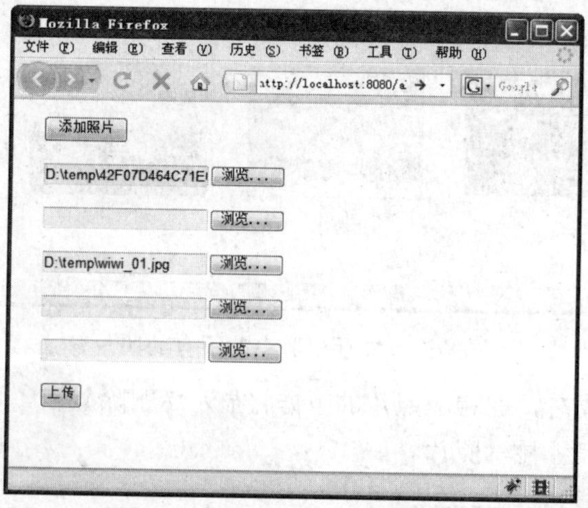

图 27.10　上传照片文件的页面

27.7　本 章 小 结

本章给出了一个完整的 Web 应用程序，该应用程序使用了 JSP/Servlet 技术实现了电子相册的基本功能。本章使用了三层构架来实现这个电子相册系统，三层构架主要包括数据层（数据持久层、数据访问层）、业务逻辑层以及 Web 表现层。读者可以从中体会到如何使用三层构架和 JSP/Servlet 技术开发一个完整的 Web 应用。